国家科学技术学术著作出版基金资助出版

"十二五"国家重点出版物出版规划项目

现代结构混凝土耐久性评价与寿命预测

Durability Evaluation and Service Life Prediction of Modern Concrete

孙伟 著

中国建筑工业出版社

图书在版编目（CIP）数据

现代结构混凝土耐久性评价与寿命预测/孙伟著 . —北京：
中国建筑工业出版社，2015.6
ISBN 978-7-112-17365-5

Ⅰ. ①现…　Ⅱ. ①孙…　Ⅲ. ①结构混凝土-耐用性-研究
Ⅳ. ①TU37

中国版本图书馆 CIP 数据核字（2014）第 242691 号

责任编辑：何玮珂
责任设计：李志立
责任校对：张　颖　姜小莲

现代结构混凝土耐久性评价与寿命预测

Durability Evaluation and Service Life Prediction of Modern Concrete

孙　伟　著

*

中国建筑工业出版社出版、发行（北京西郊百万庄）
各地新华书店、建筑书店经销
北京红光制版公司制版
北京中科印刷有限公司印刷

*

开本：880×1230 毫米　1/16　印张：23¼　字数：573 千字
2015 年 10 月第一版　2015 年 10 月第一次印刷
定价：**66.00** 元
ISBN 978-7-112-17365-5
（26211）

本书针对不同地区因工程所处部位的损伤因素的特点，对力学因素、环境因素、材料因素等以不同方式耦合情况试验，结合重大基础工程研究了混凝土损伤劣化过程、规律和特点以及诸因素间正负效应叠加及交互作用，总结了不同损伤因素耦合作用下混凝土的损伤劣化过程、规律和特点，探索了混凝土微结构随时间的正负效应交错及演变机理，揭示了诸损伤因素在不同的耦合情况下损伤叠加的正负效应与交互作用的复杂性和时变性，建立了不同耦合因素作用下耐久性评价体系和寿命预测方法。

本书共分5章，主要内容包括：绪论；高性能混凝土的性能及失效机理研究；单一、双重、多重因素作用下高性能混凝土耐久性评价体系；单一、双重和多重破坏因素作用下混凝土寿命预测新理论与新方法；多重破坏因素耦合作用下的高速铁路钢筋混凝土构件耐久性研究。本书可供建筑材料领域工程技术人员、科研工作者和大专院校相关专业师生参考。

This book contraposed the characteristics of damage factors in the different position of engineerings in different regions，made an experiment on the mechanical factors，environmental factors and material factors in different coupling ways. United significant basic engineerings，the concrete damage degradation process，regularity and characteristics，as well as the superposition and interaction of positive and negative effects of various factors were studied. Then the concrete damage degradation process，regularity and characteristics under coupling damage factors were summarized.

This book has five chapters，the main contents include：introduction；performance and failure mechanism of high performance concrete （HPC）；durability evaluation system of high performance concrete under the action of single，double and multiple factors；the new service life prediction theories and methods of concrete under the action of single，double and multiple damage factors；duribility study of reinforced concrete members for high speed railway under coupling damage factors. This book provides a reference for engineering and technical personnels in the field of building materials，science researchers and teachers and students of related profession in junior college.

序一

　　混凝土材料是当今世界上最大宗的人工制备材料和最主要的建筑与结构工程材料。目前世界上水泥产量已逾 30 亿吨，相应的混凝土材料产量已达百亿吨。随着社会发展和科学技术的进步，对材料产品的使用性能和品质要求越来越高，各种建筑工程也在不断向着更高、更大、更深的空间和规模发展，这就需要提高混凝土材料的品质，提高材料的使用寿命，拓展应用领域，减少资源和能源的消耗。

　　混凝土结构在长期自然环境和使用条件下会逐渐老化、损伤和破坏，影响结构使用功能和安全，因此混凝土结构的耐久性问题是近年来学术界关注和研究的重点内容。但是传统的耐久性设计方法只侧重考虑单一环境因素作用下的耐久性而忽视了荷载作用对耐久性能的影响，因此与结构物所处的实际环境不符，不仅造成设计要求与实际环境的偏差等情况，而且据此耐久性设计与服役寿命预测的结果会不安全和不可靠的。

　　东南大学孙伟院士及其团队十多年来一直致力于研究复杂情况下结构混凝土的耐久性问题，取得了丰硕的成果，具有很强的现实指导意义。《现代结构混凝土耐久性评价与寿命预测》一书详细介绍了这一领域的具体研究内容以及取得的成果。该书针对影响结构混凝土耐久性的主要因素氯盐、冻融循环、碳化以及硫酸盐侵蚀等的作用机理，对上述损伤因素同荷载的耦合作用进行了深入的研究，分别建立了基于损伤理论的寿命预测模型，并在苏通长江大桥、润扬长江大桥、苏州地铁等国家重点工程中进行了应用，为进一步研究多重因素作用下结构混凝土的耐久性提供了宝贵的参考资料。

　　该书内容新颖，结论翔实，研究水平处于国内外研究的前沿。该书的出版发行对于结构混凝土耐久性问题的研究有着很好的指导作用。

中国工程院院士

南京工业大学教授

2014 年 9 月

序二

　　混凝土结构的耐久性问题是困扰国内外工程学术界的重大理论性问题，尤其是如何模拟复杂的现实情况下的混凝土结构耐久性问题一直是学术界的一个难点。东南大学孙伟院士及其团队十多年来一直致力于研究复杂情况下结构混凝土的耐久性，包括多重因素的复合作用及其同应力的耦合，取得了丰硕的成果，具有很强的现实指导意义。《现代结构混凝土耐久性评价与寿命预测》一书详细介绍了这一领域的具体研究内容以及取得的成果。

　　该书针对影响结构混凝土耐久性的主要因素氯盐、冻融循环、碳化以及硫酸盐侵蚀等的作用机理，对结构混凝土损伤失效过程，损伤劣化机理进行了深入的研究。特别是针对双重和多重因素耦合作用的过程进行了探索性和开创性的研究。为结构混凝土耐久性的设计和评估提供了可行的依据。书中对上述损伤因素同荷载的耦合作用进行了深入的研究与分析，并分别建立了基于各自理论的寿命预测模型。书中还介绍了基于多重因素耦合作用的耐久性设计在三峡大坝、苏通大桥、润扬大桥以及苏州地铁等工程中的运用。这些都为进一步研究多重因素作用下结构混凝土的耐久性和服役寿命提供了宝贵的参考资料。

　　该书内容新颖，结论翔实，研究水平处于国内外研究的前沿。该书的出版发行对于结构混凝土耐久性问题的研究有着很好的指导作用。

中国工程院院士
东南大学教授

2014 年 9 月

前言

　　提高材料的耐久性和服役寿命已遍及材料科学与工程的各个领域并列入"十二五"国家科技发展纲要之中。当今我国重大基础工程建设的迅猛发展已引起混凝土科学与工程界的倍加关注，也是耐久性和寿命研究的巨大推动力。基础工程大规模兴建，还是城市化高速推进，无一不与混凝土工程密切相关，且都要耗用巨量水泥和混凝土材料。如不提高土木工程材料的耐久性，延长工程服役寿命，必将给国家造成巨大的经济损失，影响到社会可持续发展，并将为工程的安全服役带来威胁。

　　近十几年我的科研团队针对我国不同地区因工程所处部位的损伤因素的特点，对力学因素、环境因素、材料因素几十种不同方式耦合情况进行的大量和长期耐久性试验，得到了加载和非加载并与不同环境、材料因素耦合，并结合重大基础工程研究了混凝土损伤劣化过程、规律和特点以及诸因素间正负效应叠加及交互作用，在此基础上总结了不同损伤因素耦合作用下混凝土的损伤劣化过程、规律和特点，探索了在这一过程中混凝土微结构随时间的正负效应交错及演变机理，揭示了诸损伤因素在不同的耦合情况下损伤叠加的正负效应与交互作用的复杂性和时变性，从而结合我国不同地区和不同工程以及重大工程的不同部位，如润扬长江公路大桥、苏通长江公路大桥、南京地铁、青藏地区盐湖、杭州湾跨海大桥等，建立了不同耦合因素作用下耐久性评价体系和寿命预测方法，用上述模型和方程来预测结构混凝土和混凝土结构的寿命，更符合工程所处服役条件的实际，因此明显提高了寿命预测的安全性和可靠性。

　　本书的成果是在国家自然科学基金重点项目《高性能水泥基建筑材料的性能及失效机理研究》（59938170）、国家863计划课题《高速铁路用钢筋混凝土》（2008AA030704）和国家973重点基础研究发展计划《当代环境友好型混凝土基础研究》（2009CB623203）资助下完成的，本项目的研究成果，获得了国家科技进步二等奖2项（生态型高与超高性能结构混凝土材料的应用与研究，2007；润扬长江公路大桥建设关键技术研究，2008）和江苏省科技进步一等奖1项（高性能水泥基建筑材料的性能及失效机理研究，2006）。

　　曾在本科研团队中学习、工作过、现就职于深圳信息职业技术学院的袁雄洲博士和中冶建筑研究总院有限公司的曹擎宇博士参与了全书的策划、编写、统稿、整理、校对工作，我的科研团队中余红发教授、慕儒教授、杨鼎宜教授、詹炳根教授、金祖权教授、关宇刚博士在作者的指导下攻读博士学位期间和其后的工作中参加了相关的研究工作，深圳大学徐畏婷博士、江苏建筑科学研究院有限公司的李华硕士和东南大学的武胜平硕士参与了相关章节的编写工作。特别感谢江苏省建筑科学研究院缪昌文院士、刘加平教授、南京大学翟建平教授、中冶建筑研究总院有限公司郝挺宇教授在科研工作中对我们的支持和帮助；中国工程院院士、南京工业大学唐明述教授，中国工程院院士、东南大学吕志涛教授作为本书的主要审稿人对全书进行了详尽的审阅，并提出了宝贵的意见，作者在做研究过程中查阅了大量文献资料，也就一些问题请教过一些专家和同行，从中获得了许多有益的启发和帮助，在此对所有与本书出版相关的有贡献者们表示衷心的感谢！

Preface

It have been all over the field of materials science and engineering to increase the durability and service life, and it also has been involved in the Twelfth Five-year Plan for National Science and Technology Development. Nowadays, the rapid development of construction of major infrastructure projects, which promotes durability and service life research a lot, has caused the concerns of concrete scientific and engineering community. It is closely related to concrete engineering and it need to consume a huge amount of cement and concrete materials that infrastructure projects are constructed in a large scale and urbanization is advanced at a high-speed. Without increasing the durability of civil engineering materials and extending service life of projects, it will cause big economic damage to our country, impact social sustainable development and threat the safely serving of projects.

Nearly a dozen years, my scientific research team has conducted a large number of long-term tests on mechanical factors, environmental factors as well as material factors of dozens of different coupling ways, according to the characteristics of engineering parts of the injury factors in varied regions. We studied about loading and non-loading and coupled it with environment and materials factors, according to which we researched concrete damage and deterioration processes, rules and features, and then explored the process of positive and negative effects of concrete microstructure with time interleaving and evolution mechanism, revealed the complexity and changeability over time of injury factors under different coupling damage superimposing the positive and negative effects. Thus, according to different regions and different projects in our country as well as different parts of major projects, for example, Zhenjiang-Yangzhou Yangtze River Highway Bridge, Highway Bridge of Su-Tong, the Nanjing metro, the Qinghai - Xizang plateau lake, Hangzhou Bay Bridge and so on, we set up a system of durability evaluation and a method of service life prediction under different coupling factors. It consists better with the actual conditions of service to predict life of structure concrete and concrete structure with models and equations above, as a result, it improves the safety and reliability of life prediction.

The result of this book competed in funding of the State Key Program of National Natural Science of China "The performance and mechanism study of cementitious building materials" (59938170), National 863 Plan Projects "reinforced concrete for high speed railway" (2008AA030704) and National Key Basic Research Development Plan 973 "Foundation Study of Modern Environment-friendly Concrete" (2009CB623203). And the research result of this project has gained two of National Scientific and Technological Progress second prizes (Application and research of eco-friendly high performance and ultra-high performance structural concrete material, 2007; Research on key technologies of the Construction of Runyang Yangtze River Highway Bridge, 2008) and one of Scientific and Technological Progress of Jiangsu Province first prizes (Study on the performance and failure mechanism of high performance cement-based materials, 2006).

Dr. Yuan Xiongzhou who had learnd and worked in our research team, and now works in shenzhen Institute of Information Technology, and Dr. Cao Qingyu now at the China Metallurgical Construction Research Institute, Ltd., as my assistants and associate editors of the book involved in the planning, writting, manuscript, finishing and proofreading. Of my research team, Professor Yu Hongfa, Professor Mu Ru, Professor Yang Dingyi, Professor Zhan Binggen, Professor Jin Zuquan, Dr. Guan Yugang participated in the related research during the PhD study and subsequent work under the guidance of the author. Dr. Xu Weiting working at Shenzhen University Li Hua Master working at Jiangsu Research Institute of Building Science co., Ltd. and Wu Shengping Master at Southeast University participated in the compiling of the relevant sections. Special thanks Miao Changwen Academician and Professor Liu Jiaping in Jiangsu Research Institute of Building Science co., Ltd., Professor Zhai Jianping at Nanjing University, and Professor Hao Tingyu in China Metallurgical Construction Research Institute, Ltd. for the support and help during the scientific research. Chinese Academy of Engineering, Professor Tang Mingshu at Nanjing University of Technology, Chinese Academy of Engineering, Professor Lu Zhitao at Southeast University carried out a detailed review and made valuable suggestions as the main reviewers of the book. During the research, the author refered a large mount of literature, and consulted some experts and peers, then acquired a lot of useful inspiration and help, so heartfelt thanks to all the related contributors!

目录

第5章　多重破坏因素耦合作用下的高速铁路钢筋混凝土构件耐久性研究/321

Contents

Chapter III Durability evaluation system of high performance concrete under the action of single, double and multiple factors /153

Contents

Chapter V Duribility study of reinforced concrete members for high speed railway under coupling damage factors/321

第1章
绪　论

1.1　我国现阶段混凝土基础工程建设的现状

当今，我国重大基础工程建设的发展迅猛，建设规模十分宏伟。我国的公路和高速公路工程、桥梁工程、水电工程、铁道工程、港口工程、隧道工程、地下工程、国防防护工程、治山治水与治沙治海工程、南水北调和西气东输工程正在全面大规模兴建。据统计，公路通车里程已由 2005 年的 192×10^4 km 扩大到 2012 年的 424×10^4 km，铁道通车里程已由 2005 的 7.5×10^4 km 扩大到 2012 年 9.8×10^4 km，高速公路建设已由 2005 的 4.5×10^4 km 扩大到 2012 年的 9.5×10^4 km，电力工程建设已由 2005 年 5×10^8 kW 总装机容量扩大到 2012 年的 11×10^8 kW 等。

另一方面我国城市化建设进程也在高速推进。发达国家的城市化建设已基本完成，城市人口已达 80％，而我国城市化仅 40％左右，到 2050 年我们国家也将达到 80％，因此生活、娱乐、交通、通信、教育等建设设施必将迅猛增加。不论是基础工程大规模兴建，还是城市化高速推进，无一不与混凝土工程密切相关，且都要耗用巨量水泥和混凝土材料，如不提高土木工程材料的耐久性，延长工程服役寿命，必将给国家造成巨大的经济损失，影响到社会可持续发展，并将为工程的安全服役带来威胁。

1.2　提高重大基础工程的耐久性和服役寿命的重要意义

提高重大基础工程的耐久性和服役寿命是工程建设的重中之重。我国重大基础工程建设，国家对每个工程的投资都是几十亿、上百亿甚至几千亿。耐久性高低和服役寿命长短已是从事土木工程界工作者都应该倍加关注的特别重要的问题。必须总结吸收国内外的经验和教训。从 20 世纪 70 年代起，发达国家已建成并投入使用的诸多基础建设和重大工程，已逐渐显示出过早破坏和失效的迹象，暴露的问题有的已十分严重。例如美国在 20 世纪 90 年代混凝土总价值 60000 亿美元，而维修和重建费就有 3000 亿美元/年之多；1987 年美国有 253000 座混凝土桥梁的桥面板使用不到 20 年就坏了。1992 年报道：在美国因撒除冰盐引起钢筋锈蚀破坏的公路桥梁占 1/4（52 万座中有 13 万座），不能通车的有 5000 座。2002 年美国经济分析局（BET）的腐蚀报告中又指出美国基础、民用建筑腐蚀损失已达 700 亿美元/年。在 57 座桥梁中，有 50％钢筋腐蚀严重，基础设施损坏已导致 1.3 亿美元的损失。英国 1987 年英格兰的中环线快车道上有 8 座高架桥，全长 21 公里，总造价为 2800 万英镑，而维修费用已为其总造价的 1.6 倍。到 2004 年，其修补费用已达 1.2 亿英镑，接近造价的 6 倍。因除冰盐引起公路桥梁的腐蚀破坏已达 61650 万英镑的经济损失。此外，欧洲、亚洲和澳洲也有大量工程因钢筋混凝土腐蚀严重而拆除或重建。

近期国内调查资料也充分显示，我国钢筋混凝土工业建筑平均寿命约为25～30年，50年代建造的工业建筑，大多数已严重锈蚀破坏。交通部调查了23万座桥梁，其中有5000座是危桥。海港码头等钢筋混凝土结构因遭受严重腐蚀破坏使用寿命只有25年。我国因腐蚀造成直接经济损失为5000亿元/年（人民币），仅钢筋锈蚀引起的混凝土结构损伤破坏的损失就达1000亿元/年之多。我国已报道的典型的工程破坏实例如图1.2所示。

某市海上旅馆基础破坏图（建于2000年）

北京西直门立交桥墩柱落水口钢筋锈蚀

北京西直门桥底冻融破坏

嘉和大桥损伤梁之破坏形态（建于1974年）

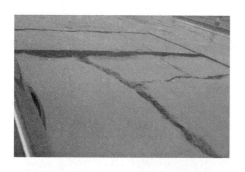

302国道长沙-萍乡段断板和开裂

山东潍坊白浪河大桥因Cl⁻扩散引起的锈蚀

宁波北仑码头混凝土梁锈蚀（建成11年）

沈阳山海关高速公路冬季散盐

钢结构混凝土基础 露天钢筋混凝土结构（一）

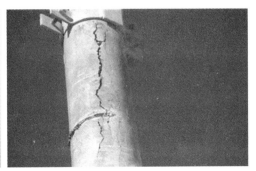

露天钢筋混凝土结构（二） 西部地区电线杆

图 1.2 钢筋混凝土结构耐久性破坏实例

1.3 混凝土结构耐久性和服役寿命的预测

如今国际上对主要混凝土工程都有服役寿命的设计年限，如英国北海开采平台、日本名石跨海大桥、加拿大联盟大桥设计寿命均为 100 年；荷兰的谢尔德海闸设计寿命为 250 年；香港的青马大桥、澳门的观光塔设计寿命为 120 年；沙特巴林高速公路的跨海大桥为 150 年；国内近期建造和即将建造的重大桥梁工程其设计寿命也为 100 年或 100 年以上。但尚未见到科学的保障体系和寿命预测的安全而又准确的方法。

欧洲 Durocrete 是一项国际上很有影响的工作，它围绕碳化和 Cl^- 扩散引起钢筋锈蚀提出了完整的试验方法系统，耐久性评价体系和寿命预测方法，对当今国际上混凝土结构的耐久性设计发挥了很大的作用。我国出版的《混凝土结构耐久性设计规范》GB/T 50476 - 2008，不仅使结构耐久性设计有了依据，而且也大大推动了我国耐久性和寿命预测的研究工作，解决了工程结构耐久性设计有据的重大问题。纵观这些工作，主要还是依据了环境因素的作用。目前存在的问题是如何科学而又准确评价混凝土结构的耐久性和混凝土结构的服役寿命。从上述国内外混凝土工程过早失效与破坏的诸多实例来看，决非设计寿命就如此短暂，应该归之于寿命设计的依据不能完全符合工程所处环境实际。尤其是我国因地大物博，东西南北中不同地区环境条件各异，并具有多变性、复杂性，其服役寿命决非仅靠实验室单一环境因素的模拟而得到损伤劣化规律所能确定。众多工程过早损伤、劣化和失效的例子充分表明，对某一个特定的工程而言，它在服役过程中往往是在力学因素（特别是静载弯拉应力和动载疲劳应力)、环境因素(冻融循环、碳化、Cl^-扩散、硫酸盐腐蚀及其他有害物质的侵蚀、碱—集料反应、酸雨等)和材料因素(不同组成与结构、不同强度等级)的双重或多重损伤因素耦合作用下服役的。在诸多损伤因素的耦合作用下,弯拉荷载无疑会加速环境因素对混凝土的损伤,但诸环境间因物理与化学作用的同时存在,则损伤因素有正负效应叠加和交互作用,这种交互作用往往又随时间进程而演变。但交互作用的最后结果仍然是加速了混凝土结构的损伤和导致了服役寿命的缩短。更值得注意的是环境因素引起结构混凝土和混凝土结构的损伤又有两大类别,一类是有害物质的侵入对混凝土本身并非引起损伤劣化,而是通过混凝土传输到钢筋,导致钢筋锈蚀并引起膨胀,这一膨胀力又会引起混凝土本身的开裂;另一种是冻融循环、硫酸盐腐蚀和碱—集料反应,它们都会引起混凝土本身膨胀破坏,如果同时有氯盐、硫酸盐或碱-集料反应存在,则会因混凝土本身膨胀与开裂而加速 Cl^- 扩散速度,从而钢筋锈蚀也必然加速。再如在我国西部盐湖地区,盐湖内不仅有氯盐(Cl^-含量高达30%)、硫酸盐和镁盐共存,而且还有冻融循环、干冷干热气候,再与荷载共同耦合作用,普通钢筋混凝土结构的服役寿命(以电杆为例)只有3年左右即因钢筋锈蚀而失效。又如海工混凝土结构在大气区部位由于 Cl^- 和 CO_2 的耦合作用会导致混凝土中钢筋锈蚀加速,其损伤速率要比水下区严重得多。在上述混凝土损伤劣化过程中充分反映出 Cl^- 和 CO_2 的耦合过程是物理因素与化学因素的双重耦合,其最终结果是加速了混凝土结构劣化速率。如果再与荷载耦合(弯、拉等荷载),那么钢筋混凝土结构的损伤劣化就会进一步加速和加剧,混凝土结构服役寿命必将相应而缩短。因此,混凝土结构在真实环境的损伤劣化过程,特别是诸多损伤因素的交互作用十分复杂。

近几年本课题组针对我国不同地区因工程所

处部位的损伤因素的特点,对力学因素、环境因素、材料因素几十种不同方式耦合情况进行了大量和长期耐久性试验,得到了加载和非加载并与不同环境、材料因素耦合,并结合重大基础工程研究了混凝土损伤劣化过程、规律和特点以及诸因素间正负效应叠加及交互作用,在此基础上总结了不同损伤因素耦合作用下混凝土的损伤劣化过程、规律和特点,探索了在这一过程中混凝土微结构随时间的正负效应交错及演变机理,揭示了诸损伤因素在不同的耦合情况下损伤叠加的正负效应与交互作用的复杂性和时变性。从而结合我国不同地区和不同工程以及重大工程的不同部位,特别针对我国西部地区,该地区仅腐蚀因素就有多种耦合,如新疆地区盐湖有碳酸盐—硫酸盐—氯盐;青海地区有碳酸盐—硫酸盐—镁盐;内蒙古地区有碳酸盐—硫酸盐—镁盐—氯盐;西藏地区有碳酸盐—硫酸盐等腐蚀反应,再加上力学和材料因素,又进一步增进了问题的复杂性。前后经过10年的研究积累和实验室与现场损伤程度的对比,我们建立了不同耦合因素作用下耐久性评价体系和寿命预测方法。主要是:(1)在耦合因素作用下混凝土损伤演化方程;(2)修正和充实了Fick第二定律 Cl^- 扩散方程;(3)建立了与钢筋锈蚀 pH 临界值有关的碳化模型及其与 CO_2 耦合作用的碳化方程;碳化与 Cl^- 渗透耦合作用下的混凝土碳化方程;基于扩散与碳化耦合作用下海洋大气区混凝土寿命预测方程;弯曲荷载—氯盐—硫酸盐耦合作用下混凝土结构寿命预测模型;基于可靠度与损伤理论,在耦合因素作用下寿命预测方程等等,用上述模型和方程来预测结构混凝土和混凝土结构的寿命,更符合工程所处服役条件的实际,因此明显提高了寿命预测的安全性和可靠性。当今最为重要的一点就是要取得工程本身在真实服役条件下、充分运用智能新理论和传感技术,取得长期的混凝土结构性能监测的数据,以进一步完善和充实已经建立的不同耦合损伤因素作用下结构混凝土和混凝土结构寿命预测理论和方法，进一步提高这些理论和方法的安全性、正确性、可靠性与科学性，这对建立力学因素、环境因素、材料因素耦合作用下重大混凝土结构耐久性设计规范意义重大。特别是建立在耦合损伤因素作用下结构混凝土和混凝土结构损伤劣化过程及微结构演变数据库和服役寿命预测专家系统，这不仅有普遍的指导意义，而且也解决了当今周而复始的重复试验工作，同时也有利于建立新的耐久性与寿命理论体系并形成相应的混凝土结构耐久性设计规范与标准。这是一项长期的跟踪、检测研究工作，要完成它还必须依靠混凝土材料与混凝土工程界齐心协力的不懈努力。

1.4 结构混凝土和混凝土结构耐久性和服役寿命的保证

综上所述，如果结构混凝土和混凝土结构服役寿命由 50 年提高到 100 年，提高到 200 年，材料用量则相应减少到 50% 和 25%。应该说延长混凝土结构的服役寿命是最大节约，也是节能节资的重要举措。那么如何才能保证达到工程结构设计的服役寿命呢？应该说混凝土材料是基础、是关键也是核心。因为一切有害的物质，都是以气体或液体形式出现，并通过混凝土自身不同尺度的孔隙向混凝土内部传输，从而混凝土自身孔缝的尺度、数量和连通程度都是影响有害物质向混凝土内部传输难与易、快与慢的关键。但混凝土材料本身因素也决非孤立，它与结构设计、施工技术是不能分割的一项系统工程。当今结构混凝土材料也逐步走上了绿色化、生态化、高性能化、高科技的智能化和高耐久性与长寿命化。其中绿色化是社会可持续发展的必由之路。

我国水泥产量剧增，导致能源资源消耗巨大，环境污染加剧，影响到可持续发展。这些年来，我国混凝土科学与工程界，采用诸多技术措施，以不同程度的废渣来取代水泥熟料，其取代量由 15%～85%，制备的混凝土和纤维混凝土强度等级在 C25～C200 之间，并努力揭示工业废渣自身的潜力，如粉煤灰因其自身突出的性能优势，又无须粉磨，已是各类重大工程首选的矿物掺合料。在中国，大城市粉煤灰用量已达 100%，全国各城市的平均用量也超过 43%。如果工业废渣取代水泥熟料平均达 30%～50%，则 1 亿吨水泥熟料可得到 1.4～2.0 亿吨水泥。当今用 60% 工业废渣取代水泥熟料，已能制备出强度等级为 200MPa 的水泥基材料，这不仅社会、经济效益突出，而且技术优势鲜明。例如，因优质粉煤灰的掺入，水泥基材料的各项关键技术性能不断有新的突破，当取代水泥熟料 30% 时，干燥收缩率下降 30%，徐变值减少 50%，疲劳寿命提高 3 倍（应力比相同时），除抗冻融、抗碳化有争议外，其他各项耐久性指标均提高显著。

我国工业废渣储量巨大，且各自的物理结构、化学组分、结构形成机理存在千差万异，对混凝土性能的影响有正也有负，故此，采用科学的复合技术，扬其长，避其短，最大限度高效利用并取代更多的水泥熟料已是节能、节资、保护生态环境、提高材料性能的重要举措，也是社会可持续发展的必由之路。同时通过采用复合技术，掺加功能组分完全可能使工业废渣对混凝土性能的影响和贡献度有新的突破。

1.5 结 论

（1）结构混凝土和混凝土结构的耐久性与服役寿命及其评估和预测方法是当今国内外混凝土科学与工程界密切关注的重大科学技术难题。必须从单一环境因素的作用向力学因素、环境因素和材料因素的耦合作用转化，必须解决研究思路问题、研究方法问题，为建立寿命预测模型、发展耐久性与寿命预测的基本理论进行全过程、多方位攻关研究，直到形成国家、国际规范为止。

（2）在力学因素、环境因素和材料因素耦合作用下的耐久性与寿命预测理论必须将室内与室外、实验室模拟与真实现场实验密切结合，采用先进的智能理论与技术，研制灵敏度高、寿命长的高科技传感器技术，跟踪实际工程的服役过程，监控其性能衰减与劣化规律，从大自然中取得结构混凝土与混凝土结构长期损伤劣化的真实数据，这是提高寿命预测的准确性、可靠性与安全性必不可少的。

（3）提高结构混凝土和混凝土结构的耐久性和服役寿命是工程建设中的重中之重。分析力学因素、环境因素和材料因素的耦合作用对工程结构损失劣化速率的影响程度的结果表明材料、结构与施工三者是不可分割又相互依存的科学整体，是保证混凝土工程高耐久性和长服役寿命的一项系统工程，缺一都不能把工程设计寿命落到实处。

特别要注意吸收发达国家的经验和教训，建立我们具有自主知识产权的耐久性新理论，以确保提供工程高耐久和长寿命的配套新技术。

（4）充分和高性能发挥工业废渣自身潜能和优势是提高结构混凝土和混凝土结构关键技术性能和服役寿命、节省能源、节省资源的重要举措。用它来取代水泥熟料也是缓解我国能源和资源紧缺的矛盾、确保社会可持续发展的必由之路。

（5）多重损伤因素耦合作用下，研究重大混凝土工程环境行为及劣化机理，从本质上揭示结构混凝土和混凝土结构性能劣化与微结构演变的定量关系，建立模拟工程现场复杂环境中混凝土结构性能劣化的数值试验平台及相关数据库，建立真实寿命预测的专家系统，是混凝土材料、混凝土结构与工程发展到新阶段理论和技术水平评判的重要标志。

（6）结构混凝土和混凝土结构耐久性保持和提升技术已是当代混凝土材料科学与工程发展的新起点，也是高新技术萌生的重要领域。充分发展智能技术、智能理论和智能新材料，研制高耐久、长寿命、高性价比的传感器材，并对现场工程劣化全过程进行可靠的监控，确保其安全服役是当代混凝土科学与技术迅猛发展的突出特征之一。

1.6 本书的创新之处

1. 建立了在单一、双重和多重破坏因素作用下高性能水泥基材料耐久性评价和寿命预测的新理论与新方法

当今在全世界范围内对混凝土耐久性和寿命

的研究，确保重要和重大混凝土结构工程达到或超过 100 年的服役寿命已是混凝土科学和混凝土工程发展中重中之重的科学技术难题。本项目为准确评估和预测结构混凝土的耐久性和寿命，充

分考虑到混凝土结构所处实际环境，以新的思路针对我国东部和西部不同严酷程度的气候与环境条件进行了加载与非加载、双重和多重破坏因素作用下各系列混凝土损伤失效过程、规律与特点，取得如下成果：

1）多重破坏因素作用下混凝土耐久性试验体系的建立。设计与建造了不同损伤因素（物理、化学与力学）多种组合的试验方法新系统和弯曲荷载作用下小型和中型实验用加载系统，并建立了相应的测试方法。小型加载系统（主要由于试件尺寸为 $40mm \times 40mm \times 160mm$ 弯曲试件）由弹簧加载控制，中型加载系统（针对 $100mm \times 100mm \times 400mm$ 试件）则由千斤顶与弹簧复合加载控制，保证了加载的可靠性与准确性。

2）高性能水泥基材料在单一、双重和多重破坏因素作用下损伤失效过程的规律和特点。分别研究了普通混凝土、高强混凝土、不同类型与不同掺量活性掺合料高性能混凝土、不同类型纤维（钢纤维、聚乙烯纤维）增强混凝土、引气混凝土、引气与纤维复合混凝土等，针对我国东部和西部的环境与气候特点，在加载与非加载、双重和多重破坏因素（加载、冻融循环、硫酸盐腐蚀、氯盐侵蚀、复合有害离子（Cl^- 与 SO_4^{2-}）侵蚀、碳化、碱-集料反应、干湿交替等的各种组合）作用下各系列混凝土损伤失效全过程、规律和特点，对各种双重和多重破坏因素作用下各类混凝土的损伤叠加和损伤交互作用的正负效应进行了全面、系统、长期的试验分析，揭示了各种混凝土抑制不同组合的双重和多重破坏因素作用下的损伤及抑制损伤劣化和失效的能力，从而建立了在加载与非加载、双重和多重破坏因素作用下混凝土耐久性评价新体系、新思路与新方法，为更科学、更准确、更符合客观实际的混凝土耐久性评价与寿命预测提供了科学依据。

3）以新思路和新理论提出了单一、双重和多重破坏因素作用下混凝土寿命预测的理论和方法。

水泥基材料服役寿命的定量评估与预测是个极其复杂的问题，也是国际上万分关注而又没有解决的前沿课题。尤其是在加载的双重和多重破坏因素作用下，混凝土耐久性与寿命预测和评估国内外未见报道。本项目在全面分析国内外研究现状及对混凝土耐久性与寿命预测和评估存在问题的基础上，针对我国东部和西部不同严酷程度的环境条件，经过大量单一、双重和多重破坏因素作用下，不同类型和不同强度等级结构混凝土损伤失效过程、规律、劣化特点定量分析并取得大量信息的基础上，提出了如下三种寿命预测和评估新方法：

（1）基于损伤理论和威布尔分布的寿命预测理论和模型。模型的建立首先以新的理论和方法建立了综合评价混凝土在损伤失效过程中耐久性评估和破坏准则；运用方差理论对各破坏因素在混凝土损伤失效过程中的交互作用进行了深入揭示，并提出定量分析方法，即通过各个因素均方差的比值来定量描述各因素所起作用的大小；通过对高性能水泥基材料劣化特性的定量分析，提出如何综合评价混凝土耐久性的新思路。在此基础上考虑到在损伤因素作用下，失效过程是损伤积累的过程，运用损伤理论和寿命统计理论，首次提出了可涵盖多边界条件和多重破坏因素作用下多元威布尔寿命预测模型和混凝土寿命预测简化模型。提出了这两个寿命评估模型及其在工程中应用的程序和方法。经实际工程验证表明，用该模型对混凝土寿命进行预测可靠性高，应用面广。本项目为解决国内外众所关注的混凝土结构服役寿命的评估和预测的理论和方法，取得了开拓创新的研究成果。

（2）建立多重因素作用下氯离子扩散理论和寿命预测新模型，推导出综合考虑混凝土氯离子结合能力、扩散系数的时间依赖性、结构微缺陷和荷载影响的氯离子扩散新方程。针对有限大体与无限大体、齐次边界条件与非齐次边界条件、线性氯离子结合与非线性氯离子结合问题提出了Ⅰ维、Ⅱ维与Ⅲ维氯离子扩散新模型，提出了模型参数的测定方法，确定了关键参数的取值规律。该模型不仅适用于我国西部严酷的氯离子侵蚀条件，对我国中、东部和沿海地区也适用。不仅适用于加载情况下氯离子扩散规律，也适用于不加载的情况。从理论上充实与发展了Fick第二定律并扩大了应用领域。该模型经对海洋、盐湖环境中混凝土结构和东部重大桥梁和地铁工程的寿命预测结果均充分证明，它比国际上已有的模型对混凝土寿命预测更科学、更符合客观实际。

（3）基于损伤演化方程的混凝土寿命预测的理论和方法，依据水泥基材料损伤失效过程、规律和特点，运用物理学原理，提出了损伤速度与损伤加速度的新概念。即混凝土在冻融或腐蚀有关损伤因素作用下，开始时其损伤以一定的初速度产生，之后又以一定加速度发展，损伤初速度和损伤加速度取决于混凝土结构所处环境、气候和受力状态，并与混凝土组成材料、配合比及养护条件密切相关。经大量试验，总结提出了混凝土在单一、双重和多重破坏因素下的相对动弹性模量变化曲线，有直线型、抛物线型和直线—抛物线复合的三种基本类型。并将混凝土损伤失效过程划分为单段损伤模式和双段损伤模式两大类别，前者用于描述直线型和抛物线型损伤，后者则用于直线—抛物线复合型损伤。提出了损伤速度和损伤加速度的新概念，在理论上明确了数学模型中各个参数的物理意义。依据混凝土原材料、配合比和养护条件等特征，运用判别分析方法建立了混凝土损伤失效模式的线性判别函数，确定了混凝土的损伤初速度和损伤加速度等参数与原材料、配合比、养护条件之间的回归公式，描述了在损伤过程中的各个阶段参数并非孤立存在，而是彼此之间有一定内在联系。运用该方法经对我国西部和东部重大基础工程进行了寿命预测，取得了很好的效果，在理论与方法上有明显创新。

（4）建立了基于水分迁移重分布的混凝土冻融循环劣化新理论、冻融寿命定量分析与评估模型。冻融循环劣化过程中混凝土内部产生温度梯度和孔隙水状态差，根据热力学原理，不同状态的水分之间存在化学势能差，使得水分向化学能低的方向迁移。依据流体力学理论建立了水分迁移模型，迁移结果是部分孔隙饱和度提高，超过临界饱和度之后，孔隙结冰时产生压力，同时在孔壁中引起应力，依据热力学原理定量分析了高饱和孔隙水冻结压力，利用弹性力学原理分析了结冰孔孔壁应力。孔壁应力超过孔壁基体强度导致基体开裂，表层裂缝连通导致冻融循环表面剥落，内部裂缝导致动弹性模量下降。将上述过程进行了程序化，建立了混凝土冻融循环劣化的计算机模拟迭代模型。用该模型定量计算混凝土冻融寿命更加合理。本项目的创新点在于，提出了冻融循环过程中水分迁移重分布的冻融循环劣化机理，统一了长期以来存在争论的混凝土抗冻机理；建立了基于劣化过程分析的混凝土冻融循环劣化模型。建立模型的过程中，提出裂缝连通剥落原理和开裂投影面积法动弹性模量模型，在理论和方法上有创新。

（5）基于高速铁路建设，采用残余应变为损伤变量，建立了疲劳荷载与氯盐耦合作用下高性能混凝土耐久性研究方法和寿命预测模型；疲劳荷载与大气环境耦合作用下混凝土碳化寿命预测模型；探索了疲劳荷载与冻融循环耦合作用下高性能混凝土耐久性研究的试验制度和耦合机理。

2. 高性能水泥基材料结构形成与损伤失效两个全过程的微观机理

1）高性能水泥基材料早期结构形成的特点与机理。采用环境扫描电镜对水泥基材料早期的水化产物和微区结构形成过程进行了连续原位观察，从微观角度分析了高性能水泥基材料的初始结构形成机理。对水化1d龄期$Ca(OH)_2$晶体形成进行了定量研究，发现并提出了初始相过饱和度是影响晶体成核速度和生长速度的主要因素之一。

2）活性掺合料对水泥基材料产生高性能的细观与微观机理。研究了不同类型、不同掺量、不同复合比例的活性掺合料在不同水胶比和不同龄期下对水泥基材料水化程度、火山灰反应程度和孔结构的影响规律，分析了活性掺合料对结构形成的贡献及正负效应，建立了活性掺合料掺量、反应程度与水化产物数量的数学模型，提出了不同掺合料最佳掺量确定的理论依据。定量分析了不同条件下非蒸发水数量与孔隙率的关系，证明用非蒸发水量表征体系中水化产物数量的合理性和科学性。提出了到达理论上完全水化时矿渣与水泥之间的质量比例的计算模式，建立了为使水泥基材料孔径处于无害孔范畴时控制矿渣掺量或控制水胶比的原则及方法；从理论上分析粉煤灰对浆体孔隙率影响的实质，指出了提高粉煤灰活性是消除粉煤灰对材料孔隙率负效应的途径。为科学应用、有效发挥活性掺合料的功效，提高掺活性掺合料水泥基材料配合比设计科学性及实现性能预测的准确性提供了科学依据。

3）在盐湖环境的单一、双重和多重破坏因素作用下 OPC、APC 和 HSC 的损伤失效机理。采用 XRD、DTA-TG、IR 和 SEM-EDAX 方法研究了混凝土的腐蚀产物和微观结构的变化，提出了在单一冻融因素作用下非引气 HPC 冻融破坏的 AFm 向 AFt 转化的膨胀压机理、在冻融与盐湖卤水腐蚀双因素作用下 OPC 冻融破坏的 $Na_2SO_4 \cdot 10H_2O$ 盐结晶压机制，分析了盐湖卤水对混凝土的冻融损伤作用，既有降低冰点、缓解冻融抑制损伤的正效应，又有促进盐类结晶、产生盐结晶压引起损伤的负效应。研究了 OPC、APC 和 HSC 在单一腐蚀因素和干湿循环与腐蚀双因素作用下的腐蚀破坏机理，发现以形成多种腐蚀产物的化学腐蚀为主，NaCl-KCl 物理结晶腐蚀为辅。

同时发现两种新的腐蚀产物——水化硅铝酸钙镁 $(C1-xMx)_{0.94}(S1-yAy)H$（$x=0.4$，$y=0.13$）球形晶体族和硅灰石膏 $CaCO_3 \cdot CaSiO_3 \cdot CaSO_4 \cdot 15H_2O$。该项研究成果丰富了混凝土的冻融、腐蚀等损伤失效机理，在国内外未有类似的研究。

4）在盐湖环境的单一、双重和多重破坏因素作用下 HPC 的高耐久性形成机理。运用 XRD、DTA-TG、IR、SEM-EDAX 和 MIP 分析了 HSC-HPC 的腐蚀产物、微观结构和孔结构。非引气 HSC-HPC 因其细小孤立的湿胀或自收缩裂纹、过渡孔－凝胶孔为主的孔结构、强化的界面过渡区和致密的 C-S-H 凝胶等结构特征，造就其在冻融—盐湖卤水双因素条件下具有很高的耐久性。HPC 及纤维增强 HPC 在盐湖地区的腐蚀条件下，将发生水化产物的轻微腐蚀效应、基体 C-S-H 凝胶的腐蚀转化效应、FA 等未水化活性掺合料颗粒的腐蚀诱导水化效应和微裂纹愈合效应等 4 个方面的有利作用，在国内外首次提出了 HPC 具有高耐久性的结构腐蚀优化机理，丰富了 HPC 的高耐久性机理。

5）不同水泥基材料对氯离子的吸附（结合）规律与机理。研究了混凝土对氯离子的吸附（结合）规律。在较低的自由氯离子浓度范围内，混凝土对氯离子的结合规律以线性吸附为主；在较高的自由氯离子浓度范围内，混凝土对氯离子的结合表现出 Langmuir 非线性吸附规律。确定了不同混凝土的线性氯离子结合能力及其非线性系数的数值，可供应用。从化学结合与物理吸附方面探讨了混凝土的氯离子吸附（结合）机理，突破了水泥熟料矿物 C_3A 与 $CaCl_2$ 直接反应形成 Friedels 盐的观点，认为其化学结合机理主要是 AFt-AFm 和 CH 分别与 NaCl、KCl、$CaCl_2$ 或 $MgCl_2$ 反应形成 Friedels 盐和含有 $MgCl_2$ 的络合物。

本章参考文献

[1] Yuan Yong，J Walrawen，Ye Guang. Serviceability of Underground Structures，Proceedings of the 1st international workshop on service life for underground structures[M]. 上海：同济大学出版社，2006，10：205-294.

[2] 唐明述. 提高基础工程寿命是最大的节约[J]. 中国建材资讯，2006（2）：24-25.

[3] 孙伟. 新型结构材料的发展与应用[C]//第一届结构工程新进展国际论坛文集编委会. 新型结构材料与体系，北京：中国建筑工业出版社，2006. 80-120.

[4] 陈肇元主编. 混凝土结构耐久性设计与施工指南[M]. 北京：中国建筑工业出版社，2004：31-36.

[5] Sun Wei，Zhang Y M，Yan H D. Damage and its resistance of concrete with different strength grades under double damage factors [J]. Cement and Concrete Composites，1999，21(5～6)：439-442.

[6] Sun Wei，Zhang Y M，Yan H D. Damage and damage resistance of high strength concrete under the action of load and freeze-thaw cycles [J]. Cement and Concrete Research，1999，9(9)：1519-1523.

[7] Yu Hongfa，Sun Wei. Study on the prediction of concrete service life Ⅰ-Theoretical Model [J]. Journal of the Chinese Ceramic Society，2002，30(6)：686-690.

[8] 詹炳根，孙伟等. 碱硅酸反应作用下混凝土中氯离子扩散规律和结合能力[J]. 东南大学学报，2006，36(6)：956-961.

[9] 余红发，慕儒，孙伟等. 弯曲荷载、化学腐蚀和碳化作用及其复合对混凝土抗冻性的影响 [J]. 硅酸盐学报，2005，3(4)：492-499.

[10] 刘志勇，孙伟. 基于饱海水电阻率的海工混凝土氯离子扩散系数测试方法试验研究[J]. 混凝土，2006(3)：25-28.

[11] 刘志勇. 基于环境的海工混凝土耐久性试验与寿命预测方法研究[D]. 南京：东南大学，2006.

[12] 金祖权. 西部地区严酷环境下的混凝土的耐久性与寿命预测[D]. 南京：东南大学，2006.

[13] 关宇刚，孙伟，缪昌文. 基于可靠度与损伤理论的混凝土寿命预测模型Ⅰ：模型验证与应用[J]，硅酸盐学报，2001，29(6)：530-534.

[14] 关宇刚，孙伟，缪昌文. 基于可靠度与损伤理论的混凝土寿命预测模型Ⅱ：模型验证与应用[J]，硅酸盐学报，2001，29(6)：535-540.

第 2 章
高性能混凝土的性能及失效机理研究

2.1　高性能水泥基材料早期结构形成的特点与机理

2.1.1　高性能水泥基材料早期结构形成的连续观察与分析

近年来有许多新技术，如 SEM（扫描电镜）、XRD（X 射线衍射分析）、热致发光、ESCA（X 射线光电子能谱）、ESEM（环境扫描电镜）和 SIMS（二次离子质谱）等被运用于硅酸盐水泥或 C_3S（硅酸三钙）的水化过程的研究，使人们对水泥水化过程和微区结构形成过程有了进一步的认识。本部分采用 ESEM 为主要研究手段对水泥基材料早期水化和水化产物形成过程及微区结构变化进行了连续观察，并尝试采用 AFM（原子力显微镜）研究水泥基材料的结构形成过程。

1. 水化反应机理

1）硅酸盐水泥水化反应的机理

水泥水化过程是一个复杂的化学反应过程，许多学者对水泥水化过程进行了系统的研究，并提出了一系列理论模型。近年来由于现代分析仪器的应用，人们对水化过程的认识有了很大的进展。C_3S 是硅酸盐水泥的最重要组成部分，因为它控制硅酸盐水泥浆体、砂浆和混凝土的正常凝结和早期强度的发展，故对 C_3S 水化进行的研究比对其他主要熟料矿物的研究要多。对 C_3S 水化机理的研究为人们掌握硅酸盐水泥总的水化特性提供了很有价值的基础。虽然现在普遍认为 C_3S 水化和水泥的水化有一些差别，但就 C_3S 而论，这种差别可看作仅仅是对这个系统的一点干扰，而并不改变水化机理。

水化反应动力学是很复杂的，包括了几种反应过程。通常早期反应的研究通过用半等温传导热仪检测放热速率的方法进行。理想的量热曲线示于图 2.1.1-1。从图中可划分成五个不同的阶段，每个阶段所发生的简略过程列于表 2.1.1-1。

C_3S 的水化次序　　　　　　　　　　　　　　　　　表 2.1.1-1

时期	反应阶段	化学过程	总的动力学行为
早期	Ⅰ. 预诱导期（15min 之内）	开始水解；释放出离子	很快　化学控制
	Ⅱ. 诱导期（1～4h）	继续分解　早期 C-S-H 的形成	慢　核化或扩散控制
中期	Ⅲ. 加速期（诱导后期）（4～8h）	永久性水化产物开始生长	快　化学控制
	Ⅳ. 减速期（12～24h）	水化产物继续生长；显微结构的发展	适中　化学和扩散控制
后期	Ⅴ. 扩散期（稳定态时期）（1d～）	显微结构逐渐致密化	很慢　扩散控制

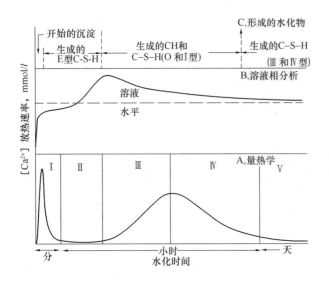

图 2.1.1-1　C_3S-水系统中发生的变化
示意图 (水/固比<1.0)

目前人们提出了两大理论来解释所观察到的 C_3S 或硅酸盐水泥的水化特性。它们大致可分为：(1) 保护层理论；(2) 延迟成核理论。

(1) 保护层理论。已经提出了几种不同的机理，都是将"潜伏"期归因于保护层的生成。当保护层破裂时，"潜伏"期就终止。支持该理论的机理主要有：①Stein 的物理扩散屏蔽理论；②渗透压理论；③水吸附理论；④凝胶聚合理论。

(2) 延迟成核理论。该理论认为"潜伏"期是由于 C-S-H 和 $Ca(OH)_2$ 成核的延迟而引起的，一旦晶核形成开始，"潜伏"期就结束。支持该理论的机理主要有：①$Ca(OH)_2$ 从溶液中成核和生长；②晶格缺陷理论；③潜在理论；④表面和沉淀水化物概念。

2) 粉煤灰火山灰反应的机理

粉煤灰已日益成为高性能水泥基材料中的一种重要的功能性组分，其掺入改善了水泥基材料的性能，因而研究粉煤灰反应的机理也就变得十分重要。

粉煤灰发生反应时，首先从 SiO_2 和 SiO_2—Al_2O_3 构成的网络结构遭受 OH^- 侵蚀开始，OH^- 吸附在网络结构的阳离子上，使阳离子和网络结构中的氧离子分离，造成网络结构的解体和破坏，同时形成类似 C-S-H 的水化产物。一般说来，粉煤灰单独和水并存时并不水化，只有在熟料水化形成的 $Ca(OH)_2$ 和液相中其他离子的作用下，才发生水化反应。一般认为粉煤灰颗粒火山灰反应主要发生在 28d 以后，主要原因在于水化液相中的碱含量高低或 pH 值大小决定了玻璃相网络结构解体的速率，只有液相的 pH 值达到 13.3 甚至更高时，玻璃网络结构才能够迅速解体破坏，而水泥水化早期液相的 pH 值低于 13.3，另外，沉积在粉煤灰颗粒表面的部分水化产物也对网络结构的解体产生阻碍作用。

山田的研究成果表明，粉煤灰的火山灰反应是从水泥熟料水化析出的 $Ca(OH)_2$ 吸附在粉煤灰颗粒表面开始的，一般在 24 小时内 $Ca(OH)_2$ 在粉煤灰颗粒表面形成一层薄膜，后发展成水化产物的薄壳，薄壳与粉煤灰颗粒之间有一层 0.5～1μm 的水解层，Ca^{2+} 从水解层向内迁移，使粉煤灰颗粒表面逐渐受蚀，形成凹面，于是火山灰反应的产物在此沉淀下来，当水解层被产物充满时，粉煤灰颗粒与水化产物之间形成牢固联系，水泥基材料强度得以增长。

Fraay 在其博士论文中提出了水化模型：由于玻璃体结构被打破，硅和铝进入孔隙水，但水泥水化产生的 $Ca(OH)_2$ 和 C-S-H 凝胶的沉淀层对这个过程的进行具有一定的阻碍作用，因而在水化早期碱对粉煤灰的侵蚀是个很慢的过程。由于在水泥水化的早期阶段孔隙水中的 Ca 含量较高，粉煤灰火山灰反应的产物将沉淀在粉煤灰颗粒附近的孔隙内，而粉煤灰颗粒表面则粘附了水泥水化产生的 C-S-H 凝胶 (这将阻碍玻璃结构的进一步打破)。随时间的推移，pH 值增加 (而 Ca^{2+} 浓度降低) 致使粉煤灰颗粒的溶解速度增加，C-S-H 状产物 (粉煤灰火山灰反应的产物) 将沉淀在远离粉煤灰颗粒的地方。

2. 水泥基材料水化过程及微区结构形成过程的连续观察

课题组采用 ESEM 对水泥基材料水化过程和微区结构形成过程进行连续观察。

拌制了水泥净浆、掺低钙粉煤灰、高钙粉煤灰、矿粉和废渣及混掺等各种水泥浆样品，样品配比如表 2.1.1-2 所示。采用中国石油科学技术研究院廊坊分院的 Phillips Electronscan ESEM2020 对高性能水泥基材料早期的水化产物生成过程及微区结构形成过程进行了连续观察，并对水泥熟料、磨细矿粉、高钙粉煤灰和低钙粉煤灰等各种不同的颗粒从开始水化至水化 3d 的水化产物和微结构形成过程分别进行了系统研究。分析两个结构层次的界面，即未水化及未完全水化废渣（粉煤灰、磨细矿粉、粉煤灰与磨细矿粉复合）颗粒与水泥基的界面和未水化或未完全水化废渣颗粒与 C-S-H 凝胶间的界面结构、特征及其随时间的变化规律。

ESEM 试验配比　　　　表 2.1.1-2

样号	水胶比	水泥	H₃	H₁	高钙灰	矿粉	硅灰	外加剂
1	0.26	50%	—	25%	—	—	25%	—
2	0.26	50%	25%	—	—	—	25%	—
3	0.26	50%	—	—	—	25%	25%	—
4	0.26	75%	—	25%	—	—	—	—
5	0.26	55%	—	45%	—	—	—	—
6	0.3	55%	—	—	45%	—	—	—
7	0.34	30%	25%	—	—	45%	—	膨胀剂、激发剂
8	0.27	100%	—	—	—	—	—	—
9	0.28	55%	—	—	—	45%	—	膨胀剂、激发剂
10	0.15	50%	—	—	—	40%	10%	高效减水剂
11	0.15	40%	25%	—	—	25%	10%	高效减水剂
12	0.16	90%	—	—	—	—	10%	高效减水剂

注：H₁、H₃ 为华能南京电厂第一和第三静电场所收集的低钙粉煤灰。

1）水泥净浆的水化

环境扫描电镜（ESEM）采用了多级真空系统、气体二次电子信号探测器等独特设计，观察不导电样品不需要镀导电膜，可以在控制温度、压力、相对湿度和低真空度的条件下进行观察，减少了样品的干燥损伤和真空损伤，这些革命性的进步使之显著区别于传统的电子显微手段。ESEM 能够对湿度非常敏感的水泥水化早期阶段进行观察，该仪器可以通过计算机程序"记忆"观察位置，实现多点连续观察，适合于连续观察水泥水化进程。

以 ESEM 为主要研究手段，连续观察了水泥基材料早期（0~3d）的水化过程，依据观察的结果，在总结前人研究的基础上，对水泥的早期水化机理提出了一些新的认识。

图 2.1.1-2 是从连续记录中截取的相同水泥净浆在不同水化龄期的形貌特征片断。水化约 15min 时，水泥熟料颗粒间和熟料表面形成了针状的或空心管状水化产物［图 2.1.1-2（b）、(c)］，同时 C_3S 颗粒表面出现了一个低 Ca/Si 比层。由于试验时 ESEM 系统未安装能谱仪，无法对空心针状水化产物进行成分的分析，该水化产物到底是什么目前仍不清楚，有待于进一步的研究；Jennings 和 Pratt 发现这些空心针状物中包含 Ca、Si、Al 和 S，推测它们是钙矾石。这些水化产物出现的时间可能更早，曾有报道在石膏存在的条件下，硅酸盐水泥水化 5 分钟即可出现钙矾石。

随着水化反应继续进行，一凝胶状覆盖层水化产物在熟料颗粒表面出现，并随着时间的推移而逐渐生长蔓延，最终将整个熟料颗粒覆盖起来［图 2.1.1-2（d）、(e)、(f)、(g)］，Meredith、Sujata 和 Thomas 也发现了同样的现象，这一发现为保护层理论提供了有力的证据。Fujii 等也于水化 20 分钟后，在 C_3S 表面上检测到水化产物膜。量热法测试的结果表明：这层保护膜可能在水化 20 分钟时就已经形成，而在 4 小时左右消失。此膜导致水化反应速度减缓，即诱导期开始。由于水的进入，水化产物膜与无水物分离，薄膜以内的溶液称内部溶液，其外的溶液称外部溶液。由于内部溶液的浓度

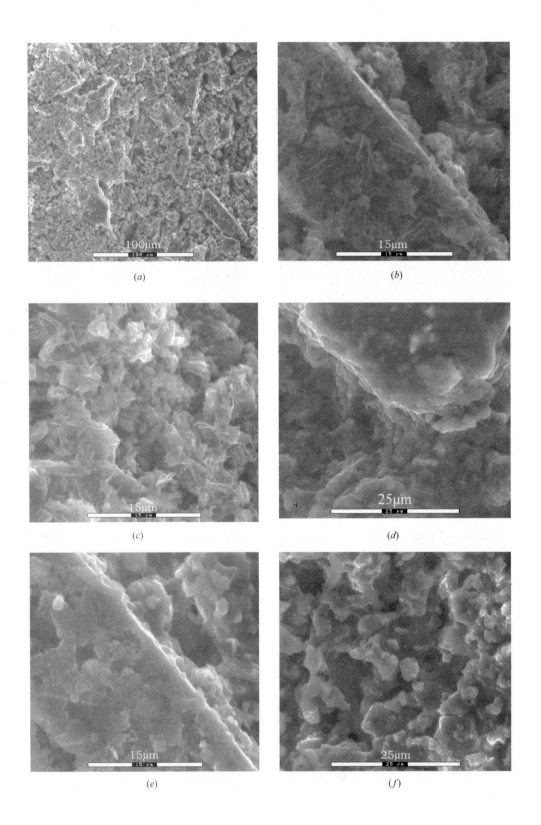

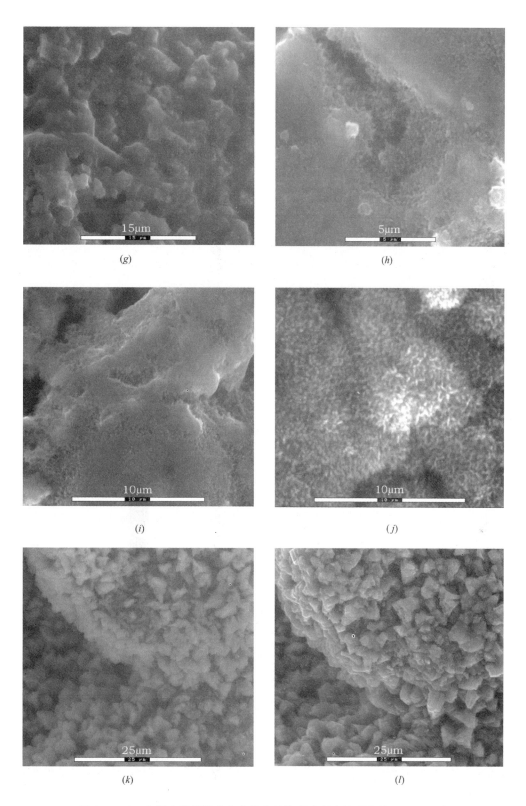

图 2.1.1-2　水泥净浆早期水化产物和结构形成程连续观察的 ESEM 照片

(*a*) Initial state；(*b*) After 15 min；(*c*) After 35 min；(*d*) After 1.5h；(*e*) After 2h 15min；
(*f*) After 2.5h；(*g*) After 2h 45min；(*h*) After 3h 50min；(*i*) After 4.5h；
(*j*) After 5h 15min；(*k*) After 18.5h；(*i*) After 65.5h

高于外部溶液，产生了渗透压力差，水被吸入，这样薄膜不断向外推进。钙离子可以顺利穿过薄膜，而硅酸盐离子则相当困难。当外部溶液中的钙离子及内部溶液中硅酸盐离子浓度足够高时，渗透压力的作用导致保护膜破裂。

进入加速期，C-S-H 开始高速成核和生长。水化至约 3 小时 50 分时，熟料颗粒外围出现大量树枝分叉状的 C-S-H[图 2.1.1-2(h)、(i)]，这些 C-S-H 互相交叉攀附，呈一种网状的结构。水化 5 小时 15 分出现大量 C-S-H 凝胶[图 2.1.1-2(j)]，充填了熟料颗粒间的空隙。这些水化产物先形成麦束状(sheaf-of-wheat)结构，并最终形成近球状形貌。在加速期内，水化速度与时间呈指数相关。水化过程被认为与一种产物相[即 C-S-H 或 Ca(OH)$_2$]的成核和生长有关。试验结果表明在加速期 C-S-H 而不是 Ca(OH)$_2$ 的生长是水化反应速度控制的因素，这和 Gartner 的结论相一致。

随着水化产物由无定形的富水的凝胶状转变为无定形的颗粒状，水泥进入终凝状态。18.5 小时水泥熟料的表面和颗粒间空隙的大部分均已被粒状的水化产物覆盖和充填[图 2.1.1-2(k)]。随着水化时间的延长，从 18.5 小时到 65.5 小时[图 2.1.1-2(k)、(l)]，水化产物的颗粒个数几乎保持不变，但单个颗粒均逐渐生长变大(颗粒呈等粒状)，使显微结构变得越来越致密。

许多学者对水泥水化过程进行了系统的研究，并提出了一系列理论模型，这些理论大致可以分为两类：保护层理论与延迟成核理论。从实验观察结果来看，保护层理论与我们的研究比较相符。本研究结合国外的一些新研究成果，对早期水化机理提出了新的理解，特别是对诱导期产生和结束的解释。为讨论问题方便，本研究将硅酸盐水泥初期水化过程按传统水化理论分为五个阶段，即：预诱导期、诱导期、加速期、减速期和稳定期。图 2.1.1-3 是根据 ESEM 连续观察的结果所概括的硅酸盐水泥早期水化机理图。

(1) 预诱导期

水泥颗粒与水相互接触后立即发生水化，固相和液相之间就开始以离子形式发生物质交换。首先由水分子向物质表面提供 H$^+$，为保持电价平衡，钙离子进入溶液，同时由于溶液中 H$^+$ 浓度降低，OH$^-$ 离子浓度升高，造成的结果是原来 C$_3$S 表面结构被破坏，转变成一层无定形态的表面层。这层表面层含有钙离子、硅酸盐阴离子以及水分子，是一种固液混合相。由于熟料中某些溶解度高的组分溶解以后，特别是 C$_3$A 释放出 Ca^{2+} 和 Al(OH)$_4$$^-$，石膏释放出 Ca^{2+} 和 SO$_4$$^{2-}$ 离子后，液相中的 Ca^{2+}、OH$^-$、SO$_4$$^{2-}$、Al(OH)$_4$$^-$、K$^+$ 和 Na$^+$ 的浓度迅速增大，数分钟之内就开始出现第一批空心针状水化产物(可能是钙矾石)，并生成一层 C-S-H 水化物的保护膜，这和早期水化的 DTA 曲线上的出现的一个弱峰相对应。保护膜的形成将无水物和液相隔开，阻碍了硅酸盐离子的扩散，大大减缓了水化反应速度。C$_3$S 颗粒表面易溶的反应剂耗尽是诱导期产生的直接原因。

有证据表明，C$_3$A 颗粒水化时诱导期的产生也与表面形成的一层无定形的钙矾石相物质有关，这层凝胶状物质由 Ca^{2+}、AlO$_4$$^-$、SO$_4$$^{2-}$ 和 OH$^-$、K$^+$、Na$^+$ 组成。

预诱导期阶段在 20 分钟以内结束，该阶段主要由化学反应所控制，反应速度很快。保护膜的形成导致了预诱导期的结束和诱导期的开始。

(2) 诱导期

预诱导期末形成的半液态保护膜层是由高度质子化的硅酸盐离子和水分子组成的流动的氢键网络所组成的。ESEM 观察的结果表明保护膜逐渐推进直至将整个颗粒表面覆盖。该膜是一种半透膜，钙离子可以通过此膜向外扩散，但有一部分又会被过量的负电荷吸附在保护膜表面，形成一扩散双电层，而薄膜以下的未水化物溶解后形成的硅酸盐离子则不能通过渗透膜，因而使渗透压力增加。当渗透压力大到足以使薄膜在薄弱处破裂，缺钙的硅酸盐离子就被挤入液相，并和钙离子结合，生成各种无定形的 C-S-H，C-S-H 将

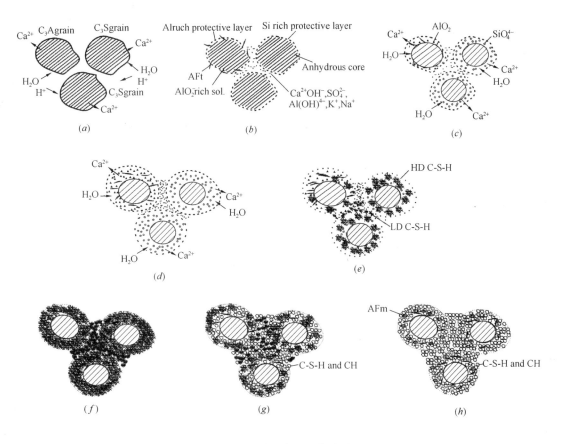

图 2.1.1-3　硅酸盐水泥早期水化机理

（*a*、*b*—预诱导期；*c*、*d*—诱导期；*e*、*f*—加速期；*g*—减速期；*h*—稳定期）

（*a*）Within 5；（*b*）Within 20；（*c*）After；（*d*）；（*e*）；（*f*）After 5h；（*g*）After 10h；（*h*）After 1d

按照"硅酸盐花园"（silica garden）的模式而生长。保护膜的破裂标志着水化进入加速期阶段，Mollah 的工作证明了这一点。

诱导期阶段约从 20 分钟到 4 小时，该阶段主要由扩散控制，反应速度慢。保护膜的破裂导致了诱导期的结束和加速期的开始。

（3）加速期

进入加速期，钙离子和硅酸盐浓度相对于 C-S-H 来说达到过饱和，大量树分叉状的 C-S-H 高速生长，在颗粒表面附近形成类似于网状形貌的产物，而在颗粒间的原充水空间里形成近球状形貌的产物。由于扩散作用，硅酸盐离子从固相至液相形成一个浓差梯度，导致在原熟料颗粒周界附近生成富硅贫钙的高密度（HD）C-S-H，而在颗粒间的液相中生成富钙贫硅的低密度（LD）C-

S-H。Gartner 认为 C-S-H 的这种结构是其生长方式所造成的结果。成核过程分为异质成核（在一个已存在的表面上）和同质成核（在溶液中）两种方式，前一种方式需要的表面能位垒较低。溶液中硅酸盐离子浓度较低，而且异质成核比同质成核更易发生，因而 C-S-H 首先在颗粒表面形成。C-S-H 一般生长成弯曲状、扭曲的薄片状或条带状，新的生长点主要出现在薄片状产物的边缘或者条带状产物的两端。按此方式生长，C-S-H 生长成网络状的形貌，具有较低的 $n(Ca)/n(Si)$ 比。加速期阶段约从 4 小时到 10 小时，该阶段主要由化学反应控制的，反应速度快。加速期内水化产物在空间生长受到明显的阻碍之前，生长速度呈指数增长。C-S-H 的生长速度是加速期水化反应速度控制的主要因素。

17

（4）减速期

随着熟料颗粒周围水化物厚度增加，水化反应速度减缓，对应于放热曲线的减速段。水化物层不断增厚，并继续向颗粒间的空间扩充及填充水化产物层内的间隙。这样水化体越来越致密，水的渗透越来越困难，水化进入慢速稳定发展阶段——稳定期。

减速期阶段约从 10 小时到 1 天，该阶段主要由化学和扩散控制，反应速度适中。

（5）稳定期

1 天以后水化产物颗粒数目几乎保持不变，但单个颗粒均逐渐生长变大，显微结构逐渐致密化。该阶段水化主要是通过离子在固体中的移动和重新排列来实现的。

稳定期开始于 1 天以后，该阶段主要由扩散控制，反应速度很慢。

综上所述，结合 ESEM 试验观察结果，将硅酸盐水泥早期水化过程分为预诱导期、诱导期、加速期、减速期和稳定期五个阶段描述。

预诱导期阶段（20min 之内）由化学反应控制，反应速度很快。该阶段所发生的水化过程是：水泥开始水解，释放出离子，C_3S 表面形成低 $n(Ca)/n(Si)$ 层，第一批水化产物产生，并生成一层 C-S-H 水化物的保护膜。

诱导期阶段（20min～4h）由扩散控制，反应速度慢。该阶段所发生的水化过程是：保护膜逐渐推进直至将整个颗粒覆盖，膜内外产生渗透压力差，当渗透压大到足以使薄膜在薄弱处破裂时，缺钙的硅酸盐离子就被挤入液相，并和钙离子结合，生成为各种无定形的 C-S-H。

加速期阶段（4～10h）由化学反应控制，反应速度很快。该阶段所发生的水化过程是：Ca^{2+} 和 $H_{4n}(SiO_4)_n$ 浓度相对于 C-S-H 来说达到过饱和，大量树枝分叉状的 C-S-H 高速生长，在颗粒表面附近形成类似于网状形貌的产物（高密度（HD）C-S-H），而在颗粒间的原充水空间里形成近球状形貌的产物（低密度（LD）C-S-H）。

减速期阶段（10h～1d）由化学和扩散控制，反应速度适中。该阶段所发生的水化过程是：水化产物继续生长，由无定形的富水的凝胶状转变为无定形的颗粒状，显微结构继续发展。

稳定期阶段（1d～）由扩散控制，反应速度很慢。该阶段所发生的水化过程是：水化产物颗粒数目几乎保持不变，但单个颗粒均逐渐生长变大，显微结构逐渐致密化。

诱导期是水泥早期水化较关键的环节，保护膜的形成导致了预诱导期的结束和诱导期的开始，而保护膜的破裂导致了诱导期的结束和加速期的开始。C-S-H 的生长速度是加速期水化反应速度控制的主要因素。

2）掺低钙粉煤灰后水泥熟料颗粒的水化

图 2.1.1-4 是从连续记录中所截取的相同水泥熟料颗粒在掺低钙粉煤灰后不同水化时期的形貌特征片断。加水 2h 后，在水泥熟料颗粒间和水泥颗粒表面就形成了一些水化产物的晶芽或雏晶[图 2.1.1-4(c)]，19h 时熟料的表面和颗粒间孔隙的大部分均被水化产物（微晶）覆盖和充填[图 2.1.1-4(d)]；随着水化时间的延长，水化产物的颗粒数几乎保持不变，但单个颗粒均逐渐生长变大，而且是呈近似于三维均等地生长（颗粒呈等粒状），使得熟料颗粒表面和孔隙充填变得越来越致密[图 2.1.1-4(e)～图 2.1.1-4(f)]。与水泥净浆相比，掺低钙粉煤灰后水泥熟料颗粒的水化产物出现略晚。

3）低钙粉煤灰颗粒的水化

初始加水后，粉煤灰颗粒周围有较大的空隙[图 2.1.1-5(b)]，水化 19h 后，熟料颗粒表面布满了水化产物的微晶[图 2.1.1-4(d)]，但仍未见有 C-S-H 水化产物的颗粒在低钙粉煤灰颗粒表面出现，粉煤灰颗粒表面仍很光洁。但 20h 时可见一些水化产物已开始填充粉煤灰周围的空隙[图 2.1.1-5(c)]，水化至 65h，粉煤灰颗粒周围的结构和水化产物与 42h 时的没有显著变化，粉煤灰

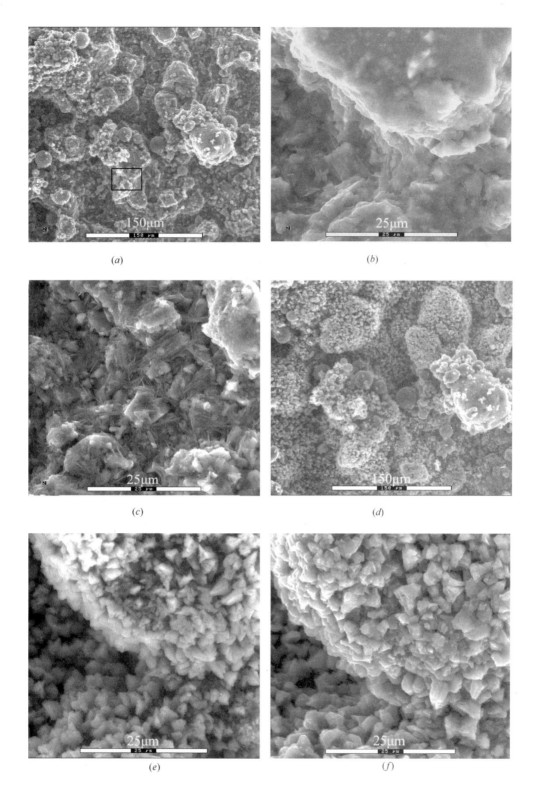

图 2.1.1-4 掺入粉煤灰后水泥熟料颗粒水化产物和结构形成过程的 ESEM 照片

(a) 粉煤灰和水泥加入水后的初始状态;(b) 水泥熟料的初始状态;(c) 方框区 2h 时的水化状态;

(d) 方框区右上角 19h 时的水化状态;(e) 方框区 43h 时的水化状态;(f) 方框区 65h 时的水化状态

颗粒表面仍没有被水化产物包裹,颗粒孔隙间也没有完全被充填[图 2.1.1-5(d)、(e)],特别要注意的是,在水化早期,粗颗粒与细颗粒粉煤灰的水化程度也没有明显差别。

4)高钙粉煤灰颗粒的水化

高钙粉煤灰颗粒周围和颗粒表面水化产物的

图 2.1.1-5　超细低钙粉煤灰水化产物和结构形成过程的 ESEM 照片

(a) 粉煤灰和水泥加入水后的初始状态；(b) 低钙粉煤灰颗粒的初始状态（图 2.1.1-5 (a) 方框区放大）；(c) 方框区 20h 时的
水化状态；(d) 方框区 42h 时的水化状态；(e) 方框区 65h 时的水化状态；(f) 图 2.1.1-5 (e) 的局部放大

变化则与低钙粉煤灰的有很大不同。加水不久，尽管高钙粉煤灰颗粒周围也有一些孔隙存在，但颗粒的某些部位已与水化产物间连接起来，表明已有 C-S-H 水化产物粘附在高钙灰颗粒上生长[图 2.1.1-6(a)]。水化 19h 时，高钙灰颗粒表面水化产物略有增多，但颗粒周围结构变化不明显

图 2.1.1-6　高钙粉煤灰颗粒水化产物和结构形成过程的 ESEM 照片

(a) 高钙粉煤灰颗粒的初始状态；(b) 方框区的局部放大；(c) 19h 时的水化状态；(d) 方框区 19h 时的局部放大；
(e) 43h 时的水化状态；(f) 方框区 43h 时的局部放大

[图 2.1.1-6(c)]。至水化 43h 时，水化产物已几乎把高钙粉煤灰颗粒包裹起来了[图 2.1.1-6(e)]。在连续观察过程中还发现，高钙粉煤灰在早期水化阶段(0～43h)，其颗粒表面并不发生明显的变化，始终保持光滑，其表面覆盖的 C-S-H 水化颗粒均是由凝胶中析出粘附上去的，而不是其颗

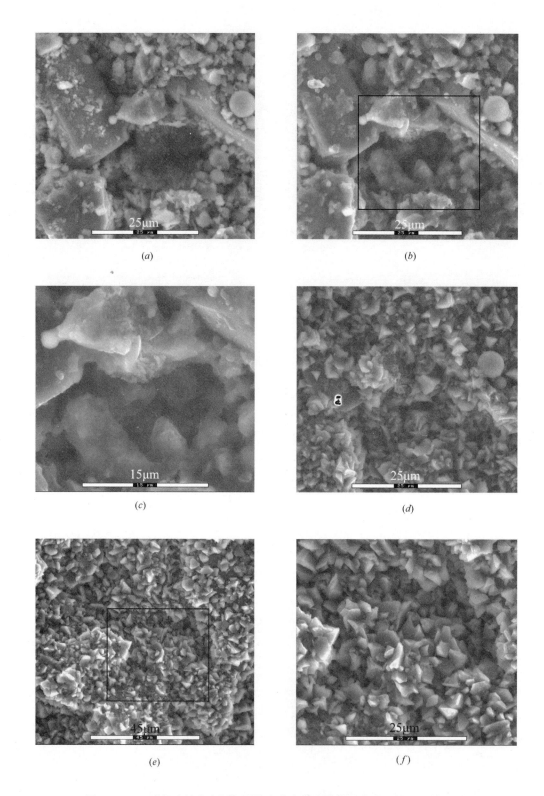

图 2.1.1-7　磨细矿粉和高钙灰颗粒水化产物和结构形成过程的 ESEM 照片

（a）磨细矿粉和高钙灰颗粒的初始状态；（b）19h 时的水化状态；（c）方框区的局部放大；（d）43h 时的水化状态；

（e）43h 时的水化晶体；（f）图 2.1.1-7（e）方框区的放大

粒本身生长出来的[图 2.1.1-6（f）]。

5）磨细矿粉颗粒的水化

图 2.1.1-7 反映了磨细矿粉颗粒表面和颗粒周围水化产物的形成情况，该观察区域共有三个矿粉颗粒，在图右上角处还有两颗高钙粉煤灰颗粒作为对比，其粒径分别约为 $7\mu m$ 和 $4\mu m$ 左右

[图 2.1.1-7(a)]。水化至 19h 时[图 2.1.1-7(b)、(c)]，在矿粉表面出现零星的水化产物，而在其颗粒周围的空隙中，水化产物则有较多的出现；随水化时间的延长，水化产物逐渐增多，至 43h 时[图 2.1.1-7(d)～(f)]，水化产物已经把矿粉颗粒包裹起来。但与矿粉同处一个区域的高钙粉煤灰，尽管其颗粒的粒径远比矿粉的小（比表面积则远大于矿粉），但不论是大颗粒还是小颗粒，均未在其表面发现有水化产物的生成[图 2.1.1-7(d)]。与此不同的是，当高钙粉煤灰单独与水泥熟料颗粒进行水化时，至 43h 时[图 2.1.1-7(e)]其颗粒表面已接近于全面被水化颗粒包裹。

6）微区结构形成过程

图 2.1.1-8 反映了掺低钙粉煤灰、矿粉水泥基材料微区结构的形成过程。随着水化时间的推移，C-S-H 凝胶变得越来越稠，直至呈果冻状[图 2.1.1-8(a)]；凝胶的粘度达到最大值（胶/固转换的临界值）时，在凝胶中出现水化产物针状的晶芽[图 2.1.1-8(b)]，也见到沿矿粉表面有零星针状晶芽析出[图 2.1.1-8(c)]；晶芽逐渐增多呈交织状互连，导致一些呈二维扩展的雏晶出现[图 2.1.1-8(d)]，雏晶呈板片状，外观仍然与凝胶相似，并可见其中包裹的针状晶芽，在雏晶阶段，水化产物逐步从胶体演变为真正的晶体（固体），雏晶的生长也由二维延展为主逐渐变为晶体生长的三维扩展，雏晶逐渐演化至出现清晰的晶面，则进入了微晶阶段[图 2.1.1-8(e)、(f)]，在微晶阶段，水化矿物的颗粒数量不再增加，各个微晶颗粒逐渐增大，导致水化矿物的总量增加。图 2.1.1-8(g)（图中箭头所指区域）记录了水泥基材料水化早期（约 20 分钟）C-S-H 凝胶充填微孔隙的连续过程。水泥熟料颗粒水化形成的 C-S-H 凝胶沿着其表面一层一层地向外扩展，逐渐使得其与粉煤灰颗粒间的孔隙得以充填密实。

本次对微结构形成的观察仍然还有一些不明了之处，特别是雏晶演化至微晶阶段的记录不够完善，有待进一步的工作。

3. 高性能水泥基材料的形成机理

1）活性掺合料在水泥基材料水化过程中的差异

低钙粉煤灰、高钙粉煤灰和磨细矿粉在水泥基浆体中的水化过程观察表明，C-S-H 水化产物除了在水泥颗粒表面生成外，它也将首先出现在矿粉表面并包裹矿粉，其次是高钙粉煤灰颗粒，最后是低钙粉煤灰颗粒（本次观察的时限内未见有水化产物在其表面生成）。造成这种差异的原因主要在于上述三种颗粒的矿物相不同。

粉晶 X 衍射分析表明，虽然低钙粉煤灰、高钙粉煤灰和矿粉的主要物相均是以玻璃质为主，结晶相比例均较低，但三者的结晶相存在着明显的差别。低钙粉煤灰出现的最强结晶相峰是莫来石，其次是石英、方镁石、磁铁矿和赤铁矿（图 2.1.1-9 中 D）；高钙粉煤灰出现最强结晶相峰是生石灰，其次是莫来石、硫酸钙、赤铁矿、磁铁矿，此外，还生成了水泥熟料中的矿物，如 β-C_2S、C_4AF 和 C_6A_2F（图 2.1.1-9 中 B）；矿粉中的晶体相主要有硅钙石（C_3S_2）、透辉石（CMS_2）、碳酸钙、尖晶石（MA）、β-C_2S、C_4AF 和硫酸钙（图 2.1.1-9 中 K）。当水化发生时，矿粉和高钙粉煤灰所含有的一些与水泥熟料矿物相似的物相将起晶芽的作用，导致水化矿物结晶、析出时的能力大大降低，水化矿物将优先在其颗粒表面析出。由于矿粉比高钙粉煤灰更接近于水泥熟料，因而水化产物在矿粉表面将更先析出。而低钙粉煤灰颗粒仅含有一些惰性矿物，水化矿物较难克服结晶能垒在其表面析出。

若将火山灰活性定义为：活性掺合料参与水化反应并在单位面积形成水化产物的速率，那么可以发现，在水化早期，掺合料的细度与火山灰活性没有明显关系，参与水化反应的粉煤灰颗粒大小悬殊，如图 2.1.1-5 所示，但并没有发现在细粒径粉煤灰颗粒表面出现水化产物而粗粒径粉

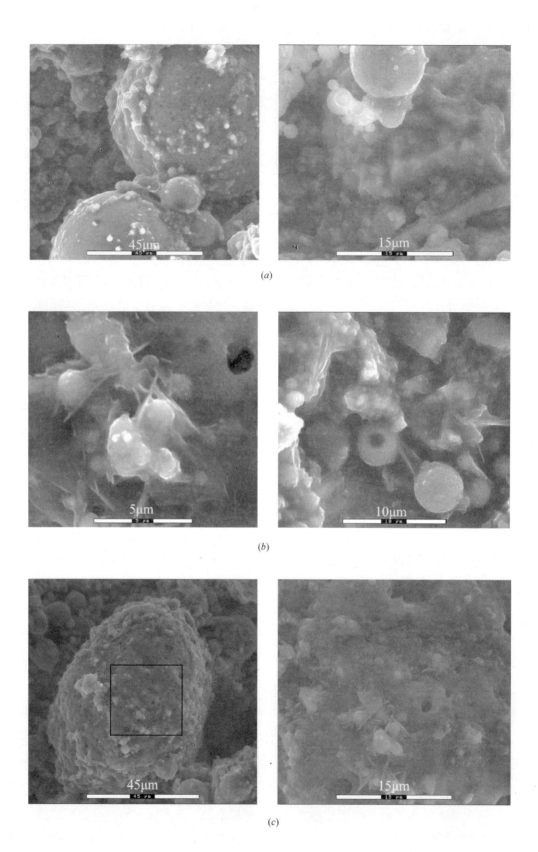

(d)

(e)

(f)

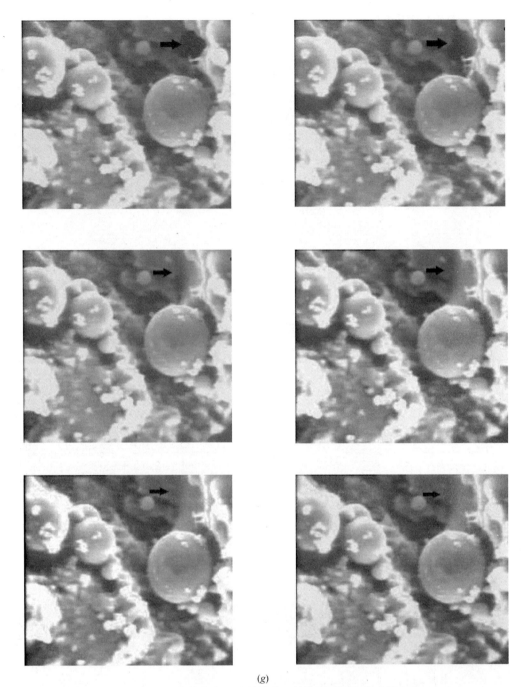

(g)

图 2.1.1-8　高性能水泥基材料微区结构形成过程的连续观察

(a) C-S-H 凝胶；(b) 水化产物晶芽；(c) 水化产物晶芽 (说明：右图为左图方框区域的放大)；

(d) 雏晶；(e) 微晶；(f) 微晶；(g) 微区结构充填

煤灰颗粒表面无水化产物的现象，即在早期，水化产物（水化反应的标志）出现先后与粉煤灰颗粒的粒径无直接关系。相对而言，较细的低钙粉煤灰确实能比较粗的增加水泥基材料的早期强度，这可能主要与其填充效应有关。

水化过程连续观察还表明，磨细矿粉的水化过程与水泥熟料颗粒的水化过程相类似。若将水泥熟料水化定义为一次水化，C-S-H 凝浆中的 $Ca(OH)_2$ 对粉煤灰等玻璃体腐蚀反应后再产生类似于 C-S-H 水化相为二次水化，那么，矿粉的水化相当于水泥熟料水化，基本上属于一次水化，或者是由于矿粉的一次水化较强烈，相应的水化产物较密实地覆盖了其表面，使其颗粒内部的二次水化比较困难。那么"矿粉的早强好，后期强度

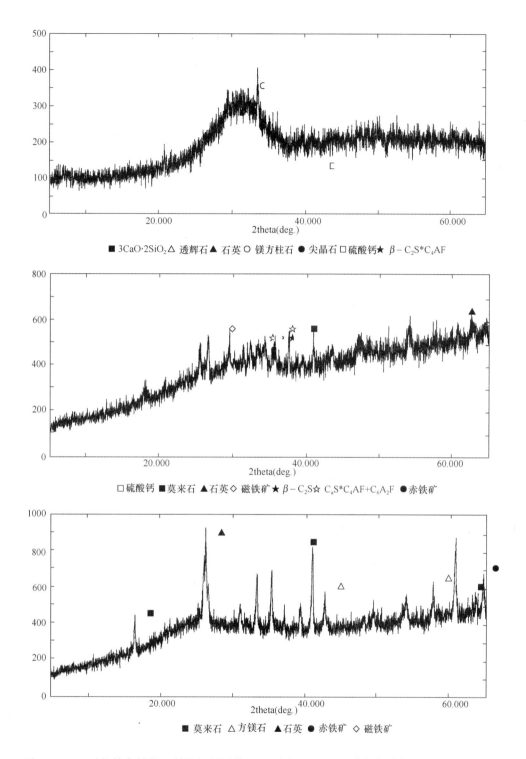

图 2.1.1-9 矿物掺合料的 X 射线衍射图谱（K—磨细矿渣，B—高钙粉煤灰，D—低钙粉煤灰）

较弱"的性质也就在情理之中了。

2）水胶比对水泥基材料水化的影响

水泥净浆水化的过程表明水化反应是以未水化颗粒为结晶中心，倾向于在其表面生长，这将导致其颗粒内部的水化比较缓慢，有的混凝土在建后几十年仍可以看到其中心未完全水化的熟料颗粒。粉煤灰等工业废渣在混凝土中可充当结晶中心，替代未水化熟料的角色，而且粉煤灰抗压强度要比水泥熟料颗粒大得多，这就可以解释为什么混凝土中水泥的含量并不是越高越好，混凝土中水泥含量达到某一定适当程度后，如果再高，不但是一种浪费，而且反而会使混凝土的强度有所下降。用粉煤灰取代部分熟料后，不但有着优良的填充效应，而且可以增加大量结晶中心，并能发生"二次水化"，后期强度大大提高。

通过微区结构形成过程的连续观察还可以发现，晶芽出现的先决条件是水化凝胶必须达到足够大的黏度，所以降低水胶比则有助于水化矿物及早出现。水胶比对早期水化产物、水化程度、硬化浆体的显微结构也有着很大的影响。

项目组研究开发的 RPC（活性细粒混凝土），采用水泥—粉煤灰复合胶凝材料与高效减水剂协同作用，在低水胶比条件下能获得较好的力学性能。空隙率对水泥基材料的强度影响很大。在通常的水泥浆体中，水泥颗粒间的分子间作用力（范德华力）导致颗粒有相当量的团聚，这相当于降低了熟料的比表面积，进而影响到水泥熟料的水化效率，另一方面水泥颗粒的不规则形状使得颗粒之间会产生拱桥效果（无法达到紧密堆积），最终也会增大硬化浆体内的空隙率。对于普通的水泥基体系而言，细的熟料颗粒充填大颗粒间孔隙的效果不佳。高性能水泥基材料由于粉煤灰和高效减水剂协同作用，可以大大降低空隙率。其原因在于的珠状粉煤灰具有优良的形态效应，充填空隙的效果良好，另外高效减水剂的使用使拌和用水减少，从而降低了浆体的体积，提高了密实性。

由于水胶比的差异，水化早期，低水胶比的 RPC 水泥（水胶比 0.15）与高水胶比的水泥净浆（水胶比 0.27）相比要致密得多（图 2.1.1-10）。水泥净浆体内部固相（水泥颗粒）间的空隙大（水胶比大），水化空间则大，水化产物可以自由生长，在镜下一般可以辨认单个水化物；而 PRC 水泥浆体内部固相间的空隙小（水胶比小），水化产物受水化空间的限制，无法自由生长，倾向于交织或胶结在一起，很快形成牢固的浆体结构，镜下甚至无法辨认清单个水化物。

粉煤灰通过粉体对新拌水泥浆体的润滑作用和填充解絮作用来提高浆体的流动性。润滑作用

图 2.1.1-10　净浆和 RPC 材料 24h 水化状况比较

(a) 净浆 24h 的水化状况；(b) RPC24h 的水化状况

指的是粉煤灰的球形颗粒在新拌浆体中具有滚珠轴承的作用，可以减少水泥颗粒间的摩擦阻力，提高新拌浆体的流动性，这是粉煤灰所特有的性质；填充解絮作用指的是较细的粉煤灰颗粒与较粗的熟料颗粒形成良好的颗粒级配，实现颗粒间的紧密堆积，粉煤灰可以填充在原本由水充填的水泥熟料颗粒间隙中，有助于打散水泥熟料颗粒的团聚结构，并使间隙中的水分得以释放，提高了浆体的流动性。这两种作用显然受到粉煤灰自身的颗粒形貌和细度的影响，这些影响因素有正有负，需作具体的分析。

新拌浆体中的水可分为两种，一种是填充水，它存在于固体颗粒间的空隙，这部分水是新拌浆体的一个组成部分，对浆体流动性是不起作用的，另

一种是颗粒表面水，这部分水由两部分组成，即颗粒表面的吸附水和吸附水外部的水膜层水，吸附水对流动性也不起作用，只有颗粒外表面的水膜层水对流动性起作用，水膜层越厚，流动性越好。严捍东认为，新拌浆体中的水应由三部分组成，即填充水、表面吸附水和自由水，水膜层水也应包含在自由水中，自有水将会改善新拌浆体的黏稠性，提高浆体流动性。自由水除因比表面积增加会向表面吸附水转化外，自由水和填充水间也会发生转化，这取决于粉煤灰取代水泥后是增加还是降低复合材料的空隙率，如空隙率增加，则自由水转化为填充水，这将降低流动性。研究表明，如果保持水胶比不变，用优质粉煤灰取代部分水泥后，新拌浆体中表面填充水的比例将降低，而自由水的比例将提高，即浆体流动性增加。

3）成核速度和晶面生长速度与材料界面结构的关系

本研究证实，在水化的早期阶段，水化产物由雏晶向微晶转变后，微晶晶体的数量和形状就基本确定。这说明水泥基材料的水化早期阶段非常重要，几乎对水泥基材料的力学性能和耐久性有决定性的影响。

水泥熟料矿物硅酸钙（或铝酸钙）在水化时，其水化产物的成核速度和晶面生长速度控制了水化产物的晶体数量和晶粒大小（图 2.1.1-11）。当水化产物具有较大的成核速度和较小的晶面生长速度时，趋向于形成颗粒较多、较细、分布较均匀，近似成等粒状（三维近乎均等）的水化产物晶体（第一种情况）；反之，若具有较大的晶面

生长速度和较小的成核速度，那么就趋向于形成颗粒较少、较大、分布不均匀、二维延伸（三维不均等）的水化产物晶体（第二种情况）。

C-S-H 凝胶集料之间的有效界面面积、水化凝胶的浓度、水化时的温度、晶种多寡等是控制水化矿物成核速度和晶面生长速度的重要因素。由于水泥基材料的强度（耐久性）主要受其强度最弱的区域的限制（水桶原理），若水化产物分布不均匀，则强度就会降低。显然第一种情况形成的材料力学性能要优于第二种情况。

图 2.1.1-12 为纯水泥浆体和含粉煤灰水泥浆体水化产物的 SEM 照片，粉煤灰水泥浆体中粉煤灰与水泥的混合比为 3：7。掺入粉煤灰后，水泥浆体水化产物的显微形貌有了很大改变，在水化早期尤其是这样。在无粉煤灰的水泥浆体中，纤维状、棒状水化产物生长良好，晶体数量较多，趋向于二维延长［图 2.1.1-12（a）］；而在同样龄期的掺粉煤灰的水泥浆体，水化产物的形状不太一样［图 2.1.1-12（b）］，水化产物二维延伸不明显，呈细粒状的为主。这从一个侧面论证了上述的理论推断。

4）水泥基材料高性能产生的原因

在水泥基材料中掺入优质粉煤灰相当于增加

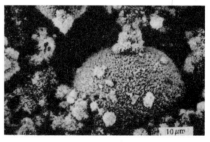

(a)

(b)

图 2.1.1-12　浆体水化产物的 SEM 照片

（a）纯水泥浆体；（b）含粉煤灰水泥浆体

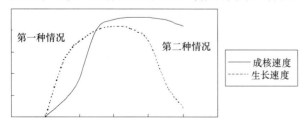

图 2.1.1-11　晶体成核密度和晶面生长速度曲线示意图

了晶芽附生的有效界面；矿粉通常本身水化产生较多的水化硅酸钙，相当于提供了附加的晶种；低水胶比则相当于提供了足够的水化凝胶浓度，这些均会导致水泥基材料水化时趋向于形成第一种情况，这也是优质粉煤灰、矿粉和低水胶比能改善水泥基材料力学强度和耐久性的原因之一。

4. 采用 AFM 研究水泥浆体早期演化过程

原子力显微镜作为一种在扫描隧道显微镜（STM）基础上出现的新型扫描探针显微镜，是新兴表面分析成像技术中发展较为显著的一种。其工作原理如图 2.1.1-13 所示：当探针在样品的表面扫描时，如果保持探针尖端和样品表面的原子间存在的微弱斥力恒定，则微悬臂将随着样品表面原子分布的变化而在垂直于样品表面的方向上起伏变化。这时如果把 STM 的探针固定在微悬臂的上方，当微悬臂上下变动时就会引起微悬臂和 STM 探针间隧道电流的变化，利用隧道电流检测法和计算机图像处理技术就可以获得样品表面的精细图像。

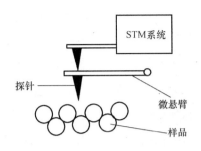

图 2.1.1-13　AFM 工作原理示意图

原子力显微镜的工作模式主要可分为准静态模式（又称接触模式）和动态模式（又称轻敲模式）两种。在准静态模式下，仪器有达到原子级的分辨率，这种模式一般适于观察具有硬质表面的样品；在动态模式下分辨率相对较低，达不到原子水平，一般为纳米量级。动态模式探针由于探针不接触样品表面，因而可以用来观察未硬化的水泥浆体。

各种显微手段的比较如表 2.1.1-3 所示。原子力显微镜突出的优点是：不仅适用于导体、半导体、绝缘体样品，还可应用于各种环境，特别是各种液体环境。

各种显微手段的比较　　　　　　　　　　　　　　　　　表 2.1.1-3

	Resolution	Working Environment	Working Temperature	Influence to Sample	Detect Depth
AFM	Atom Level	Atmosphere, Solutionand Vacuum	Room Temperature	No	1～2Atom Layer
TEM	0.1～0.2nm	High Vacuum	Room Temperature	Little	<1000nm
SEM	6～10nm	High Vacuum	Room Temperature	Little	μm Level
FIM	Atom Level	Super High Vacuum	30～80K	Yes	Atom Level
ESEM	4nm	Low Vacuum	−15～1000℃	Little	μm Level

课题组尝试使用 AFM 观察水灰比分别为 0.20、0.28、0.32 三个水化 1d 龄期的水泥净浆样品的表面形貌，试验所用仪器为 Nannoscope Ⅲ Digital Instrucment, Inc. 系统，在室温、大气条件下，以接触恒力方式工作，扫描速率 1～4Hz，扫描区域变化范围为：852×852nm～5×

5μm，每幅图像的扫描区域和扫描速率根据设置的参数大小确定。表面高低起伏在 AFM 图像中是按不同的灰度等级表示的，浅色的为高，深色的为低。观察结果如图 2.1.1-14～图 2.1.1-16 所示。

图 2.1.1-14 是水灰比为 0.20 的水泥净浆样

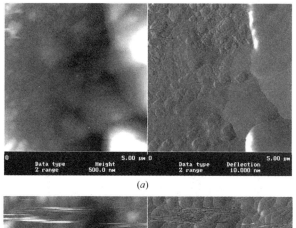

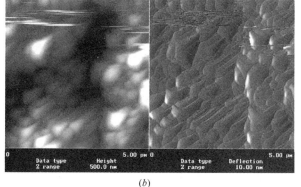

图 2.1.1-14 水化 1d 水泥净浆
的 AFM 照片（$W/C=0.20$）

（a）水泥净浆水化 1d 的 AFM 照片（scan angle=0°）；

（b）45°方向扫描图（scan angle=45°）

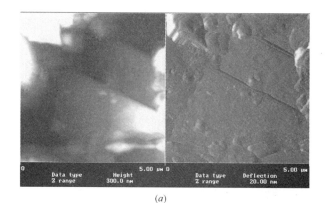

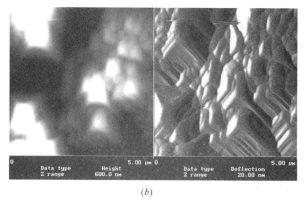

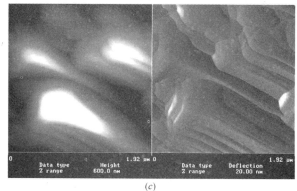

图 2.1.1-15 水化 1d 水泥净浆的 AFM 照片
（$W/C=0.28$）

（a）水泥净浆水化 1d 的 AFM 照片（scan angle=0°）；

（b）45°方向扫描的 AFM 形貌图（scan angle=45°）；

（c）图 2.1.1-15（b）右下角局部放大（scan angle=45°）

品的 AFM 照片，水化龄期为 1d。图 2.1.1-14（a）采用 1Hz、5×5μm 扫描参数进行扫描，左图是样品表面三维的实际形貌，右图是对左图 Z 方向上求一阶导数所得到的形貌图，突出了 X、Y 方向二维的平面信息，通过该图可以更清楚地了解颗粒 X、Y 二维的形貌特征；图 2.1.1-14（b）是对该样品表面以 45°角扫描的结果，扫描参数为 1Hz、5×5μm、45°，这种扫描方式可以更清楚地观察到样品表面 Z 方向的特征。

图 2.1.1-15 是水灰比为 0.28 的水泥净浆样品的 AFM 照片，水化龄期为 1d。图 2.1.1-15（a）的扫描参数为 1Hz、5×5μm、0°；图 2.1.1-15（b）是对该样品表面以 45°角扫描的结果，扫描参数为 1Hz、5×5μm、45°；图 2.1.1-15（c）是图 2.1.1-15（b）右下角区域的局部放大，扫描

参数为 3Hz、1.92×1.92μm、45°。

图 2.1.1-16 是水灰比为 0.32 的水泥净浆样品的 AFM 照片，水化龄期为 1d，扫描参数为 1Hz、5×5μm、0°。从图中可以看出水灰比为 0.20 的水泥净浆样品水化产物细小而密集，而水灰比为 0.28 和 0.32 的样品水化产物颗粒逐渐增大，分布越来越稀疏。

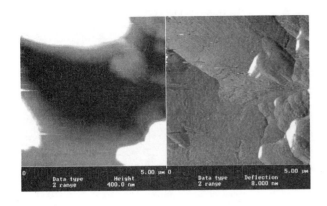

图 2.1.1-16　水化 1d 水泥净浆的 AFM 照片

(W/C=0.32)

　　为了进行对比研究，本部分采用 JSM-5900
扫描电镜对上述三种样品进行照相。图 2.1.1-17
中的（a）、（b）、（c）是水灰比分别为 0.20、
0.28、0.32 浆体的 SEM 相片。

　　SEM 用聚焦的电子束作为探针，通过接收表
面激发出的二次电子，得到放大的扫描电子图像，
其垂直分辨率和水平分辨率分别为 10nm 和 2nm。
因存在着垂直分辨率低，需在真空环境下工作等
缺点，故目前该仪器主要用于对样品表面形貌的
定性分析。另外，对于硅酸盐等不导电的材料，
需要在其表面喷一层碳或金（一般为几百 Å 厚）
才能观察，这样做会掩盖样品表面的精细结构。

　　AFM 纵向分辨率为 0.1nm，横向分辨率为
10nm。故它能分辨被测表面具有亚微米量级横向
尺度的峰和谷。而且用 AFM 实施观察样品无须
任何预处理，且能在常温常压下提供高分辨率的
形貌特征。它的缺点在于易受灰尘干扰。具有亚
微米尺度的尘埃由于范德华力的作用而易吸附于
样品表面，AFM 的探针不能像机械触针式轮廓
仪那样划开它们，故它们对测量结果产生较大的
影响。另外 AFM 要求超静环境，当进行高分辨
率扫描时，一些微小的振动（如人说话或走路等）
都会影响观察的效果［图 2.1.1-14（b）上的干扰
波痕就是人说话的声波振动造成的］但总的来说，
AFM 被公认是一种理想的超光滑表面形貌分
析仪。

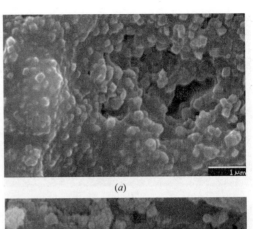

(a)

(b)

(c)

图 2.1.1-17　水泥净浆水化 1d 的 SEM 照片

（×20000）

（a）净浆 SEM 照片（W/C=0.20）；（b）净浆 SEM 照片
（W/C=0.28）；（c）净浆 SEM 照片（W/C=0.32）

　　长期以来一直是以二维参数来评定表面形貌，
即以扫描获得的轮廓线作为评定的基础。但随着
表面分析研究的深入和对表面性能要求的提高，
二维参数评定已不能满足工程界的需求。目前，
国际上包括 ISO 在内的许多组织正积极探索三维
评定参数。虽然三维评定参数还没有最终确定，
但用三维评定参数取代二维参数已是大势所趋。
借助 AFM，可以观察水化产物颗粒的三维形貌并
测量颗粒的尺寸。图 2.1.1-14 中清楚地看到水化

产物颗粒的三维形貌，颗粒尺寸可以直接从图中读出，典型颗粒的高度和宽度均为几百纳米，这与 SEM 观察的结果相吻合。AFM 照片提供了比 SEM 照片更为丰富的信息，对形貌的反映也更为精细。

对于目前的 AFM 仪器而言，由其所提供的信息很难确定所研究的颗粒到底是哪一种水化产物。这可能有待于改进仪器（如配附辅助分析仪等）或借助于其他手段进行补充研究来解决。

本次研究尚处于初步研究阶段，仅将 AFM 运用于研究 1d 龄期的水泥硬化浆体。在试验过程中我们发现该仪器有许多优良的特性，可以应用于水泥水化过程连续观察。另外 AFM 还可以在原子级分辨率的水平上对各种样品的腐蚀表面进行现场观察，因此可应用于研究水泥基材料的冻融循环、各种腐蚀（氯化物、硫酸盐等）及损伤失效机理。

本小节采用 ESEM 观察了 C-S-H 凝胶→晶芽→雏晶→微晶→微区结构充填的连续演化过程；在水化早期阶段，水化产物的数量和形状就基本确定，水化产物的成核速度和晶面生长速度控制了水化产物晶体数量和晶粒大小，而水化凝胶与集料间的有效界面、凝胶浓度、水化温度和晶种多寡等则是影响这两种速度的主要因素；不同活性掺合料由于其本身所含的矿物相不同，导致其水化产物生成的时间也不同。

在水泥基材料中掺入优质粉煤灰相当于增加了晶芽附生的有效界面；矿粉通常本身水化产生较多的水化硅酸钙，相当于提供了附加的晶种；低水胶比则相当于提供了足够的水化凝胶浓度，这些均会导致水泥基材料水化时趋向于形成颗粒较多、较细、分布较均匀，近似成等粒状（三维近乎均等）的水化产物晶体，从而改善了水泥基材料的力学强度和耐久性。

原子力显微镜是一种理想的超光滑表面形貌分析仪，分辨率高，观察样品无需任何预处理，

可以在原子级分辨率的水平上对各种样品进行现场观察，其缺点是易受灰尘干扰且要求超静环境。

2.1.2　Ca(OH)₂ 晶体在水泥水化早期形成的影响因素及其对硬化浆体性能的影响

在水化早期硅酸盐水泥水化产物的数量和形状就已经基本确定，而晶体成核速度和生长速度这两个相互影响的速度是控制水化产物数量和形状的关键因素，水灰比、温度、粉煤灰掺量、矿粉掺量、养护条件等条件的变化都会对水化产物的晶体成核速度和生长速度产生影响。本书以 X 射线衍射（XRD）以及扫描电镜（SEM）为手段，研究水灰比和粉煤灰掺量对晶体形成的影响。

1. 水灰比对水泥水化早期 Ca(OH)₂ 晶体形成的影响研究

1）概念

结晶过程可以被看作是一个晶体成核和生长的过程。液态结构从长程（整体）来说，原子排列是不规则的，而在短程（局部）范围内存在着接近于规则排列的原子集团，这些原子集团可相互结合形成微细的结晶粒子。但这种微晶粒需要吸收一定的能量（称为成核能，可自体系内部的能量起伏获得）才能长大，直至达到一定的临界尺寸。超过临界尺寸大小的微晶粒称为晶核。成核是一种生成物的一系列超过临界尺寸的微晶在过饱和溶液中同时形成。如果成核是自发产生的，而不是靠外来的质点或基底的诱发，这样的成核称为均匀成核；相反，如果成核是靠外来的质点或基底的诱发而产生的，这样的成核称为非均匀成核。在溶液过饱和度较低的情况下，非均匀成核过程更容易发生。

对于均匀成核的情况，整个结晶过程受两个相互影响的速度所支配，即晶体成核速度（V_N）

和生长速度（V_G）。晶核形成的速度与出现新相（晶相）之前溶液能够达到的相对过饱和程度有关，即：

$$V_N = k\frac{c-s}{s} \qquad (2.1.2\text{-}1)$$

式中 c 为晶核析出前为实现新相生成所需的过饱和溶液的浓度；s 为在溶液在温度 T 时的溶解度；$(c-s)$ 为过饱和程度；k 为特性常数，随物性和温度而异。此式表明单位时间内形成晶核的数目与溶液的初始相对过饱和程度 $(c-s)/s$ 成正比。

一般说来，晶体生长速度随过饱和程度的升高而增加，随分散介质黏度的增加而降低。降低温度不但增高了过饱和程度，同时也增加了介质的黏度，后者又决定粒子在介质中的扩散速度，所以通常在某一适当温度下晶体生长速度为极大。因此，晶体生长速度可由下式给出：

$$V_G = \frac{D-d}{\delta}(c-s) \qquad (2.1.2\text{-}2)$$

式中，D 为溶质的扩散系数；d 为晶核粒子的表面积；δ 为粒子的扩散层厚度。此式表明，晶体生长速度与溶质的扩散系数成正比，也与过饱和程度成正比。

由上两式可知，假定初始 $(c-s)/s$ 值较大，形成的晶核很多，因而 $(c-s)$ 值就会迅速减小，使晶体生长速度变慢，这就有利于生成数量众多但颗粒较小的晶体。当初始 $(c-s)/s$ 值较小时，晶核形成得较少，$(c-s)$ 值也相应地降低较慢，但相对来说，晶体生长就快了，有利于大颗粒晶体的生成。

在这里溶液中各种离子的初始浓度是确定的，即初始相对过饱和程度是确定的，但实际情况要复杂得多，因为当水泥与水拌合后就立即发生化学反应，水泥的各个组分开始溶解，所以经过一个极短的瞬间，填充在颗粒之间的液相将由纯水转变为含有各种离子的溶液，即溶液中各种离子的初始浓度是一个动态变化的

值。Ca^{2+}（和 OH^-）的浓度以非线性方式继续增大，在达到最大值之前，液相中 Ca^{2+} 浓度相对于 $Ca(OH)_2$ 而言已经有很大程度的过饱和。Ca^{2+} 达到最大值的时间，很大程度上取决于水灰比的大小，而且可以达到的相对过饱和程度的高低也取决于水灰比的大小。当水灰比很大时，溶液将不能达到过饱和，水化过程将按另一条路线进行。

有证据表明硅酸盐离子会延缓 $Ca(OH)_2$ 晶体的生长或可能抑制 $Ca(OH)_2$ 晶体的成核，富硅酸盐的表面也会起到同样的效果。因此 $Ca(OH)_2$ 晶体的成核主要发生在溶液中而不是发生在富硅酸盐的熟料矿物表面上，即可以将其看作一个均匀成核的过程。

2）试样制备与实验方法

制备了水灰比分别为 0.20、0.24、0.28、0.32、0.36、0.40 的六个水泥净浆样品（其中水灰比为 0.20 和 0.24 的两个水泥净浆样品拌制过程中加入高效减水剂，掺量分别为 2％和 0.8％）。将其分别编号为：1♯、2♯、3♯、4♯、5♯和 6♯，在 40mm×40mm×160mm 的标准试模中成型，置于标准养护箱内养护 24h，脱模后切片并磨制成 20mm×20mm×2mm 的片状样品，用无水乙醇使样品停止水化。

运用 D/MAX-RA 旋转阳极 X 射线衍射（XRD）仪进行分析。仪器工作状况为：Cu 靶，40kV150mA，扫描范围 5°～65°，扫描速度 10°/min。首先对 XRD 图谱上的特征峰进行矿物物相的鉴定，其次采用 XRD 线宽法测定 $Ca(OH)_2$ 晶体（001）面法线方向上的平均尺寸。XRD 图谱的不同特征反映了水化产物晶体结晶结构的差别，图中的峰高（衍射强度）和半高宽（衍射角）与晶粒的大小和形状有关，晶粒越大，衍射峰越高，半高宽越小。XRD 线宽法可用于测定 20～1000Å 的微晶颗粒的尺寸。由 X 射线衍射峰宽度数据根据 Scherrer 方法可计算出垂直该晶面晶粒的平均

尺寸，计算公式为：

$$D_{hkl} = \frac{K\lambda}{\beta\cos\theta} \qquad (2.1.2\text{-}3)$$

式中，D_{hkl} 为垂直于晶面指数为（hkl）晶面晶粒的平均尺寸；λ 为所用 X 射线波长（1.5405Å）；θ 为对应于晶面指数（hkl）的 Bragg 角；β 是由于晶粒细化引起的衍射峰（hkl）的宽化，用弧度来表示；K 为常数，具体数值与宽化度 β 的定义有关。若 β 取为衍射峰的半高宽 $\beta_{1/2}$，则 $K=0.89$，若 β 取衍射峰的积分宽度 β_i，则 $K=1$。本研究中 β 取为半高宽 $\beta_{1/2}$。

一般认为晶体在某一晶面法线方向的平均尺寸即为该晶体在这一晶面法线方向的生长量。晶体生长的速度可以由晶体生长量除以晶体生长的时间而求得。当然这种计算方法存在着一定的误差，首先晶体生长的时间影响着晶体生长的速度，例如虽然从水泥净浆加水搅拌开始到样品用无水乙醇停止水化为止的时间可以严格控制在 24h，但是由于并不清楚 Ca(OH)$_2$ 晶体生长的真正起始时间，所以将 24h 等同为晶体生长的时间存在着一定的误差；其次以晶体的平均尺寸代表晶体的生长量本身存在着一定的误差，例如由于对晶体生长的过程不甚清楚，并不知道晶体是从一端开始生长的，还是从中心开始生长的，若是从中心开始生长的，则应以水化产物晶体的平均尺寸的一半作为晶体的生长量。

XRD 测试过的样品经表面喷金后使用 JSM-5900 型 SEM 观察形貌。该测试在南京工业大学材料科学与工程学院扫描电镜室完成。所有的样品均以相同的放大倍数（×20000）进行照相，每个样品拍摄 5 次。对每张照片上的 Ca(OH)$_2$ 晶体的个数进行计数，取 5 次的平均值作为该样品在等大视域中（6.3×4.1μm）Ca(OH)$_2$ 晶体的平均个数。由计数所得的晶体平均个数可求得晶体的平均成核速度[平均成核速度=晶体平均个数/（视域面积×时间）]。当然这种计算方法精度有限，只能得到 Ca(OH)$_2$ 晶体成核速度的粗略数据。因为首先选取的区域具有很大的随机性，不同区域微区浆体条件有很大的差异，导致随机选取到的区域内晶体个数有很大的波动性；其次计数过程存在着主观因素的干扰，例如能否准确鉴别出 Ca(OH)$_2$ 晶体；再次由于仪器分辨率的限制，无法观察到更微小的 Ca(OH)$_2$ 晶体，导致所计数目小于实际晶体数目；最后成核的时间也是一个不确定的值。

3）实验结果及讨论

（1）X 射线衍射研究

C-S-H 是水泥水化早期最重要的水化产物。近年来的研究表明，C-S-H 的加速成核和生长可以解释潜伏期和早期水化的结束。根据 Gartner 的理论 C-S-H 的结构可以被看作是 C-S-H 生长方式而造成的结果。假定 C-S-H 生长成弯曲状、扭曲的薄片状或条带状。除了在某些有序的平坦区域新的薄片状产物在已存在的薄片状产物顶端成核，其他情况的生长主要发生在薄片状产物的边缘或者条带状产物的两端。这将导致在薄片状产物空间生长受到明显的阻碍之前的加速期内，生长速度呈指数增长。考虑到作为生长过程中溶液成分的函数，产物的 C/S 比率变化范围很大，这个机理也可以用来解释水化产物结构上的其他异常特征，尤其是可能产生不同组分的微晶区域（如雪硅钙石状、羟硅钠钙石状及平坦的羟钙石状微晶）。前人 X 射线衍射研究数据表明衍射图谱中水化 C-S-H 在 2.6~3.2Å 处有一个弱的宽峰，另一小峰是在 1.82Å 处。这些结果可解释为由 30~40Å 厚，在其他方向伸展到一个微米或更大的片状结构所造成。由于 C-S-H 主要呈无定形的凝胶状，结晶程度很差，因此不适合用 XRD 线宽法来计算其晶体平均尺寸。

对 XRD 图谱的特征峰进行矿物相的鉴定

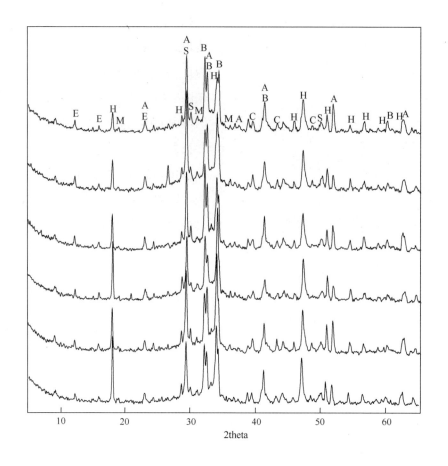

图 2.1.2-1　水泥净浆水化 1d 的 X 射线衍射物相图

E-AFt，H-Ca (OH)$_2$，M-AFm，S—C-S-H，C-CaCO$_3$，A-C$_3$S，B-C$_2$S

（衍射图见图 2.1.2-1）。

从 XRD 图谱中可以看出，水泥净浆水化产物的矿物相比较复杂，其中 Ca(OH)$_2$、C$_2$S 和 AFm（单硫型水化硫铝酸钙）等晶体的特征峰非常明显。由于 C$_2$S 水化速率很慢，需几十小时才达到加速期，故这些 C$_2$S 并不是水化产物而是未水化的水泥熟料矿物。对于 AFm 而言，由于熟料矿物中 C$_3$A（铝酸三钙）含量本身较低，导致浆体中总的 Al 含量较低，而且大多数的 AFm 是由更早生成的 AFt（钙矾石）转变而来的，因此 AFm 晶体受水灰比的影响较小。

由于上述原因，本部分的研究仅限于 Ca(OH)$_2$ 这一种水化产物。XRD 线宽法的测试结果如表 2.1.2-1 所示。

X 射线衍射（XRD）线宽法的测试结果　　　　　　　　表 2.1.2-1

Sample No.	1#	2#	3#	4#	5#	6#
W/C	0.20	0.24	0.28	0.32	0.36	0.40
Half-peak width	0.32	0.26	0.24	0.22	0.22	0.20
2θ (°)	18.04	18.1	18.04	18.1	18.02	18.06
Average size (Å)	248.56	305.94	331.41	361.57	361.53	397.70
Growth Rate (10-3Å/sec)	2.88	3.54	3.83	4.18	4.18	4.60

Ca(OH)₂ 晶体的生长速度和水灰比的关系如图 2.1.2-2 所示。拟合可以得到下列回归方程：$y=0.0078x+0.0015$，相关系数 $r=0.9637$，回归方程在图中用虚黑线表示。由此可见 Ca(OH)₂ 晶体的生长速度和水灰比之间的关系十分显著，随水灰比的增大晶体生长速度有线性增长的趋势。水灰比的大小决定着溶液的初始相对过饱和度的大小，水灰比越大溶液的初始相对过饱和度越低。也就是说随着初始相对过饱和度的降低，晶体生长速度有线性增长的趋势。

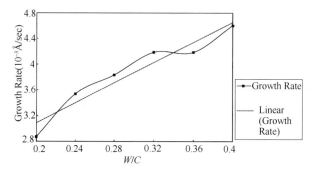

图 2.1.2-2 Ca(OH)₂ 晶体生长速度和水灰比的关系

（2）SEM 的研究

SEM 照片中发现有许多微小的粒状晶体［图 2.1.2-3(a)］，用 EDS 对其中一个晶体进行点分析（图 2.1.2-4）得 Ca∶K∶Si∶Al 约为 17∶1∶4∶3。由于晶粒的尺寸小于 EDS 电子束斑尺寸，故 EDS 所分析得到的应为以该晶粒为中心、电子束斑尺寸为直径的一个圆形区域的成分，而不是该晶粒的精确成分。根据 EDS 分析结果及晶体形貌判断，这些晶体应为 Ca(OH)₂。样品中 Ca(OH)₂ 晶体主要以这种形式存在，但也发现有结晶完好，尺寸较大的 Ca(OH)₂ 晶体［图 2.1.2-3(b)］。同时还发现了 AFm 晶体［图 2.1.2-3(c)］、AFt 晶体［图 2.1.2-3(d)］和 C-S-H，其中 C-S-H 主要以无定形相存在。这些现象和 XRD 矿物物相分析得到的结果基本一致。

各样品 SEM 照片计数的结果如表 2.1.2-2 所示。根据表 2.1.2-2 结果计算了 Ca(OH)₂ 晶体成核速度（计算结果如表 2.1.2-3 所示）。水灰比对 Ca(OH)₂ 晶体成核速度的影响如图 2.1.2-5 所示。拟合可以得到下列回归方程：$y=-19.486x+11.549$，相关系数 $r=0.9980$，回归曲线在图中用虚黑线表示。由此可见 Ca(OH)₂ 晶体的成核速度和水灰比之间的关系十分显著：随水灰比的增大晶体成核速度有线性降低的趋势，而水灰比越大溶液的初始相对过饱和度越低，也就是说随着初始相对过饱和度的降低，晶体成核速度有线性降低的趋势。

SEM 等大视域中（6.3×4.1μm）Ca(OH)₂ 晶体个数　　　　　　　表 2.1.2-2

Sample No.	1#	2#	3#	4#	5#	6#
1	142	166	140	104	99	97
2	196	164	144	118	89	79
3	177	154	151	116	102	91
4	168	157	124	146	114	72
5	169	142	107	104	98	88
Average	170.4	156.6	133.2	117.6	100.4	85.4

Ca(OH)₂ 晶体成核速度　　　　　　　表 2.1.2-3

Sample No.	1#	2#	3#	4#	5#	6#
W/C	0.20	0.24	0.28	0.32	0.36	0.40
Nucleation Density（Sites/μm^2）	6.6	6.06	5.16	4.55	3.89	3.31
Nucleation Rate（10^{-5}Sites/（$\mu m^2 \cdot sec$））	7.64	7.01	5.97	5.27	4.5	3.83

图 2.1.2-3　硅酸盐水泥水化 1d 的 SEM 照片

（a）水化 1d 时 Ca(OH)$_2$ 的形貌；（b）水化 1d 时 Ca(OH)$_2$ 的形貌

（c）水化 1d 时 AFm 的形貌；（d）水化 1d 时 AFt 的形貌

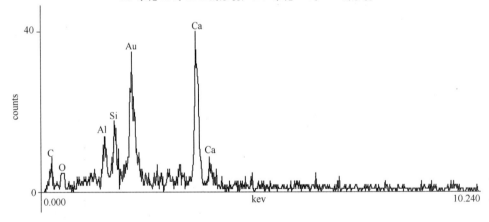

图 2.1.2-4　图 2.1.2-3 的 EDS 点分析

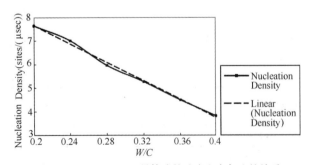

图 2.1.2-5　Ca(OH)$_2$ 晶体成核速度和水灰比的关系

研究结果表明初始相对过饱和度是影响晶体成核速度和生长速度的主要因素之一，而水灰比的大小反映了初始相对过饱和度的高低。硅酸盐水泥水化早期阶段在水灰比较大的情况下（初始相对过饱和度较低）Ca(OH)$_2$ 结晶产生了相对较少的成核点和相对较大的晶体，而在水灰比较小的情况下（初始相对过饱和度较高）产生了相对较多的成核点和相对较小的晶体。

2. 粉煤灰掺量对水化早期 Ca(OH)$_2$ 晶体形成的影响

制备了粉煤灰掺量分别为 0%、10%、20%、

30%、40%、50%的六个粉煤灰水泥样品（水胶比为0.32），编号分别为：1♯、2♯、3♯、4♯、5♯和6♯，24h脱模、切片制成20mm×20mm×2mm的片状样品并用无水乙醇停止水化。试验所用粉煤灰样品为华能南京电厂三电场的低钙粉煤灰 H_3。采用XRD线宽法对 $Ca(OH)_2$ 的晶体生长速度进行了初步的定量化的研究。

对XRD图谱中的特征峰进行矿物相的鉴定（衍射图见图2.1.2-6），从XRD图中可以看出，掺粉煤灰水泥的浆体水化1d主要有 $Ca(OH)_2$ 和AFm等水泥熟料水化产物以及 C_2S 等未水化熟料矿物，这与水泥净浆水化1d浆体的晶相基本一致，但也有 α 石英、β 石英和莫来石等粉煤灰的特征晶相，而且随着粉煤灰掺量的增加，这些晶相含量越来越高。这时粉煤灰的火山灰反应还未大量发生，水化产物主要是水泥熟料矿物发生水化反应而产生的。$Ca(OH)_2$ 晶体生长速度的计算结果如表2.1.2-4所示。

粉煤灰掺量对 Ca(OH)₂ 晶体平均尺寸的影响的测试结果　　　　表 2.1.2-4

Sample No.	1♯	2♯	3♯	4♯	5♯	6♯
Fly ash contents（%）	0	10	20	30	40	50
Half-peak width	0.22	0.16	0.16	0.12	0.10	0.14
2θ	18.1	18.07	18.3	18.06	18.1	18.06
Average size（Å）	361.53	497.13	497.30	622.85	795.45	568.14
Growth rate（10^{-3}Å/sec）	2.09	2.88	2.88	3.84	4.60	3.29

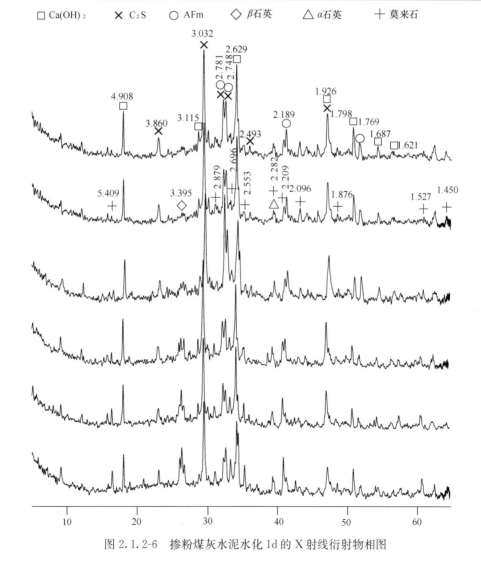

图 2.1.2-6　掺粉煤灰水泥水化1d的X射线衍射物相图

粉煤灰掺量对 $Ca(OH)_2$ 晶体的生长速度的影响如图 2.1.2-7 所示。拟合可以得到下列回归方程：$y=0.0346x+2.397$，相关系数 $r=$

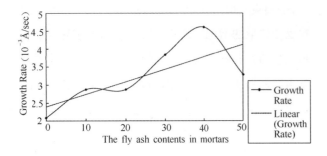

图 2.1.2-7　粉煤灰掺量对 $Ca(OH)_2$ 晶体
生长速度的影响

0.7435，回归方程在图中用虚黑线表示。由图可见随粉煤灰掺量的增大 $Ca(OH)_2$ 晶体生长速度有微弱的线性增长的趋势。当粉煤灰掺量从 0% 增加到 40% 时，$Ca(OH)_2$ 晶体生长速度不断增加，并在掺量为 40% 时达到最大，但当掺量为 50% 时，$Ca(OH)_2$ 晶体生长速度反而降低。粉煤灰掺量对 $Ca(OH)_2$ 晶体生长的影响主要表现在三个方面：一是由于粉煤灰密度小于水泥，掺粉煤灰的水泥浆体的体积较同等质量的水泥净浆为大，这就使得水化产物的水化空间大大增加，导致 $Ca(OH)_2$ 晶体的平均尺寸增大；二是粉煤灰水泥中粉煤灰的火山灰活性的发挥是一个比水泥水化反应慢得多的过程，水泥水化反应在加水后立刻开始，而粉煤灰火山灰活性的发挥只有在大约一个月之后才逐渐显著起来。在水化早期，由于粉煤灰的掺入，使得有效水灰比高于水泥净浆，也就会影响溶液的初始相对过饱和度的大小；三是粉煤灰的加入增加了系统的不均匀性，有效降低了成核时的表面能位垒，晶核也就优先在这些不均匀处(粉煤灰颗粒表面)形成。这样，沉积在水泥颗粒表面的水化产物相对较少，因此可以不断有新鲜的水泥熟料矿物表从面出露出来并与水接触，水泥水化速度提高，水化程度也有相应的提高。

若将粉煤灰掺量为 50% 粉煤灰水泥浆体样品的数据点从图中除去，则对余下的数据点形成的曲线进行拟合可得到回归方程：$y=0.00006x+0.0021$，相关系数 $r=0.9433$，该曲线具有显著的线性相关性。就是说在粉煤灰掺量达到 40% 之前，晶体生长速度一直是线性增加的。造成这一现象的原因是：水泥水化早期粉煤灰的掺入使有效水灰比得以提高，而水灰比增大会造成溶液初始相对过饱和度降低，导致形成的晶核较少，过饱和度降低较慢，相对来说，晶体生长就快了。但是当水灰比过大时，溶液无法达到饱和，而在不饱和溶液中晶体会停止生长，甚至发生重新溶解。因而，粉煤灰掺量过大将导致有效水灰比过大，这反而会使晶体生长速度下降。我们推测掺量为 50% 的粉煤灰水泥浆体的晶体生长速度与掺量为 40% 的相比反而下降这一现象可能与上述因素有关。当然课题组还需进一步进行有关的补充实验，以验证上述推论是否正确。

3. $Ca(OH)_2$ 对硬化浆体性能的影响研究

众所周知，粉煤灰水泥的水化硬化过程是：首先熟料矿物水化，然后水化产生的 $Ca(OH)_2$ 再与粉煤灰的活性组分发生反应，生成水化硅酸钙、水化铝酸钙等水化产物。与此同时，火山灰反应降低了液相 $Ca(OH)_2$ 的浓度，从而促进了水泥熟料的水化。可见 $Ca(OH)_2$ 是连接粉煤灰火山灰反应和熟料水化反应的桥梁。

硅酸盐水泥硬化浆体中，在 1d、7d、28d 和 360d 龄期经推算分别约有 3%～6%、9%～12%、14%～17% 和 17%～25% 的氢氧化钙存在。氢氧化钙使水泥硬化浆体呈碱性（pH 值为 12～13），提高了水泥和混凝土在空气中的抗碳化能力，并能有效地保护钢筋免受锈蚀。它使以水化硅酸钙凝胶为主的水泥硬化浆体中的结晶体比例增加，即提高了晶胶比，同时氢氧化钙还存在于水化硅酸钙凝胶层间并与之结合，从而使得水泥硬化浆体的强度有所提高，徐变下降。但其不利因素也很多，$Ca(OH)_2$ 使水泥混凝土的抗水性和抗化学腐蚀能力降低，它易在水泥硬化浆体和骨料界面处厚度约 $20\mu m$ 的范围内以粗大的晶粒存在，并具有一定的取向性，从而降低了界面的粘结强度。1966 年 Buck 等人发现了在水泥与石灰石集料接触处 $Ca(OH)_2$ 晶体的 C 轴垂直于集料表面。为了制得高强混凝土，必须改善界面结构，以增加界面的粘结力。在这方面，目前国内外的研究主要为：(1) 掺入具有火山灰活性的掺合料进行改性。如硅粉、粉煤灰、矿粉和沸石等。(2) 加入纤维材料进行改性。如钢纤维、碳纤维和聚合物纤维等。(3) 加入聚合物溶液进行改性，特别是水溶性聚合物。(4) 掺入粉末矿物与纤维或聚合韧进行复合改性。其中粉体掺合料是最常用的。蒋林华用 X 射线衍射法测定了不同浆体—集料界面区的 $Ca(OH)_2$ 晶体取向指数，发现硅酸盐水泥浆体—集料界面区 $Ca(OH)_2$ 晶体有明显的取向性，而粉煤灰水泥浆体—集料界面区 $Ca(OH)_2$ 晶体取向性极低，即已几乎不再产生取向。

如前文所述，$Ca(OH)_2$ 晶体在水化 1d 的浆体中主要以两种形式存在：微小的粒状晶体[图 2.1.2-3(a)]以及大尺寸的板状晶体[图 2.1.2-3(b)]。以微小的粒状晶体形式存在的 $Ca(OH)_2$ 晶体对早强有一定的贡献。数量众多、颗粒分布均匀的 $Ca(OH)_2$ 晶体被 C-S-H 凝胶所包围[图 2.1.1-17(a)]，就像混凝土中的集料被浆体包围一样，有一种微混凝土效应。而大尺寸的板状晶体则对早强不利，因为这些晶体会造成应力的集中并降低界面的粘结强度。

掺入粉煤灰和硅灰后，大量细小分散的粉煤灰和硅灰颗粒起着结晶中心作用，为 $Ca(OH)_2$ 的结晶提供了均匀分布的成核点，使 $Ca(OH)_2$ 附着于其表面生长。随着水化的进行，粉煤灰和硅灰中的活性 SiO_2 与 $Ca(OH)_2$ 反应生成 C-S-H 凝胶，加上掺入粉煤灰和硅灰后水泥熟料矿物的总量减少导致水化产生的 $Ca(OH)_2$ 量的减少，

使得 $Ca(OH)_2$ 晶体的生长、排列受到粉煤灰的制约和干扰，避免了其在集料表面的定向排列，$Ca(OH)_2$ 晶体的取向指数下降，由此而使混凝土结构趋于密实和高强化。

当然大量掺入粉煤灰也会引起混凝土抗碳化能力下降的问题。混凝土碳化通常是指空气中二氧化碳与水泥石中 $Ca(OH)_2$ 作用，在有水存在的条件下生成碳酸钙与水。随碳化过程混凝土中 Ca^{2+} 浓度降低，为了维持平衡，$Ca(OH)_2$ 就会不断溶解，上述过程反复进行，结果使液相碱度及碱储备降低。当 pH 值或 $Ca(OH)_2$ 降低到一定程度时，周围其他含钙水化产物还会分解、碳化而影响混凝土的性能。粉煤灰取代部分水泥后，首先水泥熟料水化生成 $Ca(OH)_2$，pH 值到达一定值后(pH＝13.3)，$Ca(OH)_2$ 将与粉煤灰玻璃体中的活性 SiO_2、Al_2O_3 反应生成水化硅酸钙及水化铝酸钙。因此粉煤灰混凝土特别是大掺量粉煤灰混凝土的二次反应将消耗大量的 $Ca(OH)_2$，将使碱储备、液相碱度降低。很明显，粉煤灰混凝土碱储备减少，碳化中和作用过程缩短，导致粉煤灰混凝土抗碳化性能的降低。从内部化学因素来看，能与 CO_2 反应的物质主要是 $Ca(OH)_2$。由于粉煤灰混凝土中粉煤灰的二次水化，混凝土中 $Ca(OH)_2$ 的数量是很少的，$NaOH$、KOH 等碱性物质也相应较小，混凝土中这些碱性物质的浓度特别是 $Ca(OH)_2$ 的浓度越小，混凝土碳化越快。

由上述分析可以看出，掺入粉煤灰对混凝土早强有一定的贡献，但若掺量过大却会对抗碳化能力产生不利的影响。因此粉煤灰掺量并不是越高越好，这里就有一个最佳掺量的问题。对于不同的情况需要进行专门的研究，具体问题具体分析。

综上所述，水灰比的大小反映了初始相对过饱和度的高低。随水灰比的增大，$Ca(OH)_2$ 晶体生长速度有线性增大的趋势而成核速度有线性减

小的趋势。结晶过程受晶体成核速度(V_N)和生长速度(V_G)这两个相互影响的速度所控制。当溶液初始相对过饱和度较大时，有利于形成数量众多但颗粒较少的晶体；当溶液初始相对过饱和度较小时，有利于形成数量较少但颗粒较大的晶体。

粉煤灰掺量对 $Ca(OH)_2$ 晶体形成的研究表明，在粉煤灰掺量达到 40% 之前，$Ca(OH)_2$ 晶体生长速度一直是线性增加的，但掺量为 50% 的粉煤灰水泥浆体的晶体生长速度与掺量为 40% 的相比反而下降，推测这是由于有效水灰比过大时，溶液无法达到饱和，而在不饱和溶液中晶体会停止生长，甚至发生重新溶解而造成。

$Ca(OH)_2$ 是连接粉煤灰火山灰反应和熟料水化反应的桥梁。以微小的粒状晶体形式存在的 $Ca(OH)_2$ 晶体对早强有一定的贡献，而大尺寸的板状晶体则对早强不利，因为这些晶体会造成应力的集中并降低界面的粘结强度。掺入适量的粉煤灰和硅灰后，避免了 $Ca(OH)_2$ 在集料表面的定向排列，晶体的取向指数下降，由此而使混凝土结构趋于密实和高强化。

2.1.3　粉煤灰对高性能水泥基材料增强效应的机理探讨

粉煤灰在混凝土中的行为和作用被称为"粉煤灰效应"，粉煤灰效应可归结为：颗粒形态效应、火山灰效应和微集料效应。这三个效应使得粉煤灰可以从以下几个方面改善混凝土的性能：

（1）形态效应

粉煤灰的颗粒特征赋予了粉煤灰许多优良的性质。当细小的煤粉掠过炉膛高温区时会立即燃烧，到炉膛外面受到骤冷，保留了熔融时因表面张力作用形成的圆珠形态，粉煤灰的这种球形颗粒在新拌的混凝土中具有滚珠轴承的作用，在保证混凝土坍落度相同的前提下，用水量减少，赋予粉煤灰以独有的形态减水效应。

（2）火山灰效应

粉煤灰中的 SiO_2、Al_2O_3 等硅酸盐玻璃体在水泥水化后产生的碱性溶液中溶解出来，并与 $Ca(OH)_2$ 发生化学反应，生成水化硅酸钙等凝胶，对水泥浆体起到增强作用。粉煤灰的活性效应就是指粉煤灰活性成分所产生的这种化学效应。如将粉煤灰用作胶凝组分，则这种效应自然就是最重要的基本效应。粉煤灰水化反应的产物在粉煤灰玻璃微珠表层交叉连接，对促进水泥或混凝土强度增长起了重要的作用。

粉煤灰的活性效应早期是不显著的，仅对水泥水化反应起辅助作用，只有到水泥硬化后期，才能比较明显地显示出来。若能为粉煤灰的火山灰反应提供特殊的环境和条件（如提高养护温度、水热处理、外加剂化学激发等），粉煤灰活性效应的影响就会得到强化。

（3）微集料效应

粉煤灰的微集料效应是指粉煤灰微细颗粒均匀分布于水泥浆体的基相之中，就像微细的集料一样，这样的硬化浆体，也可以看作"微混凝土"。砂浆或混凝土的硬化过程及其结构和性质的形成，不仅取决于水泥，而且还取决于微集料。水泥的水化作用，往往局限于水泥颗粒的面层，水泥颗粒的核心或水泥颗粒相互接触处是不发生水化作用的，因此在水泥浆体中掺加矿物质粉料，使水泥露出更大的表面积以进行水化作用，获得更完全的利用，即粉煤灰颗粒相当于取代了部分不发生水化作用的水泥熟料颗粒，这样就节约了水泥，也就节约了建设资金。粉煤灰的微集料效应明显地增强了硬化浆体的结构强度。对粉煤灰颗粒和水泥净浆间的显微研究证明，随着水化反应的进展，粉煤灰和水泥浆体的界面接触越趋紧密，在界面上形成的粉煤灰水化凝胶的显微硬度大于水泥凝胶的显微硬度。粉煤灰微粒在水泥浆体中分散状态良好，有助于新拌砂浆和硬化砂浆均匀性的改善，粉煤灰微集料填充性的作用，也有助于砂浆中孔隙和毛细孔的充填和细化。

粉煤灰的上述 3 种基本效应是互相联系和互相影响的,粉煤灰效应则是在一定条件下 3 种基本效应共同作用的总和。粉煤灰在混凝土中合理使用,其性能都要受到粉煤灰效应的支配。

用粉煤灰效应来解释粉煤灰对水泥基材料增强作用是目前比较公认的观点。本部分从粉煤灰效应入手对微集料效应和活性效应这两大效应进行研究,并对粉煤灰的增强机理提出了一些新的理解。

1. 漂珠抗压强度的测定及其影响因素研究

优质粉煤灰中玻璃微珠是主要的,而玻璃微珠主要可分为漂珠和沉珠。粉煤灰中所含的一些密度小于 $1g/cm^3$ 的空心玻璃微珠,因其可漂浮于水上,故称为"漂珠"。漂珠虽然只占粉煤灰总量的 $0.2\%\sim2\%$ 左右,但由于其特殊的性质,例如质轻、隔热、隔声、耐高温等,使其在低密度油井水泥、耐火砖以及保温帽口等许多方面有着重要的应用。漂珠在应用于各种材料中时,其抗压强度将直接影响到所在物料的强度及其他方面的性能。即漂珠的抗压强度值,是表征其材料学特性的一个重要参数。但由于漂珠是松散微细的球形颗粒,利用常规方法很难对其进行抗压强度测定。如果添加其他的物料并与漂珠制成试块,那么测出的值就不能完全反映漂珠的抗压强度。这些也是导致有关漂珠抗压强度测定值报道较少的一个主要原因。

1) 测试仪器与测试原理

材料的强度是指材料在外力作用下抵抗破坏的能力。当材料受外力作用时,其内部就产生应力,外力增加,应力相应增加,直至材料内部质点间结合力不足以抵抗所受的外力时,材料即发生破坏,材料破坏时应力达到极限值。而材料的抗压强度是指材料在压力下抵抗破坏的应力极限值。本研究采用静水压力仪对漂珠的抗压强度进行测试(图 2.1.3-1)。

静水压力仪主要由压力腔、密封头和毛细压

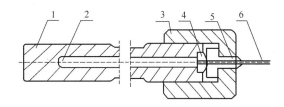

图 2.1.3-1 静水压力仪示意图
1—筒体;2—压力腔;3—螺帽;4—球面点;
5—密封头;6—毛细压力管

力管等组成(图 2.1.3-1)。当把漂珠放入压力腔,封好密封头以后,打开与毛细压力管相连的水压泵(图 2.1.3-1 中没有表示,其是一个单独的仪器),这时水压就可以通过毛细管向压力筒内传递压力,当水压达到漂珠应力的极限值时,漂珠就会被压碎,该值也就是漂珠的抗压强度。

2) 测试方法和测试结果

首先用电子天平称量适量烘干的纯净漂珠样品,设其重量为 M_0,放入静水压力仪的压力腔中,并向压力腔中加入少量的水后将压力腔密封盖封好。然后将压力腔与毛细压力管相连,毛细管另一端又与水压泵相连,启动水压泵使压力腔中加满水并排除其内的空气,排气完毕后关闭压力阀,继续将压力升至所需的压力值。稳压 3 分钟后打开排气阀,待压力降为常压后,取出压力腔,将全部样品从压力腔中倒出来并置于烧杯内。对烧杯内的测试样品进行多次搅拌,待压碎的漂珠完全沉降在水下,与保持完好的漂珠(仍漂在水面上)完全分离后,将完好的漂珠和压碎的漂珠样品分别都放到烘箱内烘干至恒重,然后称重,记 M_1 为完好漂珠重量、M_2 为压碎漂珠重量。由此可计算出漂珠在不同压力下的完好率 G。由于测试中总会存在一些误差,会有或多或少的漂珠(完好的和压碎的)损失掉,因此应以测试后的总重(M_1+M_2)来计算漂珠的完好率,若以 M_0 计算漂珠的完好率,则有可能会导致该值小于实际值。即漂珠的完好率为:

$$G=\frac{M_1}{M_1+M_2} \qquad (2.13)$$

依据以上测试步骤，对 A、B 两种漂珠进行了抗压强度测定，得到不同压力下 A、B 两种漂珠的完好率（表 2.1.3-1），并据此作出漂珠完好率与压力的关系图（图 2.1.3-2）。由此可见随着压力的增大，A、B 两种漂珠的完好率均逐渐降低，并且在相同的压力下，B 漂珠的完好率明显比 A 漂珠的高。即相比较而言 B 漂珠的抗压强度特性要优于 A 漂珠的。

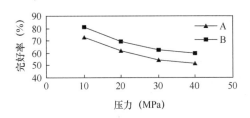

图 2.1.3-2　不同压力下 A、B 漂珠的完好率

不同压力下 A、B 漂珠的完好率　　表 2.1.3-1

序号		压力 (MPa)	M_0 (g)	M_1 (g)	M_2 (g)	完好率 (%)
A	A_1	10	3.3568	2.4264	0.9167	72.58
	A_2	20	3.9685	2.4327	1.5044	61.79
	A_3	30	3.2647	1.7269	1.4643	54.13
	A_4	40	3.1743	1.6053	1.5143	51.46
B	B_1	10	3.1986	2.5044	0.5787	81.23
	B_2	20	3.4043	2.2984	1.0269	69.12
	B_3	30	3.1882	1.9749	1.1897	62.37
	B_4	40	3.2398	1.9397	1.2833	60.15

3）影响因素分析

（1）化学成分

利用 X 荧光法（XRF）对 A、B 两种漂珠的化学成分进行了分析，结果表明（表 2.1.3-2 和图 2.1.3-3），A、B 两种漂珠的化学成分存在一些差异。根据元素的地球化学性质可知，由碱土金属（CaO）和碱金属（Na_2O 和 K_2O）组成的物质通常较软，力学强度也就较差；而由 SiO_2、Al_2O_3、TiO_2、Fe_2O_3 和 MgO 组成的物质则较硬，力学强度也就较好。本次测试的两种漂珠，恰恰是 B 漂珠的 SiO_2、Al_2O_3、Fe_2O_3、TiO_2 和 MgO 均高于 A 漂珠的（图 2.1.3-3），A 漂珠的 CaO、Na_2O、K_2O 和烧失量均高于 B 漂珠的。显然从化学成分特点上分析，B 漂珠的抗压强度要优于 A 漂珠的，实际测试结果也确实如此。也就是说，化学成分的差异是导致 B 漂珠的抗压强度特性要优于 A 漂珠的主要原因之一。

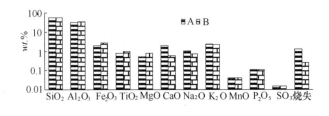

图 2.1.3-3　A、B 漂珠化学成分含量

A、B 两种漂珠的化学成分（%）　　表 2.1.3-2

漂珠	SiO_2	Al_2O_3	Fe_2O_3	TiO_2	MgO	CaO	Na_2O	K_2O	MnO_2	P_2O_5	SO_3	烧失
A	56.82	32.72	1.95	0.76	0.52	2.01	1.05	2.33	0.04	0.11	0.015	1.24
B	57.24	33.93	2.78	0.96	0.76	0.61	0.75	2.18	0.04	0.11	0.015	0.26

（2）矿物相成分

粉晶 X 衍射（XRD）分析表明，A、B 两种漂珠的矿物相均以玻璃体为主（图 2.1.3-4、图 2.1.3-5）。A、B 两种漂珠含有的结晶相主要为莫来石，但 A 漂珠还含有少量的 $CaCO_3$（图 2.1.3-4 中"♯"所示的衍射峰）。这是由于 A 漂珠的 CaO 比 B 漂珠的要高一些所致（表 2.1.3-2）。结晶相 $CaCO_3$ 的力学强度要比玻璃和莫来石的低，因此

这也是导致 A 漂珠的抗压强度低于 B 漂珠的原因之一。但 A 漂珠中的 $CaCO_3$ 含量较低（图 2.1.3-4 中 $CaCO_3$ 的衍射峰较弱），即 $CaCO_3$ 对 A 漂珠抗压强度的影响是较次要的因素。

（3）颗粒粒径分布

本次试验所用的 A、B 两种漂珠的粒级均小于 $155\mu m$。利用激光粒径分析仪对 A、B 两种漂珠的粒径分布进行了分析，结果表明（表 2.1.3-

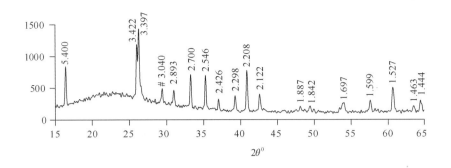

图 2.1.3-4 A 漂珠的 X-射线衍射曲线（除了带有♯的衍射峰为 CaCO₃ 外其余均为莫来石的衍射峰）

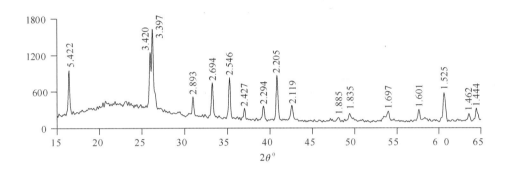

图 2.1.3-5 B 漂珠的 X-射线衍射曲线（均为莫来石的衍射峰）

3、图 2.1.3-6），A 漂珠的平均粒径为 85.00μm，B 漂珠的平均粒径为 81.51μm，两者的差异小于 4%，不是很大。两者的粒径分布也略有差异（图 2.1.3-6）。大于 100μm 颗粒的百分含量 A 漂珠高于 B 漂珠的，而小于 100μm 颗粒的含量 B 漂珠高于 A 漂珠的。

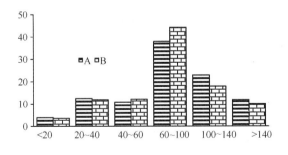

图 2.1.3-6 A、B 漂珠不同粒径颗粒的
百分含量（%）

空心球形颗粒材料的力学强度分析表明，当其壳壁厚度相等时，那么随着其粒径变小，其抗压的力学强度明显增加。由扫描电镜详细观察可发现，各种不同粒径的 A、B 漂珠，其壳壁厚度近乎相等。虽然 A、B 漂珠的粒径均小于

155μm，但两者相比，B 漂珠以细粒径（<100μm）略占优势，而 A 漂珠以粗粒径（>100μm）略占优势，作为整体（不同粒径颗粒的混杂体）的力学强度，显然 B 漂珠要优于 A 漂珠。即 A、B 漂珠的粒径组成上的差异也是导致它们抗压强度不同的一个原因。但两者的粒径分布差异不是太大，由此所导致对抗压强度的影响估计也不会太大。

（4）其他影响因素

当材料受外力作用时，若材料内部的应力分布越不均匀，材料也就越易损坏，因此漂珠的抗压强度还与其形貌有关。当漂珠的形状越接近于球形、表面越光滑，在外力作用时，其内部的应力分布也就越均匀，其抗压强度也就越好。在扫描电镜下观察可以发现，A 漂珠表面的光滑程度和颗粒外形接近球形的程度均不如 B 漂珠的，这就使 A 漂珠在外力作用时易产生局部应力集中，球体易碎裂，相应的抗压强度也就不如 B 漂珠的了。

样号	<20μm	20~40μm	40~60μm	60~100μm	100~140μm	>140μm
A	3.96	12.49	10.84	37.93	22.90	11.88
B	3.63	11.92	12.16	44.30	17.92	10.07

A、B 两种漂珠的粒径分布特征（％）　　　　　　表 2.1.3-3

2. 优质粉煤灰的锚桩效应

高性能水泥基材料往往掺有较多的各种活性材料，这些活性材料的颗粒细小，其力学性质很难测得。如粉煤灰颗粒的抗压强度指标，对判断其"微集料"效应有很重要的意义，但国内尚未见到有关这方面的测定结果。本部分采用静水压力仪对粉煤灰的抗压强度进行测试，前面已经介绍了使用静水压力仪测试漂珠的抗压强度。然而漂珠在粉煤灰中所占比例甚低，一般都小于 0.5％，因此其对粉煤灰整体的力学性能影响不大。

粉煤灰中绝大多数玻璃微珠在水中是下沉的，故通常称其为沉珠。SEM 观察表明：绝大部分沉珠颗粒的中心或多或少也是空的（图 2.1.3-7），实

心沉珠极少，从严格意义来讲，粉煤灰中的沉珠也属空心微珠。但沉珠的壳壁较厚，其抗压强度较高。利用静水压力法对粉煤灰沉珠的抗压强度进行了测定，当压力高达 250MPa（目前压力仪的限值）时，粉煤灰颗粒（沉珠）的完好率仍然大于 98％，即粉煤灰是一种力学性能较优异的微集料。

在保证集料质量的前提下，水泥材料的力学性质主要取决于浆体（C-S-H 凝胶）与集料界面的粘接性能，在外力作用下产生的裂缝大多首先是沿着水泥-集料间的界面延伸。水泥水化产物与集料表面之间的粘附力与界面空间有关，即界面距（集料颗粒间的平均空隙）越小，水化产物能很快地形成搭接牢固的浆体结构，其力学性能越好。

研究表明，粉煤灰的二次水化是在其表面不均匀出溶的基础上进行的，二次水化产物就依附在不均匀出溶导致的粉煤灰的不均匀表面，两者形成一定的交叉过渡层，就像铁锚（水化产物）扎进了泥土（粉煤灰凹凸不平的表面）里。

图 2.1.3-8 显示了粉煤灰二次水化在其表面

(a)

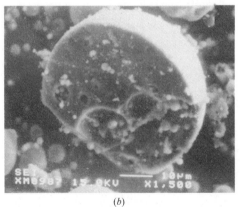

(b)

图 2.1.3-7　破碎沉珠颗粒

(a) 碎壳；(b) 横切面

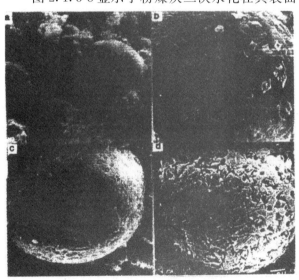

图 2.1.3-8　粉煤灰水化物去掉

后表面留下的凹坑

形成的凹坑，表面原有的水化产物已用弱酸去除。二次水化产物与粉煤灰表面粘接的有效面积相对比一次水化的大得多，二次水化完全的 C-S-H 浆体与粉煤灰界面间的力学性能良好，很难使其裂开。

优质粉煤灰加入到水泥基材料中，首先可使浆体与集料之间的界面细化，其次粉煤灰颗粒本身具有优异的力学性能，加之二次水化形成附加的有效界面，这些粉煤灰颗粒从微观上相当于在浆体与粗集料界面中形成了一个个的锚桩（图2.1.3-9），改善了界面的力学性能，从而使水泥基材料整体力学性能得以优化。

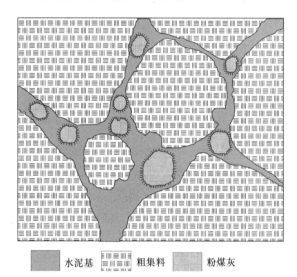

水泥基　　粗集料　　粉煤灰

图 2.1.3-9　粉煤灰锚桩效应示意图

（详见文中说明）

3. 粉煤灰活性的检测试验

粉煤灰的结构决了其活性特征。粉煤灰是含有少量碳、晶体（石英、莫来石）和大量铝硅酸盐玻璃体的细粉状工业废渣。由于碳和晶体（石英、莫来石）在常温下没有活性，粉煤灰中也绝少有纳米粒子（小于 100nm），不必考虑因表面效应而产生的超细粉体的活性。因此，粉煤灰的火山灰活性主要取决于玻璃体的化学活性。粉煤灰的化学活性的本质是基于硅铝质玻璃体在碱性介质中，OH⁻ 离子打破了 Al-O、Si-O 键的网络，使聚合度降低成为活性状态并与

$Ca(OH)_2$ 反应生成水化铝酸钙和水化硅酸钙，从而产生强度。

粉煤灰是由煤的灰分在高温熔融状态下骤冷而成，快速冷却阻碍了析晶过程，使粉煤灰颗粒主要由高温液态玻璃相结构组成。火山灰在其形成过程中因成分挥发，体积突然膨胀等因素造成内部多微孔、多断键和多可溶活性 SiO_2、Al_2O_3，而粉煤灰结构较为致密，除表面外断键很少，可溶活性 SiO_2、Al_2O_3 也少，因而活性比成分相近的火山灰低。又因为粉煤灰玻璃中，Na_2O、CaO 等碱金属、碱土金属氧化物少，SiO_2、Al_2O_3 含量高，在玻璃体表面形成富 SiO_2 和富 SiO_2-Al_2O_3 的双层玻璃保护层。保护层的阻碍作用，使颗粒内部本来含量不多的可溶性 SiO_2、Al_2O_3 很难溶出，活性难以发挥。所以，粉煤灰早期活性是以物理活性（颗粒形态效应、微集料效应等）为主。经过较长时间的激发，粉煤灰的火山灰化学活性才逐渐表现出来，并赋予制品优良的性能（如后期强度高、抗渗性好等）。决定粉煤灰潜在化学活性的因素是其中玻璃体含量、玻璃体中可溶性 SiO_2、Al_2O_3 含量及玻璃体解聚能力。

粉煤灰与 $Ca(OH)_2$ 反应生成 C-S-H、C-A-H 等胶凝物，包括粉煤灰玻璃聚集体解聚成低聚合物[如（SiO_4）单体、（SiO_4）双聚体]及低聚物与 $Ca(OH)_2$ 反应生成 C-S-H、C-A-H 等胶凝物两个反应过程。这两个反应相互影响同时进行。由于 Si-O、Al-O 键能大，玻璃体网络连接程度高（三维连续的架状、层状混合结构），聚合度很高，常温下解聚能力低，解聚速度慢。故早期胶凝过程，只是粉煤灰中少量可溶性 SiO_2（不超过 10%）、Al_2O_3（如（SiO_4）（AlO_4）等）与 $Ca(OH)_2$ 反应。后期强度不断增加是由于随时间延长和激发剂的作用，由粉煤灰解聚成的（SiO_4）、（AlO_4）等低聚体逐渐增加，与 $Ca(OH)_2$ 反应生成水化胶凝物增多的结果。故粉煤灰早期化学活性，是由粉煤灰中可溶出的活性 SiO_2、Al_2O_3 的量决定，而最终

的潜在活性是由粉煤灰玻璃解聚能力决定。

若玻璃体的比表面积大，也就是粉煤灰的细度较高，那么在火山灰反应中，玻璃体与$Ca(OH)_2$浆体的接触面积较大，而使火山灰反应速度增加。因此，粉煤灰越细、含玻璃体越多，那么作为建筑砂浆的掺合料就越好。

从文献上看主要有两种方法检测火山灰活性：化学方法和力学方法。化学检测方法包括测定玻璃体在碱溶液中的溶解速度的间接试验以及用直接试验测定粉煤灰的石灰消耗或在水泥浆体中参加反应的粉煤灰的质量。间接的试验方法是依据玻璃的溶解度高则火山灰活性也高这样一个原理而进行的。

4. 粉煤灰蚀刻试验

蚀刻试验所用粉煤灰样品为华能南京电厂二电场所收集的低钙粉煤灰，其的化学成分如表2.1.3-4所示。粉煤灰分别被分散在10%的NaOH溶液和饱和$Ca(OH)_2$溶液（25℃）中，密封在塑料瓶中在常温下存放一周。浸泡过的粉煤灰经过滤与溶液分离，对其进行清洗后进行SEM研究。

粉煤灰的常量化学成分　　　表2.1.3-4

No.	SiO$_2$	Al$_2$O$_3$	Fe$_2$O$_3$	TiO$_2$	MgO	CaO	K$_2$O	SO$_3$	LOSS
H$_2$	50.28	31.98	4.02	1.23	0.92	6.03	0.91	0.27	2.18

将粉煤灰均匀地分散在双面胶上，用洗耳球吹去松动的粉煤灰颗粒，然后使用SEM进行照相，该测试在南京大学现代分析中心扫描电镜室完成。图2.1.3-10和图2.1.3-11分别是用NaOH溶液和饱和$Ca(OH)_2$溶液浸泡过的粉煤灰颗粒的形貌。在碱性溶液中粉煤灰玻璃体的反应可以以两种形式发生：一是Na^+，K^+，Ca^{2+}，Mg^{2+}被溶出，玻璃体的表面层逐渐变得多孔；二是玻璃体的表面层在SiO_4^{4-}四面体键断裂之后溶解（Si，Al等这些四面体被溶解出来），在没有反应沉淀产物保护的情况下将发生新鲜表面层连续

的溶解。于是在NaOH溶液中浸泡过的粉煤灰壳体变薄，局部甚至被蚀穿[图2.1.3-10(b)]，原来被包裹在玻璃体以内的惰性莫来石暴露出来图[2.1.3-10(a)]、图[2.1.3-10(b)]。而在饱和$Ca(OH)_2$溶液中浸泡过的粉煤灰颗粒则有一些水化产物在其表面生成[图2.1.3-11(a)、(b)]，推测这是火山灰反应的结果。

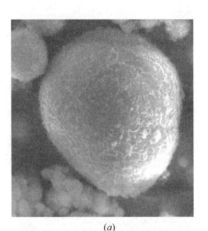

(a)

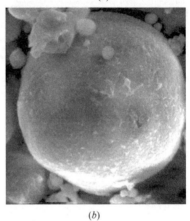

(b)

图2.1.3-10　用10%NaOH溶液浸泡一周的粉煤灰SEM形貌（×5000）

Fraay的研究表明：随pH值的升高被NaOH溶液浸泡过的粉煤灰样品的上清液中Si的含量升高很快；而被NaOH＋$Ca(OH)_2$溶液浸泡过的粉煤灰样品的上清液中Si的含量没有明显上升的趋势。这是由于粉煤灰颗粒上溶解下来的Si与$Ca(OH)_2$发生反应，降低了溶液中Si的浓度而造成的。

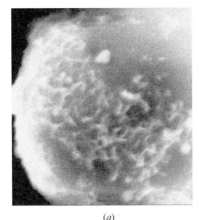

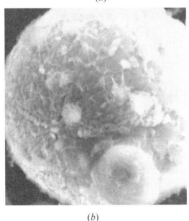

图 2.1.3-11 用饱和 Ca(OH)$_2$ 溶液浸泡
一周的粉煤灰 SEM 形貌

$(a)(\times 10000)$；$(b)(\times 5000)$

溶液 pH 值对粉煤灰火山灰活性的发挥有着很强的影响，即粉煤灰玻璃体结构的打破强烈依赖于孔隙水的碱性。水泥浆体中的 Ca(OH)$_2$ 是提供孔隙水碱性的主要来源。水泥浆体的水化过程是一个长期的过程，而粉煤灰火山灰反应也是一个长期的过程。粉煤灰的火山灰反应对水泥浆体存在着一种碱性调节器的作用：当孔隙水碱性较高时，粉煤灰颗粒 Si-Al 玻璃体溶解速度很快，孔隙水中 Si、Al 浓度升高很快，导致粉煤灰火山灰反应的加快。该反应消耗了浆体中过多的 Ca(OH)$_2$，使孔隙水的 pH 值下降，直接导致了粉煤灰颗粒 Si-Al 玻璃体溶解速度的下降，造成孔隙水中 Si、Al 浓度的降低，进而导致火山灰反应速度下降。依次不断重复，浆体的碱性被控制在

某一范围内上下波动，正如化学平衡了一样，因此掺量适当的粉煤灰对于浆体孔隙水的碱度有着明显的调节作用。

利用现代分析测试手段进行的研究表明，对于相同粒级的不同种漂珠而言，其化学成分是影响其抗压强度的主要因素，漂珠的矿物组成、粒径分布及颗粒的形貌等因素也对其抗压强度有一定的影响。这些研究结果为正确评定漂珠的品级提供了科学依据。

优质粉煤灰以沉珠为主，沉珠的抗压强度比漂珠高得多，当压力高达 250MPa（目前压力仪的限值）时，粉煤灰颗粒（沉珠）的完好率仍然大于 98%，即粉煤灰是一种力学性能较优异的微集料。在保证集料质量的前提下，水泥材料的力学性质主要取决于浆体与集料界面的粘接性能。粉煤灰的二次水化产物就粘附在不均匀出溶导致的粉煤灰的不均匀表面，两者形成一定的交叉过渡层，形成"锚桩效应"，改善了界面的力学性能，从而使水泥基材料整体力学性能得以优化。

粉煤灰蚀刻实验表明在 NaOH 溶液中浸泡过的粉煤灰壳体变薄，局部甚至被蚀穿，原来被包裹在玻璃体以内的惰性莫来石暴露出来。而在饱和 Ca(OH)$_2$ 溶液中浸泡过的粉煤灰颗粒则有一些水化产物在其表面生成，这是火山灰反应的结果。溶液 pH 值对粉煤灰火山灰活性的发挥有着很强的影响。掺量适当的粉煤灰对于浆体孔隙水的碱度有着明显的调节作用。

2.1.4 粉煤灰火山灰反应残渣的形貌和成分特征

粉煤灰和水泥水化产生的氢氧化钙反应，生成 C-S-H 和富铝的水化硅酸钙（C-A-S-H），称为火山灰反应，或二次水化反应。Puertas 等人研究 NaOH 激活粉煤灰/矿渣浆体的水化产物，发现 28d 时主要的水化产物是类似于 C-S-H 凝胶、

结构中含有高含量四配位铝的水化硅酸钙以及有三维结构的碱铝硅酸盐水化物。吕鹏等研究火山灰反应产物发现粉煤灰—石灰体系中粉煤灰水化反应很慢，28d 时生成少量钙矾石和 C-S-H，而含 NaOH 的粉煤灰—石灰体系 pH 值较高，粉煤灰水化反应因此而加速，28d 时生成 Na-X 型沸石、C-A-S-H 和水滑石类矿物等物相。虽然前人对水泥中的粉煤灰和碱激活粉煤灰的水化产物和显微结构研究较多，但对粉煤灰火山灰反应残渣的形貌及化学成分研究较少。采用扫描电镜（SEM）对粉煤灰残渣颗粒形貌进行了研究，并用 X 射线荧光（XRF）分析粉煤灰的元素含量，用电子探针（EPMA）定量分析粉煤灰残渣颗粒的化学成分。

1. 实验

1）制样

低钙粉煤灰来自华能南京电厂第 3 电场。称取粉煤灰 6g，置于 25℃的饱和氢氧化钙溶液中［液固比 $m(l)/m(s)=10:1$，$pH=12.63$］搅拌均匀，制成粉煤灰—石灰体系；称取氢氧化钙（AR）4g，粉煤灰 6g，置于 100ml 一定浓度的 NaOH 溶液中并搅拌均匀，制成含 NaOH 的粉煤灰—石灰体系，该溶液的 $pH=13.43$。

当溶液 pH 值低于 13.3 时，粉煤灰颗粒火山灰反应非常缓慢，因此特意使含 NaOH 的粉煤灰—石灰体系 pH 值略微超过该值，以加速火山灰反应。水泥孔隙液后期的 pH 值高于 13.3，因为随着反应时间的延长，水泥中的一些易溶碱金属逐渐进入液相，使孔隙液 pH 值持续升高，直至超过 13.3。因而该体系在一定程度上模拟了较长龄期的粉煤灰在水泥中发生火山灰反应的情况。

将两种体系的溶液密封在塑料瓶中在 25℃下静置 28 天，到龄期后取出，反复冲洗过滤并烘干。采用甲醇和水杨酸处理两种不同的固状物，以去除火山灰反应产物，剩下未反应的粉煤灰残渣。该方法的依据是粉煤灰与氢氧化钙反应将生成酸溶性水化产物，这一点已被前人的工作所证明。分别将 2g 不同固状物加入盛有 18g 水杨酸和 180ml 甲醇（分析纯）溶液的锥形瓶中。用磁力搅拌器搅拌 15 分钟后，加入 80ml 去离子水，然后再搅拌 45 分钟。对混合物进行过滤，滤纸和残渣用甲醇洗至水杨酸的颜色消失，再用约 500ml60℃的去离子水冲洗并烘干。分别将原状粉煤灰、来源于粉煤灰—石灰体系的粉煤灰残渣和来源于含 NaOH 的粉煤灰—石灰体系的粉煤灰残渣编号为样品 1♯、2♯和 3♯。

2）分析测试

采用 Shimadzu 公司的 VF-320 型 X 射线荧光分析仪分析 1♯样品的化学成分。

在用电子 EPMA 对样品进行微区成分分析前，要先将样品制成透光薄片，其步骤如下：

（1）在载玻片上，滴加预先配好的环氧树脂胶（加固化剂），将粉煤灰样品放入胶中，搅拌均匀，然后将含样品的载玻片放在酒精灯上烘烤，赶去胶中的气泡。

（2）将载玻片置于烘箱中，在（60~70）℃的温度下恒温固化 24h。

（3）将载玻片磨平、抛光，用超声清洗仪清结薄片表面，最后在薄片表面镀上导电碳膜。

采用岛津公司生产的 JXA8800M 型电子探针（配备波谱仪）定量分析各样品的化学成分，仪器工作状态是：加速电压 15kV，电流约 $1×10^{-8}$A，电子束斑直径约 $1\mu m$。标准样品由美国国家标准局提供。

2. 结果与讨论

图 2.1.4-1 和图 2.1.4-2 分别是粉煤灰—石灰体系和含 NaOH 的粉煤灰—石灰体系的火山灰产物形貌。由于在粉煤灰—石灰体系中氢氧化钙在常温下对粉煤灰激活能力较低，水化 28d 后粉煤灰火山灰反应程度仍很低。在粉煤灰颗粒表面仅见少量水化产物（图 2.1.4-1）。由于 NaOH 的存在，使得溶液的 pH 值超过了 13.3 这个阈值，

粉煤灰火山灰反应因此而大大加速，粉煤灰颗粒完全被火山灰反应产物所包裹（图 2.1.4-2）。

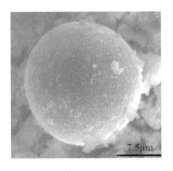

图 2.1.4-1　粉煤灰—石灰体系火山灰
反应产物形貌

图 2.1.4-2　含 NaOH 粉煤灰—石灰
体系火山灰反应产物形貌

　　来自粉煤灰—石灰体系和含 NaOH 的粉煤灰—石灰体系的粉煤灰火山灰反应残渣（2♯和 3♯）形貌表现出很大的不同。样品 2 的颗粒虽仍保持粉煤灰颗粒的形状，但其表面分布着大量不规则的凹坑，表明其表面遭受了不均匀出溶（图 2.1.4-3）。而 3♯样品粉煤灰壳体变薄，局部甚至被蚀穿（图 2.1.4-4），原来被包裹在外层玻璃体内的惰性莫来石骨架显露出来（图 2.1.4-4、

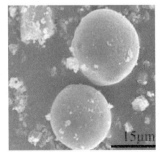

图 2.1.4-3　来自粉煤灰—石灰体系的
粉煤灰残渣形貌

图 2.1.4-5），表明粉煤灰的玻璃相和部分的晶相参与了火山灰反应。

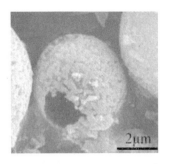

图 2.1.4-4　来自含 NaOH 粉煤灰—石灰
体系的粉煤灰残渣形貌

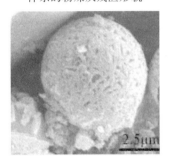

图 2.1.4-5　包裹在粉煤灰外层玻璃
体内的莫来石骨架

　　用电子探针分析样品颗粒，获得颗粒的二次电子像、背散射电子像及 X 射线波谱分析数据。二次电子像反映颗粒的形貌，背散射电子像又称成分像（Comp 像）除提供有关样品表面形貌信息外，还提供了表面成分信息，可以定性说明表面成分的分布，若表面亮度均一，则其成分就分布均匀，其原理是利用原子序数的反差，一般原子序数高的元素在背散射电子像照片上表现为较明亮，反之，原子序数较低的元素较灰暗。在本次实验所涉及的元素范围内，若某个颗粒主要由 Si、Al 组成，则该颗粒较灰暗；而若某个颗粒含有较多的 Ca、Fe 等原子序数较高的颗粒，则该颗粒较为明亮。图中最明亮的一些小亮点是未能清除的抛光剂（铬粉）。X 射线波谱分析数据则反映颗粒表面微区成分含量。

　　对 1♯、2♯、3♯三个样品进行了微区常量成分分析，每个样品各选择了 5 个点采用 X 射线波谱

仪进行成分的定量分析，分析结果见表 2.1.4。图 2.1.4-6～图 2.1.4-10 是 1♯样品的 EPMA 相片。图 2.1.4-6 是原状粉煤灰的概貌照片。粉煤灰是由

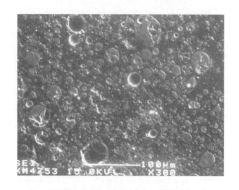

图 2.1.4-6 1♯样品粉煤灰颗粒群 1 的二次电子像

漂珠、沉珠、磁珠、残余矿物和未燃尽碳等各类颗粒组成的集合体，由照片中可以看出原状粉煤灰主要由玻璃微珠组成，总体含珠率高（90%），有一些小的珠粒粘连在一起。图 2.1.4-7 和图 2.1.4-8 分别是 1♯样品粉煤灰颗粒群 1 的二次电子像和背

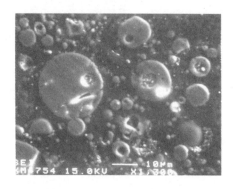

图 2.1.4-7 1♯样品粉煤灰的概貌，各种
不同粒径的微珠混杂在一起，总体含珠率高

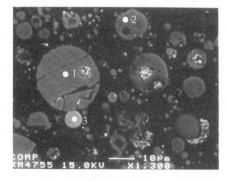

图 2.1.4-8 1♯样品粉煤灰颗粒群 1 的背散射
电子像（COMP 像），点 1、2 和 3 分别是微区成分
分析的点位 1♯-1、1♯-2 和 1♯-3

散射电子像（COMP 像）。在图 2.1.4-8 上分析点 1♯-2 所在的颗粒硅元素含量高达 79.455%，表明该颗粒为一富硅颗粒。1♯-3 所在的颗粒较为明亮，从波谱分析数据看，该颗粒铁元素含量（18.408%）和钙元素含量（8.377%）较高，FeO（全铁）含量如此之高，可以推知此颗粒为磁珠。图 2.1.4-11～图 2.1.4-16 是 2♯样品的 EPMA 相片。图 2.1.4-11 和图 2.1.4-12 中的大颗粒是渣状物，波谱分析数据来看点 2♯-5 所在颗粒钙元素含量较高（10.349%）。图 2.1.4-17～图 2.1.4-25 是 3♯样品的 EPMA 相片。从波谱分析数据来看点 3♯-1 所在颗粒钙元素含量（8.993%）和铁元素含量（20.334%）较高，该颗粒是一个粉煤灰磁珠反应残渣；点 3♯-3 所在颗粒钙元素含量（7.529%）较高；3♯-5 所在颗粒钙元素含量（12.018%）和铁元素含量（11.319%）较高，可能是一个粉煤灰磁珠反应残渣。

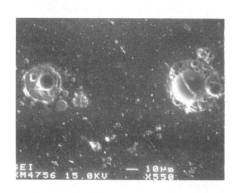

图 2.1.4-9 1♯样品粉煤灰颗粒群 2 的二次电子像

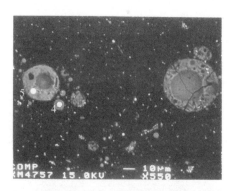

图 2.1.4-10 1♯样品粉煤灰颗粒群 2 的背散射
电子像（COMP 像），点 4 和 5 分别是微区成分
分析的点位 1♯-4 和 1♯-5

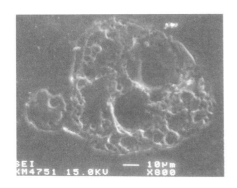

图 2.1.4-11　2#样品颗粒群 1 的二次电子像

图 2.1.4-15　2#样品颗粒群 3 的二次电子像

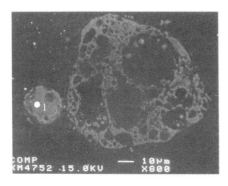

图 2.1.4-12　2#样品颗粒群 1 的背散射电子像
（COMP 像），点 1 是微区成分分析的点位2#-1

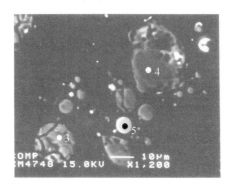

图 2.1.4-16　2#样品颗粒群 3 的背散射电子像
（COMP 像），点 4 和 5 分别是微区成分分析
的点位2#-4和2#-5

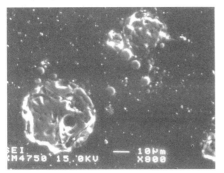

图 2.1.4-13　2#样品颗粒群 2 的二次电子像

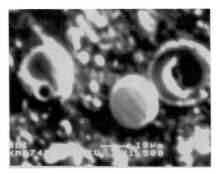

图 2.1.4-17　3#样品颗粒群 1 的二次电子像

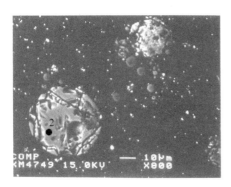

图 2.1.4-14　2#样品颗粒群 2 的背散射电子像
（COMP 像），点 2 是微区成分分析的点位2#-2

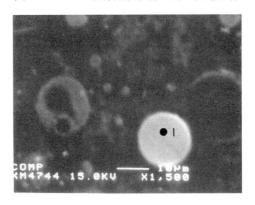

图 2.1.4-18　3#样品颗粒群 1 的背散射电子像
（COMP 像），点 1 是微区成分分析的点位3#-1

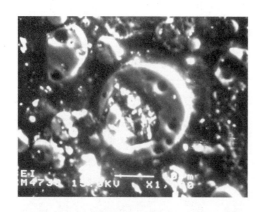

图 2.1.4-19　3#样品颗粒群 2 的二次电子像

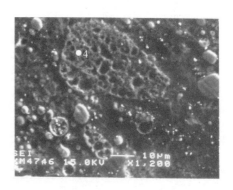

图 2.1.4-23　3#样品反应残渣颗粒的二次电子像，
点 4 是微区成分分析的点位3#-4

图 2.1.4-20　3#样品颗粒群 2 的背散射电子像
（COMP 像），点 2 是微区成分分析的点位3#-2

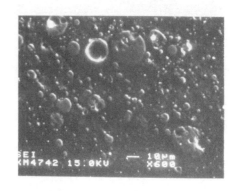

图 2.1.4-24　3#样品颗粒群 4 的
二次电子像

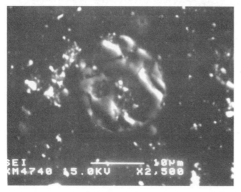

图 2.1.4-21　3#样品颗粒群 3 的二次电子像

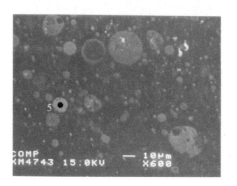

图 2.1.4-25　3#样品颗粒群 4 的背散射电子像
（COMP 像），点 5 是微区成分分析的点位3#-5

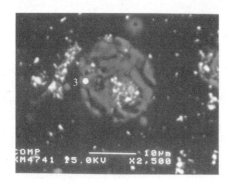

图 2.1.4-22　3#样品颗粒群 3 的背散射电子像
（COMP 像），点 3 是微区成分分析的点位3#-3

图 2.1.4-26 对比了采用 XRF 法测定的原状粉煤灰的各元素含量与 1#、2#和 3#样品 EPMA 所测成分点的平均含量。1# XRF 可以代表粉煤灰元素的平均含量。从图中可以看出，1#和 2#样品 EPMA 所测成分点的平均含量和 1#样品 XRF 的值较为相近；3#样品的 FeO 和 CaO 含量较高，其他常量元素含量有一定程度的降低。表明 2#样

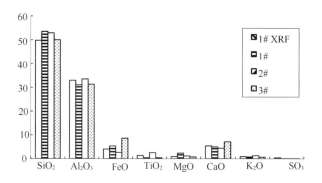

图 2.1.4-26 原状粉煤灰 XRF 法所测元素含量与 1#、
2# 和 3# 所测成分点平均含量的对比

品反应程度较低，而 3# 样品反应程度较高。

一般来说，粉煤灰的常量化学组分都处于 CaO-SiO_2-Al_2O_3 三元系统中。图 2.1.4-27 是 1#、2# 和 3# EPMA 微区分析数据在 SiO_2-Al_2O_3-CaO+FeO 三相图中的投影。1#、2# 和 3# 在该三相图中主要落在椭圆形区域内。说明 1#、2# 和 3# 富 SiO_2 和 Al_2O_3，CaO（+FeO）含量较低。由于溶液中 Ca^{2+} 处于饱和（氢氧化钙过量），粉煤灰中的 CaO 溶出量很少，因此 3# 样品中 CaO 含量可以代表粉煤灰原样中 CaO 的含量；而粉煤灰中 FeO 主要富集在磁珠中，在本试验的碱性条件下，磁珠中的 FeO 较难溶出，因此 3# 样品中 FeO 的含量可以代表粉煤灰原样中 FeO 的含量。K_2O、Na_2O 和 MgO 三种元素有着比较特殊的含义，K_2O 和 Na_2O 是碱金属元素，在 C-S-H 三节四面体结构（dreierketten）的四面体桥中 Al 取代 Si，形成 C-A-S-H，碱金属离子参与补偿电荷差。另外，Na_2O 还参与形成 Na-X 型沸石。而 MgO 则参与形成水滑石类矿物。图 2.1.4-28 是 1#、2# 和 3# EPMA 微区分析数据在 K_2O+Na_2O+MgO-CaO-FeO 三相图中的投影。1# 和 2# 样品的数据点主要落在圆形区域内，而 3# 样品的数据点主要落在椭圆形区域内，表明在 3# 样品中 K_2O+Na_2O+MgO 含量有明显降低的趋势，这些元素进入溶液中并参与了 C-A-S-H、Na-X 型沸石和水滑石类等矿物的形成。

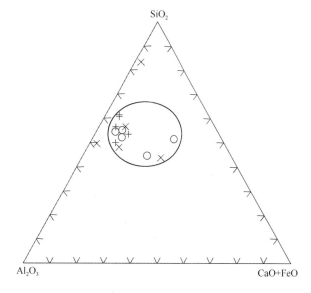

图 2.1.4-27 1#、2# 和 3# EPMA 微区分析数据在
SiO_2－Al_2O_3－CaO+FeO 三元系统中的分布

注：符号×代表 1#，+代表 2#，○代表 3#

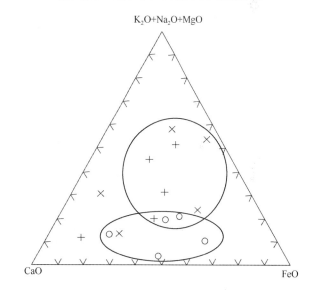

图 2.1.4-28 1#、2# 和 3# EPMA 微区分析数据
在 K_2O+Na_2O+MgO－CaO－FeO 三元系统中的分布

注：符号×代表 1#，+代表 2#，○代表 3#

若认为 FeO+CaO 基本残留在粉煤灰反应的残渣内，以 FeO+CaO 的含量为标准大致可以推算出 3# 样品粉煤灰反应的残渣中，残余 SiO_2 含量约占原状粉煤灰 SiO_2 含量的 64.41%，残余 Al_2O_3 约占原状粉煤灰 Al_2O_3 含量的 66.32%，残余 K_2O+Na_2O+MgO 含量约占原状粉煤灰 K_2O+Na_2O+MgO 含量的 32.47%。

1#、2#、3#常量元素的微区成分含量（%）　　　　表 2.1.4

	Element	1	2	3	4	5	Min	Max	Average	Sigma
1#	Na$_2$O	0.603	0.740	0.521	1.089	0.643	0.521	1.089	0.719	0.221
	K$_2$O	0.911	1.432	0.032	1.328	0.443	0.032	1.432	0.829	0.592
	CaO	7.797	0.766	8.377	0.282	7.787	0.282	8.377	5.002	4.098
	MgO	2.588	0.413	7.701	0.599	0.602	0.413	7.701	2.381	3.105
	TiO$_2$	1.314	0.253	0.177	0.036	0.341	0.036	1.314	0.424	0.510
	Al$_2$O$_3$	31.563	13.953	24.432	46.053	39.331	13.953	46.053	31.066	12.550
	SiO$_2$	53.676	79.455	39.679	47.685	47.222	39.679	79.455	53.543	15.313
	SO$_3$	0.041	0.037	—	—	0.077	—	0.077	0.052	0.022
	FeO	1.528	1.131	18.408	2.265	3.499	1.131	18.408	5.366	7.346
	Total	100.021	98.18	99.327	99.337	99.945	98.18	100.021	99.362	0.737
2#	Na$_2$O	0.745	0.731	0.662	0.519	0.408	0.319	0.745	0.613	0.145
	K$_2$O	3.228	0.634	1.997	0.299	0.340	0.299	3.228	1.300	1.282
	CaO	1.804	4.243	3.406	2.455	10.349	1.804	10.349	4.451	3.425
	MgO	0.937	0.571	2.073	1.497	0.879	0.571	2.037	1.191	0.595
	TiO$_2$	0.454	10.456	1.028	0.442	0.425	0.425	10.456	2.561	4.421
	Al$_2$O$_3$	31.483	35.592	34.922	32.649	33.061	31.483	35.592	33.541	1.686
	SiO$_2$	57.631	43.465	52.756	58.599	52.071	43.465	58.599	52.904	6.012
	SO$_3$	0.030	0.064	0.125	0.043	—	—	0.125	0.066	0.042
	FeO	2.849	3.629	2.409	2.607	1.848	1.848	3.629	2.668	0.652
	Total	99.161	99.385	99.378	99.110	99.381	99.110	99.385	99.283	0.136
3#	Na$_2$O	0.278	0.568	0.478	0.435	0.405	0.278	0.568	0.433	0.106
	K$_2$O	0.166	0.883	0.920	1.283	0.383	0.166	1.283	0.727	0.448
	CaO	8.993	2.803	7.529	4.35	12.018	2.803	12.018	7.139	3.673
	MgO	2.932	0.329	0.138	0.473	0.358	0.138	2.932	0.782	1.214
	TiO$_2$	0.283	0.852	0.091	0.192	0.663	0.091	0.852	0.416	0.326
	Al$_2$O$_3$	17.519	37.277	36.277	34.739	30.984	17.519	37.277	31.359	8.098
	SiO$_2$	49.626	53.232	50.543	53.266	43.569	43.569	53.266	50.047	3.965
	SO$_3$	—	—	0.069	—	0.049	—	0.069	0.059	0.014
	FeO	20.334	4.027	2.784	4.765	11.319	2.784	20.334	8.646	7.323
	Total	100.131	99.971	98.829	99.503	99.430	98.829	100.131	99.573	0.512

注：—指含量低于仪器检出限，FeO 包括二价铁和三价铁。

以上主要对 2# 和 3# 样品的 EPMA 研究实际上是对粉煤灰反应残渣颗粒的微区成分进行分析。1# 和 2# 样品 EPMA 所测成分点的平均含量和原状粉煤灰 XRF 法所测化学成分平均含量的值较为相近；3# 样品的 FeO 和 CaO 含量较高，其他常量元素含量有一定程度的降低。以 FeO＋CaO 的含量为标准可以推算出 3# 样品粉煤灰反应的残渣中，残余 SiO$_2$ 含量约占原状粉煤灰 SiO$_2$ 含量的 64.41%，残余 Al$_2$O$_3$ 约占原状粉煤灰 Al$_2$O$_3$ 含量的 66.32%，残余 K$_2$O＋Na$_2$O＋MgO 含量约占原状粉煤灰 K$_2$O＋Na$_2$O＋MgO 含量的 32.47%。

2.1.5　混凝土中钙矾石生长特性的研究

混凝土中的钙矾石可分为原生钙矾石和延迟钙矾石两种。原生钙矾石由于是在水泥水化初期形成的，此时混凝土的结构强度尚未形成，因此这类钙矾石被认为是无害的。延迟钙矾石是在硬化混凝土中形成的，破坏的混凝土中人们常常看到大量钙矾石存在于结构损伤处，因此人们通常认为它的形成对混凝土是有害的。

关于混凝土的损伤是由延迟钙矾石引起的这一论点，最早是由 Lerch 在 1945 年提出来的。人们发现混凝土材料在受到硫酸盐侵蚀时，在材料的孔隙内、结构微裂缝处以及集料与水泥砂浆的界面等处存在着大量的钙矾石。Kennerly 通过研究认为延迟钙矾石可能引起混凝土结构的破坏。此后学者们对钙矾石的形成机理，不同形貌的钙矾石在混凝土损伤过程中所起的作用，高温、冻融、碳化、干湿交替以及碱骨料反应等对混凝土中钙矾石的影响开展了研究，并提出了各种假设。

由于混凝土内部及使用环境的复杂性，同时受到试验方法的影响，迄今为止，关于混凝土中钙矾石仍有许多问题未能得到很好的解决。是否有不同形式的钙矾石存在？钙矾石分子结构中配位水的多少及其稳定性？钙矾石的物理力学性能究竟怎样，钙矾石在存在是否可能造成混凝土微结构的损伤？是由于钙矾石的膨胀造成混凝土结构的损伤，还是由于钙矾石的生长破坏了已有结构中的组成材料，从而引起结构的损伤？粗大的结晶完好的钙矾石会不会引起混凝土的损伤？硬化混凝土中是否可能存在粗大的钙矾石晶体？高强度混凝土与普通混凝土哪一种对钙矾石的膨胀更为敏感？钙矾石是造成微结构损伤的主要原因之一，还是仅仅由于损伤的存在造成钙矾石的富集？

1. 钙矾石晶体的晶体结构

为了研究混凝土中钙矾石的性质，必须首先研究纯钙矾石晶体的物理及化学性质。

根据 Taylor 建立的模型，钙矾石晶体是基于 $\{Ca_3[Al(OH)_6]\cdot12H_2O\}^{3+}$ 的柱状结构，在此结构中，$Al(OH)_6^{3-}$ 八面体的四周由 CaO 多面体包围着，也就是说晶体中的每个铝离子都与钙离子连接，并且共享 OH^-，而它们之间的通道中是 SO_4^{2-} 四面体和 H_2O 分子。其他水分子被钙矾石晶体松散地约束着，在晶体被干燥或加热时，这些水分子很易失去，这也与钙矾石晶体的结晶水配位数的不确定性相一致。钙矾石的结构如图 2.1.5-1 所示。

目前通过实验手段制备纯钙矾石的方法主要有以下 3 种：反应溶液法、AFm 转化法以及铝酸钙（CA）转化法。

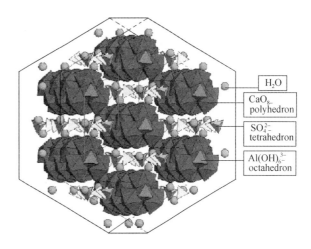

图 2.1.5-1 钙矾石的结构

（来自于 Dr. J. Neubauer/University Erlangen/Germany）

课题组用反应溶液法制备了钙矾石。以 AR 级 $Ca(OH)_2$，$Al_2(SO_4)_2\cdot18H_2O$ 为原料，按下列反应方程合成：

$$Al_2(SO_4)_3\cdot18H_2O+6Ca(OH)_2\xrightarrow{H_2O}$$
$$3CaO\cdot Al_2O_3\cdot3CaSO_4\cdot32H_2O$$

采用环境扫描电子显微镜 ESEM（environmental scanning electron microscope）对钙矾石进行了晶体特征的观察。ESEM 没有先期准备时对试样的干燥、高真空损伤过程，并且无需对试样表面进行抛光以及镀金或镀碳等处理，这样就能真实反应试样原始形貌。

研究发现过去在高真空的扫描电子显微镜 SEM 条件下观察到的 μm 级的针状钙矾石晶体，实际上是由尺寸在 $10\sim100nm$ 级的平行微晶组成（图 2.1.5-2）。过去 SEM 观察试样时，必须在试

样表面喷镀一层约几十 nm 的导电层，从而覆盖
了精细结构。

　　同时我们还看到了呈现球状的从生的钙矾石
晶体（图 2.1.5-3），此类钙矾石晶体在硫酸盐侵
蚀的混凝土中常常可以观察到，可能是由于某种
原因，如外界生长空间的约束等，没能很好地结
晶的结果。

　　采用 ESEM 附件的能谱仪对试样观察点的能
谱图（图 2.1.5-4）以及采用 XRD 进行的试样分
析图（图 2.1.5-5）均显示，试样的钙矾石显示
尖锐的峰值，是典型的钙矾石晶体。

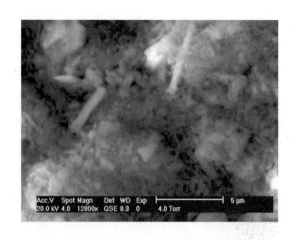

图 2.1.5-3　ESEM 观察到的颗粒丛生状钙矾石

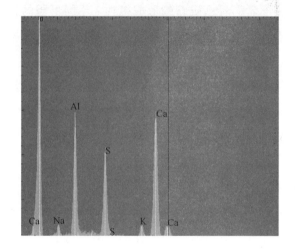

图 2.1.5-4　纯钙矾石试件的能谱图

图 2.1.5-2　ESEM 观察到的针状钙矾石精细结构

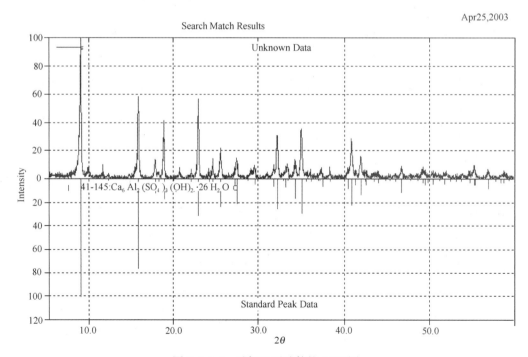

图 2.1.5-5　纯钙矾石试件的 XRD 图

2. 钙矾石晶体的物理力学性质

要想澄清钙矾石是造成混凝土损伤的原因之一，还是仅仅在损伤已存在的情况下有利于钙矾石的富集，必须对钙矾石晶体的物理力学性能进行研究。

利用相同的试样，我们在英国 Paisley 大学 Scottish Centre for Nanotechnology in Construction Materials 的 MTS Nanoindenter XP 仪器上采用 Continuous Stiffness Measurement（CSM）and high performance specimen stage 技术，对试样的加载及卸载的力学响应进行了几千观测点的测试，得到了钙矾石晶体的硬度及弹性模量的试验结果。现将试验过程描述如下。

采用低温硬化和低收缩率的树脂将试样固化其中制样，压针采用金刚石 Berkovich tip，控制参数为：应变率 0.05nm/s，压针逼近试样表面，确定表面接触零点，加载，持载 10s，卸载速率为加载速率的两倍。

为了能得到钙矾石晶体的物理力学性能，根据 ESEM 图像中钙矾石的尺度，试验对象的压痕深度分别取 $1\mu m$、250nm、100nm。为了比对，同时也对树脂基底进行了观测。对大量数据进行了分析计算筛选后，得出的总体情况见表 2.1.5-1～表 2.1.5-4。

树脂基底的力学响应　　　　　　　　　　　　　　　　　　　　　　表 2.1.5-1

Test	EAverage Over Defined Range (GPa)	HAverage Over Defined Range (GPa)	Modulus From Unload (GPa)	Hardness From Unload (GPa)	Drift Correction (nm/s)	Area Coefficient1	Area Coefficient2	Area Coefficient3
16	3.683	0.26	3.572	0.206	−0.188	4.44E+00	1.09E+04	−3.89E+03
17	3.686	0.258	3.541	0.204	−0.171	4.44E+00	1.09E+04	−3.89E+03
20	3.728	0.265	3.461	0.208	−0.21	4.44E+00	1.09E+04	−3.89E+03
Mean	3.699	0.260	3.525	0.206	−0.190	4.44E+00	1.09E+04	−3.89E+03

压痕深度为 $1\mu m$ 时试样的力学响应　　　　　　　　　　　　　　表 2.1.5-2

Test	EAverage Over Defined Range (GPa)	HAverage Over Defined Range (GPa)	Modulus From Unload (GPa)	Hardness From Unload (GPa)	Drift Correction (nm/s)	Area Coefficient1	Area Coefficient2	Area Coefficient3
5	13.14	0.692	14.599	0.596	−0.029	4.44E+00	1.09E+04	−3.89E+03
7	13.558	0.676	15.245	0.556	−0.082	4.44E+00	1.09E+04	−3.89E+03
9	15.921	0.81	17.179	0.646	−0.045	4.44E+00	1.09E+04	−3.89E+03
Mean	14.206	0.697	15.674	0.599	−0.052	4.44E+00	1.09E+04	−3.89E+03

压痕深度为 250nm 时试样的力学响应　　　　　　　　　　　　　　表 2.1.5-3

Test	EAverage Over Defined Range (GPa)	HAverage Over Defined Range (GPa)	Modulus From Unload (GPa)	Hardness From Unload (GPa)	Drift Correction (nm/s)	Area Coefficient1	Area Coefficient2	Area Coefficient3
7	19.631	0.853	20.23	0.761	−0.033	4.44E+00	1.09E+04	−3.89E+03
10	16.764	0.769	17.008	0.668	−0.041	4.44E+00	1.09E+04	−3.89E+03
15	18.843	0.644	20.432	0.606	−0.025	4.44E+00	1.09E+04	−3.89E+03
Mean	18.41	0.755	19.22	0.678	−0.033	4.44E+00	1.09E+04	−3.89E+03

压痕深度为 100nm 时试样的力学响应　　　　　　　　　　　　表 2.1.5-4

Test	EAverage Over Defined Range (GPa)	HAverage Over Defined Range (GPa)	Modulus From Unload (GPa)	Hardness From Unload (GPa)	Drift Correction (nm/s)	Area Coefficient1	Area Coefficient2	Area Coefficient3
24	25.371	1.203	23.979	0.855	−0.047	4.44E+00	1.09E+04	−3.89E+03
25	22.508	0.675	23.043	0.703	0.001	4.44E+00	1.09E+04	−3.89E+03
26	23.483	0.462	21.821	0.615	−0.009	4.44E+00	1.09E+04	−3.89E+03
Mean	23.787	0.780	22.948	0.724	−0.183	4.44E+00	1.09E+04	−3.89E+03

表 2.1.5-1 是基底树脂的力学响应，表 2.1.5-2、表 2.1.5-3、表 2.1.5-4 分别是钙矾石试样的压痕深度为 1μm、250nm 以及 100nm 的力学响应情况的摘要。从中可以清楚地看出，树脂基底的硬度和弹性模量要比钙矾石试样的低近一个数量级；钙矾石试样的硬度和弹性模量随着压痕深度的加大，数值则在递减，100nm 得到的结果最大。

根据 ESEM 图片，钙矾石的尺寸大约在 100～300nm 之间。按纳米硬度试验的规律，当压痕深度大于此数值时，压针则会接触基底或压空，不能真实反应被测试样晶体的力学性质。考虑到晶体尺度的大小，试验中采用了尖锐压针，使其压痕过程中的影响面积小于 2.5 倍的压痕深度。因此，我们认为，压痕深度为 1μm 和 250nm 时，钙矾石试样的硬度和弹性模量较小，是由于带有了基底的力学响应，而 100nm 的压痕深度符合显微硬度的测试要求。

从树脂基底、压痕深度分别为 1μm、250nm、100nm 的试样的试验测试点中，分别选择具有代表性的点，将采用 CSM 技术，在连续加载过程中获得硬度和弹性模量作为压痕深度的连续函数，用图形描述，见图 2.1.5-6。

由于是软基底，晶体的力学性质应由硬度及弹性模量连续曲线上最高平台数值来表征。对于纳米压痕试验，由于试样表面的粗糙度和压针尖端曲率半径等影响，在压痕深度 50nm 的初始阶段，数据不能可靠地反映材料的特性。对 100nm 的硬度及弹性模量连续曲线分析可以看出，钙矾石晶体的硬度约为 1GPa，而其弹性模量约为 25GPa。由此可以看出，钙矾石晶体的弹性模量大于混凝土中的砂浆的弹性模量，也就是说在某种因素促进下，当钙矾石晶体在混凝土的孔隙、集料界面等处富集生长时，是可以成为混凝土损伤的成因之一的。

3. 混凝土中钙矾石的生长

目前关于水泥基材料中钙矾石相形成机理，存在着两种观点：溶解析晶和固相反应。所谓溶解析晶是指钙矾石在液相中生成，即从液相中沉淀析晶出来；而固相反应则是指熟料矿物直接以固态形式与水或盐溶液作用而生成钙矾石，反应不经过溶解阶段，这种反应亦即通常所说的固—液反应，或局部化学反应。

Hansen 提出"钙矾石的形成由于石膏对水泥的缓凝和膨胀相联系，必然是属于固相反应"。Odler 和 Jawed 把局部化学反应机理推广到以 C_3A 为主要反应物的所有水化物。Peiming 和 Odler 通过 SEM 观察到局部化学反应形成的钙矾石。龙世宗、邹燕蓉等通过实验表明，不论原始反应物是化学试剂还是水化铝酸钙，只要满足钙矾石的成分要求，在没有液相水的情况下，可以通过固—固相反应合成钙矾石。

但许多学者都认为钙矾石的形成是通过溶解析晶机理。Mathe 用扫描电镜研究了 $C_4A_3\bar{S}$—$\bar{C}S$—CaO 浆体中钙矾石的形态，并对系统中有 CaO 和无 CaO 条件下形成的 AFt 的形态比较，

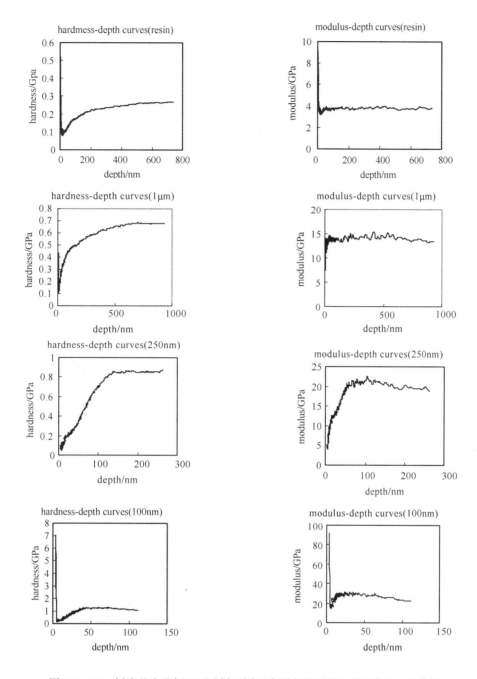

图 2.1.5-6 树脂基底及钙矾石试样不同压痕深度的硬度及弹性模量连续曲线

发现不管哪种情况，钙矾石的形成均通过液相。Lagerblad 等也认为铝酸根、硫酸根和钙离子含量引起了钙矾石的析出。薛君玕指出，在一定范围内，无论水泥碱度如何，AFt 都是遵循一般无机盐的结晶规律：溶解—析晶—再结晶。彭家惠、楼宗汉，郭子成、孙淑巧等，李玉华、徐风广等分别用包含钙矾石组成的不同原料通过液相反应生成了钙矾石单矿。

还有一些学者统一了两种机理。Lafuma 认为，

在饱和 CaOH 浓度下，铝酸三钙以固态水化（即局部反应）形成钙矾石，而当钙矾石通过溶液反应形成时则不引起膨胀。Schwiete 等认为普通硅酸盐水泥浆体中，pH＝12.5－12.9 时，钙矾石不经溶解而直接在 C_3A 表面上形成，这种钙矾石提供体积变化而不提供强度；而在 pH＝11.5－11.8 时，钙矾石可以从溶液中沉淀出来，它们对强度是有利的。利用环境扫描电镜（ESEM）观察了水化初期和在外部硫酸盐侵蚀条件下水泥浆体系统中钙矾石

的形成机理。SEM 和 ESEM 图像结果表明：在不同的条件下，通过固相反应（局部化学反应）或者溶解析晶都有可能形成钙矾石。

1）实验材料及方法

水泥：硅酸盐水泥 I 型，强度等级 42.5，扬州绿扬水泥有限责任公司生产，化学成分如表 2.1.5-5 所示；该水泥 3d 龄期抗折强度为 4.5MPa，抗压强度为 21.5MPa，28 天龄期抗折强度为 8.2MPa，抗压强度为 54.0MPa。初凝时间 290min，终凝时间 332min。

水泥的化学成分（%）　表 2.1.5-5

水泥成分	SiO₂	Al₂O₃	Fe₂O₃	CaO	MgO	SO₃	Loss	合计
含量	20.77	5.78	4.7	65.95	1.18	0.94	0.24	98.38

硫酸钠：分子式为 Na_2SO_4，分子量 142.04，为 AR 级分析纯，中国医药（集团）上海化学试剂公司生产；水：为超纯水。

为了与扫描电镜样品仓内试样台配套，全部水泥浆试样浇铸成底面 $\phi15$mm 高 5mm 的圆柱体。水泥浆试样 1~4，按各水灰比浇铸成型后，经 24h 养护箱养护，7 天 50℃水加速养护后，静置于硫酸钠溶液中密封浸泡。侵蚀溶液的初始 $[SO_4^{2-}]$ = 20250mg·L^{-1}，浸泡过程中定期滴入 1mol·L^{-1} 硫酸溶液，以补充 SO_4^{2-}。水泥浆试样 5 按水灰比 0.40 现场制作后，随即放入电镜样品仓进行观察，在观察过程中，每隔 20min 左右打开样品仓在试样表面滴水，保持试样的湿润，连续观察。

2）扫描电镜样品制备

观察电镜为 XINXL30-ESEM 型环境扫描电镜。试样 1~4 观察环境为高真空，故试样观察前须用无水酒精洗涤然后置入日本 EiKOEngineering, co., Ltd 产喷金仪（ION COATER，型号 IB-3）中喷金导电层。水泥浆试样 5 采用"环境"（相对于高真空而言）扫描，样品无须作任何处理，可直接放入样品仓观察。

3）实验结果

图 2.1.5-7、图 2.1.5-8 为在硫酸钠溶液中浸

泡 14 天时的水泥浆体 1（水灰比＝0.45）和 2（水泥浆体＝0.65）的二次电子 SEM 像。两图中的晶体的能谱分析结果（图 2.1.5-9）与纯钙矾石的能谱图（图 2.1.5-4）吻合，表明图中针状晶体为钙矾石。可看到钙矾石呈放射状生长，形成地点为水泥颗粒已经水化处即水化产物形成处，图 2.1.5-8 可看到在未水化的水泥颗粒区域，没

图 2.1.5-7　试样 1 的 SEM 图

（W/C=0.45，浸泡 14 天）

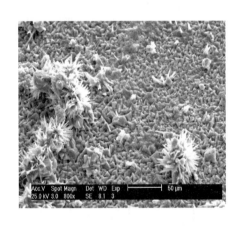

图 2.1.5-8　试样 2 的 SEM 图

（W/C=0.65，浸泡 14 天）

有形成钙矾石，此现象表明，这些钙矾石是通过局部化学反应形成的。这些晶体在水泥水化产物表面形成，有些形成于浆体内部的钙矾石，已经穿透水泥颗粒之间的缝隙露出了表面，这表明通过局部化学反应形成的钙矾石具有很大的强度，能够产生膨胀。

图 2.1.5-10、图 2.1.5-11 为在硫酸钠溶液中浸泡 7 天时水泥浆体 3（水灰比＝0.85）和 4（水

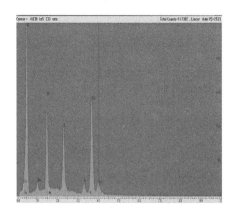

图 2.1.5-9　钙矾石能谱分析图

图 2.1.5-10　试样 3 的 SEM 图

（$W/C=0.85$，浸泡 7 天）

灰比＝1.00）的二次电子 SEM 像。由于这两浆体的水灰比很大，因此浆体结构较为松散，孔隙率很大。随着 SO_4^{2-} 的渗入，AlO^{2-}，Ca^{2+}，SO_4^{2-} 和水同时存在于孔溶液中，琼斯和艾脱尔等认为，在（20～25）℃时，此四元系统中唯一稳定四元复盐是钙矾石。图中晶体经能谱分析验证

图 2.1.5-11　试样 4 的 SEM 图

（$W/C=1.00$，浸泡 7 天）

为钙矾石。从图 2.1.5-10～图 2.1.5-11 中钙矾石晶体的形貌看完全不同于图 2.1.5-7，大量细小的钙矾石晶体无序地散布在孔隙和水泥颗粒表面，晶体与浆体的接触部位并非在其根部，这表明这些钙矾石晶体是由于离子溶解沉淀析晶形成的。

水泥的水化过程包含着复杂的化学反应，其中有水泥的水化反应、水化产物与其他化合物的反应以及水化产物之间的反应等。LeaF. M. 指出，水泥颗粒一旦和水接触就形成过饱和的和不稳定的溶液，此时从过饱和溶液中可沉淀出凝胶状晶体物质。随着水化的逐步进行，特别到水分子扩散作用更难进行时，水分子慢慢扩散到表面或甚至透入晶格，就地反应产生大于胶体尺寸的晶体产物如氢氧化钙、水化铝酸钙和硫铝酸钙等。而 Vyrodov 和 Sorochkin 等把水泥水化过程描述为局部化学反应过程。图 2.1.5-12（a）是水泥水化 75 分钟时的二次电子 ESEM 图，可见胶凝

（a）

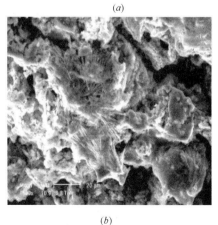

（b）

图 2.1.5-12　试样 5（$W/C=0.40$）的 ESEM 图

（a）水化 75 分钟；（b）水化 110 分钟

状钙矾石和放射状钙矾石同时存在，胶凝状钙矾石主要形成区域为水泥颗粒和水化产物之间的孔隙中，表明这些钙矾石是沉淀形成；而放射状钙矾石主要形成在水化产物表面，这些钙矾石以水泥水化产物为核心，向四周形成放射状生长，表明是就地反应形成。图 2.1.5-12（b）是水泥水化 110 分钟时的 ESEM 图，可见成簇生长的钙矾石与水化产物交织在一起，钙矾石呈针状，根部埋于水化产物之中，表明此钙矾石也为局部化学反应形成。

4）结论

（1）外部硫酸盐侵蚀条件下的硬化水泥浆体中，钙矾石可以通过局部化学反应形成亦可通过溶解沉淀析晶形成，这主要取决于浆体微观结构及其化学氛围。

（2）水泥的水化过程中，同样可以通过溶解和局部化学反应两种机理形成钙矾石晶体，初期以溶解机理为主，后期主要以局部化学反应为主，但两种机理在时间和空间上没有绝对的界限。

2.2　活性掺合料对水泥基材料产生高性能的细观与微观机理

2.2.1　绪论

早在几千年前人类就开始制造和使用无机胶凝材料，然而大规模制造和使用无机胶凝材料应该追溯到 1824 年。这一年的 10 月 21 日，一个叫 Joseph Aspdin 英国人获得硅酸盐水泥的专利，在他的专利中，Aspdin 称这种胶凝材料为 "Portland Cement"。在其问世后 170 多年的历史里，硅酸盐水泥的应用极大地改变了人类的生活空间和环境，从高耸入云的摩天大楼，深入地下、海底的隧道，横跨江河、大海的桥梁，扩展人类生存空间的海上平台，到为人类社会发展提供不断能源的大坝和核电站，这种朴实无华而又富于魅力的材料身影无处不见。很难想象，如果没有硅酸盐水泥这种现代意义的胶凝材料，人们将会用什么物质来承载我们高度发达的现代文明。

在 21 世纪，水泥仍将是世界上最主要的建筑材料。2000 年我国水泥产量已达 5197×10^8 t，占全世界总产量的 1/3 以上，与之相对应，中国的混凝土消费也是非常庞大的，2000 年中国混凝土用量达到了 24 亿 m^3，这在世界上是遥遥领先的。另外，中国要在二三十年中完成发达国家 100 多年所做的基本建设，还将新建大量的公路、桥梁等基础设施，对水泥的需求量更大。

然而水泥工业是高污染、高消耗的不可持续发展的产业。其生产消耗大量的煤和电等能源；消耗大量的石灰石、铁矿石和黏土等自然资源；传统的"两磨一烧"生产工艺，除了排出大量粉尘外，水泥熟料在煅烧过程中还排放出大量 CO_2、SO_2 和 NO_x 等废气。每生产 1 吨水泥熟料将排放出约 1 吨 CO_2 及大量的 NO_x、SO_3 等有害废气，这些废气加剧温室效应和产生酸雨，严重污染环境。水泥产量在现有的性能水平上继续大量增加，将对我国的环境造成严重的污染和负担。

另一方面社会进步除了要求水泥工业减少环境负荷物质的排放量外，还要求能最大限度地将人类社会活动中排出的工业废弃物和生活废弃物加以有效利用，使之成为与环境共存型产业体系。充分利用工业废渣的潜在胶凝性，大幅度降低水泥熟料的用量，使其在水泥混凝土中的利用从单纯的增加产量为目的转化为既降低环境负荷又使之作为高性能水泥中不可或缺的性能调节组分。其中最主要和应用最广的活性材料是水淬矿渣和粉煤灰。随着电力和钢铁工业的发展，世界各国的粉煤灰和矿渣的储量巨大。

随着社会向现代化发展，超高层建筑物、大深度地下构筑物、超大型桥梁、海上建筑等大型建筑越来越多，对水泥与混凝土的性能提出更高要求。与此同时，我们所面临的环境日益恶化，含有各种有害成分的大气、雨水和地下水以及其他侵蚀性介质等对水泥基材料的腐蚀作用越来越严重，在各种破坏因素作用下，材料结构的稳定性和性能逐渐衰减和劣化，工程使用寿命下降。为抵抗诸如冻融、碳化、海水和化学介质等环境因素对水泥混凝土工程结构的侵蚀，对水泥基材料的耐久性提出了更高的要求。具有优良耐久性的高性能混凝土已成为混凝土技术发展的必然趋势。获得耐久性良好的高性能混凝土的主要技术手段之一是节约水泥用量、更多地掺加以工业废渣为主的活性掺合料。大量的研究表明以粉煤灰和矿渣为代表的工业废渣的应用可明显改善水泥基材料的性能，尤其是耐久性能。

综上所述，若实现水泥混凝土行业的可持续发展，那么在水泥基材料的生产和应用中最大可能的消化、利用人类社会活动中排出的工业废渣，改善水泥基材料的性能尤其是耐久性，成为我们追求的目标之一。然而研究和实践证明，工业废渣的应用，尤其是在大掺量情况下，给水泥基材料性能带来了一些负面影响，突出的问题有早期强度低，对养护要求严格，材料的抗冻性变差，自收缩增大，碳化速度加快，还有研究指出粉煤灰增加了混凝土的渗透性。这些问题的出现提示人们对工业废渣的应用条件需进行仔细思考。众所周知，材料的性能与其组成、结构是密切相关的，工业废渣的应用使水泥石的组成结构更加复杂。尤其是掺加多种矿物掺合料和大掺量情况下，将造成水泥石的组成、结构及形成发展过程与普通水泥石显著不同。因此要认识工业废渣对水泥基材料性能的正负效应、扬长避短、合理应用工业废渣，需要研究工业废渣对复合体系（水泥—工业废渣复合）的水化进程、水化产物的数量、组成及各个层次结构的影响，为工业废渣在水泥基材料中的合理有效应用提供理论依据和指导。

矿渣是冶炼生铁的副产品，是在高炉冶炼生铁时，作为溶剂矿物的石灰石和白云石分解出的 CaO 和 MgO 与铁矿石中的杂质成分、焦炭中的灰分等形成熔融物，通过排渣口排出而形成。矿渣的化学成分主要为 CaO、SiO_2、Al_2O_3、MgO，总量在 $90\%\sim95\%$ 以上，此外，还有少量的 FeO 和硫化物。根据炼铁时选用的铁矿石的化学组成、溶剂矿物的种类以及所炼生铁的种类不同，矿渣的化学组成可以在较大范围内波动. 高炉矿渣根据冷却的快慢分为急冷渣和慢冷渣，慢冷渣由于冷却速度慢，冷却过程中析出硅酸一钙和钙铝黄长石等晶体，基本上不具有水硬活性，而急冷渣是矿渣熔体经水淬或空气急冷而得，由于冷却速度快，大部分形成玻璃体，因急冷后矿渣成为 $0.5\sim5mm$ 左右的颗粒状，又称为粒化高炉矿渣。粒化高炉矿渣具有较高的水硬活性。

粉煤灰是火力发电厂燃煤锅炉排出的废渣，含有少量碳和晶体，具有与火山灰类似的细粉状玻璃态物质。粉煤灰按 f-CaO 含量不同可分为高钙灰（f-CaO 含量大于或等于 10%）和低钙灰（f-CaO 含量小于 10%）两类。由于粉煤灰含有一定量的活性 SiO_2 和 Al_2O_3，可以作为活性混合材掺入水泥以改善某些性能，并可增加水泥产量，降低成本，变废为宝。

本研究采用矿渣和粉煤灰这两种来源最广、在混凝土中应用最广泛的工业废渣，研究不同掺量、不同水胶比条件下它们的反应程度及对非蒸发水数量、孔结构的影响。鉴于国内外已经对掺粉煤灰、矿渣的水泥浆体的水化产物种类、结构进行了大量的研究，取得了许多富有意义的成果，因此本部分以认识工业废渣对水泥基材料性能的正负效应、合理应用工业废渣为目的，系统研究工业废渣对复合体系的水化进程、水化产物的数量、组成及结构的影响，为工业废渣在水泥基材料中的合理有效应用提供理论依据和指导。

通过我们大量试验表明，粉煤灰、矿渣的反应程度除受水胶比影响外，粉煤灰、矿渣与水泥的质量比也是重要的影响因素。在组分反应程度不受限制的情况下，矿渣对浆体非蒸发水量的影响与掺量有关，存在一个矿渣掺量能够使浆体中非蒸发水量达到最高，并且当矿渣的掺量超过一定量后，其非蒸发水数量显著下降；研究中，定量区分了水泥和矿渣对非蒸发水量的贡献。根据非蒸发水量 W_n 与矿渣占胶凝材料的质量分数，结合不同矿渣掺量情况下矿渣的反应程度，建立了数学模型描述矿渣质量分数与浆体非蒸发水量的关系，并获得单位质量矿渣水化对非蒸发水量的贡献系数。粉煤灰在各种掺量情况下均降低了体系中非蒸发水量，分析认为是粉煤灰反应程度低所造成。对孔结构的研究表明，在高水胶比条件下，其对孔隙率的影响与其对非蒸发水量的影响由一致性，即以非蒸发水量表征水化产物数量时，浆体孔隙率随非蒸发水量的增加而降低，以此为依据提出了高水胶比条件下最佳矿渣掺量和最大有益矿渣掺量的概念；以浆体初始孔隙率与某龄期孔隙率之差表示水化产物对空隙的填充时，这个差值与该龄期的非蒸发水量的比值基本上为恒定值。在低水胶比条件下，矿渣对孔隙率的影响不显著。而不同条件下粉煤灰使浆体孔隙率有所增加，本研究中结合粉煤灰的反应程度及水化前后体积变化分析认为，认为粉煤灰参与体系水化的反应程度远低于水泥是造成孔隙率增加的根本原因。根据人们对不同尺度孔径对水泥基材料性能影响的已有认识，提出了可接受孔隙率的观点，并以非蒸发水量代表水化产物数量，确定了单位数量非蒸发水所代表的水化产物所引起的可接受孔隙率。本研究中提出了初始孔隙率与可接受孔隙率的差值要等于或小于水化产物所填充的孔隙率的控制原则，通过控制水胶比或矿物掺合料掺量的途径控制浆体的孔隙率为可接受孔隙率，

以确保材料的耐久性。根据已有的关于矿渣－水泥体系的水化产物及结构的成果，对矿渣－水泥体系的水化反应进行化学计量学计算，推导了水泥、矿渣水化对 CaO 的供给与需求的计算公式，由此可以确定不同 C-S-H 凝胶钙硅比及浆体中 CH 数量情况下达到理论上完全水化时水泥和矿渣之间的质量比，提出了给定矿渣掺量控制水胶比及给定水胶比控制矿渣掺量，同时控制浆体孔隙率为可接受孔隙率的方法，为以耐久性为目标设计混凝土提供了参考。

2.2.2　试样制备及试验方法

1. 试验原材料

硅酸盐水泥熟料及二水石膏均来源于中国江南水泥厂，粉煤灰采用南京热电厂 I 级粉煤灰，矿渣由江南粉磨公司提供。水泥熟料与石膏按 95：5 的质量比混合，采用实验室球磨机粉磨一定时间，配制成水泥。试验材料的化学组成及有关物理性能见表 2.2.2-1～表 2.2.2-3 以及图 2.2.2。

试验材料化学组分分析结果（％）

表 2.2.2-1

测定元素	粉煤灰	矿渣	水泥熟料
SiO_2	47.86	32.07	21.68
TiO_2	1.25	1.52	0.28
Al_2O_3	32.50	14.68	5.64
Fe_2O_3	4.52	0.97	4.22
MnO	0.06	0.22	0.12
MgO	1.05	9.30	0.81
CaO	4.09	35.81	64.89
Na_2O	0.55	0.64	0.20
K_2O	1.62	0.53	0.76
P_2O_5	0.61	0.00	0.03
L. O. I.	6.34	0.86	0.54
SO_3	0.20	2.51	0.00
Σ	100.65	99.11	99.17

水泥熟料矿物组成　表 2.2.2-2

C_3S	C_2S	C_3A	C_4AF	Σ
55.479	20.303	7.140	12.841	95.763

材料的密度及比表面积　表 2.2.2-3

	粉煤灰	水泥	磨细矿渣
比表面积，m^2/kg	665.0	309.0	372.0
密度，kg/m^3	2380.0	3115.0	2860.0

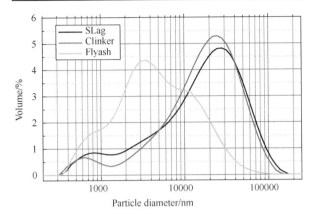

图 2.2.2　试验材料的粒径分布

2. 试样制备与处理

①拌和水准备：试验拌和用水为自来水，加热至沸腾后静置，以降低水中溶解的 CO_2 含量。

②浆体制备：将实验室配制的水泥、磨细矿渣、粉煤灰经过 105℃烘干至恒重，采用 0.08mm 标准筛筛除粗颗粒，按表 2.2.2-4 的质量比制备浆体，其中 PC、FA50、BFS50 浆体采用了 0.30、0.35、0.40、0.45、0.50 等 5 个水胶比（质量比），其余代号浆体水胶比均为 0.50。浆体密闭于塑料密封袋至终凝，为减轻此间浆体的泌水及分层，每隔 15min 将塑料密封袋翻转倒置数次；待终凝后除去密封，将试样置于 20℃的雾室内养护至预定龄期。

③组分反应程度测试样品处理：将养护一定时间的水化浆体用压力机压碎，采用以下步骤进行处理：a. 取浆体内部小碎片浸泡于异丙醇至少 25 min；b. 在无水乙醇中研磨至全部通过 200 目筛；c. 过滤，乙醇冲洗 5 次，再采用乙醚冲洗 2 次；d. 在预先放置钠石灰的真空干燥箱真空干燥箱在 80kPa～200kPa 压力、105℃下干燥 24h。

④组分反应程度测定：取经过上述干燥处理的试样 1.0g（准确至 0.0002g），置于已灼烧至恒重的坩埚中，将盖斜置于坩埚上，以 5℃/min 的

升温速度加热至 950℃，恒温 20min，冷却，称重。重复灼烧至恒重，测得 W_L；参照 GB/T12960，采用选择性溶剂溶解，测得不溶物量，同时分别测定水泥、矿渣和粉煤灰的不溶物含量，供计算矿渣和粉煤灰的反应程度。

⑤MIP 孔结构测试：将养护一定时间的水化浆体用小型切割机切成尺寸大约 10mm×10mm×10mm 的小方块，置于 105℃干燥箱中烘干 24 h 后测定孔隙率及孔径分布。

⑥差热分析样品处理：用于差热分析试样处理的步骤基本与③同，只是步骤 d 改为连续抽真空 1h，干燥温度为 35℃。试验时升温速度 10℃/min，氮气氛。

⑦SEM 观察样品制备：选取压碎后浆体内部碎片，浸泡于无水乙醇中 3d，于干燥器干燥 1d 后喷涂处理，进行观察。采用 SEM 观察矿渣颗粒与基体界面时，将试样断面在磨光机上依次用 200♯、400♯、600♯ 和 1000♯ 的金相砂纸对剖断面进行打磨，打磨好的试件在 MDP-1 型抛光机上抛光处理（选用粒度为 3.5μm 的金相抛光剂）。打磨和抛光过程所采用的液体介质为无水乙醇。抛光处理后的试件采用超声波清洗 15min。

试验浆体组成/%　表 2.2.2-4

浆体编号	水泥	矿渣	粉煤灰
PC	100	0	0
BFS30	70	30	0
BFS40	60	40	0
BFS50	50	50	0
BFS60	40	60	0
BFS80	20	80	0
FA30	70	0	30
FA40	60	0	40
FA50	50	0	50

3. 矿渣、粉煤灰反应程度的测试方法

Demoulian 等提出以 EDTA（乙二铵四乙酸二钠盐）为络合剂的选择性溶剂，能溶解大部分水泥及水化产物，而对矿渣则基本不溶。经过对该方法的改进，使 Demoulian 方法成为迄今为止测定未水化水泥中矿渣含量及水化浆体中未反应

矿渣量的最好方法。最近改进的 Demoulian 方法成为欧洲标准以及 ISO 标准的草案，我国也将其确定为水泥中矿渣组分的标准方法。

对水泥的 EDTA 不溶物 XRD 分析和分析电镜（AEM）分析表明，其主要成分是以硅为主的无定形物（含少量的钙、镁、铝以及铁）且认为是在溶解的过程中由硅沉淀而成，其次为石英。纯水泥浆体的 EDTA 不溶物除无定形物和未水化水泥残余外，含 MgO 的水滑石类物相的水化产物也不能被 EDTA 溶液溶解，因此计算组分反应程度时需扣除来自水泥浆体的不溶解物。矿渣参与水化反应也形成水滑石类物相。矿渣中氧化镁的含量为 6%～14%，矿渣－水泥复合物的水化产物的化学计量学研究中，假设来自矿渣的 MgO 全部进入水滑石类物相当结构中，但目前尚无可靠方法定量测试水滑石类，只能依据由矿渣释放的 MgO 的量间接估算。

根据以上分析针对 EDTA 选择性溶解法提出以下假设：

①假定来自反应矿渣的 MgO 全部进入水滑石类相的结构；

② 水滑石类物相经过 105℃ 干燥后的化学组成为 $Mg_5Al_2(OH)_{14}(CO_3)$；

③未反应的矿渣溶解部分的质量比不受矿渣反应程度的影响；

④未反应矿渣中 MgO 的质量分数不受矿渣反应程度的影响，即由反应了的矿渣释放的 MgO 量与未反应前矿渣中总 MgO 量的比等于矿渣的反应程度。

1）矿渣反应程度计算公式

105℃ 干燥的单位质量浆体的 EDTA 不溶物由以下部分组成：

来自未反应矿渣的 EDTA 残余物：$(1-\alpha_B)(1-W_L)M_{B,0}R_{B,ED}$。

来自水泥浆体的 EDTA 残余物，用相同水灰比、相同养护条件以及相同水化龄期的水泥浆体

EDTA 残余物 $R_{P,ED}(1-W_L)M_{C,0}$ 代替。

由矿渣反应释放 MgO 所形成的水滑石：$2.36\alpha_B M_{B,0}\gamma MgO_B(1-W_L)$，系数 2.36 是根据水滑石化学组成的假设而得，即 1 单位质量的 MgO 形成的水滑石的质量为 2.36。

矿渣反应程度由以下公式计算：

$$\alpha_B = \frac{\dfrac{R_{ED}}{1-W_L}-(M_{B,0}R_{B,ED}+M_{C,0}R_{P,ED})}{2.36M_{B,0}\gamma-M_{B,0}R_{B,ED}}$$

(2.2.2-1)

符号的意义如下：

式中 R_{ED}——单位质量经 105℃ 干燥的水泥－矿渣体系水化浆体中 EDTA 不溶物质量；

$R_{C,ED}$——经 105℃ 烘干的纯水泥（含二水石膏）EDTA 不溶物的质量分数；

$R_{B,ED}$——经 105℃ 烘干的矿渣 EDTA 不溶物的质量分数；

$R_{P,ED}$——经 105℃ 烘干的单位质量水泥水化形成的纯水泥浆体的 EDTA 不溶解物的质量分数；

α_B——矿渣的反应程度；

$M_{C,0}$——水泥－矿渣体系中水泥的原始质量分数（换算成 105℃ 烘干后的质量分数）；

$M_{B,0}$——水泥－矿渣体系中矿渣的原始质量分数（换算成 105℃ 烘干后的质量分数）；

MgO_B——矿渣的 MgO 质量分数；

W_L——水化二元体系浆体的烧失量；

γ——存在于玻璃体中 MgO 的质量分数。

2）粉煤灰反应程度计算公式

盐酸选择性溶解法测定水泥中火山灰性混合材或水化浆体中未反应火山灰性材料量的基本原理，主要基于在一定条件下水泥以及水化产物几

乎可以被盐酸完全溶解，而火山灰性材料则几乎不被溶解，控制适当反应温度、盐酸的浓度以及溶解时间，就可以达到分离出粉煤灰的目的。

采用盐酸测定浆体中未反应粉煤灰的量时，采取以下假设：

①水泥不溶解部分的量与其水化程度无关；

②粉煤灰不溶解部分不参与水硬性反应，即盐酸不溶部分的质量与粉煤灰的反应程度无关。

设 R_H 为 105℃ 干燥的单位质量的浆体中盐酸不溶物的量；$R_{F,H}$ 为经 105℃ 烘干的粉煤灰盐酸不溶物的质量分数；$R_{C,H}$ 为经 105℃ 烘干的纯水泥（含二水石膏）盐酸不溶物的质量分数；α_F 为粉煤灰的反应程度；W_L 为浆体的烧失量。则浆体的盐酸不溶物则由以下部分组成：

来自水泥的盐酸不溶物：$(1-W_L)M_{C,0}R_{C,H}$

来自未水化粉煤灰盐酸不溶物的质量：$(1-\alpha_F)(1-W_L)M_{F,0}R_{F,H}$

得：

$$\alpha_F = 1 - \frac{\dfrac{R_H}{1-W_L} - f_C \cdot R_{C,H}}{f_F \cdot R_{F,H}}$$

(2.2.2-2)

2.2.3 矿渣对水泥基材料结构形成的贡献及影响

1. 矿渣反应程度的影响因素

根据式（2.2.2-1）计算得到 $m(W)/m(B)$ ＝0.50、不同矿渣浆体中各龄期矿渣反应程度见表 2.2.3-1，计算中假定 $\gamma=0.95$。

水胶比为 0.50 不同矿渣掺量时矿渣的反应程度 ／%　　　　　表 2.2.3-1

试样	1d	3d	7d	14d	28d	60d	90d	180d
BFS30	0.18525	0.24658	0.31152	0.38036	0.44824	0.54633	0.56699	0.58225
BFS40	0.16309	0.27796	0.31029	0.35066	0.43105	0.51141	0.5206	0.49177
BFS50	0.17085	0.19432	0.24735	0.27805	0.33236	0.34643	0.3929	0.42124
BFS60	0.15324	0.18756	0.23035	0.24534	0.29844	0.33393	0.34367	0.34176
BFS80	0.13648	0.16374	0.1837	0.19762	0.20359	0.20947	0.22238	0.24356

时间以 d 为单位，取对数，则 $\log(t)$ 与矿渣的反应程度 α_B 呈式 2.2.2-1 形式的现线性关系，见图 2.2.3-1。对 $\ln(t)$ 和 $\alpha_{B,(t)}$ 进行线性拟合，得到掺量不同的水泥－矿渣体系中矿渣的表观反应动力学方程，不同掺量条件下矿渣反应的反应常数 K_B 以及方程参数 b 见表 2.2.3-2。

$$\alpha_{B,(t)} = K_B\ln(t) + b \qquad (2.2.3-1)$$

不同矿渣掺量水泥－矿渣体系中矿渣反应
的反应常数 K_B 与 b　　表 2.2.3-2

试验浆体	BFS30	BFS40	BFS50	BFS60	BFS80
K_B	0.16629	0.18193	0.15362	0.15026	0.14176
b	0.08495	0.07023	0.05063	0.04088	0.0187
相关系数 R	0.99055	0.97111	0.99049	0.98461	0.98627

图 2.2.3-2 是体系中矿渣的原始质量分数 f_B 对 K_B 和 b 的关系，f_B 与 K_B 和 b 呈反比关系，即随矿渣掺量的增加，矿渣的反应速度降低。

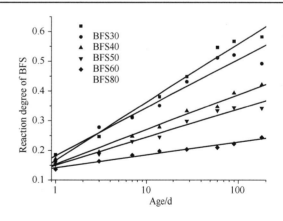

图 2.2.3-1　不同水化龄期矿渣
的反应程度

一般认为在矿渣－水泥体系中，水泥水化释放出 CH，CH 激发矿渣发生反应，体系最终水化产物为 C-S-H 凝胶、CH、AFm 及含 MgO 的水滑石类物相。当来自矿渣的 CaO 不足以形成 C-S-H 以及 AFm，需要消耗水泥水化生成的 CH 或者

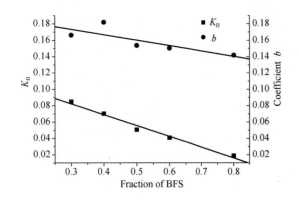

图 2.2.3-2　二元体系中矿渣的表观反
应常数与矿渣原始质量分数的关系

通过降低水泥水化生成的 C-S-H 的 Ca/Si 比来补偿。体系中水泥量越多，在相同的水化程度下，能够产生更多的 CH，促进矿渣的反应，表现在随体系中水泥相对数量的增加，矿渣的反应程度增大、反应速度加快。

从图 2.2.3-3 可见，在体系水化早期，体系中矿渣的量越多，其绝对反应量也越大。一方面这是由于水化早期水泥熟料经过诱导期后，水化反应加速，释放大量 Ca^{2+} 迅速进入到溶液，矿渣颗粒的表面为 CH 晶体的非均态成核提供了场所；而另一方面，尽管体系中的矿渣的质量分数大，其反应速度受影响，但其总的反应界面面积大，因而参与反应的矿渣绝对数量多。28d 后，矿渣 60% 掺量的体系中，矿渣总的反应量已经超过 BFS80 浆体中矿渣的总反应量。总体来看，随水化龄期的增长，低矿渣掺量的体系中矿渣的绝对反应量呈现超过高矿渣掺量体系中矿渣的绝对反应量的趋势。

水胶比对矿渣水泥反应程度的影响如图 2.2.3-4 所示。从图 2.2.3-4 可知，从不同水胶比条件下矿渣反应程度的测试结果看，随水胶比的降低，矿渣的反应程度相应降低，因此，除矿渣与水泥质量比例外，水胶比也是影响矿渣反应程度的因素。根据 Powers 理论，水泥水化后体积增加，因此当初始水灰比低于某临界水灰比时，由于受水化空间的限制，水泥不能完全水化。根据不同研究者的试验结果，此临界水灰比在 0.38～0.42 之间取值。当水胶比低于临界水胶比时，不仅水泥的反应受到限制，矿渣的反应程度同样受水胶比的制约。曾有人提出有效水灰比（Effective ratio of water to cement）的概念来描述存在矿物掺合料时水泥水化空间：

$$\left(\frac{W}{C}\right)_e = \frac{W}{C + kf} \qquad (2.2.3-2)$$

式中，C 和 f 分别为水泥和掺合料的质量分数；k 为掺合料的胶凝效率系数，常用掺合料的反应程度 α 代替。在掺有矿渣的浆体中，由于矿渣参与水化反应的速度低于水泥的水化速度，此时水泥可以获得相对大的有效水化空间，因此水泥可以到达较高的水化程度，水泥水化的产物占据更多的空间，限制了矿渣反应，使矿渣的反应程度降低。

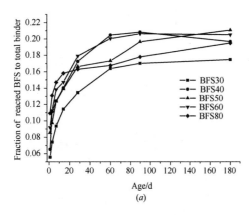

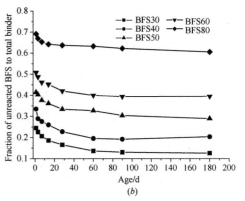

图 2.2.3-3　不同掺量条件下反应矿渣与未反应矿渣占胶凝材料的质量分数

（a）反应矿渣占胶凝材料的质量分数；（b）未反应矿渣占胶凝材料的质量分数

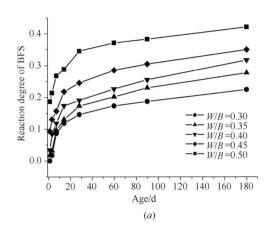
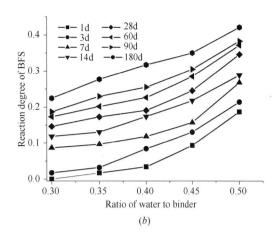

图 2.2.3-4　BFS50 在不同水胶比条件下的反应程度

（a）以水化龄期为纵坐标；（b）以水胶比为纵坐标

2. 体系中非蒸发水量

Powers 等提出浆体的结构模型，认为浆体是有水化产物、毛细孔水及未水化水泥三部分组成，而水化产物中又包括非蒸发水。非蒸发水为经过 D-干燥后仍然保留在硬化浆体中的水，经过 D-干燥后大部分存在于 C-S-H 凝胶、AFm 相及水滑石类型物相的层间结构中的水，大部分存在于 AFt 晶体结构中的化学结合水被脱出，仍然保留在水化产物结构中的水则为非蒸发水。纯硅酸盐水泥氧化浆体体系中的非蒸发水是衡量水泥反应程度的指标之一，用不同龄期的非蒸发水量 $W_{n,(t)}$ 与水泥完全水化后的非蒸发水量 $W_{n,0}$ 的比值表征水泥的反应程度。非蒸发水量主要来源于水化产物 CH 和 C-S-H 凝胶，但在矿渣-水泥的水化体系中，不仅水泥水化产生 C-S-H，矿渣在水泥水化生成的 CH 激发下也形成 C-S-H，而且还会消耗由水泥水化产生的 CH，因此不宜再用

非蒸发水量来衡量体系的反应程度，但仍然是水化产物数量的表征。

体系中非蒸发水含量 W_n 按照下式计算：

$$W_n = \frac{G_1 - G_2}{G_2}(100 - L) - L$$

（2.2.3-3）

式中　G_1——试样灼烧前质量（g）；

G_2——试样灼烧后质量（g）；

L——未水化试样的烧失量（%）。

未水化试样的烧失量 L 按式计算：

$$L = \sum m_i L_i \qquad (2.2.3\text{-}4)$$

式中　m_i——未水化试样中 i 组成的质量分数；

L_i——组分 i 的烧失量（%）。

1）不同条件下矿渣对非蒸发水量的影响

测得不同矿渣掺量体系中非蒸发水量，见表 2.2.3-3 及图 2.2.3-5。

不同龄期矿渣-水泥体系中非发水量（%）　　　　　　表 2.2.3-3

水化龄/d	PC	BFS30	BFS40	BFS50	BFS60	BFS80
1	11.8068	11.93195	10.2779	8.49517	8.20169	5.86492
3	15.40681	16.15751	13.7527	12.44799	12.13277	11.02476
7	19.0703	20.12012	19.01928	17.17835	15.00863	12.24604
14	21.642	23.83901	21.918	19.48859	16.97275	12.29646
28	22.699	24.7972	23.33498	21.25621	18.17537	13.04544
60	23.6	25.37613	24.73494	21.86205	19.9904	13.63636
90	24.474	25.84948	24.95314	23.51779	21.24151	15.03509
180	25.20346	26.292	25.482	23.677	22.059	16.05

71

从图 2.2.3-5 中可见，随体系中矿渣掺量的增加，体系的各龄期的非蒸发水量 $W_{n,(t)}$ 下降。当矿渣掺量低于 40% 时，其后期非蒸发水量比纯水泥硬化浆体的高，而水化早期，则矿渣掺量 30% 的浆体中的 W_n 和纯水泥浆体中相当。

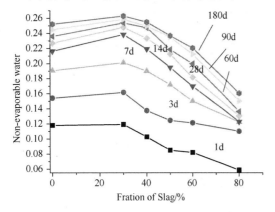

图 2.2.3-5 矿渣掺量对体系非蒸发水量的影响

1d 龄期时，除掺 30% 矿渣浆体的非蒸发水量稍高于纯水泥浆体外，非蒸发水量基本上随矿渣掺量的增加而递减，非蒸发水量-矿渣掺量曲线呈现平直状。7d 龄期时，40% 矿渣掺量的浆体非蒸发水量也接近纯水泥浆体，而到 14d 时，其非蒸发水量已超过纯水泥浆体，曲线的弯曲程度不断加大。随后各浆体的非蒸发水量随龄期的增幅变小，60d 龄期后，非蒸发水量的增长十分缓慢，且掺 30% 矿渣浆体的非蒸发水量始终最大。掺矿渣的浆体中，非蒸发水来源于水泥水化和矿渣的反应，矿渣对非蒸发水量的影响可以归结为两个方面：一方面矿渣消耗水泥的水化产物 CH，形成 C-S-H 凝胶，且矿渣颗粒对新拌浆体中水泥颗粒的分散、解聚作用能够促进水泥的水化，增加非蒸发水的数量，即正效应；另一方面，水泥的量随矿渣掺量的增加而降低，水泥水化的结合非蒸发水量也相应减少，即负效应。由图 2.2.3-6 可见 30% 矿渣掺量时非蒸发水量达到最大值，随后随矿渣掺量的增加，非蒸发水量下降。这种现象可以从矿渣掺量对非蒸发水量的正、负效应得到解释：矿渣掺量较低时，矿渣对非蒸发水量的

正效应大于其负效应，表现为非蒸发水量随矿渣掺量增加而增加；随矿渣掺量的增加，其对非蒸发水数量的正效应等于其负效应作用时，浆体中非蒸发水量达到最大值；继续增加矿渣掺量，则非蒸发水量随矿渣掺量的增加而降低。在水化早期，矿渣的反应程度低，其对非蒸发水量的贡献非常有限，矿渣对非蒸发水量的正效应主要归结于其在新拌浆体中的分散效应促进水泥水化，因此 1d、3d 龄期的非蒸发水量基本上随矿渣的掺量增加而降低。随矿渣反应程度的增大，其对非蒸发水量的影响越显著，因而非蒸发水量-矿渣掺量曲线的弯曲程度不断增大。

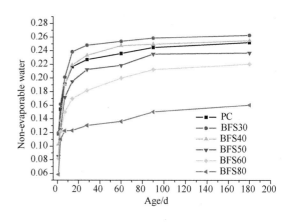

图 2.2.3-6 不同掺量条件下矿渣—
水泥体系的非蒸发水含量

2）矿渣掺量与非蒸发水量的关系及模型

非蒸发水量常用来衡量纯水泥浆体中水泥的水化程度。水化的水泥—矿渣体系中，由于矿渣反应消耗水泥的水化产物 $Ca(OH)_2$ 形成 C-S-H，即所谓二次水化产物，非蒸发水量已不能用来衡量体系中水泥的反应程度，但仍然是体系水化产物数量的表征。

非蒸发水量 $W_{n,t}$ 与矿渣掺量 x 的数学模型：

掺矿渣的浆体中，非蒸发水来源于水泥水化和矿渣的反应因此可以采用以下关系式表示：

$$W_{n,t} = A\alpha_{c,t}(1-x) + B\alpha_{B,t}x$$

$$(2.2.3-5)$$

式中，A,B 分别为单位质量水泥和矿渣水化

对非蒸发水的贡献系数；$\alpha_{c,t}$，$\alpha_{B,t}$ 分别为水泥和矿渣在龄期 t 时的反应程度。当矿渣掺量 $x=0$ 时，此时浆体的非蒸发水 $W_{n,t}$ 等于纯水泥浆体的非蒸发水量。

由图 2.2.3-1 $\alpha_{B,(t)}=K_B\log(t)+b$ 及图 2.2.3-2 K_B、b 与矿渣掺量的关系，在给定龄期 t，矿渣的反应程度 $\alpha_{B,t}$ 与其掺量 x 的关系可以用以下经验式确定：

$$\alpha_{B,t}=c+\mathrm{d}x \qquad (2.2.3\text{-}6)$$

式中，c,d 为常数；60d、90d 及 180d 龄期时矿渣的反应程度与其掺量的关系如图 2.2.3-7 所示。

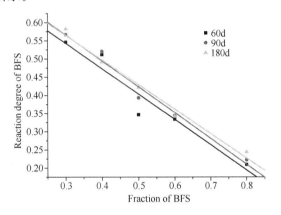

图 2.2.3-7　60d、90d 及 180d 龄期时
矿渣的反应程度与其掺量的关系

$$\alpha_{B,60}=0.75185-0.69679x \quad R=-0.9672$$
$$(2.2.3\text{-}7a)$$

$$\alpha_{B,90}=0.77931-0.71154x \quad R=-0.98795$$
$$(2.2.3\text{-}7b)$$

$$\alpha_{B,180}=0.76754-0.67564x \quad R=-0.992$$
$$(2.2.3\text{-}7c)$$

随体系水化的进行，矿渣程度不断增大，其对非蒸发水数量的影响越显著，此时将式（2.2.3-6）代入式（2.2.3-5）得：

$$W_{n,t}=A\alpha_{c,t}+(Bc-A\alpha_{c,t})x+Bdx^2$$
$$(2.2.3\text{-}8)$$

将不同矿渣掺量浆体 60d、90d、180d 的非蒸发水量用二次曲线拟合得到以下关系式：

$$W_{n,60d}=0.23731+0.15127x-0.3501x^2$$
$$R^2=0.98998 \qquad (2.2.3\text{-}9a)$$

$$W_{n,90d}=0.2448+0.143x-0.32658x^2$$
$$R^2=0.9999 \qquad (2.2.3\text{-}9b)$$

$$W_{n,180d}=0.25219+0.12305x-0.29695x^2$$
$$R^2=0.99851 \qquad (2.2.3\text{-}9c)$$

由表 2.2.3-3 中 60d、90d 和 180d 纯水泥浆体的非蒸发水量分别为 0.236，0.2447，0.25203，与上述公式中 $A\alpha_{c,60d}$、$A\alpha_{c,90d}$ 及 $A\alpha_{c,180d}$ 项非常接近。将 $A\alpha_{c,60d}$、$A\alpha_{c,90d}$、$A\alpha_{c,180d}$ 以及相应龄期矿渣反应程度与其掺量拟合关系式中的 c,d 分别代入到式（2.2.3-9a）～式（2.2.3-9c）中，则可以得到 6 个单位矿渣反应对非蒸发水量的贡献系数 B 的值，取其平均值则为 0.484。

从图 2.2.3-8 可见，在水化后期，非蒸发水数量 $W_{n,t}$ 与矿渣掺量 x 的关系为开口向下的抛物线，曲线顶点对应的矿渣掺量 x 即为使体系非蒸发水数量最多的掺量。

从图 2.2.3-9 可见，非蒸发水量同样受水胶比的影响，水化后期，非蒸发水量随水胶比的降低基本上呈线性降低。但在 7d 前，水胶比为 0.30 时非蒸发水数量反而较高，这可能是低水胶比时，液相数量少，Ca^{2+} 容易达到过饱和，从而缩短水泥的水化诱导期，促进水泥的水化，从而增加了早期非蒸发水的数量。

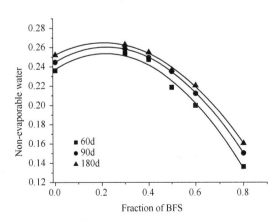

图 2.2.3-8　不同掺量情况下
后期非蒸发水量的实测值和预测值

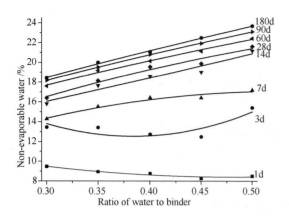

图 2.2.3-9 不同水胶比条件 BFS50
浆体中非蒸发水量（曲线拟合）

图 2.2.3-10 是不同水胶比的 PC 和 BFS50 浆体不同龄期时的非蒸发水量，在水化早期，不同水胶比下，掺矿渣的浆体各非蒸发水量低于纯水泥浆体。随龄期的增长，低水胶比的浆体中，BFS50 与纯水泥浆体 PC 非蒸发水量的差距越小，到 180d 龄期时两者的非常接近，而高水胶比时，两者之间的仍然有一定差距。这是因为低水胶比时，纯水泥浆体中水泥的水化受到水化空间的限制，非蒸发水量增加到一定程度后其增长幅度很小。在掺有矿渣的浆体中，由于矿渣参与水化反应的速度低于水泥的水化速度，此时水泥可以获得相对大的有效水化空间，因此水泥可以到达较高的水化程度，增加非蒸发水的数量。随矿渣反应程度的增大，有效水灰比降低，水泥和矿渣的水化均受空间限制，因此非蒸发水量也就与同水灰比的纯水泥浆体接近。

3. 矿渣对孔隙率及孔径分布的影响

水泥基材料的密实性与其耐久性密切相关。而水泥基材料的密实性除与孔隙率有关外，孔结构也具有重要影响。在水化进程中，水化产物填充原来由水占据的空间，随水化的进行，水化产物数量增加，浆体孔隙率不断降低。图 2.2.3-11 显示了这一趋势，并且浆体中孔径向小孔径方向发展，即大孔数量不断减少，小孔数量增加。

矿渣、水泥水化形成水化产物体积的增加引

起硬化浆体孔隙率的降低，因此浆体孔隙率与初始孔隙率及水化产物的数量有关。根据式（2.2.3-10）计算得水胶比 $m（W）/m（B）=0.50$，矿渣掺量为 30%、50%、80% 时浆体初始孔隙率 P_0 分别为 60.27、59.86、59.24，纯水泥浆体的初始孔隙率 P_0 为 60.90%。可见矿渣的掺量对浆体的初始孔隙率的影响较小，影响孔隙率的主要因素为水化产物的数量。

$$P_0 = \frac{\dfrac{W}{B}}{\dfrac{1-f_{BFS}}{\rho_C} + \dfrac{f_{BFS}}{\rho_{BFS}} + \dfrac{W}{B}}$$

(2.2.3-10)

式中，f_{BFS} 为矿渣的质量分数；ρ_C、ρ_{BFS} 分别为水泥和矿渣的密度，水的密度取 $1g \cdot cm^{-3}$。

将 180d 纯水泥浆体和上述 3 种矿渣掺量浆体的孔隙率和非蒸发水量绘制在同一坐标系中（图 2.2.3-13）。可以发现，非蒸发水量与孔隙率是基本对应的，即浆体中非蒸发水量越高，浆体的孔隙率就越低，这是因为在初始孔隙率基本相同的情况下，水化产物越多，被其填充的空间也就越多，导致浆体孔隙率降低。而且从图中看出，30% 矿渣掺量时浆体的非蒸发水量最大，其孔隙率也接近最低。

根据矿渣掺量对非蒸发水量和孔隙率的影响，可见存在一个矿渣最佳掺量，在此掺量时，浆体的非蒸发水量达到最大，水化产物数量最多，浆体孔隙率及平均孔径最低。本研究中，此矿渣最佳掺量可以确定为 30%。由图 2.2.3-13 中可知，当矿渣掺量超过最佳掺量时，水化产物数量、浆体密实程度呈降低趋势，矿渣掺量增加到某个水平时，非蒸发水量与纯水泥浆体的持平。相对纯水泥浆体而言，矿渣掺量低于此掺量时，能增加水化产物数量，提高浆体的密实性能，使水泥基材料性能得以改善，因此我们称此掺量为最大有益掺量；如果矿渣掺量超过此掺量，会引起水化产物数量下降，浆体孔隙率明显增加，导致水泥

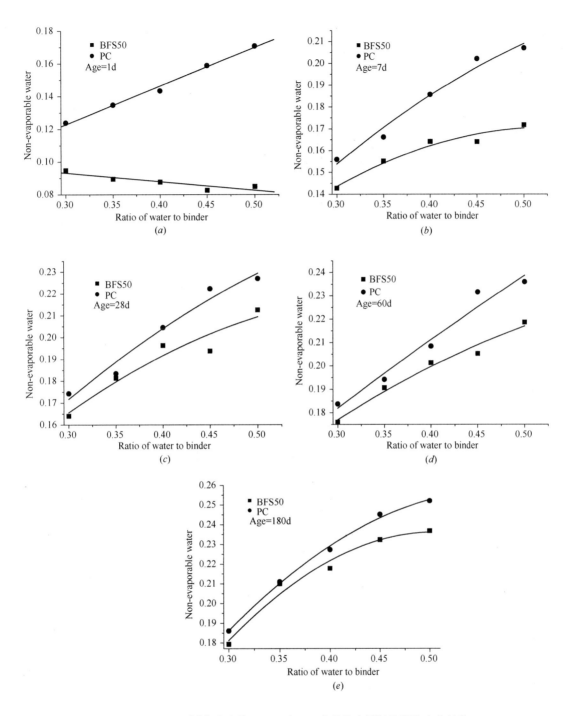

图 2.2.3-10 不同水胶比的 BFS50 与 PC 非蒸发水量随龄期的变化趋势

基材料密实性、强度等性能劣化。本研究中，以180d 为考察龄期，则矿渣最大有益掺量介于 40% 和 50% 之间。

水泥基材料的密实性与孔隙率有关外，孔结构也具有重要影响。图 2.2.3-14 是矿渣掺量为 30%、50%、80% 的浆体 180d 龄期的孔径分布曲线。由浆体的微分孔径分布曲线可知，矿渣的掺入，使微分分布曲线上的主峰向小孔径方向偏移，

减少孔径大于 50nm 的所谓"有害孔"的数量，而且可以发现，浆体的孔隙率越低，主峰所对应的孔径越小。这是因为矿渣反应及其对水泥水化的促进，使水化产物数量增加，更多毛细孔被填充，而增加凝胶孔数量，使得浆体的平均孔径减少；在小掺量情况下，较小的矿渣颗粒填充在较大的水泥颗粒之间的紧密堆积效应也能够起到降低浆体孔隙率及减少平均孔径的作用。此外，试

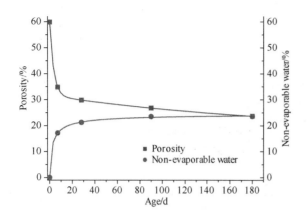

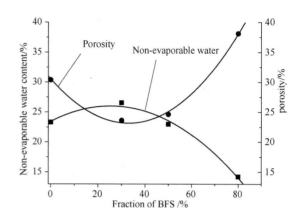

图 2.2.3-11　水胶比为 0.50 的 BFS50
浆体非蒸发水量与孔隙率随龄期变化趋势

图 2.2.3-13　180 龄期浆体的非蒸发水量与孔隙率

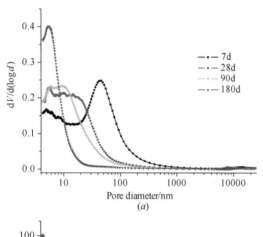

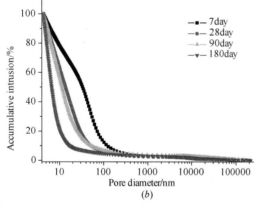

图 2.2.3-12　FBS50 在不同龄期时孔径分布（$W/B=0.50$）

（a）微分孔径分布曲线；（b）累计孔径分布曲线

验结果表明即使是在大矿渣掺量情况下也能够对浆体的孔隙起到细化作用。

图 2.2.3-15 是矿渣掺量为 50% BFS50 和 PC 在不同水胶比条件下孔隙率对比图，可见随水胶比的降低，BFS50 和纯水泥浆体 PC 的孔隙率越接近，产生这种现象的原因是低水胶比时组分反

应程度受水化空间的限制，从而导致低水胶比时 PC 和 BFS50 浆体孔隙率的接近，理论上浆体中不存在毛细孔，只有凝胶中存在凝胶孔，属于无害孔的范畴。

图 2.2.3-16 为 BFS50 浆体孔径随水胶比的降低而变化的趋势，随水胶比的降低，浆体中大孔数量减少而小孔数量不断增加。图 2.2.3-17 则为水胶比同为 0.30 的 PC 浆体和 BFS50 浆体 180d 时孔径分布曲线，可见在低水胶比情况下，二者的孔径分布十分相似，说明低水胶比条件下，水胶比是影响孔径分布的主导因素，可以通过控制水胶比达到控制浆体孔径分布的目的。而根据 Powers 的理论，凝胶的固有孔隙率为 28%，由此产生的浆体孔隙率是无法避免的，从对材料性能影响的角度看，此时的孔隙率是可以接受的，因此定义这个孔隙率为可接受孔隙率。以非蒸发水量为指标来衡量水化产物的数量，则当水胶比足够低时，浆体的孔隙率与非蒸发水量的比值应该为一定值。将不同水胶比下 180d 龄期的 BFS50 和 PC 浆体的孔隙率 P 与非蒸发水量 W_n 的比值绘于图 2.2.3-18 中，从 P/W_n 曲线的变化趋势看与上述分析是一致的。因此，可以取 0.30 水胶比条件下的 P/W_n 值用以计算单位数量的非蒸发水代表的水化产物给浆体带来的孔隙率。

在水化过程中，水化产物不断填充原来由水占据的空间，使浆体中孔隙率不断下降，因此浆

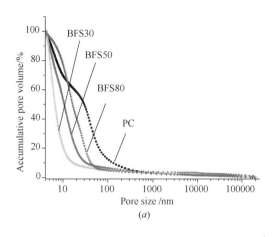

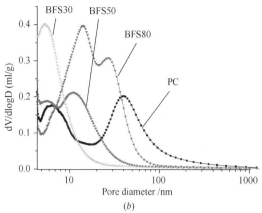

图 2.2.3-14　水泥基材料的孔隙率

(a) 180 龄期浆体累计孔径分布曲线；(b) 180 龄期浆体微分孔径分布曲线

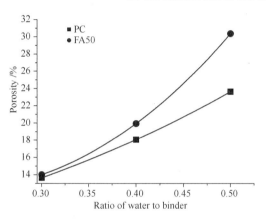

图 2.2.3-15　PC 和 BFS50 浆体孔
隙率随水胶比的变化趋势

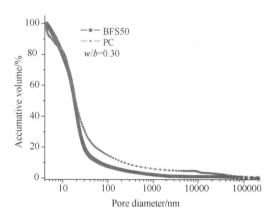

图 2.2.3-17　水胶比为 0.30 的 PC 和
BFS 浆体 180d 龄期时累计孔径分布

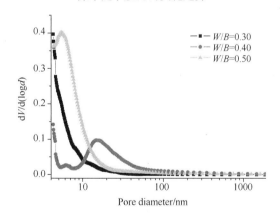

图 2.2.3-16　不同水胶比的 180d
龄期 BFS50 浆体孔径分布

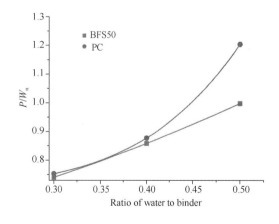

图 2.2.3-18　180d 龄期的 BFS50 和 PC 浆体孔隙率 P
与非蒸发水量 W_n 的比值随水胶比的变化趋势

体初始孔隙率 P_0 与某龄期孔隙率 P 之差就是被水化产物说填充的空间。图 2.2.3-19 是水胶比为 0.50 的 BFS50 浆体中非蒸发量和 P_0-P 随龄期的变化，可见二者具有相同的变化趋势。同样以

非蒸发水量表示水化产物的数量，则定义 (P_0-P)/W_n 为填充效率系数以表示单位非蒸发水量对填充浆体空隙的能力。图 2.2.3-20 是根据图结果

77

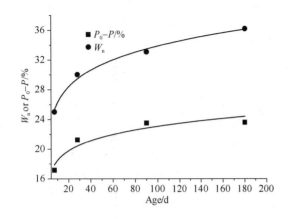

图 2.2.3-19 水胶比为 0.50 的 BFS50 浆体（$P_0 - P$）与非蒸发水 W_n 随龄期的变化趋势

计算得到的不同龄期时（$P_0 - P$）/W_n 值，可知填充效率系数（$P_0 - P$）/W_n 可以视为一常数，为 1.543。

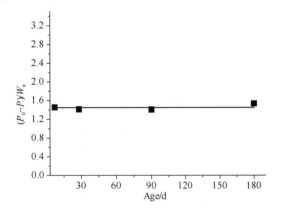

图 2.2.3-20 水胶比为 0.50 的 BFS50 在不同龄期（$P_0 - P$）/W_n 比值

4. 矿渣对 CH 数量的影响

CH 是重要的水化产物，水泥基材料的抗碳化性能、抗水溶蚀能力及体系的碱度等性能与 CH 有关。CH 数量的降低导致碳化速度加快，碳化又引起 pH 值的降低，而 pH 值降低到一定水平后钢筋表面的钝化层发生破坏，锈蚀就容易发生了。因此保持水泥基材料体系中一定数量的 CH，是保证水泥基材料耐久性的必要条件。

体系 CH 的测定：根据 TG-DTA 曲线上 450℃～550℃之间的吸热峰的起始出峰温度（拐点两边作切线之交点）与结束点温度之间的 TG 曲线上的重量损失由以下公式计算体系中 CH 的含量：

$$CH = \frac{4.11\Delta G_1}{1 - \Delta G_2} \qquad (2.2.3-11)$$

式中 ΔG_1 ——CH 开始分解至分解结束 TG 曲线上的重量损失率；

ΔG_2 ——TG 曲线上 145℃点上的质量损失率。

从图 2.2.3-21 中可见，随体系中矿渣掺量提高，各龄期 CH 降低，而且 CH 的峰值出现的时间随矿渣掺量的增加呈提前的趋势。结合体系中矿渣的反应速度、反应程度以反应的绝对量分析，在水化早期，体系中水泥的数量越多，其水化产生的 CH 数量越多，能够提供足够的 CH 激发矿渣的反应，因此矿渣的反应速度及反应程度随水泥的原始质量分数的提高而提高，随体系反应的进行，矿渣反应形成 C-S-H，需要消耗 CH 的含量，当体系中 PC 水化产生 CH 的速率低于矿渣反应消耗 CH 的速率时，体系中的 CH 数量达到峰值，此后 CH 含量下降。在矿渣掺量为 80％的体系中，90d 龄期时，在 TG-DTA 曲线上 CH 的峰已经消失，表明体系中 CH 含量已经降低到查热分析手段检测不到的水平，因此，需要降低 C-S-H 的 Ca/Si 比和 AFm 的数量，维持矿渣的进一步反应。

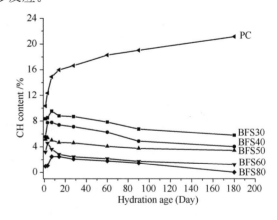

图 2.2.3-21 不同矿渣掺量浆体的 CH 含量（干基物料比）

5. 水泥—矿渣体系中水化产物及结构

硅酸盐水泥水化产物中 70％左右是水化硅酸

钙凝胶（C-S-H 凝胶），它对水泥石和混凝土的性能起重要作用。长期以来，水泥科学工作者对 C-S-H 凝胶的形貌、组成和结构作了大量的研究。尤其是随着研究工具的发展和更新，多种研究手段的综合使用，对 C-S-H 凝胶结构的认识和了解也逐步加深。有了新的认识。关于 C-H-S 结构，目前主要有两相模型及单相模型假说。两相模型中认为 C-S-H 凝胶是 1.4nm 的 Tobermorite 和 Jennite 的混合结构，在单相模型中把 C-S-H 看作 Tobermorite 和 CH 的固溶体，此两种结构模型均有试验事实的支持。近年来 Richardson 和 Groves 提出了以下通式表述 C-S-H 凝胶的结构模型，试图将两种结构模型进行协调和统一，式中 $R^{[4]}$ 为位于四面体中心的三价阳离子，主要为 Al^{3+}，Al^{3+} 取代 Si^{4+} 后引起的电荷不平衡则由位于层间的 I^{C+}（单价碱金属离子或 Ca^{2+}）来补偿。最近 Richardson 又专门撰文阐述 C-S-H 的结构。

$$\{Ca_{2n}H_w(Si_{1-a}R_a)_{(3n-1)}O_{(9n-2)}\} \cdot I^+_{a/c(3n-1)}(OH)_{w+n(y-2)} \cdot Ca_{ny/2} \cdot mH_2O$$

围绕矿渣对水化产物的影响，人们开展了大量的研究，一般认为在矿渣—水泥体系中，体系的水化产物为 C-S-H 凝胶、CH、AFt 及含 MgO 的水滑石类物相，也有研究者认为水泥-矿渣体系的水化产物存在 Katoite（$C_3AS_aH_\beta$，$\alpha < 1.5$）。而矿渣参与水化进程对水化产物构成及结构的影响主要为以下方面：1. 减少 CH 的数量，2. 降低 C-S-H 凝胶的钙硅比，3. 水化产物中有一定数量含 MgO 的水滑石类物相。4. 更多 Al^{3+} 取代 Si^{4+}，Al^{3+} 既可取代起搭桥作用的 $[SiO_4]^{4-}$ 四面体中 Si，也可取代非搭桥 $[SiO_4]^{4-}$ 四面体中 Si（图 2.2.3-22），Al^{3+} 取代 Si^{4+} 的数量与 Ca/Si 有关（图 2.2.3-23），诸多研究发现进入 C-S-H 结构中的 Al 和 Ca 满足以下关系式。

$$Si/Ca = a + (b \times Al/Ca)$$

$$(2.2.3-12)$$

1. G. Richardson 的研究表明，纯 PC 水化

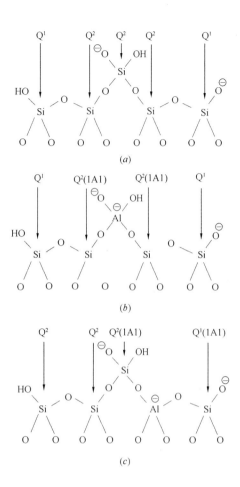

图 2.2.3-22　Al 对 C-S-H 结构中 $[SiO_4]^{4-}$ 四面体中 Si 的取代

（a）未被 Al 取代的 C-S-H 五聚体结构

（b）搭桥 $[SiO_4]^{4-}$ 四面体中 Si 被 Al 取代

（c）非搭桥 $[SiO_4]^{4-}$ 四面体中 Si 被 Al 取代

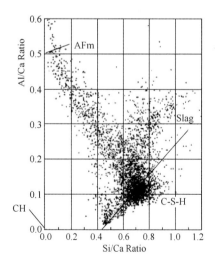

图 2.2.3-23　14 月龄期矿渣掺量为 50% 的浆体中 Al/Ca 比与 Si/Ca 比的关系

1d-3.5yr 的浆体中，C-S-H 凝胶中的 Ca/Si 比在 1.2～2.3 之间，如图 2.2.3-24 所示，Ca/Si＝1.8 的频率最大，平均值约为 1.7。Rodger 研究了 C_3S、C_2S 及 PC 水化产生的 C-S-H 凝胶，发现这个比值基本上恒定在 1.7～1.8 之间，如图 2.2.3-25 所示。还有研究发现 C-S-H 的聚合度随龄期的增长而提高，但 Ca/Si 基本维持不变，如图 2.2.3-26 所示。

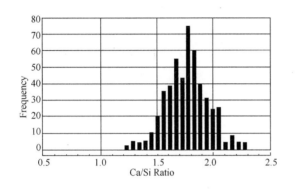

图 2.2.3-24 3.5 年龄期的水泥浆体中 C-S-H 钙硅比的频率分布图

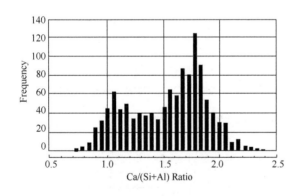

图 2.2.3-25 掺矿渣的浆体 C-S-H 结构中 Ca/（Si＋Al）的频率分布（1186 测试数据，矿渣掺量 0～100%）

一般认为在矿渣一水泥体系中，水泥水化释 CH，矿渣与 CH 反应形成二次水化产物 C-S-H 凝胶，体系的水化产物为 C-S-H 凝胶、CH、Aft 及含 MgO 的水滑石类物相，根据已有的研究成果，可将矿渣及水泥中各主要氧化物的在水化反应后的归属总结于图 2.2.3-27。

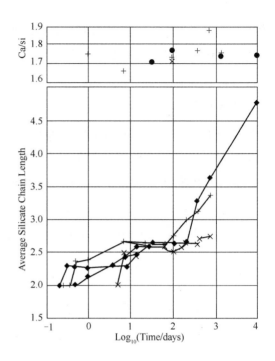

图 2.2.3-26 不同浆体（◆C_3S，✕β-C_2S，＋硅酸盐水泥）中 C-S-H 链长度及钙硅比随龄期的变化

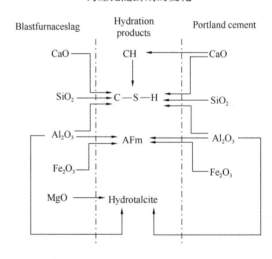

图 2.2.3-27 矿渣及水泥中氧化物的归属

6. PC-BFS 体系中氧化物平衡计算

参照文献，即 Taylor H F W 主编的第二版《Cement Chemistry》（Thomas Telford Publishing，1997），采用以下假设以及参数：

①矿渣中的 MgO 全部进入水滑石类相的结构中，且假定水滑石的化学组成为 $Mg_5Al_2(OH)_{14}(CO_3)$，即水滑石物相的 Mg/Al＝2.5。

②矿渣中的 SiO_2 全部参与形成 C-S-H，C-S-

H 凝胶结构中部分桥 $[SiO_4]$ 中 Si 的位置为 Al 所取代，且 Al 和 Si 的关系符合以下关系式：

$$Si/Ca = 0.444 + 2.25\,(Al/Ca)$$

$$(2.2.3\text{-}13)$$

③其余的 Al_2O_3 则参与形成 AFm 相；且以 $[Ca_2(Al,\,Fe)(OH)_6] \cdot X \cdot xH_2O$ 表示其组成式。X 代表 SO_4^{2-}、CO_3^{2-} 或 OH^-。即体系中 SO_4^{2-} 不够时，可以由 CO_3^{2-} 或 OH^- 代替。

④来自矿渣的 CaO 不足以形成 C-S-H 以及 AFm，需要降低 CH 的含量和水泥水化产生的 C-S-H 的 Ca/Si 比来补偿。

设 100g 矿渣中存在于玻璃体中的 CaO、Al_2O_3、SiO_2、Fe_2O_3 和 MgO 的摩尔数分别为 $mol_{c,s}$、$mol_{A,s}$、$mol_{s,s}$、$mol_{F,s}$ 及 $mol_{M,s}$。设 100g 水泥中 CaO、Al_2O_3、SiO_2、Fe_2O_3 和 MgO 的摩尔数分别为 $mol_{c,c}$、$mol_{A,c}$、$mol_{s,c}$、$mol_{F,c}$ 及 $mol_{M,c}$，100g 胶凝材料水化后浆体中 CH 的摩尔数为 mol_{CH}。

100g 矿渣完全反应时：

①形成 C-S-H 需要消耗的 CaO 的摩尔数为：

$$mol_{c,1} = (Ca/Si)_{CSH} \times mol_{s,s}$$

$$(2.2.3\text{-}14)$$

②形成 C-S-H 需要消耗的 Al_2O_3 的摩尔数：

$$mol_{A,1} = \frac{1}{2}(Al/Ca)_{CSH}\,mol_{c,1}$$

$$= \frac{(Si/Ca)_{CSH} - 0.444}{4.5}(Ca/Si)_{CSH}\,mol_{s,s}$$

$$(2.2.3\text{-}15)$$

③形成水滑石需要消耗的 Al_2O_3 的摩尔数：

$$mol_{A,2} = \frac{mol_{M,s}}{5} \qquad (2.2.3\text{-}16)$$

④剩余的 Al_2O_3 的摩尔数：

$$mol_{A,3} = mol_{A,s}$$

$$- \left[\frac{(Si/Ca)_{CSH} - 0.444}{4.5}(Ca/Si)_{CSH}\,mol_{s,s} + \frac{mol_{M,s}}{5} \right]$$

$$(2.2.3\text{-}17)$$

⑤由剩余的 Al_2O_3 和 Fe_2O_3 形成 AFm 需要的

CaO 的摩尔数：

$$mol_{c,2} = 4\{ mol_{A,s}$$

$$- \left[\frac{(Si/Ca)_{CSH} - 0.444}{4.5}(Ca/Si)_{CSH}\,mol_{s,s} + \frac{mol_{M,s}}{5} \right]$$

$$+ mol_{F,s} \}$$

$$(2.2.3\text{-}18)$$

⑥100g 矿渣完全反应需要的总 CaO 的摩尔数：

$$mol_{c,3} = mol_{c,1} + mol_{c,2}$$

$$= (Ca/Si)_{CSH}\,mol_{s,s} + 4\{ mol_{A,s}$$

$$- \left[\frac{(S/C)_{CSH} - 0.444}{4.5} \right.$$

$$\left. (Ca/Si)_{CSH}\,mol_{s,s} + \frac{mol_{M,s}}{5} \right] + mol_{F,s} \}$$

$$= (Ca/Si)_{CSH}\,mol_{s,s} + 4mol_{A,s}$$

$$- [0.889 - 0.395(Ca/Si)_{CSH}]$$

$$mol_{s,s} - 0.8mol_{M,s} + 4mol_{F,s}$$

$$(2.2.3\text{-}19)$$

⑦100g 矿渣完全反应需要从水泥的水化产物中获得 CaO 的摩尔数：

$$mol_{c,4} = mol_{c,s} - mol_{c,3}$$

$$= mol_{c,s} - \{ (Ca/Si)_{CSH}\,mol_{s,s} + 4mol_{A,s}$$

$$- [0.889 - 0.395(Ca/Si)_{CSH}]mol_{s,s}$$

$$- 0.8mol_{M,s} + 4mol_{F,s} \} \qquad (2.2.3\text{-}20)$$

100g 水泥完全反应时：

①形成 C-S-H 需要消耗的 CaO 的摩尔数：

$$mol'_{c,1} = (Ca/Si)_{CSH}\,mol_{s,c} \qquad (2.2.3\text{-}21)$$

②形成 C-S-H 需要消耗的 Al_2O_3 的摩尔数：

$$mol'_{A,1} = \frac{1}{2}(Al/Ca)_{CSH}\,mol_{c,1}$$

$$= \frac{(Si/Ca)_{CSH} - 0.444}{4.5}(Ca/Si)_{CSH}\,mol_{s,c}$$

$$(2.2.3\text{-}22)$$

③剩余的 Al_2O_3 的摩尔数：

$$mol'_{A,2} = mol_{A,c} - mol'_{A,1}$$

$$= mol_{A,c} - \frac{(Si/Ca)_{CSH} - 0.444}{4.5}$$

$$(Ca/Si)_{CSH}\,mol_{s,c} \qquad (2.2.3\text{-}23)$$

④由剩余的 Al_2O_3 和 Fe_2O_3 形成 AFm 需要的 CaO 的摩尔数：

$$mol'_{C,2} = 4(mol_{A,2} + mol_{F,C})$$
$$= 4mol_{A,S} - [0.889$$
$$- 0.395(Ca/Si)_{CSH}]$$
$$mol_{S,C} + 4mol_{F,C} \quad (2.2.3-24)$$

⑤100 g 水泥完全反应需要的总 CaO 摩尔数：

$$mol'_{C,3} = mol'_{C,1} + mol'_{C,2}$$
$$= (Ca/Si)_{CSH} mol_{S,C} + 4mol_{A,C}$$
$$- [0.889 - 0.395(Ca/Si)_{CSH}]$$
$$mol_{S,C} + 4mol_{F,C} \quad (2.2.3-25)$$

⑥100g 水泥完全反应释放的 CaO 摩尔数：

$$mol'_{C,4} = mol'_{C,C} - mol'_{C,3} = mol_{C,C}$$
$$- \{(Ca/Si)_{CSH} mol_{S,C} + 4mol_{A,C}$$
$$- [0.889 - 0.395(Ca/Si)_{CSH}]$$
$$mol_{S,C} + 4mol_{F,C}\} \quad (2.2.3-26)$$

在没有矿渣等矿物掺合料存在的情况下，剩余的 CaO 将会以 Ca(OH)₂ 的形式存在。

矿渣的质量分数为 f_B，设要使矿渣达到理论上的完全水化，则必须满足以下条件：

$$(1 - f_B)mol'_{C,4} \geq f_B mol_{C,4} + mol_{CH} \quad (2.2.3-27)$$

当上式取等号时，可由下式计算矿渣到达理论上完全水化时矿渣最大质量分数。

$$f_{max,B} = \frac{mol'_{C,4} - mol_{CH}}{mol'_{C,4} + mol_{C,4}} \quad (2.2.3-28)$$

由上时可知，影响矿渣最大掺量 f_B 的因素由矿渣及水泥的化学组成、凝胶 C-S-H 的 Ca/Si 比及浆体中 CH 数量。

根据本研究中试验材料的化学组成，计算得到 $mol'_{C,4}$、$mol_{C,4}$（图 2.2.3-28）及浆体中 CH＝0 时水泥与矿渣质量比及 $f_{max,B}$（图 2.2.3-29）。浆体中不同 CH 摩尔数时矿渣达到理论完全水化的水泥与矿渣质量比及 $f_{max,B}$ 见图 2.2.3-30、图 2.2.3-31。

当矿渣掺量为零，即浆体为纯水泥浆体时，水泥水化释放的 CaO 全部以 CH 形式存在于浆体中，由图 2.2.3-21 可知，纯水泥浆体 PC 的 180d

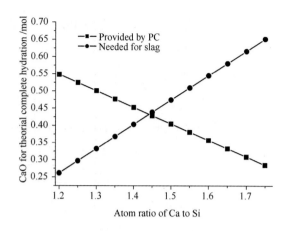

图 2.2.3-28　100g 胶凝材料达到理论上完全水化对 CaO 的需求平衡

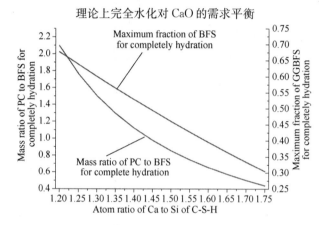

图 2.2.3-29　浆体中 CH＝0 时水泥与矿渣质量比及 $f_{max,B}$

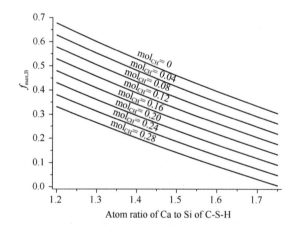

图 2.2.3-30　不同钙硅比、CH 数量时达到理论完全水化的矿渣最大质量分数

龄期 CH 含量 21.13%（占干基物料），换算为 100g 干基物料的摩尔数为 0.2855，与图 2.2.3-28 中 C-S-H 为 1.75 时纯水泥水化提供的 CaO 摩尔数几乎一致。

由图 2.2.3-31，在理想情况下，当 C-S-H 凝

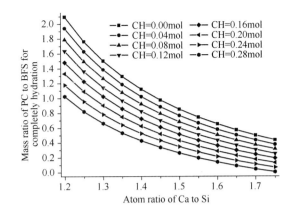

图 2.2.3-31 不同钙硅比、CH 数量
时达到理论完全水化水泥与矿渣的质量比

胶 Cla/Si 为 1.55，浆体 CH 数量为零时，水泥与矿渣质量比为 1：0.75，矿渣的最大掺量为 42％左右。但实际上，由于水胶比限制、部分矿渣颗粒粒径过大等因素的影响，总有一部分矿渣不能完全水化，它们在浆体中起到填充作用，因此矿渣的实际掺量可以大于此理论最大掺量。由图 2.2.3-1 可见，矿渣掺量为 30％、40％时，在 180d 龄期，矿渣的反应程度分别为 58.22％、49.18％，浆体中存在一定数量的 CH。而当矿渣掺量为 80％，此时即使凝胶 C-S-H 的 Ca/Si 降低到 1.2，水泥提供的 CaO 仍然不能够供矿渣完全反应。从图 2.2.3-21 可见，180d 时尽管矿渣的反应程度不到 22％，浆体中 CH 已经降低到非常低的水平。

7. 基于材料孔隙率的矿渣掺量和水胶比控制方法与原则

水泥基材料的耐久性与其密实性密切相关，当矿渣的掺量超过一定水胶比条件下的最大有益掺量时，可以通过控制水胶比，提高材料的密实性能确保掺矿渣水泥基材料的耐久性。因此在大掺量范围时，控制水胶比，将浆体的孔隙率控制为可接受孔隙率。下面我们将在两种情况下讨论：已知矿渣掺量—控制水胶比，或已知水胶比—控制掺量。

当给定矿渣的掺量时，我们可以确定水泥的

质量分数，设定 C-S-H 凝胶的 Ca/Si 比及浆体中 CH 数量的前提下，根据水泥-矿渣体系氧化物平衡，可以唯一确定矿渣的理想反应程度 α_B，将其代入公式 $W_n = A\alpha_{c,t}(1-x) + B\alpha_B x$ 中，$A\alpha_{cv,t}$ 用水泥完全水化时非蒸发水量 $W_n(t_\infty)$ 代替，则可以得到 W_n。由 W_n 可以计算得到被水化产物所填充的空间 P_f 及水化产物所固有的空隙 P_h，控制浆体中不出现毛细孔，则应满足如下关系：

$$P_0 - P_h \leqslant P_f \qquad (2.2.3-29)$$

上式取等号，则可以确定出初始孔隙率，根据初始孔隙率与水胶比的关系就可以确定出水胶比 $m(W)/m(B)$。

而当水胶比确定，则可以依据上述孔隙率控制原则来控制矿渣的掺量。首先确定 C-S-H 凝胶的 Ca/Si 比及浆体中 CH 数量，然后选取一个矿渣掺量，根据水泥-矿渣体系氧化物平衡，可以唯一确定矿渣的理想反应程度 α_B，将其代入公式 $W_n = A\alpha_{c,t}(1-x) + B\alpha_B x$ 中，$A\alpha_{c,t}$ 同样用水泥完全水化时非蒸发水量 $W_n(t_\infty)$ 代替，则可以得到 W_n。由 W_n 可以计算得到被水化产物所填充的空间 P_f 及水化产物所固有的空隙 P_h，控制浆体中不出现毛细孔，则应验算 $P_0 \leqslant P_h + P_f$ 是否成立，如果成立，该掺量即可确定，如不满足，调整矿渣掺量，重复上述步骤直至满足 $P_0 \leqslant P_h + P_f$。

需要补偿说明的是浆体中 CH 含量确定问题，为了维持保证钢筋表面钝化膜不被破坏所需要的浆体孔溶液 pH 值，浆体中 CH 的数量必须大于足以使孔溶液达到过饱和时所需要的 CH 数量。因此在确定浆体中 CH 数量时，可以假定浆体中所有孔隙均被水填充，根据 P_h 计算使孔溶液达到过饱和时所需要的 Ca(OH) 数量 mol'_{CH}，验证 $mol_{CH} > mol'_{CH}$。

8. 控制原则的初步验证

矿渣掺量 80％，水胶比为 0.35。选择 C-S-H 凝胶 Ca/Si 为 1.45，CH 数量为 0.0（mol/100g 干基物料）。由图 2.2.3-29 查得单位质量的水泥提供的 CaO 可以供 0.97682 单位矿渣水化，由此计算得到矿渣的理论反应程度为 α_B 24.42%，根据式 $W_n = A\alpha_{c,t}(1-x) + B\alpha_B x$ 计算得到非蒸发水量为 16.52%，填充效率系数 $(P_0 - P)/W_n$ 取 1.543，取 0.30 水胶比条件下的 P/W_n 值（P/W_n = 0.74046）用以计算单位数量的非蒸发水代表的水化产物给浆体带来的孔隙率，由此计算水化产物的填充孔隙率 P_f = 1.543 · W_n = 0.255，P_h = 0.74 · W_n = 0.1223，由水胶比与矿渣掺量计算得到 P_0 = 0.50438，可见不满足 $P_0 \leqslant P_h + P_f$，需要降低水胶比或矿渣质量分数使浆体孔隙率处于可接受孔隙率范围内容。图 2.2.3-32 是水胶比为 0.35 矿渣掺量 80% 的浆体 180d 的 SEM 图，在进行 SEM 观察前，样品表明采取了研磨抛光处理。从图 2.2.3-32 中可见，矿渣掺量为 80% 时，尽管水胶比为 0.35，但水化产物数量少，矿渣颗粒之间存在大量空隙。

我们将矿渣掺量降低到 50%，选择 C-S-H 凝胶 Ca/Si 为 1.45，CH 数量为 0.0（mol/100g 干基物料），计算矿渣的理论反应程度为 α_B = 0.9768，计算理论非蒸发水量为 0.3643，P_f =

0.5621，P_h = 0.2696，P_0 = 0.5107，$P_h + P_f$ 远大于 P_0，可见浆体可以获得非常致密的结构。图 2.2.3-33 是 0.35 水胶比 180d 浆体的 SEM 图，为了更好地暴露矿渣颗粒与基体之间的界面结合情况，同样对试样进行研磨和抛光处理。从图中可以看到矿渣颗粒与基体结合良好，界面过渡区结构致密。

2.2.4 粉煤灰对水泥基材料结构形成的贡献及影响

1. 对非蒸发水的影响规律

掺粉煤灰的浆体中，非蒸发水仍然可分为来源于水泥水化和粉煤灰的反应这两部分，粉煤灰对非蒸发水量的影响可以归结为两个方面：一方面粉煤灰消耗水泥的水化产物 CH，形成 C-S-H 凝胶，增加非蒸发水的数量，即正效应；另一方面，水泥的量随粉煤灰掺量的增加而降低，水泥水化的结合非蒸发水量也相应减少，即冲淡效应，也就是负效应。粉煤灰对非蒸发水数量的影响如图 2.2.4-1 所示，取决于这两个效应的总和。

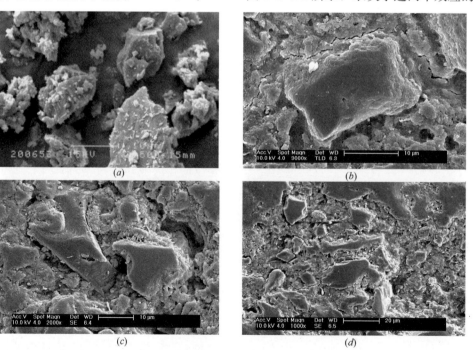

图 2.2.3-32 矿渣掺量为 80%水胶比为 0.35 浆体的矿渣 SEM 图（a 为未反应的矿渣颗粒）

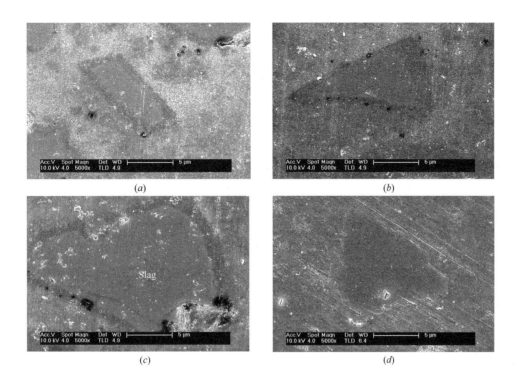

图 2.2.3-33 BFS50 水胶比为 0.35 浆体 180d 龄期微观结果

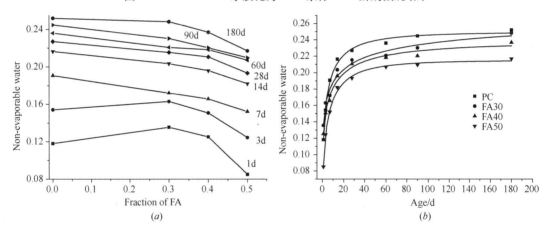

图 2.2.4-1 粉煤灰掺量对非蒸发水量影响

由图 2.2.4-1 可见，在水化早期，尽管粉煤灰的反应程度低，但掺 30％、40％粉煤灰的浆体非蒸发水量反而比纯水泥浆体的高，从图 2.2.2 可知，粉煤灰颗粒粒径分布曲线上体积分数最大点对应的颗粒粒径约为 2500nm，远远小于水泥颗粒的平均粒径，大量细微的粉煤灰颗粒促进了 CH 的成核与结晶，从而促进了水泥的水化，在一定的掺量范围内，粉煤灰促进水泥水化的效应超过其冲淡效应时，浆体非蒸发水量较 PC 浆体增加。B. W. Langan 等人通过对掺有 20％粉煤灰

的水泥与纯水泥在水胶比（W/B）分别为 0.35、0.40 和 0.50 时的研究得到粉煤灰提高了水泥早期水化速度的类似结果。王爱勤也等对粉煤灰对水泥水化的促进作用进行了动力学分析。

在 7d 龄期时，体系中非蒸发水量均随粉煤灰质量分数的增加而下降，这是因为粉煤灰的反应程度低，反应了粉煤灰增加的非蒸发水量不足以补偿因其冲淡效应所降低的非蒸发水量，粉煤灰-水泥体系中，后期非蒸发水量并没有出现像矿渣对非蒸发水量的影响规律。

水胶比对非蒸发水量的影响如图 2.2.4-2、图 2.2.4-3 所示。从图 2.2.4-2 可见，水胶比对粉煤灰—水泥体系非蒸发水量的影响与其对矿渣—水泥体系的影响类似，在水化早期，水胶比越低，非蒸发水数量越多。但随着体系反应的进行，水化产物数量的增加，低水胶比浆体水化空间对水泥水化和粉煤灰、矿渣等矿物掺合料反应的制约作用开始显著，从而使最终非蒸发水数量低于高水胶比的浆体。由图 2.2.4-3 可知，纯水泥浆体的非蒸发水数量随水灰比的降低而降低，这是

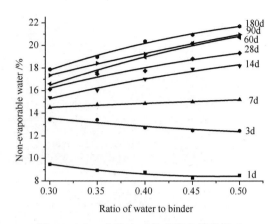

图 2.2.4-2　水胶比对非蒸发水量的影响

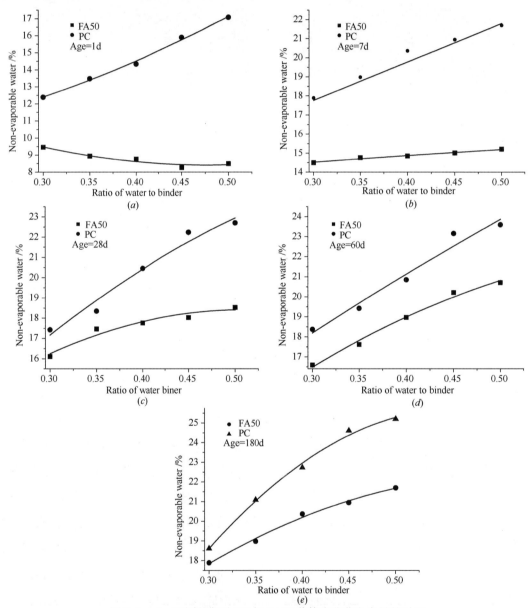

图 2.2.4-3　不同龄期时 PC 与 FA50 浆体中非蒸发水量的对比

（a）不同水胶比的 FA50 与 PC 在 1d 龄期时非蒸发水量；（b）不同水胶比的 FA50 与 PC 在 7d 龄期时非蒸发水量；
（c）不同水胶比的 FA50 与 PC 在 28d 龄期时非蒸发水量；（d）不同水胶比的 FA50 与 PC 在 60d 龄期时非蒸发水量；
（e）不同水胶比的 FA50 与 PC 在 180d 龄期时非蒸发水量

因为在低水灰比条件下，受水化空间的制约，部分水泥不能水化而引起非蒸发水数量的降低。而在有粉煤灰存在的条件下，由于粉煤灰早期的反应程度低，有效水胶比增大，供水泥水化的有效空间增加。当粉煤灰质量分数为50%，浆体的水胶比为0.30，其有效水胶比为0.60，远远高于水泥理论上完全水化所需要的水灰比，此时可以认为水泥水化不受水化空间的制约，较之于水灰比为0.30的纯水泥浆体，掺粉煤灰的浆体中在水泥组分可达到较高的水化程度。

由图2.2.4-3可见，不同水胶比的FA50浆体中各龄期非蒸发水量均低于不掺粉煤灰的PC浆体，但二者之间的差距随水化的进行而缩小，低水胶比FA50浆体中非蒸发水量有向纯水泥浆体非蒸发水量逼近的趋势。1d龄期时，掺粉煤灰的浆体在低水胶比条件下，其非蒸发水量反而比高水胶比的浆体高，这可能是低水胶比时，液相数量少，Ca^{2+}容易达到过饱和，从而缩短水泥的水化诱导期，增加了非蒸发水的数量。随水化进程的进行，高水胶比浆体中非蒸发水量增长迅速，到7d龄期时，高水胶比浆体非蒸发水量已超过低水胶比浆体。

2. 粉煤灰的反应程度

粉煤灰掺量与水胶比对粉煤灰反应程度的影响分别如图2.2.4-4、图2.2.4-5所示。

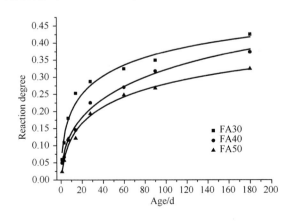

图2.2.4-4　粉煤灰掺量与其反应程度的关系

由图2.2.4-4、图2.2.4-5可知粉煤灰反应程

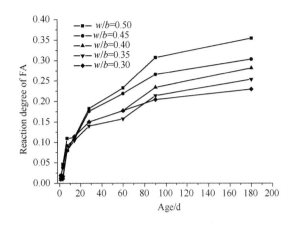

图2.2.4-5　水胶比对粉煤灰反应程度的影响

度随其掺量的增加而降低，表现出与矿渣相同的规律，而且水胶比的降低同样使粉煤灰的反应程度降低。对比相同掺量、相同水胶比的FA30与BFS30浆体中粉煤灰与矿渣的反应程度，尽管粉煤灰的比表面积大于矿渣（表2.2.2-3），粉煤灰颗粒体积平均粒径约为矿渣颗粒平均粒径的1/10（图2.2.2），但180d的反应程度为42.5%，而矿渣的反应程度约为58%，矿渣的反应活性明显大于粉煤灰。

3. 粉煤灰对孔结构的影响

水泥水化过程中，单位体积的水泥水化后体积增加约1.2倍，使得原来由水占据空间为水化产物所填充，而引起浆体孔隙率的降低。同样，粉煤灰的火山灰反应形成水化产物体积超过反应前的体积，也会对减少浆体孔隙率起作用。图2.2.4-6是不同水胶比的FA50浆体与PC浆体180d孔隙率的比较，尽管FA50与PC的孔隙率随水胶比的降低而降低，但水胶比相同的情况下，掺粉煤灰的浆体孔隙率仍然高于纯水泥浆体的孔隙率，但随水胶比降低，浆体中大孔数量减少，小孔数量增加（图2.2.4-7）。由图2.2.4-8和图2.2.4-9可知，在不同水胶比条件下，粉煤灰增加了浆体孔隙率，但粉煤灰对浆体中存在的孔起到细化作用，使浆体的孔径分布优于纯水泥浆体。

水泥的水化及粉煤灰的反应均可以使浆体的孔隙率降低，因此浆体孔隙率与初始孔隙率及水

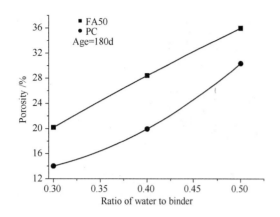

图 2.2.4-6　不同水胶比的 FA50
和 PC 浆体 180d 孔隙率对比

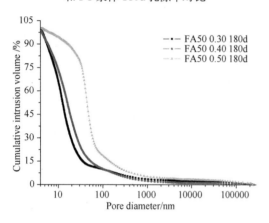

图 2.2.4-7　不同水胶比 FA50
浆体孔径分布

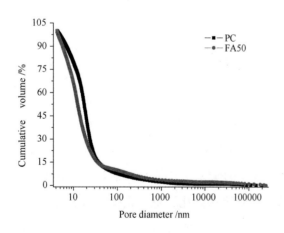

图 2.2.4-8　水胶比为 0.30 的
PC 和 FA50 在 180d 龄期时孔径分布图

化产物的数量有关。同样根据胶凝材料水泥与粉煤灰的质量比及水胶比可以计算浆体的初始孔隙率。

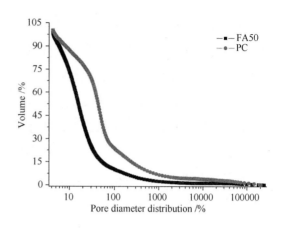

图 2.2.4-9　水胶比为 0.40 的 PC 和
FA50 在 180d 龄期时孔径分布图

$$P_0 = \frac{m(W)/m(B)}{\dfrac{1-f_{FA}}{\rho_c} + \dfrac{f_{FA}}{\rho_{FA}} + m(W)/m(B)}$$

$$(2.2.4-1)$$

式中，f_{FA} 为粉煤灰的占胶凝材料的质量分数；ρ_c，ρ_{FA} 分别为水泥和粉煤灰的密度，水的密度取 1.0 （g/cm³）。

根据式（2.2.4-1）计算得到 FA50 在 $m(W)/m(B) = 0.30$、$m(W)/m(B) = 0.40$、$m(W)/m(B) = 0.50$ 时初始孔隙率分别为 44.74%、51.91% 和 57.43%。图 2.2.4-10 是 FA50 浆体在不同水胶比条件下 180d 非蒸发水量 W_n 与孔隙率 P 的关系。从图中看见在不同水胶比条件下，随非蒸发水量的增加，浆体的孔隙率基本上呈线性降低，二者之间具有良好的对应关

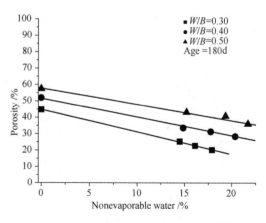

图 2.2.4-10　不同水胶比的 FA50 浆体中
P 与 W_n 的关系

系。图 2.2.4-11 则为 FA50 浆体的非蒸发水量与孔隙率随水化龄期的变化趋势，从图中可见，随水化的进行，浆体中非蒸发水量增加，水化产物数量不断增加，浆体具有的初始空隙被水化产物填充，引起了浆体孔隙率的下降。

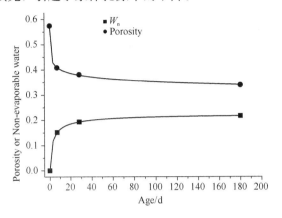

图 2.2.4-11 FA50 非蒸发水量与浆体孔隙率
随龄期的变化趋势

水化过程中浆体孔隙率不断降低的过程实际上是，水化产物不断填充原来由水占据的空间的过程，浆体初始孔隙率 P_0 与某龄期孔隙率 P 之差就是被水化产物所填充的空间。同样以非蒸发水量表示水化产物的数量，则定义为填充效率系数以表示单位非蒸发水量对填充浆体空隙的能力。图 2.2.4-12 是不同水胶比的 FA50 浆体初始孔隙率与某龄期孔隙率之差与该龄期非蒸发水量比值 $(P_0-P)/W_n$，从图中可见，$(P_0-P)/W_n$ 随龄期变化很小，但不同水胶比下，这个比值有一定差别。由图 2.2.3-20、图 2.2.4-12 可见无论是掺粉

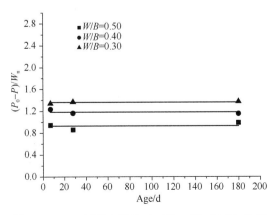

图 2.2.4-12 不同水胶比时 (P_0-P) 与 W_n 比值

煤灰还是掺矿渣的浆体，用非蒸发水量表征体系中水化产物的数量具有合理性和科学性。

4. 粉煤灰对浆体孔隙率影响的机理分析

水化形成的凝胶 C-S-H，一般采用 $1.7CaO \cdot SiO_2 \cdot xH_2O$ 表示其组成，即凝胶中 Ca 与 Si 的摩尔比为 1.7。低钙粉煤灰中，Ca 与 Si 的摩尔比远低于这个比例，本研究采用粉煤灰的这个比值为 0.092。粉煤灰的火山灰反应需要消耗水泥的水化产物 CH，降低 C-S-H 凝胶 Ca 与 Si 的摩尔比，因此在粉煤灰-水泥体系中，除水化空间外，粉煤灰与水泥之间的质量比（即粉煤灰的掺量）也是影响粉煤灰反应程度的因素。Young 和 Hansen 提出了以下火山灰质材料与 CH 反应的近似反应式：

$$SiO_2 + 1.5Ca(OH)_2 + 2.5H_2O \rightarrow C_{1.5}SH_{3.8}$$
$$(2.2.4-2)$$

大量研究结果表明粉煤灰中含 Fe 相主要以赤铁矿（Fe_2O_3）和磁铁矿（Fe_3O_4）等晶体形式存在，因此认为粉煤灰的含 Fe 相不参与其火山灰反应。

在掺低钙粉煤灰的体系中水化产物除 C-S-H 外，最终水化产物还有钙矾石及 C_4AH_{13}，可以采用以下简化的反应形式表示粉煤灰的火山灰反应。

$$2S + 3CH \rightarrow C_3S_2H_{13} \qquad (2.2.4-3)$$
$$A + C\overline{S}H_2 + 3CH + 7H \rightarrow C_4A\overline{S}H_{12}$$
$$(2.2.4-4)$$
$$A + 4CH + 9H \rightarrow C_4AH_{13} \qquad (2.2.4-5)$$

一般情况下，粉煤灰-水泥体系中石膏不足以使粉煤灰中全部 Al_2O_3 全部转化为单硫型钙矾石，此时可以根据上述反应方程对粉煤灰-水泥体系的孔隙率进行计算。

Papadakis 提出了以下含粉煤灰的浆体中孔隙率的计算公式

$$\varepsilon = \varepsilon_{air} + w/\rho_w - \Delta\varepsilon_h - \Delta\varepsilon_p - \Delta\varepsilon_c$$
$$(2.2.4-6)$$

式中，ε 为孔隙率；ε_{air} 为浆体中引气导致的孔隙；w 与 ρ_w 分别为拌和水的质量及密度；$\Delta\varepsilon_h$ 为水泥水化引起的浆体孔隙率的降低；$\Delta\varepsilon_p$ 为粉煤灰反应引起的浆体孔隙率的降低；$\Delta\varepsilon_c$ 为碳化导致的浆体孔隙率的降低。用初始孔隙率 P_0 取代 w/ρ_w，且不考虑引气和碳化对孔隙率的影响，浆体在某龄期的孔隙率可由式计算：

$$\varepsilon = P_0 - \Delta\varepsilon_h - \Delta\varepsilon_p \qquad (2.2.4\text{-}7)$$

以 C_C、$\bar{S}_C$、S_C、A_C、F_C 分别表示水泥中 CaO、SO_3、SiO_2、Al_2O_3、Fe_2O_3 的质量分数，则 1kg 水泥水化体积的增加为 $0.249C_C - 0.1\bar{S}_C + 0.191S_C + 1.059A_C - 0.319F_C$（$10^{-6}m^3$）。

Papadakis 研究了粉煤灰-水泥浆体中粉煤灰反应对孔隙率的影响，认为反应（2.2.4-3）不会引起浆体孔隙率的降低，只有 Al_2O_3 参与的反应（2.2.4-4）和（2.2.4-5）才降低浆体孔隙率。当体系中 $CaSO_4$ 不足以使粉煤灰中全部 Al_2O_3 全部转化为单硫型钙矾石时，1kg 粉煤灰反应体积增加为 $1.121\gamma_A A_{FA}$（$10^{-6}m^3$）。其中 γ_A 为以玻璃体形式存在的 Al_2O_3 占全部 Al_2O_3 的质量分数，A_{FA} 为粉煤灰中 Al_2O_3 的质量分数。

设 1kg 胶凝材料中粉煤灰的质量分数为 f_{FA}，则某龄期浆体的孔隙率可用下式表示：

$$P' = P_0 - \alpha'_C(1 - f_{FA})\Delta\varepsilon_h - \alpha_{FA}f_{FA}\gamma_A\Delta\varepsilon_P$$
$$(2.2.4\text{-}8)$$

纯水泥浆体的孔隙率为：

$$P = P_0 - \alpha_c\Delta\varepsilon_h \qquad (2.2.4\text{-}9)$$

忽略粉煤灰对初始孔隙率 P_0 的影响，式（2.2.4-8）除式（2.2.4-9）得：

$$\frac{P'}{P} = \frac{P_0 - \alpha'_c(1 - f_{FA})\Delta\varepsilon_h - \alpha_{FA}f_{FA}\gamma_A\Delta\varepsilon_P}{P_0 - \alpha_c\Delta\varepsilon_h}$$
$$(2.2.4\text{-}10)$$

前面已经分析到，水胶比相同的纯水泥浆体和粉煤灰-水泥复合浆体，由于粉煤灰对水泥水化的促进作用及有效水灰比的提高，掺粉煤灰的浆体中水泥的水化程度不小于纯水泥浆体中水泥的水化程度，即 $\alpha_C \geqslant \alpha_c$，因此可以得以下不等式：

$$P' \geqslant 1 + \frac{f_{FA}(\alpha_C\Delta\varepsilon_h - \alpha_{FA}\gamma_A\Delta\varepsilon_P)}{P_0 - \alpha_C\Delta\varepsilon_h}$$
$$(2.2.4\text{-}11)$$

当式中 $\dfrac{f_{FA}(\alpha_C\Delta\varepsilon_h - \alpha_{FA}\gamma_A\Delta\varepsilon_P)}{P_0 - \alpha_C\Delta\varepsilon_h} \geqslant 0$ 时，则可以得到 $P' \geqslant P$，即掺粉煤灰的浆体中孔隙率大于纯水泥浆体的孔隙率。根据式中各项的物理意义，$f_{FA} \geqslant 0$ 和 $P_0 - \alpha_C\Delta\varepsilon_h \geqslant 0$ 恒满足，因此只要 $\alpha_C\Delta\varepsilon_h - \alpha_{FA}\gamma_A\Delta\varepsilon_P \geqslant 0$，则 $P' \geqslant P$。由图 2.2.4-4 可知，FA30 在水胶比为 0.50 的条件下，粉煤灰的反应程度约为 40%，一般情况下由于粉煤灰的反应程度远小于水泥水化程度，且粉煤灰中还有部分晶体的存在，使得 $\alpha_C\Delta\varepsilon_h - \alpha_{FA}\gamma_A\Delta\varepsilon_P \geqslant 0$，因此掺粉煤灰得的浆体孔隙率大于纯水泥浆体的孔隙率。当粉煤灰掺量较低，且粉煤灰玻璃体数量多，粉煤灰活性高，其反应程度高时，才可能使 $\alpha_C\Delta\varepsilon_h - \alpha_{FA}\gamma_A\Delta\varepsilon_P < 0$，使掺粉煤灰的浆体孔隙率低于纯水泥浆体孔隙率。

图 2.2.4-13 是水胶比为 0.30 的 FA50 浆体 180d 龄期时 SEM 图，粉煤灰颗粒表面出现明显的反应层，尽管浆体的初始水胶比比较低，但有的粉煤灰颗粒周围仍然存在空隙，总孔隙率比相同水胶比的纯水泥浆体高，体系中非蒸发水数量也较纯水泥浆体低，由于粉煤灰的反应程度较低（约为 23%，见图 2.2.4-5），且浆体中仍由相当数量的 CH［图 2.2.4-13（b）］，在有充分水分供给的条件下，粉煤灰反应程度可进一步提高，增加水化产物数量和降低浆体的孔隙率，因此可见合适的养护，提供充分的水分供给对改善掺粉煤灰的混凝土及水泥基材料的性能十分重要。

综上所述，矿渣-水泥体系中，矿渣的反应程度随其掺量的增加而降低；在早期，大掺量矿渣体系中反应矿渣的绝对数量较多，但其增长速度缓慢，大量未反应的矿渣存在于体系中，利用率降低。矿渣的后期反应程度基本上随其掺量的增

图 2.2.4-13 0.30 的 FA50 浆体 180d 龄期时 SEM 图（a 为未反应粉煤灰颗粒的形貌）

加而线性降低。粉煤灰掺量对其在体系中的反应程度的影响规律与矿渣类似，粉煤灰反应程度随其掺量的增加而降低。

水胶比影响粉煤灰和矿渣的反应程度，随水胶比的降低，由于水化空间的限制作用，粉煤灰、矿渣的反应程度相应降低。

高水胶比条件下，矿渣对浆体非蒸发水量的影响与其掺量有关，存在一个矿渣掺量能够使浆体中非蒸发水量达到最高，并且当矿渣的掺量超过一定量后，其非蒸发水数量显著下降。在具有足够水化空间的条件下，非蒸发水量 W_n 与矿渣占胶凝材料的质量分数呈开口向下的抛物线关系，结合矿渣的反应程度，可以获得单位质量矿渣水化对非蒸发水量的贡献系数，就本研究中采用的矿渣而言，单位质量矿渣反应能结合 0.484 单位质量的非蒸发水数量。粉煤灰在各种条件下，均降低体系中非蒸发水数量。

粉煤灰在不同掺量及水胶比条件下，均降低体系中非蒸发水的数量，但随水胶比的降低，掺粉煤灰浆体与纯水泥浆体在非蒸发水量上的差别缩小。

对孔结构的研究表明，粉煤灰、矿渣对浆体孔隙率的影响与其对非蒸发水量的影响存在一致性，体系中非蒸发水量越多，浆体的孔隙率越低。以非蒸发水量和孔隙率为依据，可以确定高水胶比条件下最佳矿渣掺量和最大有益矿渣掺量。以浆体初始孔隙率与某龄期孔隙率之差表示水化产物对空隙的填充时，这个差值与该龄期的非蒸发水量的比值基本上为恒定值，表明采用非蒸发水量表征体系中水化产物数量的合理性和科学型。

根据粉煤灰各组分在参与体系反应过程中对浆体孔隙率变化的贡献，经理论分析发现粉煤灰活性低，参与体系水化的反应程度低于水泥是造成孔隙率增加的根本原因，降低水胶比，控制粉煤灰掺量或提高粉煤灰的活性可以减少粉煤灰引起浆体孔隙率增大的负面影响。

大掺量、低水胶比的情况下、矿物掺合料的反应程度低，体系中水化产物数量少，孔隙率大，对材料性能产生不良影响。

粉煤灰和矿渣均能够改善浆体的孔径分布，

增加小孔的数量。

对于掺矿渣的水泥基材料，随水胶比的降低，其孔隙率及孔径分布均与同水胶比纯水泥浆体的趋于一致，因此可以取低水胶比下浆体孔隙率与非蒸发水量的比值表示由凝胶本身固有凝胶孔带给浆体的孔隙率，且此时浆体的孔隙率对材料性能是无害的。根据矿渣—水泥体系中水化产物的种类及其结构特征，通过体系反应过程中矿渣和水泥对 CaO 的需求与供给平衡，可以计算给定 C-S-H 钙硅比和浆体中 CH 数量的前提下矿渣和水泥得到理论上完全反应时矿渣与水泥的质量比，因而可以控制矿渣的掺量或水胶比使浆体的孔隙率处于对材料性能无害的范围。为科学应用、有效发挥矿渣的功效，提供掺活性掺合料的水泥基材料配合比设计科学性，实现性能预测的准确性提供科学依据。

2.3　普通混凝土、引气混凝土和高强混凝土在盐湖环境单一、双重和多重因素作用下的损伤失效机理

2.3.1　绪论

国内外关于混凝土在盐湖卤水中耐久性失效机理的少量文献报道，主要集中于单一的腐蚀因素作用。Tumidajski 等曾综述了混凝土在高浓度镁盐卤水中的混凝土腐蚀机理，但存在与实际腐蚀产物不符的问题。作者探讨了混凝土在 Mg^{2+}-Ca^{2+}-Cl^--SO_4^{2-} 型盐湖卤水中的氢氧化镁-氯氧化镁-氯铝酸钙-石膏复合型腐蚀机理。但是，关于混凝土在盐湖地区复杂多变因素作用下损伤失效

机理属于研究空白。本章运用 XRD、DTA-TG、SEM-EDAX、IR 和 MIP 等测试技术重点进行了 3 个方面的研究工作：（1）混凝土在单一冻融因素作用下的冻融破坏机理；（2）OPC、APC 和 HSC 在典型盐湖的（冻融＋卤水腐蚀）双重因素作用下的冻蚀机理；（3）OPC、APC 和 HSC 在典型盐湖的（干湿循环＋卤水腐蚀）双重因素作用下的腐蚀破坏机理。本节与 2.4、2.5 节中 OPC、APC、HSC、HPC、SFRHPC 和 PFRH-PC 的配合比如表 2.3.1 所示。

混凝土的配合比与性能　　　　　　　　　　　　　　　　表 2.3.1

编号	单方材料用量/kg·m⁻³											坍落度 /mm	含气量 /%	28d 抗压强度 /MPa
	水泥	SF	FA	SG	AEA	砂	石	水	JM-B	钢纤维	PF			
OPC	325	—	—	—	—	647	1150	195	—	—	—	45	1.4	35.2
APC	410	—	—	—	—	618	1208	189	0.18452)	—	—	45	4.3	26.9
HSC	540	—	—	60		610	1134	150	3.9	—	—	45	1.8	85.3
HPC	270	54	108	108	60	610	1134	172	3.9	—	—	45	2.0	83.1
SFRHPC	270	54	108	108	60	785	957	180	3.9	156	0	35	2.1	81.2
PFRHPC	270	54	108	108	60	785	957	180	3.9	0	1	45	3.0	70.4

2.3.2 普通混凝土、引气混凝土和高强混凝土在单一冻融因素作用下的冻融破坏机理

1. 普通混凝土、引气混凝土和高强混凝土在水中的冻融破坏机理

1) 不同混凝土在水中冻融的破坏形态特征

不同混凝土试件在水中的冻融破坏形态如图

2.3.2-1 所示。由图可见，在冻融过程中，OPC、APC 和 HSC 试件的破坏特征是表面砂浆逐层剥落，即使在 E_r 低于 60% 或者质量损失超过 5% 的破坏标志时，试件表面也不会出现裂缝。例如：图 2.3.2-1（a）显示 OPC 冻融 50 次循环（冻融寿命 20 次）和图 2.3.2-1（c）显示 APC 冻融 620 次循环（冻融寿命 550 次）时，试件表面均无裂缝。

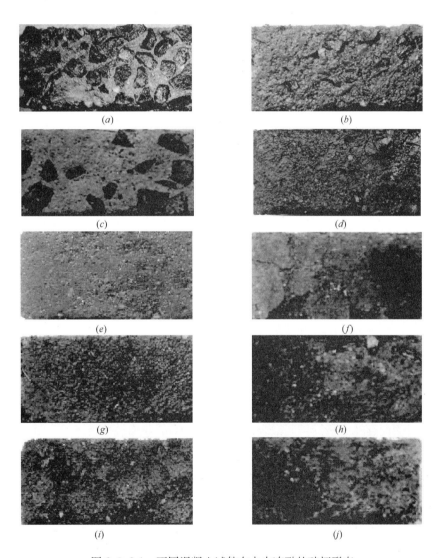

图 2.3.2-1　不同混凝土试件在水中冻融的破坏形态

（a）OPC after 50 freezing-thawing cycles；（b）APC after 520 freezing-thawing cycles；
（c）APC after 620 freezing-thawing cycles；（d）HSC after 1550 freezing-thawing cycles；
（e）HPC after820 freezing-thawing cycles；（f）HPC after 1000 freezing-thawing cycles；
（g）SFRHPC after 820 freezing-thawing cycles；（h）SFRHPC after 1000 freezing-thawing cycles；
（i）PFRHPC after 820 freezing-thawing cycles；（j）PFRHPC after 1000 freezing-thawing cycles

对于掺加活性掺合料的 HPC 试件，其冻融破坏特征与未掺活性掺合料的 HSC 完全不同，在冻融过程中试件表面并不产生逐层剥落现象，而是内部产生微裂纹导致试件的 E_r 快速降低并达到冻融破坏标志，如果继续冻融将使混凝土内部的微裂纹进一步扩展，从而在试件表面形成宏观裂缝。例如，HPC 的冻融寿命仅 800 次，此时试件表面既无宏观裂缝，又无表面剥落，证明其内部确实存在大量的微裂纹，当冻融到 1000 次循环时，试件表面产生了许多宏观裂纹，继续冻融时表面裂纹附近的混凝土才开始发生剥落现象。这表明 HPC 的冻融破坏机理与 OPC、APC 和 HSC 有一定的区别，前者的冻融破坏起因于混凝土内部的微裂纹，后三者的冻融破坏则由表面剥落引起。但是，活性掺合料极大地降低了非引气 HPC 的抗冻性。

对于掺加钢纤维的 SFRHPC 试件，钢纤维延缓了冻融过程中 HPC 内部微裂纹的形成与扩展，在 820 次循环时试件表面无剥落开裂［图 2.3.2-1 （g）］，继续冻融至 1050 次循环时试件达到冻融破坏标志，图 2.3.2-1 （h） 显示此时 SFRHPC 试件表面严重剥落，但并无宏观裂缝出现，这足以证明 SFRHPC 的冻融破坏起因于表面剥落，而非内部微裂纹的扩展，这与钢纤维在 HPC 中发挥的阻裂效应密切相关。

对于掺加 PF 的 PFRHPC 试件，由于纤维的弹性模量比较低而且表面存在大量的横向微裂纹，影响了纤维阻裂效应的发挥，在冻融过程中混凝土内部微裂纹的扩展导致抗冻性降低。在冻融 820 次循环时试件表面同时存在宏观裂纹和局部剥落现象［图 2.3.2-1 （i）］，图 2.3.2-1 （j） 是 PFRHPC 试件继续冻融至 1000 次时的破坏状态，此时试件完全开裂、剥落、冻疏，但因大量均匀分布的纤维联系而没有松散。与 HPC 的冻融破坏特征相比，国产 PF 纤维并没有改变其冻融破坏机理。

2）普通混凝土、引气混凝土和高强混凝土在水中的冻融破坏机理——静水压和渗透压机理

关于混凝土的冻融破坏机理已经提出了多种理论，其中静水压机理和渗透压机理最具代表性。混凝土在冻融过程中，内部毛细水结冰膨胀产生的静水压和过冷凝胶水向冰界面迁移的渗透压（统称水冻胀压）导致冻结区的饱水混凝土产生细微裂纹、继续冻融加速了冻结区微裂纹的扩展，当众多微裂纹连成裂纹网时就会产生表面逐层剥落、进而发生冻融破坏，其宏观表现是试件质量损失和 E_r 下降。混凝土中空气泡的存在能够释放冻融时的静水压和渗透压，气泡间距对混凝土抗冻性存在重要的影响，有关研究指出，当混凝土的气孔间距小于 $200\mu m$ 时其抗冻性较好，适宜的含气量（4.3%）和较小的气泡间距（$121\mu m$）使冻结区的微裂纹网形成的时间（冻融循环）更晚，图 2.3.2-2 （a） 是冻融寿命只有 550 次的 APC 在冻融 1250 次循环时表层冻结区的微裂纹形貌，可见此时微裂纹还没有连成网络。因此引气能够避免混凝土过早发生冻融破坏，明显改善混凝土的抗冻性。

对于不掺活性掺合料的强度等级 C70 的非引气 HSC，由于其结构致密，内部可冻结水量少，其冻结区只发生在表面很浅的饱水层，冻融微裂纹也只在表层形成、扩展并连接成裂纹网，裂纹的最大宽度约 $1.29\mu m$［图 2.3.2-2 （b）］，在试件内部的非冻结区并不会产生冻融微裂纹，继续冻融时只有在最外面的冻结区剥落以后才能在新表面形成新的冻结区，可见 HSC 的冻融破坏是逐层进行的，因而 HSC 的冻融破坏标志是质量损失率达到 5%，此时的冻融循环次数约在 1550 次以上，在寿命终结时试件的 E_r 仍然高达 82%，证明 HSC 试件的内部不冻、因而也就不存在微裂纹。因此，即使 HSC 不引气同样具有很高的抗冻性。

但是，对于本文复合掺加活性掺合料的非引

气 HPC，即使其强度与上述 HSC 相同或者更高、甚至具有相似的内部孔隙结构特征，其抗冻性仍然低于相同强度等级的 HSC，冻融寿命只有 800 次。从图 2.3.2-2（c）显示 HPC 表层冻结区的微裂纹形貌看出，在 1200 次冻融循环时其表层微裂纹网络还没有完全形成，其形貌与图 2.3.2-2（b）的 HSC 冻结区的冻融微裂纹网有很大的差别，

而且裂纹的最大宽度约相当于 HSC 冻融微裂纹宽度的一半（约 0.71μm），这说明 HPC 的表层微裂纹并非冻融裂纹，而是更深层次的内部微裂纹的延续与扩展，结合 HPC 试件几乎不产生表面剥落的事实，用静水压机理和渗透压机理是无法解释的，看来非引气 HPC 的冻融破坏应该还存在另外的破坏原因。

图 2.3.2-2 APC、HSC 和 HPC 在冻融过程中表层冻结区的微裂纹与微裂纹网

（a）APC after 1250 cycles；（b）HSC after 1550 cycles；（c）HPC after 1220 cycles

2. 高性能混凝土在水中的冻融破坏机理——水化产物转化机制

Stark 等在研究 HPC 抗冻性时发现，掺加 SF 的非引气 HPC 在冻融过程中其水化产物存在 AFm 向 AFt 的转化现象，AFt 形成时的膨胀压会导致混凝土的开裂。HSC 的水化硫铝酸钙只有 AFt，HPC 除 AFt 外，还有较多的 AFm。图 2.3.2-3 示出了 HSC 与 HPC 在冻融前后 AFt 与 AFm 的 XRD 衍射峰相对强度的变化规律，结果表明：HPC 在冻融过程中确实发生了 AFm 向 AFt 的转变。众所周知，AFt 含有 32 个 H_2O，而 AFm 只有 12 个 H_2O，在发生 AFm 向 AFt 的转变反应过程中需要大量的水分，HPC 结构很致密，正是因为冻融时在表层首先引发的微裂纹，为水分进入 HPC 内部提供了通道，促进了 AFm 向 AFt 的转化，AFt 形成又进一步推动了微裂纹的扩展，图 2.3.2-4 的 SEM 形貌显示 HPC 在冻融 1600 次以后微裂纹中形成的针状 AFt 推动微裂纹扩展，裂纹的最大宽度达到 7.1μm，是图 2.3.2-2（c）显示的 1200 次冻融循环时表层裂缝宽度的 10 倍！这足以说明冻融循环和水化产物转

化两者是相互促进的，最终导致 HPC 很快发生冻融崩溃。由此可见，在对强度和抗冻性有较高要求的场合，采用高效减水剂和活性掺合料配制的非引气 HPC 并非"万能混凝土"。我国可借鉴国外的成功经验，对目前大量使用的 HPC 进行引气。

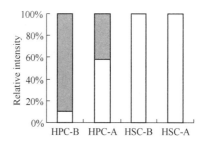

图 2.3.2-3 HSC 与 HPC 的 AFt 与 AFm 的 XRD 衍射峰相对强度在冻融前后的变化

□——AFm；■——AFt；A——After；B——Before

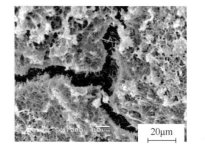

图 2.3.2-4 HPC 冻融 1600 次后微裂纹中的针状 AFt 晶体推动裂纹扩展的 SEM 形貌

2.3.3 普通混凝土和引气混凝土在（冻融十盐湖卤水腐蚀）双重因素作用下的冻蚀破坏机理

1. 普通混凝土的冻蚀破坏机理与损伤叠加效应分析

1）普通混凝土在不同盐湖卤水中的冻融破坏特征

如前所述，OPC 在新疆、内蒙古和西藏盐湖地区的抗卤水冻蚀性很差。图 2.3.3-1 是 OPC 在不同盐湖卤水中的冻融破坏形貌。明显可见，OPC 在新疆、内蒙古和西藏盐湖卤水中的冻融破坏形态与水中冻融［参见图 2.3.2-1（a）］有显著的差异，试件表面并无剥落现象，而是产生大量的宏观裂纹，同时伴随着膨胀现象（图 2.3.3-2，用卡尺测定），其质量不但不损失，反而因吸收盐湖卤水而增加了，在表面裂纹内可看见许多白色的结晶体。可见，混凝土的冻融破坏机理除了静水压机理和渗透压机理以外，必然存在其他破坏机理。

图 2.3.3-1　OPC 试件的冻融破坏形态
（图中编号分别代表卤水种类和冻融循环次数）

与其他卤水完全不同，OPC 在青海盐湖卤水中的抗卤水冻蚀性大大提高，即使经过 1550 次冻融循环，试件表面既无剥落也无裂纹，其质量也因吸收卤水而增加。说明 OPC 在青海盐湖卤水中的冻融破坏机制与在其他盐湖卤水中又有显著的不同。

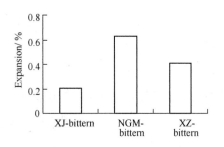

图 2.3.3-2　OPC 试件在新疆、内蒙古和西藏盐湖卤水中冻融 25 次后的线膨胀率

2）混凝土在新疆、内蒙古和西藏盐湖卤水条件下的冻蚀破坏机理——盐结晶压机制

鉴于静水压机理和渗透压机理无法解释混凝土在盐湖卤水中的冻蚀破坏特征，下面提出混凝土在盐湖卤水中冻蚀破坏的盐结晶压机制。

众所周知，快速冻融实验过程中，试件的冷冻和融化温度分别为 $-(17\pm2)$℃ 和 $+(8\pm2)$ ℃，盐湖卤水为饱和或过饱和溶液，其冰点很低，在 $-(17\pm2)$℃冷冻温度下青海和新疆盐湖卤水实际上是不结冰的。因此，冻融介质渗进混凝土内部孔隙后，由于没有水结冰时产生的静水压或渗透压，试件表面不可能发生剥落现象。但是，当温度由 $+(8\pm2)$℃降低到 $-(17\pm2)$℃时，卤水中各种盐类尤其是硫酸盐和碳酸盐的溶解度要发生显著的变化，从而导致盐湖卤水的过饱和度增大，冻融实验过程中盐湖卤水存在的大量盐类结晶、混凝土破坏试件的内部孔隙以及试件表面裂纹内充满的白色结晶体证实了低温条件下盐湖卤水的结晶作用增强。郑喜玉等指出，内蒙古盐湖卤水在 -10℃的盐类结晶以泡碱（$Na_2CO_3 \cdot 10H_2O$）、芒硝（$Na_2SO_4 \cdot 10H_2O$）、水石盐（$NaCl \cdot 2H_2O$）和天然碱（$NaHCO_3 \cdot Na_2CO_3 \cdot 2H_2O$）为主。图 2.3.3-3 是不同盐湖卤水在 $-(17\pm2)$℃冻结过程中析出晶体粉末样品的 XRD 谱。结果表明，新疆、西藏和内蒙古盐湖卤水的结晶粉末样品主要显示出无水芒硝（Na_2SO_4）的特征峰，它是 $Na_2SO_4 \cdot 10H_2O$ 晶体在大气条件下的风化产物，表明这 3 种盐湖卤水的负温结晶相都是以 $Na_2SO_4 \cdot$

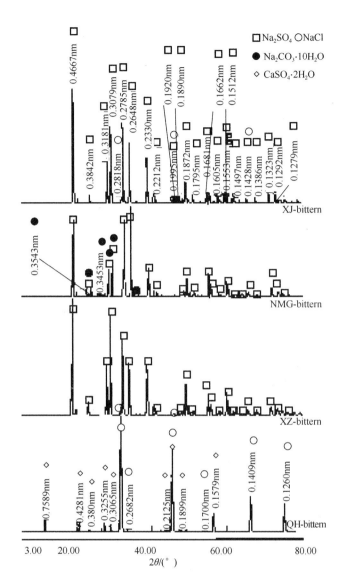

图 2.3.3-3 不同盐湖卤水在−(17±2)℃
冻结过程中析出晶体的 XRD 谱

$10H_2O$ 为主，前两者含有少量食盐($NaCl$)，后者含有少量的 $Na_2CO_3 \cdot 10H_2O$，这与内蒙古盐湖卤水含有大量 CO_3^{2-} 离子有关；青海盐湖卤水的结晶相以 $NaCl$ 为主，同时有极少量的 $CaSO_4 \cdot 2H_2O$，盐湖卤水低温结晶相的差异是导致混凝土抗卤水冻蚀性不同的根本原因。对于新疆和西藏盐湖卤水的混凝土冻融实验，正是由于混凝土内部孔隙吸收了盐湖卤水，不仅使试件质量增加了，而且冷冻时混凝土孔隙中的盐湖卤水产生 $Na_2SO_4 \cdot 10H_2O$ 结晶。混凝土在内蒙古盐湖卤水中

冻融时除形成 $Na_2SO_4 \cdot 10H_2O$ 晶体外，还析出一定数量的 $Na_2CO_3 \cdot 10H_2O$ 晶体。$Na_2SO_4 \cdot 10H_2O$ 和 $Na_2CO_3 \cdot 10H_2O$ 的结晶作用对混凝土内部孔隙的孔壁形成很大的结晶压力（本文简称盐结晶压）。在反复冻融过程中，混凝土受到了盐结晶压的疲劳作用，导致试件发生膨胀，当盐结晶压超过混凝土的抗拉强度时必然发生开裂，最终导致混凝土破坏。这充分说明，在低温条件下，盐湖卤水对混凝土的破坏作用包含了物理腐蚀和化学腐蚀，温度变化对这种腐蚀存在重大的影响。

根据以上分析可见，混凝土在盐湖卤水中冻融时的表面开裂是盐结晶压的破坏特征。以此类推，混凝土在水中冻融时的表面逐层剥落则正是水冻胀压的破坏特征。

当混凝土在青海盐湖卤水中冻融时，卤水的负温结晶相 $NaCl$ 形成时是没有膨胀性的，它对混凝土的孔隙只有填充作用，而且由于卤水不结冰又不存在水冻胀压，所以，OPC 试件既不会像在其他盐湖卤水中冻融一样很快发生表面开裂破坏作用，也不会像在水中冻融一样很快发生表面剥落破坏作用。

3) 混凝土在（冻融＋卤水腐蚀）条件下的冻融损伤速度与卤水化学成分之间的关系

上述分析表明，混凝土在盐湖卤水的冻融过程中，盐结晶作用加速了混凝土的破坏，而卤水的冰点降低效应则又减小了水冻胀压，延缓了混凝土的破坏，可见，混凝土在盐湖卤水中的冻融损伤存在两种效应：盐结晶压引起损伤的负效应和冰点降低抑制损伤的正效应，前者取决于盐类结晶的种类和数量，后者取决于冻融介质的冰点。基于混凝土在盐湖卤水中的冻融破坏以表面裂纹为特征，可以确定影响 OPC 在盐湖卤水中冻融损伤的主导因素是盐结晶压。盐湖卤水的 SO_4^{2-}、CO_3^{2-} 和 HCO_3^- 离子浓度与其负温结晶相密切相关，而 Cl^-/SO_4^{2-} 质量比则间接反映了冰点降低效应与 $Na_2SO_4 \cdot 10H_2O$ 结晶作用之间的权重。

为了建立混凝土的冻融损伤速度与盐湖卤水化学成分之间的关系，图 2.3.3-1~图 2.3.3-4 中 OPC 的相对动弹性模量按照损伤进行重新处理，结果如图 2.3.3-4 所示。在图 2.3.3-4 中，运用线性回归分析分别求得 OPC 在不同盐湖卤水中的冻融损伤速度，即图中回归公式的系数项，它反映了每增加 1 个冻融循环时混凝土损伤变量的增加值。图 2.3.3-5 是 OPC 的冻融损伤速度与盐湖卤水成分的关系。青海、新疆、内蒙古和西藏盐湖卤水的 Cl^-/SO_4^{2-} 质量比分别为 9.16、4.00、2.96 和 3.24。由图 2.3.3-5（a）可知，盐湖卤水

的 SO_4^{2-}、CO_3^{2-} 和 HCO_3^- 离子浓度越高，冻融时对 OPC 形成的盐结晶压就越大，冻融损伤速度就越快，内蒙古盐湖卤水冻融时同时析出数量更多的两种晶体对盐结晶压的贡献更大，此时盐结晶压的损伤负效应大于冰点降低的损伤正效应，所以混凝土的冻融寿命就比水中冻融时短。图 2.3.3-5（b）表明，盐湖卤水的 Cl^-/SO_4^{2-} 质量比越高，其冰点降低作用就越强，因冰点降低抑制损伤的正效应大于盐结晶压引起损伤的负效应时，OPC 的冻融损伤速度下降，因此，OPC 在西藏和新疆等盐湖卤水中的冻融寿命就比水中要长。

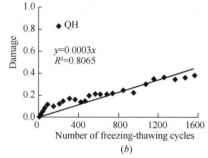

图 2.3.3-4　OPC 在不同盐湖卤水中冻融时的损伤演化规律及其损伤速度的计算结果

（a）Neimenggu, Xinjiang and Xizang bittern；（b）Qinghai bittern

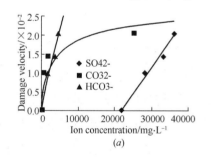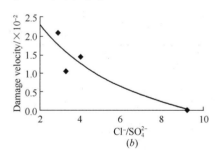

图 2.3.3-5　OPC 的冻融损伤速度与卤水成分的关系

（a）Lnitial damage velocity and tittern composition；

（b）Initial damage velocity vsbittern Cl^-/SO_4^{2-} mass ratio

与前 3 种盐湖卤水不同，青海盐湖卤水的 Cl^-/SO_4^{2-} 质量比最高（9.16），冰点低于-（17±2）℃，负温结晶相以非膨胀性的 NaCl 为主，$CaSO_4 \cdot 2H_2O$ 的数量非常少，因此，冻融时不足以对 OPC 产生破坏作用，即使冻融 1550 次循环，质量增加了 3.6%（图 2.3.3-4），试件表面完好无损（图 2.3.3-1）。可见，青海盐湖卤水对混

凝土并不存在冻融破坏问题。

4）混凝土在青海盐湖卤水条件下的破坏机理——低温化学腐蚀机制

OPC 在青海盐湖卤水中冻融 1550 次以后的 XRD、DTA-TG 和 IR 分析谱如图 2.3.3-6 所示。其 SEM 形貌见图 2.3.3-7。XRD 分析表明，经过青海盐湖卤水冻融 1550 次以后，OPC 的结晶相

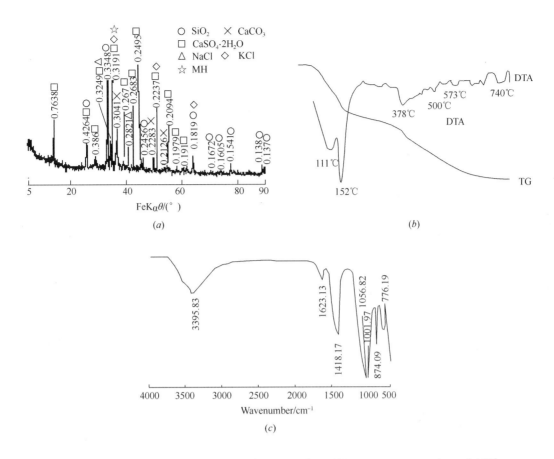

图 2.3.3-6　OPC 在青海盐湖卤水中冻融 1550 次以后的 XRD、DTA-TG 和 IR 分析谱

(*a*) XRD pattern；(*b*) DTA-TG curves；(*c*) IR spectra

图 2.3.3-7　OPC 在青海盐湖卤水中冻融 1550 次以后的 SEM 形貌

除来自砂子的 SiO_2 以外，含有大量的 $CaSO_4 \cdot 2H_2O$（特征峰 0.7638nm）和 KCl（特征峰 0.3191nm），少量的 NaCl（特征峰 0.3249nm）和 $CaCO_3$（特征峰 0.3041nm）。DTA 分析主要显示出 $CaSO_4 \cdot 2H_2O$ 的吸热效应（111℃ 和 152℃）、SiO_2 的相变吸热（573℃），此外还有 1 个 378℃ 的 MH 小吸热峰、1 个 500℃ 的 CH 微弱吸热峰和 1 个 730℃～750℃ 的 $CaCO_3$ 分解的小吸热峰，在 TG 曲线有 2 个对应于 $CaSO_4 \cdot 2H_2O$、

MH 和 CH 脱水的明显失重。IR 分析与 XRD 和 DTA-TG 分析结果是对应的，分别出现了 SiO_2（1056 cm^{-1}、776cm^{-1}）、$CaSO_4 \cdot 2H_2O$（3523 cm^{-1}、3395 cm^{-1}、1623 cm^{-1}、1002 cm^{-1}）和 $CaCO_3$（1418 cm^{-1}、874 cm^{-1}）等的振动吸收带。其中，$CaSO_4 \cdot 2H_2O$ 和 MH 是盐湖卤水对混凝土的化学腐蚀产物，KCl 和 NaCl 是盐湖卤水的结晶产物，$CaCO_3$ 为混凝土在冻融前原本存在的少量碳化产物。在图 2.3.3-7（*a*）所示的

SEM 照片中，发现混凝土内部的大毛细孔被大量的 KCl 和 NaCl 晶体所填充，图 2.3.3-7 中（b）图的 SEM 形貌显示，原本被 CSH 凝胶包裹的 CH 和 AFt 等晶体水化产物已经被腐蚀、分解或者流失进入盐湖卤水中，只剩下少量 CSH 凝胶的网络骨架，在其骨架的空隙中生长有大量的腐蚀产物 $CaSO_4 \cdot 2H_2O$。由于 KCl 和 NaCl 晶体在形成时不具备膨胀性，棒状 $CaSO_4 \cdot 2H_2O$ 晶体只在 CSH 网络状骨架的空隙中形成，并没有对骨架形成结晶压力，因而混凝土中不可能产生微观裂纹，其外观体积也没有发生膨胀或者剥落现象。为了分析其中的氯离子含量，作者曾试图在试件上钻孔收集不同深度的粉末样品，但是，因强度低在钻取深度不到 2mm 时就发生崩溃，这证明混凝土受到的低温物理化学腐蚀作用是比较严重的。

OPC 在青海盐湖卤水中冻融时的低温物理化学腐蚀机理与现场长期腐蚀机理有很大的差异，主要不同之处有 2 点：（1）腐蚀产物不同，室内快速冻融时的腐蚀产物不存在水化氯铝酸钙和氯氧化镁；（2）腐蚀反应的膨胀性不同，室内快速冻融时的物理结晶产物和化学腐蚀产物都不具备膨胀性。因此可以认为，OPC 在低温条件下的青海盐湖卤水中，其物理结晶作用主要是 KCl 和 NaCl 结晶性腐蚀，其主要化学腐蚀反应包括

$$Ca(OH)_2 + MgSO_4 + 2H_2O \longrightarrow$$
$$CaSO_4 \cdot 2H_2O + Mg(OH)_2 \quad (2.3.3\text{-}1)$$
$$MgCl_2 + Ca(OH)_2 \longrightarrow CaCl_2 + Mg(OH)_2$$
$$(2.3.3\text{-}2)$$
$$C_3S_2H_3 + 3MgSO_4 + 8H_2O \longrightarrow$$
$$3(CaSO_4 \cdot 2H_2O) + 3Mg(OH)_2 + 2(SiO_2 \cdot H_2O)$$
$$(2.3.3\text{-}3)$$

反应形成的 $CaCl_2$ 溶入了盐湖卤水。此外，AFt 在低 pH 值的盐湖卤水作用下不稳定，受镁盐作用发生分解。Mindess 等认为 AFm 可以受 $MgSO_4$ 分解成 $CaSO_4 \cdot 2H_2O$、MH 和 $Al_2O_3 \cdot$ $3H_2O$。在本文中，AFt 同样受到 $MgSO_4$ 和 $MgCl_2$ 作用而分解

$$C_3A \cdot 3CaSO_4 \cdot 32H_2O + 3MgSO_4 \longrightarrow$$
$$3Mg(OH)_2 + 6[CaSO_4 \cdot 2H_2O]$$
$$+ Al_2O_3 \cdot 3H_2O + 13H_2O \quad (2.3.3\text{-}4)$$
$$C_3A \cdot 3CaSO_4 \cdot 32H_2O + 3MgCl_2 \longrightarrow$$
$$3Mg(OH)_2 + 3[CaSO_4 \cdot 2H_2O]$$
$$+ 3CaCl_2 + Al_2O_3 \cdot 3H_2O + 19H_2O$$
$$(2.3.3\text{-}5)$$

5）混凝土在盐湖卤水条件下冻融损伤的叠加效应分析

OPC 在水中的冻融损伤变量 D_1、在盐湖卤水中的腐蚀损伤变量 D_2 及其在盐湖卤水中的冻融损伤变量 D，结果如图 2.3.3-8 所示。由图可见，混凝土在盐湖卤水中的冻融损伤规律与盐湖卤水的种类和冻融循环次数有关。

根据迭加原理，混凝土在多重因素条件下的内部损伤劣化程度，绝不是各因素单独作用引起损伤的简单加和值，而是诸因素相互影响、交互迭加，从而加剧了混凝土的损伤和劣化程度。通常多因素作用下材料的劣化程度大于各因素单独作用下引起损伤的总和，即产生 1+1＞2、1+2＞3 的损伤超迭效应，并导致混凝土性能进一步降低和工程服役寿命缩短。混凝土在盐湖卤水中的冻融损伤迭加效应可以用下式表示：

$$D = D_1 + kD_2 \quad (2.3.3\text{-}6)$$

式中，k 为混凝土在盐湖卤水中的腐蚀损伤效应系数，当 $k > 1$ 时，表示损伤因素之间的交互作用存在损伤负效应；当 $k < 1$ 时，表示损伤因素之间的交互作用存在损伤正效应。根据前文分析认为，盐湖卤水对于混凝土冻融的损伤交互作用，既有损伤正效应，也有损伤负效应。损伤正效应体现在盐湖卤水的冰点降低作用，能够缓解混凝土的冻融损伤过程；损伤负效应体现在盐湖卤水在低温条件下的盐结晶压作用，导致混凝土发生膨胀性破坏，从而增加混凝土的冻融损伤。当损

伤正效应大于负效应时，混凝土在盐湖卤水中的冻融损伤不存在损伤超叠效应；反之，则存在损伤超叠效应。

表2.3.3是混凝土在不同盐湖卤水中的冻融损伤叠加规律。由表可见，混凝土在新疆和青海盐湖卤水中冻融的损伤正效应大于损伤负效应，在内蒙古盐湖卤水混凝土的冻融损伤效应与此相反，存在损伤超叠效应。在西藏盐湖卤水中，混凝土冻融的损伤效应并非一成不变，而是与冻融循环次数有关，在25次循环时损伤正效应大于负效应，到50次循环时出现了损伤超叠效应。

图2.3.3-9显示了腐蚀损伤效应系数k随冻融循环次数的变化规律。可见，混凝土在盐湖卤水中的冻融损伤是一个此消彼长的变化过程。一方面，盐湖卤水的冰点降低作用取决于卤水的成分，而与冻融循环次数无关，即混凝土冻融的损伤正效应并不随着冻融循环次数而变化；另一方面，盐结晶压对混凝土孔壁的疲劳作用，强烈地依赖于冻融循环次数，即混凝土的损伤负效应随着冻融循环次数的增加而增强。当超过一定冻融循环次数以后，必将导致损伤负效应大于正效应，使混凝土的冻融破坏发生损伤超叠效应。

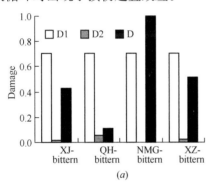
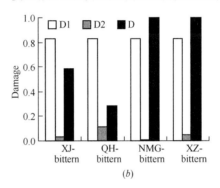

(a)　　　　　　　　　(b)

图2.3.3-8　OPC在盐湖卤水中冻融时的损伤变量

(a) 25 cycles；(b) 50 cycles

混凝土在盐湖卤水中冻融时的损伤叠加规律　　　　　　　表2.3.3

Cycles	Type of bittern	Compound formula	Bittern effect
25	XJ-bittern	$D = D_1 - 17.56D_2$	Positive
	QH-bittern	$D = D_1 - 10.607D_2$	Positive
	NMG-bittern	$D = D_1 + 84D_2$	Superposition
	XZ-bittern	$D = D_1 - 8.609D_2$	Positive
50	XJ-bittern	$D = D_1 - 7.66D_2$	Positive
	QH-bittern	$D = D_1 - 4.85D_2$	Positive
	NMG-bittern	$D = D_1 + 24.143D_2$	Superposition
	XZ-bittern	$D = D_1 + 3.756D_2$	Superposition
75	QH-bittern	$D = D_1 - 3.704D_2$	Positive

2. 引气混凝土的冻融破坏形态与冻融破坏机理

1）APC的冻融破坏形态

图2.3.3-10是APC在不同盐湖卤水中冻融后的表面形态。由图2.3.3-10可见，APC在4种盐湖卤水的冻融过程中均没有出现表面宏观裂纹，在青海和新疆盐湖卤水中冻融1250次后表面也没有剥落，在西藏和内蒙古盐湖卤水中冻融到一定循环次数以后出现了表面剥落现象。这说明，在盐湖卤水中冻融时，APC内部的气孔切断了水分和侵蚀性离子往内渗透的毛细孔通道，极大地缓解了盐结晶压，这与朱蓓蓉等报道的引气能够延缓干湿循环作用下混凝土内部的盐结晶压机理是一致的。根据APC在西藏和内蒙古盐湖卤水中的冻融破坏仅体现水冻胀压的表面剥落特征，充分

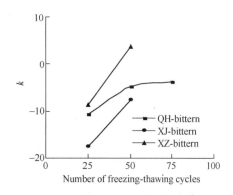

图 2.3.3-9　混凝土的腐蚀损伤效应系数
k 与冻融循环次数的关系

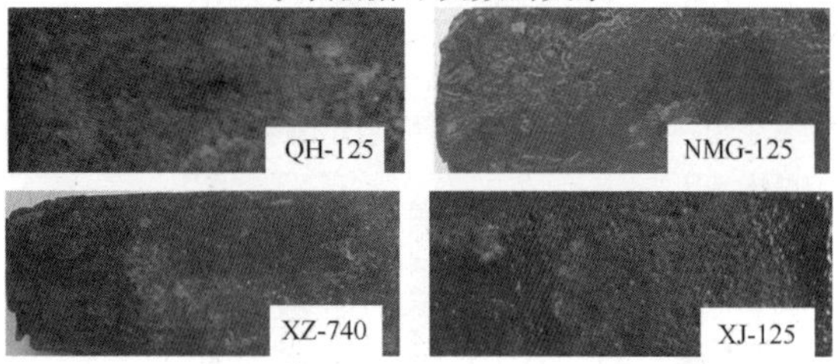

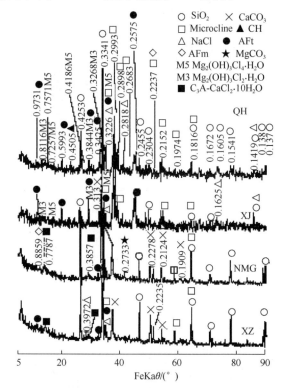

图 2.3.3-10　APC 试件的冻融破坏与表面剥落
（图中编号分别代表卤水种类和冻融循环次数）

说明两点：第一，在混凝土中引气确能缓解冻融时的盐结晶压；第二，引气对水冻胀压的释放作用小于对盐结晶压的缓解作用。可见，影响 APC 在盐湖卤水中冻融损伤的主导因素是水冻胀压，这与 OPC 存在重大差异。由于引气降低了混凝土冻融时盐结晶压的损伤负效应，使混凝土的质量变化速度和 E_r 下降速度放慢，APC 在内蒙古、新疆和青海盐湖卤水中的冻融寿命分别达到 1160 次、1250 次和 1250 次以上，比水中冻融寿命至少延长了 1 倍多。

2.3.3 所述，内蒙古盐湖卤水的盐类结晶作用比西藏盐湖卤水强，因此，它对 APC 冻融损伤的影响就小于西藏盐湖卤水，其冻融寿命在内蒙古盐湖卤水中就比西藏盐湖卤水要长，从而出现与 OPC 相反的规律，前面的 2.3.3.1 指出，OPC 在西藏盐湖卤水中的冻融寿命比在内蒙古盐湖卤水中要长。此外，在 4 种盐湖卤水中，西藏盐湖卤水的 Cl^-/SO_4^{2-} 质量比较低（3.30），其冰点降低作用不如其他卤水显著，所以冻融时 APC 试件的表面剥落现象更加严重，在 450 次循环时质量损失率就达到 5%，导致其冻融寿命比水中冻融

寿命缩短了 18%，而此时试件的 E_r 仍然高达 82%，可见，引气能否改善混凝土的抗卤水冻蚀性，与盐湖卤水的成分具有密切的关系。

2）APC 冻融破坏的微观机理分析

（1）在青海和新疆盐湖卤水冻融时的低温腐蚀机理

APC 在不同盐湖卤水中冻融 1250 次后的 XRD 谱和 DTA-TG 曲线分别如图 2.3.3-11 和图 2.3.3-12 所示，图 2.3.3-13 是其对应的 SEM 照片。

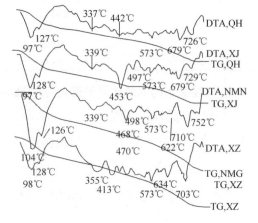

图 2.3.3-11　APC 在不同盐湖
卤水中冻融 1250 次后的 XRD 谱

图 2.3.3-12　APC 在不同盐湖卤水
中冻融 1250 次后的 DTA-TG 曲线

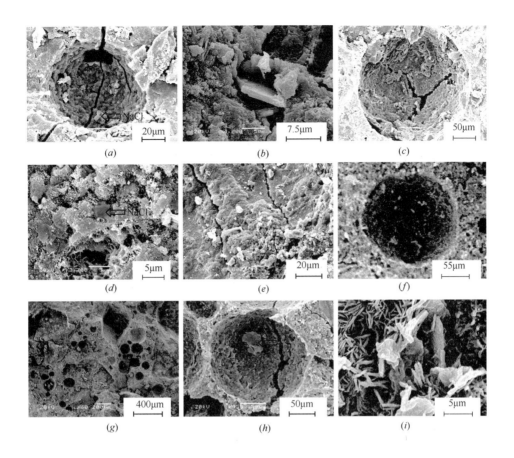

图 2.3.3-13 APC 在不同盐湖卤水中冻融 1250 次后的 SEM 形貌

(*a*) Qinghai salt lake bittern；(*b*) Qinghai salt lake bittern；(*c*) Xinjiang salt lake bittern；

(*d*) Xinjiang salt lake bittern；(*e*) Neimenggu salt lake bittern；(*f*) Neimenggu salt lake bittern；

(*g*) Xizang salt lake bittern；(*h*) Xizang salt lake bittern；(*i*) Xizang salt lake bittern

APC 在青海和新疆盐湖地区的抗卤水冻蚀性很好，冻融 1250 次试件也没有破坏，XRD 结果表明，除来自砂石的主要物相 SiO_2 和斜微长石以外，在青海盐湖卤水中冻融后 APC 含有少量 CH（特征峰 0.4905nm），以及微量的 NaCl（特征峰 0.3231nm）、AFt（特征峰 0.5593nm 等）、$Mg_2(OH)_3Cl \cdot 4H_2O$（特征峰 0.8116nm）和 $Mg_3(OH)_5Cl \cdot 4H_2O$（特征峰 0.7257nm）；在新疆盐湖卤水中冻融后 APC 的物相与青海盐湖卤水类似，含有少量的 CH、NaCl、AFt、$Mg_2(OH)_3Cl \cdot 4H_2O$ 和 $Mg_3(OH)_5Cl \cdot 4H_2O$，此外，还有少量的 $CaCO_3$（特征峰 0.3045nm）。DTA-TG 分析指出，在青海和新疆盐湖卤水中冻融后的物相除上述产物以外，还存在大量的 CSH 凝胶（97℃）。其中，NaCl 是盐湖卤水的成分，

$Mg_2(OH)_3Cl \cdot 4H_2O$ 和 $Mg_3(OH)_5Cl \cdot 4H_2O$ 是化学腐蚀产物，少量～微量的 AFt 应该是水泥的水化产物，少量 $CaCO_3$ 根据后面的分析也是盐湖卤水中的 CO_3^{2-} 离子腐蚀 CH 的产物。

根据混凝土中存在的水化产物和腐蚀产物的数量多寡，可以看出，APC 中的球形封闭气孔确实起到了切断毛细效应的作用，渗入混凝土内部的盐湖卤水数量大大减少了（如前面 2.3.4.1 所示的试件质量增加速度比 OPC 慢、质量增加率比 OPC 小），所以青海和新疆盐湖卤水对 APC 的低温腐蚀是非常轻微的。相对来说，青海盐湖卤水对 APC 的低温腐蚀作用要比新疆盐湖卤水轻一些，在青海盐湖卤水中 APC 主要受到轻微的物理结晶腐蚀，而且还是非膨胀性的，图 2.3.3-13（*a*）显示 1 个球形气孔内部只有微量 NaCl 晶体，

根本不可能完全填充气孔，由于青海盐湖卤水不结冰，穿过气孔的微裂纹应该是取样时的打击裂纹，而非水冻胀裂纹或盐结晶膨胀裂纹，此外，镁盐和氯盐对 CH 的化学腐蚀也是很轻的，因为一方面 XRD 等鉴定只有微量的 $Mg_2(OH)_3Cl\cdot4H_2O$ 和 $Mg_3(OH)_5Cl\cdot4H_2O$，而存在的 CH 数量相对是比较多的，另一方面图 2.3.3-13（b）显示在大部分区域的板状 CH 晶体并没有受到明显的腐蚀痕迹。这些化学腐蚀反应如下（形成的 $CaCl_2$ 进入盐湖卤水中）：

$$MgCl_2+Ca(OH)_2\longrightarrow CaCl_2+Mg(OH)_2$$
$$(2.3.3-7)$$

$$5Mg(OH)_2+MgCl_2+8H_2O\longrightarrow$$
$$2[Mg_3(OH)_5Cl\cdot4H_2O] \quad (2.3.3-8)$$

$$3Mg(OH)_2+MgCl_2+8H_2O\longrightarrow$$
$$2[Mg_2(OH)_3Cl\cdot4H_2O] \quad (2.3.3-9)$$

在新疆盐湖卤水中冻融时，APC 主要受到一定的非膨胀性的物理结晶腐蚀，但图 2.3.3-13 的（c）图显示封闭气孔中的 NaCl 晶体很少，在图 2.3.3-13（d）的水化产物 CSH 凝胶之间局部区域充填了少量 NaCl 晶体，大部分 CSH 凝胶之间的毛细孔中生成了一些针状 $Mg_2(OH)_3Cl\cdot4H_2O$ 和 $Mg_3(OH)_5Cl\cdot4H_2O$ 等晶体，说明 CH 受到了镁盐和氯盐一定程度的化学腐蚀，此外，XRD 等分析存在 $CaCO_3$ 以及 SEM 形貌中很少观察到完整的 CH 晶体，足以表明 CH 还受到了盐湖卤水中 CO_3^{2-} 离子的一定程度的化学腐蚀。其化学腐蚀反应除了式（2.3.3-7）、式（2.3.3-8）和式（2.3.3-9）以外，还存在下述碳酸盐腐蚀的化学反应：

$$Ca(OH)_2+Na_2CO_3\longrightarrow$$
$$CaCO_3+2NaOH \quad (2.3.3-10)$$

$$2NaOH+MgCl_2\longrightarrow$$
$$2NaCl+Mg(OH)_2 \quad (2.3.3-11)$$

（2）在西藏和内蒙古盐湖卤水冻融时的低温冻蚀机理

西藏和内蒙古盐湖卤水在冻融过程中是结冰的，APC 在西藏盐湖地区的抗卤水冻蚀性较差（冻融寿命 450 次），在内蒙古盐湖卤水中经过 1160 次冻融循环以后也发生了破坏。尽管这种破坏主要由水冻胀压引起，但是在融化时的正温条件下还是要受到一定程度的盐湖卤水腐蚀的。XRD 结果表明，APC 的物相除主要杂质 SiO_2 和微量斜微长石（来自砂石）以外，在西藏盐湖卤水中冻融后含有较多的 $CaCO_3$（特征峰 0.3034nm），及少量的 AFt（特征峰 0.973nm）和 $C_3A\cdot CaCl_2\cdot10H_2O$（特征峰 0.7787nm）；在内蒙古盐湖卤水中冻融后含有较多的 $CaCO_3$（特征峰 0.303nm）和少量的 $C_3A\cdot CaCl_2\cdot10H_2O$（特征峰 0.7831nm），以及微量的 AFm（特征峰 0.8859nm）和 $MgCO_3$（特征峰 0.2733nm），但没有 AFt。DTA-TG 分析结果与 XRD 基本一致，此外，104℃ 的较大吸热峰是 CSH 凝胶的脱水。根据 Taylor 最新数据，AFm 主要有 135℃、200℃、290℃、440℃ 和 480℃ 等吸热峰，在内蒙古盐湖卤水中冻融试样的 DTA 曲线上出现了 137℃、285℃、420℃ 和 498℃，基本与此对应，证明确实存在少量 AFm。在所有物相中，AFt、$C_3A\cdot CaCl_2\cdot10H_2O$ 和 AFm 是 APC 的腐蚀产物，至于 $CaCO_3$ 则有两个来源，一是冻融前的碳化产物，二是冻融时的腐蚀产物，比较 $CaCO_3$ 的 XRD 特征峰（0.303nm）强度发现，APC 在青海、新疆、西藏和内蒙古盐湖卤水中冻融后依次为 0、272、306 和 330，这与几种盐湖卤水的 CO_3^{2-} 离子浓度大小顺序是一致的，说明 $CaCO_3$ 确实是冻融时 CH 与 CO_3^{2-} 的反应产物，因为在冻融前的标准养护时混凝土几乎不碳化。

结合前面分析的 APC 试件的外观破坏特征是水冻胀压引起的表面剥落破坏，可以认为，正是由于水冻胀压引起 APC 微裂纹［图 2.3.3-13（e）、（g）和（h）］加速了盐湖卤水的渗入，才使其化学腐蚀产物比青海和新疆盐湖卤水要多，化学腐蚀反应生成的 $CaCO_3$ 可能在一定程度上密实了原来填充 CH 的位置，对结构有利。但是，在西藏盐湖卤水冻融时针棒状 AFt 和 $C_3A \cdot CaCl_2 \cdot 10H_2O$ [图 2.3.3-13（i）] 具有膨胀作用，反过来又促进了冻融微裂纹的扩展。内蒙古盐湖卤水冻融时的水化硫铝酸钙是 AFm，它是六方片状的，没有膨胀作用，它对 APC 结构的腐蚀破坏作用要比针棒状 AFt 小得多，所以仍能观察到完好的气孔存在 [图 2.3.3-13（f）]。由此可见，APC 在西藏和内蒙古盐湖卤水冻融时，冻融与腐蚀是相互促进的，但以冻融破坏为主，其化学腐蚀包括下列氯盐和硫酸盐腐蚀反应：

$$C_3AH_6 + CaCl_2 + 4H_2O \longrightarrow$$
$$C_3A \cdot CaCl_2 \cdot 10H_2O \quad (2.3.3-12)$$

$$C_3AH_6 + 3Ca(OH)_2 + 3MgSO_4 + 24H_2O \longrightarrow$$
$$C_3A \cdot 3CaSO_4 \cdot 32H_2O + 3Mg(OH)_2$$
$$(2.3.3-13)$$

其碳酸盐腐蚀反应除了式（2.3.3-10）和式（2.3.3-11）以外，还有 MH 被 CO_3^{2-} 离子腐蚀的化学反应式（2.3.3-14），而且式（2.3.3-14）与式（2.3.3-11）构成了一个 MH 的腐蚀循环：

$$Mg(OH)_2 + Na_2CO_3 \longrightarrow$$
$$MgCO_3 + 2NaOH \quad (2.3.3-14)$$

对于内蒙古盐湖卤水冻融，可能存在以下 AFt 向 AFm 的转化反应：

$$C_3A \cdot 3CaSO_4 \cdot 32H_2O \longrightarrow$$
$$C_3A \cdot CaSO_4 \cdot 12H_2O + 2[CaSO_4 \cdot 2H_2O]$$
$$+ 16H_2O \quad (2.3.3-15)$$

或者存在 AFt 被氯盐腐蚀向 $C_3A \cdot CaCl_2 \cdot 10H_2O$ 的转化反应：

$$C_3A \cdot 3CaSO_4 \cdot 32H_2O + CaCl_2 \longrightarrow$$
$$C_3A \cdot CaCl_2 \cdot 10H_2O + 3[CaSO_4 \cdot 2H_2O]$$
$$+ 16H_2O \quad (2.3.3-16)$$

2.3.4 普通混凝土、引气混凝土和高强混凝土在（干湿循环＋盐湖卤水腐蚀）双重因素作用下的腐蚀产物、微观结构和腐蚀破坏机理

1. 普通混凝土在新疆、内蒙古和西藏盐湖卤水中的腐蚀破坏机理

1）OPC 的腐蚀产物

OPC 在 200 次（干湿循环＋盐湖卤水腐蚀）双重因素作用下表层混凝土（5mm 以内）的 XRD 谱和 DTA-TG 曲线分别如图 2.3.4-1 和图 2.3.4-2 所示。XRD 结果表明，除来自砂石的 SiO_2（特征峰 0.3341nm 等）和斜微长石（特征峰 0.3244nm 等）以外，在 200 次（干湿循环＋新疆盐湖卤水腐蚀）后，OPC 含有少量 $C_3A \cdot CaCl_2 \cdot 10H_2O$（特征峰 0.7859nm）、CH（特征

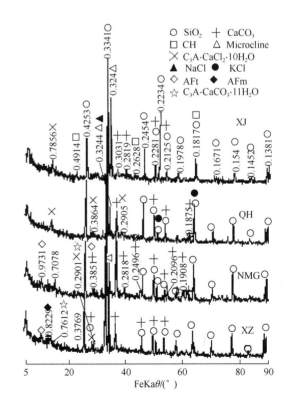

图 2.3.4-1 OPC 在 200 次（干湿循环＋盐湖卤水腐蚀）双重因素作用下表层的 XRD 谱

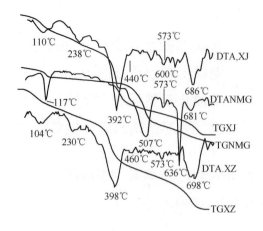

图 2.3.4-2　OPC 在 200 次（干湿循环＋盐湖
卤水腐蚀）双重因素作用下表层的 DTA-TG 曲线

峰 0.4914nm）和 $CaCO_3$（特征峰 0.3031nm），微量 NaCl（特征峰 0.2819nm、0.1994nm、0.3244nm 和 0.1628nm）和 KCl（特征峰 0.3195nm、0.2235nm、0.1817nm 和 0.1573nm）；在 200 次（干湿循环＋青海盐湖卤水腐蚀）后则存在少量 $C_3A \cdot CaCl_2 \cdot 10H_2O$ 和 $CaCO_3$ 以及微量 NaCl 和 KCl，但没有 CH，说明在青海盐湖卤水中 CH 已经完全被腐蚀了，在干湿循环条件下没有出现如第二章所示的氯氧化镁，可能与氯氧化镁在 50℃ 发生分解有关；当 OPC 在 200 次（干湿循环＋内蒙古盐湖卤水腐蚀）以后含有较多的 $CaCO_3$ 和少量的 AFt（特征峰 0.973nm 等），以及微量 NaCl 和 KCl，还出现了 1 个明显的 0.7078nm 特征峰，具体物相名称待定；当 OPC 处于 200 次（干湿循环＋西藏盐湖卤水腐蚀）双重因素作用下，其物相组成中含有较多 $CaCO_3$、少量 AFt 和 $C_3A \cdot CaCl_2 \cdot 10H_2O$ 以及微量 $C_3A \cdot CaCO_3 \cdot 11H_2O$（特征峰 0.7612nm、0.3769nm、0.2869nm 等）、AFm（含有 10 个 H_2O，特征峰 0.8229nm）、NaCl 和 KCl。DTA-TG 分析指出，OPC 除了上述产物以外，还存在少量的 CSH 凝胶（104℃～117℃），其 DTA 吸热峰比较小，相应的 TG 失重也很小，少量 AFt 的热效应峰也在此范围内，与 CSH 凝胶重合。在 DTA-TG 曲线上，245℃、392℃～398℃ 和 600℃ 吸热效应是 $C_3A \cdot CaCl_2 \cdot 10H_2O$

的分步脱水，很小的 440℃～460℃ 吸热峰是少量 CH 的脱水，681℃～698℃ 为 $CaCO_3$ 的分解。对于（200 次干湿循环＋新疆或西藏盐湖卤水腐蚀）情形，在 392℃～398℃ 之间较大的 TG 失重不可能完全由少量 $C_3A \cdot CaCl_2 \cdot 10H_2O$ 脱去 5 个 H_2O 引起，应该叠加了少量 $Mg(OH)_2$ 的分解脱水热效应，因为 MH 结晶非常小，接近凝胶的尺度范围，XRD 上有时会反映不出特征衍射峰。此外，在 200 次（干湿循环＋内蒙古盐湖卤水腐蚀）的 OPC 试样中，存在一个明显的吸热失重效应（507℃）和一个很陡的吸热峰（636℃），没有找到对应的物相，应是 XRD 分析中待定物相的热效应特征。

在以上物相分析中，少量 AFt 和 CH 是残存的水泥水化产物，微量 AFm 可能是 AFt 受到腐蚀时分解的中间过渡产物，NaCl 和 KCl 是盐湖卤水的物理结晶腐蚀产物，$C_3A \cdot CaCl_2 \cdot 10H_2O$ 和 $C_3A \cdot CaCO_3 \cdot 11H_2O$ 是化学腐蚀产物，$CaCO_3$ 应该存在 2 个来源：（1）CH 的碳化产物；（2）盐湖卤水中 CO_3^{2-} 离子对 CH 的腐蚀产物。

图 2.3.4-3 是 OPC 在 200 次（干湿循环＋不同盐湖卤水腐蚀）双重因素作用下 $CaCO_3$ 的 XRD 特征衍射峰（0.3031nm）强度与盐湖卤水的 CO_3^{2-} 离子含量之间的关系，可见盐湖卤水中 CO_3^{2-} 离子浓度越高，OPC 中 $CaCO_3$ 的衍射峰越强，说明在此条件下 $CaCO_3$ 主要是 CH 受盐湖卤

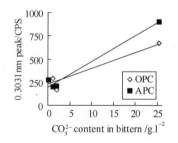

图 2.3.4-3　混凝土在不同盐湖
卤水中进行 200 次（干湿循环＋腐蚀）
双重因素实验时 $CaCO_3$ 的衍
射峰（0.3031nm）强度与盐湖卤
水中 CO_3^{2-} 离子含量之间关系

水中 CO_3^{2-} 离子腐蚀的产物。

2）OPC 腐蚀后的微观结构

OPC 在 200 次（干湿循环＋不同盐湖卤水腐蚀）双重因素作用下的 SEM 形貌示于图 2.3.4-4。SEM 观察发现，在新疆盐湖卤水中进行 200 次干湿循环以后，OPC 内部的部分毛细孔中存在

NaCl 和 KCl 晶体的结晶作用［参见图 2.3.4-4（a）］，同时一些局部区域存在针状 $C_3A \cdot CaCl_2 \cdot 10H_2O$ 等化学腐蚀产物［图 2.3.4-4（b）］，图 2.3.4-4（c）图显示纤维状 CSH 凝胶之间的 CH 已经被溶解留下较大尺寸的毛细孔通道，这样会加速盐湖卤水的渗入和腐蚀反应。

图 2.3.4-4　OPC 在 200 次（干湿循环＋盐湖卤水腐蚀）双重因素作用下表层的 SEM 形貌

(a) Xinjiang salt lake bittern; (b) Xinjiang salt lake bittern; (c) Xinjiang salt lake bittern;

(d) Neimenggu salt lake bittern; (e) Neimenggu salt lake bittern; (f) Neimenggu salt lake bittern;

(g) needle-like crystals in void; (h) Attack crack, Xizang salt; (i) Xizang salt lake bittern

OPC 在内蒙古盐湖卤水中进行 200 次干湿循环以后，腐蚀非常严重，图 2.3.4-4（d）显示出盐湖卤水的物理结晶性腐蚀产物 NaCl 晶体，图 2.3.4-4（e）中则出现大量的 CH 被盐湖卤水中 CO_3^{2-} 离子腐蚀的规则 $CaCO_3$ 结晶体，在图 2.3.4-4 的（f）图中出现许多由长度约 $1.5\mu m$、厚度约 $0.2\mu m$ 的细小叶片状晶体组成的三维网状的球形晶体族（直径约 $6\mu m$），正是 XRD 和 DTA-TG 分析中的待定物相。经过 DEAX 分析（图 2.3.4-

5），该球形晶体族的 Mg^{2+}、Na^+、K^+ 和 Cl^- 离子含量分别为 11.38%、1.93%、0.56% 和 2.63%，此外还含有 4.40% 的 Al，其钙硅比较低（C/S＝0.65），镁钙比较高（M/C＝0.65），铝硅比（A/S）达到 0.15，如果忽略次要成分，可以计算出其化学式能够写成 $(C_{1-x}M_x)_{0.94}(S_{1-y}A_y)H$（$x$＝0.4，$y$＝0.13），它可能是 CSH 凝胶同时发生 Mg 取代 Ca 和 Al 取代 Si 的腐蚀产物，属于一种固溶现象，这与在青海盐湖地区长期野外暴露

OPC 试件的 CSH 凝胶腐蚀产物 CMSH 相似，只是其中含有铝成分。这种球形的含镁硅酸盐晶体在 1986 年 Regourd 等报道的加拿大 Les Cedres 大坝混凝土碱—白云石反应的生成物中也有发现（图 2.3.4-6），其中必然含有较多的镁，遗憾的是当时没有进一步的研究并合成纯相，也没有提供相应的 XRD 和 DTA-TG 特征。因此，本文中也不能准确确定该晶体的名称，暂时根据成分命名为水化硅铝酸钙镁。

OPC 在西藏盐湖卤水中进行 200 次干湿循环以后，其针状腐蚀产物 $C_3A \cdot CaCl_2 \cdot 10H_2O$ 和 $C_3A \cdot CaCO_3 \cdot 11H_2O$ 在混凝土的孔洞内大量形成 [图 2.3.4-4（g）]，并且由此在混凝土的 CSH 凝胶结构中引发了微观裂纹 [图 2.3.4-4（h）] 及其扩展 [图 2.3.4-4（i）]。

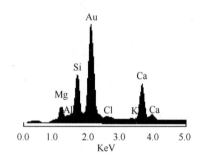

图 2.3.4-5　球形晶体族的 DEAX 谱

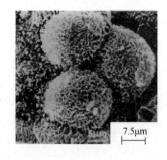

图 2.3.4-6　加拿大 Les Cedres 大坝混凝土中碱—白云石反应生成球+状硅酸盐晶体产物的 SEM 形貌

3）OPC 的腐蚀破坏机理

根据上述腐蚀产物和微观结构的分析，可以

归纳 OPC 在（干湿循环＋不同盐湖卤水腐蚀）双重因素作用下的腐蚀机理包括：盐湖卤水对混凝土的 NaCl 和 KCl 物理结晶腐蚀以及化学腐蚀。

（1）在新疆和青海盐湖卤水中干湿循环时的化学腐蚀属于氯盐、碳酸盐、硫酸盐和镁盐腐蚀反应，其主要化学反应如下：

$$C_3AH_6 + CaCl_2 + 4H_2O \longrightarrow$$
$$C_3A \cdot CaCl_2 \cdot 10H_2O \quad (2.3.4\text{-}1)$$
$$C_3A \cdot 3CaSO_4 \cdot 32H_2O + CaCl_2 \longrightarrow$$
$$C_3A \cdot CaCl_2 \cdot 10H_2O + 3[CaSO_4 \cdot$$
$$2H_2O] + 16H_2O \quad (2.3.4\text{-}2)$$
$$Ca(OH)_2 + Na_2CO_3 \longrightarrow$$
$$CaCO_3 + 2NaOH \quad (2.3.4\text{-}3)$$
$$C_3S_2H_3 + 3MgSO_4 + 8H_2O \longrightarrow$$
$$3(CaSO_4 \cdot 2H_2O) + 3Mg(OH)_2$$
$$+2(SiO_2 \cdot H_2O) \quad (2.3.4\text{-}4)$$

（2）在内蒙古盐湖卤水中干湿循环时的化学腐蚀属于氯盐、碳酸盐、硫酸盐和镁盐腐蚀反应，主要的化学反应除式（2.3.4-1）～式（2.3.4-4）以外，还有 AFt 的碳酸化分解和 CSH 的腐蚀：

$$C_3A \cdot 3CaSO_4 \cdot 32H_2O + 3Na_2CO_3 \longrightarrow$$
$$3CaCO_3 + 3[CaSO_4 \cdot 2H_2O] + Al_2O_3 \cdot$$
$$3H_2O + 6NaOH + 20H_2O \quad (2.3.4\text{-}5)$$
$$CSH + MgSO_4 + Al_2O_3 \cdot 3H_2O + H_2O \longrightarrow$$
$$(C_{1-x}M_x)_{0.94}(S_{1-y}A_y)$$
$$H(x=0.4, y=0.13) + CaSO_4 \cdot 2H_2O + SiO_2 \cdot$$
$$H_2O \quad (2.3.4\text{-}6)$$
$$CSH + MgCl_2 + Al_2O_3 \cdot 3H_2O + H_2O \longrightarrow$$
$$(C_{1-x}M_x)_{0.94}(S_{1-y}A_y)$$
$$H(x=0.4, y=0.13) + CaCl_2 + SiO_2 \cdot H_2O$$
$$(2.3.4\text{-}7)$$

（3）在西藏盐湖卤水中干湿循环时的化学腐蚀与新疆和青海盐湖卤水的相同，只是主要的化学反应除式（2.3.4-1）、式（2.3.4-2）、式（2.3.4-3）和式（2.3.4-4）以外，还包括下列反应：

$$C_3A \cdot 3CaSO_4 \cdot 32H_2O + Ca(OH)_2$$
$$+ Na_2CO_3 \longrightarrow C_3A \cdot$$
$$CaCO_3 \cdot 11H_2O + 3$$
$$[CaSO_4 \cdot 2H_2O] + 2NaOH + 15H_2O$$
$$(2.3.4-8)$$

$$C_3A \cdot 3CaSO_4 \cdot 32H_2O \longrightarrow$$
$$C_3A \cdot CaSO_4 \cdot 10H_2O + 2[CaSO_4 \cdot 2H_2O]$$
$$+ 18H_2O \qquad (2.3.4-9)$$

在以上腐蚀反应中，腐蚀产物 NaOH 还要与镁盐发生反应：

$$2NaOH + MgCl_2 \longrightarrow 2NaCl + Mg(OH)_2$$
$$(2.3.4-10)$$
$$2NaOH + MgSO_4 \longrightarrow Na_2SO_4 + Mg(OH)_2$$
$$(2.3.4-11)$$

由于形成的 $CaSO_4 \cdot 2H_2O$ 进入了盐湖卤水中，所以 XRD 有时会检测不到。

2. 引气混凝土在新疆、青海、内蒙古和西藏盐湖卤水中的腐蚀破坏机理

1）APC 的腐蚀产物

图 2.3.4-7 是 APC 在 135 次（干湿循环＋不同盐湖卤水腐蚀）双重因素作用下的 XRD 谱。结果表明，在新疆盐湖卤水中进行干湿循环以后，APC 的主要物相除来自砂子的 SiO_2，特征峰 0.3336nm 等）以外，存在少量 $C_3A \cdot CaCl_2 \cdot 10H_2O$（特征峰 0.7793nm）和硅灰石膏（Thaumasite，为了论述方便，本文简称为 THa，化学式为 $CaCO_3 \cdot CaSiO_3 \cdot CaSO_4 \cdot 15H_2O$，一般简写为 $C_3S\overline{C}\overline{S}H_{15}$，特征峰 0.9562nm），以及微量 AFt（特征峰 0.973nm）、CH（特征峰 0.4901nm）、$CaCO_3$（特征峰 0.3033nm）和 $C_3A \cdot CaCO_3 \cdot 11H_2O$（特征峰 0.7582nm、0.3772nm、0.2866nm 等）。

在青海盐湖卤水中进行干湿循环以后，APC 存在少量 $CaCO_3$ 和 $CaSO_4 \cdot 2H_2O$（特征峰 0.7607nm、0.4258nm、0.3068nm 等），还有微量 AFt、$C_3A \cdot CaCl_2 \cdot 10H_2O$、水化硫氯铝酸钙（$C_3A \cdot CaSO_4 \cdot C_3A \cdot CaCl_2 \cdot 24H_2O$，特征峰 0.8321nm）和 THa，此外还有极其少量 KCl（特征

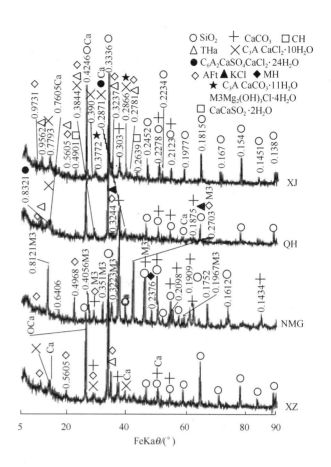

图 2.3.4-7　APC 在 135 次（干湿循环＋盐湖卤水腐蚀）双重因素作用下表层的 XRD 谱

峰 0.3212nm 等）。其中，$C_3A \cdot CaSO_4 \cdot C_3A \cdot CaCl_2 \cdot 24H_2O$ 是 AFm（$C_3A \cdot CaSO_4 \cdot 12H_2O$）中 SO_4^{2-} 被 Cl^- 部分取代的介于 $C_3A \cdot CaSO_4 \cdot 12H_2O$—$C_3A \cdot CaCl_2 \cdot 10H_2O$ 之间的过渡产物。

在内蒙古盐湖卤水中进行干湿循环以后，APC 的物相存在大量 $CaCO_3$ 和较多 $Mg_2(OH)_3Cl \cdot 4H_2O$（特征峰 0.8121nm、0.4056nm、0.3851nm、0.2483nm 等），以及微量 AFt 和 MH。出现大量 $CaCO_3$ 与内蒙古盐湖卤水中存在较高浓度的 CO_3^{2-} 离子有直接的关系（图 2.3.4-3）。

在西藏盐湖卤水中进行干湿循环以后，APC 存在少量的 AFt、$CaCO_3$、$C_3A \cdot CaCl_2 \cdot 10H_2O$ 和 $CaSO_4 \cdot 2H_2O$。

在上述腐蚀产物中，出现了一个与长期腐蚀和低温腐蚀存在重大差异的新腐蚀产物——硅灰石膏（THa）。根据文献报道，THa 是一种结构

与 AFt 相似的晶体,其 XRD 衍射峰除 0.9562nm 的特征峰与 AFt 的 0.973nm 不同以外,其他衍射峰基本相同。Bensted 认为,在热分析中不可能分别检测到 AFt 和 Tha 的热效应峰,因为根据 Barnett 等研究,THa 作为一种 CSH 的腐蚀产物,它较少呈现结晶形态,也有可能是与 AFt 形成固溶体。THa 一般在低于 15℃ 的湿冷环境条件下形成,当温度高于 20℃ 时会逐渐减少,但是也有研究发现,在温度直到 25℃ 时仍然有 THa 形成,只是其生成速度比较缓慢而已。综合国外近期发表的大量文献,发现 THa 的形成主要有两种方式:

(1) 由 CSH 凝胶在硫酸盐和碳酸盐或 CO_2 存在的条件下直接形成,如含石灰石混合材的 Portland 水泥混凝土在硫酸镁溶液中,或者当腐蚀介质中存在 $CaSO_4 \cdot 2H_2O$ 和 CO_2 时发生的腐蚀反应

$$C_3S_2H_3 + Ca(OH)_2 + 2CaCO_3 + 2MgSO_4$$
$$+ 28H_2O \longrightarrow 2(CaCO_3 \cdot$$
$$CaSiO_3 \cdot CaSO_4 \cdot 15H_2O) + 2Mg(OH)_2$$
$$(2.3.4\text{-}12)$$

$$C_3S_2H_3 + CaCO_3 + 2(CaSO_4 \cdot 2H_2O)$$
$$+ CO_2 + 23H_2O \longrightarrow 2(CaCO_3 \cdot$$
$$CaSiO_3 \cdot CaSO_4 \cdot 15H_2O) \quad (2.3.4\text{-}13)$$

(2) 由 CSH 凝胶在碳酸盐或 CO_2 存在的条件下与硫酸盐腐蚀产物 AFt 发生二次腐蚀反应形成,如含石灰石混合材的 Portland 水泥混凝土在硫酸盐溶液中发生的腐蚀反应

$$C_3A \cdot 3CaSO_4 \cdot 32H_2O + C_3S_2H_3 +$$
$$2CaCO_3 \longrightarrow 2(CaCO_3 \cdot CaSiO_3 \cdot$$
$$CaSO_4 \cdot 15H_2O) + CaSO_4 \cdot 2H_2O +$$
$$Al_2O_3 \cdot 3H_2O \quad (2.3.4\text{-}14)$$

从上述 THa 的形成方式可以看出,THa 一般是掺有石灰石混合材的 Portland 水泥混凝土在

硫酸盐腐蚀条件下的腐蚀产物。在此条件下,水泥提供碳酸盐源和硅酸盐源,腐蚀介质提供硫酸盐源。在本文研究的范围内,混凝土在盐湖卤水中腐蚀时形成的 THa,其硅酸盐源只能由普通 Portland 水泥提供,而盐湖卤水则同时提供了碳酸盐源和硫酸盐源,这在现有的大量文献未见报道,本文可能是首次发现混凝土在盐湖卤水中腐蚀时产生 THa。

2) APC 腐蚀后的微观结构

用 SEM 观察 APC 在 135 次(干湿循环＋内蒙古盐湖卤水腐蚀)双重因素作用下的微观结构形貌如图 2.3.4-8 所示。由图可见,在一些球形气孔边缘存在少量 NaCl 和 KCl 结晶体。图 2.3.4-8(a)所示的气孔中内部已经被腐蚀产物填充,图 2.3.4-8(b)显示有一条腐蚀裂纹穿过气孔,在气孔内壁的毛细孔中经过放大发现形成了针状 $Mg_2(OH)_3Cl \cdot 4H_2O$ 晶体,图 2.3.4-8(c)中处于 CSH 凝胶之间的 CH 已经被碳化成了 $CaCO_3$。与图 2.3.4-4(d)～(f)的 OPC 形貌相比,APC 的腐蚀确实要轻一些,说明 APC 结构中的封闭球形气孔对盐湖卤水的渗入起到了一定的阻止作用。但是,根据抗腐蚀系数的测定结果,发现仅靠引气提高混凝土在(干湿循环＋盐湖卤水腐蚀)双重因素作用下的抗腐蚀性能,显然是不够的。

3) APC 的腐蚀破坏机理

综合腐蚀产物分析和微观结构观察,归纳 APC 在(干湿循环＋不同盐湖卤水腐蚀)双重因素作用下的腐蚀机理以化学腐蚀为主,盐湖卤水对混凝土的 NaCl 和 KCl 物理结晶腐蚀占次要地位。下面主要探讨其化学腐蚀反应机理。

(1) APC 在(干湿循环＋新疆盐湖卤水腐蚀)双重因素作用下的化学腐蚀属于氯盐、碳酸盐、硫酸盐和镁盐腐蚀反应,其主要化学反应如下:

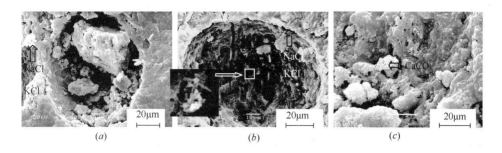

图2.3.4-8 APC在135次（干湿循环＋内蒙古盐湖卤水腐蚀）双重因素作用下表层的SEM形貌

(a) Partially filled pore; (b) A crack crossed pore; (c) CaCO₃ among CSH gel

$$C_3AH_6+CaCl_2+4H_2O \longrightarrow C_3A \cdot CaCl_2 \cdot 10H_2O \tag{2.3.4-15}$$

$$C_3A \cdot 3CaSO_4 \cdot 32H_2O+CaCl_2 \longrightarrow$$
$$C_3A \cdot CaCl_2 \cdot 10H_2O+3(CaSO_4 \cdot 2H_2O)+16H_2O \tag{2.3.4-16}$$

$$Ca(OH)_2+Na_2CO_3 \longrightarrow CaCO_3+2NaOH \tag{2.3.4-17}$$

$$C_3AH_6+Ca(OH)_2+Na_2CO_3+5H_2O \longrightarrow$$
$$C_3A \cdot CaCO_3 \cdot 11H_2O+2NaOH \tag{2.3.4-18}$$

$$C_3A \cdot 3CaSO_4 \cdot 32H_2O+Ca(OH)_2+Na_2CO_3$$
$$\longrightarrow C_3A \cdot CaCO_3 \cdot 11H_2O+3(CaSO_4 \cdot 2H_2O)+2NaOH+15H_2O \tag{2.3.4-19}$$

$$C_3S_2H_3+Ca(OH)_2+2CaCO_3+2MgSO_4+28H_2O \longrightarrow 2(CaCO_3 \cdot CaSiO_3 \cdot CaSO_4 \cdot 15H_2O)+2Mg(OH)_2 \tag{2.3.4-20}$$

$$C_3S_2H_3+Ca(OH)_2+2CaSO_4 \cdot 2H_2O+2Na_2CO_3+24H_2O \longrightarrow 2(CaCO_3 \cdot CaSiO_3 \cdot CaSO_4 \cdot 15H_2O)+4NaOH \tag{2.3.4-21}$$

$$C_3A \cdot 3CaSO_4 \cdot 32H_2O+C_3S_2H_3+2CaCO_3 \longrightarrow$$
$$2(CaCO_3 \cdot CaSiO_3 \cdot CaSO_4 \cdot 15H_2O)+CaSO_4 \cdot 2H_2O+Al_2O_3 \cdot 3H_2O \tag{2.3.4-22}$$

$$C_3A \cdot 3CaSO_4 \cdot 32H_2O+C_3S_2H_3+2Ca(OH)_2+2Na_2CO_3 \longrightarrow 2(CaCO_3 \cdot CaSiO_3 \cdot CaSO_4 \cdot 15H_2O)+CaSO_4 \cdot 2H_2O+Al_2O_3 \cdot 3H_2O+4NaOH \tag{2.3.4-23}$$

在上述化学腐蚀反应中，$C_3A \cdot CaCl_2 \cdot 10H_2O$ 可能按照式（2.3.4-15）和式（2.3.4-16）

方式形成，$C_3A \cdot CaCO_3 \cdot 11H_2O$ 可能按照式（2.3.4-18）和式（2.3.4-19）方式形成，THa可能的形成方式有式（2.3.4-20）、式（2.3.4-21）、式（2.3.4-22）和式（2.3.4-23）等4种。

（2）APC在（干湿循环＋青海盐湖卤水腐蚀）双重因素作用下的化学腐蚀类型与新疆盐湖卤水相同，其主要化学反应除式（2.3.4-15）～式（2.3.4-23）以外，还存在以下化学腐蚀反应：

$$2C_3AH_6+CaCl_2+Ca(OH)_2+Na_2SO_4+12H_2O \longrightarrow C_3A \cdot CaSO_4 \cdot C_3A \cdot CaCl_2 \cdot 24H_2O+2NaOH \tag{2.3.4-24}$$

$$2(C_3A \cdot 3CaSO_4 \cdot 32H_2O)+Ca(OH)_2+CaCl_2+Na_2SO_4 \longrightarrow$$
$$C_3A \cdot CaSO_4 \cdot C_3A \cdot CaCl_2 \cdot 24H_2O+6(CaSO_4 \cdot 2H_2O)+2NaOH+28H_2O \tag{2.3.4-25}$$

（3）APC在（干湿循环＋内蒙古盐湖卤水腐蚀）双重因素作用下的化学腐蚀属于碳酸盐、氯盐和镁盐腐蚀反应，主要的化学反应除式（2.3.4-17）以外，还有以下腐蚀反应：

$$Ca(OH)_2+MgSO_4+2H_2O \longrightarrow CaSO_4 \cdot 2H_2O+Mg(OH)_2 \tag{2.3.4-26}$$

$$Ca(OH)_2+MgCl_2 \longrightarrow CaCl_2+Mg(OH)_2 \tag{2.3.4-27}$$

$$C_3A \cdot 3CaSO_4 \cdot 32H_2O+3Na_2CO_3 \longrightarrow$$
$$3CaCO_3+3(CaSO_4 \cdot 2H_2O)+Al_2O_3 \cdot 3H_2O+6NaOH+20H_2O \tag{2.3.4-28}$$

$$3Mg(OH)_2 + MgCl_2 + 8H_2O \longrightarrow$$
$$2[Mg_2(OH)_3Cl \cdot 4H_2O] \qquad (2.3.4-29)$$

（4）APC 在（干湿循环＋西藏盐湖卤水腐蚀）双重因素作用下的化学腐蚀属于碳酸盐、氯盐和硫酸盐腐蚀反应，主要的化学反应除式（2.3.4-15）、式（2.3.4-16）和式（2.3.4-17）以外，还包括下列反应：

$$Ca(OH)_2 + Na_2SO_4 + 2H_2O \longrightarrow$$
$$CaSO_4 \cdot 2H_2O + 2NaOH \quad (2.3.4-30)$$
$$Ca(OH)_2 + K_2SO_4 + 2H_2O \longrightarrow$$
$$CaSO_4 \cdot 2H_2O + 2KOH \quad (2.3.4-31)$$

3. HSC 在新疆、青海、内蒙古和西藏盐湖卤水中的腐蚀破坏机理

1）HSC 的腐蚀产物

图 2.3.4-9 是 HSC 在 200 次（干湿循环＋盐湖卤水腐蚀）双重因素作用下的 XRD 谱。结果表明，HSC 除来自砂子的 SiO_2（特征峰 0.3338nm 等）和斜微长石（特征峰 0.3256nm 等）以外，在新疆盐湖卤水中进行 200 次干湿循环以后的物相存在较多 THa（特征峰 0.9554nm）、$CaSO_4 \cdot 2H_2O$（特征峰 0.7592nm、0.4261nm、0.3055nm 等）和 $CaCO_3$（特征峰 0.3029nm），少量 AFt（特征峰 0.973nm）、$C_3A \cdot CaCl_2 \cdot 10H_2O$（特征峰 0.781nm）和 NaCl（特征峰 0.2816nm、0.1991nm）。HSC 在青海盐湖卤水中进行 200 次干湿循环以后，其物相中含有较多 $CaSO_4 \cdot 2H_2O$，少量的 THa、MH（特征峰 0.4777nm、0.2366nm）、$CaCO_3$ 和 NaCl，还存在微量 AFt。在新疆和青海盐湖卤水腐蚀时原本应该存在的较多 CH 已经完全消失，说明它受到了盐湖卤水的严重腐蚀作用。

HSC 在内蒙古和西藏盐湖卤水中进行 200 次干湿循环以后，其相组成含有少量 THa、CH 和 $CaCO_3$，还有微量 AFt 和 KCl（特征峰 0.319nm 等），对于内蒙古盐湖卤水还存在少量的 $Mg_2(OH)_3Cl \cdot 4H_2O$（特征峰 0.8104nm、0.3873nm、0.2481nm 等）。

HSC 在内蒙古和西藏盐湖卤水中腐蚀还残存 CH，说明其腐蚀作用比在新疆和青海盐湖卤水中要轻一些。

在上述 XRD 鉴定的物相中，除 CH 和 AFt 外，都可以认为是腐蚀产物。

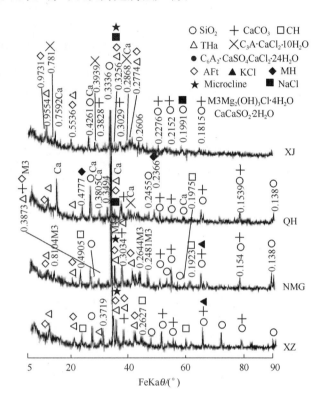

图 2.3.4-9　HSC 在 200 次（干湿循环＋盐湖卤水腐蚀）双重因素作用下表层的 XRD 谱

2）HSC 腐蚀后的微观结构

图 2.3.4-10 是 HSC 在 200 次（干湿循环＋不同盐湖卤水腐蚀）双重因素作用下表层的 SEM 形貌。经过大范围的 SEM 观察发现，HSC 在盐湖卤水中进行 200 次干湿循环以后，其表层微观结构中产生了大量的网络状微裂纹［2.3.4-10（b）、（d）、（g）、（j）］，这些微裂纹显然不同于 HSC 的后期湿胀裂纹，而是腐蚀产物膨胀引起的腐蚀裂纹。正如文献指出，THa 和 AFt 一样，均能对混凝土产生很大的膨胀作用而导致混凝土开裂、崩溃。HSC 在新疆盐湖卤水中进行（干湿循环＋腐蚀）后，由于形成了较多的膨胀性 THa 等

腐蚀产物导致图 2.3.4-10（a）和图 2.3.4-10（c）所示的微裂纹，在图 2.3.4-10（b）所示的局部 CH 晶体周围，因形成了膨胀性的 $CaSO_4 \cdot 2H_2O$

晶体，在 CSH 凝胶与晶体的交界面引发了一条贯通的微裂纹（宽度约 $0.45\mu m$），混凝土表层的腐蚀微裂纹最大宽度可达到 $1.09\mu m$。

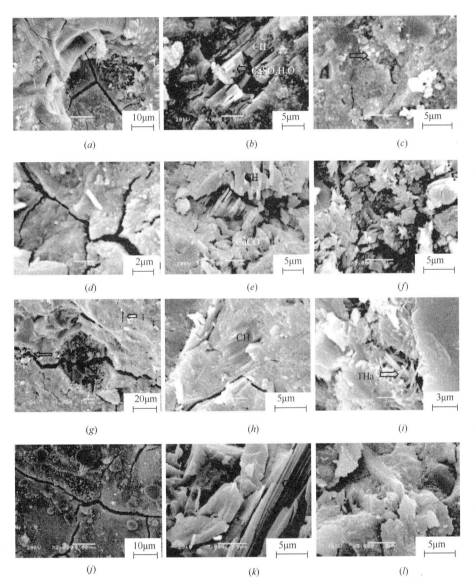

图 2.3.4-10 HSC 在（200 次干湿循环＋盐湖卤水腐蚀）双重因素作用下表层的 SEM 形貌

（a）A track crack，Xinjiang salt lake bittern；（b）Attack crack，Xinjiang salt lake bittern；

（c）Xinjiang salt lake bittern；（d）Attack crack，Qinghai salt lake bittern（e）Qinghai salt lake bittern；

（f）Qinghai salt lake bittern；（g）Attack crack，Neimenggu salt lake bittern；（h）Neimenggu

salt lake bittern；（i）Neimenggu salt lake bittern；（j）Attack crack，Xizang salt lake

bittern；（k）Xizang salt lake bittern ；（l）Xizang salt lake bittern

HSC 在青海盐湖卤水中进行（干湿循环＋腐蚀）双重因素实验后，膨胀性腐蚀产物（即 $CaSO_4 \cdot 2H_2O$、THa 和 MH）的形成促使混凝土表层结构解体 [图 2.3.4-10（f）]，图 2.3.4-10（d）所示的 CSH 凝胶中起因于 THa 膨胀形成的表层腐蚀裂纹的最大宽度可以达到 $1.04\mu m$。

在图 2.3.4-10（e）中，可见孔洞内的 CH 晶体受到盐湖卤水的 CO_3^{2-} 离子的腐蚀作用，形成了 $CaCO_3$ 晶体，在此穿过 CH 晶体族的一道腐蚀微裂纹显然成了盐湖卤水内渗的通道。

HSC 在内蒙古盐湖卤水中进行（干湿循环＋腐蚀）双重因素实验后，图 2.3.4-10（g）显示腐蚀产物膨胀的一道主裂纹穿过一个大气孔，对照图中箭头"1"所指的孤立短小的湿胀裂纹（宽度为 $0.58\mu m$），该主裂纹的最大宽度可达 $4.73\mu m$，其宽度是 HSC 湿胀裂纹的 8 倍多，这不仅与 CSH 凝胶内部的 THa 形成有关，而且还与图中箭头"2"所指的孔隙中大量针状 $Mg_2(OH)_3Cl\cdot4H_2O$ 晶体形成时推动裂纹扩展也有一定的关系。在将 CSH 凝胶放大到 8000 倍的 2.3.4-10（i）图中，明显可见 CSH 凝胶的微裂纹中形成了许多小纤维状晶体，DEAX 分析主要由 Ca、Si、C 和 S 元素组成，证明是 THa 晶体。这与 Torres 等在掺石灰石的水泥砂浆经过硫酸镁溶液腐蚀以后试件表面裂纹中的 THa 晶体完全一致（图 2.3.4-11）。

HSC 在西藏盐湖卤水中进行（干湿循环＋腐蚀）双重因素实验后，微观结构中出现大量的地图状微裂纹，其最大宽度可达到 $1.62\mu m$［图 2.3.4-10（j）］，在图 2.3.4-10（k）所示的 CH 周围的 CSH 凝胶已经支离破碎，图 2.3.4-10（l）图中凝胶的破坏更加严重。

图 2.3.4-11　纤维状硅灰石膏的 SEM 形貌，显示其结晶程度比较低

3）HSC 的腐蚀破坏机理

上述分析表明，HSC 在盐湖地区正温条件下的抗卤水腐蚀性与在正负温度交替条件下的抗卤水冻蚀性存在很大的区别，前者在腐蚀过程中生成了大量的腐蚀产物，微观结构也发生了很大的变化。在第四章中已经证明 HSC 的抗卤水冻蚀性很好，在正负温度交替条件下几乎不发生化学腐蚀作用。这里根据腐蚀产物和微观结构的研究，提出 HSC 在（干湿循环＋不同盐湖卤水腐蚀）双重因素作用下的腐蚀机理以化学腐蚀为主，由于 XRD 和 SEM-DEAX 等分析发现的 NaCl 和 KCl 晶体很少，因此，本文认为，在干湿循环条件下，相对于化学腐蚀来说，盐湖卤水对 HSC 的物理结晶腐蚀几乎可以忽略。

（1）HSC 在（干湿循环＋新疆盐湖卤水腐蚀）双重因素作用下的化学腐蚀属于碳酸盐、硫酸盐和氯盐腐蚀反应，其主要化学反应如下：

$$Ca(OH)_2+Na_2CO_3\longrightarrow$$
$$CaCO_3+2NaOH \qquad (2.3.4-32)$$
$$Ca(OH)_2+Na_2SO_4+2H_2O\longrightarrow$$
$$CaSO_4\cdot2H_2O+2NaOH \qquad (2.3.4-33)$$
$$Ca(OH)_2+K_2SO_4+2H_2O\longrightarrow$$
$$CaSO_4\cdot2H_2O+2KOH \qquad (2.3.4-34)$$
$$C_3S_2H_3+Ca(OH)_2+2CaSO_4\cdot$$
$$2H_2O+2Na_2CO_3+24H_2O\longrightarrow2(CaCO_3\cdot$$
$$CaSiO_3\cdot CaSO_4\cdot15H_2O)+4NaOH$$
$$(2.3.4-35)$$
$$C_3A\cdot3CaSO_4\cdot32H_2O+$$
$$C_3S_2H_3+2CaCO_3\longrightarrow$$
$$2(CaCO_3\cdot CaSiO_3\cdot CaSO_4\cdot15H_2O)$$
$$+CaSO_4\cdot2H_2O+Al_2O_3\cdot3H_2O$$
$$(2.3.4-36)$$
$$C_3A\cdot3CaSO_4\cdot32H_2O+$$
$$C_3S_2H_3+2Ca(OH)_2+2Na_2CO_3\longrightarrow$$
$$2(CaCO_3\cdot CaSiO_3\cdot CaSO_4\cdot15H_2O)+$$
$$CaSO_4\cdot2H_2O+Al_2O_3\cdot3H_2O+4NaOH$$
$$(2.3.4-37)$$

$$C_3AH_6+CaCl_2+4H_2O \longrightarrow C_3A \cdot CaCl_2 \cdot 10H_2O \tag{2.3.4-38}$$

$$C_3A \cdot 3CaSO_4 \cdot 32H_2O+CaCl_2 \longrightarrow$$
$$C_3A \cdot CaCl_2 \cdot 10H_2O+3(CaSO_4 \cdot$$
$$2H_2O)+16H_2O \tag{2.3.4-39}$$

其中，$CaSO_4 \cdot 2H_2O$ 可以由式(2.3-49)和式(2.3-50)形成，在由 AFt 形成 THa 的式(2.3.4-36)和式(2.3.4-37)中也会伴生 $CaSO_4 \cdot 2H_2O$；THa 主要由式(2.3.4-35)、式(2.3.4-36)和式(2.3.4-37)形成；$C_3A \cdot CaCl_2 \cdot 10H_2O$ 可以由式(2.3.4-38)和式(2.3.4-39)形成。

（2）HSC 在（干湿循环＋青海盐湖卤水腐蚀）双重因素作用下的化学腐蚀反应与新疆盐湖卤水有所不同，属于碳酸盐、硫酸盐和镁盐腐蚀反应，其主要化学反应除式 2.3.4-32）～式（2.3.4-37）以外，还存在形成 MH 的化学腐蚀反应：

$$Ca(OH)_2+MgSO_4+2H_2O \longrightarrow$$
$$CaSO_4 \cdot 2H_2O+Mg(OH)_2 \tag{2.3.4-40}$$
$$Ca(OH)_2+MgCl_2 \longrightarrow CaCl_2+Mg(OH)_2 \tag{2.3.4-41}$$

（3）HSC 在（干湿循环＋内蒙古盐湖卤水腐蚀）双重因素作用下的化学腐蚀属于碳酸盐、硫酸盐、氯盐和镁盐腐蚀反应，主要的化学反应除式 2.3.4-32）～式（2.3.4-37）、式（2.3.4-40）和式（2.3.4-41）以外，还存在形成 $Mg_2(OH)_3Cl \cdot 4H_2O$ 的化学腐蚀反应：

$$3Mg(OH)_2+MgCl_2+8H_2O \longrightarrow$$
$$2[Mg_2(OH)_3Cl \cdot 4H_2O] \tag{2.3.4-42}$$

可能还有形成 THa 的另一种化学反应：

$$C_3S_2H_3+Ca(OH)_2+2CaCO_3+2MgSO_4$$
$$+28H_2O \longrightarrow 2(CaCO_3 \cdot CaSiO_3 \cdot CaSO_4 \cdot$$
$$15H_2O)+2Mg(OH)_2 \tag{2.3.4-43}$$

（4）HSC 在（干湿循环＋西藏盐湖卤水腐蚀）双重因素作用下的化学腐蚀属于碳酸盐和硫酸盐腐蚀反应，主要的化学反应除式（2.3.4-

32）、式（2.3.4-35）、式（2.3.4-36）和式（2.3.4-37）以外，可能还包括下列反应：

$$C_3A \cdot 3CaSO_4 \cdot 32H_2O+3Na_2CO_3 \longrightarrow$$
$$3CaCO_3+3(CaSO_4 \cdot 2H_2O)$$
$$+Al_2O_3 \cdot 3H_2O+6NaOH+20H_2O \tag{2.3.4-44}$$

2.3.5 普通混凝土在（弯曲荷载＋冻融＋盐湖卤水腐蚀）三重因素作用下的失效机理

1. 破坏特征

当 OPC 试件施加 30％弯曲荷载后，在新疆、内蒙古和西藏盐湖卤水中的加载冻融寿命比非加载寿命平均缩短了 40％，试件表现为突然断裂的破坏特征，此时除断口外并没有其他可见的宏观裂纹。

2. 在荷载作用的多重因素条件下破坏机理分析

当 OPC 施加一定的弯曲荷载时，试件受拉区就会产生了一定大小的初始外部拉应力，随着混凝土在新疆、内蒙古和西藏盐湖卤水中冻融循环次数的增加，膨胀性 $Na_2SO_4 \cdot 10H_2O$ 等晶体在混凝土孔隙内部结晶、定向生长，产生盐结晶压，使混凝土结构受到内部拉应力作用，此时内部拉应力与外部拉应力叠加在一起，使混凝土结构受到的总拉应力大于单纯的盐结晶压产生的内部拉应力。

根据加载 OPC 试件在青海盐湖卤水中冻融时并不发生开裂或断裂的破坏现象，可以推测在其他 3 种盐湖卤水中冻融时 $Na_2SO_4 \cdot 10H_2O$ 等晶体的盐结晶压要大于 30％弯曲荷载产生的受拉区拉应力，因此，在新疆、内蒙古和西藏盐湖卤水中冻融时，就相当于放大了加载 OPC 试件的盐结晶压，最高有可能放大 2 倍，这样不仅使混凝土中产生初始微裂纹的时间提前，而且还加快了初裂以后混凝土受拉区微裂纹的扩展速度，从而使混凝土的破坏表现为（盐结晶压和荷载）共同作用下的突然断裂，导致 OPC 寿命进一步缩短。

2.3.6 结论

本章首先完善了在单一冻融因素作用下混凝土冻融破坏的机理，探讨了（冻融＋盐湖卤水腐蚀）双重因素作用下盐湖卤水的负温结晶产物、混凝土水化产物转化和腐蚀、微观裂纹的形成与扩展规律，提出了混凝土冻融破坏的第三种机制——盐结晶压机制，分析了其损伤叠加效应规律；探讨了（干湿循环＋盐湖卤水腐蚀）双重因素作用下 OPC、APC 和 HSC 的腐蚀破坏机理，并将混凝土在 Mg^{2+}-Ca^{2+}-Cl^--SO_4^{2-} 复合型盐湖卤水中的腐蚀机理扩展到 Mg^{2+}-Cl^--SO_4^{2-}-CO_3^{2-}-HCO_3^- 复合型盐湖卤水中的腐蚀机理；OPC 在（荷载＋冻融＋盐湖卤水腐蚀）三重因素作用下的失效机理。主要结论如下：

1. 关于混凝土在单一冻融因素作用下的冻融破坏机理

（1）OPC、APC 和 HSC 的冻融破坏以表面逐层剥落为特征，可以用静水压机理和渗透压机理来解释其冻融破坏现象。混凝土在冻融过程中，内部毛细水结冰膨胀产生的静水压和过冷凝胶水向冰界面迁移的渗透压（统称水冻胀压）导致冻结区的饱水混凝土产生细微裂纹、继续冻融加速了冻结区微裂纹的扩展，当众多微裂纹连成裂纹网时就会产生表面逐层剥落、进而发生冻融破坏。混凝土中空气泡的存在能够释放冻融时的静水压和渗透压，气泡间距对混凝土抗冻性存在重要的影响，适宜的含气量和较小的气泡间距使冻结区的微裂纹网形成的时间（冻融循环）更晚。

（2）非引气 HSC 因其结构致密，内部可冻结水量少，冻结区只发生在表面很浅的饱水层，其冻融微裂纹也只在表层形成、扩展并连接成裂

纹网，在试件内部的非冻结区并不会产生冻融微裂纹，继续冻融时只有在最外面的冻结区剥落以后才能在新表面形成新的冻结区，可见 HSC 的冻融破坏是逐层进行的。因此，HSC 的冻融损伤源于水冻胀压，即使 HSC 不引气同样具有很高的抗冻性。

（3）非引气 HPC 的冻融破坏机理与无掺合料混凝土具有明显的差异，其破坏特征是混凝土内部的微裂纹扩展，冻融损伤起因于 AFm 向 AFt 转化时的膨胀压。AFt 含有 32 个 H_2O，而 AFm 只有 12 个 H_2O，在发生 AFm 向 AFt 的转变反应过程中需要大量的水分，HPC 结构很致密，正是因为冻融时在表层首先引发的微裂纹，为水分进入 HPC 内部提供了通道，促进了 AFm 向 AFt 的转化，AFt 形成又进一步推动了微裂纹的扩展。说明冻融循环和水化产物转化两者是相互促进的，最终导致 HPC 很快发生冻融崩溃。

2. 关于混凝土在（冻融＋盐湖卤水腐蚀）双重因素作用下的冻蚀机理和冻融损伤叠加效应

（1）在盐湖卤水的（冻融＋腐蚀）双重因素作用下，混凝土的破坏特征是盐类结晶膨胀、开裂。

（2）引气不仅能够释放水冻胀压，而且能够更加显著的缓解盐结晶压，其作用程度主要取决于盐湖卤水的种类和成分，从而使水冻胀压在 APC 冻融损伤的影响中占主导地位。

（3）OPC 在青海盐湖卤水冻融时受到比较严重的低温物理化学腐蚀作用，包括（KCl＋NaCl）的物理结晶腐蚀和形成（$CaSO_4 \cdot 2H_2O$＋MH）的硫酸盐-镁盐化学腐蚀。

（4）提出了 OPC 在盐湖卤水中冻融破坏的盐结晶压机理。在温度降低时，混凝土孔内卤水发生强烈的 $Na_2SO_4 \cdot 10H_2O$ 等结晶作用，对孔壁产生很大的结晶压力。在反复冻融过程中，混凝土受到了盐结晶压的疲劳作用，导致试件发生膨胀、开裂、破坏。

（5）混凝土在盐湖卤水中的冻融损伤规律与卤水种类和冻融循环次数有关。盐湖卤水对于混凝土冻融的损伤交互作用，既有降低冰点、缓解冻融的损伤正效应，也有促进盐类结晶、在混凝土内部产生结晶压、导致膨胀开裂的损伤负效应。当损伤正效应大于负效应时，混凝土在盐湖卤水中的冻融损伤不存在超叠效应；反之，则有损伤超叠效应产生。

（6）盐湖卤水的 SO_4^{2-}、CO_3^{2-} 和 HCO_3^- 离子浓度与其负温结晶相密切相关，而 Cl^-/SO_4^{2-} 质量比则间接反映了冰点降低效应与 $Na_2SO_4 \cdot 10H_2O$ 结晶作用之间的权重。盐湖卤水的 SO_4^{2-}、CO_3^{2-} 和 HCO_3^- 离子浓度越高，冻融时对 OPC 形成的盐结晶压就越大，冻融损伤速度就越快；盐湖卤水的 Cl^-/SO_4^{2-} 质量比越高，其冰点降低作用就越强，冻融损伤速度越低。

（7）研究了 APC 在青海和新疆盐湖卤水中冻融时的低温腐蚀机理，以及在西藏和内蒙古盐湖卤水中冻融时的低温冻蚀机理。根据混凝土中存在的水化产物和腐蚀产物的数量多寡，可以看出，APC 中的球形封闭气孔确实起到了切断毛细效应的作用，从而渗入混凝土内部的盐湖卤水数量则大大减少。

a. 青海和新疆盐湖卤水对 APC 的低温腐蚀是非常轻微的。在青海盐湖卤水中 APC 主要受到非常轻微的非膨胀性 NaCl 物理结晶腐蚀、形成 $Mg_2(OH)_3Cl \cdot 4H_2O + Mg_3(OH)_5Cl \cdot 4H_2O$ 的镁盐和氯盐化学腐蚀；在新疆盐湖卤水中冻融时 APC 主要受到比较轻微的非膨胀性 NaCl 物理结晶腐蚀、形成 [$Mg_2(OH)_3Cl \cdot 4H_2O + Mg_3(OH)_5Cl \cdot 4H_2O + CaCO_3$] 的镁盐-氯盐-碳酸盐化学腐蚀。

b. 西藏和内蒙古盐湖卤水对 APC 的低温冻蚀破坏主要由水冻胀压引起，但是还受到一定程度的盐湖卤水腐蚀，而且冻融与腐蚀是相互促进的。APC 在西藏和内蒙古盐湖卤水中，其低温腐蚀主要是形成（$AFt + C_3A \cdot CaCl_2 \cdot 10H_2O + CaCO_3$）或者（$AFm + C_3A \cdot CaCl_2 \cdot 10H_2O + MgCO_3 + CaCO_3$）的硫酸盐-氯盐-镁盐-碳酸盐化学腐蚀。

3. 关于普通混凝土、引气混凝土和高强混凝土在（干湿循环＋盐湖卤水腐蚀）双重因素作用下的腐蚀产物、微观结构和腐蚀破坏机理

（1）普通混凝土

a. OPC 的腐蚀产物——在 200 次（干湿循环＋新疆或青海盐湖卤水腐蚀）双重因素作用下，OPC 表层混凝土含有少量 $C_3A \cdot CaCl_2 \cdot 10H_2O$ 和 $CaCO_3$、微量的 NaCl 和 KCl 等腐蚀产物；在 200 次（干湿循环＋内蒙古盐湖卤水腐蚀）以后 OPC 含有较多的 $CaCO_3$、微量的 NaCl 和 KCl 以及少量新的待定腐蚀产物（在 XRD 上有 1 个明显的 0.7078nm 特征峰，DTA-TG 中存在一个明显的 507℃ 吸热失重效应和一个很陡的 636℃ 吸热峰）；当 OPC 处于 200 次（干湿循环＋西藏盐湖卤水腐蚀）条件下，其物相组成中含有较多的 $CaCO_3$、少量的 $C_3A \cdot CaCl_2 \cdot 10H_2O$ 以及微量的 $C_3A \cdot CaCO_3 \cdot 11H_2O$、含有 10 个 H_2O 的 AFm、NaCl 和 KCl 等腐蚀产物。

b. OPC 腐蚀后的微观结构——在新疆盐湖卤水中进行 200 次干湿循环以后，OPC 内部的部分毛细孔中存在 NaCl 和 KCl 晶体的结晶作用，同时一些局部区域存在针状 $C_3A \cdot CaCl_2 \cdot 10H_2O$ 等化学腐蚀产物。OPC 在内蒙古盐湖卤水中进行 200 次干湿循环以后，腐蚀非常严重，局部区域生成了许多 NaCl 晶体和规则 $CaCO_3$ 结晶体，SEM-EDAX 确定了 XRD 和 DTA-TG 分析中的新物相是由细小叶片状晶体组成的、三维网状的球形晶体族——水化硅铝酸钙镁 $(C_{1-x}M_x)_{0.94}(S_{1-y}A_y)H$（$x=0.4$，$y=0.13$）。OPC 在西藏盐湖卤水中进行 200 次干湿循环以后，其针状腐蚀产物 $C_3A \cdot CaCl_2 \cdot 10H_2O$ 和 $C_3A \cdot CaCO_3 \cdot 11H_2O$ 在混凝土的孔洞内大量形成，并且由此在混凝土的 CSH 凝胶结构中引发了微观裂纹及其扩展。

c.OPC 的腐蚀破坏机理——OPC 在（干湿循环＋不同盐湖卤水腐蚀）双重因素作用下的腐蚀机理包括盐湖卤水对混凝土的 NaCl 和 KCl 物理结晶腐蚀以及化学腐蚀。其中，在新疆、青海、西藏和内蒙古盐湖卤水中干湿循环时的化学腐蚀都属于氯盐、碳酸盐、硫酸盐和镁盐腐蚀反应只是形成的腐蚀产物有所不同。

（2）引气混凝土

a. APC 的腐蚀产物——在新疆盐湖卤水中进行干湿循环以后，APC 存在少量的 $C_3A \cdot CaCl_2 \cdot 10H_2O$ 和硅灰石膏（本文简称为 THa，化学式为 $CaCO_3 \cdot CaSiO_3 \cdot CaSO_4 \cdot 15H_2O$），以及微量的 $CaCO_3$ 和 $C_3A \cdot CaCO_3 \cdot 11H_2O$ 等腐蚀产物。在青海盐湖卤水中进行干湿循环以后，APC 存在少量的 $CaCO_3$ 和 $CaSO_4 \cdot 2H_2O$，微量的 $C_3A \cdot CaCl_2 \cdot 10H_2O$、水化硫氯铝酸钙（$C_3A \cdot CaSO_4 \cdot C_3A \cdot CaCl_2 \cdot 24H_2O$）和 THa，以及极其少量的 KCl 等腐蚀产物。在内蒙古盐湖卤水中进行干湿循环以后，APC 存在大量的 $CaCO_3$ 和较多的 $Mg_2(OH)_3Cl \cdot 4H_2O$，以及微量的 $Mg(OH)_2$ 等腐蚀产物。在西藏盐湖卤水中进行干湿循环以后，APC 存在少量的 $CaCO_3$、$C_3A \cdot CaCl_2 \cdot 10H_2O$ 和 $CaSO_4 \cdot 2H_2O$ 等腐蚀产物。

本文可能是首次发现混凝土在盐湖卤水中腐蚀时产生硅灰石膏（THa）的，其结构与 AFt 相似，THa 作为一种 CSH 的腐蚀产物，它较少呈现结晶形态，极有可能是与 AFt 形成固溶体，其形成方式主要有两种：第一种——由 CSH 凝胶在硫酸盐和碳酸盐或 CO_2 存在的条件下直接形成；第二种——由 CSH 凝胶在碳酸盐或 CO_2 存在的条件下与硫酸盐腐蚀产物 AFt 发生二次腐蚀反应形成。

b. APC 腐蚀后的微观结构——在一些球形气孔边缘存在少量的盐湖卤水的 NaCl 和 KCl 结晶体，部分气孔内部已经被腐蚀产物填充，针状

$Mg_2(OH)_3Cl \cdot 4H_2O$ 等晶体形成引发的腐蚀裂纹穿过气孔，在一些 CSH 凝胶之间的 CH 已经被碳化成 $CaCO_3$。对比 OPC 形貌发现，APC 的封闭球形气孔对盐湖卤水的渗入起到了一定的阻止作用，但是，仅靠引气并不能提高混凝土的抗（干湿循环＋盐湖卤水腐蚀）性能。

c. APC 的腐蚀破坏机理——APC 在（干湿循环＋不同盐湖卤水腐蚀）双重因素作用下的腐蚀机理以化学腐蚀为主，盐湖卤水对混凝土的 NaCl 和 KCl 物理结晶腐蚀占次要地位。在（干湿循环＋新疆或青海盐湖卤水腐蚀）条件下，APC 的化学腐蚀属于氯盐、碳酸盐、硫酸盐和镁盐腐蚀反应；在（干湿循环＋内蒙古盐湖卤水腐蚀）条件下属于碳酸盐、氯盐和镁盐腐蚀反应；在（干湿循环＋西藏盐湖卤水腐蚀）条件下属于碳酸盐、氯盐和硫酸盐腐蚀反应。

（3）高强混凝土

a. HSC 的腐蚀产物——HSC 在新疆盐湖卤水中进行 200 次干湿循环以后存在较多的 THa、$CaSO_4 \cdot 2H_2O$ 和 $CaCO_3$，少量的 $C_3A \cdot CaCl_2 \cdot 10H_2O$ 和 NaCl 等腐蚀产物；在青海盐湖卤水中进行 200 次干湿循环以后，含有较多的 $CaSO_4 \cdot 2H_2O$，少量的 THa、MH、$CaCO_3$ 和 NaCl 等腐蚀产物；在内蒙古和西藏盐湖卤水中进行 200 次干湿循环以后，含有少量的 THa 和 $CaCO_3$，还有微量的 KCl 等腐蚀产物，对于内蒙古盐湖卤水还有少量的 $Mg_2(OH)_3Cl \cdot 4H_2O$。

b. HSC 腐蚀后的微观结构——HSC 在盐湖卤水中进行 200 次干湿循环以后，其表层微观结构中产生了大量的网络状微裂纹，这些微裂纹显然不同于 HSC 的后期湿胀裂纹，而主要是腐蚀产物膨胀引起的腐蚀裂纹。HSC 在新疆和青海盐湖卤水中进行（干湿循环＋腐蚀）双重因素实验后，混凝土表层的腐蚀微裂纹最大宽度可达到 $1.04\mu m \sim 1.09\mu m$；在内蒙古盐湖卤水中进行（干湿循环＋腐蚀）双重因素实验后，腐蚀产物膨

胀引发的裂纹最大宽度可达 $4.73\mu m$，其宽度是 HSC 湿胀裂纹的 8 倍多；在西藏盐湖卤水中进行（干湿循环＋腐蚀）双重因素实验后，HSC 微观结构中 CSH 凝胶已经支离破碎，出现大量的地图状微裂纹，其最大宽度可达到 $1.62\mu m$。

c. HSC 的腐蚀破坏机理——HSC 在（干湿循环＋不同盐湖卤水腐蚀）双重因素作用下的腐蚀机理以化学腐蚀为主，其物理结晶腐蚀相对于化学腐蚀来说几乎可以忽略。HSC 在（干湿循环＋新疆盐湖卤水腐蚀）双重因素作用下的化学腐蚀属于碳酸盐、硫酸盐和氯盐腐蚀反应；在（干湿循环＋青海盐湖卤水腐蚀）双重因素作用下与新疆盐湖卤水有所不同，属于碳酸盐、硫酸盐和镁盐腐蚀反应；在（干湿循环＋内蒙古盐湖卤水腐蚀）双重因素作用下属于碳酸盐、硫酸盐、氯盐和镁盐腐蚀反应；在（干湿循环＋西藏盐湖卤

水腐蚀）双重因素作用下属于碳酸盐和硫酸盐腐蚀反应。

4. 关于混凝土在（荷载＋冻融＋盐湖卤水腐蚀）三重因素作用下的失效机理

膨胀性 $Na_2SO_4 \cdot 10H_2O$ 等晶体形成时盐结晶压在混凝土结构中产生的内部拉应力与荷载作用产生的外部拉应力叠加在一起，使混凝土结构受到的总拉应力大于单纯的盐结晶压产生的内部拉应力。施加 30% 弯曲荷载就相当于放大了加载 OPC 试件的盐结晶压，最高有可能放大 2 倍，这样不仅使混凝土中产生初始微裂纹的时间提前，而且还加快了初裂以后混凝土受拉区微裂纹的扩展速度，从而使混凝土的破坏表现为（盐结晶压和荷载）共同作用下的突然断裂，导致 OPC 寿命进一步缩短。

2.4 高性能混凝土在盐湖环境单一、双重和多重因素作用下的耐久性形成机理

2.4.1 引言

文献曾分析了掺加 SF 的 HPC 在盐湖地区的耐久性形成机理，但是，关于大掺量（SF＋FA＋SG）的高强非引气 HPC 在盐湖地区单一、双重和多重因素作用下耐久性形成机理的研究，文献报道极少。为此，本章运用 XRD、DTA-TG、SEM-EDAX、IR 和 MIP 等测试技术进行了 3 个方面的研究工作：（1）在单一盐湖卤水腐蚀作用下，HPC 在新疆盐湖的腐蚀失效机理及其在青海、内蒙古和西藏盐湖的抗卤水腐蚀机理；（2）HPC 在（干湿循环＋盐湖卤水腐蚀）双重因素作用下的抗卤水腐蚀机理；（3）HSC-HPC 在（冻融＋盐湖卤水腐蚀）双重因素作用下的高抗冻蚀

机理。

2.4.2 HPC 在新疆盐湖的单一腐蚀因素作用下的腐蚀破坏机理

1. 腐蚀产物

HPC 和 PFRHPC 在新疆盐湖卤水中腐蚀 600d 后表层的 XRD 谱如图 2.4.2 所示。结果表明，除来自砂子的 SiO_2（特征峰 0.3344nm 等）和斜微长石（特征峰 0.3246nm 等）以外，在新疆盐湖卤水的单一腐蚀因素作用下 HPC 有少量 THa（特征峰 0.9554nm 等）、$CaCO_3$（特征峰 0.3037nm）和 KCl（特征峰 0.319nm 等）；PFRHPC 因结构密实度低于 HPC，其物相除少量 Tha、$CaCO_3$ 和 KCl 以外，还存在较多 $CaSO_4 \cdot 2H_2O$（特征峰 0.7607nm、

0.4256nm、0.3061nm 等）和微量 AFt（特征峰 0.973nm），此外其 XRD 谱也出现了微量球形水化硅铝酸钙镁晶体（特征峰 0.7082nm）。其中，HPC 本身存在的 AFm 已经完全被腐蚀了，AFt 的数量也消耗殆尽，而且 HPC 中原本存在的 CH 就非常少，在腐蚀后形成的 $CaCO_3$ 不可能是 CH 的碳酸盐腐蚀产物。根据 Mindess 等研究，CSH 凝胶与 CH 一样，也可以被 CO_2 碳化，并且导致 CSH 凝胶的 C/S 比减小，同时还伴随着 CSH 凝胶的水分流失，其反应式可表示为：

$$CSH + CO_2 \longrightarrow CSH(低 C/S 比) + CaCO_3 + H_2O$$
$$(2.4.2-1)$$

因此，这里出现的 $CaCO_3$ 应该是 CSH 凝胶受到盐湖卤水中 CO_3^{2-} 离子腐蚀的产物之一。

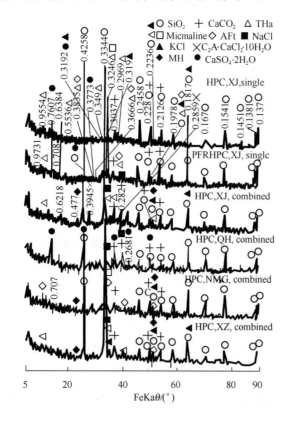

图 2.4.2　HPC 或 PFRHPC 在卤水中腐蚀 600d 或 200 次（干湿循环＋腐蚀）双重因素作用下表层 XRD 蚤

2. 腐蚀破坏机理

HPC 在新疆盐湖卤水的单一腐蚀因素作用下，发生了严重的物理化学腐蚀，在腐蚀 600d 后

的抗腐蚀系数只有 0.68（抗压）～0.75（抗折），当 HPC 的标准养护龄期从 28d 延长 90d 可以显著提高其单因素抗腐蚀性，在腐蚀 500d 后的抗腐蚀系数分别提高到 0.95（抗压）～1.27（抗折）。可见，加强 HPC 的潮湿养护对于提高抗卤水腐蚀性是有利的。对于 28d 龄期的 HPC，在新疆盐湖卤水中的腐蚀破坏机理除 KCl 等的物理结晶性腐蚀以外，还存在下列严重的化学腐蚀反应，其化学腐蚀机理属于碳酸盐和硫酸盐腐蚀，主要反应式如下：

$$CSH + Na_2CO_3 \longrightarrow$$
$$CSH(低 C/S 比) + CaCO_3 + 2NaOH + H_2O$$
$$(2.4.2-2)$$

$$C_3A \cdot 3CaSO_4 \cdot 32H_2O + 3Na_2CO_3 \longrightarrow$$
$$3CaCO_3 + 3(CaSO_4 \cdot 2H_2O) + Al_2O_3 \cdot$$
$$3H_2O + 6NaOH + 20H_2O \quad (2.4.2-3)$$

$$C_3A \cdot CaSO_4 \cdot (7\sim8)H_2O + 3Na_2CO_3$$
$$+ (0\sim1)H_2O \longrightarrow 3CaCO_3 +$$
$$CaSO_4 \cdot 2H_2O + Al_2O_3 \cdot 3H_2O + 6NaOH$$
$$(2.4.2-4)$$

$$C_3S_2H_3 + CaCO_3 + 2(CaSO_4 \cdot$$
$$2H_2O) + Na_2CO_3 + 24H_2O \longrightarrow$$
$$2(CaCO_3 \cdot$$
$$CaSiO_3 \cdot CaSO_4 \cdot 15H_2O) + 2NaOH$$
$$(2.4.2-5)$$

$$C_3A \cdot 3CaSO_4 \cdot 32H_2O + C_3S_2H_3$$
$$+ 2CaCO_3 \longrightarrow 2(CaCO_3 \cdot CaSiO_3 \cdot$$
$$CaSO_4 \cdot 15H_2O) + CaSO_4 \cdot 2H_2O + Al_2O_3 \cdot 3H_2O$$
$$(2.4.2-6)$$

在上述化学反应中，$CaCO_3$ 可以通过式（2.4.2-2）、式（2.4.2-3）和式（2.4.2-4）形成，$CaSO_4 \cdot 2H_2O$ 的形成可以通过式（2.4.2-3）、式（2.4.2-4）和式（2.4.2-6）形成，THa 的形成除了 CSH 直接受到碳酸盐—硫酸盐腐蚀的式 2.4.2-5 以及 CSH 与 AFt 同时受碳酸盐腐蚀的式（2.4.2-6）以外，可能还存在 CSH 与 AFm 同时受到碳酸盐腐蚀的方式：

$$C_3A \cdot CaSO_4 \cdot (7 \sim 8) H_2O + C_3S_2H_3 + CaSO_4 \cdot$$
$$2H_2O + 4Na_2CO_3 + (24 \sim 25) H_2O \longrightarrow$$
$$2 (CaCO_3 \cdot CaSIO_3 \cdot CaSO_4 \cdot$$
$$15H_2O) + 2CaCO_3 + 8NaOH + Al_2O_3 \cdot 3H_2O$$

$$(2.4.2-7)$$

2.4.3 HPC 在（干湿循环＋盐湖卤水腐蚀）双重因素作用下的抗卤水腐蚀机理——结构的腐蚀优化机理

1. HPC 在新疆盐湖的腐蚀产物和微观结构

1）腐蚀产物

在图 2.4.2 中，还列出了 HPC 在新疆盐湖卤水进行 200 次干湿循环以后的 XRD 谱。图 2.4.3-1 是 HPC 在 200 次（干湿循环＋新疆盐湖卤水腐蚀）等双重因素作用下的 DTA-TG 曲线。XRD 分析表明，在 200 次（干湿循环＋新疆盐湖卤水腐蚀）双重因素作用下，HPC 物相组成中

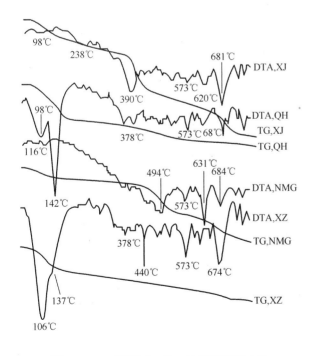

图 2.4.3-1 HPC 在（200 次干湿循环＋盐湖卤水腐蚀）双重因素作用下表层的DTA-TG 曲线

$CaCO_3$（特征峰 0.3037nm）和 THa（特征峰 0.9554nm 等）的数量很少，还有很少量的 $C_3A \cdot CaCl_2 \cdot 10H_2O$（特征峰 0.7793nm）以及微量 KCl（特征峰 0.319nm 等）、NaCl（特征峰 0.282nm、0.1993nm）和 MH（特征峰 0.4777nm）。总的来看，HPC 在新疆盐湖卤水中进行干湿循环时的腐蚀产物数量比单因素腐蚀要少得多，这也正是其双重因素抗腐蚀系数高于单因素抗腐蚀系数的根本原因。

在相应的 DTA-TG 曲线中，出现了 $C_3A \cdot CaCl_2 \cdot 10H_2O$ 的分步脱水吸热效应峰（238℃、390℃ 和 620℃）和 $CaCO_3$ 的分解热效应峰（681℃），390℃ 吸热峰还同时叠加了少量 MH 的脱水效应，此外在 98℃ 还显示出 CSH 凝胶一个小吸热效应峰，但是没有出现 Tha 脱水的吸热效应峰（145℃ 左右），说明尽管 CSH 凝胶发生了一定程度的腐蚀，但是形成的 THa 数量并不多，CSH 凝胶的腐蚀产物可能主要是 $CaCO_3$ 和一些无定型的 SiO_2 或低含水量的硅胶。这里，$CaCO_3$ 的主要来源不应该是 CH 的腐蚀，因为 HPC 内的 CH 非常少，来自于 CSH 凝胶腐蚀的可能性更大。根据 Mindess 等的研究，CSH 凝胶受到碳化时伴随着较多的水分流失，因此 DTA-TG 曲线的 98℃ 吸热效应就很小；另一方面，在图中 DTA 曲线上的 681℃ 峰比较宽，TG 失重也比较大，正好说明形成 $CaCO_3$ 的数量相对多一些。由 CSH 凝胶腐蚀形成的 $CaCO_3$ 晶体在结构中的作用如何，以及 CSH 凝胶受碳酸盐影响失去的水分对 HPC 中未水化活性掺合料是否有再水化的影响，将在后面讨论。

2）腐蚀后的微观结构

HPC 在 200 次（干湿循环＋新疆盐湖卤水腐蚀）双重因素作用下表层的 SEM 形貌如图 2.4.3-2 所示。图 2.3.4-10 的 HSC 的 SEM 形貌相比，可见 HPC 结构没有受到明显的腐蚀影响，HPC 原本存在的自收缩裂纹在试件表层也非常少

［图 2.4.3-2（a）］，因此，HPC 试件内部的自收缩裂纹发生愈合的可能性很大。在放大到 10000 倍的 SEM 照片中，发现 HPC 内部的球形 FA 颗粒正在继续水化，在 FA 球形颗粒的原始边界内形成了大量的凝胶状水化产物［图 2.4.3-2（b）］，类似于水泥的内部水化产物。在 HPC 水化后期，很难观察到 SG 颗粒，可能是 SG 火山灰活性高，其表面被大量水化产物覆盖。将一些致密的 CSH 凝胶放大到 10000 倍以后，发现 CSH 凝胶的局部

区域存在少量的 $CaCO_3$ 晶粒，可见少量 $CaCO_3$ 的形成对于 CSH 凝胶结构起到的破坏作用不大，因为凝胶并没有产生微裂纹现象。可以认为，CSH 凝胶受到盐湖卤水中通过扩散进入结构内部的 CO_3^{2-} 离子腐蚀以后，一方面形成 $CaCO_3$ 的不利影响还没有发挥，另一方面，CSH 凝胶在碳酸盐化腐蚀时的水分排出，正是导致 FA 颗粒继续水化形成 FA 内部水化产物的根本原因，因而完全有可能促进 HPC 的自收缩裂纹的愈合。

图 2.4.3-2　HPC 在 200 次（干湿循环＋新疆盐湖卤水腐蚀）双重因素作用下表层的 SEM 形貌

（a）Alittle shrinkage crack；（b）Inner hydrated products in FA particles；（c）Carbonization of CSH gel

因此，HPC 在新疆盐湖卤水中进行干湿循环的腐蚀过程中，存在表层结构腐蚀破坏和内部结构强化的辩证关系，CSH 凝胶发生少量的、轻微的腐蚀作用导致凝胶结构的失水，是诱发 HPC 致密结构中的 FA 继续水化形成内部水化产物的必要前提条件，这样以少的代价换取更大的回报，促使了 HPC 抗卤水腐蚀性的提高。

2. HPC 在青海、内蒙古和西藏盐湖的腐蚀产物和微观结构

1）腐蚀产物

图 2.4.2 和图 2.4.3-1 同时列出了 HPC 在青海、内蒙古和西藏盐湖卤水中分别进行 200 次干湿循环以后试件表层的 XRD 谱和 DTA-TG 曲线。XRD 分析表明，HPC 在不同盐湖卤水中进行干湿循环腐蚀以后，其物相组成除来自砂石的 SiO_2（特征峰 0.3344nm 等）和斜微长石（特征峰 0.3244nm 等）以外，分别分析如下：

青海盐湖：较多的 $CaSO_4 \cdot 2H_2O$（特征峰

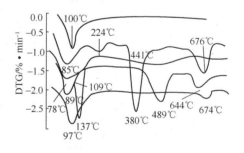

图 2.4.3-3　HPC 在腐蚀前（标准养护 90d）和新疆、青海、内蒙古和西藏盐湖卤水中进行 200 次干湿循环以后表层的 DTG 曲线

0.7612nm、0.4256nm、0.3064nm 等），很少量的 $CaCO_3$（特征峰 0.3039nm）和 NaCl（特征峰 0.2819nm、0.1993nm）；

内蒙古盐湖：很少量的 AFt（特征峰 0.9737nm）和 $CaCO_3$，微量的 MH（特征峰 0.4777nm），还存在少量的球形晶体产物（特征峰 0.707nm），该晶体产物与图 2.3.4-2 中 OPC 在 200 次（干湿循环＋内蒙古盐湖卤水腐蚀）时

产生的球形晶体产物相同。

西藏盐湖：很少量的 $CaCO_3$、THa（特征峰 0.9554nm 等）、KCl（特征峰 0.3188nm、0.2236nm、0.1817nm 等）和 NaCl，微量 MH。

同时进行的 DTA-TG 分析表明，其物相分析结果与 XRD 是对应的。为了排除混凝土中砂石杂质的影响，对 TG 曲线进行处理得到 DTG 曲线如图 2.4.3-3 所示，图中还列出了 HPC 在标准养护 90d 的 DTG 曲线，明显可见，经过盐湖卤水腐蚀后 HPC 表层的 DTG 曲线存在较大的差异。在青海盐湖卤水中，HPC 表层除存在 CSH 凝胶脱水反应的 DTA 峰（98℃）和 DTG 峰（89℃）以外，还出现了较强的 $CaSO_4 \cdot 2H_2O$ 脱水反应的 DTA 峰（142℃）和 DTG 峰（137℃），$CaCO_3$ 量很少，没有出现相应的 DTA 与 DTG 峰。在内蒙古盐湖卤水中，HPC 表层存在 CSH 凝胶的很弱的 DTA 峰（98℃）和 DTG 峰（78℃），同时出现球形水化硅铝酸钙镁晶体的 DTA 峰（494℃、631℃）和 DTG 峰（489℃、644℃），684℃ 的 DTA 峰起因于少量 $CaCO_3$ 的分解，在 TG 和 DTG 曲线中都有对应的失重效应。在西藏盐湖卤水中，HPC 表层存在较强的 CSH 凝胶的 DTA 峰（106℃）和 DTG 峰（97℃），在 138℃ 的 DTA 峰属于 THa 的脱水吸热效应，由于与 CSH 凝胶的 106℃ 热效应峰靠得很近，其 TG 曲线连在一起，DTG 曲线中存在一个明显的叠加宽化现象。此外，360℃ 的微弱 DTG 峰对应于微量 MH 的脱水效应，674℃ 的 DTA 峰和 DTG 峰则是 $CaCO_3$ 脱去 CO_2 气体而分解。

综上所述，HPC 在不同盐湖卤水中的腐蚀产物无论是 $CaSO_4 \cdot 2H_2O$，还是 $CaCO_3$，其组成中需要的 SO_4^{2-} 或 CO_3^{2-} 离子，都来源于盐湖卤水的成分，但是 Ca^{2+} 离子必然来自于混凝土的水泥水化产物。根据混凝土化学腐蚀的有关知识，Ca^{2+} 离子的来源不外乎 4 种：CH、CSH 凝胶、AFt 和 AFm。结合第四章的研究结论，HPC 水化后期的 CH 含量非常少，在青海盐湖卤水中腐蚀时显然不足在表层以形成较多的 $CaSO_4 \cdot 2H_2O$；此外，HPC 经过长期水化以后 AFm 的数量比 AFt 相对增多，但是在所有腐蚀的 HPC 中均未能检测到 AFm 存在的痕迹。因此，可以认为，这些腐蚀产物主要是 CSH 凝胶和 AFm 的腐蚀产物。

2）HPC 腐蚀后的微观结构

图 2.4.3-4 示出了 HPC 在 200 次（干湿循环＋青海、内蒙古和西藏盐湖卤水腐蚀）双重因素作用下表层的 SEM 形貌。结果表明，在腐蚀前原本光滑的 FA 球（没有水化）已经不存在了，取而代之的是少数表面包裹 CSH 凝胶状水化产物的球形 FA 颗粒，证明活性掺合料的水化程度提高了。比较 HSC 在相同腐蚀条件下表层的 SEM 形貌（图 2.3.4-10）发现，HPC 的微观裂纹已经很少，即使在更大的 SEM 视场中也很难找到微裂纹的存在。

说明在此条件下 HPC 内部的自收缩裂纹确实发生了象在新疆盐湖卤水中进行干湿循环时的愈合现象，该现象的出现与 HPC 受到盐湖卤水适当程度的腐蚀密不可分。对于在青海盐湖卤水中进行 200 次干湿循环的 HPC 表层样品，图 2.4.3-4（a）可见在 CSH 凝胶与纤维棒状 $CaSO_4 \cdot 2H_2O$ 相互连生，图 2.4.3-4（b）的 10000 倍 SEM 照片明显看出在一个 $3.5\mu m$ 的 FA 球表面形成了大量的凝胶产物，其周围的 CSH 凝胶也极其致密，图 2.4.3-4（c）（放大 10000 倍）显示一个水泥水化产物 CSH 凝胶的腐蚀坑周围的 FA 颗粒水化程度很高，表面覆盖异常致密的 CSH 凝胶，整个颗粒的尺度约 $2.5\mu m$，已经看不出 FA 球形特征，FA 中含铝成分在水泥 CSH 凝胶的腐蚀坑内已经水化产生了大量六方片状 AFm 晶体（$2\mu m \times 0.14\mu m$），对腐蚀坑具有很好的填充与修补作用，因而 HPC 的微观结构完整、

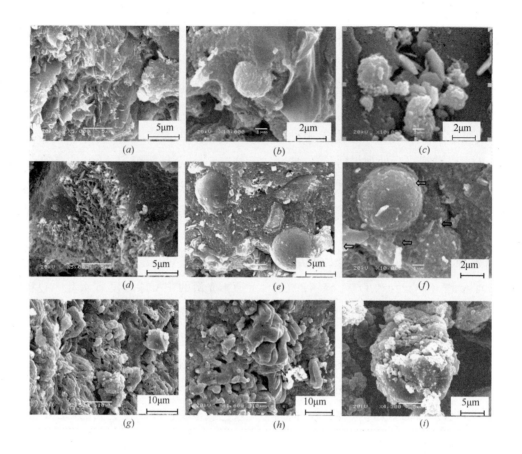

图 2.4.3-4　HPC 在（200 次干湿循环＋盐湖卤水腐蚀）双重因素作用下表层的 SEM 形貌

(a) Qinghai salt lake bittern；(b) Qinghai salt lake bittern；(c) Qinghai salt lake bittern

(d) Neimenggu salt lake bittern；(e) Neimenggu salt lake bittern；(f) Neimenggu salt lake bittern

(g) Xizang salt lake bittern；(h) Xizang salt lake bittern；(i) Xizang salt lake bittern

无裂纹。SG 颗粒已经观察不到了，应该是其活性比较高，表面被大量水化产物覆盖，并与水泥的 CSH 凝胶等基体水化产物相互融合，以至无法区分。

对于在内蒙古盐湖卤水中进行 200 次干湿循环的 HPC 表层试样，图 2.4.3-4（d）显示 CSH 凝胶之间生长有少量的针状 AFt 晶体，在图 2.4.3-4（e）中发现 CSH 凝胶基体与表面沉淀有大量水化产物的 FA 球形颗粒牢固结合在一起，不过 CSH 凝胶基体存在的一些孤立的小腐蚀坑（尺度约 1μm）中分布着相同尺度的 CaCO₃ 小晶粒。图 2.4.3-4（f）是一张非常有趣的 SEM 照片，该照片至少提供了 4 个重要的信息：

（1）水泥水化产物的基体 CSH 凝胶与 FA 表面 CSH 凝胶非常紧密的连生成一个整体，其中表面覆盖 CSH 凝胶的两大一小 FA 球与水泥 CSH 凝胶之间没有任何裂纹或明显的边界；

（2）水泥水化产物凝胶与 FA 水化产物凝胶的密实度是不同的，后者在水化后期形成时受到 HPC 密实结构的限制与约束，其结构更加致密，在 10000 倍的视场中也看不到孔隙，而前者的凝胶粒子之间则存在最大孔径约 0.035～0.072μm 的凝胶孔；

（3）水泥水化 CSH 凝胶的 C/S 比要高于 FA 水化 CSH 凝胶，其抗腐蚀能力存在的差异是非常明显的，在水泥水化的 CSH 凝胶中可以看到 2 个腐蚀坑（箭头"1"所指，尺度范围为 0.20μm～0.36μm），而且腐蚀坑中分布有 CaCO₃ 晶粒（箭头"2"所指，大小约 0.3μm），证明这部分 CSH

凝胶受到了盐湖卤水中碳酸盐成分的腐蚀作用，由于 HPC 基体结构很致密，又没有形成微裂纹，盐湖卤水的 CO_3^{2-} 离子进入 HPC 内部的方式只能以扩散为主，随水渗透的可能性比较小；

（4）在 FA 颗粒附近的水泥 CSH 凝胶中发现的六方片状晶体（箭头"3"所指，大小为 $1.64\mu m \times 0.18\mu m$），它不可能是 CH，EDAX 分析证实为 AFm，同第三章的分析一样，这些 AFm 是 FA 颗粒铝硅玻璃体中铝的水化产物，形成 AFm 的硫酸盐成分无疑来自于盐湖卤水。

对于在西藏盐湖卤水中进行 200 次干湿循环的 HPC 试样表层，图 2.4.3-4（g）显示 CSH 凝胶的腐蚀坑中存在 $CaCO_3$ 晶粒和纤维状 THa，图 2.4.3-4（h）的局部区域出现了 NaCl 晶体和 $CaCO_3$ 晶粒，而图 2.4.3-4（i）则示出了一个水化程度很高的 FA 颗粒，其表面生成大量的 CSH 凝胶产物，内部的水化作用也是非常明显的。这同样证实 HPC 在受到盐湖卤水成分的有限程度腐蚀的同时，FA 等未水化活性掺合料颗粒发生了继续水化，对 HPC 结构又起到了强化的作用，因而 HPC 表现出较高的抗卤水腐蚀性。

3. HPC 的抗卤水腐蚀机理——结构的腐蚀优化机理

致密的微观结构是获得混凝土在常温条件下具有高抗卤水腐蚀性的必要条件，但并非充分条件，只有 HPC 的致密结构才能保证其高抗卤水腐蚀性，而 HSC 则不能。下面从水化产物的轻微腐蚀效应、基体 CSH 凝胶的腐蚀转化效应、FA 等未水化活性掺合料颗粒的腐蚀诱导水化效应（形成更低 C/S 比的 CSH 凝胶）以及微裂纹愈合效应等 4 个方面，探讨 HPC 的高抗卤水腐蚀性机理——结构的腐蚀优化机理。

（1）水化产物的轻微腐蚀效应——本文第三章的研究指出，HSC 的主要水化产物是 CH、高 C/S 比的 CSH 凝胶（C/S＝1.4）和 AFt，HPC 则主要是低 C/S 比的 CSH 凝胶（C/S＝0.97）、

AFt 和部分 AFm。在 HSC 中 CH 和高 C/S 比的 CSH 凝胶容易受到盐湖卤水的腐蚀破坏，在 HPC 中低 C/S 比的 CSH 凝胶结构密实度高，腐蚀速度也比较缓慢。所以，HPC 在不同盐湖卤水的腐蚀作用相对于 HSC 是比较轻微的（在新疆盐湖的单一腐蚀因素除外），根据其腐蚀产物种类，可以认为 HPC 的轻微盐湖卤水腐蚀包括物理结晶腐蚀和化学腐蚀，由于其 CSH 凝胶的 C/S 比比较低，对于 Cl^-、K^+ 和 Na^+ 离子的结合能力比较强，因而 NaCl 等的物理结晶性腐蚀得以缓解，在青海和内蒙古盐湖卤水腐蚀的 HPC 中用 SEM 很难发现结晶良好的 NaCl 晶体。在新疆、内蒙古和西藏盐湖卤水中，HPC 可能发生的轻微的化学腐蚀反应以形成 $CaCO_3$ 的反应为主，在青海盐湖卤水中以形成 $CaSO_4 \cdot 2H_2O$ 的反应为主，对于所有盐湖卤水的腐蚀，HPC 中形成 THa 的反应都是次要的。这些可能的腐蚀反应包括：

$$CSH + Na_2CO_3 \longrightarrow CSH（低 C/S 比）$$
$$+ CaCO_3 + 2NaOH + H_2O \quad (2.4.3\text{-}1)$$
$$C_3S_2H_3 + 3MgSO_4 + 8H_2O \longrightarrow$$
$$3(CaSO_4 \cdot 2H_2O) + 3Mg(OH)_2 + 2(SiO_2 \cdot H_2O)$$
$$(2.4.3\text{-}2)$$
$$C_3A \cdot 3CaSO_4 \cdot 32H_2O + 3Na_2CO_3 \longrightarrow$$
$$3CaCO_3 + 3(CaSO_4 \cdot 2H_2O)$$
$$+ Al_2O_3 \cdot 3H_2O + 6NaOH + 20H_2O$$
$$(2.4.3\text{-}3)$$
$$C_3A \cdot CaSO_4 \cdot (7 \sim 8)H_2O + 3Na_2CO_3 \longrightarrow$$
$$3CaCO_3 + CaSO_4 \cdot$$
$$2H_2O + Al_2O_3 \cdot 3H_2O + 6NaOH + (1 \sim 2)H_2O$$
$$(2.4.3\text{-}4)$$

对于青海盐湖卤水，上述腐蚀反应都可能发生。对于新疆盐湖卤水，腐蚀反应以式（2.4.3-1）为主，同时还发生形成 $C_3A \cdot CaCl_2 \cdot 10H_2O$ 和 THa 的下列化学腐蚀反应：

$$C_3A \cdot 3CaSO_4 \cdot 32H_2O + CaCl_2 \longrightarrow$$
$$C_3A \cdot CaCl_2 \cdot 10H_2O + 3(CaSO_4 \cdot$$
$$2H_2O) + 16H_2O \quad (2.4.3\text{-}5)$$

$$C_3A \cdot CaSO_4 \cdot (7 \sim 8) H_2O + CaCl_2$$
$$+ (4 \sim 5) H_2O \longrightarrow C_3A \cdot CaCl_2 \cdot 10H_2O$$
$$+ CaSO_4 \cdot 2H_2O \qquad (2.4.3\text{-}6)$$

$$C_3S_2H_3 + CaCO_3 +$$
$$2(CaSO_4 \cdot 2H_2O) + Na_2CO_3 + 24H_2O \longrightarrow$$
$$2(CaCO_3 \cdot CaSiO_3 \cdot CaSO_4 \cdot 15H_2O) + 2NaOH$$
$$(2.4.3\text{-}7)$$

$$C_3A \cdot 3CaSO_4 \cdot 32H_2O + C_3S_2H_3 + 2CaCO_3 \longrightarrow$$
$$2(CaCO_3 \cdot CaSiO_3 \cdot CaSO_4 \cdot 15H_2O)$$
$$+ CaSO_4 \cdot 2H_2O + Al_2O_3 \cdot 3H_2O$$
$$(2.4.3\text{-}8)$$

$$C_3A \cdot CaSO_4 \cdot (7 \sim 8) H_2O + C_3S_2H_3$$
$$+ CaSO_4 \cdot 2H_2O$$
$$+ 4Na_2CO_3 + (24 \sim 25) H_2O \longrightarrow$$
$$2(CaCO_3 \cdot CaSiO_3 \cdot CaSO_4 \cdot 15H_2O)$$
$$+ 2CaCO_3 + 8NaOH + Al_2O_3 \cdot 3H_2O$$
$$(2.4.3\text{-}9)$$

对于内蒙古盐湖卤水，除了主要发生式（2.4.3-1）～式（2.4.3-4）以外，可能会发生少量的下述反应：

$$CSH + MgSO_4 + Al_2O_3 \cdot 3H_2O + H_2O$$
$$\longrightarrow (C_{1-x}M_x)_{0.94}$$
$$(S_{1-y}A_y)$$
$$H(x=0.4, y=0.13) + CaSO_4 \cdot$$
$$2H_2O + SiO_2 \cdot H_2O \qquad (2.4.3\text{-}10)$$

$$CSH + MgCl_2 + Al_2O_3 \cdot 3H_2O$$
$$+ H_2O \longrightarrow (C_{1-x}M_x)_{0.94}$$
$$(S_{1-y}A_y)$$
$$H(x=0.4, y=0.13) + CaCl_2 + SiO_2 \cdot H_2O$$
$$(2.4.3\text{-}11)$$

对于西藏盐湖卤水，主要发生的腐蚀反应可能是式（2.4.3-1）～式（2.4.3-4）和式（2.4.3-7）～式（2.4.3-9）。

在上述所有的化学腐蚀反应中，最重要的反应是水泥水化产物 CSH 凝胶受到碳酸盐化腐蚀的式（2.4.3-1），该反应的发生将产生两个方面

的有利作用——导致水泥水化的基体 CSH 凝胶的腐蚀转化以及诱导 FA 等未水化活性掺合料颗粒的水化。

（2）基体 CSH 凝胶的腐蚀转化效应——当水泥的主要水化产物 CSH 凝胶受到扩散进入 HPC 内部的盐湖卤水中 CO_3^{2-} 离子的腐蚀作用后，伴随着 $CaCO_3$ 形成的一个重要腐蚀产物就是在结构原位保留下来低 C/S 比的 CSH 凝胶，HPC 的盐湖卤水腐蚀除了导致结构的轻微破坏以外，还带来一个对于提高 HPC 抗腐蚀性极其有利的水化产物转变，即高 C/S 比 CSH 凝胶转化成了低 C/S 比 CSH 凝胶，本文将这种 CSH 凝胶 C/S 比的有利变化称为"腐蚀转化效应"。

（3）FA 等未水化活性掺合料颗粒的腐蚀诱导水化效应——当水泥 CSH 凝胶发生式（2.4.3-1）的碳酸盐化腐蚀时，除了形成 $CaCO_3$ 和低 C/S 比的 CSH 凝胶以外，还将形成 NaOH 和排出多余的水分，正是这些排出的水分诱导和碱激发条件下、促进了 CSH 凝胶附近的 FA 等未水化活性掺合料颗粒的继续水化。对于青海盐湖卤水腐蚀，由 AFt 和 AFm 腐蚀形成 $CaSO_4 \cdot 2H_2O$ 的化学反应式（2.4.3-3）和式（2.4.3-4）也排出较多的水分，对于未水化活性掺合料的水化促进作用是毫无疑问的。本文将这种未水化活性掺合料的继续水化称为"腐蚀诱导水化效应"。因为 HPC 在水化后期内部的自干燥现象使其结构内部的 RH 很低，FA 等未水化活性掺合料颗粒要想发生水化作用，必须有外来水分的进入或内部水分的生成，外界水分进入结构致密的 HPC 内部的可能性非常小，因此，此时 FA 等颗粒的水化作用只能依靠从内部其他水化产物中争夺水分，CSH 凝胶的腐蚀为 FA 颗粒创造了继续水化的碱性溶液条件。这些水化反应主要有两种：

$$CaCl_2 + 活性 SiO_2 + nH_2O + 2NaOH \longrightarrow$$
$$CSH(低 C/S 比) + 2NaCl \qquad (2.4.3\text{-}12)$$
$$3CaCl_2 + 6NaOH + 活性 Al_2O_3 +$$

$$CaSO_4 \cdot 2H_2O + (2\sim3)H_2O \longrightarrow$$
$$C_3A \cdot CaSO_4 \cdot (7\sim8)H_2O + 6NaCl$$

$$(2.4.3\text{-}13)$$

此时由未水化活性掺合料继续水化形成的低 C/S 比 CSH 凝胶中可能含有较多的 Na 和 K 成分。可见，HPC 在盐湖卤水的腐蚀过程中，以牺牲部分水泥水化产物的高 C/S 比 CSH 凝胶为代价，但是却换来了基体的低 C/S 比 CSH 凝胶和 FA 等未水化活性掺合料颗粒继续水化形成的低 C/S 比 CSH 凝胶。图 2.4.3-3 所示的 DTG 曲线显示 HPC 腐蚀以后 CSH 凝胶的数量并没有明显地减少，有力地支持了上述观点。低 C/S 比 CSH 凝胶具有密实性好、强度高、抗腐蚀以及结合外来的 Cl 离子、K+ 和 Na+ 离子能力强的诸多优点。此所谓"失之东隅、收之桑榆"，正是 HPC 具有较好的抗卤水腐蚀性的重要原因。

（4）微裂纹愈合效应——HPC 中 FA 等未水化活性掺合料颗粒的"腐蚀诱导水化效应"形成的更低 C/S 比 CSH 凝胶和 AFm 等水化产物，对 HPC 结构的腐蚀缺陷起到了及时的修补作用和强化效果，不仅阻止了 HPC 中 CSH 凝胶的继续腐蚀，甚至促使 HPC 结构中原本存在的自收缩裂纹发生了愈合效应［参见图 2.4.3-4（c）、（f）］。图 2.4.3-5 是用 MIP 法测定的 HPC 在标准养护 28d 和在青海盐湖卤水中腐蚀 365d 的孔结构变化。结果表明，HPC 经过青海盐湖卤水腐蚀 365d 以后，因盐湖卤水的化学腐蚀导致在过渡孔孔径范围（10nm～100nm）内出现了 2 个小的最可几孔径（19.9nm 和 39.5nm），但是原本在凝胶孔孔径范围（＜10nm）内的 2 个最可几孔径（4.2nm 和 8.2nm）已经合并成 1 个更尖锐的最可几孔径（4.2nm），证明腐蚀以后 CSH 凝胶的孔结构和数量发生了变化，较大尺度的凝胶孔（8.2nm）已经被新的水化产物 CSH 凝胶和 AFm 等填充，在毛细孔孔径范围（1000nm～1000nm）内的孔体积增加不多，大孔（＞1000nm）没有任

何变化。SEM 观察已经很难发现 HPC 结构中原本存在的孤立的自收缩裂纹，说明盐湖卤水的"腐蚀诱导水化效应"确实引起了 HPC 内部的微裂纹的愈合效应。分析认为，在已经很密实的 HPC 结构中形成新的水化产物需要占据一定的生存空间，从而对 HPC 结构起到了挤压作用，这个过程非常类似于不掺活性掺合料的 HSC 在后期水化时的"湿胀作用"，促使 HPC 内自收缩裂纹的愈合是必然的结果。图 2.4.3-4（c）显示图新水化产物在水泥基体 CSH 凝胶的腐蚀坑中形成就是很好的佐证，或许还存在 CSH 凝胶直接在自收缩裂纹内形成，对裂纹起修补或"缝合"的作用，只是 SEM 很难观察到这种现象罢了。

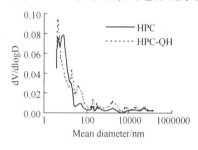

图 2.4.3-5 HPC 在标准养护 28d 和在青海盐湖卤水中腐蚀 365d 的积分孔径分布曲线（MIP 法）

2.4.4 HSC-HPC 在（冻融+盐湖卤水腐蚀）双重因素作用下的高抗冻蚀机理

1. 水化产物的变化

如前所述，HSC-HPC 及其纤维增强 HPC 在不同盐湖卤水具有很高的抗卤水冻蚀性，为了揭示其高抗冻蚀机理，对不同冻融试件的表层（厚度不超过 5mm）水化产物和结构进行了 XRD、DTA-TG、IR 和 SEM-DEAX 分析。图 2.4.4-1、图 2.4.4-2 和图 2.4.4-3 分别是 HSC 与 HPC 在 4 种盐湖卤水中冻融 1550 次循环以后的 XRD、DTA-TG 和 IR 谱。结果表明，HSC 表层的主要

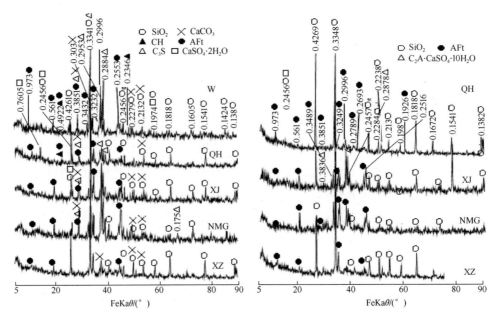

图 2.4.4-1　HSC 和 HPC 在不同介质中冻融 1550 次后表层的 XRD 谱

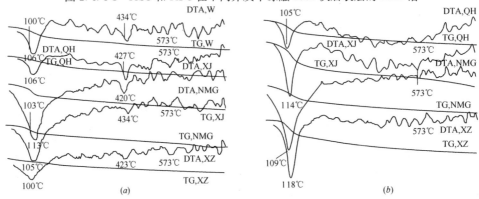

图 2.4.4-2　HSC 和 HPC 在不同介质中冻融 1550 次后表层的 DTA-TG 曲线

（a）HSC；（b）HPC

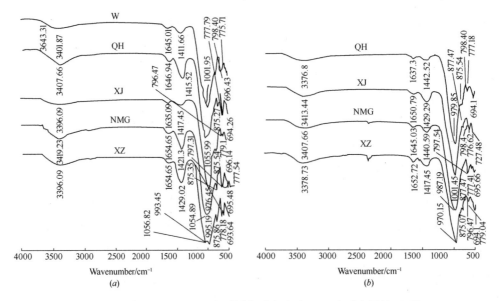

图 2.4.4-3　HSC 和 HPC 在不同介质中冻融 1550 次后表层的 IR 谱

（a）HSC；（b）HPC

物相除了 SiO_2 和未水化 C_3S 以外，存在较多的 CSH 凝胶和 AFt，以及少量的 $CaCO_3$ 和 CH。另外，HSC 在青海和新疆盐湖卤水中冻融时还出现了少量的 $CaSO_4 \cdot 2H_2O$，相对来说，前者的 $CaSO_4 \cdot 2H_2O$ 数量多余后者。对照 HSC 在水中冻融时并不出现 $CaSO_4 \cdot 2H_2O$ 的情形，认为它是 HSC 表层中的 CH 受到了盐湖卤水腐蚀的产物。HPC 经过盐湖卤水冻融以后表层的主要相组成与 HSC 有一定的差别，除 SiO_2 外，存在较多的 CSH 凝胶和少量 AFt，未见腐蚀产物，表明 HPC 未受到盐湖卤水的低温腐蚀影响。

2. 微观结构的裂纹规律

为了探索 HSC-HPC 的高抗卤水冻蚀性机理，采用 SEM 观察比较了 HSC、HPC、SFRHPC 和 PFRHPC 在不同介质中冻融 1550 次后试件表层的微裂纹形态与扩展规律，如图 2.4.4-4 所示。在不同介质冻融条件下，根据内部裂纹产生的原因可以把 HSC-HPC 的微裂纹归纳为以下 4 种：冻融裂纹、胶凝材料后期水化引起的湿胀裂纹、混凝土自收缩裂纹和化学腐蚀膨胀形成的腐蚀裂纹。

图 2.4.4-4 表明，HSC 在水中冻融时因水冻胀压引起开裂的微裂纹继续扩展，并穿过毛细孔 [图 2.4.4-4 (a)]，表面局部裂纹的最大宽度可以达到了 $6\mu m$，此时试件表面剥落导致质量损失率达到 5%，实际上 HSC 已经发生了冻融破坏。HSC 在青海和新疆盐湖卤水中冻融时，因卤水不结冰，SEM 显示的微裂纹应该与冻融无关，而且这些微裂纹只在局部存在，呈中间宽两头窄的特征，说明并没有引起大范围的扩展 [图 2.4.4-4 (b)、(c)]，其中间最大宽度分别为 $5.3\mu m$（青海盐湖卤水冻融）和 $1.36\mu m$（新疆盐湖卤水冻融），根据前面分析的腐蚀产物 $CaSO_4 \cdot 2H_2O$ 数量很少，说明这些微裂纹与少量 $CaSO_4 \cdot 2H_2O$ 的形成关系不大，属于 HSC 结构本身的湿胀裂纹。HSC 在内蒙古和西藏盐湖卤水中冻融后，只

是局部区域存在一些湿胀微裂纹，这些湿胀裂纹没有连成网络，其最大宽度仅 $0.67\mu m \sim 1.33\mu m$ [图 2.4.4-4 (d)、(e)]。

HPC 在 4 种盐湖卤水中冻融时不存在腐蚀产物，图 2.4.4-4 (f) ～ (i) 显示的微裂纹既不是腐蚀裂纹，又不是冻融裂纹，根据文献的研究，并结合 HPC 在 95% RH 的 180d 收缩为 339×10^{-6} 的情况（收缩测试因超出本文范围，不具体描述），可见 HPC 的微裂纹应该是自收缩裂纹，其最大宽度为 $0.71\mu m \sim 1.43\mu m$。由于纤维的限缩阻裂效应，SFRHPC 的板块状凝胶结构内部几乎没有产生微裂纹，只有图 2.4.4-4 (m) 显示出 1 条宽度仅 $0.135\mu m$ 的微裂纹。与 HPC 相比，PFRHPC 的内部微裂纹也非常少，但因 PF 纤维的限缩阻裂效应不如钢纤维，其微裂纹数量似乎比 SFRHPC 要稍多一些，图 2.4.4-4 (n)、(o) 的微裂纹最大宽度为 $0.36\mu m \sim 0.89\mu m$。

上述分析表明，HSC 在水中的冻融裂纹宽度最大（$6\mu m$），在盐湖卤水中冻融时只有宽度约为 $0.67\mu m \sim 5.3\mu m$ 的湿胀裂纹，比在水中的冻融裂纹小得多。HPC 在盐湖卤水冻融时内部只有少量的自收缩裂纹，宽度约 $0.71\mu m \sim 1.43\mu m$，当掺加 2% 钢纤维以后，其自收缩裂纹大为减少，宽度仅 $0.135\mu m$，只有 HPC 自收缩裂纹宽度的 1/5 ～ 1/10；当掺加 0.1% PF 纤维以后其自收缩裂纹也很少，宽度在 $0.36\mu m \sim 0.89\mu m$ 的范围内，仅 HPC 的 1/1.6 ～ 1/4。从实验结果看，HSC 内部的湿胀裂纹和 HPC 内部的自收缩裂纹都没有扩展形成裂纹网络，因而对其抗卤水冻蚀性无不利的影响。

3. HSC-HPC 的高抗冻蚀机理

图 2.4.4-5 是几种 HSC-HPC 在不同冻融介质中冻融 1550 次以后表层深度 5mm 以内混凝土的 SEM 形貌。可见，HSC-HPC 在 4 种盐湖的（冻融＋腐蚀）双重因素作用下经过 1550 次冻融循环，其水化产物 AFt 和 CSH 凝胶依然存在，

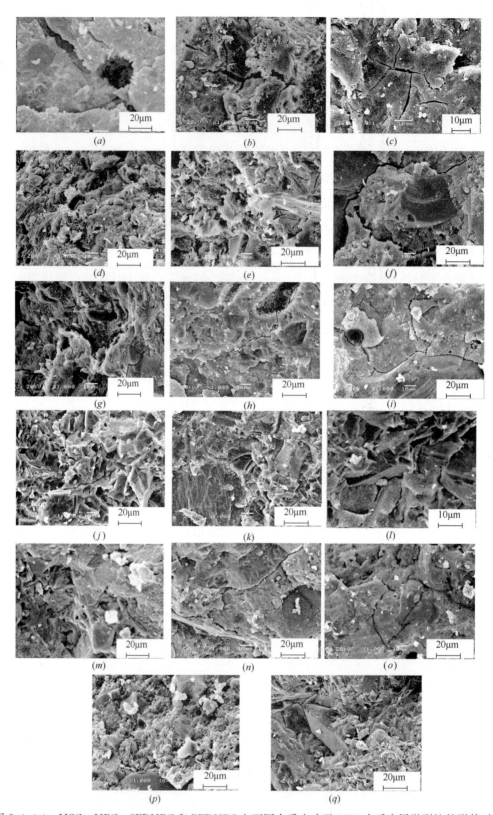

图 2.4.4-4　HSC、HPC、SFRHPC 和 PFRHPC 在不同介质中冻融 1550 次后表层微裂纹的形貌对比
(*a*) HSC，water；(*b*) HSC，Qinghai salt lake bittern；(*c*) HSC，Xinjiang salt lake bittern；
(*d*) HSC，Neimeng salt lake bittern；(*e*) HSC，Xizang salt lake bittern；(*f*) HPC，Qinghai salt lake bittern；
(*g*) HPC，Xinjiang salt lake bittern；(*h*) HPC，Neimeng salt lake bittern；(*i*) HPC，Xizang salt；
(*j*) SFRHPC，Qinghai salt lake bittern；(*k*) SFRHPC，Xinjiang salt lake bittern；(*l*) SFRHPC，Neimeng salt；
lake bittern；(*m*) SFRHPC，Xizang salt lake bittern；(*n*) PFRHPC，Qinghai salt lake bittern；
(*o*) PFRHPC，Xinjiang salt lake bittern；(*p*) PFRHPC，Neimeng salt lake bittern；
(*q*) PFRHPC，Xizang salt lake bittern

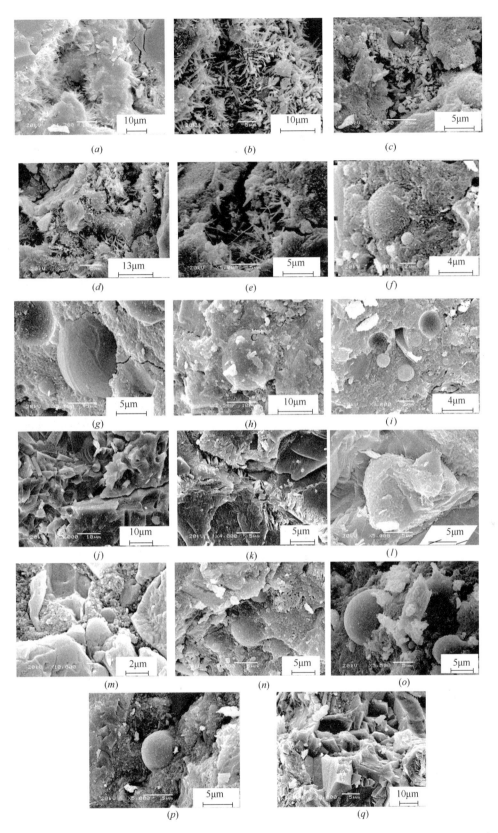

图 2.4.4-5 HSC、HPC、SFRHPC 和 PFRHPC 在不同介质中冻融 1550 次后表层的 SEM 形貌
(*a*) HSC, water；(*b*) HSC, Qinghai salt lake bittern；(*c*) HSC, Xinjiang salt lake bittern；(*d*) HSC, Neimeng salt lake bittern；(*e*) HSC, Xizang salt lake bittern；(*f*) HPC, Qinghai salt lake bittern；(*g*) HPC, Xinjiang salt lake bittern；(*h*) HPC, Neimeng salt lake bittern；(*i*) HPC, Xizang salt lake bittern（*j*) SFRHPC, Qinghai salt lake bittern；(*k*) SFRHPC, Xinjiang salt lake bittern（*l*) SFRHPC, Neimeng salt lake bittern；(*m*) SFRHPC, Xizang salt lake bittern；(*n*) PFRHPC, Qinghai salt lake bittern；(*o*) PFRHPC, Xinjiang salt lake bittern（*p*) PFRHPC, Neimeng salt lake bittern；(*q*) PFRHPC, Xizang salt lake bittern

即使是表层的孔隙中也没有发现卤水的成分 NaCl 和 Na$_2$SO$_4$·10H$_2$O，更不存在 CaSO$_4$·2H$_2$O 等腐蚀产物，SFRHPC 和 PFRHPC 的板块状致密结构完好无损，没有遭到任何破坏。

HSC-HPC 之所以具有很高的抗卤水冻蚀性，与其致密的微观结构有密切的关系。其致密结构主要体现在裂纹、孔隙、界面和水化产物 4 个方面：

（1）内部微裂纹数量少，宽度窄，不连通，没有形成裂纹网络，也就不存在盐湖卤水沿着微裂纹进入结构内部的通道；

（2）根据第三章的 MIP 研究，OPC 的孔结构以过渡孔（10nm～100nm）与毛细孔（100 nm～1000nm）为主，HSC 的孔结构以过渡孔（10nm～100nm）为主，而 HPC 的孔结构则以凝胶孔（＜10 nm）为主，盐湖卤水中侵蚀性离子通过扩散作用进入 HSC-HPC 结构内部的速度极其缓慢；

（3）与 OPC 相比，HSC-HPC 的界面结构已经发生了明显的改变——CH 晶体尺寸减小、取向性减弱（对于 HPC 还存在数量减少），孔结构细化，基本与基体的孔结构相同，反映性能与基体具有显著差异的界面过渡区消失，从而切断了侵蚀性离子沿界面渗透的通道；

（4）在 HSC-HPC 的微观结构中占绝大多数的水化产物是 CSH 凝胶，在图 2.4.4-6 所示的放大到 20000 倍的 SEM 照片中，发现 HSC 的 CSH 凝胶非常密实，凝胶粒子之间的孔隙比较少，而掺加大量活性掺合料的 HPC 的低 C/S 比 CSH 凝胶则比 HSC 的还要密实得多，当掺加 2％钢纤维以后 HPC 的凝胶粒子之间几乎看不到孔隙。如此致密的 CSH 凝胶结构造就了 HSC-HPC 在（冻融＋盐湖卤水腐蚀）双重因素作用下的高耐久性，自是不言而喻。

图 2.4.4-6　在不同介质中冻融 1550 次后 HSC-HPC 中 CSH 凝胶放大到 20000 倍的 SEM 形貌
(a) HSC, water；(b) HPC, Xinjiang salt lake bittern；(c) SFRHPC, Qinghai salt lake bittern

2.4.5　结论

1. 关于 HPC 在新疆盐湖的单一腐蚀因素作用下的腐蚀破坏机理

（1）腐蚀产物——HPC 有少量 THa、CaCO$_3$ 和 KCl 等腐蚀产物，PFRHPC 除少量 THa、CaCO$_3$ 和 KCl 以外，还存在较多 CaSO$_4$·2H$_2$O 和少量的水化硅铝酸钙镁球形晶体。

（2）腐蚀破坏机理——HPC 在新疆盐湖的单一腐蚀因素作用下，发生了严重的物理化学腐蚀，其腐蚀破坏机理除 KCl 等的物理结晶性腐蚀以外，还存在严重的碳酸盐和硫酸盐化学腐蚀。

2. 关于 HPC 在（干湿循环＋盐湖卤水腐蚀）双重因素作用下的抗卤水腐蚀机理——结构的腐蚀优化机理

（1）HPC 在（干湿循环＋新疆盐湖卤水腐蚀）双重因素作用下的腐蚀产物和微观结构

a. 腐蚀产物——在 200 次干湿循环以后，HPC 的腐蚀产物含有很少量的 CaCO$_3$、THa 和

$C_3A \cdot CaCl_2 \cdot 10H_2O$，以及微量的 KCl、NaCl 和 MH，腐蚀产物数量明显比单一腐蚀因素作用要少。

b. 腐蚀后的微观结构——在 200 次干湿循环以后，HPC 结构没有受到明显的腐蚀影响，HPC 原本存在的自收缩裂纹在试件表层也非常少，证明其内部的自收缩裂纹存在愈合现象。在 10000 倍的 SEM 照片中，HPC 内部的 FA 颗粒正在继续水化，在 FA 球形颗粒的原始边界内形成了大量的凝胶状内部水化产物。少量 $CaCO_3$ 的形成并没有破坏 CSH 凝胶结构。

（2）HPC 在青海、内蒙古和西藏盐湖（干湿循环＋腐蚀）双重因素作用下的腐蚀产物和微观结构

a. 腐蚀产物——HPC 在不同盐湖卤水中进行干湿循环腐蚀以后，表层混凝土在青海盐湖形成了较多的 $CaSO_4 \cdot 2H_2O$，很少量的 $CaCO_3$ 和 NaCl 等腐蚀产物；在内蒙古盐湖形成了很少量的 $CaCO_3$ 和水化硅铝酸钙镁球形晶体，微量的 MH；在西藏盐湖形成了很少量的 $CaCO_3$、THa、KCl 和 NaCl，微量 MH。

b. 腐蚀后的微观结构——HPC 在 200 次（干湿循环＋青海、内蒙古和西藏盐湖卤水腐蚀）双重因素作用下，一方面，在水泥水化的 CSH 凝胶基体存在的一些孤立的小腐蚀坑中分布着 $CaCO_3$ 小晶粒，证明这部分 CSH 凝胶受到了盐湖卤水中碳酸盐成分的腐蚀作用，但并没有形成微裂纹；另一方面，活性掺合料的水化程度提高了，FA 颗粒表面存在大量的极其致密的 CSH 凝胶，周围形成的六方片状 AFm 晶体对腐蚀坑具有很好的填充与修补作用，因而 HPC 的微观结构完整，内部的自收缩裂纹发生了愈合现象。

（3）HPC 的抗卤水腐蚀机理——结构的腐蚀优化机理

致密的微观结构是获得混凝土在常温条件下具有高抗卤水腐蚀性的必要条件，但并非充分条件，只有 HPC 的致密结构才能保证其高抗卤水腐蚀性。本文从水化产物的轻微腐蚀效应、基体 CSH 凝胶的腐蚀转化效应、FA 等未水化活性掺合料颗粒的腐蚀诱导水化效应以及微裂纹愈合效应等 4 个方面，详细探讨 HPC 结构的腐蚀优化机理：

a. 水化产物的轻微腐蚀效应——指 HPC 在盐湖卤水中仅发生比较轻微的碳酸盐或硫酸盐腐蚀等反应，对混凝土的微观结构并没有实质的破坏作用。在所有可能的化学腐蚀反应中，最重要的反应是水泥水化产物 CSH 凝胶受到碳酸盐化腐蚀的反应，该反应的腐蚀产物是 $CaCO_3$、低 C/S 比 CSH 凝胶和水分，水泥 CSH 凝胶的碳酸盐腐蚀将产生两个方面的有利作用——基体 CSH 凝胶的腐蚀转化以及 FA 等未水化活性掺合料颗粒的诱导水化。

b. 基体 CSH 凝胶的腐蚀转化效应——指水泥 CSH 凝胶受到 CO_3^{2-} 离子的腐蚀作用后，伴随着 $CaCO_3$ 形成的一个重要腐蚀产物就是在结构原位保留下来低 C/S 比的 CSH 凝胶，即高 C/S 比 CSH 凝胶转化成了极其有利的低 C/S 比 CSH 凝胶。

c. FA 等未水化活性掺合料颗粒的腐蚀诱导水化效应——指水泥 CSH 凝胶发生碳酸盐化腐蚀时，除形成 $CaCO_3$ 和低 C/S 比的 CSH 凝胶以外，还将形成 NaOH 和排出多余的水分，正是这些排出的水分诱导、在碱激发条件下促进了 CSH 凝胶附近的 FA 等未水化活性掺合料颗粒的继续水化。对于青海盐湖卤水腐蚀，由 AFt 和 AFm 腐蚀形成 $CaSO_4 \cdot 2H_2O$ 的化学腐蚀反应也排出较多的水分，同样对未水化活性掺合料的水化具有明显的促进作用。由未水化活性掺合料继续水化形成的低 C/S 比 CSH 凝胶中可能含有较多的 Na 和 K 成分。因此，HPC 在盐湖卤水的腐蚀过程中，以牺牲部分水泥水化产物的高 C/S 比 CSH 凝胶为代价，换来的却是具有密实性好、强度高、

抗腐蚀以及结合外来的 Cl^- 离子、K^+ 和 Na^+ 离子能力强等诸多优点的大量低 C/S 比 CSH 凝胶，正是 HPC 具有较好抗卤水腐蚀性的重要原因之一。

d. 微裂纹愈合效应——上述未水化活性掺合料颗粒的"腐蚀诱导水化效应"形成更低 C/S 比 CSH 凝胶和 AFm 等水化产物的必然结果，这些新水化产物对 HPC 结构的腐蚀缺陷起到了及时的修补作用和强化效果，不仅阻止了 HPC 中 CSH 凝胶的继续腐蚀，还促使 HPC 结构中原本存在的自收缩裂纹发生了愈合效应。因为在非常密实的 HPC 结构中形成新水化产物需要占据一定的生存空间，必然会对 HPC 结构起到了挤压作用，从而促使了 HPC 内自收缩裂纹的愈合。

3. HSC-HPC 在（冻融＋盐湖卤水腐蚀）双重因素作用下的高抗冻蚀机理

HSC-HPC 之所以具有很高的抗卤水冻蚀性，与其致密的微观结构有密切的关系。其致密结构主要体现在裂纹、孔隙、界面和水化产物 4 个方面：

（1）HSC 在盐湖卤水中冻融时不存在冻融裂纹，仅有宽度约为 $0.67\sim5.3\mu m$ 的湿胀裂纹，比其在水中的冻融裂纹小得多。HPC 在盐湖卤水冻融时内部只有少量的自收缩裂纹，宽度约 $0.71\sim1.43\mu m$，当掺加 2％钢纤维以后，其自收缩裂纹大为减少，宽度仅 $0.135\mu m$，仅 HPC 自收缩裂

纹宽度的 $1/5\sim1/10$；当掺加 0.1％PF 纤维以后其自收缩裂纹也很少，宽度在 $0.36\sim0.89\mu m$ 的范围内，仅 HPC 的 $1/1.6\sim1/4$。从实验结果看，HSC 内部的湿胀裂纹和 HPC 内部的自收缩裂纹数量少、宽度窄、不连通，都没有扩展形成裂纹网络，也就不存在盐湖卤水沿着微裂纹进入结构内部的通道；

（2）HSC 的孔结构以过渡孔（$10\sim100nm$）为主，而 HPC 的孔结构则以凝胶孔（$<10nm$）为主，盐湖卤水中侵蚀性离子通过扩散作用进入 HSC-HPC 结构内部的速度极其缓慢；

（3）与 OPC 相比，HSC-HPC 的界面结构已经发生了明显的改变——CH 晶体尺寸减小、取向性减弱，孔结构细化，反映性能与基体具有显著差异的界面过渡区消失，从而切断了侵蚀性离子沿界面渗透的通道；

（4）除 HSC 在青海和新疆盐湖卤水中冻融时形成了少量的 $CaSO_4\cdot2H_2O$ 腐蚀产物以外，其他情形的水化产物非常稳定。在 HSC-HPC 的微观结构中占绝大多数的 CSH 凝胶非常密实，凝胶粒子之间的孔隙比较少，其中，HPC 的低 C/S 比 CSH 凝胶则比 HSC 的还要密实得多，当掺加 2％钢纤维以后 HPC 的凝胶粒子之间几乎看不到孔隙。如此致密的 CSH 凝胶结构造就了 HSC-HPC 在（冻融＋盐湖卤水腐蚀）双重因素作用下的高耐久性。

2.5　在盐湖环境的单一、双重和多重因素作用下混凝土的氯离子结合能力及其非线性规律

2.5.1　绪论

在混凝土中应用 Fick 第二扩散定律的推导过程，其中必然涉及混凝土对氯离子的结合问题。在混凝土中，只有自由氯离子才能导致钢筋表面

的钝化膜破坏、并造成钢筋锈蚀、钢筋混凝土结构失效。因此，在研究之前，需要我们弄清楚自由氯离子、结合氯离子和总氯离子这 3 个重要的概念。扩散进入混凝土内部的氯离子，由 2 部分组成：（1）存在于混凝土孔隙溶液中的自由氯离子，这部分氯离子对混凝土中的钢筋会产生严重

的锈蚀作用；（2）被混凝土的固相成分如水化产物和孔结构表面发生物理吸附或化学结合的结合氯离子，它不对钢筋产生锈蚀危害。在混凝土中，由自由氯离子浓度 C_f 和结合氯离子浓度 C_b 之和构成了混凝土中的总氯离子浓度 C_t。研究混凝土的氯离子扩散问题时，一个重要的方向就是研究混凝土的氯离子结合能力的规律，即 C_b 与 C_f 之间的关系问题，这种关系在表面物理化学中通常用等温吸附表示。该问题对于解决 Fick 扩散定律在混凝土应用中存在的种种缺陷、准确预测钢筋混凝土结构在氯离子环境下的使用寿命具有十分重要的作用，在理论上必须解决。

Nilsson 等规定的混凝土氯离子结合能力定义 R 为

$$R = \frac{\partial C_b}{\partial C_f} \qquad (2.5.1)$$

当不考虑混凝土对氯离子的结合作用时，有 $C_b=0$，即混凝土的氯离子结合能力为 0，此时混凝土的氯离子扩散规律就能简单地用常见的 Fick 第二扩散定律来描述。但是，混凝土对氯离子的结合作用是必然存在的，"假设混凝土的氯离子结合能力为 0"肯定是不正确的，这已经被大量的研究所证实。目前国内外研究混凝土氯离子结合能力时，氯离子来源主要采用 3 种方法获得：（1）在拌和混凝土时掺入氯盐；（2）将成型养护好的混凝土浸泡在氯盐溶液中；（3）将成型养护好的混凝土磨成粉末，再分散在一定浓度的氯盐溶液中。其中，常用方法是前两种，为了考察在实际环境的氯离子扩散过程中混凝土对氯离子的结合能力，第二种方法最为合适。

根据有关表面物理化学的理论和实验，外界通过扩散进入混凝土内部的氯离子，其 C_f 与 C_b 的关系，采用氯离子等温吸附（或结合）曲线能够很好地反映混凝土的氯离子结合能力。正如 Martin-Perez 等指出，通过回归分析，C_f 的范围对于 C_b 与 C_f 之间的拟合曲线是有影响的，在不

同的浓度范围，会表现出不同的结合规律。Tu-utti 的实验结果处于较低的 C_f 范围，所以两者之间线性关系符合得非常好；Martin-Perez 等、Sergi 等、Nilsson 等、Tang 等、Tritthart 和 Glass 等在更大的 C_f 范围内，证实两者之间属非线性关系。前述的大量文献已经报道了混凝土对氯离子的结合具有线性、Freundlich 非线性和 Langmuir 非线性等 3 种等温吸附关系。

本章的研究工作是针对第四章不同混凝土在典型盐湖的冻融、腐蚀、干湿循环和荷载等单一、双重和多重因素作用下的耐久性实验结束后的试件开展的，通过分别测定混凝土试件不同深度的 C_t 和 C_f，深入研究了 OPC、APC、HSC、HPC、SFRHPC 和 PFRHPC 在盐湖卤水条件下氯离子扩散过程中的氯离子结合能力，探讨了相关的非线性规律，根据混凝土不同的氯离子吸附规律，提出了两个新概念——线性氯离子结合能力和非线性氯离子结合能力，为了便于在今后的氯离子扩散理论模型中应用非线性氯离子结合能力，定义了混凝土氯离子结合能力的非线性系数。通过大量实验，获得了混凝土的线性氯离子结合能力及其非线性系数等重要参数，为了盐湖地区钢筋混凝土结构的使用寿命预测和耐久性设计，积累了重要的基本数据。

2.5.2 试验设计与试验方法

1. 实验

按照第四章的实验方案，总共进行了 OPC、APC、HSC、HPC、SFRHPC 和 PFRHPC 试件在新疆、青海、内蒙古和西藏盐湖卤水中的单一腐蚀因素、（冻融＋腐蚀）与（干湿循环＋腐蚀）及（弯曲荷载＋腐蚀）双重因素、（弯曲荷载＋冻融＋腐蚀）三重因素等耐久性实验，对实验后混凝土试件不同深度的氯离子浓度进行测定。

2. 取样方法

为了测定混凝土中自由氯离子浓度，既可以通过压取混凝土的孔隙溶液（压虑法）来分析，也可以通过将混凝土碾成粉末用水萃的萃取溶液（萃取法）来分析。压虑法需要专用设备，一般用得较少，而萃取法因方便、快捷受到广泛的应用。本文采用的是萃取法。首先用钻孔法从试件的两个侧面采集粉末样品。钻孔设备为小型钻床，合金钻头直径为 6mm。孔与孔之间的距离约 10~20mm。每个试件依据坐标定位至少要钻 16～24 个孔，采样深度依次为 0～5mm、5～10mm、10～15mm、15～20mm、20～25mm 等，保证从每层混凝土试件中收集约 5g 样品，并用孔径 0.15mm 的筛子过筛。

3. 分析方法

混凝土的 C_t 采用酸溶萃取法，C_f 采用水溶萃取法，其详细的操作与分析步骤主要参照国家交通部标准 JTJ 270—98《水运工程混凝土试验规程》的第 7.16 节 "混凝土中砂浆的水溶性氯离子含量测定" 和第 7.17 节 "混凝土中砂浆的氯离子总含量测定" 进行。两者氯离子浓度均用占混凝土质量的百分比表示。在分析过程中，由于原标准与国外同类标准相比存在许多不足之处，本文应用时对标准的部分内容进行了调整，主要改变是：（1）提高了混凝土粉末样品的细度，将筛孔由 0.63mm 改为 0.15mm；（2）提高了分析天平的精度，原标准称样时采用感量 0.01g 的天平，本文采用感量 0.0001g 的分析天平；（3）减少了样品的数量，原标准的混凝土粉末样品数量为 10g～20g，本文改为 2g；（4）减少了萃取溶液的体积，自由氯离子浓度分析时萃取溶液（蒸馏水）由 200ml 改为 40ml～50ml，总氯离子浓度分析时萃取溶液（体积比 15：85 的硝酸溶液）由 100ml 改为 40ml～50ml；（5）减少了滴定时分析滤液的体积，分析时每次移取的滤液均由 20ml 改为 10ml，总氯离子浓度分析时每次移取的滤液中加

入的硝酸银溶液体积也由 20ml 改为 10ml。

4. 数据处理

在分析混凝土的氯离子结合规律时，根据实验得到的成对 C_b 和 C_f 数据，利用 Excel 数学分析软件计算出 C_f/C_b 比值。之后，运用 Excel 软件的 "添加趋势线" 功能绘制氯离子等温吸附（结合）曲线，对试验结果进行分析。具体方法如下：

（1）在对应的 C_b 与 C_f 数据中，通过 "添加趋势线" 的回归分析，分别得到 C_b—C_f 的线性、乘幂和对数函数关系表达式及其相关系数的平方 R^2。在设置 "线性" 关系趋势线时，必须设置 "选项" 的 "设置截距为 0"。这样就得到描述氯离子等温吸附的 3 种吸附关系——线性吸附、Freundlich 非线性吸附（乘幂关系）和 Temkin 非线性吸附（对数关系），比较相关系数 R 的大小，就能够确定混凝土的氯离子结合规律的类型。

（2）在对应的 C_f/C_b 与 C_f 数据中，通过 "添加趋势线"，并设置 "线性" 关系，注意 "选项" 中的 "设置截距" 不能选，这样就得到 C_f/C_b—C_f 的线性关系表达式及其相关系数的平方 R^2。该关系式描述出氯离子等温吸附的 Langmuir 非线性吸附。

2.5.3 含冻融条件的双重和三重因素作用下混凝土的氯离子结合规律

本文的大量实验结果表明，在盐湖卤水中通过扩散进入混凝土内部的氯离子浓度与实验条件有关很大的关系，在（冻融＋腐蚀）双重因素条件下的浓度明显要低于单一腐蚀因素条件下的浓度，混凝土在－18℃的冻结期间氯离子扩散速度降低是导致这一现象的直接原因，Hong 等甚至认为－18℃能够终止混凝土内部的氯离子扩散过程。因此，利用冻融试件研究混凝土在不同氯离子浓度范围内的氯离子结合规律，有助于获得更

加全面的氯离子吸附关系。本文的研究指出，在不同的 C_f 范围内，混凝土中的 C_b 与 C_f 之间的关系，除了上述大量文献报道的线性关系、Freundlich 和 Langmuir 非线性关系以外，还发现了第四种关系——Temkin 非线性关系。这 4 种吸附规律分别描述如下。

1. 低浓度范围的线性吸附

图 2.5.3-1 是标准养护 90d 龄期的 SFRHPC 试件进行（40％弯曲荷载＋冻融＋盐湖卤水腐蚀）三重因素实验后 C_b 与 C_f 之间关系的一个典型结果。可见，尽管冻融过程是一个温度变化过程，但是，SFRHPC 在上述三重因素作用下，当 C_f 分别在 0.03％和 0.04％的范围内，其 C_b 与 C_f 之间仍然符合很好的线性关系。大量的实验结果表明，即使在含有冻融条件的多重因素作用下，在低 C_f 的范围内，混凝土中 C_b 与 C_f 之间主要以线性吸附为主，这与 Tuutti、1990 年 Arya 等和 Mohammed 等在单一氯盐溶液浸泡条件下的研究结果相符。线性吸附是一种均匀吸附，其规律为

$$C_b = \alpha_1 C_f \qquad (2.5.3-1)$$

式中，α_1 为混凝土对氯离子的线性吸附参数。

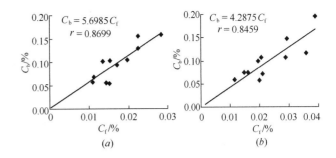

图 2.5.3-1 SFRHPC 进行（弯曲荷载＋冻融＋盐湖卤水腐蚀）三重因素实验后 C_b 与 C_f 的典型关系

(a) Qinghai salt lake bittern；(b) Neimenggu salt lake bittern

1）28d 和 90d 龄期混凝土在不同盐湖卤水中对氯离子的线性吸附参数

表 2.5.3-1 是标准养护 28d 和 90d 龄期的不同混凝土在（冻融＋盐湖卤水腐蚀）双重因素条件下的线性吸附参数与 C_f 范围。结果表明，不同混凝土及其在不同盐湖卤水中的 α_1 值具有较大的差别。与 HSC、HPC 相比，OPC 的 α_1 值要小得多；比较 HSC 与 HPC，发现掺加 SF、FA 和 SG 等活性掺合料的混凝土，其 α_1 值要高于基准混凝土，28d 试件最大可高出 3.6 倍（西藏盐湖卤水），90d 试件最多高出 92％（西藏盐湖卤水）。比较 HPC 与 SFRHPC 或 PFRHPC，发现当混凝

不同混凝土在（冻融＋盐湖卤水腐蚀）双重因素条件下的线性
吸附参数 α_1 及其浓度 C_f 范围 表 2.5.3-1

Age/d	Sample	Xinjiang		Qinghai		Neimenggu		Xizang	
		α_1	$C_f/\%$	α_1	$C_f/\%$	α_1	$C_f/\%$	α_1	$C_f/\%$
28	OPC	0.0407	0-0.73						
	APC	0.2356	0-0.48	0.7093	0-0.34	0.0821	0-0.97		
	HSC	1.0712	0-0.08	0.3483	0-0.06	2.4133	0-0.04	1.3782	0-0.06
	HPC	3.7753	0-0.016	0.5499	0-0.129	6.9643	0-0.017	6.3322	0-0.015
	SFRHPC	1.6911	0-0.06	0.4645	0-0.168	7.7071	0-0.016	3.2526	0-0.052
	PFRHPC	10.671	0-0.017	0.1375	0-0.21	7.9124	0-0.01	5.5421	0-0.018
90	OPC			0.0597	0-0.62				
	HSC	3.1567	0-0.059	3.7264	0-0.04	5.7516	0-0.019	2.9336	0-0.029
	HPC	4.6439	0-0.06	5.2219	0-0.015	5.7806	0-0.019	5.6294	0-0.021
	SFRHPC	1.5248	0-0.064	2.1029	0-0.084	5.0944	0-0.016	5.0934	0-0.014
	PFRHPC	3.7663	0-0.034	1.8052	0-0.052	4.0059	0-0.022	4.7062	0-0.016

土中掺加钢纤维后，除 28d 试件在内蒙古盐湖卤水中 α_1 值提高 11% 以外，其余 28d 和 90d 在各种盐湖卤水中的 α_1 值均有不同程度的下降；当混凝土中掺加 PF 纤维以后，混凝土的 α_1 值变化规律与掺钢纤维混凝土相似，只有 28d 试件在新疆盐湖卤水中 α_1 值提高了 1.82 倍。

2）弯曲荷载对混凝土氯离子结合的线性吸附参数的影响规律

实验表明，混凝土承受荷载以后，其氯离子结合规律并没有改变，仍然是线性结合，但是，

受压区和受拉区混凝土却具有不同的结合参数 α_1，产生这种差异的主要原因是应力状态对混凝土的内部孔隙和微裂缝具有一定的影响，进而影响混凝土的内比表面积，而后者则影响混凝土对氯离子的物理表面吸附。荷载对不同混凝土的 α_1 值的影响详见图 2.5.3-2。在较低 C_f 范围的线性吸附规律，强烈地依赖于环境介质的特征，在不同的氯离子环境条件下不能用一个统一的线性吸附公式来描述。

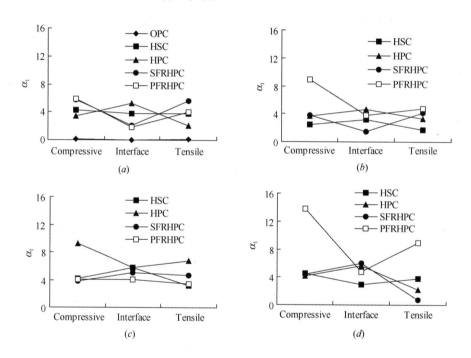

图 2.5.3-2 混凝土在（弯曲荷载＋冻融＋盐湖卤水腐蚀）

三重因素条件下对氯离子结合的 α_1 值

(a) Qinghai salt lake bittern；(b) Xinjiang salt lake bittern；

(c) Neimenggu salt lake bittern；(d) Xizang salt lake bittern

2. 低浓度范围的非线性吸附——Freundlich 吸附和 Temkin 吸附

在低 C_f 范围内，除了常见的线性吸附以外，部分混凝土试件的 C_b 与 C_f 之间存在非线性吸附现象，如 Freundlich 吸附和 Temkin 吸附。后者是本文在实验中新发现的一种非线性吸附。根据表面物理化学的知识，非线性的 Freundlich 吸附和 Temkin 吸附几乎是一种不均匀的表面吸附，

C_b 随着 C_f 的提高而提高，即使在高浓度时也不存在吸附极限，其公式分别为

$$C_b = \alpha_2 C_f^{\beta_2} \quad (2.5.3-2)$$

$$C_b = \alpha_3 \ln C_f + \beta_3 \quad (2.5.3-3)$$

式中，α_2 和 β_2 为混凝土对氯离子的 Freundlich 吸附参数，对于 PFRHPC 在（弯曲荷载＋冻融＋新疆盐湖卤水腐蚀）三重因素条件下试件受拉区混凝土，其 $\alpha_2 = 813.71$ 和 $\beta_2 = 2.2467$；α_3

和 β_3 为混凝土对氯离子的 Temkin 吸附参数，对于 PFRHPC 在（弯曲荷载＋冻融＋西藏盐湖卤水腐蚀）三重因素条件下试件受拉区混凝土，$\alpha_3 = 0.1603$ 和 $\beta_3 = 0.8201$。

3. 更大浓度范围的非线性吸附——Langmuir 吸附

在含有冻融条件的多重因素作用下，在更大的 C_f 浓度范围，进入混凝土内部的 C_b 与 C_f 符合非线性的 Langmuir 吸附。在表面物理化学中，Langmuir 吸附是一种均匀的表面吸附，存在极限吸附特征，这与 Martin-Perez 等、Sergi 等和 Tang 等在单一氯盐溶液浸泡条件下的研究结果相符，其公式为：

$$C_b = \frac{\alpha_4 C_f}{1 + \beta_4 C_f} \quad (2.5.3-4)$$

式中，α_4 和 β_4 为混凝土对氯离子的 Langmuir 吸附参数。上式表明 C_f / C_b 与 C_f 存在以下线性关系：

$$\frac{C_f}{C_b} = \frac{1}{\alpha_4} + \frac{\beta_4}{\alpha_4} C_f \quad (2.5.3-5)$$

图 2.5.3-3 是标准养护 90d 龄期的 HSC-HPC 进行（弯曲荷载＋冻融＋新疆或西藏盐湖卤水腐蚀）三重因素实验后 C_b 与大范围 C_f 之间的典型关系。结果表明，当 C_f 在 $0 \sim 0.2\%$ 的范围内，HSC 在盐湖卤水中 C_b 与 C_f 之间的关系根本不成线性，而是完全符合非线性的 Langmuir 吸附。大量实验数据表明，混凝土的 Langmuir 非线性吸附参数，与盐湖卤水种类、混凝土龄期和荷载无关，主要取决于混凝土的胶凝材料，这与 Martin-Perez 等的研究结论完全一致。不同混凝土对氯离子的 Langmuir 吸附参数详见表 2.5.3-2。相关系数的显著性检验结果表明，几种混凝土的回归参数都是显著或高度显著的，能够直接应用于混凝土结构的寿命预测。

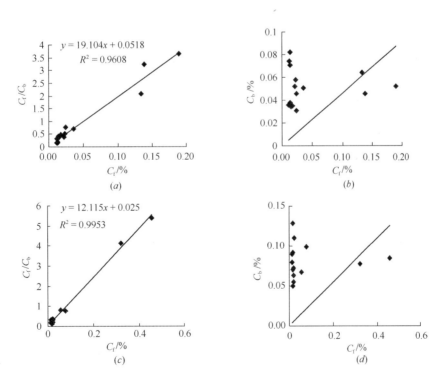

图 2.5.3-3 HSC-HPC 在（弯曲荷载＋冻融＋盐湖卤水腐蚀）三重因素实验后 C_b 与大范围 C_f 之典型关系

(*a*) HSC, Xinjiang salt lake bittern, C_f/C_b vs C_f；(*b*) HSC, Xinjiang salt lake bittern, C_b vs C_f；

(*c*) HPC, Xizang salt lake bittern, C_f/C_b vs C_f；(*d*) HPC, Xizang salt lake bittern, C_b vs C_f

不同混凝土在盐湖卤水中冻融后的 Langmuir 吸附参数　　　　表 2.5.3-2

Sample No.	α_4	β_4	r	n	$r_{0.001}$	$r_{0.05}$	$r_{0.10}$	F
OPC	0.4807	2.1008	0.4917	15			0.4409	（＊）
APC	10.3413	88.8159	0.8434	6		0.8114		＊
HSC	9.009	144.3243	0.8086	75	0.3730			＊＊＊
HPC	23.8095	237.8119	0.9060	86	0.3491			＊＊＊
SFRHPC	8.9767	80.5242	0.8719	86	0.3491			＊＊＊
PFRHPC	16.5563	148.9938	0.9226	73	0.3776			＊＊＊

2.5.4　不含冻融条件的单一和双重因素作用下混凝土的氯离子结合规律

1. 高浓度范围内的非线性吸附——Langmuir 吸附

表 2.5.4-1 是不同混凝土在新疆、青海、内蒙古和西藏盐湖卤水中进行单一腐蚀因素、（干湿循环＋腐蚀）和（弯曲荷载＋腐蚀）双重因素实验后氯离子结合的 Langmuir 吸附参数。可见，在较高的 C_f 范围内，腐蚀混凝土的 Langmuir 吸附参数与盐湖卤水的种类和是否进行干湿循环无关。对于 OPC、HSC、SFRHPC 和 PFRHPC，其 Langmuir 吸附参数与其标准养护龄期和弯曲荷载无关；对于 APC，其 Langmuir 吸附参数与标准养护龄期有关，但是由于 90d 龄期的实验数据太少，无法通过回归分析得出相应的 Langmuir 吸附参数；此外，HPC 的 Langmuir 吸附参数则与标准养护龄期和弯曲荷载都有一定的关系。

不同混凝土在盐湖卤水腐蚀条件下的 Langmuir 吸附参数　　　　表 2.5.4-1

Sample No.	Condition	α_4	β_4	r	n	$r_{0.001}$	$r_{0.01}$	F
OPC		0.7557	6.4666	0.7161	34	0.5400		＊＊＊
APC	28d	5.8207	39.3423	0.9249	21	0.6652		＊＊＊
HSC		3.7439	88.5923	0.8310	34	0.5400		＊＊＊
HPC	28d	0.1978	4.1065	0.8283	18	0.7084		＊＊＊
	90d	2.6096	15.6425	0.7783	12		0.7348	＊＊
	90d, loading	12.1212	565.3576	0.8694	19	0.6932		＊＊＊
SFRHPC		9.4251	176.8709	0.8637	36	0.5259		＊＊＊
PFRHPC		1.0635	13.8817	0.8120	23	0.6414		＊＊＊

2. 低浓度范围内的线性吸附

表 2.5.4-2 是不同混凝土在几种盐湖卤水腐蚀条件下的线性吸附参数。结果表明，OPC、HSC、SFRHPC 和 PFRHPC 的线性吸附参数同样与盐湖卤水的种类、混凝土的标准养护龄期和弯曲荷载无关，而 APC 和 HPC 的线性吸附参数仅与标准养护龄期有一定的关系。对比分析发现，APC 的 α_1 值

高于 OPC，证明引气的球形气孔内表面对氯离子的物理吸附发挥了重要作用。对于掺加活性掺合料的 HPC，在 28d 时由于水泥水化产物 CSH 和 CH 的减少，导致结合的氯离子数量减少，当标准养护龄期延长到 90d 以后，则因活性掺合料的火山会效应形成大量致密的 CSH 凝胶和 AFm 等使 HPC 的结合氯离子数量大大提高。

不同混凝土在盐湖卤水腐蚀条件下的线性吸附参数 α_1 　　　　表 2.5.4-2

Samples	OPC	APC	HSC	HPC		SFRHPC	PFRHPC
				28d	90d		
Parameter	0.5052	2.2993	1.6544	0.1503	1.7539	3.9773	0.6909

3. 混凝土对氯离子的吸附/结合机理

Wee 等认为，混凝土的结合氯离子浓度由化学结合氯离子浓度和物理吸附氯离子浓度这两部分组成，根据大量的文献报道，混凝土对氯离子的吸附或结合机理主要存在 4 个方面：

(1) 许多文献认为，C_3A 和 C_4AF 的水化产物 C_3AH_6 与 NaCl 或 $CaCl_2$ 发生化学结合形成 $C_3A \cdot CaCl_2 \cdot 10H_2O$（简称 Friedels 盐）：

$$2NaCl + C_3AH_6 + Ca(OH)_2 + 4H_2O \longrightarrow$$
$$C_3A \cdot CaCl_2 \cdot 10H_2O + 2NaOH$$
$$(2.5.4\text{-}1)$$

$$CaCl_2 + C_3AH_6 + 4H_2O \longrightarrow$$
$$C_3A \cdot CaCl_2 \cdot 10H_2O \quad (2.5.4\text{-}2)$$

上述反应对熟料单矿物水化后对氯离子的化学结合是完全正确的，但是，作者认为混凝土中含铝的水化产物对氯离子的化学结合并不是按照上式进行的。其实，水泥在生产过程中掺加有一定量的 $CaSO_4 \cdot 2H_2O$，水泥中 C_3A 和 C_4AF 的水化是在 $CaSO_4 \cdot 2H_2O$ 条件下的水化，形成 C_3AH_6 的数量非常有限，主要形成 AFt，当 $CaSO_4 \cdot 2H_2O$ 消耗完以后，AFt 将发生向 AFm 的转化。因此，在实际混凝土对氯离子的化学结合时，形成 Friedels 盐的反应与水化的熟料单矿物 C_3A 和 C_4AF 中形成 Friedels 盐的反应式 (2.5.4-1) 和式 (2.5.4-2) 是完全不同的，混凝土在暴露到氯离子环境中 Friedels 盐的形成并不像 Theissing 等认为的那么简单。根据 2.4 和 2.5 的 XRD、DTA-TG、IR 和 SEM-EDAX 等的研究结果，混凝土在盐湖卤水的冻融或腐蚀条件下确实能形成少量的 Friedels 盐，但是，Friedels 盐的形成是通过 AFt 或 AFm 与 NaCl、KCl 和 $CaCl_2$ 反应形成的，分别参见 2.3 的反应式 (2.3.3-16)

和 2.4 的反应式 (2.4.3-6)，即对于 HPC，将发生下列反应：

$$C_3A \cdot 3CaSO_4 \cdot 32H_2O + CaCl_2 \longrightarrow$$
$$C_3A \cdot CaCl_2 \cdot 10H_2O + 3(CaSO_4 \cdot 2H_2O) + 6H_2O$$
$$(2.5.4\text{-}3)$$

$$C_3A \cdot CaSO_4 \cdot (7\sim 8)H_2O + CaCl_2$$
$$+ (4\sim 5)H_2O \longrightarrow C_3A \cdot CaCl_2 \cdot 10H_2O$$
$$+ CaSO_4 \cdot 2H_2O \quad (2.5.4\text{-}4)$$

对于 OPC、APC 和 HSC，还存在以下化学反应

$$C_3A \cdot 3CaSO_4 \cdot 32H_2O + Ca(OH)_2 + 2NaCl \longrightarrow$$
$$C_3A \cdot CaCl_2 \cdot 10H_2O + 3(CaSO_4 \cdot 2H_2O)$$
$$+ 2NaOH + 6H_2O \quad (2.5.4\text{-}5)$$

$$C_3A \cdot 3CaSO_4 \cdot 32H_2O + Ca(OH)_2 + 2KCl \longrightarrow$$
$$C_3A \cdot CaCl_2 \cdot 10H_2O + 3(CaSO_4 \cdot 2H_2O)$$
$$+ 2KOH + 6H_2O \quad (2.5.4\text{-}6)$$

$$C_3A \cdot CaSO_4 \cdot 12H_2O + Ca(OH)_2 + 2NaCl \longrightarrow$$
$$C_3A \cdot CaCl_2 \cdot 10H_2O + CaSO_4 \cdot 2H_2O + 2NaOH$$
$$(2.5.4\text{-}7)$$

$$C_3A \cdot CaSO_4 \cdot 12H_2O + Ca(OH)_2 + 2KCl \longrightarrow$$
$$C_3A \cdot CaCl_2 \cdot 10H_2O + CaSO_4 \cdot 2H_2O + 2KOH$$
$$(2.5.4\text{-}8)$$

这样按照式 (2.5.4-3)～式 (2.5.4-4) 才能解释掺加活性掺合料的 HPC 的氯离子结合能力大于 HSC，否则按照式 (2.5.4-1) 和式 (2.5.4-2) 是无法解释的。

(2) C_3S 和 C_2S 的水化产物 CH 与 NaCl 或 $CaCl_2$ 发生化学结合形成含 $CaCl_2$ 的络合物 $3Ca(OH)_2 \cdot CaCl_2 \cdot 12H_2O$：

$$2NaCl + 4CH + 12H_2O \longrightarrow$$
$$3Ca(OH)_2 \cdot CaCl_2 \cdot 12H_2O + 2NaOH$$
$$(2.5.4\text{-}9)$$

$$CaCl_2 + 3CH + 12H_2O \longrightarrow$$

$$3Ca(OH)_2 \cdot CaCl_2 \cdot 12H_2O \qquad (2.5.4\text{-}10)$$

研究中没有检测到 $3Ca(OH)_2 \cdot CaCl_2 \cdot 12H_2O$ 的存在，但是却发现 OPC、APC 和 HSC 中存在氯氧化镁 $[Mg_3(OH)_5Cl \cdot 4H_2O$ 和 $Mg_2(OH)_3Cl \cdot 4H_2O]$，可见在盐湖卤水中除 NaCl 或 $CaCl_2$ 能够发生化学结合以外，$MgCl_2$ 同样也能通过与 CH 的反应发生化学结合作用，分别参见 2.3 的反应式（2.3.3-7）~式（2.3.3-9），即盐湖卤水中的 $MgCl_2$ 先与 CH 反应形成 $Mg(OH)_2$，之后进一步形成含有 $MgCl_2$ 的络合物——氯氧化镁。

$$MgCl_2 + Ca(OH)_2 \longrightarrow CaCl_2 + Mg(OH)_2$$
$$(2.5.4\text{-}11)$$

$$5Mg(OH)_2 + MgCl_2 + 8H_2O \longrightarrow$$
$$2[Mg_3(OH)_5Cl \cdot 4H_2O] \quad (2.5.4\text{-}12)$$

$$3Mg(OH)_2 + MgCl_2 + 8H_2O \longrightarrow$$
$$2[Mg_2(OH)_3Cl \cdot 4H_2O] \quad (2.5.4\text{-}13)$$

（3）水泥水化产物 CSH 凝胶表面对氯离子的吸附作用，然后在凝胶表面扩散；

（4）水泥浆体孔隙内表面对氯离子的吸附作用，即氯离子被孔隙表面带正电的水泥水化产物所吸引，这种现象导致在水泥浆体内部的固液界面形成扩散双电层。

从上述吸附/结合机理看出，当产生化学结合的 C3AH6、AFt 或 AFm 和 CH 消耗到一定程度以后，化学反应达到平衡状态，也就不能再继续与氯盐发生化学反应了。另一方面，CSH 凝胶表面和水泥浆体孔隙内表面对氯离子的物理吸附存在吸附极限，这在表面物理化学中是普遍规律。因此，混凝土对氯离子的吸附/结合，符合 Langmuir 吸附关系就容易理解了。

2.5.5　混凝土的氯离子结合能力及其非线性问题

1. 混凝土的线性氯离子结合能力

当 C_b 与 C_f 之间的关系为线性吸附时，混凝土的氯离子结合能力为常数，将式（2.5-2）代入式（2.5-1），即得：

$$R = \frac{\partial C_b}{\partial C_f} = \alpha_1 \qquad (2.5.5\text{-}1)$$

这里，首先规定，运用上述线性关系得到的常数氯离子结合能力为混凝土的线性氯离子结合能力。因此，在较低的 C_f 范围内，通过系统的实验，根据式（2.5.3-1）就能够测定混凝土的线性氯离子结合能力。它是混凝土使用寿命预测时的基本参数之一，不同混凝土的线性氯离子结合能力数据详见表 2.5.3-1、图 2.5.3-2 和表 2.5.4-2。

2. 混凝土的非线性氯离子结合能力

当 C_b 与 C_f 之间的关系为非线性的 Freundlich 吸附、Temkin 吸附和 Langmuir 吸附时，分别将式（2.5.3-2）、式（2.5.3-3）和式（2.5.3-4）代入式（2.5.1-1），则混凝土的氯离子结合能力分别为：

$$R_F = \frac{\partial C_b}{\partial C_f} = \alpha_2 \beta_2 C_f^{\beta_2 - 1} \qquad (2.5.5\text{-}2)$$

$$R_T = \frac{\partial C_b}{\partial C_f} = \frac{\alpha_3}{C_f} \qquad (2.5.5\text{-}3)$$

$$R_L = \frac{\partial C_b}{\partial C_f} = \frac{\alpha_4}{(1 + \beta_4 C_f)^2} \qquad (2.5.5\text{-}4)$$

由式（2.5.5-2）、式（2.5.5-3）和式（2.5.5-4）可见，在非线性条件下，混凝土的氯离子结合能力就不再是常数，而是与混凝土的自由氯离子浓度有关的。与混凝土的线性氯离子结合能力定义相对应，这里不妨定义在非线性关系条件下得到的氯离子结合能力为非线性氯离子结合能力。由于混凝土不同深度的 C_f 值是变化的，因此，实际混凝土中的氯离子结合能力与扩散问题是复杂的非线性问题，其非线性结合能力与混凝土的浓度或者深度有关。

混凝土对氯离子结合能力的非线性规律的揭示，为深入研究混凝土的氯离子扩散方程以及准确预测混凝土的使用寿命，提供了重要的理论支持。

3. 非线性氯离子结合能力在混凝土的氯离子扩散规律中应用问题——非线性系数

在求解氯离子扩散方程时，混凝土的表观氯离子扩散系数 D_{eff} 采用 Nilsson 等规定的定义：

$$D_{eff} = \frac{D_f}{1 + \dfrac{\partial C_b}{\partial C_f}} \qquad (2.5.5-5)$$

其中，D_f 是混凝土的自由氯离子扩散系数。只有当混凝土的氯离子结合能力为线性结合时，将式（2.5.5-1）代入式（2.5.5-5），得到：

$$D_{eff} = \frac{D_f}{1 + R} = \frac{D_f}{1 + \alpha_1} \qquad (2.5.5-6)$$

此时，D_{eff} 才是一个常数，混凝土的氯离子扩散方程才有解。根据实验得到混凝土的自由氯离子浓度——深度关系曲线，由扩散方程在氯离子线性结合时的解就能计算出混凝土的表观氯离子扩散系数 D_{eff}。混凝土的自由氯离子扩散系数 D_f 就可以按下式计算：

$$D_f = (1 + \alpha_1) D_{eff} \qquad (2.5.5-7)$$

自由氯离子扩散系数 D_f 是混凝土寿命预测的基本参数之一。

当混凝土中氯离子为非线性的 Freundlich、Temkin 或 Langmuir 结合时，混凝土的氯离子扩散方程无法求解，也就不能应用于混凝土使用过程中氯离子浓度的预测和钢筋混凝土结构的使用寿命预测与耐久性设计。因此，即使混凝土中的氯离子结合能力表现为非线性，仍然需要借助考虑线性结合时求解的混凝土氯离子扩散理论模型，进行实际混凝土结构的寿命预测。对于氯离子的非线性结合情形，只需要将表观扩散系数设定为常数，仍可得到混凝土的氯离子扩散方程的解。为此，采用的具体方法是，建立混凝土的非线性氯离子结合能力与线性氯离子结合能力之间的关系，然后在求解氯离子扩散方程时将非线性氯离子结合能力转化成线性氯离子结合能力。即将式（2.5.5-2）、式（2.5.5-3）或式（2.5.5-4）除以

式（2.5.5-1），分别得到 Freundlich 非线性氯离子结合能力 R_F、Temkin 非线性氯离子结合能力 R_T 或 Langmuir 非线性氯离子结合能力 R_L 与线性氯离子结合能力 R_T 的关系：

$$p_F = \frac{R_F}{R} = \frac{\alpha_2 \beta_2}{\alpha_1} C_f^{\beta_2 - 1} \qquad (2.5.5-8)$$

$$p_T = \frac{R_T}{R} = \frac{\alpha_3}{\alpha_1 C_f} \qquad (2.5.5-9)$$

$$p_L = \frac{R_L}{R} = \frac{\alpha_4}{\alpha_1 (1 + \beta_4 C_f)^2} \qquad (2.5.5-10)$$

式中，p_F、p_T 和 p_L 分别定义为混凝土氯离子结合能力的 Freundlich、Temkin 和 Langmuir 非线性系数。因此，将氯离子线性结合情况下的混凝土氯离子扩散理论模型中的结合能力 R_T 换成非线性结合能力 $R_F = p_F R$、$R_T = p_T R$ 或 $R_L = p_L R$ 以后，就得到混凝土在氯离子非线性结合情形下的氯离子扩散理论模型。鉴于在较低的 C_f 范围内，混凝土对氯离子的结合以线性为主，在较高的 C_f 范围内则属于 Langmuir 非线性的，因此，在寿命预测时只需用到 Langmuir 非线性系数。Langmuir 非线性系数也是混凝土结构使用寿命预测时基本参数之一。

1）在（冻融＋盐湖卤水腐蚀）条件下的 Langmuir 非线性系数

根据表 2.5.3-2 的 Langmuir 吸附参数，和表 2.5.3-1 及图 2.5.3-2 中的线性吸附参数，运用式（2.5.5-10）可以计算不同混凝土在几种盐湖卤水中进行加载与不加载冻融实验时的 Langmuir 非线性系数。其中，HPC 的氯离子结合能力的 Langmuir 非线性系数与 C_f 的典型关系如图 2.5.5-1 所示。在预测混凝土结构的使用寿命时，一般先要确定钢筋在混凝土中产生锈蚀的 C_f 的临界值，根据选定的氯离子临界浓度就可以在这些曲线图中很容易查出混凝土对氯离子结合的 Langmuir 非线性系数。这样寿命预测工作就能够顺利进行。混凝土的氯离子临界浓度一般取水泥

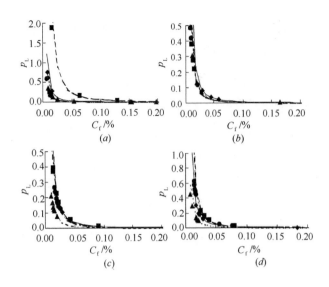

图 2.5.5-1　HPC 在盐湖卤水中氯离子

结合能力的 Langmuir 非线性系数

(*a*) 28d；(*b*) 90d；(*c*) 90d, Loading, compressive；(*d*) 90d, Loading, tensile ————— Xinjiang salt lake bittern；------- Qinghai salt lake bittern；----- Neimenggu salt lake bittern；—·—·— Xizang salt lake bittern

重量的 0.4% ～ 1.0%，或者混凝土重量的 0.05%～0.18%。为应用方便，现将氯离子临界浓度等于 0.05% 时几种混凝土对氯离子结合能力的 Langmuir 非线性系数制成表格，详见表 2.5.5-1。

2）在盐湖卤水腐蚀条件下的 Langmuir 非线性系数

根据表 2.5.4-1 和表 2.5.4-2 的数据，按照式（2.5.5-10）计算出混凝土在盐湖卤水腐蚀条件下氯离子结合能力的非线性系数 p_L 如图 2.5.5-2 所示。为了便于在钢筋混凝土结构的使用寿命预测时能够应用混凝土氯离子结合能力的非线性系数，取导致混凝土内钢筋锈蚀的临界氯离子浓度为混凝土质量的 0.05%，计算出不同混凝土氯离子结合能力的 Langmuir 非线性系数，参见表 2.5.5-2。

混凝土在盐湖卤水中冻融后的 Langmuir 非线性系数（氯离子临界浓度 0.05%）　　　　表 2.5.5-1

| Age | Sample No. | | OPC | APC | HSC | HPC | SFRHPC | PFRHPC |
	Type of bittern	Loading						
28d	Xinjiang		9.6722	1.4828	0.1246	0.0380	0.2101	0.0217
	Qinghai			0.4925	0.3832	0.2606	0.7650	1.6865
	Neimenggu			4.2551	0.0553	0.0206	0.0461	0.0293
	Xizang				0.0968	0.0226	0.1092	0.0418
90d	Xinjiang				0.0423	0.0309	0.2330	0.0616
	Qinghai		6.5939		0.0358	0.0274	0.1690	0.1285
	Neimenggu				0.0232	0.0248	0.0698	0.0579
	Xizang				0.0455	0.0255	0.0698	0.0493
90d	Xinjiang	Compressive			0.0552	0.0397	0.0943	0.0262
	Qinghai	Compressive	2.2719		0.0309	0.0415	0.0619	0.0394
	Neimenggu	Compressive			0.0322	0.0155	0.0923	0.0571
	Xizang	Compressive			0.0296	0.0345	0.0809	0.0168
90d	Xinjiang	Tensile			0.0795	0.0440	0.0855	0.0493
	Qinghai	Tensile	2.3700		0.0351	0.0672	0.0628	0.0579
	Neimenggu	Tensile			0.0420	0.0213	0.0752	0.0673
	Xizang	Tensile			0.0347	0.0661	0.5136	0.0259

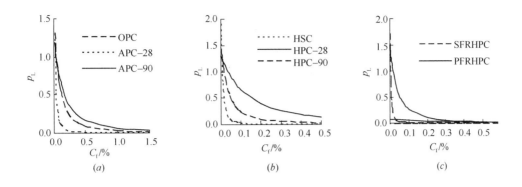

图 2.5.5-2 混凝土在盐湖卤水中腐蚀条件下氯离子结合能力的 Langmuir 非线性系数
(a) OPC 与 APC；(b) HSC 与 HPC；(c) SFRHPC 与 PFRHPC

混凝土在盐湖卤水中腐蚀后的 Langmuir 非线性系数（氯离子临界浓度 0.05%）　　　表 2.5.5-2

Sample	OPC	APC	HSC	HPC		SFRHPC	PFRHPC
				28d	90d		
p_L	0.8542	0.2875	0.0768	0.9059	0.4685	0.0245	0.5364

2.5.6 结论

本章通过大量实验，研究了不同混凝土在新疆、青海、内蒙古和西藏盐湖卤水中的单一腐蚀因素、（冻融＋腐蚀）、（干湿循环＋腐蚀）、（弯曲荷载＋腐蚀）等双重因素和（弯曲荷载＋冻融＋腐蚀）三重因素条件下结合氯离子浓度 C_b 与自由氯离子浓度 C_f 之间的关系，得到一些具有普遍意义的研究成果。发现混凝土对氯离子的结合规律，在较低自由氯离子浓度范围内主要是线性吸附关系，在较高自由氯离子浓度范围内则是非线性 Langmuir 吸附关系，而且后者的吸附参数与盐湖卤水的种类无关。主要结论如下：

（1）在较低的自由氯离子浓度范围内，混凝土的氯离子结合规律以线性吸附为主：$C_b = \alpha_1 C_f$。在表面物理化学中，线性吸附是一种均匀吸附。在盐湖卤水的冻融条件下，混凝土对氯离子的线性吸附关系与盐湖卤水种类、混凝土种类、龄期和荷载作用有关，不存在一个统一的关系式；在盐湖卤水的腐蚀条件下，OPC、HSC、SFRHPC 和 PFRHPC 的线性吸附关系与盐湖卤水的种类、

混凝土的标准养护龄期和弯曲荷载无关，而 APC 和 HPC 的线性吸附关系仅与标准养护龄期有一定的关系。

（2）在较低的自由氯离子浓度范围内，掺加 PF 纤维的 PFRHPC 在（弯曲荷载＋冻融＋盐湖卤水腐蚀）条件下的氯离子结合规律符合非线性的 Freundlich 吸附：$C_b = \alpha_2 C_f^{\beta_2}$，或者非线性的 Temkin 吸附：$C_b = \alpha_3 \ln C_f + \beta_3$。混凝土对氯离子的非线性 Temkin 吸附系本文研究中首次发现。在表面物理化学中，这两种非线性吸附都是不均匀的表面吸附。

（3）在更大的自由氯离子浓度范围，混凝土的氯离子结合规律完全符合非线性的 Langmuir 吸附：$C_b = \dfrac{\alpha_4 C_f}{1 + \beta_4 C_f}$。Langmuir 吸附的参数 α_4 和 β_4 取决于混凝土的胶凝材料。在表面物理化学中，Langmuir 吸附是一种均匀的表面吸附，存在极限吸附特征。在盐湖卤水的冻融条件下，应用混凝土对氯离子结合的 Langmuir 吸附关系式时，可以不考虑盐湖卤水种类、混凝土龄期和荷载的影响，经过实验，得到了不同混凝土的统一的 Langmuir 吸附公式；在盐湖卤水的腐蚀条件下，

同样可以不考虑盐湖卤水种类的影响，OPC、HSC、SFRHPC 和 PFRHPC 可以分别采用统一的 Langmuir 吸附公式，但是，APC 因 90d 养护龄期的实验数据不足，仅得到了标准养护 28d 龄期的 Langmuir 吸附公式，而 HPC 则要针对不同的标准养护龄期和是否施加弯曲荷载分别建立 Langmuir 吸附公式。

（4）从混凝土的氯离子结合能力的定义出发，根据混凝土的氯离子结合规律表现出的线性或非线性关系，本文将混凝土的氯离子结合能力分为线性氯离子结合能力和非线性氯离子结合能力。在较低的自由氯离子浓度范围内，混凝土的线性氯离子结合能力是一个与自由氯离子浓度无关的常数，是钢筋混凝土结构使用寿命预测时基本参数之一。在盐湖卤水的冻融条件下，混凝土的线性氯离子结合能力受混凝土种类、龄期、盐湖卤水种类和荷载的影响，其基本规律是：

a. OPC 的线性氯离子结合能力远小于 HSC 与 HPC；

b. 掺加 SF、FA 和 SG 等活性掺合料能够提高混凝土的线性氯离子结合能力；

c. 掺加纤维材料，一般会降低 HPC 的线性氯离子结合能力。

在盐湖卤水的腐蚀条件下，混凝土的线性氯离子结合能力与盐湖卤水的种类无关，除 APC 和 HPC 与养护龄期有关以外，OPC、HSC、SFRHPC 和 PFRHPC 均与龄期和荷载无关。

通过大量实验获得了不同混凝土在各种条件下的线性氯离子结合能力，并列成表格供今后预测钢筋混凝土结构的使用寿命时应用。

（5）混凝土的非线性氯离子结合能力不是常数，而是与自由氯离子浓度有关的，其非线性特征非常明显。由于混凝土不同深度的自由氯离子浓度是变化的，因此，实际混凝土中的氯离子结合能力与扩散问题是复杂的非线性问题。可见，在氯盐环境中钢筋混凝土结构的使用寿命预测时，切不可采用简单的 Fick 第二扩散定律，而且建立新的氯离子扩散理论模型时也必须考虑混凝土的氯离子结合能力及其非线性问题，否则就会产生错误的预测结果。

（6）当混凝土对氯离子的结合能力表现为非线性时，混凝土的氯离子扩散方程无法求解，为此，在求解氯离子扩散方程之前必须将非线性氯离子结合能力转化成线性氯离子结合能力。为了建立混凝土的非线性氯离子结合能力与线性氯离子结合能力之间的关系，根据两者之比提出了一个新的概念——混凝土氯离子结合能力的非线性系数。通过大量的实验数据，深入研究了不同混凝土在多种情况下氯离子结合能力的非线性系数规律。

（7）无论是冻融还是腐蚀条件，在更大的自由氯离子浓度范围混凝土的氯离子扩散行为具有典型的 Langmuir 非线性特征。因此，混凝土氯离子结合能力的 Langmuir 非线性系数是混凝土结构使用寿命预测时基本参数之一。本章详细研究了不同混凝土在盐湖卤水的冻融或腐蚀条件下不同情形的 Langmuir 非线性系数与自由氯离子浓度的关系曲线，并详细计算得到了对应于氯离子临界浓度（0.05%）的 Langmuir 非线性系数值，已经绘制成专用表格，便于今后预测钢筋混凝土结构在盐湖条件下使用寿命时应用。

（8）此外，根据文献报道和本文第五章的研究结论，从化学结合与物理吸附方面探讨了混凝土对氯离子吸附或结合的机理。在盐湖卤水中，混凝土对氯离子的化学结合机理主要体现在 AFt 或 AFm 和 CH 分别与环境的 NaCl、KCl、$CaCl_2$ 或 $MgCl_2$ 发生化学结合形成 Friedels 盐和含有 $MgCl_2$ 的络合物——氯氧化镁。混凝土对氯离子的物理吸附机理分别包括 CSH 凝胶表面对氯离子的吸附作用和水泥浆体孔隙的内表面对氯离子的吸附作用。

本章参考文献

［1］ W. Gerhard，E. Nagele. The Hydration of Cement Studied by Secondary Ion Mass Spectrometry（SIMS）［J］. Cem. Concr. Res.，Vol. 13，No. 6，1983，pp. 849-859.

［2］ S. N. Ghosh. 水泥技术进展［M］. 北京：中国建筑工业出版社，1986.

［3］ P. Barnes 等著，吴兆琦，汪瑞芬等校译. 水泥的结构和性能［M］. 北京：中国建筑工业出版社，1991.

［4］ A. L. A. Fraay. Fly Ash—A Pozzolan in Concrete［D］. Thesis of Delft University of technology，1990.

［5］ 国分山田著，任子明译. 粉煤灰水泥［J］//建筑材料科学研究院水泥研究所译：第六届国际水泥化学会议论文集（第三卷）——水泥及其性能，北京：中国建筑工业出版社，1980，pp111-135.

［6］ 中国建材研究院水泥所编著. 水泥性能及其检验［M］. 北京：中国建材工业出版社，1994，pp194-198.

［7］ SKALNY J，YOUNG J F. 波特兰水泥水化的机理［C］//第七届国际水泥化学会议论文选集. 北京：中国建筑工业出版社，1985. 169-214.

［8］ SU Z，SUJATA K，BIJEN J M，et al. The evolution of the microstructure in styrene acrylate polymer-modified cement pastes at the early stage of cement hydration［J］. Advn Cem Bas Mat，1996（3）：87-93.

［9］ JAWED I，SKALNY J，YOUNG J F. 波特兰水泥的水化［C］//BARNES P 等著，吴兆琦，汪瑞芬等译. 水泥的结构和性能. 北京：中国建筑工业出版社，1991. 227-306.

［10］ 申爱琴. 水泥与水泥混凝土［M］. 北京：人民交通出版社，2000. 48-86.

［11］ MEREDITH P，DONALD A M，LUKE K. Pre-induction and induction hydration of tricalcium silicate：an environmental scanning electron microscopy study［J］. J Mater Sci，1995，39：1921-1930.

［12］ SUJATA K，JENNINGS H M. Formation of a protective layer during the hydration of cement［J］. J Am Ceram Soc，1992，75(6)：1669-1673.

［13］ THOMAS N L，DOUBLE D D. Calcium and silicon concentrations in solution during the early hydration of Portland cement and tricalcium silicate［J］. Cem Concr Res，1981，11：675-687.

［14］ FUJII K，KONDO W. Kinetics of the hydration of tricalcium silicate［J］. J Am Ceram Soc，1974，57：492.

［15］ TAYLOR H F W. Chemistry of Cements［M］. London：Academic Press，1990. 123.

［16］ GU Ping，BEAUDOIN J J. A conduction calorimetric study of early hydration of ordinary Portland cement/ high alumina cement pastes［J］. J Mater Sci，1997，32：3875-3881.

［17］ 冯乃谦. 实用混凝土大全［M］. 北京：科学出版社，2001. 16-46.

［18］ GARTNER E M，KURTIS K E，MONTERIRO P J M. Proposed mechanism of C-S-H growth tested by soft X-ray microscopy［J］. Cem Concr Res，2000，30(5)：817-822.

［19］ GARTNER E M. A proposed mechanism for the growth of C-S-H during the hydration of tricalcium silicate［J］. Cem Concr Res，1997，27(5)：665-672.

［20］ JOSEF Tritthart，FRANK HauBler. Pore solution analysis of cement pastes and nanostructural investigations of hydrated C_3S［J］. Cem Concr Res，2003，35(7)：1063-1070.

［21］ LONG S，LIU C，WU Y. ESCA Study on the early C_3S hydration in NaOH solution and pure water［J］. Cem Concr Res，1998，28(2)：245-249.

［22］ ODLER I，DORR H. Early hydration of tricalcium silicate Ⅰ. Kinetics of the hydration process and the stoichiometry of the hydration products［J］. Cem Concr Res，1979，9(2)：239-248.

［23］ ODLER I，DORR H. Early hydration of tricalcium silicate Ⅱ. The induction period［J］. Cem Concr Res，1979，9(3)：277-284.

［24］ NAGELE E，KNITTEL T. A note on early hydration of cement［J］. Cem Concr Res，1983，13(1)：141-145.

［25］ IVAN Odler，STEPHAN Cordes. Initial hydration of tricalcium silicate as studied by secondary neutrals mass spectrometry：II. Results and discussion[J]. Cem Concr Res，2002，32(7)：1077-1085.

[26]　DOUBLE D D，HELLAWELL A. The hydration of Portland cement[J]. Nature，1976，216，June 10：486-488.

[27]　TAYLOR H F W. 波特兰水泥的水化机理[J]. 硅酸盐通报，1983，2(2)：33-38.

[28]　ANTONIO Principgallo，PIETRO Lura，KLAAS van Breugel，et al. Early development of properties in a cement paste：A numerical and experimental study[J]. Cem Concr Res，2003，33(7)：1013-1020.

[29]　FITZGERALD S A，THOMAS J J，NEUMANN D A，et al. A neutron scattering study of the role of diffusion in the hydration of tricalcium silicate[J]. Cem Concr Res，2002，32(3)：409-413.

[30]　蔡舒，姚康德，关勇辉. 羟基磷灰石晶种对 α-磷酸钙骨水泥水化的影响[J]. 硅酸盐学报，2003，31(1)：108-112.

[31]　杨克锐，张彩文，郭永辉等. 延缓硫铝酸盐水泥凝结的研究[J]. 硅酸盐学报，2002，30(2)：155-160.

[32]　侯贵华，钟白茜，杨南如. 掺煅烧石膏水泥早期水化过程的研究[J]. 硅酸盐学报，2002，30(6)：675-680.

[33]　JENNINGS H M. A model for the microstructure of calcium silicate hydrate in cement paste[J]. Cem Concr Res，2000，30(1)：101-116.

[34]　TENNISA P D，JENNINGS H M. A model for two types of calcium silicate hydrate in the microstructure of Portland cement pastes[J]. Cem Concr Res，2000，30(6)：855-863.

[35]　MOLLAH M Y A. A fourier transform infrared spectroscopic investigation of the early hydration of Portland cement and the influence of sodium lignosulfonate[J]. Cem Concr Res，2000，30(2)：267-273.

[36]　Walk-Lauffer B，Bornemann R，Knöfel D，et al. In situ observation of hydrating cement-clincer-phases by Means of confocal scanning microscopy-First Results[C]. 24th International Congress on Cement Microscopy. San Diego，USA，2002.95-106.

[37]　BIRCHALL J D，HOWARD A J，DOUBLE D D. Some general considerations of a membrane/osmosis model for Portland cement hydration[J]. Cem Concr Res，1980，10：145-155.

[38]　沈旦申，张荫济. 粉煤灰效应的探讨[J]. 硅酸盐学报，VOL. 9，No. 1，1980，pp57-63.

[39]　严捍东. 废渣特性及其多元复合对水泥基材料高性能的贡献与机理[D]. 东南大学博士学位论文，2001.

[40]　阎培渝，杨文言，崔路，游轶. 低水胶比时水泥-粉煤灰复合胶结材的水化性能[J]. 建筑材料学报，Vol. 1，No. 1，1998，pp68-71.

[41]　王爱琴，张承志，唐明述. 火山灰质材料的填充作用[J]. 混凝土与水泥制品，No. 5，1995，pp19-21.

[42]　马建新，舒翔，孙振平等. 用减水型粉煤灰配制塑性大流动性混凝土及坍落度损失的控制[J]. 混凝土，No. 1，1997，pp14-22.

[43]　王培铭，陈志源，Scholz H. 粉煤灰与水泥浆体间界面的形貌特征[J]. 硅酸盐学报，Vol. 25，No. 4，1997，pp475-479.

[44]　郭宁，秦紫瑞. 原子力显微镜的发展与表面成像技术[J]. 理化检验-物理分册，Vol. 34，No. 10，1998，pp. 13-16.

[45]　梁嵘，李达成，曹芒，赵洋. 表面微观形貌测量及其参数评定的发展趋势[J]. 光学技术，1998(6)，pp. 66-68.

[46]　周公度. 晶体结构测定[M]. 北京：科学出版社，1981，242-243.

[47]　沈威，黄文熙，闵盘荣. 水泥工艺学[M]. 武汉：武汉工业大学出版社，1994.

[48]　Maltis Y.，Marched J.，Influence of curing temperature on the cement hydration and mechanical strength development of fly ash mortars [J]，Cem. Concr. Res，Vol. 27，No. 7，1997，pp1009-1020

[49]　王爱勤等. 粉煤灰水泥的水化动力学[J]. 硅酸盐学报，Vol. 25，No. 2，1997，pp123-129.

[50]　陈荣升，叶青. 掺纳米 SiO_2 与掺硅粉的水泥硬化浆体的性能比较[J]. 混凝土，2002，No. 1，pp7-10.

[51]　蒋林华. 高掺量粉煤灰(HVFA)混凝土的水化、微结构和机理研究[D]. 河海大学博士学位论文，1998.

[52]　沈旦申. 粉煤灰混凝土[M]. 北京：中国铁道出版社，1989.

[53]　王福元，吴正严主编. 粉煤灰利用手册[M]. 中国电力出版社，1997.

[54]　李华彬. 漂珠耐压强度的测定[J]. 电力环境保护，1986，No. 2，pp28-29.

［55］ 符芳主编. 建筑材料［M］. 南京：东南大学出版社，1995.

［56］ 吴季怀，黄金陵，陈耐生等. 矿物种类和粉体性质与增强性能的关系［J］. 矿物岩石化学通报，1999，Vol. 18，NO. 4.

［57］ 宋存义编著. 粉煤灰砌筑抹灰水泥的生产与应用［M］. 北京：中国建材工业出版社，1999.

［58］ LI Z，MA B，PENG J，et al. The microstructure and sulfate resistance mechanism of high-performance concrete containing CNI［J］. Cem Concr Comp，2000，22(5)：369-377.

［59］ Puertas F，Martínez-Ramírez S，Alonso S. Alkali-activated fly ash/slag cements：Strength behaviour and hydration products［J］. Cem Concr Res，Vol. 30，No. 10，2000：1625-1632.

［60］ Puertas F，Fernández-Jiménez A. Mineralogical and microstructural characterisation of alkali-activated fly ash/slag pastes［J］. Cem Concr Comp，Vol. 25，No. 3，2003：287-292.

［61］ MARIA L G，SANTIAGO A，MARIA T B，et al. Alkaline activation of metakaolin：effect of calcium hydroxide in the products of reaction［J］. J Am Ceram Soc，2002，85(1)：225-231.

［62］ P. 梅泰 著，祝永年，沈威等 译. 混凝土的结构、性能与材料［M］. 上海：同济大学出版社，1991.11：94-95.

［63］ 陈建康. 粒子填充高聚物材料中微损伤演化和宏观本构关系［D］. 北京大学，1999.11.

［64］ 黄新，杨晓刚等. 硫酸盐介质对水泥加固土强度的影响［J］. 工业建筑，1994.9：19-23.

［65］ 张莹，张玉敏等. 海水侵蚀环境下混凝土强度的研究［J］. 山东建筑工程学院学报，2002.6，17(2)：24-28.

［66］ Young-Shik Park，Jin-Kook Suh，Jae-Hoon Lee，Young-Shik Shin. Strength deterioration of high strength concrete in sulfate environment［J］. Cement and Concrete Research 29(1999)1397-1402.

［67］ Sunil Kumar and C. V. S. Kameswara Rao. Strength Loss in Concrete due to Varying Sulfate Exposures［J］. Cement and Concrete Research，1995，Vol. 25 No. 1：57-62.

［68］ S. U. Al-Dulaijan，M. Maslehuddin，etc. Sulfate resistance of plain and blended cements exposed to varying concentrations of sodium sulfate［J］. Cement and Concrete Composites 25(2003)429-437.

［69］ Manu Santhanam，Menashi D. Cohen，Jan Olek，Sulfate attact research ——whether now［J］. Cement and concrete research 31(2001) 845-851.

［70］ Manu Santhanam，Menashi D. Cohen，Jan Olek，Mechanism of sulfate attack：A fresh look Part 1：Summary of experimental results［J］. Cement and Concrete Research 32(2002) 915-921.

［71］ F. M. 李 著，唐明述，杨南如等 译. 水泥和混凝土化学［M］. 北京：中国建筑工程出版社，1980.8：430.

［72］ 张丽，混凝土硫酸盐侵蚀机理及影响因素［J］. 东北公路，1998，(4)：40.

［73］ Manu Santhanam，Menashi D. Cohen，Jan Olek，Effects of gypsum formation on the performance of cement mortars［J］. Cement and Concrete Research 33 (2003) 325～332.

［74］ 刘崇熙. 钙矾石脱水过程中晶体结构的演化［J］. 长江科学院院报，1989，(3)：66-67.

［75］ I. Odler，J. Colan-Subauste，Investigations on cement expansion associated with ettringite formation［J］. Cement and Concrete Research 29(1999)731-735.

［76］ 薛君玕，吴中伟编著. 膨胀和自应力水泥及其应用［M］. 北京：中国建筑工业出版社，1985：435.

［77］ Lerch，W.，Effect of SO₃ Content of Cenent on Durability of Concrete［J］. PCA Research and Development (1945) 0285，9pp.

［78］ Kennerly，R. A.，Ettrngite Formation in Dam Gallery［J］. ACI Journal 62(1965)，pp. 559-576.

［79］ Mehta，P. K.，Mechanism of Sulfate Attack on Portland Cement Concrete-Another Look［J］. Cement and Concrete Research 13(1983)，pp. 401-406.

［80］ Ludwig，U.，Heinz，D.，EinflÜsse auf die Schadreaktion in wärmehandelten Betonen［J］. Festschrift Baustoffe Aachen(1985)，pp. 401-406.

［81］ Wieker，I.，Hübert，C.，Schubert，H.，Untersuchungen zum Einflub dwr Alkalien auf die Atabikität derSulfoaluminathyrate in Zementstein und-mÖrteln bei Warmbehandlung［J］. Schriftenreihe des Institutes fÜr Massivbau und Baustofftechnologie, Uni Karlsruhe(1996), pp. 175-186.

[82]　Diamond, S., Delayed Ettringite Formation-Process and Problems[J]. Cement and Concrete Composites 18(1996)3, pp. 205-215.

[83]　Klemm, W. A., Miller, F. M., Plausibility of Delayed Ettringite Formation as a Distress Mechanism-Considerations at Ambient and Elevated Temperatures[J]. Proceedings of the 10th International Congress on the Chemistry of Cement, Gothenburg, Schweden Ⅳ(1997), 4iv059, 10pp.

[84]　Scrivener, K., Lewis, M., A Microstructure and Microanalytical Study of Heat Cured Mortars and Delayed Ettringite Formation[J]. Proceedings of the 10th International Congress on the Chemistry of Cement, Gothenburg, Schweden 4(1997), 4iv061, 8pp.

[85]　Odler, I., Chen, Y., On the Delayed Expansion of Heat Cured Portland Cement Pastes and Concrete[J]. Cement and Concrete Composites 18(1996) pp. 181-185.

[86]　Stark, J., Ludwig, H. M., Zum Frost-und Frost-Tausalz-Widerstand von PZ-Betonen[J]. WissenschAFtliche Zeitschrift der Hochschule fÜr Sarchitektur und Bauwesen Weimar 41(1995) 6/7, pp. 17-35.

[87]　Stark, J., Ludwig, H. M, Zur Rolle der Phasenumwandlungen bei der Frost-und Frost-Tausalz-Belastung von Beton [J]. Dissertation Bauhaus-Universität Weimar (1996).

[88]　Strohbauch, G., Kuzel, H. J., Carbonatisierungsreaktion als Ursache von Schäden an wärmebehandelten Betonfertigteilen[J]. Zement-Kalk-Gips (1988) 7, pp. 358-360.

[89]　Kuzel, H. J., Initial Hydration Reactions and Mechanisms of Delayed Ettringite Formations in Portland Cements [J]. Cement and Concrete Composites 18(1996), pp. 195-203.

[90]　Johansen, V., Thaulow, N., Idorn, G. M., Skalny, J., Chemical Degradation of Concrete[J]. RH&H Bulletin 56 (1995) January, pp. 1-16.

[91]　Shayan, A., Quick, G. W., Sequence of Formation of Deleterious AAR Products and Secondary Ettingite in the same Mortar and Concrete Specimens[J]. Proceedings of the 14th Conference on Cement Microscopy, Duncanville (1992), pp. 11-21.

[92]　Diamond, S., Ong, S., Bonen, D., Characteristics of Secondary Ettringite Deposited in Steam Cured Concrete Undergoing ASR[J]. Proceedings of the 16th International Conference on Cement Microscopy, Duncanville(1994), pp. 294-305.

[93]　Johansen, V., Thaulow, N., Idorn, G. M., Skalny, J., Simultaneous Presence of Alkali-Silica Gel and Ettringite in Concrete[J]. Advances in Cement Research 5(1993) 17, pp. 23-29.

[94]　Oberholster, R. E., Maree, H., Brand, J. H. B., Cracked Priestesses Concrete Railway Sleepers, Alkali-Silica-Reaction or Delayed Ettringite Formation [J]. 9th Conference on Alkali-Silica-Reaction in Concrete, London (1992), pp. 735.

[95]　Taylor, H. F. W., Cement Chemistry[M]. Reedwood Books, Trowbridge 1997, 2. Edition.

[96]　彭家惠，楼宗汉. 钙矾石形成机理的研究[J]. 硅酸盐学报，2000.12，28(6)，pp. 511.

[97]　Manu Santhanam, Menashi D. Cohen, Jan Olek, Sulfate attact research ——whither now[J]. Cement and concrete research 31(2001) 845-851.

[98]　Manu Santhanam, Menashi D. Cohen, Jan Olek, Effects of gypsum formation on the performance of cement mortars [J]. Cement and Concrete Research 33 (2003) 325～332.

[99]　I. Odler, J. Colan-Subauste, Investigations on cement expansion associated with ettringite formation[J]. Cement and Concrete Research 29(1999)731-735.

[100]　Farkas, Emery. How old is concrete? Engineering versus chemistry [J]. Concrete International : Design & Concrete. 1985 Vol. 7, No. 8, Aug 1985：5-8.

[101]　Peter C. Hewlett. Lea's Chemistry of Cement and Concrete. Forth Edition [M]. London：Arnold, 1998：6, 273-

282.

[102] 唐明述. 关于水泥混凝土发展方向的几点认识[J]. 中国工程科学，2002，14(11)：41-46.

[103] 吴中伟. 高性能混凝土及其矿物细掺料[J]. 建筑技术，1999，30（3）：160-163.

[104] Jan Bijen. Benefits of slag and fly ash[J]. Construction and Building Materials，1996，10(5)：309-314.

[105] 邢锋. 粉煤灰混凝土耐久性探讨[J]. 深圳大学学报(理工版)，1998，15(4)：50-54.

[106] E. Demoulian, C. Vernet, F. Hawthorn, et al. Determination de la Tenrur en Laitier dans les Ciments par Dissolution Selectives [C]. 7th International Congress on the Chemistry of Cement Paris，1980. ，Vol. 2：111-151.

[107] K. Luke, F. P. Glasser. Selective Dissolution of Hydrated Blast Furnaces Slag Cements [J]. Cement and Concrete Research，1987，17(2)：273-282.

[108] F. J. Levelt, E. B. Vriezen, R. V. Galen. Determination of the Slag Content of Blast Furnace Slag Cements by Means of a Solution Method [J]. Zement-Kalk-Gips，1982，35(1)：96-99.

[109] K. Luke, F. P. Glasser. Internal Chemical Evolution of the Constitution of Blended Cements [J]. Cement and Concrete Research，1988，18(4)：495-502.

[110] J. S. Lumley, R. S. Gollop, G. K. Moir, et al. Degrees of Reaction of the Slag in some Blends with Portland and Cements [J]. Cement and concrete Research，1996，26(1)：139-151.

[111] Taylor H F W. Cement Chemistry. 2nd Edition[M]. London：Thomas Telford Publishing，1997. 208，270，276.

[112] van Breugel K Simulation of hydration and formation of structure in hardening cement-based materials[M]. Delft ：Delft University Press，1997. 58.

[113] L. Lam, Y. L. Wong, C. S. Poon. Degree of hydration and gel/space ratio of high-volume fly ash/cement systems [J]. Cement and concrete Research，2000，Vol. 30，747-756.

[114] Shamsad Ahmad. Reinforcement Corrosion in Concrete Structures, Its Monitoring and Service Life Prediction-A review [J]. Cement and Concrete Composites，2003，Vol. 25：459-471.

[115] 杨南如. C-S-H 凝胶结构模型研究新进展[J]. 南京化工大学学报，1998，20（2）：78-85.

[116] I. G. Richardson. The nature of C-S-H in hardened cements[J]. Cement and Concrete Research，1999，29 ：1131-1147.

[117] I. G. Richardson. The nature of the hydration products in hardened cement pastes[J]. Cement & Concrete Composites ，2000，22：97-113.

[118] Stade H ，Wicker W. On the structure of ill crystallized calcium hydrogen silicates I. Formation and properties of an illcrystallized calcium hydrogen disilicate phase[J]. Z Anarg Allg Chem ，1986 ，466 ：55～60.

[119] Richardson I G, Groves GW. Microstructure and microanalysis of hardened cement pastes involving ground granuated blast furnace slag[J]. J Mater Sci ，1992 ，27 (3-22)：6204～6212.

[120] Richardson I G. Tobermorite/jennite- and tobermorite/calcium hydroxide-based models forthe structure of C-S-H：applicability to hardened pastes of tricalcium silicate，β-dicalcium -silicate，Portland cement，and blends of Portland cement with blast-furnace slag，metakaolin，or silica fume[J]. Cement and Concrete Research，2004，34，1733-1777.

[121] B. W. Langan, Kweng, M. A. Ward. Effect of silica fume and fly ash on heat of hydration of Portland cement [J]. Cement and Concrete Research，2002，32：1045.

[122] 王爱勤，杨南如，钟白茜. 粉煤灰水泥的水化动力学[J]. 硅酸盐学报，1997，25(2)：123.

[123] J. F. Young, W. Hansen. Volume relationships for C-S-H formation based on hydration stoichiometry[J]. Mater Res Soc Symp Proc 85，1987：313-332.

[124] G. J. McCarthy, K. D. Swanson, L. P. Keller, et al. Mineralogy of western fly ash[J]. Cement Concrete Research，1984，14：471.

[125] E. E. Berry, R. T. Hemmings, W. S. Langley, G. G. Carette, Beneficiated fly ash：Hydration, microstructure,

and strength development in Portland cement systems[C]. Proceedings of the 3d International Conference on the Use of Fly Ash, Silica Fume, Slag, and Natural Pozzolans in Concrete, ACI SP-114, Trondheim, 1989, p. 241.

[126] Vagelis G. Papadakis. Effect of fly ash on Portland cement systems Part I. Low-calcium fly ash[J]. Cement and Concrete Research, 1999, 29: 1727-1736.

[127] V. G. Papadakis, Experimental investigation and theoretical modeling of silica fume activity in concrete[J]. Cement Concrete Research, 1999, 29: 79.

第3章
单一、双重、多重因素作用下
高性能混凝土耐久性评价体系

3.1 多重破坏因素作用下混凝土耐久性实验体系的建立

多重破坏因素作用下混凝土的损伤失效过程是混凝土学科的重大科学技术与理论问题，在国际学术界已引起科学家的高度重视。半个世纪以来，混凝土结构很少因强度不足而影响使用，但由于耐久性差而导致结构失效与破坏、寿命缩短的事故却不断增多，尤其是大坝、道路、桥梁、港口等重大工程以及高层建筑物未达到设计年限就破坏的事故很多。虽然混凝土的耐久性研究工作做了几十年，但是这些研究都是考虑单一破坏因素作用下的耐久性，不能反映工程实际的应力或非应力与不同化学腐蚀和物理疲劳等复合作用。混凝土的耐久性应该是多重破坏因素、至少是双重破坏因素共同作用的结果，材料内部损伤劣化程度也绝不是各破坏因素单独作用引起损伤的简单加和值，而是诸因素相互影响、交互叠加，从而加剧了材料的损伤和劣化程度。通常多重破坏因素作用下材料的劣化程度大于各损伤因素单独作用下引起损伤的总和，即产生 $1+1>2$、$1+2>3$ 的损伤叠加规律和超叠加效应，并导致混凝土工程性能进一步降低和寿命缩短。另一方面损伤因素的交互作用既有正影响，也有负影响，如冻融和除冰盐，两者均会引起混凝土膨胀，有损伤负效应，同时除冰盐降低水的冰点能缓解冻融破坏，又有正效应。实际环境同时影响耐久性的因素可能多于 2 个，情况就更加复杂，例如三重破坏因素作用下混凝土的损伤复合效应，既有 3 个破坏因素单独作用的损伤叠加效应，也有任意

2 个破坏因素同时作用再加上另 1 个因素单独作用的损伤叠加效应。

因此，研究混凝土在双重和多重破坏因素作用下的耐久性问题，首要任务就是要建立能够进行同时考虑 2 个以上破坏因素的实验方法体系，其中，有 2 个关键技术问题必须解决：第一，设计能够对混凝土试件施加荷载的实验加载系统；第二，建立能够对加载的混凝土试件进行快速的、连续的和非破损的数据采集系统。

3.1.1 考虑多重破坏因素的混凝土损伤失效过程的实验方案设计

在实际工作中，首先要确定实际工程在荷载、环境和气候等破坏因素作用下的主要耐久性破坏因素。当考虑环境中有腐蚀作用时，为了加快损伤失效过程，得到完整的损伤曲线，必须提高腐蚀介质的浓度，常用 $5\%Na_2SO_4$ 溶液或硫酸盐与氯盐的混合溶液。为此，我们在研究过程中，针对我国不同地区的环境气候特点，设计了混凝土的多重破坏因素实验方案。

1. 北方地区

一般大气暴露条件可选择进行（荷载＋冻融）双重破坏因素实验。

地下结构如没有腐蚀性，可进行（荷载＋冻融）双重破坏因素实验；如有腐蚀性可进行（荷载＋腐蚀）双重破坏因素或（荷载＋腐蚀＋冻融）

多重破坏因素实验。腐蚀介质可选用实际环境水。

对于冬季撒除冰盐的高速公路或城市立交桥，可进行（荷载＋3％NaCl 溶液腐蚀＋冻融）多重破坏因素实验。

2. 南方地区

对于考虑冻融破坏的工程，可进行（荷载＋冻融）双重破坏因素实验。

对于不考虑冻融的工程或地下结构，可进行（荷载＋腐蚀）双重破坏因素实验。

3. 对于骨料存在碱活性或潜在碱活性的情况

可选择进行（荷载＋碱骨料反应）、（冻融＋碱骨料反应）和（硫酸盐腐蚀＋碱骨料反应）双重破坏因素实验，以及（荷载＋碱骨料反应＋冻融）和（冻融＋碱骨料反应＋硫酸盐腐蚀）多重破坏因素实验。

3.1.2　混凝土在多重破坏因素作用下损伤失效过程的实验加载系统

1. 小型加载装置

考虑到快速冻融实验机的容量有限，在研究混凝土在与冻融有关的多重破坏因素作用下的耐久性时，设计了小型双弹簧加载架，装置示意图见图 3.1.2-1。每个加载架可加一组 3 个 40mm×40mm×160mm 的棱柱体试件。

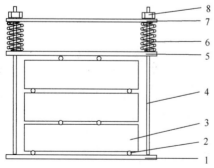

图 3.1.2-1　混凝土试件（40mm×40mm×160mm）
抗冻耐久性实验所用的单组加载装置示意图
1—底板；2—支座（8 个）；3—试件（3 块）；4—立柱（2 根）；
5—加载横梁；6—压簧（2 个）；7—加压梁；8—螺母（2 个）

2. 中型加载装置

对于与腐蚀有关的多重破坏因素实验，设计了一种中型千斤顶加载装置。该装置由刚性框架、千斤顶和弹簧测力计等组成，每个加载装置可加 4～5 组共 12～15 个 100mm×100mm×400mm 的棱柱体试件，其装置示意图如图 3.1.2-2 所示。

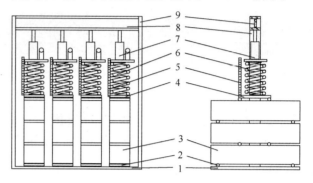

图 3.1.2-2　混凝土试件（100mm×100mm×400mm）
抗腐蚀耐久性实验所用的多组加载装置示意图
1—底板；2—支座（4×8 个）；3—试件（4×3 块）；4—加载梁；5—弹簧测力计的刻度尺（4×1 把）；6—弹簧测力计的压簧（4×1 个）；7—千斤顶（4×1 个）；8—立柱（2 个）；
9—工字钢梁

3.1.3　混凝土在多重破坏因素作用下损伤失效过程的数据采集系统

1. 数据采集与分析问题

对于非加载的多重破坏因素实验，混凝土的动弹性模量可以用动弹性模量测定仪直接测定。

对于加载的多重破坏因素实验，为了实现加载测试（即不卸载），可以选用非金属超声波仪测定混凝土的超声波声速（简称声速），然后按照下述方法转换成动弹性模量。材料的动弹性模量与声速具有如下理论关系：

$$E = \frac{\rho(1+\gamma)(1-2\gamma)}{1-\gamma}V^2 \quad (3.1.3-1)$$

式中，E 为材料的动弹性模量；ρ 为材料密度；γ 为材料 Poisson 比；V 为材料的声速。由于混凝土材料的 Poisson 比和密度变化幅度不大，可以认为在实验过程中混凝土的 Poisson 比不变，因此，混凝土的相对动弹性模量可用下式计算：

$$E_r = \frac{E_t}{E_0} = \frac{V_t^2}{V_0^2} \qquad (3.1.3\text{-}2)$$

为了描述混凝土的损伤失效过程，根据损伤力学的知识，引进损伤变量：

$$D = 1 - \frac{E_t}{E_0} \qquad (3.1.3\text{-}3)$$

式中，D 为混凝土的损伤；E_0 和 E_t 分别为混凝土在损伤前后的动弹性模量。在混凝土的耐久性实验中，混凝土的耐久性指标常用相对动弹性模量 $E_r = \dfrac{E_t}{E_0}$ 表示，可见，混凝土的损伤与相对动弹性模量之间的关系为：

$$D = 1 - E_r \qquad (3.1.3\text{-}4)$$

2. 数据修正与测试方向

对于大试件的中型加载系统，由于加载装置对超声波的传播速度和途径没有影响，可以直接利用测试的数据。

对于小试件的小型加载系统，尤其应该注意的是加载装置对超声波传播速度和途径的影响，在不卸载的情况下测定试件的声速时，必须对结果进行加载架修正。

此外，由于不能测定混凝土试件长度方向的声速，只能测定混凝土试件的横向声速，因此必须研究混凝土试件不同方向的声速之间的关系。由于两者测距相差 3 倍，前者测距为 160mm，后者为 40mm。为了探索测试方向对混凝土的声速和相对动弹性模量的影响，文献进行不同混凝土的对比实验，结果见图 3.1.3。由此可见，混凝土试件的纵向声速 V_{160} 与横向声速 V_{40} 具有显著的相关关系：

$$\frac{V_{40}}{V_{160}} = 0.0393 V_{40}^2 - 0.1817 V_{40} + 1.0994$$

$$(3.1.3\text{-}5)$$

式中，样本 $n = 60$，相关系数 $r = 0.7206$，取显著性水平 0.01 和 0.001 时的临界相关系数分别为 $r_{0.01} = 0.3307$ 和 $r_{0.001} = 0.4149$。不同测试

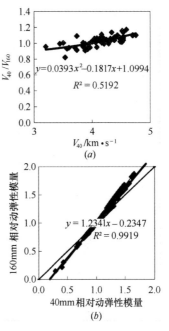

图 3.1.3 混凝土在冻融过程中不同测试方向的声速和相对动弹的相关关系

（a）声速；（b）相对动弹性模量

方向的相对动弹性模量之间的关系更加显著，而且在混凝土冻融实验过程中相对动弹性模量的常见范围 50%～100% 内，两者几乎相等。因此，在加载条件下的冻融实验过程中，即使不卸载也可以通过测定试件的横向声速，来实现对混凝土冻融损伤的实时监控。

3.1.4 结论

（1）根据实际工程环境条件，确立了安排混凝土在多重破坏因素作用下进行耐久性研究的实验方案的指导性原则。

（2）设计与建造了适于多重破坏因素作用的小型和中型耐久性实验加载系统。小型加载系统由弹簧加载控制，适用于 40mm×40mm×160mm 试件；中型加载系统由千斤顶与弹簧复合加载控制适用于 100mm×100mm×400mm 试件。

（3）建立了混凝土损伤失效过程的测试方法，规范了数据采集仪器系统。在测试过程中，为确保作用于混凝土试件上荷载的持续与稳定，在不

卸载的情形下利用非金属超声波检测仪能够对混
凝土的损伤进行定时跟踪。

3.2　高性能混凝土在单一破坏因素作用下损伤失效过程的规律和特点

3.2.1　实验设计

实验时采用以下材料：金宁羊牌 42.5 P·Ⅱ型
硅酸盐水泥，表 3.2.1-1、表 3.2.1-2、表 3.2.1-3
给出其矿物组成、主要化学组成和物理性能；细集
料采用天然河砂，细度模数 $M_x = 2.36$，属中砂，
视比重为 $2.58 \times 10^3 kg/m^3$，颗粒级配良好；粗集
料采用玄武岩碎石，视比重为 $2.85 \times 10^3 kg/m^3$，
压碎指标为 3.79%，最大粒径 10mm；上海新浦有
机化工厂生产的 XP-Ⅱ型高效减水剂，用量根据新
拌混凝土的坍落度进行调整；同济大学材料学院研
制生产的 SJ-I 型引气剂，掺量根据新拌混凝土的含
气量进行调整，一般在水泥用量的 0.02% 左右；
低碳钢切削方直型钢纤维，长径比 40，$l_f = 20mm$
（表 3.2.1-3～表 3.2.1-6）。

42.5 P·Ⅱ型硅酸盐水泥的矿物组成

表 3.2.1-1

矿物成分	C_3S	C_2S	C_3A	C_4AF	$f\text{-}CaO$
含量/%	55.71	22.09	5.12	16.79	0.29

42.5 P·Ⅱ型硅酸盐水泥的化学组成

表 3.2.1-2

成分/%	SiO_2	Al_2O_3	CaO	MgO	SO_3	Fe_2O_3
水泥	22.06	5.13	64.37	1.06	2.03	5.25

42.5 P·Ⅱ型硅酸盐水泥的物理性能　　　**表 3.2.1-3**

性能	密度/g/cm³	比表面积/cm²/g	80μm 筛余/%	烧失量/%
水泥	3.12	3810	9.20	1.19

粗集料的级配筛分析结果　　**表 3.2.1-4**

筛孔径/mm	16.0	10.0	5.0	2.5	剩余
累计筛余/%	0.2	33.4	99.3	99.8	99.8

细集料的级配筛分析结果　　**表 3.2.1-5**

筛孔径/mm	5.00	2.50	1.25	0.630	0.315	0.160	剩余
累计筛余/%	0.6	12.3	31.5	63.3	88.1	88.8	100.1

PF 与聚丙烯纤维的力学性能比较　　**表 3.2.1-6**

纤维种类	表观密度/t·m⁻³	拉伸强度/GPa	弹性模量/GPa	伸长率/%	直径/μm
进口 PF	0.97	3.0	95	4.5	35
国产 PF	0.97	2.85	73.9	3.9	35
聚丙烯纤维	0.91	0.6	6	8.2	45

国产与进口 PF 表面的 SEM 照片如图 3.2.1
所示。

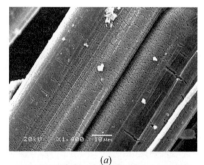

(a)

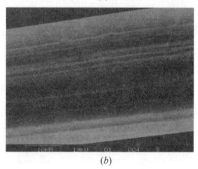

(b)

图 3.2.1　国产与进口 PF 表面的 SEM 照片

(a) 国产 PF；*(b)* 进口 PF

设计了强度等级为 C40（$W/C = 0.44$）、C60
（$W/C = 0.32$）、C80（$W/C = 0.26$）的素混凝土
（NPC）、钢纤维混凝土（NSFRC）、引气素混凝
土（APC）、引气钢纤维混凝土（ASFRC），配合

比见表 3.2.1-7 和表 3.2.1-9。所有混凝土都采用强制型搅拌机搅拌，机械振动，钢模成型。新拌混凝土都具有较好的和易性，素混凝土的坍落度在 70～150mm 左右。振动密实以后在试件表面覆盖塑料薄膜，24h 后脱模，标准养护。混凝土的配合比、28d 抗压强度、抗弯强度、吸水率等性能指标如表 3.2.1-7～表 3.2.1-9 所示。

将水泥、砂、石、外加剂、掺合料和纤维在搅拌机中干拌 1min，再加水湿拌 3min。出料后测定坍落度和含气量，之后浇筑、振动成型不同规格的混凝土试件。试件成型后，采用保湿养护，1d 后拆模，然后移入温度（20±3）℃、RH 达 95% 以上的标准养护室。混凝土拌合物的实验执行《普通混凝土拌合物性能试验方法标准》GB/T 50080，力学性能实验执行《普通混凝土力学性能试验方法标准》GB/T 50081。

混凝土的冻融试验按照《普通混凝土长期性能和耐久性能试验方法》GB/T 50082 中抗冻性能试验的"快冻法"进行。与冻融有关的实验采用 40mm×40mm×160mm 和 100mm×100mm×400mm 的混凝土试件，与冻融无关的实验采用 100mm×100mm×400mm 的混凝土试件。混凝土龄期为 28d。硫酸盐腐蚀介质为质量浓度 5.0% 的 $(NH_4)_2SO_4$ 溶液。盐湖卤水包括新疆、青海、内蒙古和西藏盐湖的模拟卤水。

混凝土配合比　　　　　　　　　　　　　　　表 3.2.1-7

强度	混凝土类型	S_p/%	W/C	V_f/%	C/(kg/m³)	W/(kg/m³)	S/(kg/m³)	G/(kg/m³)
C40	NPC	36	0.44	0	409.0	180.0	657.7	1169.2
	APC	33		0	409.0	180.0	585.3	1188.4
	NSFRC	48		1.5	409.0	180.0	854.3	925.7
	ASFRC	46		1.5	409.0	180.0	794.7	932.9
C60	NPC	35	0.32	0	440.0	142.0	665.9	1236.6
	APC	31		0	440.0	142.0	573.5	1276.7
	NSFRC	44		1.5	440.0	142.0	816.6	1039.2
	ASFRC	40		1.5	440.0	142.0	721.4	1082.0
C80	NPC	33	0.26	0	477.0	124.0	621.7	1262.1
	APC	31		0	477.0	124.0	578.8	1288.2
	NSFRC	40		1.5	477.0	124.0	749.8	1124.6
	ASFRC	38		1.5	477.0	124.0	722.8	1179.4

28d 龄期混凝土的强度和吸水率　　　　　　　　表 3.2.1-8

强度等级	混凝土类型	抗压强度/MPa	抗弯强度/MPa	吸水率/%
C40	NPC	56.07	8.23	4.3682
	NSFRC	60.86	11.45	3.9117
	APC	50.11	7.02	3.6695
	ASFRC	61.96	9.49	2.9680
C60	NPC	76.23	10.82	2.2164
	NSFRC	89.70	13.44	1.8805
	APC	79.58	9.70	1.8689
	ASFRC	87.96	12.02	1.8472
C80	NPC	89.08	11.66	2.0231
	NSFRC	95.08	16.52	1.7606
	APC	85.44	12.59	1.6997
	ASFRC	91.30	14.13	1.6277

混凝土的配合比与性能   表 3.2.1-9

| 编号 | 单方材料用量 / kg·m⁻³ | | | | | | | | | | | 坍落度 /mm | 含气量 /% | 28d 抗压强度/MPa |
	水泥	SF	FA	SG	AEA	砂	石	水	JM-B①）	SF	PF			
OPC	325	—	—	—	—	647	1150	195	—	—	—	45	1.4	35.2
APC	410	—	—	—	—	618	1208	189	0.1845②	—	—	45	4.3	26.9
HSC	540	—	—	—	60	610	1134	150	3.9	—	—	45	1.8	85.3
HPC	270	54	108	108	60	610	1134	172	3.9	—	—	45	2.0	83.1
SFRHPC	270	54	108	108	60	785	957	180	3.9	156	0	35	2.1	81.2
PFRHPC	270	54	108	108	60	785	957	180	3.9	0	1	45	3.0	70.4

注：①JM-B——高效减水剂；② SJ-2——引气剂。

3.2.2 高性能混凝土的冻融损伤规律与抗冻融循环次数

1. 相对动弹性模量

图 3.2.2-1 显示出 C40、C60 和 C80 混凝土在冻融循环过程中相对动弹性模量和质量损失。随着水灰比的降低和强度等级的提高，相对动弹性模量的下降明显减缓，质量损失减小，抗冻融循环次数显著增加，混凝土的抗冻融能力提高。

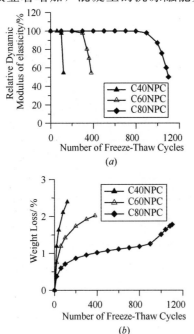

图 3.2.2-1 单一冻融因素作用下混凝土的
相对动弹性模量和质量损失
（a）相对动弹性模量；(b) 质量损失

水灰比降低，改善了混凝土的宏观性能，如密实度增加、抗渗透性提高，微观方面混凝土的孔隙率减小，平均孔径减小，这些性能的改善，都使混凝土的抗冻性得到增强。

混凝土的冻融劣化是一个由致密到疏松的物理过程，动弹性模量的下降便是这种疏松过程的外在反映。混凝土内部本身存在一定量的原始微裂缝或缺陷，冻融过程中这些微裂缝逐渐生长开展，并有新的微裂缝或缺陷不断产生，从而导致混凝土的动弹性模量下降。

2. 质量损失

质量损失主要是混凝土表面剥落所致，随着冻融循环次数的增加，混凝土试件表面呈层状剥落。剥落较多时粗骨料外露，最严重的情况可以使整个试件解体。随水灰比减小，混凝土的抗剥落性能增强。试验中观察到一个较为普遍的现象，即混凝土试件接近破坏时如果表面剥落很小，则破坏前重量稍有增加。为保证不是测试误差引起，对此进行了反复试验，测试各种规格各种强度的试件，都存在这种情况，分析原因主要是破坏前试件中有大量的微裂缝，这些微裂缝吸水饱和引起重量增加所致。如果试件表面剥落较多时则观察不到这种现象，因为这时微裂缝吸水增重与剥落失重相互抵销，结果表现为重量下降。Cohen 等和 Foy 等也注意到冻融过程中混凝土试件吸水而引起重量增加的现象。

3. 抗冻融循环次数

按照 ASTM C666A 标准规定的混凝土冻融循环破坏标准，各种混凝土的抗冻融循环次数如图 3.2.2-2 中柱状图所示。混凝土水灰比对抗冻融循环次数的影响一目了然，随着水灰比的降低和强度等级的提高，混凝土的抗冻融循环次数显著增加。

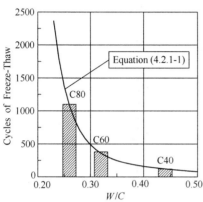

图 3.2.2-2　混凝土水灰比与抗冻融
循环次数的关系

对本项目试验中选取的三个强度等级的混凝土的抗冻融循环次数进行分析拟合，得到抗冻融循环次数 N 与水灰比（W/C）的关系可以用下面的方程表示：

$$\ln(N) = 4.7875 + 169.54\big[(0.44-W/C)^3$$
$$+ 0.0396(0.44-W/C)\big] \quad (3.2.2-1)$$

上式的混凝土水灰比为 $0.26 \sim 0.44$，当水灰比超过此范围时上式的适用性需要通过实验验证。式（3.2.2-1）表示的水灰比（W/C）与抗冻融循环次数的关系如图 3.2.2-2 中曲线所示。

3.2.3　引气高性能凝土的冻融损伤与抗冻融循环次数

1. 相对动弹性模量

图 3.2.3-1 显示出各水灰比 APC 混凝土在冻融循环过程中相对动弹性模量变化，非引气混凝土（NPC）的相对动弹性模量变化也在图中一起示出以便于比较。可以看出，APC 的相对动弹性模量迅速下降的时间明显比 NPC 晚，经过较多次数的冻融循环才有明显的快速损伤，如 C40、C60、C80 中 APC 的相对动弹性模量快速下降时的冻融次数分别为 180、400 和 1100 次，而 NPC 的相应次数为 100、300 和 900 次。快速下降阶段 APC 与 NPC 似乎有相同的损伤速率，相对动弹性模量曲线斜率基本一样。

水灰比对 APC 混凝土冻融过程中相对动弹性模量的影响与 NPC 一致，水灰比减小，相对动弹性模量下降速度变慢，混凝土的抗冻融循环次数增加。

2. 质量损失

冻融循环过程中 APC 混凝土的质量损失如图 3.2.3-2 所示。APC 的质量损失远远小于 NPC 的质量损失，只有 NPC 的 $30\% \sim 40\%$，可见引气可以有效抑制冻融循环过程中混凝土试件表面剥落，极大改善质量损失。水灰比对冻融循环过程中 APC 质量损失的影响，与对 NPC 中质量损失的影响一致。

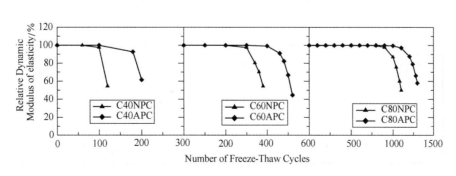

图 3.2.3-1　引气对单一冻融因素作用下混凝土相对动弹性模量的影响

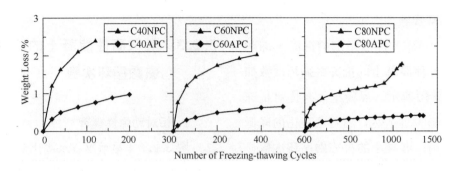

图 3.2.3-2　引气对单一冻融因素作用下混凝土质量损失的影响

3. 抗冻融循环次数

引气对混凝土抗冻融循环次数的影响如图 3.2.3-3 所示，各强度等级的混凝土，APC 的抗冻融循环次数明显大于 NPC 的抗冻融循环次数，引气使混凝土的抗冻融循环次数增加 30%～60% 左右。经过分析发现，引气混凝土（APC）的抗冻融循环次数 N^Δ 与相同水灰比素混凝土（NPC）的抗冻融循环次数 N 的关系可以表示为：

$$N^\Delta/N = 1.5 - 46.30\left[(0.44 - W/C)^3 + 0.0036(0.44 - W/C)\right] \quad (3.2.3)$$

式（3.2.3）是根据三种水灰比的引气混凝土试验结果拟合得到的，对于水灰比超出 0.26～0.44 的情况，需要通过实验验证。式（3.2.3）显示水灰比小于 0.224 时引气导致混凝土抗冻融

循环次数减少，虽然有研究认为水灰比减小到一定程度，会导致混凝土工作性差，密实度降低，由此可能引起混凝土耐久性下降，但式（3.2.2）所表达的关系在低于上述相应水灰比时的结果是否正确，需要进一步研究。

3.2.4　钢纤维增强高性能凝土的冻融损伤与抗冻融循环次数

1. 相对动弹性模量

图 3.2.4-1 显示出各种水灰比的钢纤维混凝土（NSFRC）在冻融循环过程中相对动弹性模量变化，为了便于比较，NPC 和 APC 混凝土的相对动弹性模量也在图中示出。冻融循环过程中，经过一定次数冻融循环，混凝土的相对动弹性模量开始快速下降，NSFRC 比 NPC 经过更多次数的冻融循环才开始快速下降，快速下降阶段 NSFRC 的曲线斜率也小于 NPC，表明 NSFRC 的损伤速度比 NPC 缓慢。掺入钢纤维以后混凝土的抗冻性提高，冻融循环过程中相对动弹性模量损伤得到抑制。与 APC 混凝土的相对动弹性模量变化

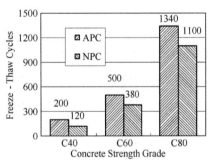

图 3.2.3-3　引气对混凝土抗冻融循环次数的影响

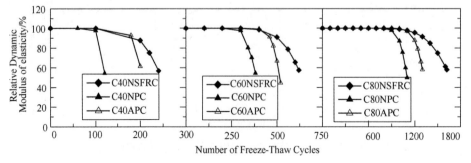

图 3.2.4-1　钢纤维对单一冻融因素作用下混凝土相对动弹性模量的影响

过程相比，钢纤维对混凝土抗冻性的提高，或者说对冻融损伤的抑制效果优于引气。水灰比以同样的方式影响 NPC、APC 和 NSFRC 的抗冻性。

2. 抗冻融循环次数

NSFRC 混凝土的抗冻融循环次数如图 3.2.4-2 所示，掺入钢纤维之后，混凝土（NS-FRC）能承受的冻融循环次数是以前（NPC）的 1.5～2.0 倍，引气使混凝土的抗冻融循环次数增加 30%～60%，也说明钢纤维对混凝土抗冻性的增强效果优于引气。

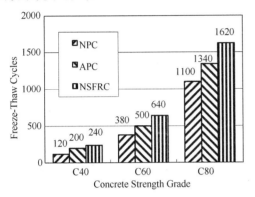

图 3.2.4-2　钢纤维对混凝土抗冻融循环次数的影响

3.2.5　钢纤维增强引气高性能凝土的冻融损伤与抗冻融循环次数

1. 相对动弹性模量

图 3.2.5-1 示出各强度等级的 NPC、APC、NSFRC 和 ASFRC 混凝土在冻融循环过程中相对动弹性模量的变化，ASFRC 的相对动弹性模量下降最为缓慢，其增强与抑制损伤的效果远优于引气或钢纤维单一措施的效果。

2. 质量损失

ASFRC 与 NPC、APC、NSFRC 在冻融循环过程中质量损失的比较如图 3.2.5-2 所示。与 NPC 相比，钢纤维与引气双掺对质量损失有很大的改善作用，但这种作用主要是引气以后的效果，钢纤维影响不大，因为 ASFCR 比 APC 的质量损失非常接近。可见 ASFRC 对于冻融循环过程中的质量损失，没有产生与相对动弹性模量同样的复合效应。

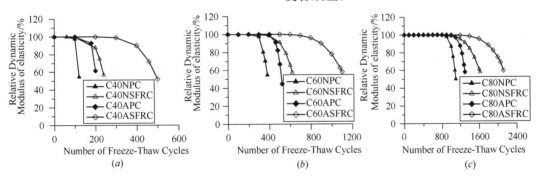

图 3.2.5-1　不同混凝土在单一冻融因素作用下相对动弹性模量的变化

(a) C40；(b) C60；(c) C80

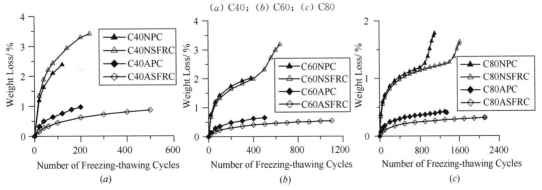

图 3.2.5-2　不同混凝土在单一冻融因素作用下的质量变化

(a) C40；(b) C60；(c) C80

3. 抗冻融循环次数

各种混凝土的抗冻融循环次数如图 3.2.5-3 所示，水灰比、引气以及钢纤维对抗冻融循环次数的改善作用一目了然。表 3.2.5 显示出各种增强措施使混凝土抗冻融循环次数的提高，即 APC、NSFRC、ASFRC 的抗冻融循环次数与 NPC 相比提高的次数，表中数据表明，钢纤维与引气双掺以后，混凝土抗冻融循环次数的增加量远远超过两种措施分别增加的抗冻融循环次数之和，说明引气与掺加钢纤维两种措施同时使用，产生显著的增强复合效应。

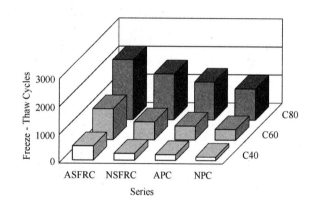

图 3.2.5-3　不同混凝土的抗冻融循环次数

单一冻融因素作用下各种增强措施使混凝土抗冻融循环次数的增加　表 3.2.5

强度等级	$N_{APC}-N_{NPC}$	$N_{NSFRC}-N_{NPC}$	$N_{ASFRC}-N_{NPC}$
C40	80	120	380
C60	120	260	820
C80	240	520	1020

3.2.6　不同混凝土的冻融损伤比较与抗冻融循环次数

不同混凝土在水中的抗冻性结果如图 3.2.6 所示。根据快速冻融实验标准的规定，当 E_r 降低到 60% 或者质量损失率达到 5%，即认为混凝土已经发生冻融破坏。OPC（C30）在水中的抗冻性很差，冻融过程中混凝土内部毛细水结冰的静

水压和凝胶水迁移的渗透压（统称水冻胀压）导致试件表面严重剥落，质量损失很快，其 E_r 急剧下降，抗冻融循环次数只有 20 次。

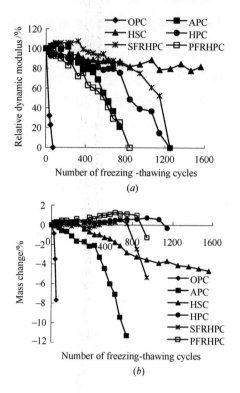

图 3.2.6　不同混凝土在水中冻融过程中的相对动弹性模量与质量变化

（a）相对动弹性模量；（b）质量变化

APC（C25）因气孔对水冻胀压的释放作用，其抗冻性比 OPC 有了明显的改善，试件的表面剥落速度、质量损失速度和 E_r 的下降速度均减慢了，抗冻融循环次数可达到 550 次，为 OPC 的 27.5 倍。

与 OPC 相比，HSC（C70）和 HPC（C70）的抗冻性更好。HSC 在冻融过程中 E_r 缓慢下降，试件表面存在缓慢的冻融剥落现象，但没有出现宏观裂缝，其冻融破坏标志是质量损失达到 5%，此时的抗冻融循环次数仍然高达 1550 次以上，至少是 OPC 的 77.5 倍，这说明不掺活性掺合料的 HSC，即使不引气也具有非常高的抗冻性。HPC 在冻融过程中试件表面并不剥落，甚至因活性掺合料的缓慢水化使质量有所增加，但是其 E_r 的降

低速度却比 HSC 要快得多，在经过 750 次冻融循环后其降低速度显著加快，到 800 次循环时 E_r 下降到 60%，其抗冻融循环次数仅 800 次（比同强度等级 HSC 缩短 47%），说明此时混凝土已经破坏，但是试件表面并没有出现剥落现象，质量也没有损失，在 950 次循环时质量还增加了 0.74%，到 1150 次时试件出现质量损失。由此可见，HPC 发生破坏的冻融循环次数比出现宏观裂纹和表面剥落产生质量损失的次数要早得多，说明混凝土内部存在大量的微裂纹，其冻融破坏起因于内部微裂纹的扩展，而非表面剥落。这表明 HPC 的冻融破坏机理与 OPC、APC 和 HSC 有一定的区别，活性掺合料严重降低了非引气 HPC 的抗冻性，这与国际上应用 HPC 时普遍采用引气技术是一致的。

对于掺加 2% 钢纤维的 SFRHPC (C70)，冻融时 E_r 下降速度比 HPC 要慢，说明钢纤维延缓了冻融过程中混凝土内部裂纹的形成与扩展，在 800 次循环时试件的 E_r 高达 80% 以上，表面无剥落开裂，继续冻融则混凝土的冻融损伤增大，表面存在一定程度的剥落，当冻融 1050 次循环后 E_r 降低到 61%，质量损失超过 5%，表明混凝土已经破坏，其抗冻融循环次数由 HPC 的 800 次提高到 1050 次，延长了 31%。

对于掺加 0.1% PF 的 PFRHPC (C65)，单方混凝土中分布了 5344 万根纤维，比 SFRHPC 多 2800 倍，纤维间距也小至 1.23~1.38mm，比 SFRHPC 减小了 76%，其抗冻性理应比 SFRHPC 还要好，但是与 SFRHPC 和 HPC 相比，冻融时 PFRHPC 的 E_r 下降速度是最快的，纤维的阻裂效应因受自身弹性模量低的限制，其抗冻融循环次数仅 475 次，比 HPC 降低了 40%。此外，PFRHPC 试件即使进行了 800 次冻融循环其质量也没有损失，但在表面同时存在宏观裂纹和剥落现象，当继续冻融至 1000 次时试件则完全开裂、疏松，只不过大量均匀分布的纤维将混凝土碎块

联系在一起而没有崩溃，但质量仍然没有损失，这充分表明，PFRHPC 的冻融破坏起因于内部微裂纹的扩展，表明 PF 的阻裂效应没有发挥出来。PFRHPC 抗冻性降低的原因包括两个方面：一方面是掺入 PF 后带入一定数量的空气，使混凝土的密实度降低，强度下降了 15%；另一方面与国产 PF 存在表面微裂纹有关。由图 3.2.5 可以看出，PFRHPC 的质量损失—冻融循环的关系曲线位于 SFRHPC 之上，其质量损失速度明显小于 SFRHPC，在 1050 次的质量损失率不超过 2%。因此，根据质量损失与冻融循环次数的发展规律，可以肯定以下推论：当采用表面没有裂缝的 PF 纤维增强 HPC 时，其抗冻性将大大提高，绝不会低于钢纤维增强 HPC。

3.2.7 高性能混凝土在单一硫酸盐腐蚀因素作用下的损伤失效过程、特点与规律

图 3.2.7-1 和图 3.2.7-2 分别是在单一的硫酸铵溶液腐蚀条件以及水溶液作用下高强混凝土的相对动弹模量和质量损失与浸泡时间的关系。结果表明，对于水溶液浸泡实验，自成型 28d 以后高强混凝土的相对动弹以及质量还在继续增加，这说明混凝土的水化反应仍在继续进行。另外，

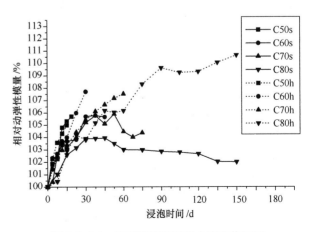

图 3.2.7-1 硫酸铵溶液以及水溶液作用下
混凝土相对动弹模量与浸泡时间的关系

水灰比的降低，使高强混凝土的后期水化潜力也越大，C80h后期相对动弹增加速度比较大，甚至有超越其他水灰比混凝土的趋势，到了150d，其在水中浸泡的相对动弹增加幅度为10.65%，此时质量增加了0.38%。

对于硫酸铵侵蚀实验，根据侵蚀的破坏机理可知，其实验结果是正负效应相互作用的结果，其中正面效应主要为未水化水泥颗粒的继续水化、硫酸根离子的早期适当增强作用等；而负面效应主要为铵根离子的侵蚀以及硫酸根离子的侵蚀破坏作用等。图3.2.7-1和图3.2.7-2表明在硫酸铵溶液侵蚀的初期，高强混凝土的相对动弹增加幅度与水溶液中的差别不大，这说明单一的硫酸铵因素侵蚀的正负效应其早期作用结果对于高强混凝土的动弹贡献不大。但是在达到22d，硫酸铵侵蚀实验的相对动弹增加幅度明显低于同期的水溶液浸泡实验，甚至到了30~40d，相对动弹曲线开始呈缓慢下降趋势，这说明硫酸铵的侵蚀实验经历了一个由正面效应主要起作用而负面效应逐渐发挥作用的过程。与此同时，随着龄期的延长，质量损失也由负值转为正值，实验达到150d，可明显地看到表面侵蚀现象，此时质量损失为2.1%。

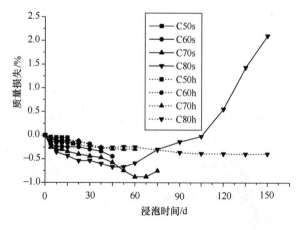

图 3.2.7-2　硫酸铵溶液以及水溶液作用下
高强混凝土重量损失与浸泡时间的关系

注：混凝土种类编号后缀"h"代表受到水溶液的浸泡作用，"s"代表受到硫酸盐溶液侵蚀的作用。

3.2.8　高性能混凝土在单一盐湖卤水腐蚀因素作用下的损伤失效过程、特点与规律

1. 盐湖卤水种类的影响

在单一腐蚀因素作用下，由于腐蚀初期时形成的腐蚀产物在混凝土内部孔隙中结晶对结构起到一定程度的密实作用，使其初期腐蚀强度提高，之后的继续腐蚀才会导致混凝土的结构破坏、强度下降。根据混凝土在腐蚀介质条件下的强度和在水中养护相同龄期时强度的比值，计算得到的抗腐蚀系数见表3.2.8-1。其中，按照抗压强度计算的抗腐蚀系数称为抗压腐蚀系数，按照抗折强度计算的称为抗折腐蚀系数。图3.2.8-1是所有混凝土在不同盐湖卤水中的抗折腐蚀系数与抗压腐蚀系数之间的关系，可见绝大多数数据点位于45°斜线之上，证明抗折腐蚀系数比抗压腐蚀系数要高。因此，这里主要以抗压腐蚀系数反映混凝土的抗卤水腐蚀性。

不同混凝土在盐湖卤水中侵蚀 600d 的
抗腐蚀系数（标准养护 28d 试件）　表 3.2.8-1

编　号		OPC	APC	HSC	HPC	SFRHPC	PFRHPC
新疆卤水	抗压	0.91	0.66	0.56	0.68	0.59	0.47
	抗折	1.20	0.57	1.06	0.75	0.77	1.16
青海卤水	抗压	0.65	0.53	0.81	0.95	0.82	0.85
	抗折	1.05	0.86	1.06	1.28	0.90	1.03
内蒙古卤水	抗压	0.67	0.96	0.82	0.90	1.02	0.95
	抗折	1.21	0.90	1.17	1.22	0.90	1.21
西藏卤水	抗压	0.93	0.69	0.81	0.98	0.90	0.66
	抗折	1.13	0.87	1.24	1.35	0.90	1.11

由表3.2.8-1可见，OPC除了在新疆和西藏盐湖卤水中侵蚀600d的抗压腐蚀系数达到0.91~0.93以外，在青海和内蒙古盐湖卤水中的抗压腐蚀系数只有0.65~0.67。根据混凝土的抗硫酸盐腐蚀实验方法，一般认为抗腐蚀系数小于0.80时表示混凝土的抗腐蚀性差，因此，OPC在青海和内蒙古盐湖地区的抗卤水腐蚀性很差。

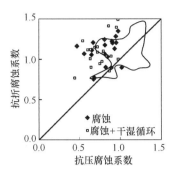

图 3.2.8-1 混凝土在不同盐湖卤水中的抗折腐蚀
系数与抗压腐蚀系数之间的关系

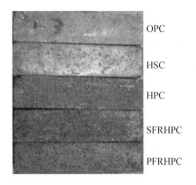

图 3.2.8-2 OPC、HSC、HPC、SFRHPC
和 PFRHPC 在新疆盐湖卤水中
侵蚀 600d 后的表面形态

APC 除在内蒙古盐湖卤水中侵蚀 600d 的抗压腐蚀系数达到 0.96 以外，在新疆、青海和西藏盐湖卤水中的抗压腐蚀系数分别为 0.66、0.53 和 0.69，均比 OPC 侵蚀 600d 的抗压腐蚀系数要低，说明引气对于腐蚀条件的大量腐蚀产物结晶形成时盐结晶压的缓解作用是有限的。

HSC 在新疆盐湖卤水中侵蚀 600d 后的抗压腐蚀系数只有 0.56，在青海、内蒙古和西藏盐湖卤水中的抗压腐蚀系数也仅有 0.81~0.82，刚达到抗腐蚀的标准，而且与 OPC 相比，在新疆和西藏盐湖地区的抗压腐蚀系数反而降低了。说明 HSC 的抗腐蚀性不尽人意，较好地印证了"高强不一定耐久"的学术观点。

当掺加活性掺合料以后，HPC 在青海、内蒙古和西藏盐湖的抗卤水腐蚀性大大提高，抗压腐蚀系数高达 0.90~0.98，可见掺加活性掺合料确能提高高强度等级混凝土的抗腐蚀性。但是在新疆盐湖，HPC 经过卤水侵蚀 600d 后抗压腐蚀系数只有 0.68（仍然高于 HSC 的 0.56），进一步掺加增强纤维，其抗卤水腐蚀性并没有明显提高。这表明混凝土在新疆盐湖地区的腐蚀破坏机理可能与其他盐湖地区有很大的不同。图 3.2.8-2 是不同混凝土在新疆盐湖卤水中侵蚀 600d 后的表面形态，可见 HPC 的表面腐蚀爆裂坑已经连成了一片，PFRHPC 则有所改善，OPC 和 HSC 的表面剥落现象相对较轻。

2. 混凝土龄期的影响

标准养护 90d 的不同混凝土在 4 种盐湖卤水中腐蚀 500d 的抗腐蚀系数如表 3.2.8-2 所示。由此同样可见，混凝土的抗压腐蚀系数明显低于抗折腐蚀系数。对比表 3.2.8-2 的数据可见，延长混凝土的标准养护龄期，可以提高混凝土在单一腐蚀因素作用下的抗卤水腐蚀性。在混凝土抗腐蚀能力低的新疆盐湖卤水中，延长标准养护龄期对于 OPC 的抗卤水腐蚀性的提高作用并非显著，其抗压腐蚀系数从 28d 的 0.91 提高到 90d 的 0.94（仅提高了 3.2%），但是加强养护确能大大改善了 HSC-HPC 的抗腐蚀性，标准养护 90d 以后 HSC、HPC、SFRHPC 和 PFRHPC 的抗压腐蚀系数分别达到 1.11、0.95、1.16 和 1.03，比标准养护 28d 时分别提高了 98%、40%、97% 和 1.19 倍。因此，对于新疆盐湖地区使用的 HSC-HPC，一方面应该加强混凝土的潮湿养护，另一方面还需要考虑将混凝土应用于具有干湿交替的环境中。

不同混凝土在盐湖卤水中侵蚀 500d 的抗腐蚀系数
（标准养护 90d 试件）　　表 3.2.8-2

编　号		OPC	HSC	HPC	SFRHPC	PFRHPC
新疆卤水	抗压	0.94	1.11	0.95	1.16	1.03
	抗折	1.26	1.26	1.27	0.97	1.17
青海卤水	抗压	0.76	0.77	0.84	1.01	0.77
	抗折	1.03	1.12	1.32	1.05	1.20

续表

编　　号		OPC	HSC	HPC	SFRHPC	PFRHPC
内蒙古卤水	抗压	1.11	0.79	0.85	1.10	0.95
	抗折	1.09	1.17	1.33	0.86	1.05
西藏卤水	抗压	0.94	0.80	0.74	0.78	0.78
	抗折	0.87	1.28	1.23	0.88	1.20

3.2.9　结论

（1）混凝土的冻融破坏过程是一个由致密到疏松的物理过程。在单一冻融因素作用下，水灰比对混凝土的抗冻性起重要作用，随着混凝土水灰比的减小，混凝土密实度提高，孔结构优化，相对动弹性模量的损失变慢，重量损失下降，混凝土能承受的冻融循环次数增加。

（2）引气的卸压作用以及增强混凝土抗渗透性能，有效抑制了因冻融循环引起混凝土的失效过程，APC的重量损失远比NPC的小，只有NPC的30%～40%左右，混凝土的抗冻性得到提高。APC的抗冻融循环次数比NPC增加30%～60%左右。

（3）钢纤维的阻裂、桥接与增韧作用，使混凝土抵抗损伤的能力增强，冻融循环过程中混凝土相对动弹性模量下降变慢，混凝土抗冻融循环次数大幅提高。钢纤维对遭受各种损伤的混凝土重量损失的改善作用不如引气和降低水灰比的效果明显。原因在于重量损失主要是试件表面浆体剥落所致，表面剥落一般是细小的砂粒或浆体颗粒脱离试件表面，在混凝土中乱向分布的钢纤维，对这种颗粒起不到约束作用，因此各种损伤作用下钢纤维混凝土（NSFRC）的重量损失与非引气混凝土（NPC）非常接近。

（4）引气和掺加钢纤维复合掺入混凝土，充分发挥了钢纤维和引气各自抑制混凝土损伤的优点并优势互补，从而强化了抑制混凝土损伤的效果，这一效果明显优于钢纤维与引气分别抑制混凝土损伤的简单叠加，产生抑制损伤的复合效应。

这种复合效应主要体现在损伤过程中混凝土相对动弹性模量下降速度变慢和混凝土抗冻融循环次数增加，但重量损失则没有复合效应产生。

（5）相同强度等级混凝土的相对动弹性模量下降速度为ASFRC＜NSFRC＜APC＜NPC。

（6）在单一冻融因素作用下，OPC的抗冻性很差，冻融寿命仅20次；APC具有较高的抗冻性，冻融寿命可达到550次；非引气HSC具有很高的抗冻性，冻融寿命在1550次以上。

（7）活性掺合料严重降低了非引气HPC的抗冻性，其冻融寿命只有800次。采用高效减水剂和活性掺合料配制的非引气HPC并非"高抗冻混凝土"，可借鉴国外的成功经验，对目前大量使用的HPC进行引气。这说明，按照材料组成定义HPC不一定合理。

（8）掺加2%钢纤维限制了冻融前和冻融过程中HPC内部裂纹的引发与扩展，在一定程度上提高了其抵抗冻融破坏的能力，其冻融寿命可达到1050次，比基准HPC延长了31%。

（9）在单一的硫酸铵腐蚀条件下，混凝土的相对动弹增加幅度明显低于同期的水溶液浸泡试件，经历30～40d以后，其相对动弹曲线开始呈缓慢下降趋势。与此同时，随着龄期的延长，混凝土的质量损失也由负值转为正值，实验达到150d，可明显地看到表面侵蚀现象，此时质量损失为2.1%。

（10）混凝土在盐湖卤水的单一腐蚀因素作用下，其抗折腐蚀系数比抗压腐蚀系数要高。

（11）OPC在青海和内蒙古盐湖地区的单一腐蚀因素作用下抗卤水腐蚀性很差，侵蚀600d的抗压腐蚀系数为0.65～0.67，但在新疆和西藏盐湖卤水中则达到0.91～0.93。

（12）引气对于腐蚀条件下大量腐蚀产物结晶形成的盐结晶压的缓解作用是有限的，因此，APC除在内蒙古盐湖卤水中侵蚀405d的抗压腐蚀系数达到0.96以外，在新疆、青海和西藏盐湖卤水中的抗腐蚀性均低于OPC，侵蚀405d的抗压腐蚀系数分别为 0.66、0.53 和 0.69。

（13）HSC "高强不一定耐久"，在盐湖卤水中的抗腐蚀性不尽人意，在新疆盐湖卤水中侵蚀 600d 后的抗压腐蚀系数只有 0.56，在青海、内蒙古和西藏盐湖卤水中的抗压腐蚀系数也仅有 0.81～0.82，刚刚达到抗腐蚀的标准。

（14）高强非引气 HPC 在青海、内蒙古和西藏盐湖卤水中的抗卤水腐蚀性大大提高了，其抗压腐蚀系数高达 0.90～0.98。但是，HPC 在新疆盐湖卤水中侵蚀 600d 后的抗压腐蚀系数 0.68，即使掺加纤维增强材料，也没有显著提高其抗卤水腐蚀性。

（15）延长混凝土的标准养护龄期，可以提高混凝土在单一腐蚀因素作用下的抗卤水腐蚀性。因此，对于新疆盐湖地区使用的 HSC-HPC，应该加强混凝土的潮湿养护。

3.3 高性能混凝土在双重破坏因素作用下损伤失效过程的规律和特点

3.3.1 高性能混凝土在冻融循环与应力双重因素作用下的损伤失效过程、特点与规律

1. 高性能混凝土的冻融循环—应力双因素损伤规律与抗冻融循环次数

1）相对动弹性模量

冻融循环过程中对混凝土施加相当于其抗弯破坏强度的 0％、10％、25％、50％的弯曲应力。图 3.3.1-1 示出在不同应力比作用下各种混凝土相对动弹性模量的变化，图中控制试件为不加载的与冻融试件配合比、龄期都相同，在 20℃左右水中养护的试件，测定冻融循环试件性能的同时

测定控制试件的性能。

可以看出，外部应力和冻融循环同时作用下，应力比越大，破坏力越强，相应的试件相对动弹性模量下降越快，混凝土能承受的冻融循环次数越少。应力作用下混凝土的破坏一般为相对动弹性模量下降达到破坏标准，造成混凝土破坏失效。无论混凝土的强度多高，其本身抗冻性多好，应力比为 50％时，所有配合比的混凝土一般经过 20～40 次冻融循环，动弹性模量便下降为 0，发生破坏，表明此时混凝土呈不稳定状态。

外部应力与冻融循环同时作用下，混凝土的破坏形态与冻融循环单独作用有很大不同。50％外部应力作用下所有混凝土的破坏都是试件从中间断裂，表现出突然的脆性破坏，破坏前的相对

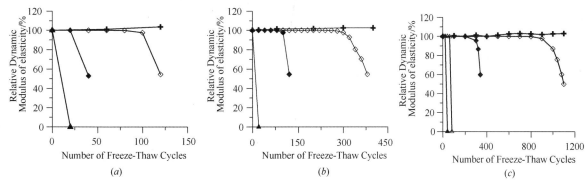

图 3.3.1-1 应力对混凝土冻融循环过程中相对动弹性模量的影响

（a）C40NPC；（b）C60NPC；（c）C80NPC

◇ 应力比 $SL=0$％，◆ 应力比 $SL=10$％，△ 应力比 $SL=25$％，▲ 应力比 $SL=50$％，＋对比试件

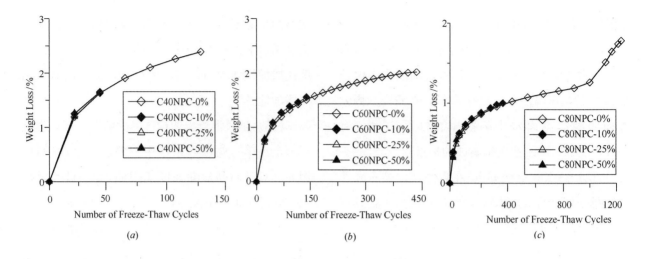

图 3.3.1-2　应力与冻融循环同时作用下混凝土的质量损失

(*a*) C40NPC；(*b*) C60NPC；(*c*) C80NPC

动弹性模量一般都在 90％以上，突然断裂后相对动弹性模量下降为 0。估计有部分试件尚未达到 20 次冻融循环就已经断裂，限于试验中的测试间隔，未能及时发现。可以认为在这种情况下，50％的应力对试件的破坏起主导作用。虽然由于测试间隔部分混凝土在 50％应力比下的抗冻融循环次数带来误差，但是该应力水平对混凝土抗冻的影响在试验结果中已经得到充分反应。应力比为 25％时，大部分混凝土试件的破坏形态也是经过一定次数的冻融循环后突然断裂，相对动弹性模量下降为 0，过早达到破坏，抗冻融循环次数只有冻融循环单独作用是的 8％左右。少量试件在破坏前相对动弹性模量有一定程度的下降。应力比较小时，对混凝土的劣化影响相对减弱，10％应力比下混凝土破坏时相对动弹性模量一般有较多的下降，大部分试件破坏时的相对动弹性模量下降到 60％以下，与 50％和 25％应力比下试件断裂动弹性模量突然下降为 0 的脆性破坏形态有很大区别。

2）质量损失

应力与冻融循环同时作用下混凝土的质量损失如图 3.3.1-2 所示。可以看出应力对冻融循环过程中的质量损失影响不大，这与应力作用下的破坏机理有关。应力主要在混凝土试件由于冻融循环引起的裂缝或微裂缝处产生应力集中，加速裂缝的开展而引起破坏。应力也可以促使冻融循环引发的微裂缝提前出现。所以应力对混凝土冻融循环过程中的质量损失基本无关。这样，各应力比情况下，冻融循环过程中混凝土试件重量的变化规律与冻融循环单独作用时非常接近，除了有应力作用时混凝土由于相对动弹性模量的损失而提前破坏之外，各应力水平下混凝土的质量损失无明显差异。

3）抗冻融循环次数

图 3.3.1-3 显示出冻融循环与应力同时作用下混凝土破坏时经过的冻融循环次数。可以看出，外部弯曲应力对混凝土的冻融循环次数影响极大，当应力比为 50％时各水灰比的混凝土经过 20～40 次冻融循环便发生破坏，各水灰比混凝土的抗冻融次数的差异并不明显。与 50％应力比时所有配比混凝土几乎同时破坏的情况相比，25％应力比

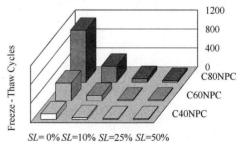

图 3.3.1-3　冻融循环与应力同时作用下
混凝土的抗冻融循环次数

下混凝土的抗冻融循环次数表现出一定的规律性，混凝土强度越高，能承受的冻融循环次数越多，抗冻融能力越强，与应力比为0时的抗冻融循环次数之比为8％左右。10％应力比的素混凝土试件与应力比为0时的冻融循环次数之比达到32％左右。根据这些现象可以看出，即使10％的应力比对混凝土的抗冻性也有很大的影响，充分表明在荷载作用下加速了混凝土的损伤与劣化过程，且应力比越高混凝土损伤程度越大。

外部弯曲应力和冻融循环同时作用下，应力对混凝土抗冻融循环次数的影响可以用式（3.3.1）表示：

$$N_{SL}/N_0 = k \qquad (3.3.1)$$

式中，N_{SL} 为外部应力作用下混凝土的抗冻融循环次数；N_0 为外部应力为0时混凝土的抗冻融循环次数；k 为比例常数。对于 NPC 混凝土，应力水平为0、10％、25％ 和 50％ 时的值分别为1.00、0.32、0.08 和 0.04。应力比为50％时式（3.3.1）的结果与试验有较大的差异，原因在于50％应力比下混凝土处于不稳定状态，破坏具有很大的偶然性，而且由于试验过程中测试不连续，使得试验结果与大于实际抗冻融循环次数。

60％左右的外部弯曲应力作用下混凝土有可能处于裂缝主动扩展阶段，但是试验中应力单独作用下，应力比为50％的试件经过一年时间的持荷，没有一块混凝土发生破坏，也没有观察到有裂缝产生，动弹性模量测试结果显示在整个试验过程中只受到外部应力作用的混凝土相对动弹性

模量与控制试件（20℃下水中养护）性能保持同步增长，说明应力比不超过50％的外部弯曲应力作用时混凝土尚未达到初裂应力。这样，双重因素作用下（应力比不为0）混凝土性能与冻融循环单独作用（应力比等于0）的差异，就是两种因素的损伤复合效应。

显然外部应力和冻融循环双重因素作用下混凝土的损伤速度，远远大于单一破坏因素作用的情况。应力比为10％、25％和50％时混凝土的抗冻融循环次数分别只有单一破坏因素作用下的32％、8％和4％左右，可见两种因素的复合作用极大加速了混凝土的损伤与失效速度。

2. 引气高性能混凝土的冻融循环—应力双因素损伤规律与抗冻融循环次数

1）相对动弹性模量

应力与冻融循环双因素作用下 APC 的相对动弹性模量变化如图 3.3.1-4 所示。引气从整体上改善混凝土的抗冻性，无论应力大小，引气之后混凝土的抗冻性都得到一定程度的改善。从图 3.3.1-4 可以看出，相同应力比下，各强度等级的引气混凝土（APC）相对动弹性模量下降比非引气混凝土（NPC）稍为缓慢，不过两条曲线距离较近，说明引气对冻融循环—应力双因素损伤的抑制效果有限。

2）质量损失

引气以后混凝土的质量损失得到显著改善，相同强度等级的引气混凝土只有非引气混凝土的30％～40％左右。由于应力对冻融循环过程中的

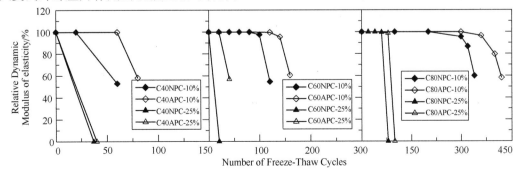

图 3.3.1-4　10％、25％应力比时 NPC 与 APC 相对动弹性模量的冻融—应力双因素损伤

质量损失几乎没有影响，引气对各种应力比时的质量损失改善与抑制效果基本一样。

3）抗冻融循环次数

图3.3.1-5给出冻融循环与应力同时作用下APC与NPC混凝土的抗冻融循环次数。相同强度等级、相同应力比时APC混凝土比NPC的抗冻融循环次数多30%～60%。根据试验结果分析，由式（3.3.1）可以得到应力比为0时APC的抗冻融循环次数，各种应力状态下APC混凝土的抗冻融循环次数仍然可以用式（3.3.1）表示。

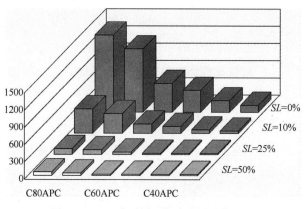

图3.3.1-5 冻融循环与应力同时作用下
混凝土能承受的冻融循环次数

3. 钢纤维增强高性能混凝土的冻融循环—应力双因素损伤规律与抗冻融循环次数

1）相对动弹性模量

图3.3.1-6给出NSFRC混凝土在不同应力比下冻融循环过程中的相对动弹性模量变化，可

以看出钢纤维对相对动弹性模量损伤的抑制效果，图3.3.1-7将10%、25%应力比时NPC与NS-FRC的相对动弹性模量在同一坐标中示出，钢纤维的影响更加清楚。

钢纤维的掺入改变了混凝土在冻融—应力双重破坏因素作用下的破坏形态，除应力比为50%时的破坏仍然以脆性突然破坏为主外，25%和10%应力比情况下，试件的破坏过程都较为温和，裂缝出现之后，混凝土仍然能承受一定次数的冻融循环，相对动弹性模量才达到破坏标准。尤其应力比为10%时，即使试件中出现裂缝，混凝土仍然能承受较多次数的冻融循环，这与NPC和APC混凝土在应力与冻融循环双重破坏因素作用下裂缝一经出现便迅速破坏对比非常明显。钢纤维混凝土在整个损伤过程中，相对动弹性模量的下降较素混凝土缓慢，这是因为钢纤维抑制或延迟了混凝土在冻融过程中裂缝的引发与扩展，也是钢纤维混凝土比普通混凝土能承受更多次数冻融循环的原因。所以钢纤维混凝土抵抗应力与冻融循环双重破坏因素作用的能力大大增强。

2）抗冻融循环次数

图3.3.1-8给出各应力比下NSFRC与NPC的抗冻融循环次数。掺入钢纤维之后，混凝土所能承受的应力作用下的冻融循环次数显著提高，从原来的几十次提高到上百次或从几百次增加到

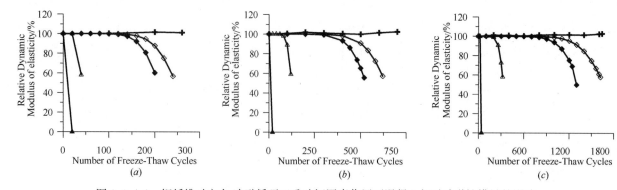

图3.3.1-6 钢纤维对应力-冻融循环双重破坏因素作用下混凝土相对动弹性模量的影响

(a) C40NSFRC；(b) C60NSFRC；(c) C80NSFRC

◇应力比0%，◆应力比10%，△应力比25%，▲应力比50%，＋对比试件

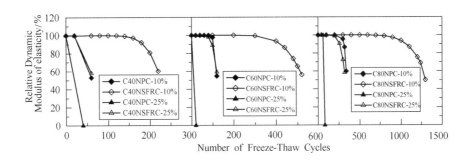

图 3.3.1-7　钢纤维对 10％、25％应力比时冻融过程中相对动弹性模量的影响

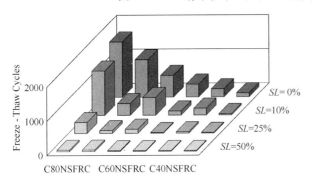

图 3.3.1-8　钢纤维对冻融循环与应力同时作用下
混凝土抗冻融循环次数的影响

上千次，提高到原来的 3～5 倍。而没有外部应力作用的情况下，钢纤维混凝土的抗冻融循环次数是相应素混凝土的 1.5～2.5 倍，说明钢纤维能有效抑制外部应力与冻融循环同时作用对混凝土的损伤，对改善混凝土在应力作用下的抗冻性的效果非常显著。

4. 钢纤维增强引气高性能混凝土的冻融循环—应力双因素损伤规律与抗冻融循环次数

1）相对动弹性模量

图 3.3.1-9 给出 ASFRC 在冻融循环—应力同时作用下相对动弹性模量的变化过程，显示出钢纤维与引气双掺抑制混凝土损伤与单独作用的异同。图 3.3.1-10 给出应力比 10％、25％时 ASFRC、NPC、APC 和 NSFRC 的相对动弹性模量，冻融—应力双重破坏因素作用下，钢纤维与引气双掺对损伤的抑制作用非常显著，相对动弹性模量损失速度延缓很多，混凝土抗损伤能力得到极大提高。钢纤维引气复合对冻融—应力双因素损伤的抑制效果，远比对冻融单因素损伤的抑制效果显著，钢纤维与引气的复合效应得到充分发挥。

2）抗冻融循环次数

各种水灰比的 ASFRC、NPC 混凝土在冻融—应力双因素损伤下的抗冻融循环次数如图 3.3.1-11 所示，可以看出水灰比相同，应力比为 10％、25％时，ASFRC 的抗冻融循环次数是 NPC 的 5～10 倍。表 3.3.1 列出不同应力比的冻

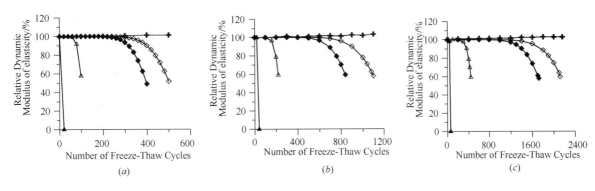

图 3.3.1-9　ASFRC 在冻融循环—应力损伤过程中的相对动弹性模量

（*a*）C40ASFRC；（*b*）C60ASFRC；（*c*）C80ASFRC

◇应力比 0％，◆应力比 10％，△应力比 25％，▲应力比 50％，＋对比试件

171

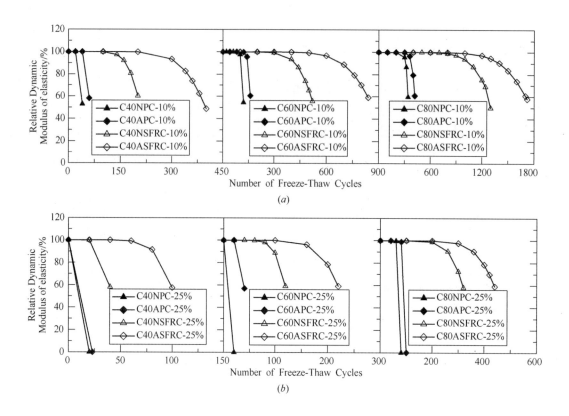

图 3.3.1-10　10％、25％应力比冻融-应力损伤下各种混凝土的相对动弹性模量

(a) 应力比 10％；(b) 应力比 25％

融—应力双因素损伤下，ASFRC、APC、NS-FRC 与 NPC 的抗冻融循环次数之差，除了 50％应力比时由于应力过大使混凝土破坏偶然性较大，ASFRC 对混凝土抗冻融循环次数的增加远远超过引气与钢纤维单独使用使抗冻融循环次数增加之和，充分反映出钢纤维与引气双掺抑制损伤的复合效应。

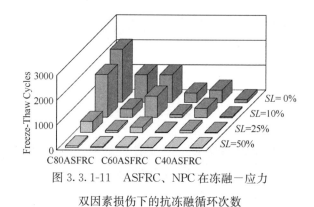

图 3.3.1-11　ASFRC、NPC 在冻融—应力

双因素损伤下的抗冻融循环次数

冻融—应力双因素损伤下 ASFRC、APC、NSFRC 与 NPC 的抗冻融循环次数之差　　表 3.3.1

混凝土强度等级	应力比	$N_{APC}-N_{NPC}$	$N_{NSFRC}-N_{NPC}$	$N_{ASFRC}-N_{NPC}$
C40	$SL=0\%$	80	120	380
	$SL=10\%$	20	160	340
	$SL=25\%$	0	20	80
	$SL=50\%$	0	0	0
C60	$SL=0\%$	120	260	820
	$SL=10\%$	40	400	740
	$SL=25\%$	20	100	200
	$SL=50\%$	0	0	20

混凝土强度等级	应力比	$N_{APC} - N_{NPC}$	$N_{NSFRC} - N_{NPC}$	$N_{ASFRC} - N_{NPC}$
C80	$SL = 0\%$	240	520	1020
	$SL = 10\%$	80	960	1380
	$SL = 25\%$	20	240	360
	$SL = 50\%$	20	0	20

3.3.2 高性能混凝土在冻融循环与除冰盐双重因素作用下的损伤失效过程、特点与规律

1. 高性能混凝土的冻融循环—除冰盐双因素损伤规律与抗冻融循环次数

氯盐普遍存在于混凝土环境中，如海水、除冰盐、临近海面的空气等都是氯盐的丰富来源。混凝土在氯化钠溶液中吸水饱和时的抗冻性与在淡水中饱和时的抗冻性差别很大。普通情况下抗冻性很好的混凝土，在氯化钠溶液中冻融有可能发生表面大量剥落，使得质量损失也可能达到破坏标准，在淡水中冻融的混凝土一般是动弹性模量先于质量损失达到破坏标准。混凝土中的增强钢筋或钢纤维要发生氯离子腐蚀，必须满足两个条件，一是钢筋或钢纤维表面的氯离子浓度达到发生腐蚀的临界值；二是钢筋或钢纤维环境中有足够的氧。混凝土在氯化钠溶液中快速冻融时，虽然混凝土内部的氯离子含量有可能远远超过导致钢筋腐蚀的临界浓度，但是由于浸泡试件的氯化钠溶液中氧的含量极低，使得混凝土中不能发生氯离子腐蚀。整个试验过程中混凝土内部钢纤维始终保持青亮无锈，毫无腐蚀。

1）质量损失

图3.3.2-1（a）给出各强度等级混凝土在3.5%氯化钠溶液中冻融循环过程中的质量损失规律。在纯水中混凝土冻融循环时，没有试件因为质量损失超过标准规定的极限而达到破坏，而在氯化钠溶液中冻融时的情况则完全不同。本试

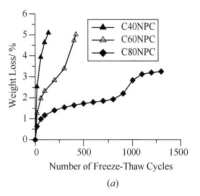

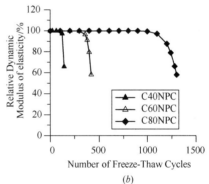

图3.3.2-1 混凝土在 NaCl 溶液中冻融循环过程中质量损失与相对动弹性模量变化

（a）质量损失；（b）相对动弹性模量变化

中水灰比为 0.44 和 0.32 的混凝土在氯化钠溶液中冻融时，都因为质量损失超过 GB/T 50082 规定的 5% 而破坏。混凝土的质量损失由表面剥落引起，可以想象，实际工程中的混凝土，在浓度很低的除冰盐作用下，受自然界温度变化引起的冻结和融化，尚且可以使混凝土表面严重剥落，实验室的冻结与融化速率是自然环境的数十倍，而且实验室所采用的氯化钠溶液浓度对混凝土抵抗盐剥落最不利，这种情况下混凝土的剥落速度显然要快得多。剥落严重的试件表面起砂变酥，达到一定程度后粗骨料外露，甚至有粗骨料剥落，

剥落深度最严重的可达到 5mm 以上，如图 3.3.2-2 所示在氯化钠溶液中冻融表面严重剥落的试件。由此可见在氯化钠溶液中遭受冻融循环的混凝土质量损失决不能忽视。

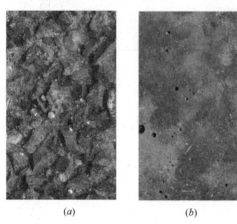

(a)　　　　　(b)

图 3.3.2-2　在氯化钠溶液中冻融时的
表面严重剥落的混凝土试件
(a) 剥落以后；(b) 剥落以前

混凝土在快速冻融过程中的剥落与其渗透性和表面饱和程度有关。氯化钠的存在使混凝土的渗透性增加，表面层饱和度提高，导致剥落加剧，质量损失增加。与水中冻融时的质量损失相比，氯化钠溶液中冻融时的质量损失增加 50% 左右。

水灰比对混凝土在盐冻条件下的质量损失影响较大，从图 3.3.2-1 可以看出，冻融循环次数相同时，C60 混凝土的质量损失明显小于 C40，C80 的质量损失又显著小于 C60。从 C40、C60 到 C80，质量损失几乎是以几何速度递减。在氯化钠溶液中水灰比影响混凝土冻融时的质量损失的原因与在水中冻融一样，水灰比下降混凝土的抗渗透性能相应提高，表面饱和程度显著降低。另外混凝土强度的提高当发生同样剥落程度时则需要更大的破坏力。试验结果显示 C80NPC 有很好的抗剥落能力，在氯化钠溶液中经过 1000 次以上冻融循环质量损失只有 2.5%。

在氯化钠溶液和冻融双重破坏因素作用下混凝土产生严重的表面剥落，但由于混凝土自身的不均匀性，各个面的剥落是不均匀的。要达到

5% 的质量损失，混凝土平均剥落厚度为 0.5mm 左右，实际试验中，成型面的剥落比其他面严重，剥落速度可能是其他面的数倍。同一个面的剥落程度也不是处处均匀，在缺陷或有孔部位产生集中剥落，试验中观察到的剥落深度最严重的部位超过 5mm。

2）相对动弹性模量

混凝土在氯化钠溶液中冻融循环过程中相对动弹性模量的变化如图 3.3.2-1 (b) 所示。虽然盐冻造成混凝土表面严重剥落，但是相对动弹性模量的下降比在水中时稍为缓慢。由于盐的存在，使得混凝土的饱和程度提高，而高饱和度不利于混凝土抗冻，但是盐溶液同时使冰点降低，宏观状态浓度 3.5% 的氯化钠溶液冰点为 -2.03℃，混凝土中孔隙溶液的冰点可能远远低于宏观状态的冰点，因为孔径越小，孔隙中溶液结冰的温度越低，这是对混凝土抗冻有利的方面。实际上浸于溶液中的混凝土只有表面层高度饱和，各种孔径的孔都有可能充满水，表面层以下的混凝土即使在盐溶液中经过长期浸泡其饱和度依然很低，这时由于孔隙和溶液的共同作用，使得在冻结温度时混凝土内部孔隙中的溶液可能没有结冰，对混凝土内部造成的破坏程度明显低于在纯水中时的情况。根据这个结果，混凝土在氯化钠溶液中快速冻融时动弹性模量下降较慢是很正常的。

水灰比对相对动弹性模量的影响规律与在水中冻融时一致，水灰比下降，混凝土强度提高，抗破坏能力增强，同时水灰比下降使混凝土密实度提高，混凝土中可冻结水含量减少，导致动弹性模量的下降速度变慢。

3）抗冻融循环次数

水灰比减小，混凝土的抗冻融循环次数增加，各种混凝土在 3.5% 氯化钠溶液中的抗冻融循环次数如图 3.3.2-3 所示。盐溶液中混凝土的抗冻融循环次数一般高于在水中的抗冻融循环次数，这是由于盐对于相对动弹性模量损伤的有利作用

造成的。经过对比分析，各种配合比的混凝土在3.5％的氯化钠溶液中的抗冻融循环次数大约为其在水中时的1.2倍。

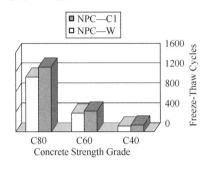

图 3.3.2-3　混凝土在氯化钠溶液中的抗冻融
循环次数（—Cl：氯化钠溶液；—W：水）

4）氯化钠溶液与冻融循环同时损伤的复合效应

该复合效应主要体现在质量损失。单独浸泡在氯化钠溶液中的试件重量没有损失且略有增加，水中冻融时的质量损失比在氯化钠溶液中冻融时小30％～40％。图 3.3.2-4 示出在水中冻融达到破坏时刻（此时在溶液中冻融的试件尚未破坏）混凝土在两种介质中冻融的质量损失比较。说明两种损伤因素共同作用的结果绝非单一作用结果的叠加，产生这种现象的原因在于两种因素之间有交互作用，盐的存在使得混凝土表面层饱和度大大增加，冻融时表面损伤加剧。

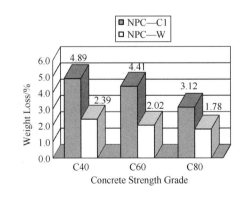

图 3.3.2-4　氯化钠溶液中冻融试验质量损失与水中
冻融质量损失的比较图中数据为各种混凝土经过
以下次数的冻融循环后的质量损失：
C40：NPC—120；C60：NPC—380；
C80：NPC—1100

ASTM C672 的试验方法是专门测试混凝土在盐溶液中冻融时表面抗剥落能力的试验方法，但是该标准没有规定混凝土的剥落量限值，只要求根据观察对混凝土的抗剥落性进行判断。有的国家标准对此进行修正，规定按 ASTM C672 的试验方法，经过一定次数的循环剥落量不得超过 $1.0kg/m^2$。根据这个标准达到破坏时，本项目试验中的剥落量按照试件（40mm×40mm×160mm）表面积计算，相应的质量损失为4.11％～4.43％，即本项目试验中质量损失达到 4.1％以上按照 ASTM C672 就认为破坏，依此计算将有较多的试件因为剥落而破坏。虽然 ASTM C672 标准的质量损失指标比 ASTM C666 严格，但 ASTM C672 试验中规定采用非成型面的进行剥落试验，成型面的剥落比非成型面的剥落严重得多。

2. 引气高性能混凝土的冻融循环－除冰盐双因素损伤规律与抗冻融循环次数

1）质量损失

与普通素混凝土（NPC）相比，引气混凝土（APC）的质量损失显著减小，抗剥落的性能大为提高。引气改善了混凝土内部的孔结构，使混凝土抗渗透性能提高，饱和程度降低，即使在同样的饱和程度下由于孔径分布的改变，引气混凝土中可引起破坏的冻结水大幅度减少，对混凝土的质量损失和动弹性模量都有很大贡献。图 3.3.2-5 表明引气混凝土的质量损失只有相应非引气混凝土质量损失的30％～40％，试验过程中 APC 混凝土没有因为质量损失超过5％而破坏，试件表面的剥落程度明显比 NPC 轻微，可见引气以后有效抑制了混凝土在盐冻状态下的质量损失，也说明5％的质量损失对于引气混凝土是一个非常宽松的指标。水灰比对 APC 与 NPC 混凝土在盐冻条件下的质量损失影响有相似的规律。

2）相对动弹性模量

引气对相对动弹性模量的影响规律与在水中冻融时一致。图 3.3.2-6 显示，冻融初期，各种混凝土的相对动弹性模量变化不大，经过一定次数的冻融循环，相对动弹性模量加速下降，APC加速下降的时间明显比NPC晚，经过较多次数的

冻融循环才开始快速损伤，快速下降阶段APC与NPC有相同的损伤速率。

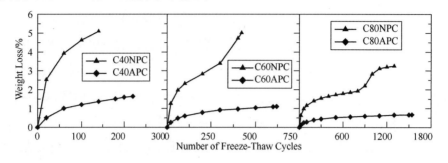

图3.3.2-5 引气对混凝土在氯化钠溶液—冻融作用下的质量损失的影响

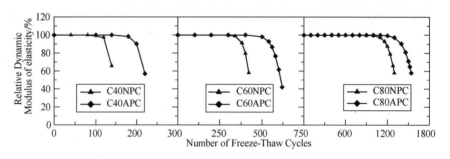

图3.3.2-6 引气对混凝土在氯化钠溶液—冻融循环双重破坏因素作用下相对动弹性模量的影响

3）抗冻融循环次数

引气混凝土的抗冻融循环次数一般取决于相对动弹性模量的下降。而相对动弹性模量在盐冻过程中的损伤较在水中时慢，所以在盐溶液中混凝土的抗冻融循环次数一般高于在水中的抗冻融循环次数。各种混凝土在3.5%氯化钠溶液中的抗冻融循环次数如图3.3.2-7所示。

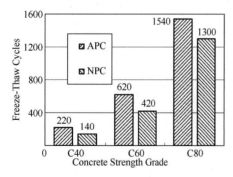

图3.3.2-7 引气对混凝土在氯化钠溶液中的
抗冻融循环次数的影响

3. 钢纤维增强高性能混凝土的冻融循环—除冰盐双因素损伤规律与抗冻融循环次数

1）相对动弹性模量和质量损失

图3.3.2-8显示钢纤维对混凝土盐冻双因素损伤相对动弹性模量的影响规律，与对冻融循环单因素损伤的影响一致。NSFRC的相对动弹性模量随冻融循环次数的下降比NPC和APC更为缓慢，说明钢纤维对冻融循环—除冰盐双因素损伤的抑制效果比引气的效果更加明显。盐冻造成混凝土表面严重剥落，钢纤维对此几乎没有影响，NPC与NSFRC的质量损失基本相同。

2）抗冻融循环次数

图3.3.2-9的试验结果表明，NSFRC在氯化钠溶液中的抗冻融循环次数为NPC的1.5～2.0倍，钢纤维显著抑制了冻融—氯化钠溶液对混凝土的损伤。

4. 钢纤维增强引气高性能混凝土的冻融循环—除冰盐双因素损伤规律与抗冻融循环次数

1）相对动弹性模量

图3.3.2-10显示，四种类型的混凝土中，

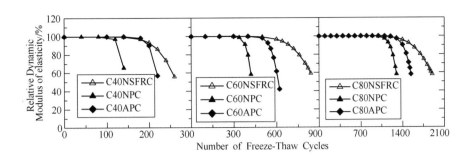

图 3.3.2-8　钢纤维对混凝土盐冻相对动弹性模量的影响

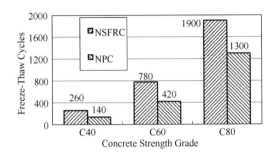

图 3.3.2-9　混凝土在氯化钠溶液中的抗冻融循环次数

ASFRC 的相对动弹性模量下降速度最慢。比较不同强度等级的混凝土，钢纤维引气复合对 C40 的增强作用最为显著，C60 的增强显著性。

其次，对 C80 也有很好的增强效果，但是增强

幅度不如对 C40、C60 大，原因可能是 C80NPC 混凝土自身的抗冻性较好，使得各种措施的增强潜力不如 C40、C60 的大。

2）抗冻融循环次数

图 3.3.2-11 显示出引气钢纤维混凝土与 NS-FRC、APC、NPC 在盐冻与水冻条件下抗冻融循环次数的关系，可以看出 ASFRC 的抗冻融循环次数比 NPC 有较大增加，比 NSFRC 的增加较小。表 3.3.2 列出盐冻损伤下，ASFRC、NS-FRC、APC 的抗冻融循环次数与 NPC 抗冻融循环次数之差，与前述实验结果一样，ASFRC 增

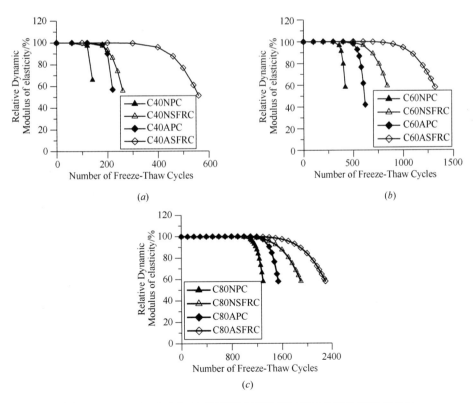

图 3.3.2-10　ASFRC 在 NaCl 溶液中冻融循时相对动弹性模量的变化

(*a*) C40；(*b*) C60；(*c*) C80

加的抗冻融循环次数远大于引气与钢纤维单独增强时增加的抗冻融循环次数之和。

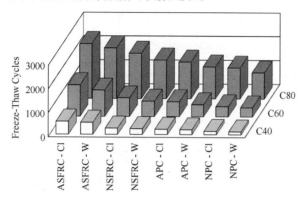

图 3.3.2-11　钢纤维引气对混凝土盐冻抗冻融循环次数的影响

盐冻双因素损伤下 ASFRC、APC、NSFRC 与 NPC 的抗冻融循环次数之差　表 3.3.2

强度等级	$N_{APC}-N_{NPC}$	$N_{NSFRC}-N_{NPC}$	$N_{ASFRC}-N_{NPC}$
C40	80	120	400
C60	200	360	900
C80	240	600	1000

3.3.3　高性能混凝土在冻融循环与硫酸盐双重因素作用下的损伤失效过程、特点与规律

1. 高性能混凝土的冻融循环—硫酸钠双因素损伤规律与抗冻融循环次数

1）相对动弹性模量

混凝土的抗冻性主要取决于其抗渗透性能、水泥浆体的饱水程度、混凝土中可冻结水的含量、冻结速率以及平均气泡间距系数等因素。一般情况下，在相同的最低温度下，冰点越低，可冻水的量越少，相应的抗冻性能应该越好。按照这个观点，混凝土在质量浓度为 5% 的硫酸钠溶液中的抗冻性能应该优于在水中的抗冻性，因为盐溶液的冰点明显低于水的冰点。试验结果表明，实际情况要复杂得多。混凝土自身抗冻性（在水中的抗冻性）不同，硫酸钠的影响也不相同，图

3.3.3-1（a）示出各种混凝土在硫酸钠溶液中相对动弹性模量随冻融循环次数的变化。与混凝土在单一冻融破坏因素作用时相比，强度较低的混凝土（C40），在硫酸钠溶液中相对动弹性模量的下降稍为缓慢，抗冻融循环次数比在水中时略多，对于强度较高的混凝土（C80），结果正好相反，在硫酸钠溶液中冻融时的动弹性模量损失比在水中时的速度快。由此可见硫酸钠溶液对相对动弹性模量的影响明显不同于氯化钠溶液，原因在于硫酸钠溶液的影响机理有所不同。与氯化钠溶液一样，硫酸钠也使混凝土孔隙水的冰点降低，对混凝土的抗冻性有利。但是硫酸钠本身可以对混凝土造成侵蚀，当混凝土浸于硫酸钠溶液中的时间足够长，硫酸钠侵蚀效果便发挥出来，使混凝土损伤劣化加速。强度较低的混凝土由于其本身抗冻性差，经过较少次数的冻融循环便达到冻融破坏，而此时硫酸钠侵蚀的化学反应尚未发生或刚刚开始，侵蚀效果尚未得到发挥。这种情况下硫酸钠溶液对混凝土抗冻性的影响与氯化钠相同，使混凝土的抗冻融循环次数略有增加。对于高强混凝土，由于其本身抗冻性好，有充分的时间使硫酸钠发挥对混凝土的侵蚀作用。硫酸钠侵蚀的结果使混凝土发生膨胀，形成与外部相通的裂缝，对试件的动弹性模量造成很大损伤。试验中混凝土的相对动弹性模量变化和破坏形态都证实这一点。冻融初期硫酸钠溶液中混凝土的动弹性模量损失比在水中缓慢，经过一定次数的冻融循环以后，硫酸钠溶液中混凝土的损伤明显加速，比在水中更早达到破坏。

受硫酸钠侵蚀和冻融循环同时作用的试件，其破坏形态与普通的冻融循环破坏不同，尤其是水灰比较低的高强混凝土，几乎所有的试件都是从中部开裂，一条主裂缝贯穿整个试件截面，达到破坏。而在水中冻融的试件其破坏要温和得多，很少有混凝土试件在冻融循环过程中出现较大的裂缝。

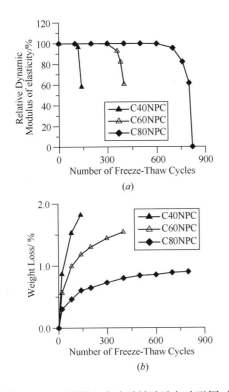

图3.3.3-1 混凝土在硫酸钠溶液与冻融同时
作用下相对动弹性模量和质量损失

（a）相对动弹性模量；（b）质量损失

2）质量损失

混凝土在 5.0% 硫酸钠溶液中冻融循环过程中的质量损失如图 3.3.3-1（b）所示，结果显示混凝土的质量损失比在水冻融时小很多。硫酸钠溶液对冻融过程中的质量损失影响与氯化钠溶液完全不同，可见的盐的种类对混凝土的抗冻性也有影响。根据以前的分析，硫酸钠溶液也使混凝土孔隙水的冰点降低，实测浓度 5.0% 的硫酸钠溶液的冰点为 -1.07℃。冻融循环过程中混凝土的剥落主要受到渗透性、孔隙率和表面层饱和度的影响。这里，氯化钠和硫酸钠溶液两种介质中冻融试验所采用的试件情况完全相同（原材料、配合比、成型工艺、养护制度、冻融循环制度等），确保试件的渗透性和孔隙率相同，冻融前的浸泡时间一完全一样，这样两种介质不同的作用只能归因于溶液的低温性能不同。

3）抗冻融循环次数

图3.3.3-2 给出混凝土在 5.0% 硫酸钠溶液中

的抗冻融循环次数和在水中的抗冻融循环次数，上述硫酸钠对混凝土抗冻性的影响结果由抗冻融循环次数也得到反应。水灰比减小，混凝土的抗冻融循环次数增加。C40、C60 混凝土在硫酸钠溶液中的抗冻融循环次数高于在水中的抗冻融循环次数，而 C80 混凝土在硫酸钠溶液中的抗冻融循环次数低于在水中的抗冻融循环次数。

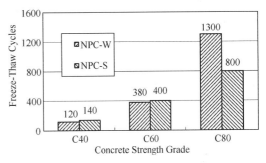

图 3.3.3-2 混凝土在硫酸钠溶液中的抗冻融循环次数

硫酸钠侵蚀混凝土的速度与盐的种类、水泥中硫酸钠的含量有关，有研究表明，硫酸钠溶液的侵蚀明显比硫酸铵、硫酸镁温和，富硫酸钠水泥的抗侵蚀能力较强。浸泡于 5.0% 硫酸钠溶液中的混凝土的侵蚀效果在一年以后才能明显反应出来。将混凝土在硫酸钠溶液中冻融循环的试验结果与两种因素分别单独作用时的单一破坏因素损伤进行比较，显然存在交互作用。对于低强度的混凝土硫酸钠溶液使混凝土的冻融损伤速度稍微变慢，而对高强混凝土硫酸钠侵蚀使混凝土提前破坏。同样，冻融循环增加了混凝土的渗透性，使得进入混凝土内部的硫酸钠浓度增大，可以使侵蚀速度增加，而冻融过程中的低温不利于硫酸钠侵蚀化学反应的进行，使侵蚀速度下降。

2. 引气高性能混凝土的冻融循环－硫酸钠双因素损伤规律与抗冻融循环次数

1）相对动弹性模量

APC 和 NPC 在硫酸钠溶液中冻融时相对动弹性模量的变化如图 3.3.3-3 所示。显然，APC 的相对动弹性模量损失比 NPC 慢，达到破坏标准时需要经过更多次数的冻融循环。

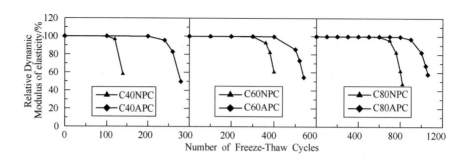

图 3.3.3-3　引气对混凝土在硫酸钠溶液中冻融时相对动弹性模量的影响

比较引气对以前各种损伤下相对动弹性模量的影响可以看出，如果有应力作用，引气对动弹性模量损伤的抑制效果不是非常显著，而没有应力作用的情况，如单一冻融破坏因素损伤、冻融一除冰盐、冻融一硫酸钠侵蚀，引气以后混凝土的相对动弹性模量下降速度明显减慢。

2）质量损失

图 3.3.3-4 表明，引气有效抑制了混凝土在

冻融循环一硫酸钠侵蚀双因素作用下的质量损失，各种强度等级的 APC，在相同冻融循环次数下质量损失只有 NPC 的 1/3 左右。水灰比降低，质量损失也随之减小。从前面叙述的各种损伤试验可以看出，各种损伤情况下，引气以后混凝土试件表面剥落大大减少，质量损失得减小 50％以上，剥落损伤得到有效抑制。

3）抗冻融循环次数

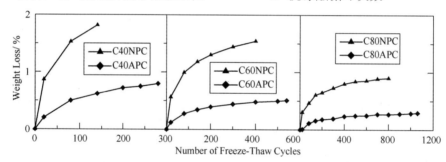

图 3.3.3-4　引气对混凝土在硫酸钠溶液中冻融时质量损失的影响

图 3.3.3-5 给出混凝土在 5.0％硫酸钠溶液中冻融时的抗冻融循环次数，引气以后混凝土的抗冻融循环次数得到明显增加。

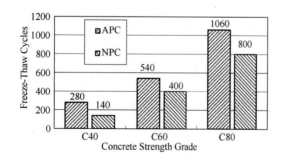

图 3.3.3-5　引气对冻融一硫酸钠侵蚀双因素损伤抗冻融循环次数的影响

3. 钢纤维增强高性能混凝土与钢纤维增强引

气高性能混凝土的冻融循环一硫酸钠双因素损伤规律与抗冻融循环次数

NSFRC、ASFRC 与 NPC 和 APC 在冻融循环与硫酸钠腐蚀双重因素作用下的实验典型结果显示如图 3.3.3-6。结果表明：钢纤维增强高性能混凝土（NSFRC）在 Na_2SO_4 溶液中的抗冻融循环次数比相应非引气混凝土和引气混凝土多，证明钢纤维对此双重因素作用下混凝土损伤的抑制效果优于引气时的抑制效果。

与 APC 和 NSFRC 相比，引气钢纤维混凝土（ASFRC）对冻融循环与硫酸钠腐蚀双重因素作用下混凝土损伤的抑制效果最好，其抗冻融循环次数的增加值远大于引气和钢纤维单独提高混凝

土抗冻融循环次数之和，表现出对混凝土损伤的复合抑制效应。

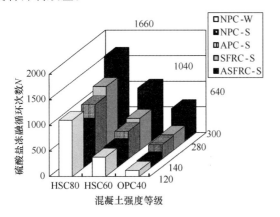

图 3.3.3-6 不同混凝土在冻融循环与
硫酸钠腐蚀双重因素作用下的冻融循环次数

（盐冻记—S，水冻记—W）

3.3.4 高强混凝土的冻融循环－硫酸铵双因素损伤规律与抗冻融循环次数

图 3.3.4-1、图 3.3.4-2 为高强混凝土在单一冻融和在硫酸铵溶液侵蚀作用下的快冻实验结果。从图中可看出水灰比的减少大大增强了混凝土的抗冻能力。另外，当各配比混凝土的相对动弹达到规范规定的破坏标准时（60％），它们相应的质量损失均还远没有达到规定的标准（5％）。通过样条插值计算得到破坏时的冻融循环次数以及质量损失如表 3.3.4 所示，最大的重损值才 2.0％。通过对他人的实验结果分析也同样发现类似的结论。也就是说，高强混凝土的抗冻性对动弹的敏

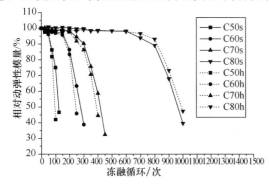

图 3.3.4-1 硫酸铵溶液以及水溶液快速冻融作用下的
高强混凝土相对动弹模量与冻融循环次数的关系

感程度要大于质量。因此，对于高强混凝土，动弹模量对冻融的敏感性要大于质量损失的敏感性。值得注意的是，高强混凝土在水和硫酸铵这两种溶液作用下冻融实验的比较对于不同强度等级其反映出的规律是不同的。C50、C60 在水溶液中的抗冻能力要低于硫酸铵中的抗冻能力，从表 3.3.4 中数据可得出硫酸铵溶液进行冻融破坏的 C50s、C60s 循环次数均要比单一冻融时的次数高，增加幅度分别为 29.8％、11.2％，水灰比越高，增加的幅度也越大，同期的质量损失也低于单一冻融实验。

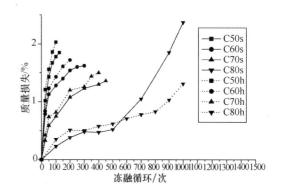

图 3.3.4-2 硫酸铵溶液以及水溶液快速冻融作用下的
高强混凝土重量损失与冻融循环次数的关系

注：混凝土种类编号后缀"h"代表受到水溶液的浸泡作用，"s"代表受到硫酸盐溶液侵蚀的作用。

高强混凝土相对动弹 60％时相应的

冻融次数及质量损失率　　　　表 3.3.4

编号	单一冻融		冻融-硫酸铵侵蚀	
	冻融次数	质量损失率/%	冻融次数	质量损失率/%
C50	84	1.92	109	1.80
C60	231	1.77	257	1.60
C70	370	1.46	396	1.30
C80	955	1.18	928	2.00

C70、C80 对两者实验相对动弹的比较则不明显，硫酸铵溶液进行冻融破坏循环次数比单一冻融时的次数增加幅度分别为 0.7％、－2.8％。但是从质量损失曲线可明显看出 C80 约 600 次循环后，硫酸铵冻融实验的质量损失开始由低于单一冻融实验值而转向高于单一冻融实验值，到达

破坏时，其质量损失比单一冻融时增加幅度为69%。以上事实均说明，对于高强混凝土，硫酸铵对冻融所起的作用经历了一个由有利因素转变为不利因素的过程。曾经有学者做过硫酸钠溶液的混凝土冻融实验也得到过相似的现象。我们经过分析认为硫酸铵的加入降低了混凝土内部孔隙

水的冰点，对于提高混凝土的抗冻性是有利的，但是随着龄期的延长，硫酸铵的后期侵蚀负面效果开始显现出来。冻融下的侵蚀效果增加了表面的剥落，同时密实度的降低，又促进了冻融的破坏，如此反复交互影响的结果降低了 C80 的抗冻性。

3.4　不同混凝土在冻融循环与盐湖卤水腐蚀双重破坏因素作用下的损伤失效过程、特点与规律

3.4.1　不同混凝土在西藏盐湖地区的抗卤水冻蚀性

不同混凝土在盐湖卤水中的抗冻性简称为抗卤水冻蚀性。图 3.4.1 是不同混凝土在西藏盐湖

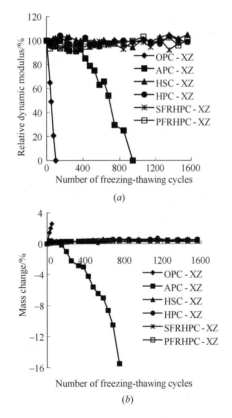

图 3.4.1　不同混凝土在西藏盐湖卤水中冻融的相对动弹性模量与质量变化

（a）相对动弹性模量；（b）质量变化

卤水中的抗卤水冻蚀性。OPC 在西藏盐湖中的抗卤水冻蚀性很差，冻融过程中试件因吸收卤水并在内部孔隙中结晶导致试件的质量快速增加、很快就发生开裂，其 E_r 急剧下降。当质量增加2.6% 时试件已破坏甚至崩溃，其抗冻融循环次数为 41 次，比水中抗冻融循环次数延长了 1 倍，这与卤水的冰点降低有关。OPC 在盐湖卤水中冻融时的质量增加与在水中冻融时的质量损失是截然相反的 2 种现象，前者只有表面开裂，而后者则产生表面剥落。

在冻融过程中，APC 内部均匀分布的孔径约130μm 的球形气孔切断了水分和侵蚀性离子往内渗透的毛细孔通道，而且气孔还能容纳卤水的盐类结晶，在 100 次冻融循环以内试件质量表现出增加现象，之后试件表层砂浆开始剥落导致质量损失速度加快，在 450 次循环时质量损失率高达5%，标志着混凝土已经破坏，而试件的 E_r 在 650次循环时才降低到 60%，说明 APC 在西藏盐湖卤水中的抗冻融循环次数只有 450 次，与水中冻融相比，其寿命缩短了 18%，可见，引气并不能明显改善混凝土在西藏盐湖的抗卤水冻蚀性。

与 OPC 和 APC 不同的是，HSC、HPC、SFRHPC 和 PFRHPC 的结构很致密，冻融时卤水难以渗入内部孔隙中，在 700 次冻融循环时因吸收卤水混凝土试件的质量已经趋于稳定，增加

率分别为 0.59％、0.59％、0.29％和 0.47％，即使在西藏盐湖卤水中经历 1550 次冻融循环，其质量增加率也没有超过 0.6％，如此少量的卤水即使结晶也不足以导致强度很高的混凝土表面开裂，其 E_r 仍然高达 99％～105％，说明 HSC、HPC、SFRHPC 和 PFRHPC 在西藏盐湖具有非常好的抗卤水冻蚀性，而且它们之间几乎没有明显的差别。

3.4.2 不同混凝土在内蒙古盐湖地区的抗卤水冻蚀性

不同混凝土在内蒙古盐湖卤水中的抗卤水冻蚀性见图 3.4.2。与西藏盐湖卤水中冻融相比，OPC 在内蒙古盐湖卤水中的冻融破坏更快，试件在崩溃前的质量增加率高达 3％，其抗冻融循环次数仅有 14 次，不仅比在西藏盐湖卤水中的抗冻融循环次数低 66％，而且比水中的抗冻融循环次

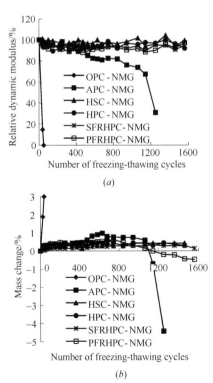

图 3.4.2 不同混凝土在内蒙古盐湖卤水中冻融的相对动弹性模量与质量变化

（a）相对动弹性模量；（b）质量变化

数还要下降 30％。

APC 在内蒙古盐湖卤水中冻融时，E_r 下降比较缓慢，试件质量在 625 次循环以前缓慢增加，当增加到 1％以后又缓慢下降，到 1100 次循环时质量损失加快。根据试件外观变化，APC 试件即使在质量增加阶段（如 200 次循环）也存在表面剥落现象，可见 APC 在冻融过程中，其质量变化来自两方面：一是吸收卤水产生盐类结晶引起的质量增加，二是水冻胀压导致的表面剥落。APC 在内蒙古盐湖卤水中具有较好的抗卤水冻蚀性，其抗冻融循环次数能达到 1160 次，比水中抗冻融循环次数延长了 1.11 倍。

HSC、HPC、SFRHPC 和 PFRHPC 在内蒙古盐湖卤水中冻融时具有很好的抗卤水冻蚀性，在 1550 次冻融循环时其 E_r 均在 90％以上（分别为 99％、92％、95％和 97％），纤维增强 HPC 的性能更好一些。但是，除 HSC 以外，HPC 和纤维增强 HPC 在内蒙古盐湖卤水中冻融时的质量变化规律与其他卤水冻融相比有一定的差异，经过一定的循环次数以后试件表面出现少量剥落，HPC 试件在 1350 次循环后质量开始减小，SFRHPC 试件因钢纤维的阻裂作用使质量减小的冻融循环次数推迟到 1450 次，而 PFRHPC 试件则在 750 次循环质量就开始减小，不过，在 1150 次冻融循环以后才表现出质量损失。但是即使经过 1550 次冻融循环，PFRHPC 的质量损失率也只有 0.47％，而 HSC、HPC 和 SFRHPC 的质量变化仍然是增加的，增加率分别为 0.42％、0.29％和 0.14％。

3.4.3 不同混凝土在新疆盐湖地区的抗卤水冻蚀性

不同混凝土在新疆盐湖卤水中的抗卤水冻蚀性见图 3.4.3。与西藏和内蒙古盐湖卤水中冻融相比，新疆盐湖卤水在 -(17±2)℃ 并不结冰，混

凝土结构中不会产生水冻胀压，混凝土的开裂与破坏完全由吸收卤水导致盐类结晶引起。实验结果表明，OPC 在新疆盐湖卤水中的冻融损伤速度介于两者之间，其抗冻融循环次数为 33 次，在试件崩溃时的质量增加率超过 3%。

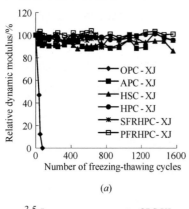

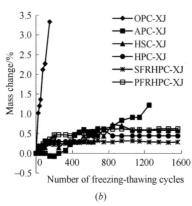

图 3.4.3　不同混凝土在新疆盐湖卤水中冻融的相对动弹性模量与质量变化

（a）相对动弹性模量；（b）质量变化

APC、HSC、HPC、SFRHPC 和 PFRHPC 在新疆盐湖卤水中的抗卤水冻蚀性很好，均没有出现表面剥落现象，APC 在 1250 次冻融循环时 E_r 保持在 89%，质量增加了 1.2%；HSC、HPC、SFRHPC 和 PFRHPC 因吸收卤水引起的质量增加现象在 700 次循环时就已经达到稳定状态，分别为 0.58%、0.44%、0.29% 和 0.62%，在 1550 次循环时其 E_r 分别维持在 86%、96%、95% 和 101%。整体上看，HPC 的性能优于 HSC；在 HPC 中，PF 纤维增强的效果更好。因此，APC、HSC 与 HPC 在新疆盐湖地区环境条件下，都属于高抗冻性混凝土，后者的抗冻性更加优越，纤维增强将进

一步提高 HPC 的抗卤水冻蚀性。

3.4.4　不同混凝土在青海盐湖地区的抗卤水冻蚀性

不同混凝土在青海盐湖卤水中的抗卤水冻蚀性见图 3.4.4。青海盐湖卤水除了在 $-(17\pm2)$℃ 不结冰以外，冻融时卤水的负温结晶相 NaCl 不具有膨胀性，也与前三种卤水的 $Na_2SO_4\cdot10H_2O$ 明显不同。因此，在青海盐湖卤水的冻融过程中，混凝土内部既不是水冻胀破坏，又无盐类结晶破坏。随着冻融循环次数的增多，OPC 试件因吸收卤水导致质量持续增加，E_r 一直呈现出缓慢下降的趋势。在 1550 次循环时 OPC 质量增加了 3.6%，但是试件表面既无剥落又无宏观裂纹，这充分说明：OPC 内部必定存在一定数量的微裂纹，其 E_r 才能降低到 60%，似乎符合冻融破坏的标准，其实不然，E_r 的下降并非冻融损伤引起，而是青海盐湖卤水中有害成分对混凝土的化学腐蚀。APC

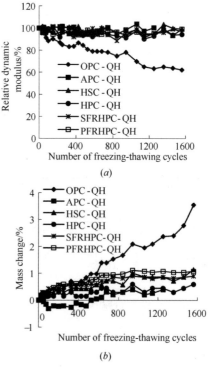

图 3.4.4　不同混凝土在青海盐湖卤水中冻融的相对动弹性模量与质量变化

（a）相对动弹性模量；（b）质量变化

试件的质量变化幅度在±0.5%的范围内，在1250次冻融循环时其E_r几乎没有任何变化。在青海盐湖卤水中快速冻融，HSC、HPC、SFRHPC和PFRHPC的E_r非常稳定，均保持在95%以上，试件质量因混凝土吸收卤水而缓慢增加，经历950次循环以后质量变化趋于稳定。当冻融循环达到1550次时，HSC、HPC、SFRHPC和PFRHPC的E_r分别为99%、94%、97%和99%。

因此，青海盐湖卤水对混凝土并不存在冻融破坏的问题。在青海盐湖环境条件下，APC、HSC、HPC及其纤维增强HPC都具有高抗冻性的优势，OPC的冻融破坏源于卤水的化学腐蚀作用。

3.4.5 不同混凝土在干湿循环与盐湖卤水腐蚀双重破坏因素作用下的损伤失效过程、特点与规律

混凝土在干湿循环与盐湖卤水腐蚀双重因素作用下的抗腐蚀系数参见表3.4.5。混凝土在双重因素作用下的抗压腐蚀系数仍然低于抗折腐蚀系数，采用抗压腐蚀系数较为合理。

图3.4.5给出了混凝土在干湿循环与盐湖卤水腐蚀双重因素和单一腐蚀因素作用下的抗压腐蚀系数之间的关系。

不同混凝土在盐湖卤水中200次干湿循环的抗腐蚀系数（标准养护28d试件）　　　　表3.4.5

编号		OPC	APC①	HSC	HPC	SFRHPC	PFRHPC
新疆卤水	抗压	0.72	0.62	0.54	0.83	0.89	0.79
	抗折	1.09	0.65	1.23	1.04	1.04	1.07
青海卤水	抗压	0.44	0.45	0.65	0.86	0.78	0.63
	抗折	0.77	0.37	0.90	1.41	0.97	1.01
内蒙古卤水	抗压	0.61	0.76	0.69	0.97	0.98	0.72
	抗折	1.12	—	1.15	1.49	1.00	1.15
西藏卤水	抗压	0.75	0.62	0.64	0.96	0.87	0.80
	抗折	0.95	1.10	1.12	1.39	0.85	1.10

注：① 135次干湿循环。

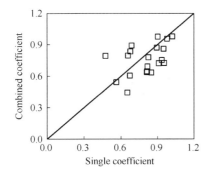

图3.4.5　混凝土在干湿循环与盐湖卤水腐蚀双重因素和单一腐蚀因素下抗压腐蚀系数的关系

在新疆盐湖卤水中腐蚀的3个数据点、HPC在内蒙古盐湖卤水中腐蚀的1个数据点和PFRHPC在西藏盐湖卤水中腐蚀的1个数据点以外，混凝土的双因素抗腐蚀系数大多位于45°斜线之下，说明干湿循环主要还是降低了混凝土在盐湖卤水

中的抗腐蚀性能。对于不同混凝土，其抗压腐蚀系数的对比情况如下：

（1）经过200次干湿循环，OPC在青海盐湖卤水中的抗压腐蚀系数仅0.44，图3.4.5显示OPC试件的缺棱掉角现象非常严重。OPC在新疆和西藏盐湖卤水中的抗压腐蚀系数比单一腐蚀因素时减小了21%，只有0.72～0.75，已经达不到混凝土的抗腐蚀标准了，证明OPC在新疆和西藏盐湖地区的抗腐蚀性也是很差的；

（2）APC在内蒙古盐湖卤水中经过135次干湿循环以后的抗压腐蚀系数为0.76，比单一腐蚀因素时的0.96也降低了21%，同样达不到抗腐蚀要求，这与前面的质量损失规律是相符的，可见引气并不能保证APC就能够应用于内蒙古盐湖地区；

（3）HSC 在青海、内蒙古和西藏盐湖地区的单因素抗腐蚀系数虽然勉强达到 0.80 的要求，但是在 200 次干湿循环与盐湖卤水腐蚀双重因素作用下就达不到要求，抗压腐蚀系数只有 0.64～0.69；

（4）对于 200 次干湿循环与新疆盐湖卤水腐蚀的双重因素作用，HPC、SFRHPC 和 PFRH-PC 的抗压腐蚀系数分别达到 0.83、0.89 和 0.79，比单一腐蚀因素时要高，基本上都达到了抗腐蚀要求。这个出人意料的结果从另一个方面也说明，掺加活性掺合料的 HPC 及其纤维增强 HPC 在新疆盐湖地区使用时更能适应干湿交替的恶劣环境。

3.4.6 不同混凝土在弯曲荷载与盐湖卤水腐蚀双重因素作用下混凝土的抗卤水腐蚀性

加载与非加载时不同混凝土在 4 种盐湖卤水中腐蚀 500d 的抗腐蚀系数如表 3.4.6 所示。混凝土在盐湖卤水腐蚀条件下不同抗腐蚀系数之间的关系见图 3.4.6。实验时，混凝土的标准养护龄期为 90d。由此可见，混凝土的抗压腐蚀系数明显低于抗折腐蚀系数［图 3.4.6（a）］。延长混凝土的标准养护龄期，可以提高混凝土在单一腐蚀因素作用下的抗卤水腐蚀性［图 3.4.6（b）］。在抗腐蚀能力低的新疆盐湖卤水中，延长标准养护龄期对于 OPC 的抗卤水腐蚀性的提高作用并非显著，其抗压腐蚀系数从 28d 的 0.91 提高到 90d 的 0.94（仅提高了 3.2%），但是加强养护确能大大改善了 HSC-HPC 的抗腐蚀性，标准养护 90d 以后 HSC、HPC、SFRHPC 和 PFRHPC 的抗压腐蚀系数分别达到 1.11、0.95、1.16 和 1.03，比标准养护 28d 时分别提高了 98%、40%、97% 和 1.19 倍。因此，对于新疆盐湖地区使用的 HSC-HPC，一方面应该加强混凝土的潮湿养护，另一方面还需要考虑将混凝土应用于具有干湿交替的环境中。

实验结果还表明，施加 30%～40% 弯曲荷载降低了混凝土的抗压腐蚀系数（都小于 1），对抗折腐蚀系数的影响与盐湖卤水种类和混凝土配比有关。图 3.4.6（c）反映了 OPC、HSC、HPC、SFRHPC 和 PFRHPC 在新疆、青海、内蒙古和西藏盐湖卤水中加载与非加载抗腐蚀系数之间的关系。从总体上看，混凝土的加载抗压腐蚀系数基本位于等系数线之下，而加载抗折腐蚀系数主要位于等系数线附近，这说明弯曲荷载降低了混凝土的抗压腐蚀系数，对抗折腐蚀系数影响不明显。根据加载时抗压腐蚀系数的大小，可以得出不同混凝土在盐湖卤水中抗腐蚀性的排序：

不同混凝土在盐湖卤水中侵蚀 500d 的抗腐蚀系数（标准养护 90d 试件）　　　表 3.4.6

编号		OPC		HSC		HPC		SFRHPC		PFRHPC	
卤水	应力比	0	30%	0	40%	0	40%	0	40%	0	40%
新疆	抗压	0.94	0.70	1.11	0.79	0.95	0.56	1.16	0.70	1.03	0.53
	抗折	1.26	1.13	1.26	1.20	1.27	1.32	0.97	0.86	1.17	1.08
青海	抗压	0.76	0.67	0.77	0.72	0.84	0.57	1.01	0.80	0.77	0.61
	抗折	1.03	1.12	1.12	1.19	1.32	1.45	1.05	0.99	1.20	1.11
内蒙古	抗压	1.11	0.90	0.79	0.91	0.85	0.77	1.10	0.79	0.95	0.79
	抗折	1.09	1.23	1.17	1.29	1.33	1.40	0.86	1.00	1.05	1.30
西藏	抗压	0.94	0.75	0.80	0.72	0.74	0.73	0.99	0.95	0.78	0.71
	抗折	0.87	1.09	1.28	1.16	1.23	1.43	0.88	1.16	1.20	1.23

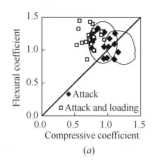 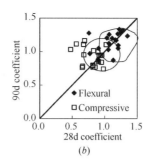 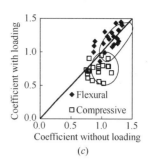

图 3.4.6 混凝土在盐湖卤水中不同抗腐蚀系数之间的关系

(*a*) 抗折与抗压；(*b*) 90d 与 28d；(*c*) 加载与非加载

新疆盐湖是 HSC>SFRHPC>OPC>HPC>PFRHPC；

青海盐湖是 SFRHPC>HSC>OPC>PFRHPC>HPC；

内蒙古盐湖是 HSC > OPC > SFRHPC = PFRHPC>HPC；

西藏盐湖是 SFRHPC>OPC>HPC>HSC>PFRHPC。

在我国大西北盐湖地区的卤水使用环境中，以同时掺钢纤维和活性掺合料的 SFRHPC 抗腐蚀性最好。

3.5 ASR 和冻融循环协同作用下混凝土损伤失效过程和机理

3.5.1 先冻融循环后 ASR 的损伤演化

1. 膨胀值随时间的变化

图 3.5.1-1 所示为受冻融作用的混凝土试件再受到不同程度 ASR 作用时的膨胀-时间曲线。可以看到，在受到 30 次或 60 次冻融循环后，再受到 ASR 作用时，混凝土的膨胀值一开始有一较大的增长，然后以一较平缓的速率持续增长。后期 ASR 越严重，膨胀值越高。如试件 F30A15 在第 14 周的膨胀值约为 F30A05 的两倍。在试验中注意到有的试件即使总的膨胀率高达 1‰，试件也没有解体，尽管试件表面已经出现了大量网状裂缝。

如果早期受到的冻融循环次数不一样，对后期 ASR 膨胀的影响也不同。图 3.5.1-2 表明了受到不同程度冻融循环后，混凝土再经受相同 ASR 作用时的膨胀情况。可以看到，早期的冻融循环

加速了 ASR 膨胀。从图中可以看出，与没有受到早期冻融作用的对比试件 A10 相比较，F30A10 和 F60A10 的膨胀值增加了很多。在第 14 周时，A10 的膨胀值为 0.42%，而 F30A10 和 F60A10 的膨胀值分别达到了 0.65% 和 0.95%。早期受到的冻融循环次数越多，混凝土试件的膨胀越大。

2. 相对动态弹性模量变化

图 3.5.1-3 所示为混凝土经过 30 次、60 次冻融循环后，试件再进行 ASR 作用的损伤情况。从图中可以看出，混凝土的相对动态弹性模量从一开始就急剧降低，随着时间推移下降速度逐渐减慢。由于本试验采用了快速试验方法，且所选用的活性集料活性很高，ASR 反应速度较快。混凝土经过不同次数的冻融循环后，再进行 ASR 作用，反应很快进行，由于试件一直是浸泡在水中，反应生成的凝胶会随即吸水肿胀，导致内部损伤，表现出相对动态弹性模量的迅速降低。反应产生

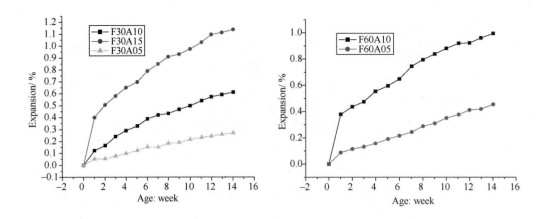

图 3.5.1-1　受相同冻融循环作用的混凝土受到不同 ASR 作用的膨胀曲线

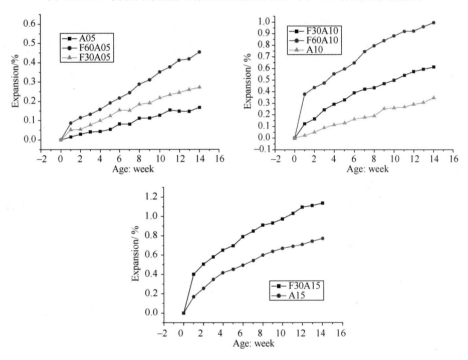

图 3.5.1-2　受不同初始冻融循环作用混凝土的 ASR 膨胀-时间关系

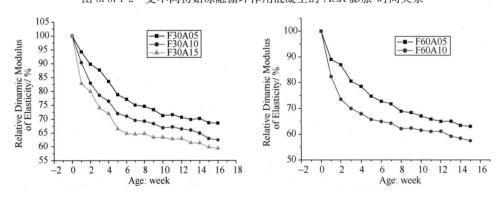

图 3.5.1-3　受冻融循环作用混凝土 ASR 损伤过程

后，与碱作用的集料表面被生成物所占据，反应减慢，内部损伤速率也相应减慢。

从图 3.5.1-4 中可看出，早期冻融循环次数越

多，在各测试期相对动态弹性模量下降得越多。如在 ASR 第 15 周时，没有受到早期冻融循环作用的 A10 相对动弹性模量为 73%，F30A10 则为 64%，

而 F60A10 更是已经达到认为已经破坏的 60％。这显然与早期冻融循环造成了不同的损伤有关。

3. 损伤机理

冻融循环次数越多，对混凝土的损伤就越大。冻融循环造成的内部损伤通常是以微裂缝出现的。冻融循环所造成的内部出现的损伤越大，在后期受到 ASR 作用时，裂缝的扩展就越容易，累计的损伤也就越多。

冻融循环加速混凝土 ASR 二次损伤，本质上是先期的冻融循环作用造成混凝土内部微损伤，随后的 ASR 填充在这些微裂缝等损伤处，并产生膨胀，微损伤进一步扩展，从而加剧了损伤。图 3.5.1-5 左图的 SEM 照片表明，受到 A10 冻融循环 60 次后，内部产生了微细的裂缝。图 3.5.1-5

右图的 ESEM 同时，早期的冻融循环，会改变混凝土的内部结构。用压汞法测得 A10 在受到 30 次和 60 次冻融循环后的孔结构变化见表 3.5.1。可以看到，冻融循环后，混凝土总孔隙率增大，且毛细孔数量增多，浸泡液更容易进入混凝土中，进一步提供 ASR 所需的碱量和湿度条件，使后期更宜发生 ASR。

早期冻融循环还会造成混凝土内部碱含量的变化。由于试验时混凝土是处于高碱环境中，在冻融循环过程中，由于渗透压的不同，碱会随着溶液迁移，并可能产生滞留，也可能产生富集，为后续 ASR 的发生起到了促进作用。早期冻融循环次数越多，可能会使碱的迁移和富集更趋严重，从而加剧 ASR 的进程。

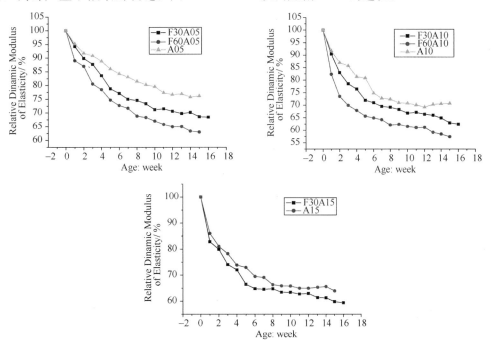

图 3.5.1-4　早期冻融循环对后期 ASR 损伤的影响

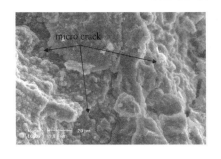

图 3.5.1-5　冻融循环后混凝土内部微细裂缝以及裂缝内部 ASR 凝胶填充

冻融循环对孔结构的影响　　表3.5.1

孔结构	冻融循环/次		
	0	30	60
总孔隙率/%	17.36	18.53	20.4
孔径>0.01μm/%	89.53	91.92	94.19

4. 混凝土在 ASR 和冻融循环交互作用下损伤的细观动态观察

用体视显微镜对 ASR 和冻融循环交互作用下损伤失效过程进行动态观察。图3.5.1-6 反映的是先受到冻融循环 30 次后，再进行 ASR 作用的混凝土细观损伤演变情况。从图中可以看出，受到冻融循环后，混凝土在界面处已有很微细裂缝 [图3.5.1-6 (a)]，随着 ASR 的不断进行，裂缝变得明显可见并不断扩展 [图3.5.1-6 (b)、(c)]，最后除界面上出现裂缝，在砂浆中也有裂缝出现。从图上也可以看出，活性集料不断被侵蚀，表面轮廓逐渐模糊。

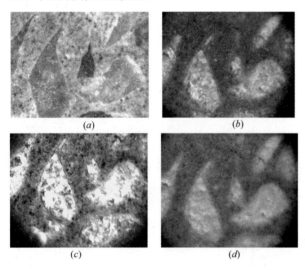

(a)　　　　(b)

(c)　　　　(d)

图3.5.1-6　先冻融后 ASR 作用混凝土的细观损伤演变

3.5.2　先碱集料反应后冻融循环的损伤演化

1. 膨胀值和相对动弹模量的变化

图3.5.2-1 为受不同程度的 ASR 作用后，混凝土再受到冻融循环作用的膨胀曲线。从图中可

以看出，A05F 的膨胀率初始有一快速增加，随后缓慢增加，直到第 170 次冻融循环仍没有破坏的迹象。而 A10F 和 A15F 在早期有一快速增加，随后仍以较快的速率增加，并分别在 70 次和 80 次冻融循环时破坏。表明早期 ASR 对后期冻融循环膨胀值有很大的影响。早期 ASR 越严重，后期膨胀越大，且越容易破坏。

相对动弹模的变化与膨胀值一致。从图3.5.2-1 (b) 图可以看到，A05F 的相对动弹在 170 次冻融循环后只有很小的降低，而 A10F 和 A15F 则从一开始就大幅度下降，试件很快破坏。很明显早期 ASR 作用加速了随后的冻融损伤。

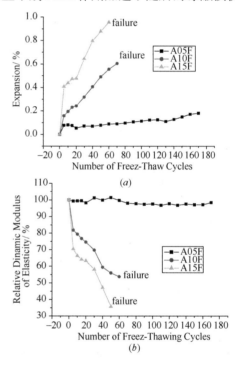

(a)

(b)

图3.5.2-1　受 ASR 作用混凝土二次冻融作用的膨胀值 (a) 和相对动弹模量 (b) 的变化

2. 损伤机理

早期 ASR 作用会使混凝土试件内部结构产生变化。ASR 的膨胀作用会使混凝土内部产生微裂缝，这些微裂缝在随后的冻融循环过程中会更容易地扩展。图3.5.2-2 的 ESEM 照片显示了经 8 周 ASR 后混凝土内部产生的微裂缝，图3.5.2-3 的 ESEM 照片则显示 ASR 产生在微裂缝进一步的 60 次冻融循环作用下产生了二次微裂缝，裂缝

更容易扩展。ASR 产生的凝胶会填充到混凝土的孔缝中，从而改变混凝土的孔结构，图 3.5.2-4 所示为随着 ASR 的进行，混凝土总孔隙率降低，最可几孔径向小的方向发展。ASR 凝胶的这种填充作用会降低抗冻性；孔缝中存在的 ASR 凝胶会在冻融循环过程中堵塞水分迁移的通道，造成更高的内压力而使混凝土产生膨胀，从而加速冻融循环作用。

图 3.5.2-2 ASR 作用后混凝土内部产生微裂缝

图 3.5.2-3 受 ASR 作用的混凝土在
随后冻融循环中引发二次微裂缝

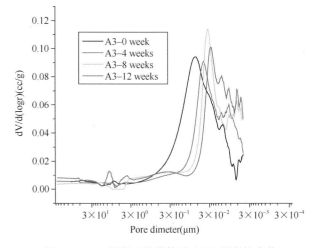

图 3.5.2-4 混凝土孔结构随 ASR 程度的变化

3.5.3 ASR 和氯盐腐蚀双重破坏因素作用下混凝土的损伤失效过程和机理

1. ASR 和氯盐腐蚀双重破坏因素作用下混凝土的膨胀行为

图 3.5.3 给出碱含量不同的两种混凝土在 38℃ 的 NaCl 溶液浸泡下膨胀值试验结果的对比。从图中可以看到，高碱含量混凝土在各龄期的膨胀值均高于低碱混凝土。ASR 与混凝土中碱含量和集料活性有关，碱含量高的混凝土，在 NaCl 溶液的浸泡下易产生 ASR，且其反应的速率较大。

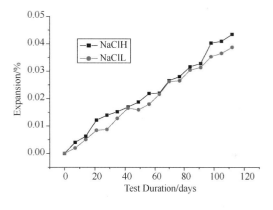

图 3.5.3 高、低碱含量混凝土在不同浸泡液中
的膨胀值比较

（NaClH-高碱混凝土浸泡在 1NNaCl 溶液中；
NaClL-低碱混凝土浸泡在 1NNaCl 溶液中）

2. ASR 和氯盐腐蚀双重破坏因素作用下混凝土的膨胀机理

氯盐尤其是 NaCl 会加速混凝土 ASR 反应。一些工程实践以及实验研究发现，对于含有活性集料的混凝土，NaCl 溶液引起的 ASR 损伤可能比等当量的 NaOH 溶液更为严重。丹麦就把砂浆棒浸泡在 50℃ 的饱和 NaCl 溶液中，以此方法快速检测集料活性。

混凝土在 NaCl 溶液中浸泡时，会产生离子的扩散，浸泡液中的离子会渗到孔溶液中，孔溶液中的离子也会渗到浸泡液中。外界 NaCl 的作用分为三个阶段：一是氯离子和钠离子渗透到砂浆内部；二是氯离子与水化产物的结合过程；三是结合后形成的 NaOH 与活性集料的反应。

氯化钠转变为 NaOH 的过程可用下式表示：

$$C_3A + 2NaCl + Ca(OH)_2 + 10H_2O \rightarrow$$
$$C_3A \cdot CaCl_2 \cdot 10H_2O + 2Na^+ + 2(OH)^-$$

(3.5.3)

此反应需在 $Ca(OH)_2$ 溶液中进行，且应有 C_3A 存在。NaCl 对 ASR 的膨胀作用与溶液中 $Ca(OH)_2$ 的量有关，$Ca(OH)_2$ 含量高，则膨胀大。

在采用 1N NaCl 溶液时，混凝土中有部分碱会浸析到溶液中，从而使混凝土中碱的浓度降低；同时在高碱混凝土中，渗透进的 NaCl 不易反应形成 NaOH，当浸析的碱大于形成的碱时，ASR 反应降低，膨胀相应降低。

3.6 结 论

3.6.1 冻融循环与应力双重因素

（1）外部弯曲应力加速了混凝土在冻融循环过程中的相对动弹性模量损伤速度，应力比越高，损伤速度越快。10%、25% 和 50% 的外部弯曲应力作用下，NPC 混凝土的抗冻融循环次数为冻融循环单一因素作用时的 30%、8% 和 4% 左右。50% 外部弯曲应力与冻融循环同时作用下，各水灰比混凝土几乎都处于不稳定的状态，经过很少次数的冻融循环就发生断裂破坏。

（2）应力与冻融同时作用下混凝土的破坏形态与冻融循环单独作用时有很大区别，尤其应力比较高时，大部分混凝土试件都从中部断裂，表现为突然的脆性破坏。

（3）重量损失主要因冻融引起剥落造成，外部弯曲应力对冻融循环过程中混凝土的重量损失几乎没有影响。

（4）引气对于混凝土损伤的抑制是通过改善混凝土的孔结构实现的。引气使混凝土的强度下降，对抵抗应力的损伤不利，当有外部应力作用时，对各种劣化的抑制效果甚微。

（5）在有应力作用时钢纤维（NSFRC）改变

了素混凝土（NPC、APC）发生突然断裂的脆性破坏形态，使混凝土破坏前相对动弹性模量逐渐下降达到完全失效。对于有应力作用的损伤，钢纤维抑制损伤的效果优于引气，10%、25% 和 50% 的外部弯曲应力作用下，纤维增强混凝土 NSFRC 的抗冻融循环次数为应力比为 0 时的 80%、20% 和 4% 左右，而引气混凝土在同样损伤条件下的指标仅为 30%、8% 和 4%。

（6）引气和掺加钢纤维复合掺入混凝土，能够发挥了钢纤维和引气各自抑制损伤的优势，产生抑制损伤的复合效应，使混凝土在各种破坏因素作用下的耐久性能得到更大的提高。

3.6.2 冻融循环与除冰盐腐蚀双重因素

（1）混凝土在 3.5% 的氯化钠溶液中快速冻融时表面剥落非常严重，重量损失程度远比在水中冻融时大。混凝土的剥落主要受到其自身渗透性、孔隙率、表面层饱和程度的影响。氯化钠溶液对混凝土的渗透性增加，使混凝土试件表面层的饱和程度提高，导致严重剥落，重量损失增大。混凝土在氯化钠溶液中冻融时的重量损失与在水中相比增大 50% 左右。

（2）因盐溶液降低冰点的作用，使混凝土冻融过程中的动弹性模量下降速度比在水中时稍慢，导致混凝土在氯化钠溶液中的抗冻融循环次数与在水中时相比提高 $10\% \sim 30\%$。这一结果与盐溶液冻结以后冰的物理力学性能也有关系。

（3）由相对动弹性模量得到的混凝土耐久性系数与重量损失没有相关性，本试验中出现因为重量损失而使混凝土失效的情况，充分表明仅根据相对动弹性模量得到的耐久性系数不能全面反应混凝土的耐久性，同时考虑动弹性模量和重量损失两项指标来判断混凝土耐久性的高低是科学的。

（4）引气能够显著减少混凝土在冻融与除冰盐双重因素作用下的质量损失，从而也延缓了相对动弹性模量的下降速度，使抗冻融循环次数提高。

（5）钢纤维对冻融循环与除冰盐双重因素作用下损伤的抑制效果比引气的效果更加明显。钢纤维对盐冻造成混凝土表面的严重剥落没有抑制作用。

（6）引气与钢纤维复合使混凝土在冻融与除冰盐双重因素作用下相对动弹性模量的下降速度更慢，进一步延长了混凝土的抗冻融循环次数。

3.6.3　冻融循环与硫酸盐腐蚀双重因素

（1）混凝土在 5% 的 Na_2SO_4 溶液中冻融时的重量损失率比在水中时要小。主要原因是 Na_2SO_4 溶液结冰后的性能与水结冰有很大的不同，水结冰后抗压时的脆性远大于 Na_2SO_4 溶液结冰，后者表现出极大的塑性，可压缩性很大。

（2）不同强度等级混凝土受到 Na_2SO_4 溶液的影响程度有所不同。普通混凝土由于自身抗冻性差，硫酸盐的侵蚀作用尚未发挥便因抗冻而破坏，由于 Na_2SO_4 溶液的降低冰点作用使其动弹性模量下降速度比在水中时慢，抗冻融循环次数比在水中多；高强混凝土自身抗冻性较好，冻融破坏要经过较长的时间，这时硫酸盐的侵蚀作用

使混凝土产生膨胀并伴随有较大裂缝产生，与在水中相比冻融循环使混凝土提前失效，且破坏形态为脆性破坏。硫酸盐溶液对混凝土表面剥蚀似乎有利，但经过一定时间硫酸盐侵蚀作用发挥后使混凝土试件产生裂缝并破坏。

（3）引气混凝土（APC）在 Na_2SO_4 溶液冻融时的重量损失只有相应非引气混凝土（PC）的 $1/3$ 左右，其相对动弹性模量损伤比相应非引气混凝土要慢，达到破坏要经过更多次数的冻融循环。

（4）钢纤维混凝土（SFRC）在 Na_2SO_4 溶液中的抗冻融循环次数比相应非引气混凝土和引气混凝土多，证明钢纤维对硫酸盐腐蚀——冻融条件下混凝土损伤的抑制效果优于引气时的抑制效果。

（5）与引气混凝土和钢纤维混凝土相比，引气钢纤维混凝土（ASFRC）对硫酸盐腐蚀——冻融条件下混凝土损伤的抑制效果最好，其抗冻融循环次数的增加值远大于引气和钢纤维单独提高混凝土抗冻融循环次数之和，表现出对混凝土损伤的复合抑制效应。

（6）当混凝土的强度等级为 C50、C60 和 C70 时，在 $(NH_4)_2SO_4$ 溶液中的抗冻融循环次数因冰点降低效应比单一冻融时增加约 25 次；当混凝土的强度等级为 C80 时，在 $(NH_4)_2SO_4$ 溶液中的抗冻融循环次数因硫酸盐腐蚀作用则比单一冻融时减少 27 次。

3.6.4　冻融循环与盐湖卤水腐蚀双重破坏因素

（1）在盐湖卤水的（冻融＋腐蚀）双重因素作用下，混凝土的抗卤水冻蚀性与普通抗冻性有明显的差异。OPC（强度等级 C30）在西藏、内蒙古和新疆盐湖环境条件下的冻融寿命分别只有 41、14 和 33 次。在青海盐湖环境中，卤水对混凝土不存在冻融破坏的问题，即使是 OPC 也能经受 1550 次冻融循环。

（2）APC（强度等级 C25）在内蒙古、新疆和青海盐湖卤水中具有较高的抗冻性，其冻融寿命分别达到 1160 次和 1250 次以上，但是在西藏盐湖中只有 450 次。因此，在不同盐湖环境条件下应用低强度等级的 APC 时应针对盐湖特点选用。

（3）非引气 HSC-HPC 具有很高的抗卤水冻蚀性，其双因素冻融寿命在 1550 次以上。纤维增强能够进一步提高 HPC 的抗卤水冻蚀性。因此，在中国西部盐湖地区的冻融条件下，非引气 HSC-HPC 属于高抗冻性的混凝土。

3.6.5　干湿循环与盐湖卤水腐蚀双重破坏因素

（1）与单一腐蚀因素条件相比，干湿循环降低了混凝土在盐湖卤水中的抗腐蚀性能。

（2）OPC 在新疆和西藏盐湖卤水中经过 200 次干湿循环以后其抗压腐蚀系数只有 0.72～0.75，达不到混凝土的抗腐蚀标准，证明 OPC 在新疆和西藏盐湖地区的抗腐蚀性也是很差的。

（3）APC 在内蒙古盐湖卤水中经过 135 次干湿循环以后的抗压腐蚀系数为 0.76，同样达不到抗腐蚀要求，可见引气并不能保证 APC 就能够应用于内蒙古盐湖地区。

（4）HSC 在青海、内蒙古和西藏盐湖地区卤水中 200 次干湿循环作用下就达不到抗腐蚀要求，抗压腐蚀系数只有 0.64～0.69。

（5）在新疆盐湖卤水的 200 次干湿循环作用下，HPC、SFRHPC 和 PFRHPC 的抗压腐蚀系数分别达到 0.83、0.89 和 0.79，基本上都达到

了抗腐蚀要求，可见，掺加高强非引气 HPC 及其纤维增强 HPC 在新疆盐湖地区使用时更能适应干湿交替的恶劣环境。

3.6.6　弯曲荷载与盐湖卤水腐蚀双重破坏因素

施加 30％～40％弯曲荷载降低了混凝土的抗压腐蚀系数（都小于 1）。综合分析认为，在我国大西北盐湖地区的卤水腐蚀环境中，以同时掺钢纤维和活性掺合料的 SFRHPC 抗腐蚀性最佳。

3.6.7　ASR 和冻融循环协同作用

（1）早期经受冻融破坏因素的作用，能加速混凝土的 ASR 膨胀，而且冻融循环次数越多，混凝土试件的膨胀值越大。在后期发生 ASR 期间，混凝土的相对动态弹性模量下降得越多。

（2）在早期发生 ASR 能够加速混凝土后期的冻融破坏作用。早期 ASR 越严重，后期混凝土在冻融过程中的膨胀值越大，且越容易发生冻融破坏。

3.6.8　ASR 和氯盐腐蚀共同作用

混凝土中碱的含量对膨胀值有较大影响。ASR 与混凝土中碱含量和集料活性有关，碱含量高的混凝土，在 NaCl 溶液的浸泡下易产生 ASR，且其反应的速率较大。在 NaCl 溶液的浸泡条件下，高碱含量混凝土的膨胀值均高于低碱混凝土。

3.7　高性能混凝土在多重破坏因素作用下损伤失效过程的规律和特点

与双因素损伤相比，三个因素同时作用的情　况要复杂得多，很难严格区分各种因素同时作用

过程中的相互影响。而且损伤复合效应也比双因素的情况复杂，既有两个因子同时作用再加上一个因素单独作用的复合效应，也有三个损伤因子分别单独作用的损伤复合效应，两个因子同时作用再加一个因子单独作用有三种情况组合。本章主要研究在弯曲荷载与冻融和除冰盐腐蚀、弯曲荷载与冻融和盐湖卤水腐蚀等多重破坏因素作用下不同混凝土的损伤失效过程，总结其损伤规律和特点。

3.7.1 高性能混凝土在弯曲荷载、冻融循环与除冰盐多重破坏因素作用下的损伤失效过程、特点与规律

三种因素同时作用于混凝土，结合了各因素对混凝土性能不利的影响，使混凝土不但动弹性模量迅速下降，试件表面剥落也很严重。

1. 高性能混凝土在弯曲荷载-冻融-除冰盐腐蚀三因素作用下的损伤

1）相对动弹性模量

各种混凝土在弯曲荷载、氯化钠溶液和冻融循环三重破坏因素作用下的相对动弹性模量变化过程如图 3.7.1-1 所示。比较三因素与双因素、单因素作用下混凝土的相对动弹性模量变化过程，可以看出，各因素以不同的方式影响混凝土的性能：

（1）应力对三因素损伤时相对动弹性模量的影响

三因素作用下混凝土的相对动弹性模量受弯曲荷载的影响最大，随着应力比的增大，相对动弹性模量下降速度增加，与应力—冻融双因素作用时类似，应力比为50％时，混凝土表现为不稳定状态，经过很少次数的冻融循环，混凝土便发生断裂，相对动弹性模量下降到零，达到破坏。破坏形态为突然的脆性破坏，破坏前相对动弹性模量下降幅度很小。应力比为25％时，混凝土依然表现为脆性破坏为主。10％应力比对相对动弹性模量也有较大的影响。

（2）氯化钠溶液对三因素损伤时相对动弹性模量的影响

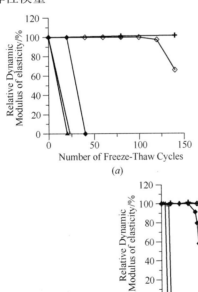

(a)

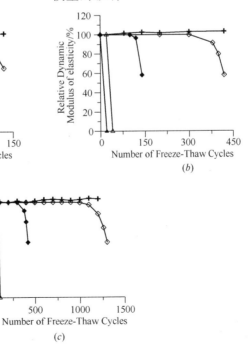

(b)

(c)

图 3.7.1-1 三重因素作用下混凝土的相对动弹性模量

(a) C40NPC；(b) C60NPC；(c) C80NPC

◇ 应力比0%，◆ 应力比10%，△ 应力比25%，▲ 应力比50%，➕ 对比试件

质量浓度为3.5%的氯化钠溶液降低冰点的作用使混凝土在三因素作用下的相对动弹性模量下降速度比在应力与冻融作用时稍为缓慢，应力比较低时抗冻融循环次数增加。但当应力比较大时这种有利的作用对混凝土损伤的影响却很小，如50%应力比时的抗冻融循环次数几乎与应力和冻融双因素作用一样，25%应力比时使混凝土的抗冻融循环次数比应力—冻融循环双因素损伤增加20次左右。

平行实验表明，应力作用下混凝土在水中和氯化钠溶液中都没有观察到动弹性模量的下降，说明在这三种损伤因素中，冻融循环是引起混凝土破坏的动力。

2）质量损失

混凝土在三因素损伤下不仅相对动弹性模量加速下降，由于氯化钠溶液的存在，质量损失也远大于应力与冻融循环同时作用的双因素损伤。本节所有的三因素损伤试验中，有一组混凝土由于质量损失达到5%而破坏。弯曲荷载对质量损失影响很小，三因素作用下的质量损失与混凝土在氯化钠溶液中冻融时的情况几乎一样，而且各应力比时的质量损失有相同的规律。可见与混凝土在氯化钠溶液中冻融相比，三因素损伤对混凝土的质量损失没有产生复合效应。

水灰比对三因素作用下的质量损失影响也有与冻融循环—氯化钠溶液双因素损伤相同的规律，随水灰比的减小，质量损失随之减小。

3）冻融循环次数

应力使混凝土在冻融过程中的动弹性模量下降速度更加迅速，氯化钠溶液使混凝土在冻融过程中严重剥落，质量损失增加，应力、氯化钠溶液与冻融循环同时作用将两种不利于混凝土抗冻性指标的破坏因素结合在一起，混凝土在冻融循环过程中不仅动弹性模量快速下降，而且质量损失也很严重。影响抗冻融循环次数的主要因素是应力，原因在于冻融过程中的表面剥落是一个渐

进的过程，需要经过一定次数的冻融循环，而应力加速动弹性模量的下降，使质量损失远未达到5%之前便因为动弹性模量下降而被破坏。各种混凝土在三因素损伤下的抗冻融循环次数如图3.7.1-2所示。从图中可以清楚看到应力比、水灰比对混凝土在三因素损伤下抗冻融循环次数的影响。

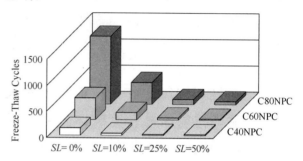

图3.7.1-2 三因素作用下混凝土的抗冻融循环次数

三因素损伤下混凝土发生严重的表面剥落，尤其是强度较低的混凝土，剥落导致混凝土试件截面减小，有的部位剥落深度超过5mm。试验中没有观察到截面变化对混凝土抵抗弯曲荷载的造成影响，没有因为截面减小抵抗应力能力降低导致三因素作损伤下的混凝土过早破坏。原因可能是，一般情况下，成型面的剥落较为比非成型面严重得多，而弯曲应力的受拉面为非成型面，对成型面的严重剥落不敏感。另外，应力比较高时混凝土过早破坏，表面剥落尚未得到充分发展，应力比较小时对于截面的变化不敏感。

混凝土在三因素作用下的抗冻融循环次数与应力比的关系仍可以用式（3.7.1）所示的关系来表示：

$$N_{SL}/N_0 = k \qquad (3.7.1)$$

式中，N_{SL}为三因素作用下混凝土的抗冻融循环次数；N_0为应力比为0时混凝土在氯化钠溶液中的抗冻融循环次数；k为比例常数，应力水平为0、10%、25%和50%时k值分别为1.00、0.32、0.08和0.04。当应力比为50%时式（3.7.1）与试验结果有较大的差异，原因在于50%的弯曲应力作用下，混凝土试件呈不稳定状态，破

坏具有很大的随机性，而且可能因为试验测试间隔，50%应力比时的抗冻融循环次数误差较大。

2. 三因素作用下混凝土的损伤复合效应

1）三因素损伤与单一冻融损伤的比较

与单一冻融破坏因素损伤相比，三因素作用下应力的存在加速了冻融过程中动弹性模量的下降，氯化钠溶液加速了混凝土的质量损失，混凝土的损伤程度比冻融单一破坏因素作用严重得多，抗冻融循环次数显著少于冻融循环单一破坏因素作的抗冻融循环次数。如三因素损伤25%应力比时，C40、C60、C80NPC混凝土的抗冻融循环次数为冻融单一作用时的10%左右。

2）三因素损伤与双因素损伤的关系

（1）三因素损伤与冻融—应力双因素的比较

应力对冻融—应力双因素损伤、冻融—除冰盐—应力三因素损伤两种情况有相同的影响规律，随着应力比增大，动弹性模量下降速度加快，混凝土损伤加速，抗冻融循环次数减少。两种情况下混凝土性能的区别有两方面，一是双因素作用下质量损失相对较小，混凝土的破坏全部因为相对动弹性模量下降到60%以下，而三因素作用下混凝土的质量损失较多，大约为双因素作用时的1.5倍，有可能因为质量损失而导致混凝土破坏，所以在三因素作用下必须考虑质量损失对混凝土造成的破坏，而冻融与应力双因素作用下质量损失一般不会先于动弹性模量达到破坏。二是由于盐溶液降低冰点的作用，使三因素作用下混凝土的动弹性模量下降较双因素稍为缓慢，导致在相同的应力比下，三因素作用下混凝土的抗冻融循环次数比双因素多20%左右。

（2）三因素损伤与冻融—除冰盐双因素损伤的比较

两种情况下混凝土的质量损失有相同的规律，试件都产生严重的表面剥落，都可能因为质量损失超过5%而破坏。因为应力的存在，三因素损

伤时混凝土的动弹性模量下降更加迅速，损伤速度显著加快，抗冻融循环次数远远少于双因素的情况，如在10%应力比时，各水灰比混凝土的抗冻融循环次数只有双因素作用的30%左右。

3. 损伤的抑制

虽然降低水灰比可以使混凝土抵抗外部因素破坏的能力得到增强与提高，但是在多因素损伤下，C80混凝土的破坏仍然非常迅速，如50%的弯曲荷载与冻融循环同时作用下，C80NPC经过40次冻融循环便破坏，25%应力比时能承受的冻融循环次数也只有80次。有除冰盐作用时各种水灰比的混凝土剥落都很严重。可见多因素损伤下，低水灰比的高强混凝土不一定耐久，要使混凝土能有效抵抗各种损伤，必须采取增强措施。

针对选取的损伤因子的多因素损伤机理，这里采取引气（APC）、掺加钢纤维（NSFRC）及引气与钢纤维双掺（ASFRC）三种措施提高混凝土抵抗多因素损伤的能力，抑制多因素复合作用对混凝土的损伤。对于不同措施增强的APC、NSFRC和ASFRC三种混凝土，与没有增强的NPC混凝土一起进行多因素损伤试验，研究各种方法对多因素损伤的抑制效果。APC、NSFRC和ASFRC三种混凝土从成型到损伤试验都与NPC一致，使他们之间具有可比性。

3.7.2 引气高性能混凝土在弯曲荷载-冻融-除冰盐腐蚀三因素作用下的损伤

1. 相对动弹性模量

各强度等级APC混凝土在弯曲荷载、氯化钠溶液和冻融循环三因素作用下的相对动弹性模量变化过程如图3.7.2-1所示。图3.7.2-2示出应力比为10%、25%时NPC与APC混凝土三因素损伤下相对动弹性模量的比较，相同应力比下，各强度等级的引气混凝土（APC）相对动弹性模量下降比非引气混凝土（NPC）稍为缓慢。

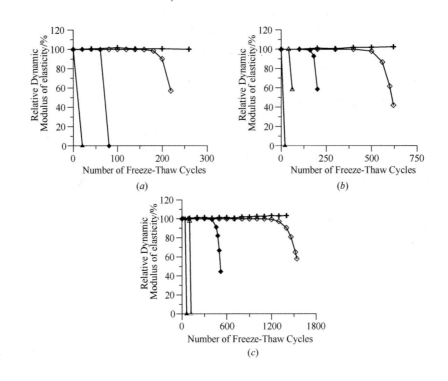

图 3.7.2-1　引气对三因素作用下混凝土的相对动弹性模量的影响

（a）C40APC；（b）C60APC；（c）C80APC

◇ 应力比0%，◆ 应力比10%，△ 应力比25%，▲ 应力比50%，✚ 对比试件

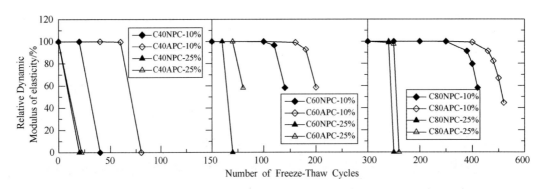

图 3.7.2-2　10%、25%应力比 NPC 与 APC 在三因素损伤下相对动弹性模量

2. 质量损失

应力、氯化钠溶液与冻融循环同时作用将两种不利于混凝土抗冻性指标的破坏因素结合在一起，混凝土在冻融循环过程中不仅动弹性模量快速下降，而且质量损失也很严重。引气以后混凝土的质量损失得到有效抑制。由于应力对质量损失几乎没有影响，引气对三因素作用下的质量损失影响与对冻融循环—除冰盐双因素损伤的影响规律基本一致。

3. 抗冻融循环次数

引气混凝土（APC）有效抑制了混凝土的质量损失，这样三因素损伤下混凝土的抗冻融循环次数取决于相对动弹性模量的损伤，应力对相对动弹性模量影响非常大，所以混凝土的抗冻融循环次数主要受应力的影响。APC 和 NPC 混凝土在三因素损伤下的抗冻融循环次数如图 3.7.2-3 所示。从图中看出，引气混凝土的抗冻融循环次数略高于非引气混凝土。

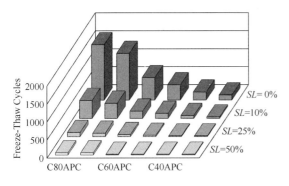

图 3.7.2-3　引气对三因素作用下混凝土抗冻融
循环次数的影响

3.7.3　钢纤维增强高性能混凝土在弯曲荷载-冻融-除冰盐腐蚀三因素作用下的损伤

钢纤维对遭受各种损伤的混凝土质量损失的改善作用不如引气和水灰比的效果明显。原因在于质量损失主要是试件表面浆体剥落所致，表面剥落一般是表面浆体层解体，质地酥软，呈细小的砂粒或浆体颗粒脱离试件表面，在混凝土中乱向分布的钢纤维，对这种颗粒起不到约束作用，试验结果显示，各种损伤作用下钢纤维混凝土（NSFRC）的质量损失与非引气混凝土（NPC）非常接近。

钢纤维的作用主要体现在各种损伤作用下混

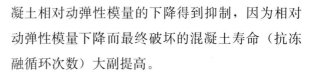

凝土相对动弹性模量的下降得到抑制，因为相对动弹性模量下降而最终破坏的混凝土寿命（抗冻融循环次数）大副提高。

1. 相对动弹性模量

NSFRC 混凝土在弯曲荷载、氯化钠溶液和冻融循环三破坏因素作用下的相对动弹性模量变化过程如图 3.7.3-1 所示，图 3.7.3-2 示出 10％、25％应力比时 NSFRC、NPC 和 APC 混凝土在三因素损伤下的相对动弹性模量。钢纤维有效改善了混凝土三破坏因素复合作用下对应力的敏感性，除 50％应力比时由于应力比过大使混凝土过早破坏，25％和 10％应力比时都比 NPC 有很大改善，与 NPC 相比，NSFRC 破坏前相对动弹性模量有一定的下降过程，而素混凝土破坏时相对动弹性模量曲线陡降至 60％以下，达到破坏。应力比较小的 NSFRC 试件，即使外观出现可见的裂纹，相对动弹性模量仍然可以在 60％以上，混凝土还能承受相当多次数的冻融循环。NPC 试件只要表面有裂纹出现，动弹性模量立即达到破坏标准。可见钢纤维的桥接作用对混凝土抵抗三破坏因素作用下的损伤发挥了极大的效果。

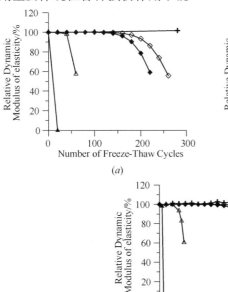

(a)

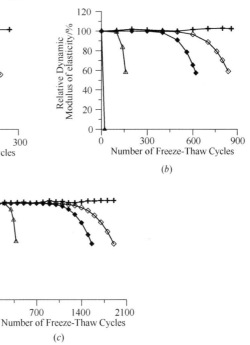

(b)

(c)

图 3.7.3-1　钢纤维对三因素损伤下混凝土相对动弹性模量的影响
（a）C40NSFRC；（b）C60NSFRC；（c）C80NSFRC
◇ 应力比0％，◆ 应力比10％，△ 应力比25％，▲ 应力比50％，＋对比试件

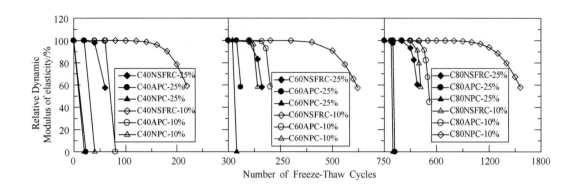

图 3.7.3-2　钢纤维对 10％、25％应力比时三因素损伤下相对动弹性模量的影响

2. 抗冻融循环次数

各种水灰比的 NSFRC 与 NPC 混凝土在三因素损伤下的抗冻融循环次数如图 3.7.3-3 所示。从图中可以清楚看到钢纤维对混凝土在三因素损伤下抗冻融循环次数的影响，钢纤维抑制了混凝土在弯曲荷载作用下的过早破坏，使混凝土的抗冻融循环次数大幅度提高，如 25％和 10％应力比时各强度等级的 NSFRC 抗冻融循环次数是 NPC 的 3～5 倍。

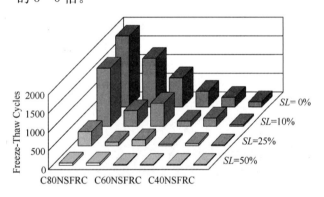

图 3.7.3-3　钢纤维对三因素损伤下混凝土
抗冻融循环次数的影响

3.7.4　钢纤维增强引气高性能混凝土在弯曲荷载-冻融-除冰盐腐蚀三因素作用下的损伤

三种破坏因素同时作用于混凝土，结合了各破坏因素对混凝土性能不利的影响，使混凝土不但动弹性模量迅速下降，试件表面严重剥落。上述两种抑制混凝土损伤的措施方法，如果单独使用，显然不能达到理想的效果，引气可以提高混凝土的抗冻性，抑制质量损失，但是应力同时作用时相对动弹性模量迅速下降，混凝土很快破坏；钢纤维虽然可以抑制应力的损伤，但对质量损失效果甚微。鉴于这种情况，本节通过试验，研究与分析了引气与钢纤维对混凝土多因素损伤的抑制。

1. 相对动弹性模量

ASFRC 在冻融－应力－除冰盐三因素损伤下相对动弹性模量的变化如图 3.7.4-1 所示。图 3.7.4-2 给出应力比 10％、25％时 ASFRC 在三因素损伤下与 NPC、APC、NSFRC 相对动弹性模量的比较。ASFRC 混凝土表现出最强的抗损伤能力，应力比越大，ASFRC 相对动弹性模量曲线与 NPC 曲线的距离越远，表明钢纤维与引气双掺对抵抗三因素损伤的效果更加显著。引气与钢纤维双掺对三因素损伤质量损失的影响，与对其他类型损伤质量损失有相同的影响规律。

2. 抗冻融循环次数及钢纤维与引气双掺的增强复合效应

三因素损伤下，ASFRC 与 NPC 混凝土的抗冻融循环次数如图 3.7.4-3 所示，应力比不为 0 时，钢纤维与引气双掺增强以后，混凝土的抗冻融循环次数得到极大提高，当施加 10％～25％弯曲荷载时，ASFRC 的抗冻融循环次数与 NPC 相比约提高 5～10 倍。钢纤维与引气抑制损伤的复合效应可以从表 3.7.4 看出，钢纤维与引气双掺

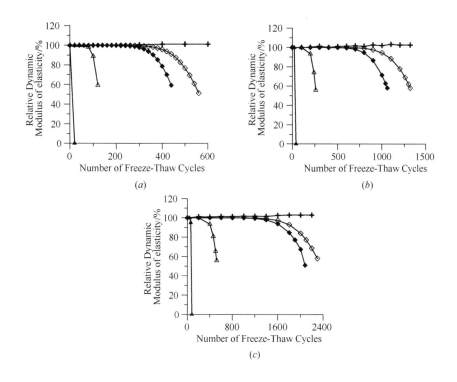

图 3.7.4-1　三破坏因素作用下混凝土的相对动弹性模量

（*a*）C40ASFRC；（*b*）C60ASFRC；（*c*）C80ASFRC

◇ 应力比0%，◆ 应力比10%，△ 应力比25%，▲ 应力比50%，✛ 对比试件

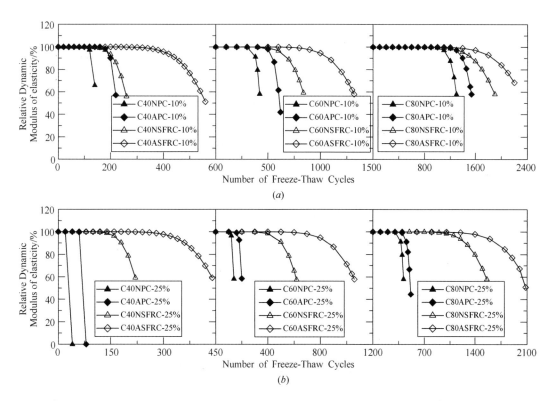

图 3.7.4-2　钢纤维引气复合对 10%、25%应力比三因素损伤下混凝土相对动弹性模量的影响

（*a*）SL＝10%；（*b*）SL＝25%

以后混凝土抗冻融循环次数的增加 ΔN_{ASFRC}，远远大于 $\Delta N_{APC} + \Delta N_{NSFRC}$（$\Delta N_{ASFRC} = N_{ASFRC} - N_{NPC}$，$\Delta N_{APC} = N_{APC} - N_{NPC}$，$\Delta N_{NSFRC} = N_{NSFRC} - N_{NPC}$），$\Delta N_{ASFRC}$ 与（$\Delta N_{APC} + \Delta N_{NSFRC}$）之差可以看作钢纤维与引气抑制损伤复合效应的定量化。

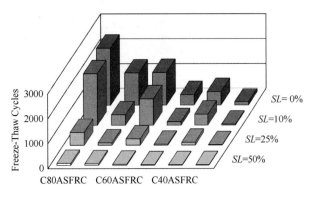

图 3.7.4-3 三因素损伤下 ASFRC 与 NPC 混凝土的抗冻融循环次数

三因素损伤下 ASFRC、APC、NSFRC 与 NPC 的抗冻融循环次数之差　　表 3.7.4

混凝土强度等级	应力比	$\Delta N_{APC} = N_{APC} - N_{NPC}$	$\Delta N_{NSFRC} = N_{NSFRC} - N_{NPC}$	$\Delta N_{ASFRC} = N_{ASFRC} - N_{NPC}$	ΔN^*
C40	$SL = 0\%$	80	120	400	200
	$SL = 10\%$	40	180	400	180
	$SL = 25\%$	0	40	100	60
	$SL = 50\%$	0	0	0	0
C60	$SL = 0\%$	200	360	900	440
	$SL = 10\%$	60	480	920	380
	$SL = 25\%$	20	120	220	80
	$SL = 50\%$	0	0	20	20
C80	$SL = 0\%$	240	600	1000	160
	$SL = 10\%$	80	1140	1660	340
	$SL = 25\%$	20	280	420	120
	$SL = 50\%$	0	0	20	20

* $\Delta N = \Delta N_{ASFRC} - (\Delta N_{APC} + \Delta N_{NSFRC})$

3.7.5 高性能混凝土在弯曲荷载、冻融循环与盐湖卤水腐蚀多重破坏因素作用下的损伤失效过程

在不同的加载条件下，OPC、HSC、HPC、SFRHPC 和 PFRHPC 在冻融与不同盐湖卤水腐蚀多重因素作用下 E_r 与冻融循环次数的关系如图 3.7.5-1～图 3.7.5-5 所示。试件的标准养护龄期为 90d。结果表明：30%弯曲荷载使 OPC 在新疆、内蒙古和西藏盐湖卤水中冻融时很快发生突然断裂，导致混凝土的双因素抗冻融循环次数进一步缩短，分别只有 16 次、11 次和 15 次，比未加荷载（依次为 25 次、19 次和 26 次）分别缩短了 36%、42%和 42%。

青海盐湖卤水因不存在冻融破坏的问题，低温化学腐蚀对 OPC 的破坏作用非常缓慢，但是对试件施加 30%弯曲荷载以后其 E_r 的降低速度在经历 700 次循环以后显著加快了，在 1550 次循环时加载与非加载 OPC 试件的 E_r 分别为 80.2%和 97.5%，荷载使 E_r 降低了 17.7%。HSC、HPC、SFRHPC 和 PFRHPC 的结构很致密，在 4 种盐湖卤水中即使经历 1500～1600 次冻融循环，也没有发生破坏。但是，对混凝土试件施加弯曲荷载以后，冻融过程中 E_r 的降低速度都有不同程度的加快，而且荷载越大，这种影响也就越明显。在 1500 次冻融循环时，当施加的荷载比为 40%时，E_r 比未加荷载试件低 5%～15%，荷载比为 50%时 E_r 低 20%～25%，荷载比为 60%时 E_r 低 30%～40%；不过，荷载比在 20%以下时，荷载对 E_r 的影响可以忽略。

3.7.6 结论

针对混凝土耐久性研究和寿命预测中存在的问题和不足，设计了混凝土在弯曲荷载、冻融循环和氯化钠溶液或盐湖卤水腐蚀等多重破坏因素作用的耐久性试验方法，通过试验总结了混凝土的多因素损伤规律和特点，以及引气、钢纤维及其复合措施对混凝土损伤的抑制效应。提出根据各种措施抑制损伤的特点，针对不同损伤采用不同增强措施，达到抑制损伤的最佳效果。

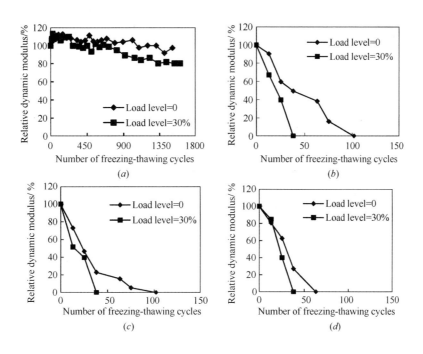

图 3.7.5-1 弯曲荷载对 OPC 在盐湖环境中多重破坏因素作用下相对
动弹性模量变化的影响

（a）青海盐湖卤水；（b）新疆盐湖卤水；（c）内蒙古盐湖卤水；（d）西藏盐湖卤水

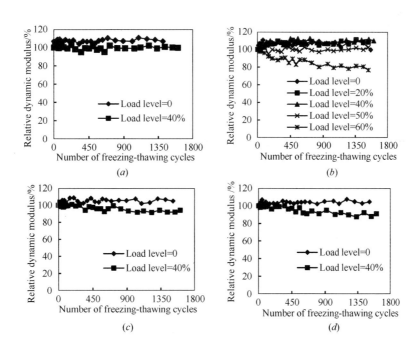

图 3.7.5-2 弯曲荷载对 HSC 在盐湖环境中多重破坏因素作用下相对
动弹性模量变化的影响

（a）青海盐湖卤水；（b）新疆盐湖卤水；（c）内蒙古盐湖卤水；（d）西藏盐湖卤水

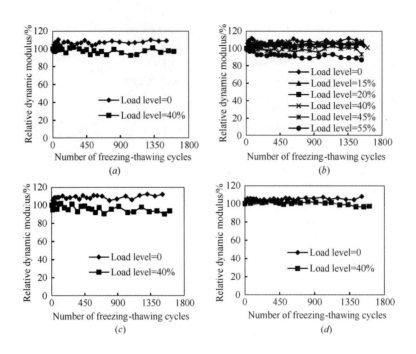

图 3.7.5-3 弯曲荷载对 HPC 在盐湖环境中多重破坏因素作用下相对
动弹性模量变化的影响

（a）青海盐湖卤水；（b）新疆盐湖卤水；（c）内蒙古盐湖卤水；（d）西藏盐湖卤水

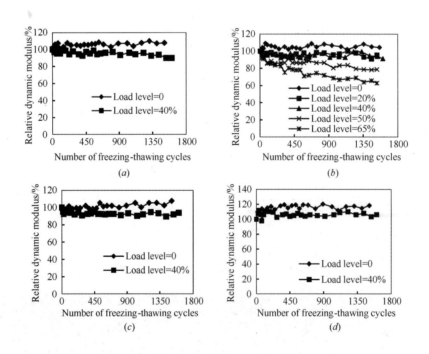

图 3.7.5-4 弯曲荷载对 SFRHPC 在盐湖环境中多重破坏因素作用下
相对动弹性模量变化的影响

（a）青海盐湖卤水；（b）新疆盐湖卤水；（c）内蒙古盐湖卤水；（d）西藏盐湖卤水

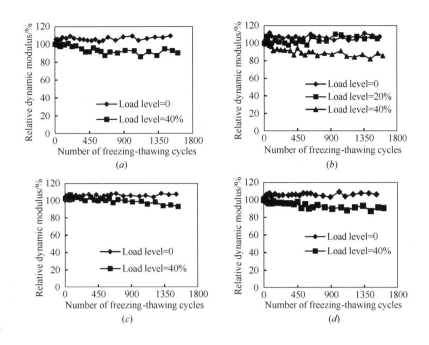

图 3.7.5-5 弯曲荷载对 PFRHPC 在盐湖环境中多重破坏因素作用下
相对动弹性模量变化的影响

(*a*) 青海盐湖卤水；(*b*) 新疆盐湖卤水；(*c*) 内蒙古盐湖卤水；(*d*) 西藏盐湖卤水

1. 弯曲荷载、冻融循环与除冰盐多重破坏因素

（1）对于弯曲荷载、冻融循环、除冰盐三种破坏因素的多重复合损伤，冻融循环是引起混凝土损伤的动力。

（2）在弯曲荷载、冻融循环与氯化钠溶液腐蚀多重破坏因素作用下，混凝土的动弹性模量下降迅速，试件表面剥落严重，质量损失大，加速了混凝土的失效过程，且动弹性模量下降和质量损失都有可能达到破坏标准，引起破坏。

（3）引气能够有效地抑制混凝土的质量损失，APC 的抗冻融循环次数略高于 NPC。

（4）钢纤维对抑制了混凝土在弯曲荷载作用下的过早破坏，使混凝土在 10%～25% 弯曲荷载、冻融与除冰盐腐蚀条件下的抗冻融循环次数比 NPC 提高 3～5 倍。

（5）引气与钢纤维复合对于抵抗混凝土在弯曲荷载、冻融循环与氯化钠溶液腐蚀多重破坏因素作用下损伤的效果更加显著。当施加 10%～25% 弯曲荷载时，ASFRC 在此多重因素作用下的抗冻融循环次数与 NPC 相比，约提高 5～10 倍。

2. 弯曲荷载、冻融循环与盐湖卤水多重破坏因素

（1）30% 弯曲荷载使 OPC 在新疆、内蒙古和西藏盐湖卤水中冻融时很快发生突然断裂，导致混凝土的抗冻融循环次数分别缩短了 36%、42% 和 42%。青海盐湖卤水因不存在冻融破坏的问题，低温化学腐蚀对 OPC 的破坏作用非常缓慢，但是在 1550 次循环时加载与非加载 OPC 试件的相对动弹性模量分别为 80.2% 和 97.5%，荷载使相对动弹性模量降低了 17.7%。

（2）弯曲荷载对 HSC-HPC 在冻融过程中相对动弹性模量的降低速度都有不同程度的加快，荷载越大影响越明显。在 1500 次冻融循环时，当荷载比为 40% 时相对动弹性模量比未加荷载试件降低 5%～15%，当荷载比为 50% 时则降低 20%～25%，当荷载比为 60% 时降低 30%～40%，当荷载比在 20% 以下时，可以不考虑荷载的影响。

本章参考文献

[1]　张汉文. 察尔汗盐湖卤水对水泥混凝土侵蚀问题的探讨[J]. 中国建材研究院院刊，1984，(1)：15-26.

[2]　Yair M. B. and Heller L.. Coll. RILEM sur le Comportement du Beton a l'Eau de Mer (Palerme) [J]. Cahier de la Rechercge，No. 27 ITBTP，Paris 1968.

[3]　余红发. 抗盐卤腐蚀的水泥混凝土的研究现状与发展方向[J]. 硅酸盐学报，1999，27(4)：237-245.

[4]　余红发. 氯氧镁水泥及其应用[M]. 北京：中国建材工业出版社，1993，180-417.

[5]　Tumidajski P. J. and Chan G. W.，Durability of high performance concrete in magnesium brine [J]. Cem. and Concr. Res.，1996，26(4)：557-565.

[6]　Goria C. and Cusino L.. Coll. RILEM sur le Comportement du Beton a l'Eau de Mer (Palerme)，Cahier de la Rechercge，No. 27 ITBTP，Paris 1968.

[7]　郑喜玉，张明刚，董继和，等. 内蒙古盐湖[M]. 科学出版社，1992，137-194，219-285.

[8]　刘崇熙，文梓芸. 混凝土碱—骨料反应[M]. 广州：华南理工大学出版社，1995.358-383.

[9]　Aitcin P C, Pigeon M, Pleau R, et al. Freezing and thawing durability of high performance concrete[A]. In：Proc. of the Inter. Symp. on High-Performance Concrete and Reactive Powder Concretes[C]. Sherbrooke，vol. 4，1998，383-391.

[10]　Aitcin P C. The durability characteristics of high performance concrete：a review[J]，Cem Concr Compos，2003，25(4-5)：409-420.

[11]　黄孝蘅. 高性能混凝土的抗冻性[J]. 中国港湾建设，2002(5)：1-2.

[12]　Romualdi J. P. and Baston G. B. Mechanics of Crack Arrest in Concrete[J]. J. Eng. Mech. ASCE，1963，147-172.

[13]　Powers T. C.，Helmuth R. A. Theory of volume changes in hardened Portland cement pastes during freezing. Proc [J]. Highway Research Board，1953，32：285-297.

[14]　Powers T. C. The air requirement of frost-resistant concrete[J]. Proc. Highway Research Board 1949；29：184-202.

[15]　Powers T. C. Void spacing as a bisis for producing air-entrained concrete[J]. ACI J.，1954；50(9)：741-760

[16]　Chatterji S.，Freezing of air-entrained cement-based materials and specific actions of air-entraining agents [J]. Cem. &.Concr. Comp.，2003，25 (7)：759-765

[17]　鞠　健，韩迎祝，冯明月. 高强混凝土抗冻性几个现象的讨论[J]. 低温建筑技术，2002，(2)：94.

[18]　游有鲲，缪昌文，慕儒. 粉煤灰高性能混凝土抗冻性研究[J]. 混凝土与水泥制品，2000，(5)：14-15.

[19]　Stark J.，Chelouan N. 高性能混凝土的抗冻性与抗除冰盐侵蚀性[A]. 高性能混凝土——材料特性与设计[M]. 中国建筑工业出版社，1998.106-112.

[20]　Mindess S.，Young J. F. and Darwin D. Concrete [M]. Pearson Education，Inc.，New Jersey，U. S. A.，2nd ed.，2003，70 页，431 页，487-488 页.

[21]　孙　伟，余红发. 混凝土结构工程的耐久性与寿命研究进展[J]. 工程科技论坛·土木结构工程的安全性与耐久性论文集. 北京：清华大学，2001，274-285.

[22]　朱蓓蓉，杨全兵，黄士元. 除冰盐对混凝土化学侵蚀机理研究 [J]. 低温建筑技术，2000，(1)：3-5.

[23]　Taylor H. F. Cement Chemistry [M]. Thomas Telford Publishing, Thomas Telford Services Ltd.，London，UK，2nd ed.，1997，164-377.

[24]　廉慧珍，童良，陈恩义. 建筑材料物相研究基础[M]，清华大学出版社，1996，27-36.

[25]　Regourd M. M. and Hornain H. Microstructure of reactive products [A]. Proc. 7th Int. Conf. Ottawa[C]，Canada，1986，375-380.

[26]　Bensted J. Problems arising in the identification of Thaumasite[J]，Il，Cem.，1977，74：81-90.

[27]　Barnett S. J.，Adam C. D.，Jackson A. R. W. Solid solutions between ettringite, $Ca_6 Al_2 (SO_4)_3 (OH)_{12} \cdot 26H_2O$,

and thaumasite, Ca$_3$SiSO$_4$CO$_3$(OH)$_6$ · 12H$_2$O[J], J. Mater. Sci., 2000, 35: 4109-4114.

[28] Crammond N. J. The thaumasite form of sulfate attack in the UK [J]. Cem. &Concr. Comp. , 2003, 25 (8): 809-818.

[29] Hartshorn S. A., Sharp J. H. and Swamy R. N. Thaumasite formation in Portland-limestone cement pastes[J]. Cem Concr Res, 1999, 29(8): 1331-1340.

[30] Hartshorn S. A., Sharp J. H. and Swamy R. N. Reply to the discussion by J. Bensted and J. Munn of the paper "Thaumasite formation in Portland-limestone cement pastes" [J]. Cem Concr Res, 2001, 31(3): 513-514.

[31] Hartshorn S. A., Swamy R. N. and Sharp J. H. Engineering properties and structural implications of Portland limestone cement mortar exposed to magnesium sulphate attack [J]. Adv Cem Res, 2001, 13: 31-46

[32] Hartshorn S. A., Sharp J. H. and Swamy R. N. The thaumasite form of sulfate attack in Portland-limestone cement mortars stored in magnesium sulfate solution [J]. Cem Concr Compos, 2002, 24(3-4): 351-359.

[33] Torres S. M., Sharp J. H., Swamy R. N., et al. Long term durability of Portland-limestone cement mortars exposed to magnesium sulfate attack [J]. Cem. &Concr. Comp. , 2003, 25 (8): 947-954.

[34] Bensted J. Scientific background to thaumasite formation in concrete [J], World Cem, 1998, 29 : 102-105.

[35] Bensted J. Thaumasite—background and nature in deterioration of cements, mortars and concretes [J]. Cem. Concr. Compos. , 1999, 21 (2): 117-121.

[36] Barker A. P., Hobbs D. W. Performance of Portland limestone cements in mortar prisms immersed in sulfate solutions at 5℃ [J]. Cem. Concr. Compos. , 1999, 21 (2): 129-137.

[37] Collepardi M. Thaumasite formation and deterioration in historic buildings [J]. Cem. Concr. Compos. , 1999, 21 (2): 147-154.

[38] Gaze M. E., Crammond N. J. The formation of thaumasite in a cement: lime: sand mortar exposed to cold magnesium and potassium sulfate solutions [J]. Cem. Concr. Compos. , 2000, 22 (3): 209-222.

[39] Crammond N. J., Halliwell M. A., The thaumasite form of sulfate attack in concretes containing a source of carbonate ions—a micro-structural overview [A]. In: Malhotra V. M. (Ed.), Advances in Concrete Technology, Proc. of 2nd CANMET/ACI Inter. Symp. [C], Las Vegas. ACI International, Farmington Hills, USA, 1995.

[40] Vuk T., Gabrovšek R. and Kaucic V. The influence of mineral admixtures on sulfate resistance of limestone cement pastes aged in cold MgSO$_4$ solution[J]. Cem. and Concr. Res. , 2002, 32 (6): 943-948.

[41] Igarashi S., Kubo H. R., Kawamura M. Long-term volume changes and microcracks formation in high strength mortars[J]. Cem. and Concr. Res. , 2000, 30 (6): 943-951.

第4章
单一、双重和多重破坏因素作用下混凝土寿命预测新理论与新方法

重大土木工程按照使用寿命设计是当前结构工程设计的重要发展方向，国际上许多重大工程逐步实现了以使用寿命为主要目标的耐久性设计。我国为了真正体现"百年大计"思想，近几年设计建造的长江三峡大坝、南京地下铁道工程、江苏润扬长江公路大桥和杭州湾跨海大桥等许多重大工程使用寿命都要求满足 100 年的设计要求。但是，混凝土的耐久性问题十分复杂。2000 年 Mehta 在总结 50 年来混凝土耐久性的研究进展时指出：影响混凝土耐久性的破坏因素按照重要性程度依次是钢筋锈蚀、冻融破坏和腐蚀作用。在这些破坏因素的作用下，混凝土结构的使用寿命大为缩短。其中，将混凝土结构的破坏过程与时间建立起可靠的理论联系并用于寿命设计的，只有碳化理论和氯离子扩散理论。陈肇元院士在 2002 年"工程科技论坛"上介绍：当前西方发达国家的混凝土使用寿命预测方法都是建立在钢筋锈蚀基础上的，2000 年欧洲 DuraCrete 项目出版的《混凝土结构耐久性设计指南》，针对海洋环境和大气碳化环境中混凝土结构的使用寿命设计问题，提出了一套完整的设计体系。我们在混凝土的氯离子扩散理论研究方面，也已经建立了一套自成体系的适用于中国国情的预测方法，即考虑多种因素作用下的氯离子扩散理论和寿命预测新模型。

然而，对于我国的三峡大坝、南京地铁和润扬大桥这类工程，环境的氯离子浓度很低，氯盐引起的钢筋锈蚀并非主要耐久性破坏因素，不能应用氯离子扩散理论预测使用寿命；另一方面，由于设计采用较高强度等级的混凝土，碳化引起钢筋锈蚀的速度很慢，运用碳化理论预测结构的使用寿命都在几千年甚至几万年以上，严重脱离实际。其实，对于一般条件下的混凝土结构，其功能失效的标志并非钢筋锈蚀，而是冻融或腐蚀等引起混凝土自身的耐久性破坏，对这类混凝土结构工程进行使用寿命预测和耐久性设计，需要探索新的方法。早在 1993 年，Clifton 就归纳出 5 种预测混凝土使用寿命的方法：经验方法、比较方法、加速试验方法、数学模型方法和随机方法等。其中，根据氯离子扩散理论和碳化理论建立的数学模型方法已经得到成功应用。对于冻融或腐蚀条件下混凝土结构使用寿命的预测问题，加速实验方法最有发展前途，是当前国内外学术界面临的重要课题之一。在利用加速试验方法预测混凝土使用寿命的研究领域，课题组根据不同的工程环境条件、从不同的角度提出了 3 种新方法：基于损伤理论和威布尔分布的混凝土寿命预测方法、基于损伤演化方程的混凝土寿命预测的理论和方法、基于水分迁移重分布的混凝土冻融循环劣化新理论及冻融寿命定量分析与评估模型。

4.1　基于损伤理论和威布尔分布的混凝土寿命预测理论和模型

能够对混凝土进行寿命预测与评估一直是工程和研究人员很感兴趣的问题，也是至今为止国

际上尚未解决的重大科技问题。但是，目前在混凝土寿命预测的定量方面工作还远远不够，主要工作集中在氯离子的侵蚀方面，并且混凝土寿命定量评估工作进行的比较零散，其评估还没有形成一个框架体系。尤其需要提出的是，不利条件（包括多破坏因素）作用下混凝土的侵蚀机理束缚了人们的思维，从细观甚至微观的机理角度去构筑混凝土寿命评估体系建模难度很大，其前景堪忧。而一般工程均处在各种破坏因素共同作用下的环境中，这样就导致了实际工程应用目前还缺少既可靠又方便的相关理论，要实现这一步困难很多。

本书针对这些问题建立了混凝土的一般失效损伤演变模型，冀希望能够在这方面做一些工作，提供一些新的研究思路和方法，以供参考，为最终能够实现混凝土寿命设计而努力。

4.1.1　研究思路

在对混凝土材料耐久性失效机理进行研究的过程中，人们发现混凝土材料在与周围环境进行交互作用时，其失效机理是非常复杂的。为了建立一个相应的耐久失效数学模型，那些试图从细微观物理化学角度去构筑混凝土耐久特性理论的做法，必然会牵涉到诸如数学方面、细微观参数定量化等问题而不得不作出许多理想化的假设，建模难度较大，而且经常会出现这样那样的结果，不是由于假设的原因理论值而与实际结果偏差较大，就是数学上难于实现或细微观参数较难确定而理论不能够进一步推广应用。当对多因素作用下的混凝土实际应用进行探讨时，这种方法的实施就更加艰难。所幸的是，混凝土在内外界环境因素作用下的一般失效过程实质上是一个材料内部劣化损伤的过程，不管其失效的机理如何，其损伤总是分为均匀损伤、有损伤梯度的不均匀损伤两大损伤类型。这样就可以从损伤的角度去探

讨混凝土的寿命，从而为能够建立一个混凝土寿命评估的理论框架提供基础。一般而言，混凝土在多因素作用下其损伤特点为均匀损伤叠加梯度损伤的复合损伤。针对不同的损伤机理，这里对常规的耐久性问题作了以下的归类：

1. 外生型化学侵蚀

这类耐久性问题的损伤特点一般为存在由外向内损伤梯度的不均匀损伤：

1）溶解侵蚀：主要是将硬化的水泥浆体固体成分逐渐溶解带走，造成溶析性破坏，如流水的侵蚀。

2）离子交换：侵蚀性介质与硬化水泥浆体组分发生离子交换，生成易溶解或没有胶结能力的产物。如酸性水的作用。

3）形成膨胀组分：形成盐类，结晶长大时体积增加导致膨胀性破坏，如硫酸盐侵蚀。

2. 内生型化学损伤

其特点主要为内部的均匀损伤，如内生型的碱集料反应问题，尽管其损伤主要发生在集料与水泥砂浆间的界面处，但是如果考虑的试件或构件，当其尺寸相对于石子最大粒径较大时，从整体上看就可以把它们的损伤特点看成是内部均匀的。

3. 物理损伤

1）简单单向拉压加荷作用下的混凝土徐变损伤以及混凝土的蠕变损伤。其损伤特点可认为是均匀损伤。

2）弯曲受荷或复合加载情况下的混凝土的徐变问题，其损伤特点可认为损伤截面存在损伤梯度。

3）干湿变化以及冻融循环下的混凝土损伤问题。此时以试验过程中的循环次数 N 为时间尺度，可认为这些损伤应为由外向内的存在损伤梯度的损伤过程。

4）对于高强度混凝土，由于其水胶比较小，水泥用量偏高。而随着水泥的水化，导致孔隙中

湿度的降低，从而产生混凝土内部自收缩损伤。这种损伤可认为是均匀损伤。

尽管研究混凝土的失效机理对于进一步了解材料的性能是必需的，深入到细微观层次的研究能够带来最本质的东西，但是宏观性能的研究却能够得到最直接且最有效的结果。毫无疑问，经典的宏观力学就是一个生动的例子，但它却应用于工程设计的方方面面而经久不衰。在对受荷情况下混凝土的失效分析过程中，人们通常采用损伤和断裂理论进行材料的应力、应变分析，但是对于像牵涉到冻融循环、硫酸盐腐蚀、碱集料反应等单因素甚至多因素共同作用之下混凝土材料的耐久性问题，利用传统的损伤应力应变理论显然是困难的。由于该种问题的复杂性以及特殊性，很自然人们会想到利用试验统计模型来得出寿命预测的回归经验公式甚至采用模糊聚类分析、神经元等理论进行预测，但随之带来的问题是回归公式受人为主观因素影响很大，不同的人对相同的问题会得出不同的表达形式，聚类分析结果缺乏灵活性，神经元方法的训练样点的选取对分析的权值、阈值影响很大，并且聚类、神经元等数值分析方法只有结果、没有过程分析，都需要大量的原始数据，工作量很大，不便于实际应用。另外，经验公式分析和神经元等方法都缺乏对材料物理性能以及损伤机制的进一步阐述。因此，这里采用寿命统计理论，抛开了混凝土具体的失效机理这一层研究，而试图在宏观表象层次上建立混凝土的一般耐久性损伤演变模型。为了建立一个宏观意义上混凝土一般损伤失效模型框架，这就需要建立混凝土内部单元点失效与时间的函数关系。经典的 Weibull 寿命可靠统计理论就能满足这一要求。

正是在以上思路的指导下，为了构筑一个混凝土一般寿命评估理论框架，本节在结合了损伤与寿命统计理论的基础上初步建立了混凝土的一般损伤演变的多元 Weibull 寿命预测模型。

4.1.2　混凝土一般耐久性损伤模型的建立

1. 模型假设及相关说明

为方便起见，先讨论一个边界条件为四边受到等损伤梯度 G 影响的正方面模型（图 4.1.2-1），其他一些常遇边界情况将在后面提到。

假设 1：混凝土内部是连续且均匀的。从宏观方面研究，因空隙大小比物体尺寸小得很多，可不考虑空隙的存在。混凝土材料内部组成物质大小与物体尺寸相比很小且随机排列，因此宏观上看可将物体性质看作各组成部分性质的统计平均量，混凝土性质是均匀的。

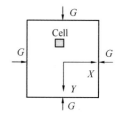

图 4.1.2-1　四边受到等损伤梯度 G 的简化模型

假设 2：现由于混凝土四周边界条件为同一侵蚀条件，假设混凝土内部到边界最短距离相同的所有点均服从同一种损伤演变规律。

假设 3：为了描述混凝土内部单元点失效与时间之间的关系，这里采用 Weibull 寿命分布族（图 4.1.2-2）。

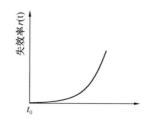

图 4.1.2-2　Weibull 分布失效率函数

根据 Weibull 分布的理论可知，该分布是基于串联单元构筑的数学模型，正因为这种特性，决定其在寿命评估中的特殊地位，可以代表大量的与元件失效有关的问题。Weibull 分布的包容性很广，曲线形状丰富，通过调节相关参数可得到大量的不同特征，许多有关寿命的其他分布如正态分布、伽马分布等均可用该分布来近似模拟，这本身给各种不同宏观损伤特性的模拟带来了极大的方便。混凝土失效损伤过程表明，混凝土的损伤随龄期而逐步积累，内部的微缺陷也逐步增多，材料内部各"元件"的失效率此时必然增大，混凝土内部元件的失效率肯定是递增函数，而 Weibull 分布函数当形状因子大于 1 时，其失效率函数正是递增函数。因此本节采用能够描述该特征的 Weibull 寿命分布族，如式（4.1.2-1）所示，认为针对混凝土这一复杂系统，混凝土内部"元件"（微元件）均服从该分布。

$$F(t) = 1 - \exp\{-[\lambda(t - t_0)_+]^\alpha\}$$

$$(4.1.2-1)$$

式中，t 为时间；t_0 为时间阈值；λ 为尺度因子，$\lambda > 0$；α 为形状因子，$\alpha > 1.0$，另外，下标"＋"代表括号中数值为负时，其括号值取为 0，否则值不变。

假设 4：混凝土内部单元点受到周边有限个点单元破坏状况的影响，每一个点单元的破坏只对其上、下、左、右单元的破坏概率产生影响，而远处的影响忽略不计，并且每一个点单元在某一时刻的破坏概率和周边有限个单元的破坏数目之间的关系表示如（式 4.1.2-2）所示：

$$p(x,y,t) = p_0(x,y,t) + \sum_{i=1}^{n}[\nu(1-p_0)]^n$$

$$(4.1.2-2)$$

式中，$p(x,y,t)$——考虑周边点单元破坏状况影响时在坐标为（x，y）处该点单元已破坏的概率；

$p_0(x,y,t)$——不考虑周边单元影响时（x，y）处点单元已破坏的概率，由假设 3 所知，该值即表示为式（4.1.2-1）；

n——四周破坏的点单元数，$n \leq 4$；

ν——破坏单元影响系数。

假设 5：由于混凝土内部每一点是均匀的，且均受到同类型内外不利因素的影响，因此根据 Weibull 分布特性，可认为混凝土内部每一点失效曲线形状大致相同，即形状因子 α 一致。尺度因子 λ 综合体现了混凝土内部的点对于不利条件

的抵抗能力，其大小由内外因素条件共同所决定。λ 越大，表明材料抗力越弱，阈值 t_0 出现得越早；反之，阈值 t_0 出现得越晚。因此，可假设 λ 与 t_0 成反比例关系，如式（4.1.2-3）所示，其中 k_0 为比例系数（$k_0 > 0$）。

$$t_0 = k_0\lambda^{-1} \qquad (4.1.2-3)$$

2. 模型的求解

显而易见，即使作出了以上的几点假设，由于点单元之间的互相影响，获得问题的解形式也是极其困难的。那么，如何获得前面模型结构的结果呢？这里拟采用概率图的手段，通过图解方法来得到问题的数值解。

其数学上实现的基本思想是，如果考察截面中存在大量的点单元，尽管每次图解计算时由于模型的随机性在截面的局部会产生结果的差异，但是随着考察点数目的增多，这种局部解差异对整体解带来的影响也逐渐被"湮没"了。

这样，我们就可以通过把截面划分成大量的点单元，每一个边划分 N 等分（$N > 70$），根据假设 3 可知，在时刻 t，该点单元已发生破坏的概率表示为式（4.1.2-2）。根据假设 2，尺度因子 λ 的表达式为：

$$\lambda(x,y) = \lambda(|x|,|y|) \qquad (4.1.2-4)$$

如果尺度因子 λ 沿截面呈如图 4.1.2-3 所示的非线性变化，由于网格剖分使 λ 离散化，其第 i 层的尺度因子 λ_i 如式（4.1.2-5）所示：

$$\lambda_i = \lambda_0 + \nu(i - 0.5)^{-1}$$

$$(4.1.2-5)$$

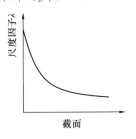

图 4.1.2-3　尺度因子 λ 随截面的变化

式中　λ_0——待定的均匀尺度参数，$\lambda_0 > 0$；

ν——待定的梯度因子，$\nu > 0$；

i——自然数序列，取值为 1，2，……$N/2$。

那么根据式（4.1.2-2）只能得到时刻 t 点各个单元的破坏概率，但是又如何确定一个点单元

是否破坏了呢？很简单，只要我们在 [0，1] 区间内随机地均匀选取一个数，只要该数值小于破坏概率，则认为该点单元发生了破坏［表示为式 (4.1.2-6)］，随即该破坏点单元的位置坐标存储到程序中的"记忆"矩阵中，从而退出整体破坏概率矩阵的重组，并且对原程序中各点单元的破坏概率矩阵进行调整，以得到下一个采样时间的破坏概率矩阵。点单元破坏条件：

$$p(x,y,t) \geqslant p(0,1) \qquad (4.1.2-6)$$

式中　　$p(0,1)$——[0，1] 区间内的均匀随机数；

　　　　$p(x,y,t)$——时刻 t，在点（x，y）处点单元发生破坏的概率。

3. 算例的结果演示以及可行性研究

把截面划分为 80×80 个点单元格，当输入值形状因子 α 取为 4.9，均匀尺度参数 λ_0 为 3.0，梯度因子 ν 为 0.5，比例系数 k_0 取为 0.48，周边单元影响系数取为 0.2 时，采用图 4.1.2-4 的框图

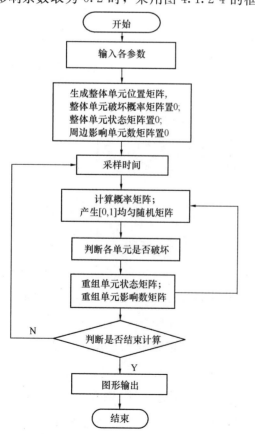

图 4.1.2-4　损伤模型的概率解法

经过图解计算得到 $t = 180$、190、200、220、230 时的损伤发展情况如图 4.1.2-5～图 4.1.2-9 所示。

图 4.1.2-5　采样时间为 180 个单位时截面等效损伤状态（无损伤）

图 4.1.2-6　采样时间为 190 个单位时截面等效损伤状态

图 4.1.2-7　采样时间为 200 个单位时截面等效损伤状态　图 4.1.2-8　采样时间为 220 个单位时截面等效损伤状态　图 4.1.2-9　采样时间为 230 个单位时截面等效截面状态

从损伤特性的模拟来看，其模拟的结果是令人满意的。通过图解法可得到损伤值与时间的关系如图 4.1.2-10 所示，该图说明针对重复计算其结果是相当稳定的，因此可以通过一次计算就可得到问题的解值，同时也证明了损伤一般模型的图解方法是完全可行的。

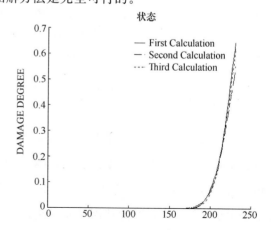

图 4.1.2-10　损伤演变过程重复计算结果

4.1.3 一般损伤寿命预测模型的简化处理

从 4.1.2 的讨论中可看到利用概率图的手段来计算损伤寿命的预测模型是得不到解析解的，而且计算量较大，每一次循环重组整体破坏矩阵时，都针对每一个未破坏单元产生一次随机数。可以预见，如果结合试验数据进行参数优化计算的话则计算的时间是相当长的，因此，提出更加方便实用的计算方法是必需的。

根据 1.2.2 的假设可知，由于考虑了微单元之间的相互影响，以至于所讨论问题的复杂程度也大大增加了。因此为了简化问题，必须对微单元之间的关系进行相应的简化。这样，把假设 4 更换为如下简化假设 4，从而使我们对混凝土一般损伤过程的计算能大大简化。

假设 4：针对混凝土这一复杂系统，系统的逻辑关系比较简单，即除了需满足分布连续性以外，微元件之间是相互独立的，元件之间的实际影响所带来的具体表象结果则隐含在 Weibull 分布里，细微观的局部影响经统计平均后被相关的微元件所均摊了。

1. 模型的数学推导

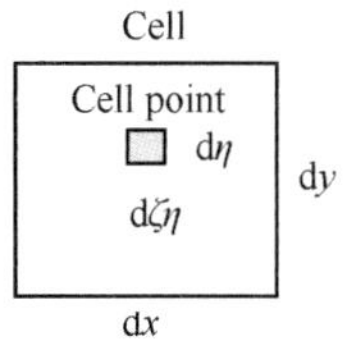

计算截面 (x, y) 处取一微单元（图 4.1.3-1），由于微单元很小，可认为其内部点元件发生破坏的时刻 T 这一随机变量的分布函数一致，该分布的密度为 $f(x, y; t)$。由假设 4 可知，由于截面上的点互相独立（尽管实际上点元件并不独立，但是非独立性的影响已经均摊到了 Weibull 分布中），这样对于空间尺度来讲，就是其他区域片段的发生事件不影响该区域事件，即满足空间尺度上的无记忆性；对于微单元，显然其内部任何部位的点元件均会产生破坏这一随机事件；另外，

图 4.1.3-1　分离出的微单元

对于点元件这一空间片段，由于其区域很微小，在空间片段事件发生两次或两次以上的机会可忽略。这样 (x, y) 处微单元在时刻 t 破坏的面积这一随机变量 $S(x, y; t)$ 满足空间的 Poisson 分布要求而服从该分布，进而使点元件与微单元之间建立了联系。在时刻 t，各点元件已发生破坏的概率，即 Poisson 分布的平均发生率 P 为：

$$P = f(x, y; t) \mathrm{d}\zeta \mathrm{d}\eta \quad (4.1.3-1)$$

则由 Poisson 分布的期望性质可得到 $S(x, y; t)$ 的数学期望为：

$$E(S) = nP = \mathrm{d}x\mathrm{d}y\mathrm{d}\zeta^{-1}\mathrm{d}\eta^{-1} f(x, y; t)\mathrm{d}\zeta\mathrm{d}\eta$$
$$= f(x, y; t)\mathrm{d}x\mathrm{d}y \quad (4.1.3-2)$$

式中　n——空间区域中样本点的数量。

整个截面的受损面积

$$A = \int_{A_0} E(S) \quad (4.1.3-3)$$

通过损伤理论可知：

$$D = AA_0^{-1} \quad (4.1.3-4)$$

式中　D——损伤度；

A、A_0——分别为受损面积和原截面面积。

把式(4.1.3-1)~式(4.1.3-3)代入式(4.1.3-4)并结合式(4.1.2-1)、式(4.1.2-3)、式(4.1.2-4)可得出混凝土的一般损伤演变方程为：

$$D = A_0^{-1} \int_{A_0} f(x, y; t)\mathrm{d}x\mathrm{d}y$$

$$= A_0^{-1} \int_{A_0} \alpha \left[\lambda(|x|, |y|)(t - k_0\lambda^{-1})_+ \right]^{\alpha-1}$$

$$\exp\{-\left[\lambda(t - k_0\lambda^{-1})_+ \right]^\alpha\}\mathrm{d}x\mathrm{d}y \quad (4.1.3-5)$$

公式（4.1.3-5）可通过实验结果确定其参数，进而验证模型的适用性。直接计算难度比较大，因此必须要构造出适当的数值算法使之可行。

2. 损伤模型的数值算法

为了实现公式（4.1.3-5）的可解性，这里对计算截面进行了离散化处理（图 4.1.3-2），这样，一般的损伤模型就近似等效转化为以单元格逐步退出工作为破坏特征的简化模型（图 4.1.3-

3）。显然，网格剖分的越细，得到的参数越接近真实值。

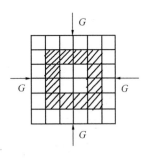

图 4.1.3-2　计算截面的网格剖分

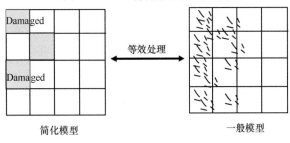

图 4.1.3-3　简化模型与一般模型对应关系（单向损伤）

截面每边平均划分为 N 份，令 N 为偶数。由假设 2 可知，分布相同的第 i 层单元数（图 4.1.3-2 的阴影部分）如式（4.1.3-6）所示，单元发生破坏的时刻 T 这一随机变量的分布函数为 $F_i(t)$。

$$N_i = 4(N - 2i + 1) \qquad (4.1.3\text{-}6)$$

式中 $i=1，2，……N/2$。

由于采用了网格剖分处理，这样，空间区域中的样本点就变为有限个网格。结合假设 4，由 Poisson 分布和 Bernoulli 分布的关系可知，当样本点数目较少时，Poisson 分布就转化为 Bernoulli 分布。因此，第 i 层单元破坏 n_i 块这一事件服从 Bernoulli 分布。由该分布的期望性质，在时刻 t 这一事件 Φ_i 的数学期望为：

$$E(\Phi_i) = N_i F_i(t) \qquad (4.1.3\text{-}7)$$

由假设 5 得：

$$F_i(t) = 1 - \exp\{-[\lambda_i(t - k_0\lambda_i^{-1})_+]^\alpha\}$$
$$(4.1.3\text{-}8)$$

尺度因子 λ_i 可采用线性或非线性公式来模拟。如果其沿截面近似呈线性变化，则可得：

$$\lambda_i = \lambda_0 + \nu[i \times N^{-1} - 0.5] \quad (4.1.3\text{-}9)$$

式中　λ_0——待定的均匀尺度参数；

　　　　ν——待定的梯度因子；

　　　　i——自然数，取值为 1，2，……$N/2$。

故时刻 t 总截面单元破坏这一事件 ω 的数学期望为：

$$E(\omega) = \sum_{i=1}^{\frac{N}{2}} E(\Phi_i) = \sum_{i=1}^{\frac{N}{2}} N_i F_i$$

$$(4.1.3\text{-}10)$$

由式（4.1.3-4）可得截面损伤度 D 的期望值为：

$$E(D) = E(\omega)N^{-2} \qquad (4.1.3\text{-}11)$$

当混凝土内部只受到均匀损伤时，把 $\nu = 0$ 代入式（4.1.3-9）并且由式（4.1.3-5）、式（4.1.3-8）、式（4.1.3-10）、式（4.1.3-11）可得：

$$E(D) = F(t) = 1 - \exp\{-[\lambda_0(t - k_0\lambda_0^{-1})_+]^\alpha\}$$

$$(4.1.3\text{-}12)$$

由式（4.1.3-12）可看出，均匀损伤时其损伤演变方程即为 Weibull 分布函数。

数值算法的思想是对截面进行每边 N 等分的剖分，N 初值取为 4。然后按式（4.1.3-11）进行有约束的最小二乘优化（约束条件为各待定参数均大于 0，且形状因子大于 1.0），拟合实验结果，得到下次拟合计算的参数初始值。令 $N = N + 2$，进一步细分网格，重复上一步骤，周而复始，直至相邻步骤拟合得到的参数值基本稳定为止，计算程序框图如图 4.1.3-4 所示。

3. 有关简化模型的几点补充

1）划分网格数对计算可信度的影响

根据 Bernoulli 分布的特性，第 i 层单元破坏 n_i 块这一事件其方差为：

$$\varepsilon(n_i) = E(n_i^2) - (E(n_i))^2 = N_i F_i(t)(1 - F_i(t))$$

$$(4.1.3\text{-}13)$$

式中　N_I——第 i 层单元总数，如式（4.1.3-6）所示。

那么，根据式（4.1.3-4），考察截面总损伤度的方差为：

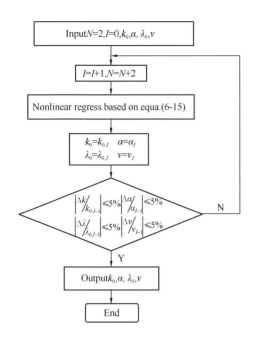

图 4.1.3-4　损伤模型的计算框图

$$\varepsilon(D) = \frac{1}{N^4} \sum_{i=1}^{\frac{N}{2}} \varepsilon(n_i) \quad (4.1.3\text{-}14)$$

由式（4.1.3-14）可看出，当截面总划分单元数 N 趋向于 ∞ 时，模型的计算结果方差趋向于 0，因此，在保持假设的前提下，计算单元划分数越多，其结果的可信程度越高。

　　2）考虑裂纹闭合影响时失效方程的建立

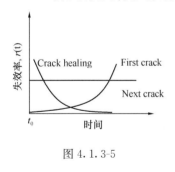

图 4.1.3-5

　　由于某种原因（如局部产生压应力、胶凝材料的进一步水化等），混凝土的内部缺陷会发生愈合现象。下面的分析就考虑了裂纹的闭合对损伤的影响。

　　补充假设 1：考察截面中的单元至多只能开裂两次，开裂两次以上的情况可忽略不计；

　　补充假设 2：单元第一次开裂、闭合均服从 Weibull 分布，单元的再次开裂则服从指数分布，单元发生初次破坏、闭合、再开裂时刻 T 分布函数分别为 $F_1(t)$、$F_2(t)$、$F_3(t)$（图 4.1.3-5）。

　　n_0 块单元初裂破坏 n_1 块、n_1 块单元闭合 n_2

块、n_2 块单元再次破坏 n_3 块的概率示如式（4.1.3-15）。

$$P_j = C_{n_{j-1}}^{n_j} F_j^{n_j} (1 - F_j)^{n_{j-1} - n_j}$$

$$(4.1.3\text{-}15)$$

式中　　　　　　　　j——自然数，取为 1、2、3；
$F_1(t)$、$F_2(t)$、$F_3(t)$——单元发生初次破坏、闭合、再开裂时刻 T 分布函数。

　　因此，在时刻 t，有 $n = n_1 + n_3 - n_2$ 块已破坏的概率为

$$P = P_1 P_2 P_3 = \prod_{i=1}^{3} C_{n_{i-1}}^{n_i} F_i^{n_i} (1 - F_i)^{n_{i-1} - n_i}$$

$$(4.1.3\text{-}16)$$

　　此时，破坏单元数的数学期望为

$$E(n) = \sum_{n_i=0}^{n_0} n_i P$$

$$= \sum_{n_1=0}^{n_0} \sum_{n_2=0}^{n_1} \sum_{n_3=0}^{n_2} (n_1 + n_3 - n_2) P$$

$$= n_0 F_1 (1 + F_2 F_3 - F_2) \quad (4.1.3\text{-}17)$$

　　由式（4.1.3-4）并联合式（4.1.3-12）可得式（4.1.3-18），其中 $\nu = 1 + F_2 F_3 - F_2$，为考虑愈合影响的修正因子。

$$E(D) = \nu F_1 = \nu E(D_0) \quad (4.1.3\text{-}18)$$

　　结合式（4.1.3-10）可得到考虑裂纹闭合影响后四边等损伤梯度混凝土在时刻 t 截面单元破坏数 ω 的数学期望为：

$$E(\omega) = \sum_{i=1}^{\frac{N}{2}} E(\varphi_i) = \sum_{i=1}^{\frac{N}{2}} \nu_i N_i F_i$$

$$(4.1.3\text{-}19)$$

式中　　$\nu_i = 1 + F_{2i} F_{3i} - F_{2i}$，为第 i 层考虑愈合影响的修正因子，N_i 如式（4.1.3-6）所示。

　　其他情况同前，此处也就不再叙述。

　　3）其他边界条件演变方程的建立

　　从假设 1～5 可看出，当问题的边界条件变化时，只影响假设 2 而其他假设不变。因此，只要改动以上推导的相应部分而基本的框架不变。

　　针对单边存在损伤梯度的边界条件，当每边

划分单元数为 N 时，根据前面的推导和阐述，其相应的损伤方程为：

$$E(D) = N^{-2}E(\omega)$$
$$= N^{-1}\sum_{i=1}^{N}\{1 - \exp\{-[\lambda_i(t - k_0\lambda_i^{-1})_+]^\alpha\}\}$$

$$(4.1.3\text{-}20)$$

对于更一般的面损伤问题，其计算模型见图 4.1.3-6 所示，当每边划分单元数为 N 时，根据前面的推导过程，相应的损伤方程为：

$$E(D) = N^{-2}E(\omega)$$
$$= N^{-2}\sum_{i=1}^{N/2}\frac{N_i}{4}\sum_{j=1}^{4}\{1 - \exp\{-[\lambda_{ij}(t - k_0\lambda_{ij}^{-1})_+]^\alpha\}\}$$

$$(4.1.3\text{-}21)$$

式中　λ_{ij}——第 i 层 j 方向的梯度因子；

　　　N_I——表示为式（4.1.3-6）。

针对三轴等损伤梯度的体模型（图 4.1.3-7），每边划分单元数仍为 N，这时第 i 层分布相同的单元数如式（4.1.3-22）所示。

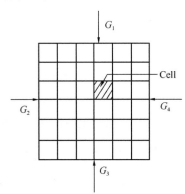

图 4.1.3-6　存在不等损伤梯度时计算模型

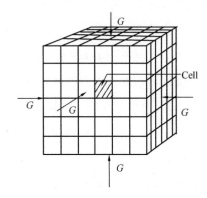

图 4.1.3-7　等损伤梯度三轴模型

$$N_i = 6N^2 - 24iN + 12N + 24i - 16$$

$$(4.1.3\text{-}22)$$

按照类似的推导，相应的损伤期望为：

$$E(D) = N^{-3}\sum_{i=1}^{\frac{N}{2}}(6N^2 - 24iN + 12N + 24i - 16)$$
$$\{1 - \exp\{-[\lambda_i(t - k_0\lambda_i^{-1})_+]^\alpha\}\}$$

$$(4.1.3\text{-}23)$$

同理，对于更一般的体损伤问题，当每边划分单元数为 N，相应的损伤期望为：

$$E(D) = N^{-3}\sum_{i=1}^{\frac{N}{2}}\frac{N_i}{6}\sum_{j=1}^{6}\{1 - \exp\{-[\lambda_{ij}(t - k_0\lambda_{ij}^{-1})_+]^\alpha\}\}$$

$$(4.1.3\text{-}24)$$

式中　λ_{ij}——第 i 层 j 方向的梯度因子；

　　　N_i——表示为式（4.1.3-23）。

文中的模型是经过除以各边边长尺度标准化后的平方面和立方体模型，因此，该理论仍适用于长边形、长方体、圆柱体等规则形状的几何面和几何体。对于圆形、其他多边形截面仍可用类似的方法推导得出损伤方程，因为推导过程基本一致，故在此略去。

4）体模型损伤度的定义

根据式（4.1.3-4），当计算模型为体模型时：

$$E(V_d) = A_0 E\left[\int_0^l\left(1 - \frac{A}{A_0}\right)d\delta\right]$$
$$= A_0\int_0^l E(D)d\delta$$
$$= \frac{\int_0^l E(D)d\delta}{l}V_0$$

$$(4.1.3\text{-}25)$$

式中　V_d——"损伤空隙"体积；

　　　V_0——材料的总体积。

这样可得：

$$E\left(\int_0^l Dd\delta/l\right) = E(\nu_d)$$

$$(4.1.3\text{-}26)$$

式中 $\nu_d = \dfrac{V_d}{V_t}$ 是"损伤空隙"体积率。

由上讨论，当假设单元体内部面之间的孔径

分布为均匀分布时，即 $E(D)$ 为常量，此时体模型"损伤体积率"的期望等效于传统的损伤度所定义的期望，否则，体模型"损伤体积率"的期望为经过平均化后的"等效"传统损伤度的期望。

下一步就需要对 v_d 进行定义。通过对混凝土材料的孔隙学的研究，目前关于孔级配的划分有多种方法。综合比较了前人的分类方法认为以下分孔比较合理：层间孔小于 0.6nm；凝胶孔 0.6nm～3.2nm；无害过渡孔 3.2nm～50nm；有害过渡孔 50nm～132nm；毛细孔大于 132nm；大孔大于 10μm。由于曾有试验表明小于 1320nm 的孔对混凝土的强度和渗透性没有什么影响，可以认为损伤主要集中体现在毛细孔和大孔上，因此，这里就定义"损伤孔隙率"为孔径大于 1μm 的孔相对于初始损伤时增加的体积率。可以通过测孔装置（如 MIP、图像分析等）得以直接获得此值。如果采用某些假设，如损伤力学中的等效应变假设等，该值还可通过间接手段得到。

4.1.4　与冻融相关的理论公式

1. 冻融作用下混凝土损伤度的定义

混凝土在冻融疲劳破坏作用下，随着内部微缺陷的增多，其一些基本物理特性就会发生相应的变化，动弹性模量就包括在这些特性之中。因此，可以通过测定材料的动弹性模量来推测混凝土内部的劣化程度。另外，静弹性模量应用于损伤度的定义早已成为损伤研究中常规的手段。由损伤力学理论可知，当采用等应变假设时，损伤度如式（4.1.4-1）所示。

$$D = 1 - E E_0^{-1} \qquad (4.1.4\text{-}1)$$

式中　D——损伤度；

　　E、E_0——分别为材料的剩余静弹模、初始静弹模。

综合以上因素，这里拟采用以下损伤度的

定义：

$$D = 1 - E_d E_{d0}^{-1} \qquad (4.1.4\text{-}2)$$

式中　D——损伤度；

　　E_d、E_{d0}——分别为材料的剩余动弹模、初始动弹模。

2. 一般损伤演变方程的确定

针对冻融循环试验及硫酸铵侵蚀的快冻试验，由于混凝土的试件尺寸为 100mm×100mm×400mm，长宽比比较大，并且动弹测试的是试件截面中部的横向基频。因此，损伤计算模型可以采用面模型。此外，冻融时试件浸入溶液中，截面四周均受到边界条件相同的冻融作用，因此，最终计算采用如图 4.1.2-1 所示的模型图。由公式（4.1.3-10）、式（4.1.3-11）经适当调整后决定采用以下公式进行计算。

$$E(D) = m^{-2} \sum_{i=1}^{\frac{m}{2}} 4(m-2i+1)\{1 - $$
$$\exp\{-[\lambda_i(0.001N_c - k_0\lambda_i^{-1})_+]^\alpha\}\}$$
$$(4.1.4\text{-}3)$$

式中　m——计算截面每边划分的等分数且取为偶数；

　　i——自然数，取为 1，2，……$m/2$；

　　N_c——与时间尺度有关的冻融循环数；

　　k_0——待定比例常数，$k_0 > 0$；

　　α——Weibull 的形状因子，且 $\alpha > 1$；

　　λ_i——Weibull 分布的尺度因子，$\lambda_i > 0$；下标"+"代表括号中数值为负时，其括号值取为 0，否则值不变。另外，尺度因子采用更一般的非线性形式，表示为式（4.1.4-4）

除此之外，为了体现该模型的灵活程度以说明不同边界条件对模型的影响，本节对冻融与加载双因素作用下的混凝土的劣化过程进行了模拟。

混凝土试件在加载条件下，四周除了受到冻融作用外，还受到了表现为由上至下损伤梯度的荷载项的作用。考虑到试验的测试指标仍为试件中部的横向频率并且其中部为损伤最不利截面，现取中部截面为考察对象，其计算简图如图4.1.4所示。

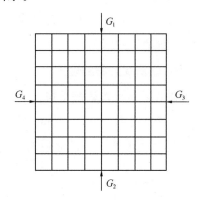

图 4.1.4　冻融复合加载情况下的模型计算简图

设每一单元格在时刻 t 的受损面积为随机变量 $S_{i,j}$，则总体受损面积 S 的数学期望为：

$$E(S) = E\left(\sum_{i,j} S_{i,j}\right) = \sum_{i,j} E(S_{i,j})$$

$$(4.1.4-4)$$

根据简化假设 4，由泊松分布的期望性质，单元格的受损面积 $S_{i,j}$ 的数学期望为：

$$E(S_{i,j}) = f(i,j;t) \times 1 = f(i,j;t)$$

$$(4.1.4-5)$$

由假设和对称性并结合式（4.1.3-5），在荷载以及冻融双因素作用下，时刻 t 混凝土的损伤度 D 的数学期望如式（4.1.4-6）所示：

$$E(D) = \frac{2}{m^2} \sum_{i-1}^{\frac{m}{2}} \sum_{j-1}^{m} f(i,j;t)$$

$$= \frac{2\alpha}{m^2} \sum_{i-1}^{\frac{m}{2}} \sum_{j-1}^{m} \left[\lambda(i,j)(0.001N_c - k_0\lambda^{-1})_+\right]^{\alpha-1}$$

$$\exp\left\{-\left[\lambda(0.001N_c - k_0\lambda^{-1})_+\right]^{\alpha}\right\}$$

$$(4.1.4-6)$$

式中　m——计算截面每边划分的等分数且取为偶数；

$\quad\quad i=1$，2，……$m/2$；

$\quad\quad j=1$，2，…m；

$\quad\quad N_c$——与时间尺度有关的冻融循环数；

$\quad\quad k_0$——为待定比例常数；

$\quad\quad \alpha$—— Weibull 的形状因子，且 $\alpha>1$；

$\quad\quad \lambda_i$——Weibull 分布的尺度因子，$\lambda_i > 0$；

$\quad\quad$下标"＋"代表括号中数值为负时，其括号值取为 0，否则值不变。

根据边界条件的特点，取 $\lambda(i,j)$ 有如下的形式：

$$\lambda(i,j) = v_1(i-0.5)^{-1} + v_2(j-0.5)^{-1} + \lambda_0$$

$$(4.1.4-7)$$

式中　i——取 1，2，…$m/2$；

$\quad\quad j$——取 1，2，…，m；

$\quad\quad v_1$——横向损伤梯度尺度因子；

$\quad\quad v_2$——纵向损伤梯度尺度因子；

$\quad\quad \lambda_0$——均匀损伤尺度因子。

4.1.5　结果与分析

根据快冻以及硫酸铵复合快冻试验结果，采用式（4.1.4-3）可得到各配比混凝土相应损伤度随循环次数的变化图（图4.1.5-1），其中混凝土种类编号后缀"h"代表受到水溶液浸泡作用，编号后缀"s"代表受到硫酸盐溶液侵蚀作用。

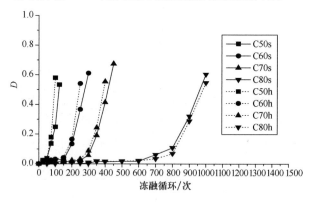

图 4.1.5-1　损伤度随冻融循环次数的变化

采用式（4.1.2-5）、（4.1.4-3）对实验结果进行有约束的最小二乘优化计算发现，对于各配比混凝土其形状参数 α 基本一致，如表 4.1.5-1 所示（网格剖分 64 格），因此具体计算时 α 可以取平均值，对于快冻的单因素实验 α 值取为4.90，对于硫酸铵溶液侵蚀下的快冻双因素实验

α 值取为 4.83。这也验证了前文的假设 5，即同种类型混凝土经受同种不利条件作用时，由于其破坏机理基本一致，因此该类型混凝土的 Weibull 形状参数可取为相同值。

根据框图 4.1.3-6 的算法固定 α 值为 4.90、4.83 分别对快冻的单因素实验以及硫酸铵溶液侵蚀下的快冻双因素实验进行计算，计算结果示如

表 4.1.5-2～表 4.1.5-5 所示。从表中可看出随着网格剖分的加密，各待定系数开始趋向于稳定值。当网格剖分超过 100 个时（$m \geqslant 10$），各配比的参数值已经变动不大，对于其他配比的混凝土同样如此，只不过达到计算要求时的网格数量有所差别而已。这说明该算法对模型参数的确定是可行的，其计算结果是趋向于收敛和稳定的。

单因素和双因素作用下各配比混凝土的参数（64 格）　　　　　　表 4.1.5-1

| 编号 | 试验类型 | | | | | | | |
| | 一般冻融 | | | | 复合硫酸铵的冻融 | | | |
	α	λ_0	ν	κ_0	α	λ_0	ν	κ_0
C50	4.937	9.716	0.087	0.011	4.856	7.692	0.11	0.017
C60	4.908	4.526	0.124	0.219	4.849	3.892	0.144	0.197
C70	4.881	3.317	0.245	0.487	4.812	2.827	0.267	0.383
C80	4.874	2.237	0.378	1.694	4.803	2.187	0.381	1.602

C50 数值计算过程　　　　　　表 4.1.5-2

| 网格剖分数 | 试验类型 | | | | | | | |
| | 一般冻融 | | | | 复合硫酸铵的冻融 | | | |
	α	λ_0	ν	κ_0	α	λ_0	ν	κ_0
$m=6$	4.90	9.53	0.08	0.01	4.83	6.82	0.11	0.01
$m=8$	4.90	9.77	0.09	0.02	4.83	7.72	0.10	0.02
$m=10$	4.90	9.80	0.09	0.02	4.83	7.93	0.10	0.02
$m=12$	4.90	9.79	0.09	0.02	4.83	7.95	0.10	0.02

C60 数值计算过程　　　　　　表 4.1.5-3

| 网格剖分数 | 试验类型 | | | | | | | |
| | 一般冻融 | | | | 复合硫酸铵的冻融 | | | |
	α	λ_0	ν	κ_0	α	λ_0	ν	κ_0
$m=6$	4.90	1.72	0.09	0.14	4.83	2.75	0.24	0.11
$m=8$	4.90	2.50	0.12	0.26	4.83	3.89	0.15	0.19
$m=10$	4.90	2.48	0.12	0.27	4.83	3.42	0.14	0.20
$m=12$	4.90	2.50	0.12	0.27	4.83	3.43	0.15	0.20

C70 数值计算过程　　　　　　表 4.1.5-4

| 网格剖分数 | 试验类型 | | | | | | | |
| | 一般冻融 | | | | 复合硫酸铵的冻融 | | | |
	α	λ_0	ν	κ_0	α	λ_0	ν	κ_0
$m=6$	4.90	3.19	0.23	0.33	4.83	3.11	0.28	0.21
$m=8$	4.90	3.21	0.24	0.45	4.83	3.18	0.30	0.35
$m=10$	4.90	3.33	0.25	0.48	4.83	3.28	0.29	0.40
$m=12$	4.90	3.34	0.25	0.50	4.83	3.30	0.30	0.40
$m=14$	4.90	2.34	0.26	0.50	4.83	3.31	0.30	0.41

C80 数值计算过程 表 4.1.5-5

网格剖分数	试验类型							
	一般冻融				复合硫酸铵的冻融			
	α	λ_0	ν	κ_0	α	λ_0	ν	κ_0
$m=6$	4.90	1.71	0.37	1.30	4.83	1.75	0.38	1.28
$m=8$	4.90	2.20	0.38	1.66	4.83	2.16	0.39	1.58
$m=10$	4.90	2.48	0.38	1.86	4.83	2.37	0.39	1.72
$m=12$	4.90	2.54	0.38	1.88	4.83	2.41	0.40	1.70
$m=14$	4.90	2.55	0.38	1.88	4.83	2.46	0.40	1.72

最终数值计算结果如表 4.1.5-6 所示，其相关系数在 0.966～0.994 之间，损伤模型的计算精度是较高的。另外，对一般快冻的理论计算结果跟双层 4-1 构型（BP 网）的神经元训练结果进行了比较（图 4.1.5-2、图 4.1.5-3），神经元训练样本点（即试验点）总共为 35 个，输入向量元素包括循环数与水灰比，输出值为损伤度。图中的散点为试验点，通过本节的损伤理论以及神经元对试验点的逼近程度看，由于模型人为规定了损伤阈值导致了损伤初期计算结果与试验点的吻合程度与神经元计算的情况有出入外，损伤的中期以及后期已基本达到了神经元对数据点训练的精度，从整体上看，两种方法的计算结果与实验结果是相吻合的。但损伤模型不仅可对其结果进行性能分析，而且其对原始数据（训练点）的要求也大大低于神经元的要求，因此，损伤模型更符合工程的要求。

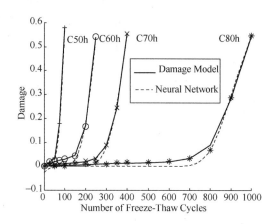

图 4.1.5-2 单因素实验中采用损伤模型和
BP 神经网络方法的计算比较

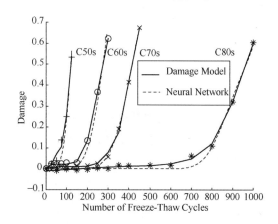

图 4.1.5-3 双因素实验中采用损伤模型和
BP 神经网络方法的计算比较

一般简化损伤模型待定参数计算结果 表 4.1.5-6

编号	试验类型									
	一般冻融					复合硫酸铵的冻融				
	α	λ_0	ν	κ_0	网格数	α	λ_0	ν	κ_0	网格数
C50	4.90	9.77	0.09	0.02	64	4.83	7.72	0.10	0.02	64
C60	4.90	4.31	0.12	0.26	64	4.83	3.89	0.15	0.19	64
C70	4.90	3.33	0.25	0.48	100	4.83	3.28	0.29	0.40	100
C80	4.90	2.48	0.38	1.86	100	4.83	2.37	0.39	1.72	100

假设 5 指出，尺度因子 λ_0 主要体现了混凝土对不利条件作用的抵抗能力大小，该值越大，则材料抗力越小，反之则抗力越大。从表 4.1.5-6 可看出，随着混凝土强度等级的提高，λ_0 减少趋势明显，这说明混凝土的抗力随着水灰比的降低而显著增加，这是符合实际情况的。另外，通过单、双因素作用下的 λ_0 值比较还可发现，混凝土在水和硫酸铵溶液作用下冻融实验的比较对于不

同的水灰比其反应出的规律是不同的。对于 C50、C60，在硫酸铵中的抗冻能力要明显高于水溶液中的抗冻能力；但是 C70、C80 比较却不明显，两种实验的 λ_0 值差别不大。对 60% 相对动弹点进行插值计算发现，C50、C60 在硫酸铵中的冻融破坏次数比水溶液中的增幅分别为 29.8%、11.2%，但 C70、C80 增幅绝对值均小于 5%。这是与第三章冻融作用下高强混凝土劣化特性的定量分析结果相一致的，本节认为硫酸铵的加入降低了混凝土内部孔隙水的冰点，对于提高抗冻性是有利的，但随着龄期的延长，硫酸铵溶液的后期侵蚀负面效果显现出来，正负效应抵消以至于出现比较不明显的现象。

梯度因子 ν 体现了混凝土内部不同部位之间损伤发展的差异，其值越大则说明差异越大，同时也进一步暗示同步损伤推进的速度越慢，表 4.1.5-6 计算结果表明，随着水灰比的降低，损伤梯度越大，同步损伤推进的速度越慢，考虑水灰比降低带来混凝土内部密实度的增加，其计算结果也是不难理解的。

采用式（4.1.4-6）、式（4.1.4-7）计算的 10% 弯曲荷载与冻融双重因素作用下的结果显示如图 4.1.5-4、表 4.1.5-7 所示。通过与试验数据点的比较可明显看出，数值模拟仍然是成功的。表 4.1.5-7 计算的剖分网格数为 100，形状系数取为 3.52。从表中的 ν_1 和 ν_2 的比值可看出，混凝土的强度越高（NPC60 相当于这里的 C60，依此类推），荷载的影响就越弱，而冻融的影响就越强。

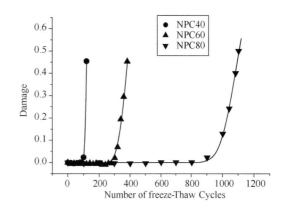

图 4.1.5-4　加载复合冻融情况下的损伤模型计算结果

如上所示，该简化耐久性损伤演变模型是在一定的物理背景之上建立起来的，具有解析形式，只要适当进行调整，就可对不同的破坏机理（包括现场条件多因素作用下的机理）以及不同的边界条件进行损伤演变的全曲线模拟，因此，该损伤简化模型具有较大的灵活性，并且其参数具有一定的实际意义，能够体现出材料性能的优劣。因此，该简化模型具有较好的应用背景和前途。

4.1.6　实际环境中混凝土寿命的估算

由上面的讨论可知，该损伤简化模型并不涉及具体的劣化机理，因此，该模型对于损伤机理极其复杂的现场条件下的混凝土劣化也可以进行模拟，那么就可以利用该模型直接进行工程中混凝土的寿命评估，从而对于混凝土的寿命预测起到一定的指导作用，为实现混凝土的寿命设计提供了一个新思路和新方法。

通过绪论对各种寿命评估方法的探讨可知，快速试验方法可以为混凝土的性能评估提供很好的基础，从合理性的角度来说，在快速试验的基础上并结合现场条件测试，由于综合地考虑了现场和材料性质等综合因素，有助于较准确地预测混凝土的使用寿命。通过快速实验来估算混凝土的使用寿命经常采用线性模型来进行预测，其假设快速实验与长期实验的混凝土其劣化速度按一

加载复合冻融试验情况下的
损伤模型计算结果　　表 4.1.5-7

编号	试验类型					
	冻融循环复合 10% 的抗折强度加荷					
	α	λ_0	ν_1	ν_2	κ_0	$\nu_1:\nu_2$
NPC40	3.52	8.04	1.43	0.89	1.06	1.61
NPC60	3.52	2.03	0.93	0.36	1.06	2.58
NPC80	3.52	0.99	1.00	0.21	2.80	4.76

定比例进行，尽管两种速率之间的关系一般而言为非线性，但是一般仍然采用线性关系所示。

这里结合了统计与损伤理论，提出了更加一般的非线性模型。根据假设5，对于某一类型混凝土只要其现场与室内主要劣化机理基本一致，那么损伤模型在现场应用中的形状因子 α 可以用室内的快速试验结果来代替。另外，待定比例系数 k_0 决定于混凝土的具体配比以及其劣化机理，这样对于某一配比混凝土其室内的 k_0 同样可应用于现场环境。剩下的工作就是只要确定了现场的均匀尺度参数因子 λ_0 以及梯度因子 ν 就可对实际工程中的混凝土进行劣化的全过程曲线模拟，再配合以其相应的破坏准则从而估算出其使用寿命，实施步骤如下所示：

步骤一：确定室内快速实验方法，其要求室内与室外混凝土主要劣化机理基本一致；

步骤二：测定现场与室内早期损伤速率之间的比例关系，要求现场数据应具有代表性，且所取的点距离要拉开（一般至少两个点比例值）；

步骤三：确定模型中各待定参数。通过室内快速实验计算出现场的 α 及 κ_0，再通过室内外比例关系计算出现场的均匀尺度参数因子 λ_0 以及梯度因子 ν，这样就可得出现场损伤过程全曲线图；

步骤四：确定破坏准则。本项目推荐采用拟合曲率极值计算的方法，计算得到的最大曲率点对应于技术使用寿命，尽管偏向于保守，但是对于工程而言该寿命是保障构筑物正常技术使用的年限，超过此年限后，由于混凝土的服役性能急剧退化而使建筑物处于非常危险的状态，因此，陡劣点对应的年限具有比较重要的意义。

下面根据相关资料以北京十三陵抽水蓄能电站这一现场环境为例代表性的针对C70来介绍该模型在实际工程中的具体应用。

根据室内外主要劣化机理基本一致的要求，采用室内一般快冻实验来确定C70的形状因子 α 和比例系数 κ_0 分别为 4.90 和 0.48。接下来，测

定现场与室内早期损伤速率之间的比例关系，资料得出初期损伤时比例系数大约为 11.3。线性模型只要求一个室内外比例值即可模拟出全过程，但是非线性模型要求至少两个实测点。因此，从理论上来讲，非线性模型的预测精度要高于线性模型。尽管本节第二个点没有测试，但为了说明模型的应用，现就取对应于 0.1 损伤值时第二个室内外损伤比例值分别为 10.8%、11.3%、11.8%。从而根据这两点值按式（4.1.4-4）计算出现场的均匀尺度参数因子 λ_0 以及梯度因子 ν，得出现场损伤过程的全曲线图 4.1.6-1，曲线上的数值为第二点比例值。通过计算发现，λ_0 室外比室内降低的比例比 ν 多许多，例如对于第二点室内外比例取 11.3% 的情况，室外的梯度因子 ν 为 0.028，是室内的 11.2%，均匀尺度参数因子 λ_0 为 0.293，是室内的 6%。这说明了现场环境下同步损伤推进的速度比室内快速实验要慢许多，实际情况也确实如此。最后本节分别取 60% 相对动弹对应的点和陡然劣化点作为破坏标志，估算出该配比混凝土的现场使用寿命。按目前运行状况，十三陵抽水蓄能电站一年平均冻融循环为 100 次左右，根据 60% 相对动弹点，线性模型计算破坏时达到 4254 次循环，因此，该配比混凝土的使用寿命为 42.5 年，本模型当第二点室内外比例 10.8%、11.3%、11.8% 时使用寿命分别为 40年、44年、49年，从中也可看出，非线性损伤模

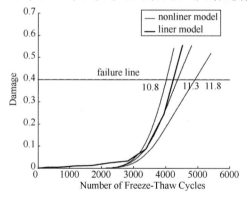

图 4.1.6-1　C70混凝土线性和非线性模型
的损伤全曲线比较

型其结果的适应性要比线性模型强得多。当按照这里推荐的陡然劣化点确定的破坏准则来计算时（相对动弹为 0.48），线性模型得到的使用寿命为 43.8 年，本模型当第二点室内外比例 10.8%、11.3%、11.8% 时使用寿命分别为 42 年、48 年、54 年。

但是，由于现场环境异常复杂，室内试验不可能对各种破坏因素都考虑到，另外，施工工艺、原材料的波动、现场数据的采集、年平均冻融数的变化、由于室内外损伤速度的不同从而带来的损伤机理变化等因素或多或少会对预测结果产生间接或直接的影响。因此，采用可靠度的设计方法是解决各种波动的有效办法。下面将对以上问题结合可靠度方法针对第二点损伤比例值为 11.3% 的情况来进行进一步的预测。

假设实际工程中的随机变量均匀损伤因子 λ_0、梯度因子 ν 相互独立，且均服从正态分布，$\lambda_0 \to \mathrm{Norm}[0.293, 2.25 \times 10^{-4}]$，$\nu \to \mathrm{Norm}[0.028, 4 \times 10^{-6}]$。根据正态分布的特性，由式（4.1.2-5）可得到 λ_i 也服从正态分布：$\lambda_i \to \mathrm{Norm}[0.293 + 0.028/(i - 0.5), 2.25 \times 10^{-4} + 4 \times 10^{-6}/(i - 0.5)^2]$，即：

$$p_{\lambda_i} = \frac{1}{\sqrt{2\pi[2.25 \times 10^{-4} + 4 \times 10^{-6}/(i - 0.5)^2]}}$$
$$\exp\left\{-\frac{[\lambda_i - 0.293 - 0.028/(i - 0.5)]^2}{2[2.25 \times 10^{-4} + 4 \times 10^{-6}/(i - 0.5)^2]}\right\}$$

$$(4.1.6-1)$$

由式（4.1.4-3）中的求和项的形式，每一项中的 λ_i 均可表示为 D 的显式，单个求和项的密度函数解析形式是可以得到的，但是由于各项之间的联系，要想得到总体损伤值（整体各项求和）密度函数的解析形式是很困难的，因此这里采用蒙特卡洛方法针对极限状态函数式（4.1.6-2）进行数值计算，每点取样为 10000，得到的破坏概率曲线如图 4.1.6-2 所示，当取发生破坏概率为 0.8 为临界值时，这时对应的寿命为 45.9 年。

$$Z(t) = D_c - D(t) \qquad (4.1.6-2)$$
$$p_f = P(D > D_c) \qquad (4.1.6-3)$$

式中　Z——极限状态函数；

　　　D——随机变量-实际损伤值；

　　　D_c——破坏标准值，此处取为陡然劣化值，经过计算可得 0.52；

　　　p_f——为破坏概率。

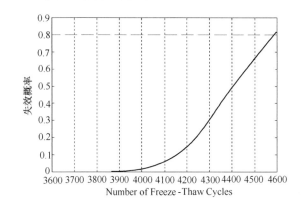

图 4.1.6-2　损伤模型的可靠度计算结果

4.1.7　小结

根据损伤以及多元 Weibull 分布族理论，建立了可适用于多边界条件以及多因素复合情况下的普适混凝土寿命预测模型，并根据不同的假设条件设计了相应的算法。

采用设计的概率图计算方法表明，该方法能够考虑单元之间的影响，其计算手段是可行的，并且能够通过图形来形象地模拟混凝土内部的损伤发展过程；进一步提出了损伤模型的简化方法，并实现了公式化，通过对该简化模型的讨论，对常遇不同边界条件提出了相应的公式。通过冻融复合硫酸盐实验结果或复合加载试验结果的计算，表明该模型能够比较好地代表实验结果，其计算是稳定的，并且计算结果多处表明原假设符合实际情况，是较合理的，考虑到该模型的灵活程度以及具体的物理意义背景等因素，因此该模型具有一定的推广应用前景。

本节初步介绍了简化模型在实际工程中的应用方法，并模拟了抗冻算例，进行了相应的说明。

结合可靠度方法，为实际工程中混凝土的寿命预测提供了一个新思路和新方法。

4.2　考虑多种因素作用下的氯离子扩散理论和寿命预测新模型

氯离子进入混凝土内部的方式可能存在吸附、扩散、结合、渗透、毛细作用和弥散等 6 种迁移机制，但是，因氯离子浓度梯度引起的扩散作用则是最主要的迁移方式，因而扩散理论是预测钢筋混凝土结构在盐湖、海洋和除冰盐等氯盐环境中使用寿命的理论基础。Collepardi 等最早采用 Fick 第二扩散定律描述氯离子在混凝土中的扩散行为。Fick 第二扩散定律是基于 I 维的半无限大物体，考虑了 3 个简化或理想化条件（氯离子扩散系数为常数、混凝土的氯离子结合能力为 0、暴露表面的氯离子浓度即边界条件为常数），对混凝土的普适意义不大。其实，实际混凝土的氯离子扩散过程是难以用理想化模型描述的，它并不满足 Fick 第二扩散定律的模型条件，主要存在以下 8 个方面的问题：

第一，混凝土是非均质材料，它在形成和使用过程中存在结构微缺陷或损伤；

第二，混凝土结构通常是有限大体；

第三，实际结构一般有多个暴露面，即氯离子的扩散不是 I 维的，往往是 II 维或 III 维的；

第四，氯离子扩散系数是随龄期而减小的；

第五，混凝土在与荷载、环境和气候等条件作用下产生的结构微缺陷对氯离子扩散有加速作用；

第六，氯离子与混凝土发生了结合和吸附，即混凝土具有一定的氯离子结合能力；

第七，在较高的自由氯离子浓度范围，混凝土的氯离子结合能力具有典型的非线性特征；

第八，混凝土表面的氯离子浓度（即边界条件）是随着时间的推移而逐渐增加的动态变化过程，最终与环境介质的浓度相当。

因此，Fick 第二扩散定律对于混凝土的适用性越来越多地受到了怀疑。正如 Verbeck 指出，单就考虑混凝土的氯离子结合能力而言，其氯离子扩散规律就具有重大差异！虽然使用寿命预测不可能做到很精确，但是，用存在明显缺陷的理论模型预测混凝土的使用寿命或进行耐久性设计，本身就不严谨，结果就更加不可靠了。正是认识到这个问题，随后的许多学者专门针对 Fick 第二扩散定律在混凝土中应用时存在的某 1 个问题或 2 个问题进行探索，提出了一些新的修正模型，例如：Mangat 模型和 Maage 模型都只考虑了"氯离子扩散系数是时间变量" 1 个问题，Amey 模型也只考虑了"线性函数和幂函数变边界条件" 1 个问题，Kassir 模型则考虑了"指数函数变边界条件" 1 个问题，欧洲 DuraCrete 项目的 Mejlbro 模型最多考虑了"氯离子扩散系数是时间变量"和"混凝土的氯离子扩散系数与使用环境、养护和胶凝材料有关"这 2 个方面的问题。其中，只有 Mejlbro 模型设置的"养护系数、环境系数和材料系数"隐含了混凝土材料在使用过程中内部微裂纹等结构缺陷的影响，其他模型均没有考虑这个关键问题。虽然经过国外学者对 Fick 第二扩散定律的上述改进，但是他们提出的相应模型仍然没有完全解决在混凝土中应用 Fick 定律时存在的全部问题。

关于在理论模型中考虑"将无限大体扩展到有限大体"、"将 I 维模型拓展到多维模型"和"考虑氯离子结合能力"等 3 个方面问题，还未见文献报道。这同混凝土材料的复杂性和扩散理论的复杂性是有密切关系的。在自然科学体系中，扩散理论本身就是一门很复杂的学科：根据扩散方程是否含有时间变量，扩散问题有稳态扩散（与时间无关）和非稳态扩散（与时间有关）之分，混凝土的氯离子扩散属于非稳定扩散问题；根据扩散方程是否含有常数项和边界条件能否转换成零，又有齐次问题（无常数项、边界条件为常数）与非齐次问题（有常数项或者边界条件为时间变量）之分。非稳态非齐次扩散方程的求解过程比稳定齐次扩散方程要复杂得多，许多应用方面的具体问题在理论上至今也没有完全解决，一些根据具体情况提出的实际问题——修正后的扩散方程在理论上并不一定有解析解。实际混凝土的氯离子扩散规律是难度最大的非稳态非齐次扩散问题。因此，在理论上完全解决混凝土氯离子扩散时存在的诸多问题，需要研究者具有很深的物理、化学和数学等多学科知识。在考虑氯离子扩散系数相同的时间函数时，仔细分析国际上的一些理论模型，就不难发现：Maage 模型和 Mejlbro 模型在数学上存在原则性的积分错误，只有 Mangat 模型的积分结果是正确的！就是很好的佐证。

针对混凝土氯离子扩散存在的问题，在实验研究的基础上，进行了全方位的探索，在理论上修正了混凝土的氯离子扩散基准方程，结合不同的初始条件和边界条件，推导出了适用于各种实际混凝土结构体型和暴露条件的多个氯离子扩散理论新模型，提出了模型参数的测定方法，并结合大量的实验数据，得出模型中主要参数的基本数据库。利用实验数据，在理论上对比研究了有限大体与无限大体、Ⅰ维与Ⅱ维或Ⅲ维、边界条件的非齐次问题与齐次问题、氯离子结合时的线

性与非线性、单一因素与多重因素以及腐蚀时表面存在剥落现象等不同情形时钢筋混凝土结构的使用寿命的差异，并探讨了混凝土的构造要求、材料特性和暴露条件对钢筋混凝土结构寿命影响的规律性。最后，将得到的新模型用于盐湖地区钢筋混凝土结构的使用寿命预测和耐久性设计。

4.2.1　试验部分

1. 实验设计

对 OPC、APC、HSC、HPC、SFRHPC 和 PFRHPC 试件进行了新疆、青海、内蒙古和西藏盐湖卤水中的单一腐蚀因素、冻融与腐蚀、干湿循环与腐蚀、弯曲荷载与腐蚀等双重破坏因素、弯曲荷载与冻融和腐蚀多重破坏因素的耐久性实验后，分别测定试件不同深度的氯离子浓度。

在盐湖地区进行 OPC 和 HPC1-1（掺加 10% SF 和 20%FA）的现场暴露实验和抗腐蚀混凝土电杆的现场工程试验。采用了青海水泥股份有限公司生产 P. II42.5 硅酸盐水泥、西宁市北川产的细度模数为 3.2 的河砂（Ⅰ区级配）、青海省乐都县产最大粒径 25mm 的碎石灰石（5～20 连续级配）和萘系高效减水剂，FA 和 SF 同前。混凝土试件采用截面边长 150mm 或 100mm 的立方体或棱柱体，机械搅拌，振动成型，经过 28d 标准养护后，分别进行实验室浸泡和现场暴露实验。实验室浸泡采用青海盐湖的天然卤水。现场暴露实验地点选在青海察尔汗盐湖的轻盐渍土区（青藏公路 618km 处）、盐湖中心区（青海盐湖钾肥二期工程变电所）和天然卤水池（青海盐湖钾肥二期工程）中进行。天然卤水的化学成分见表 4.2.1-1，盐渍土的含盐成分见表 4.2.1-2。

青海盐湖钾肥集团公司附近盐湖卤水的化学成分（g/L）　　　　表 4.2.1-1

阳离子				阴离子				总量	pH
Na$^+$	K$^+$	Mg^{2+}	Ca^{2+}	Cl$^-$	SO$_4^{2-}$	CO$_3^{2-}$	HCO$_3^-$		
23.117	12.568	63.65	0.7181	229.8	4.733	<0.36	1.224	235.36	5.80

								表 4.2.1-2
取样地点	K^+	Na^+	Mg^{2+}	Ca^{2+}	Cl^-	SO_4^{2-}	CO_3^{2-}	总量
青海盐湖钾肥公司	0.64	1.85	1.99	4.81	12.86	0.48	3.84	26.47
格一察电力线路 185# 铁塔	0.08	10.04	0.50	3.66	17.88	0.70	4.31	37.17
青藏公路 618km	0.25	10.40	0.64	4.63	10.42	9.70	7.40	43.66

青海察尔汗盐湖盐渍土表土化学成分

2. 取样方法

为了测定混凝土中自由氯离子浓度,既可以通过压取混凝土的孔隙溶液(压滤法)来分析,也可以通过将混凝土碾成粉末用水萃的萃取溶液(萃取法)来分析。压滤法需要专用设备,一般用得较少,而萃取法因方便、快捷受到广泛的应用。这里采用的是萃取法。首先用钻孔法从试件的两个侧面采集粉末样品。钻孔设备为小型钻床,合金钻头直径为 6mm。孔与孔之间的距离约 10~20mm。每个试件依据坐标定位至少要钻 16~24 个孔,采样深度依次为 0~5mm、5~10mm、10~15mm、15~20mm、20~25mm 等,保证从每层混凝土试件中收集约 5g 样品,并用孔径 0.15mm 的筛子过筛。

3. 分析方法

混凝土的 C_t 采用酸溶萃取法,C_f 采用水溶萃取法,其详细的操作与分析步骤主要参照国家交通部标准 JTJ 270—98《水运工程混凝土试验规程》的 7.16 "混凝土中砂浆的水溶性氯离子含量测定"和 7.17 "混凝土中砂浆的氯离子总含量测定"进行。两者氯离子浓度均用占混凝土质量的百分比表示。在分析过程中,由于原标准与国外同类标准相比存在许多不足之处,本节应用时对标准的部分内容进行了调整,主要改变是:(1)提高了混凝土粉末样品的细度,将筛孔由 0.63mm 改为 0.15mm;(2)提高了分析天平的精度,原标准称样时采用感量 0.01g 的天平,这里采用感量 0.0001g 的分析天平;(3)减少了样品的数量,原标准的混凝土粉末样品数量为 10~20g,现改为 2g;(4)减少了萃取溶液的体积,自由氯离子浓度分析时萃取溶液(蒸馏水)由

200ml 改为 40~50ml,总氯离子浓度分析时萃取溶液(体积比 15:85 的硝酸溶液)由 100ml 改为 40~50ml;(5)减少了滴定时分析滤液的体积,分析时每次移取的滤液均由 20ml 改为 10ml,总氯离子浓度分析时每次移取的滤液中加入的硝酸银溶液体积也由 20ml 改为 10ml。

4.2.2 混凝土使用寿命的构成

混凝土的使用寿命是指混凝土结构从建成使用开始到结构失效的时间过程。许多文献将混凝土的使用寿命划分为 2~4 阶段,这里取 3 个阶段,如图 4.2.2 所示,即混凝土的使用寿命公式为:

$$t = t_1 + t_2 + t_3 \qquad (4.2.2)$$

式中,t 为混凝土的使用寿命;t_1、t_2 和 t_3 分别为诱导期、发展期和失效期。所谓诱导期是指暴露一侧混凝土内钢筋表面氯离子浓度达到临界氯离子浓度所需的时间,发展期是指从钢筋表面钝化膜破坏到混凝土保护层发生开裂所需的时间,失效期是指从混凝土保护层开裂到混凝土结构失效所需的时间。自 20 世纪 80 年代以来,国内外关于混凝土使用寿命的研究主要集中于诱导期的预测,对发展期和失效期的研究报道很少,一般是将发展期和失效期作为使用寿命的安全储备对待。本节的研究重点也是诱导期寿命。

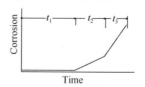

图 4.2.2 混凝土的使用寿命构成

4.2.3 修正氯离子扩散方程的预备知识、研究背景及新方程的建立

1. 混凝土非均匀性问题的处理——引进劣化效应系数

众所周知，混凝土是一种典型的非均匀性材料，但是在扩散理论体系中，要求材料必须满足均匀性假设。当混凝土在制造和使用过程中，一旦内部产生微裂纹和缺陷等结构损伤劣化现象，必然会加速氯离子对混凝土的扩散作用。例如：黄玉龙等测定了混凝土受高温作用后的氯离子扩散性能提高了 $29\%\sim256\%$；Gérard 等发现冻融混凝土产生微裂纹以后氯离子扩散系数将提高 $1.5\sim7$ 倍；Saito 等和 Lim 等发现，当受压荷载超过临界应力（约 $80\%\sim85\%$ 破坏荷载），混凝土的氯离子扩散速度明显加快 $15\%\sim30\%$，反复抗压疲劳荷载对混凝土氯离子扩散性能的影响随着应力水平和疲劳循环次数的增加而提高；Gowripalan 等发现混凝土在弯曲荷载作用下，其受拉区混凝土的氯离子扩散系数增加 $7\%\sim10\%$，受拉裂缝处增加 $19\%\sim22\%$，受压区则减小 $5\%\sim24\%$，受压区的跨中减小 $24\%\sim38\%$。

混凝土结构产生内部缺陷的原因主要来自 3 个方面：（1）环境和气候作用，如温度裂缝、干燥收缩、碳化收缩、冻融破坏、腐蚀膨胀与开裂等；（2）荷载作用；（3）混凝土自身的劣化作用，如碱骨料反应和自收缩产生的裂缝，对于 HPC，其干燥收缩和自收缩更加明显，Pigeon 等认为干燥对混凝土渗透性的影响是不容忽视的，其氯离子扩散时库仑电量甚至会提高 $1\sim25$ 倍。在运用 Fick 扩散定律描述实际使用过程中含结构缺陷的非均匀性混凝土的氯离子扩散现象时，为了保证材料的均匀性假设，必须采用一个等效于均匀性假设的等效氯离子扩散系数 D_e 代替原有的扩散系数 D_f。这种处理含有裂纹等缺陷材料的氯离子扩

散系数的方法，与损伤力学中等效应力的方法是一致的。因此，在理论建模时，为了统一地描述各种因素对混凝土氯离子扩散性能的影响，引进了一个综合的劣化效应系数 K，非均匀性混凝土的等效扩散系数 D_e 可用以下公式表示：

$$D_f = D_e = KD_t \qquad (4.2.3\text{-}1)$$

这样就将混凝土应用 Fick 第二扩散定律时存在的第一个和第五个问题同时解决了。由式（4.2.3-1）可以看出，K 值表明了混凝土的氯离子扩散系数在实际使用过程中的数值与在实验室标准条件下的数值之比，反映的是实际使用环境中氯离子扩散性能的放大倍数。为同时反映环境、荷载和混凝土自身劣化作用的影响，采用分项系数法进一步得到公式：

$$K = K_e K_y K_m \qquad (4.2.3\text{-}2)$$

式中，K_e、K_y 和 K_m 分别代表混凝土氯离子扩散性能的环境劣化系数、荷载劣化系数和材料劣化系数。

2. 混凝土氯离子扩散系数的时间依赖性问题——引进时间依赖性常数

在氯离子向混凝土内部扩散的过程中，一方面混凝土本身的胶凝材料如未水化水泥以及活性掺合料也在继续进行后期水化作用，导致混凝土内部孔隙不断被新的水化产物填充、结构逐渐密实，另一方面，氯离子扩散进入混凝土内部的化学结合作用产生的 Friedels 盐也使得混凝土的孔径分布向小孔方向移动。因此，混凝土的氯离子扩散系数是随着扩散时间而减小的。最早报道这一规律的文献可能是 Tang 等 1992 年发表的论文。1994 年 Mangat 等开始采用下式表示混凝土的氯离子扩散系数与时间的关系：

$$D = D_i t^{-m} \qquad (4.2.3\text{-}3)$$

式中，D_i 为时间等于 1s 时的有效氯离子扩散系数，m 是时间依赖性常数。该公式有一个致命的缺点，D_i 不是一个可测定值。因此，1999 年 Thomas 等改用式（4.2.3-4）表示上述关系：

$$D_t = D_0 \left(\frac{t_0}{t}\right)^m \qquad (4.2.3\text{-}4)$$

式中，D_0 是时间 t_0 时的混凝土氯离子扩散系数；D_t 为时间 t 时的混凝土氯离子扩散系数。式（4.2.3-4）和式（4.2.3-3）实质上是一样的，其 m 的意义相同。这样就解决了混凝土应用 Fick 第二扩散定律时存在的第四个问题。相比较而言，Thomas 公式由于考虑了"t_0 时测定混凝土的氯离子扩散系数为 D_0"的明确概念，而 Mangat 公式中"D_i 不是一个可测定值，没有通常情况下测定的氯离子扩散系数作为计算基准或依据"，因而 Thomas 公式更加实用。

3. 混凝土氯离子结合能力及其非线性问题的处理——引进线性氯离子结合能力和非线性系数

考虑到混凝土对氯离子具有一定的结合能力，1994 年 Nilsson 等定义了混凝土的氯离子结合能力定义 R：

$$R = \frac{\partial C_b}{\partial C_f} \qquad (4.2.3\text{-}5)$$

式中，C_f 和 C_b 分别是混凝土的自由氯离子浓度和结合氯离子浓度。可见，混凝土的氯离子结合能力取决于结合氯离子浓度与自由氯离子浓度之间的关系（表面物理化学中的等温吸附曲线），鉴于混凝土的氯离子吸附关系在较低自由氯离子浓度范围内表现为线性吸附关系，此时的氯离子结合能力为常数，有利于获得扩散方程的解析解，这里将常数氯离子结合能力定义为线性氯离子结合能力，即：

$$R = \partial C_b / \partial C_f = \alpha_1$$

大量实验表明，在更高的自由氯离子浓度范围内，混凝土的氯离子吸附关系属于非线性关系，这里同时规定了混凝土的非线性氯离子结合能力。为了便于求解扩散方程，必须将混凝土的非线性氯离子结合能力转换成线性氯离子结合能力，同时引进一个非线性系数 p，根据混凝土对氯离子结合的非线性关系的差异，混凝土的非线性系数具有不同的形式，所幸的是混凝土在更高的自由

氯离子浓度范围内的非线性氯离子吸附关系最为符合 Langmuir 吸附，这样就不至于使问题复杂化。混凝土氯离子结合的 Langmuir 非线性系数 p_L 公式为：$p_L = \dfrac{R_L}{R} = \dfrac{\alpha_4}{\alpha_1 (1 + \beta_4 C_f)^2}$。

已经通过实验获得了不同混凝土在盐湖卤水条件下的线性氯离子结合能力及其 Langmuir 非线性系数数据。

4. 氯离子扩散方程的修正问题——建立新扩散方程

混凝土的氯离子扩散方程的基本形式为：

$$\frac{\partial C_t}{\partial t} = \frac{\partial}{\partial x} D_f \frac{\partial C_f}{\partial x} \qquad (4.2.3\text{-}6)$$

式中：t 是时间；x 是距混凝土表面的距离；D_f 是自由氯离子扩散系数；C_t 是距混凝土表面 x 处的总氯离子浓度。

混凝土的总氯离子浓度 C_t 与结合氯离子浓度 C_b 和自由氯离子浓度 C_f 之间的关系为：

$$C_t = C_b + C_f \qquad (4.2.3\text{-}7)$$

由式（4.2.3-7）对 t 求导，得：

$$\frac{\partial C_t}{\partial t} = \frac{\partial C_f}{\partial t}\left(1 + \frac{\partial C_b}{\partial C_f}\right) \qquad (4.2.3\text{-}8)$$

将式（4.2.3-8）代入式（4.2.3-6），经过整理，得：

$$\frac{\partial C_f}{\partial t} = \frac{D_f}{1 + \dfrac{\partial C_b}{\partial C_f}} \cdot \frac{\partial^2 C_f}{\partial x^2} \qquad (4.2.3\text{-}9)$$

Nilsson 等将表观氯离子扩散系数 D_c^* 定义为：

$$D_f^* = \frac{D_f}{1 + \dfrac{\partial C_b}{\partial C_f}} \qquad (4.2.3\text{-}10)$$

对于线性氯离子结合能力，式（4.2.3-5）是常数，式（4.2.3-10）也是常数，方程式（4.2.3-9）就可以求解。为了书写方面，将混凝土的线性氯离子结合能力仍然用 R 表示，式（4.2.3-10）可以写成：

$$D_f^* = \frac{D_f}{1 + R} \qquad (4.2.3\text{-}11)$$

对于 Langmuir 非线性氯离子结合能力，只需在式（4.2.3-11）中将"R"换成"$p_L R$"，即得：

$$D_f^* = \frac{D_f}{1 + p_L R} \quad (4.2.3\text{-}12)$$

这样就解决了混凝土应用 Fick 第二扩散定律时存在的第六个和第七个问题。

将式（4.2.3-1）、式（4.2.3-4）和式（4.2.3-5）代入方程式（4.2.3-9），得到综合考虑氯离子结合能力、氯离子扩散系数的时间依赖性和混凝土结构微缺陷影响的实际混凝土的氯离子扩散新方程：

$$\frac{\partial C_f}{\partial t} = \frac{K D_0 t_0^m}{1 + R} \cdot t^{-m} \cdot \frac{\partial^2 C_f}{\partial x^2}$$
$$(4.2.3\text{-}13)$$

为了求解式（4.2.3-13），作如下变换：

$$\frac{\partial C_f}{t^{-m} \partial t} = \frac{K D_0 t_0^m}{1 + R} \cdot \frac{\partial^2 C_f}{\partial x^2} \quad (4.2.3\text{-}14)$$

令　　　　$\partial T = t^{-m} \partial t$　　（4.2.3-15）

求解式（4.2.3-15），即

$$T = \int_0^t t^{-m} \mathrm{d}t \quad (4.2.3\text{-}16)$$

由式（4.2.3-16）对 t 积分，得到代换参数 T 与时间 t 之间的关系：

$$T = \frac{t^{1-m}}{1 - m} \quad (4.2.3\text{-}17)$$

同时令　　$D_{ee} = \frac{K D_0 t_0^m}{1 + R}$　　（4.2.3-18）

将式（4.2.3-15）和式（4.2.3-18）代入式（4.2.3-13），得到简单的氯离子扩散方程式：

$$\frac{\partial C_f}{\partial T} = D_{ee} \frac{\partial^2 C_f}{\partial x^2} \quad (4.2.3\text{-}19)$$

因此，只要对简单的扩散方程式（4.2.3-19）进行求解以后，通过式（4.2.3-17）和式（4.2.3-18）进行变量回代，就很容易得到混凝土的新氯离子扩散方程式（4.2.3-13）在各种体型、初始条件和边界条件下的解析解，即氯离子扩散理论模型。这样，在混凝土的氯离子扩散理论新

模型中就综合考虑了混凝土的氯离子结合能力、氯离子扩散系数的时间依赖性和混凝土结构微缺陷等因素的影响。

5. 变边界条件问题的处理——引进不同的时间边界函数

在实际氯盐环境的暴露过程中，混凝土暴露表面的自由氯离子浓度 C_s 并非一成不变，而是一个浓度由低到高、逐渐达到饱和的时间过程。将扩散方程的边界条件由常数更换为时间函数，扩散方程的性质就发生质的变化，由齐次问题变成了非齐次问题，扩散方程的解析难度也大大增加，因此，并不是所有形式的时间函数边界条件都有解析解的。为了套用扩散理论中现成的解析解，1998 年 Amey 等建议采用线性函数和幂函数的时间边界条件，2002 年 Kassir 等根据实验得到了指数函数的时间变边界条件。这 3 种时间边界函数分别是：

1）线性函数：

$$C_s = kt \, (k \text{ 是时间常数}) \quad (4.2.3\text{-}20)$$

2）幂函数：

$$C_s = kt^{1/2} \, (k \text{ 是时间常数}) \quad (4.2.3\text{-}21)$$

3）指数函数：

$$C_s = C_{s0}(1 - e^{-kt}) \, (C_{s0} \text{ 和 } k \text{ 是时间常数})$$
$$(4.2.3\text{-}22)$$

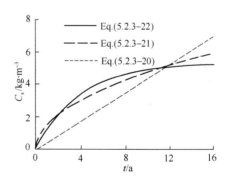

图 4.2.3　根据文献实测结果拟合的时间边界函数

图 4.2.3 是根据 Weyers 等测定 15 座高速公路桥梁混凝土的结果描述了表面氯离子浓度在 15a 内的变化规律。其中，Kassir 等拟合的公式

（4.2.3-22）的参数分别为：$C_{s0} = 5.3431 \mathrm{kg/m^3}$，$k = 0.25 a^{-1}$。这里按照 Amey 等建议的拟合公式（4.2.3-20）和式（4.2.3-22）的参数分别是 $k = 0.4336$ 和 $k = 1.4879$，其复相关系数分别为 $r = 0.6595$ 和 $r = 0.9695$，$n = 17$ 时取显著性水平 $\alpha = 0.001$ 的临界相关系数为 $r_{0.001} = 0.7246$，可见采用幂函数边界条件的公式（4.2.3-21）的拟合精度很高，图 4.2.3 中其曲线的变化趋势也与原指数边界条件曲线比较接近，而线性边界条件曲线则存在比较大的差异。因此，我们认为采用幂函数和指数函数的时间边界条件是比较符合实际的。这样就解决了混凝土应用 Fick 第二扩散定律时存在的第八个问题。

6. 混凝土结构的体型和暴露维数问题——针对有限大的长方体和增加暴露表面数

在扩散理论体系中，材料的体型和暴露程度对扩散方程的边界条件、解析的难易程度和最终的解析解都有非常大的影响。以前的氯离子扩散理论模型采用的假设是将混凝土看成只有一个暴露面的Ⅰ维半无限大均匀体，其实这是扩散理论中最简单的一个问题。在实际的混凝土结构中，无限大体是不可能存在的，只有一些特殊的结构比如混凝土大坝才可以简化成Ⅰ维的半无限大体，在混凝土大坝的垂直棱边附近区域则可以看成是Ⅱ维的 1/4 无限大体，如果存在三维直角区域，则可简化为Ⅲ维的 1/8 无限大体。这里需要指出的是，目前国内外在实验室进行混凝土的暴露实验时通常用沥青或树脂密封试件的 4 个或 5 个面，只留 1 个或 2 个相对表面暴露到氯盐溶液中，认为这样就能够代表Ⅰ维的半无限大体，并应用简单的氯离子扩散理论模型公式计算混凝土的扩散系数，这与真实的半无限大体是有差异的。

通常情况下，一些重大混凝土结构工程的关键部位不能看成是无限大的，都应该属于有限大体的范畴。不同的结构部位，其体型和维数是有显著差别的，在求解氯离子扩散方程时应该分别

对待。常见的混凝土结构体型和暴露维数主要有 3 种：

1) 有两个相对平行暴露面的Ⅰ维大平板，例如：盐湖地区和滨海盐渍地区的地下防渗墙、海洋钻井平台的大板等；

2) 有两组正交、相对平行的 4 个暴露面的Ⅱ维长方柱体，其一个方向的长度比截面的 2 个方向尺寸大得多，例如：实验室没有密封的棱柱体试件的跨中部位、跨海大桥的大梁、矩形截面的桥墩、盐湖地区建筑的混凝土独立柱基础等；

3) 有三组正交、相对平行的 6 个暴露面的Ⅲ维长方体或正方体，其 3 个方向的尺寸相差不大，例如：实验室没有密封的立方体试件、棱柱体试件的端部、海洋钻井平台的水下方形油罐、跨海大桥的索塔顶部、盐湖地区设备基础等。

在求解新的氯离子扩散方程时，结合以上几种结构体型和暴露情况，就可以解决混凝土应用 Fick 第二扩散定律时存在的第二和第三个问题。

4.2.4 混凝土的氯离子扩散理论模型与使用寿命预测理论体系

1. 无限区域内的非稳态齐次扩散问题（常数边界条件）

1) Ⅰ维半无限大体的氯离子扩散理论模型及其与其他理论模型的比较

(1) Ⅰ维半无限大体的氯离子扩散理论模型

假定混凝土是半无限等效均匀体，氯离子在混凝土中的扩散过程是Ⅰ维扩散，扩散方程如式（4.2.3-19）所示。当初始条件为：$T = 0$，$x > 0$ 时，$C_f = C_0$；边界条件为：$x = 0$，$T > 0$ 时，$C_f = C_s$（常数），扩散方程最基本的解析解——通常情况下的氯离子扩散理论模型如下：

$$C_f = C_0 + (C_s - C_0)\left(1 - \mathrm{erf}\frac{x}{2\sqrt{D_{ee}T}}\right)$$

（4.2.4-1）

式中，C_0 是混凝土内的初始自由氯离子浓度；C_s 是混凝土暴露表面的自由氯离子浓度；erf 为误差函数，$\mathrm{erf}\, u = \dfrac{2}{\sqrt{\pi}} \displaystyle\int_0^u e^{-t^2}\, \mathrm{d}t$。当同时考虑混凝土的线性氯离子结合能力、氯离子扩散系数的时间依赖性和劣化系数时，在式（4.2.4-1）中，用 $\dfrac{KD_0 t_0^m}{1+R}$ 代替 D_{ee}，用 $\dfrac{t^{1-m}}{1-m}$ 代替 T，即得混凝土氯离子扩散的 I 维基准理论模型为：

$$C_f = C_0 + (C_s - C_0)$$

$$\left[1 - \mathrm{erf} \frac{x}{2\sqrt{\dfrac{KD_0 t_0^m}{(1+R)(1-m)} \cdot t^{1-m}}} \right]$$

$$(4.2.4-2)$$

（2）I 维半无限大体的氯离子扩散基准理论模型的公式探讨

以上所建立的理论模型是对 Fick 扩散定律的推广和修正，采用不同的假设便得到不同的模型公式。当不考虑混凝土的氯离子结合能力、氯离子扩散系数的时间依赖性和结构缺陷的影响，即 $K=1$，$C_0=0$，$R=0$，$m=0$ 时，式（4.2.4-2）模型简化为：

$$C_f = C_s \left(1 - \mathrm{erf} \frac{x}{2\sqrt{D_0 t}} \right) \quad (4.2.4-3)$$

当仅考虑混凝土的氯离子结合能力（$K=1$，$c_0=0$，$m=0$）、氯离子扩散系数的时间依赖性（$K=1$，$C_0=0$，$R=0$）或混凝土结构缺陷的影响（$C_0=0$，$m=0$，$R=0$）时，模型分别简化为式（4.2.4-4）、式（4.2.4-5）或式（4.2.4-6）：

$$C_f = C_s \left(1 - \mathrm{erf} \frac{x}{2\sqrt{\dfrac{D_0 t}{1+R}}} \right) \quad (4.2.4-4)$$

$$C_f = C_s \left(1 - \mathrm{erf} \frac{x}{2\sqrt{\dfrac{D_0 t_0^m}{1-m} \cdot t^{1-m}}} \right)$$

$$(4.2.4-5)$$

$$C_f = C_s \left(1 - \mathrm{erf} \frac{x}{2\sqrt{KD_0 t}} \right) \quad (4.2.4-6)$$

当同时考虑混凝土的氯离子结合能力和氯离子扩散系数的时间依赖性（$K=1$，$C_0=0$），氯离子结合能力和结构缺陷的影响（$C_0=0$，$m=0$）或氯离子扩散系数的时间依赖性和结构缺陷的影响（$C_0=0$，$R=0$）时，模型分别简化为式（4.2.4-7）、式（4.2.4-8）或式（4.2.4-9）：

$$C_f = C_s \left[1 - \mathrm{erf} \frac{x}{2\sqrt{\dfrac{D_0 t_0^m}{(1+R)(1-m)} \cdot t^{1-m}}} \right]$$

$$(4.2.4-7)$$

$$C_f = C_s \left(1 - \mathrm{erf} \frac{x}{2\sqrt{\dfrac{KD_0 t}{1+R}}} \right) \quad (4.2.4-8)$$

$$C_f = C_s \left(1 - \mathrm{erf} \frac{x}{2\sqrt{\dfrac{KD_0 t_0^m}{1-m} \cdot t^{1-m}}} \right)$$

$$(4.2.4-9)$$

（3）所提出的基准理论模型与 Clear 经验模型的比较

Clear 在 1976 年根据实验和工程应用发展了一个计算混凝土中钢筋开始腐蚀时间的经验模型：

$$t = \frac{129 x^{1.22}}{C_s^{0.42} \cdot m_w / m_c} \quad (4.2.4-10)$$

式中，t 是混凝土中钢筋开始锈蚀的时间（a）；x 是混凝土的保护层厚度（in）；C_s 是暴露环境介质的氯离子浓度（ppm）；m_w / m_c 是混凝土的水灰比。该经验模型曾成功地用于海洋油罐和河堤等大型混凝土工程使用寿命的设计和验证，取得了理想的效果。

图 4.2.4-1 示出了用式（4.2.4-2）～式（4.2.4-10）计算 OPC 和 HPC 在海洋环境中不同深度断面的相对氯离子浓度分布。计算时，暴露表面的氯离子浓度 $C_s = 1.938\%$，混凝土的临界氯离子浓度 $C_{cr} = 0.05\%$（占混凝土质量）。结果表明，在常规的保护层厚度范围内，只有同时考虑混凝土的氯离子结合能力、氯离子扩散系数的时间依赖性和混凝土结构微缺陷影响的理论式（4.2.4-2）与 Clear 实际经验公式完全相符。

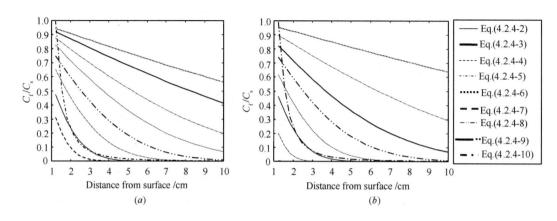

图 4.2.4-1　在海洋环境中 OPC（$m_w/m_c = 0.53$）和 HPC（$m_w/m_c = 0.27$，FA 掺量 30%）不同深度
断面的相对氯离子浓度分布（$m = 0.64$）

(a) OPC，$D_0 = 1.5 \text{cm}^2/\text{a}$，$t = 50\text{a}$，$K = 2$，$R = 4$；(b) HPC，$D_0 = 0.15 \text{cm}^2/\text{a}$，$t = 100\text{a}$，$K = 18$，$R = 5$

（4）基准理论模型与 Maage 理论模型和 Mejlbro 理论模型的关系

Maage 理论模型经过整理后的等价公式为

$$C_{cr} = C_0 + (C_s - C_0)\left(1 - \text{erf}\frac{x}{2\sqrt{D_0 t_0^m t^{1-m}}}\right)$$

（4.2.4-11）

DuraCrete 项目的 Mejlbro 理论模型经过整理为

$$C_f = C_s\left(1 - \text{erf}\frac{x}{2\sqrt{K_e K_c K_m D_0 t_0^m t^{1-m}}}\right)$$

（4.2.4-12）

式中，K_c、K_e 和 K_m 分别是影响混凝土氯离子扩散系数的养护系数（主要与养护龄期有关）、环境系数和材料系数。DuraCrete 项目制订的混凝土耐久性设计指南中，详细列出了这些参数的数值。

根据原文献提供的不同水胶比硅灰混凝土的氯离子扩散系数值，在保护层厚度 15mm 的条件下，用本节基准理论模型、Maage 理论模型和 Mejlbro 理论模型分别计算这些混凝土结构在海洋环境中的使用寿命有较好的相关性，其中本模型与 Maage 模型更加接近一些，如图 4.2.4-2 所示。应用 Mejlbro 模型时的参数 K_c、K_e、K_m 和 m 均按照 DuraCrete 项目制订的混凝土耐久性设计指南取值。但是，用 Maage 模型和 Mejlbro 模型分别预测保护层厚度 45mm 的 HPC 结构的使

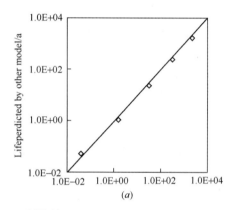

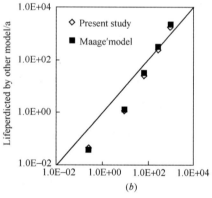

图 4.2.4-2　本节理论模型与 Maage 模型和 Mejlbro 模型预测混凝土寿命的比较（$x = 15\text{mm}$）

(a) Present model vs Maage's model；(b) Present model or Maage's model vs Mejlbro's model

用寿命都能达到几万年以上，这明显是过于乐观了，难以令人信服，而用本节基准理论模型则不存在这个问题，其寿命仅有几百年，这充分说明本节理论模型更加切合实际。

2）Ⅱ维 1/4 无限大体的氯离子扩散理论模型

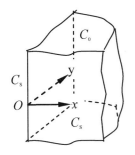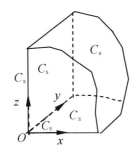

图 4.2.4-3 Ⅱ维 1/4 无限大均匀体的示意图　　图 4.2.4-4 Ⅲ维 1/8 无限大均匀体的示意图

假定混凝土是 1/4 无限大等效均匀体，氯离子在混凝土中的扩散过程是Ⅱ维扩散，如图（4.2.4-3）所示，坐标原点在棱边上。其扩散方程如式 4.2.4-13 所示，其初始条件为：$T=0$，$x>0$，$y>0$ 时，$C_f=C_0$；边界条件为：$x=0$，$y=0$，$T>0$ 时，$C_f=C_s$（常数）。根据扩散理论中的 Newman 乘积解定理，求得解析解如式（4.2.4-14）。

$$\frac{\partial^2 C_f}{\partial x^2}+\frac{\partial^2 C_f}{\partial y^2}=\frac{1}{D_{ee}}\frac{\partial C_f}{\partial T} \quad (4.2.4-13)$$

$$C_f=C_0+(C_s-C_0)\left(1-\operatorname{erf}\frac{x}{2\sqrt{D_{ee}T}}\operatorname{erf}\frac{y}{2\sqrt{D_{ee}T}}\right)$$
$$(4.2.4-14)$$

当同时考虑混凝土的线性氯离子结合能力、氯离子扩散系数的时间依赖性和劣化系数时，在式（4.2.3-13）中，用 $\frac{KD_0 t_0^m}{1+R}$ 代替 D_{ee}，用 $\frac{t^{1-m}}{1-m}$ 代替 T，即得Ⅱ维 1/4 无限大体的氯离子扩散理论模型为：

$$C_f=C_0+(C_s-C_0)$$
$$\left[1-\operatorname{erf}\frac{x}{2\sqrt{\frac{KD_0 t_0^m}{(1+R)(1-m)}\cdot t^{1-m}}}\right.$$
$$\left.\operatorname{erf}\frac{y}{2\sqrt{\frac{KD_0 t_0^m}{(1+R)(1-m)}\cdot t^{1-m}}}\right]$$
$$(4.2.4-15)$$

3）Ⅲ维 1/8 无限大体的氯离子扩散理论模型

当混凝土是 1/8 无限大等效均匀体，氯离子在混凝土中的扩散过程是Ⅲ维扩散，如图 4.2.4-4 所示，坐标原点在角点。其扩散方程如式（4.2.4-16）所示，其初始条件为：$T=0$，$x>0$，$y>0$，$z>0$，时，$C_f=C_0$；边界条件为：$x=0$，$y=0$，$z=0$，$T>0$ 时，$C_f=C_s$（常数）。同理，根据扩散理论中的 Newman 乘积解定理，并进行变量回代，得到Ⅲ维 1/8 无限大体的氯离子扩散理论模型见式（4.2.4-17）和式（4.2.4-18）。

$$\frac{\partial^2 C_f}{\partial x^2}+\frac{\partial^2 C_f}{\partial y^2}+\frac{\partial^2 C_f}{\partial z^2}=\frac{1}{D_{ee}}\frac{\partial C_f}{\partial T}$$
$$(4.2.4-16)$$

$$C_f=C_0+(C_s-C_0)$$
$$\left(1-\operatorname{erf}\frac{x}{2\sqrt{D_{ee}T}}\operatorname{erf}\frac{y}{2\sqrt{D_{ee}T}}\operatorname{erf}\frac{z}{2\sqrt{D_{ee}T}}\right)$$
$$(4.2.4-17)$$

$$C_f=C_0+(C_s-C_0)$$
$$\left[1-\operatorname{erf}\frac{x}{2\sqrt{\frac{KD_0 t_0^m}{(1+R)(1-m)}\cdot t^{1-m}}}\right.$$
$$\operatorname{erf}\frac{y}{2\sqrt{\frac{KD_0 t_0^m}{(1+R)(1-m)}\cdot t^{1-m}}}$$
$$\left.\operatorname{erf}\frac{z}{2\sqrt{\frac{KD_0 t_0^m}{(1+R)(1-m)}\cdot t^{1-m}}}\right] \quad (4.2.4-18)$$

4）Ⅰ维、Ⅱ维和Ⅲ维无限大体扩散时氯离子浓度的比较

图 4.2.4-5 是Ⅰ维、Ⅱ维和Ⅲ维扩散理论模型计算的自由氯离子浓度曲线与Ⅰ维简单叠加曲线的比较。结果表明，自由氯离子浓度的多维扩散理论曲线与Ⅰ维曲线明显不同。在相同的条件下，自由氯离子浓度大小顺序为：Ⅲ维＞Ⅱ维＞Ⅰ维。此外，多维扩散时氯离子浓度曲线与由Ⅰ维的简单数值叠加曲线相差很大。因此，对于实际混凝土结构边角区域的多维扩散氯离子浓度，并不能按照简单的"算数加和"来处理。

5）考虑非线性氯离子结合能力时的氯离子扩散模型

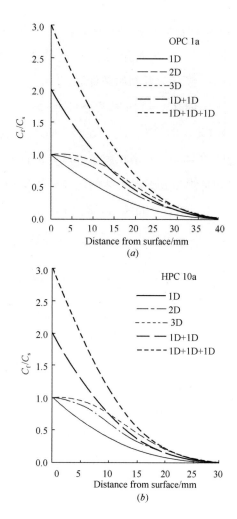

图 4.2.4-5　多维扩散时氯离子浓度与 I 维叠加值的
比较（$C_0=0$，$t_0=28d$，$m=0.64$）

（a）OPC：$D_0=10cm^2/a$，$t=1a$，$K=1$，$R=3$；

（b）HPC：$D_0=1cm^2/a$，$t=10a$，$K=2$，$R=3$

当考虑到混凝土的非线性氯离子结合能力时，将式（4.2.4-2）、式（4.2.4-15）和式（4.2.4-18）中的 R 更换成 $p_L R$ 即可，对于 I 维半无限大体的氯离子扩散理论模型，可以表示为式 4.2.4-19。同理能够写出考虑混凝土的非线性氯离子结合能力时 II 维 1/4 无限大体和 III 维 1/8 无限大体的公式。这里不再列出。

$$C_f=C_0+(C_s-C_0)$$

$$\left[1-\operatorname{erf}\frac{x}{2\sqrt{\dfrac{KD_0t_0^m}{(1+p_L R)(1-m)}\cdot t^{1-m}}}\right]$$

$$(4.2.4-19)$$

2. 无限区域内的非稳态非齐次扩散问题（幂

函数边界条件）

对于无限大体的氯离子扩散，不能考虑式（4.2.3-22）的指数时间边界条件，因为涉及一个复杂积分的求解问题，但是可以考虑与实际比较接近的幂函数或线性函数的时间边界条件。对于考虑混凝土氯离子扩散系数的时间依赖性的扩散问题，时间变量已经按照式（4.2.3-17）发生了变化，所以对于原式（4.2.3-20）和式（4.2.3-21）描述的时间边界函数都相应地发生了变化，即使原来的线性函数边界条件也已经转化成幂函数边界条件了，见式（4.2.4-20）和式（4.2.4-21）。

$$C_f=kt^{1-m}+C_0 \qquad (4.2.4-20)$$

$$C_f=kt^{\frac{1-m}{2}}+C_0 \qquad (4.2.4-21)$$

为了与 Kassir 等得到的实际公式相比较，取 $m=0.64$ 和 $C_0=0$（混凝土的初始氯离子浓度），并按照式（4.2.4-20）和式（4.2.4-21）对原公式进行拟合，其参数分别是 $k=2.0287$ 和 $k=2.8988$，其复相关系数分别为 $r=0.9718$ 和 $r=0.8694$，$n=17$ 时取显著性水平 $\alpha=0.001$ 的临界相关系数为 $r_{0.001}=0.7246$，可见新的幂函数边界条件式（4.2.4-20）和式（4.2.4-21）的拟合精度很高，结果见图 4.2.4-6。图中曲线的形状也很接近，对照 Amey 等建议的线性函数和幂函数拟合结果，可见，新的幂函数的拟合效果优于原先的边界函数，其中式（4.2.4-20）的效果更好。因此，这里认为，采用转化后新的幂函数时间边界条件是成功的。

由于无限区域内的非稳态非齐次扩散问题非常复杂，并不是短时内就能解决的数学问题，本节主要针对 I 维半无限大体的非稳态非齐次氯离子扩散的情形，这里仅列出求解结果，具体的推导过程从略。

1）对于幂函数 $C_f=kt^{1-m}+C_0$ 的时间边界条件

当混凝土的边界条件为：$x=0$，$t>0$，$C_f=$

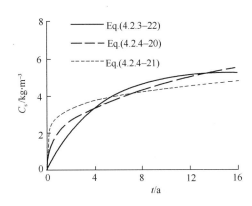

图 4.2.4-6 新的幂函数边界函数与文献
的指数边界函数的比较

$kt^{1-m}+C_0$，初始条件不变，解得混凝土的氯离子
扩散理论模型为：

$$C_f = C_0 + kt^{1-m}\left\{\left[1+\frac{x^2}{\dfrac{2KD_0 t_0^m t^{1-m}}{(1+R)(1-m)}}\right]\right.$$

$$\text{erfc}\left[\frac{x}{2\sqrt{\dfrac{KD_0 t_0^m t^{1-m}}{(1+R)(1-m)}}}\right]$$

$$-\frac{x}{\sqrt{\dfrac{\pi KD_0 t_0^m t^{1-m}}{(1+R)(1-m)}}}$$

$$\left.\exp\left[-\frac{x^2}{\dfrac{4KD_0 t_0^m t^{1-m}}{(1+R)(1-m)}}\right]\right\} \quad (4.2.4\text{-}22)$$

2）对于幂函数 $C_f = kt^{\frac{1-m}{2}}+C_0$ 的时间边界条件

当混凝土的边界条件为：$x=0$，$t>0$，$C_f = kt^{\frac{1-m}{2}}+C_0$，初始条件不变，解得混凝土的氯离子扩散理论模型为：

$$C_f = C_0 + kt^{\frac{1-m}{2}}\left\{\exp\left[-\frac{x^2}{\dfrac{4KD_0 t_0^m t^{1-m}}{(1+R)(1-m)}}\right]\right.$$

$$-\frac{x\sqrt{\pi}}{2\sqrt{\dfrac{KD_0 t_0^m t^{1-m}}{(1+R)(1-m)}}}$$

$$\left.\text{erfc}\left[\frac{x}{2\sqrt{\dfrac{KD_0 t_0^m t^{1-m}}{(1+R)(1-m)}}}\right]\right\} \quad (4.2.4\text{-}23)$$

3）对于分段函数（第一段为 $C_f = kt^{1-m}+C_0$，第二段为 $C_f = C_s$）的复杂时间边界条件

当边界条件函数为分段函数

$$C_f = \begin{cases} kt^{1-m}+C_0 & t<t_c \\ C_s & >t_c \end{cases} \quad (4.2.4\text{-}24)$$

式中，$t_c = \left(\dfrac{C_s-C_0}{k}\right)^{\frac{1}{1-m}}$，解得混凝土的氯离子扩散理论模型为：

$$C_f = C_0 + (C_s-C_0)$$

$$\left\{\left[1+\frac{k(1-m)(1+R)x^2}{2KD_0 t_0^m(C_s-C_0)}\right]\right.$$

$$\text{erfc}\left[\frac{x}{2\sqrt{\dfrac{KD_0 t_0^m(C_s-C_0)}{k(1-m)(1+R)}}}\right]$$

$$-\frac{x}{\sqrt{\dfrac{\pi KD_0 t_0^m(C_s-C_0)}{k(1-m)(1+R)}}}$$

$$\left.\exp\left[-\frac{k(1-m)(1+R)x^2}{4KD_0 t_0^m(C_s-C_0)}\right]\right\}+(C_s-C_0)$$

$$\text{erfc}\left[\frac{x}{2\sqrt{\dfrac{KD_0 t_0^m}{(1-m)(1+R)}\left(t^{1-m}-\dfrac{C_s-C_0}{k}\right)}}\right]$$

$$(4.2.4\text{-}25)$$

4）对于分段函数（第一段为 $C_f = kt^{\frac{1-m}{2}}+C_0$，第二段为 $C_f = C_s$）的复杂时间边界条件

当边界条件函数为分段函数

$$C_f = \begin{cases} kt^{\frac{1-m}{2}}+C_0 & t<t_c \\ C_s & t>t_c \end{cases} \quad (4.2.4\text{-}26)$$

式中，$t_c = \left(\dfrac{C_s-C_0}{k}\right)^{\frac{2}{1-m}}$，解得混凝土的氯离子扩散理论模型为：

$$C_f = C_0 + (C_s-C_0)\left\{\exp\left[-\frac{k^2(1-m)(1+R)x^2}{4KD_0 t_0^m(C_s-C_0)^2}\right]\right.$$

$$-\frac{kx\sqrt{\pi}}{2(C_s-C_0)\sqrt{\dfrac{KD_0 t_0^m}{(1-m)(1+R)}}}$$

$$\text{erfc}\left[\frac{kx}{2(C_s-C_0)\sqrt{\dfrac{KD_0 t_0^m}{(1-m)(1+R)}}}\right]\right\}$$

$$+(C_s-C_0)$$

$$\text{erfc}\left\{\frac{x}{2\sqrt{\dfrac{KD_0 t_0^m}{(1-m)(1+R)}\left[t^{1-m}-\dfrac{(C_s-C_0)^2}{k^2}\right]}}\right\}$$

$$(4.2.4\text{-}27)$$

3. 有限区域内的非稳态齐次扩散问题（常数边界条件）

1）Ⅰ维大平板的氯离子扩散理论模型

Ⅰ维大平板的扩散问题如图 4.2.4-7 所示，板的厚度为 L。在同时考虑混凝土的氯离子结合能力、劣化系数和时间依赖性时，解得Ⅰ维大平板的氯离子扩散理论模型（求解过程从略）为式（4.2.4-28），为了便于区分 2 个 m，将时间依赖性常数记为 m_0。

$$C_f = C_s + \sum_{m=1,3,5}^{\infty} \frac{4}{m\pi}(C_0 - C_s)\sin\left(\frac{m\pi}{L}x\right)$$
$$\exp\left(-\frac{m^2\pi^2 KD_0 t_0^{m_0} t^{1-m_0}}{(1+R)(1-m_0)L^2}\right) \quad (4.2.4\text{-}28)$$

2）Ⅱ维长方柱体的氯离子扩散理论模型

Ⅱ维长方柱体的示意图见图 4.2.4-8。其中，沿 x 方向的厚度为 L_1，沿 y 方向的厚度为 L_2。在同时考虑混凝土的氯离子结合能力、劣化系数和时间依赖性的情况下，混凝土Ⅱ维长方柱体的氯离子扩散理论模型为：

$$C_f = C_s + \sum_{m=1,3,5}^{\infty}\sum_{n=1,3,5}^{\infty} \frac{16}{mn\pi^2}(C_0 - C_s)$$
$$\sin\left(\frac{m\pi}{L_1}x\right)\sin\left(\frac{n\pi}{L_2}y\right)$$
$$\exp\left[-\frac{KD_0 t_0^{m_0} t^{1-m_0}}{(1+R)(1-m_0)}\left(\frac{m^2\pi^2}{L_1^2}+\frac{n^2\pi^2}{L_2^2}\right)\right]$$
$$(4.2.4\text{-}29)$$

3）Ⅲ维长方体的氯离子扩散理论模型

Ⅲ维长方体的示意图见图 4.2.4-9。沿 x 方向的厚度为 L_1，沿 y 方向的厚度为 L_2，沿 z 方向的厚度为 L_3。同理，在同时考虑混凝土的氯离子结合能力、劣化系数和时间依赖性的情况下，混凝土Ⅲ维长方体的氯离子扩散理论模型为

$$C_f = C_s + \sum_{m=1,3,5}^{\infty}\sum_{n=1,3,5}^{\infty}\sum_{p=1,3,5}^{\infty} \frac{64}{mnp\pi^3}$$
$$(C_0 - C_s)\sin\left(\frac{m\pi}{L_1}x\right)\sin\left(\frac{n\pi}{L_2}y\right)\sin\left(\frac{p\pi}{L_3}z\right)$$
$$\exp\left[-\frac{KD_0 t_0^{m_0} t^{1-m_0}}{(1+R)(1-m_0)}\right.$$
$$\left.\left(\frac{m^2\pi^2}{L_1^2}+\frac{n^2\pi^2}{L_2^2}+\frac{p^2\pi^2}{L_3^2}\right)\right] \quad (4.2.4\text{-}30)$$

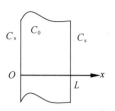

图 4.2.4-7　Ⅰ维太平板的示意图

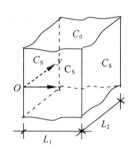

图 4.2.4-8　Ⅱ维长主柱体的示意图

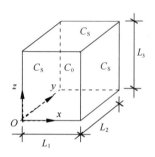

图 4.2.4-9　Ⅲ维长主柱体的示意图

4. 有限区域内的非稳态非齐次扩散问题（指数边界条件）

1）Ⅰ维大平板的氯离子扩散理论模型

对于Ⅰ维大平板的非稳态非齐次扩散问题，设暴露表面的氯离子浓度随着时间呈现如式（4.2.3-13）所示的指数变化，即 $C_s = C_{s0}(1-e^{-kt})$。在这种情形下，不能同时考虑混凝土的氯离子结合能力、劣化系数和时间依赖性的影响，因为有一项积分无法求解。但是，可以同时考虑混凝土的氯离子结合能力和劣化系数的影响，即得Ⅰ维大平板的氯离子扩散理论模型（求解过程从略）。

$$C_f = C_{s0}(1-e^{-kt}) + \sum_{m=1,3,5}^{\infty} \frac{4}{m\pi}$$
$$\left\{\left[C_0 + \frac{kC_{s0}}{KD_0\dfrac{m^2\pi^2}{L^2}-k(1+R)}\right]\right.$$

$$\exp\left(-\frac{KD_0}{(1+R)}\cdot\frac{m^2\pi^2}{L^2}t\right)$$

$$-\left[\frac{kC_{s0}}{KD_0\frac{m^2\pi^2}{L^2}-k(1+R)}\right]$$

$$\left.\exp(-kt)\right\}\sin\left(\frac{m\pi}{L}x\right) \qquad (4.2.4\text{-}31)$$

2) Ⅱ维长方柱体的氯离子扩散理论模型

对于 Ⅱ 维长方柱体的非稳态非齐次扩散问题，同时考虑混凝土的氯离子结合能力和劣化系数的影响以后，同理可以得到Ⅱ维长方柱体的氯离子扩散理论模型。

$$C_f = C_{s0}(1-e^{-kt}) + \sum_{m=1,3,5}^{\infty}\sum_{n=1,3,5}^{\infty}\frac{16}{mn\pi^2}$$

$$\left\{(C_0+H_{mn})\exp\left[-\frac{KD_0}{1+R}\left(\frac{m^2\pi^2}{L_1^2}+\frac{n^2\pi^2}{L_2^2}\right)t\right]\right.$$

$$\left.-H_{mn}\exp(-kt)\right\}\sin\left(\frac{m\pi}{L_1}x\right)\sin\left(\frac{n\pi}{L_2}y\right)$$

$$(4.2.4\text{-}32)$$

式中，$H_{mn}=\dfrac{kC_{s0}}{KD_0\left(\dfrac{m^2\pi^2}{L_1^2}+\dfrac{n^2\pi^2}{L_2^2}\right)-k(1+R)}$。

3) Ⅲ维长方体的氯离子扩散理论模型

对于Ⅲ维长方体的非稳态非齐次扩散问题，当同时考虑混凝土的氯离子结合能力和劣化系数的影响，即得Ⅲ维长方体的氯离子扩散理论模型。

$$C_f = C_{s0}(1-e^{-kt}) + \sum_{m=1,3,5}^{\infty}\sum_{n=1,3,5}^{\infty}\sum_{p=1,3,5}^{\infty}\frac{64}{mnp\pi^3}$$

$$\left\{(C_0+H_{mnp})\exp\left[-\frac{KD_0}{1+R}\left(\frac{m^2\pi^2}{L_1^2}+\frac{n^2\pi^2}{L_2^2}\right.\right.\right.$$

$$\left.\left.\left.+\frac{p^2\pi^2}{L_3^2}\right)t\right]-H_{mnp}\exp(-kt)\right\}$$

$$\sin\left(\frac{m\pi}{L_1}x\right)\sin\left(\frac{n\pi}{L_2}y\right)\sin\left(\frac{p\pi}{L_3}z\right) \quad (4.2.4\text{-}33)$$

式中，$H_{mnp}=\dfrac{kC_{s0}}{KD_0\left(\dfrac{m^2\pi^2}{L_1^2}+\dfrac{n^2\pi^2}{L_2^2}+\dfrac{p^2\pi^2}{L_3^2}\right)-k(1+R)}$。

4) 正交各向异性Ⅲ维长方体的氯离子扩散理论模型

在混凝土的氯离子扩散过程中，一般把试件按照各向同性材料来处理，但是，在加载条件下混凝土试件某个方向由于受到荷载的影响，试件在不同方向的氯离子扩散系数是不同的，已经不能把试件当成各向同性材料了，这时按照正交异性材料来描述混凝土试件的扩散行为是非常必要的。假设三维长方体沿 x、y 和 z 方向的厚度分别为 L_1、L_2 和 L_3，氯离子扩散系数分别为 D_{10}、D_{20} 和 D_{30}，暴露表面的氯离子浓度随着时间而成指数变化规律 $C_s = C_{s0}(1-e^{-kt})$。本节已经求出正交各向异性长方体的解析解，当同时考虑混凝土的氯离子结合能力和劣化系数的影响时，氯离子扩散理论模型为：

$$C_f = C_{s0}(1-e^{-kt}) + \sum_{m=1,3,5n}^{\infty}\sum_{=1,3,5p}^{\infty}\sum_{=1,3,5}^{\infty}\frac{64}{mnp\pi^3}$$

$$\left\{(C_0+H_{mnp})\exp\left[-\frac{K}{1+R}\left(D_{10}\frac{m^2\pi^2}{L_1^2}\right.\right.\right.$$

$$\left.\left.+D_{20}\frac{n^2\pi^2}{L_2^2}+D_{30}\frac{p^2\pi^2}{L_3^2}\right)t\right]-H_{mnp}$$

$$\left.\exp(-kt)\right\}\cdot\sin\left(\frac{m\pi}{L_1}x\right)\sin\left(\frac{n\pi}{L_2}y\right)\sin\left(\frac{p\pi}{L_3}z\right)$$

$$(4.2.4\text{-}34)$$

式中，

$$H_{mnp}=\frac{kC_{s0}}{K\left(D_{10}\dfrac{m^2\pi^2}{L_1^2}+D_{20}\dfrac{n^2\pi^2}{L_2^2}+D_{30}\dfrac{p^2\pi^2}{L_3^2}\right)-k(1+R)}$$

5. 模型参数的测定方法

在上述理论模型中，R、C_s、k、D_0、m 和 K 是 6 个关键参数。为了准确地预测和评价混凝土结构在恶劣的盐湖、海洋和除冰盐等环境条件下的使用寿命，必须建立这些参数的相应测试方法，借鉴欧洲 DuraCrete 项目的成功经验，制订适合我国国情的混凝土使用寿命预测基本参数数据库，意义重大。

1) 混凝土的氯离子结合能力 R

在实验室条件下，将混凝土试件浸泡在盐湖卤水或 3.5％NaCl 溶液中一定时间后，钻孔取样并进行化学分析。混凝土的氯离子总浓度通常采用酸溶法或荧光 X-射线法测定，自由氯离子浓度采用水溶法测定，然后采用第四部分的方法研究混凝土对氯离子的吸附与结合规律，并按照相关公式计算混凝土的线性氯离子结合能力及其非线性系数。酸溶法和水溶法的具体操作步骤见文献。

2）混凝土暴露表面的自由氯离子浓度 C_s 及其时间参数 k

关于混凝土暴露表面的自由氯离子浓度的测定方法，目前有两种观点：一种是实测值——将混凝土近表面（$x=13mm$ 和 $x=6.35mm$）的实测自由氯离子浓度作为暴露表面的 C_s 值；另一种是拟合值——因为表面的氯离子浓度是不可测定的，只能根据实测的自由氯离子浓度与混凝土深度之间的关系来拟合 C_s 值，拟合方法也有两种——按照扩散模型拟合和按照回归公式拟合。根据氯离子扩散理论分析，C_s 应该是 $x=0$ 时的"表面混凝土"氯离子浓度，不是一个可以直接测定的值。因此，这里采用实验拟合值，至于具体的拟合方法，如果采用扩散理论同时拟合 C_s 值和扩散系数 D 这两个参数，会有很大的人为误差，这里采用回归拟合方法。将成型养护好的混凝土试件浸泡在常温的 $3.5\%NaCl$ 溶液或其他氯盐溶液中，在不同浸泡时间取出，根据测定的混凝土自由氯离子浓度与扩散深度之间的关系，通过回归分析拟合两者之间的一元二次关系的效果最佳。在得到的回归关系式中，令深度 $x=0$ 时便可以计算 C_s 值。

根据以上不同情形下混凝土的多种非齐次氯离子扩散理论模型，混凝土暴露表面自由氯离子浓度与时间之间最为实用的关系式是式（4.2.3-22）、式（4.2.4-20）和式（4.2.4-21）。因此，根据以上得到的 C_s 值与扩散时间之间的关系，分别按照式（4.2.3-22）、式（4.2.4-20）和式（4.2.4-21）进行回归分析，就能计算得到不同时间边界函数的 k 值。

3）氯离子扩散系数 D_0 及其时间依赖性常数 m

将成型养护好的混凝土试件浸泡在常温的 $3.5\%NaCl$ 溶液中，在不同浸泡时间取出，测定不同深度的自由氯离子浓度和总氯离子浓度，在较低的自由氯离子浓度范围内，按照 4.2.4 得到线性氯离子结合能力，然后按照下式运用 SAS 软件计算出不同扩散时间 t 对应的 $D_{t,m}=D_t/(1-m)$ 值，计算时由于在实验室条件下，$3.5\%NaCl$ 溶液对混凝土没有腐蚀等破坏作用，取 $K=1$：

$$C_f = C_0 + (C_s - c_0)\left[1 - \mathrm{erf}\frac{x}{2\sqrt{\dfrac{D_t t}{(1+R)(1-m)}}}\right]$$

$$(4.2.4-35)$$

然后，根据不同 t 对应的 $D_{t,m}$ 值按照下式求出 D_0 值和 m 值。

$$D_{t,m} = (1-m)D_0 \left(\frac{t_0}{t}\right)^m \quad (4.2.4-36)$$

4）氯离子扩散性能的劣化效应系数 K

（1）环境劣化系数 K_e：在现场环境和实验室条件下同时进行混凝土试件的自然扩散法浸泡实验，在相同的浸泡龄期测定混凝土不同深度的自由氯离子浓度和总氯离子浓度，根据式（4.2.4-4）计算混凝土在实验室条件（$K=1$）下的自由氯离子扩散系数，结合现场环境条件下的实验数据就能够进一步计算出混凝土的 K_e 值。如果在实验同时进行氯盐溶液浸泡、冻融与氯盐溶液浸泡、干湿循环与冻融双重因素实验，则可以得到影响混凝土氯离子扩散性能的冻融劣化系数和干湿循环劣化系数。

（2）荷载劣化系数 K_y：在实验室条件下，对混凝土试件同时进行加载和不加载的自然扩散法浸泡实验，就能计算出混凝土在不同加载方式和荷载比条件下的 K_y 值。

（3）材料劣化系数 K_m：在实验室条件下，对于不同浸泡龄期的混凝土试件，采用与测定 m 值类似的方法，按照式（4.2.4-37）可以计算混凝

土自身的 K_m 值。对于 3.5% NaCl 溶液或者 OPC 试件，研究发现其 $K_m=1$，但是对于 HPC 试件，在青海盐湖卤水腐蚀的条件下，$K_m>1$。

$$D_{t,m} = K_m(1-m)D_0\left(\frac{t_0}{t}\right)^m \qquad (4.2.4\text{-}37)$$

6. 使用寿命预测时模型参数的基本取值规律与数据

混凝土的氯离子扩散理论模型中含有许多参数，这些参数的取值关系到预测结果的正确性，在新建结构的耐久性设计中，更加与结构的耐久性和安全性直接相关。尤其应该引起注意的是，在混凝土使用寿命的预测过程中，对于含有时间变量的参数的取值问题，应该慎之又慎，因为时间与结构的使用寿命相联系，稍有疏漏，将会导致错误的预测结果。

1）自由氯离子扩散系数 D_0

表 4.2.4-1 是根据实验得到的标准养护 28d 的不同混凝土在典型盐湖卤水中的自由氯离子扩散系数 D_0 值。结果表明，混凝土的自由氯离子扩散系数与盐湖卤水的种类有关，不同混凝土之间有一定差异。在实验的所有混凝土中，以 HPC 的 D_0 值最小，HSC 次之，OPC 和 APC 比较大，说明 HPC 抗氯离子扩散渗透的能力最强，采用 HPC 对于提高钢筋混凝土结构在盐湖地区的使用寿命是非常有利的。比较 HPC 与 SFRHPC 和 PFRHPC 的 D_0 值，发现掺加纤维以后，HPC 的 D_0 值均有不同程度的增加，尤其是在新疆盐湖卤水中增加得更多，这可能与纤维增强 HPC 的界面增多有一定的关系。

不同混凝土在盐湖卤水中的自由氯离子扩散系数（标准养护 28d）　　　　表 4.2.4-1

卤水种类	自由氯离子扩散系数 /cm² · s⁻¹					
	OPC	APC	HSC	HPC	SFRHPC	PFRHPC
新疆盐湖	4.282E-07	2.249E-07	1.291E-07	2.988E-08	6.376E-07	3.791E-07
青海盐湖	2.811E-07	3.104E-07	2.074E-07	3.167E-08	3.798E-07	1.263E-07
内蒙古盐湖	5.602E-07	5.169E-07	1.238E-07	3.320E-08	2.281E-07	7.898E-08
西藏盐湖	4.165E-07	2.032E-07	8.763E-08	3.194E-08	2.998E-07	6.816E-08

在实验过程中，还进行了 8 组重复实验，统计出氯离子扩散系数的平均变异系数为 5.31%，为今后在混凝土的使用寿命预测和耐久性设计中引进可靠度的概念打下了基础。

2）临界氯离子浓度 C_{cr}

无论混凝土中的氯离子是来自于海洋环境，还是来自于盐湖或除冰盐环境，引起混凝土内部钢筋锈蚀的临界氯离子浓度（自由氯离子）是一样的。美国 ACI 规定的混凝土自由氯离子临界浓度 C_{cr} 值见表 4.2.4-2。可见，ACI201 委员会的规定最严格，已被世界许多国家的设计规范参照采纳。但是，Browne 提出的混凝土 C_{cr} 值与钢筋锈蚀危险性之间的关系似乎表明 ACI 规范的取值过于严格（参见表 4.2.4-3）。挪威对处于海洋环境的 Gimsфystraumen 等 36 座桥梁进行的调查结果

（图 4.2.4-10）与 Browne 的建议基本一致。由表 4.2.4-3 和图 4.2.4-10 可见，混凝土的 C_{cr} 值在 $0.4\%\sim1.0\%$（占水泥质量）或 $0.07\%\sim0.18\%$（占混凝土质量）范围内变化，因为混凝土中钢筋是否锈蚀与混凝土的质量和环境条件有很密切的关系。Bamforth 认为，占胶凝材料质量 0.4% 的临界浓度对于干湿交替情况下的高水灰比混凝土是比较合适的，但是对于饱水状态下的低水灰比混凝土，其临界浓度可以提高到 1.5%。临界氯离子浓度与混凝土质量和环境条件之间的典型关系如图 4.2.4-11 所示。DuraCrete 项目指南就按照不同的混凝土水灰比和暴露条件给出不同的 C_{cr} 值，见表 4.2.4-4。不过，DuraCrete 项目指南针对的只是 OPC，没有规定掺加活性掺合料的 HPC 以及大气区的情形。为了安全起见，Funahashi 在预测混凝土使用寿命时采用的 C_{cr} 值是偏于保守的 0.05%（占混凝土质量）。

混凝土中允许 Cl⁻ 含量的限定值

（水泥重量的百分比）　　表 4.2.4-2

混凝土的种类		ACI201	ACI318	ACI222
预应力混凝土		0.06	0.06	0.08
普通混凝土	湿环境、有氯盐	0.10	0.15	0.20
	一般环境、无氯盐	0.15	0.30	0.20
	干燥环境或有外防护层	无规定	1.0	0.20

钢筋锈蚀危险性与混凝土氯离子含量之间的关系　　表 4.2.4-3

氯离子含量 /%		钢筋锈蚀危险性
水泥质量的百分比 /%	混凝土质量的百分比 /%（水泥用量 440kg/m³）	
>2.0	>0.36	肯定
1.0~2.0	0.18~0.36	很可能
0.4~1.0	0.07~0.18	可能
<0.4	<0.07	可忽略

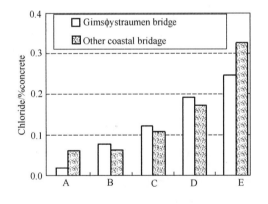

图 4.2.4-10　挪威 36 座桥梁混凝土中钢筋部位的

氯离子含量与钢筋锈蚀状况

（A—无锈蚀，B—开始脱钝，C—锈蚀，

D—严重锈蚀，E—严重锈蚀和坑蚀）

DuraCrete 项目指南的 C_{cr} 值（针对 OPC）

表 4.2.4-4

水灰比	氯离子含量（占水泥质量）/%	
	水下区	水下区
0.3	2.3	0.9
0.4	2.1	0.8
0.5	1.6	0.6

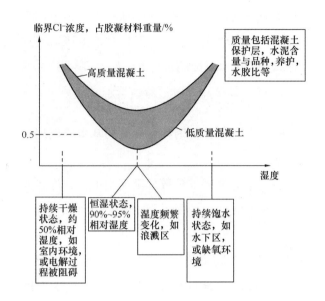

图 4.2.4-11　临界氯离子浓度与环境条件和

混凝土质量之间的关系

根据第四部分对混凝土氯离子结合能力的研究结果，在较低的自由氯离子浓度范围内，氯离子结合能力是线性的，前述的一系列氯离子扩散方程才能得到解析解，当自由氯离子浓度较高时，混凝土的氯离子结合能力已经转化为非线性的，氯离子扩散方程无解，虽然可以采用变通的非线性系数修正，但是毕竟在理论上不严密。因此，这里基于理论上的需要和偏于安全的考虑，建议统一采用较低的临界氯离子浓度，C_{cr} 值取 0.05%（占混凝土质量）是合适的。

此外，C_{cr} 值还与钢筋是否采用防护措施有关，当提高混凝土的碱度、掺加阻锈剂或采用防腐钢筋等措施后，混凝土的 C_{cr} 值可提高 4～5 倍。

3）混凝土的氯离子结合能力 R 的取值规律与非线性系数

大量文献研究了混凝土的氯离子结合能力，但是采用的方法以内掺氯盐为主，其结果毕竟与通过扩散进入混凝土的氯离子结合能力有别。混凝土的氯离子结合能力主要受水泥品种、水灰比、掺合料品种和掺量等因素的影响，水泥中 C_3A 和 C_4AF 含量越高、水灰比越小混凝土的氯离子结合能力越强，同时，掺活性掺合料的混凝土氯离子结合能力高，其大小依次是硅灰混凝土、矿渣混凝土、粉煤灰混凝土。掺合料掺量越大混凝土的氯离子结合能力也越强，HSC-HPC 的氯离子结合能力大于 OPC。第三章详细测定了不同混凝土在盐湖环境单一、双重和多重因素作用下的线性氯离子结合能力及其非线性系数，可参见相关表格。线性氯离子结合能力可以用于钢筋混凝土结构的使用寿命预测和耐久性设计，非线性系数针对的是较高的自由氯离子浓度范围，主要应用于混凝土结构的长期氯离子浓度预测和评价。

4) 混凝土暴露表面的自由氯离子浓度 C_s 及其时间参数 k

一般认为，混凝土暴露表面的自由氯离子浓度与环境介质的浓度、混凝土表层孔隙率（混凝土质量）和暴露条件（部位、风向、时间）等因素有关。有关海洋环境混凝土结构表面 C_s 值的文献较多，DuraCrete 项目指南按照 OPC、掺加 SG、FA 和 SF 的混凝土依据不同的水胶比划分 C_s 值。这些文献都是将 C_s 值认为是与时间无关的固定值，其实，新近的研究（2002 年 Kassir 等）表明，混凝土暴露表面的 C_s 值与时间有关，常见的拟合关系是指数或幂函数。采用现场实验测定了 OPC 和 HPC 在青海盐湖地区的不同环境中暴露表面氯离子浓度的时间参数值。

不同混凝土在典型盐湖卤水的单一腐蚀、干湿循环与腐蚀、冻融与腐蚀、弯曲荷载与腐蚀、以及弯曲荷载与冻融和腐蚀等单一、双重和多重因素作用下的实测 C_s 值参见图 4.2.4-12～图 4.2.4-17。图 4.2.4-12 和图 4.2.4-13 分别比较了标准养护 28d 和 90d 龄期不同混凝土的 C_s 值。结果发现，不同混凝土的 C_s 值存在显著的差异，盐湖卤水的影响也是非常明显的。图 4.2.4-14～图 4.2.4-17 的综合分析表明：

（1）在标准快速冻融实验条件下，C_s 值明显减小，这与冻融过程的负温时氯离子扩散速度减

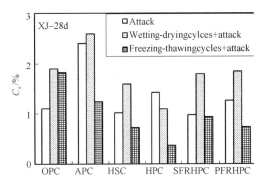

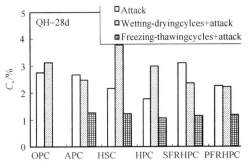

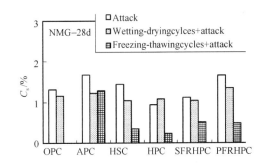

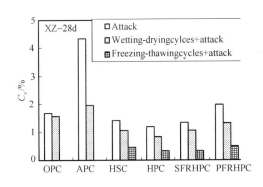

图 4.2.4-12　混凝土在不同盐湖卤水中的 C_s 值

慢和冻融实验的时间比腐蚀实验要短 100d 左右有关。Hong 等甚至认为混凝土中的氯离子扩散作用在 $-18℃$ 会停止，他们就是利用 $-18℃$ 冻结来终止混凝土内部氯离子扩散的，看来负温影响是主要的。这里分析的是没有发生冻融破坏的混凝土试件，相信对于发生冻融破坏或内部结构明显损伤的混凝土，表面氯离子浓度必然很高。OPC

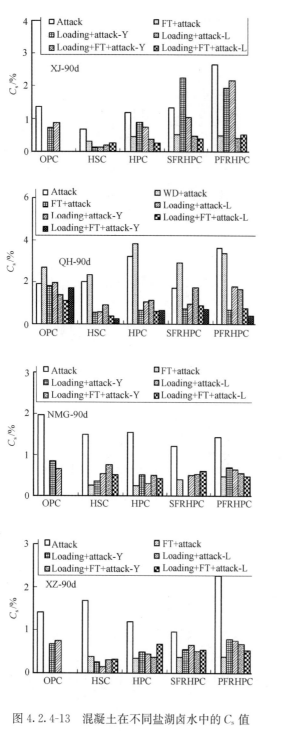

图 4.2.4-13　混凝土在不同盐湖卤水中的 C_s 值

L—受拉区；Y—受压区；

FT—冻融循环；WD—干湿循环

在新疆盐湖卤水中冻融时 C_s 值就提高了 65%。

（2）在干湿循环条件下，混凝土在新疆盐湖卤水中的 C_s 值增大；在青海盐湖卤水中，对于 28d 龄期的混凝土，除 APC、SFRHPC 和 PFRHPC 以外，OPC 和 HSC 的 C_s 值也是增大

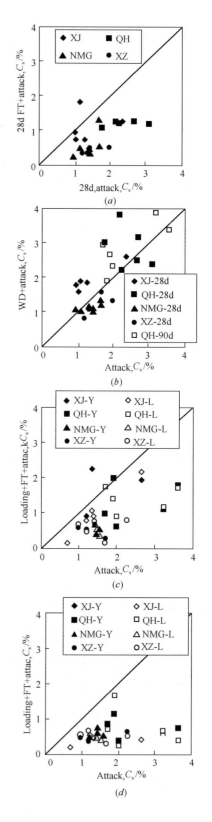

图 4.2.4-14　冻融循环、干湿循环、荷载等因素及其同时作用对表面氯离子浓度的影响

（a）冻融循环的影响；（b）干湿循环的影响；（c）弯曲荷载的影响；（d）弯曲荷载与冻融循环的综合影响

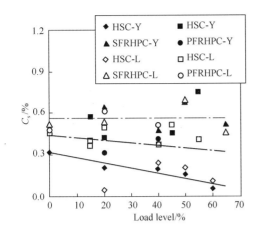

图 4.2.4-15 弯曲荷载比例对荷载、冻融和腐蚀

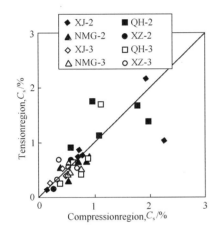

图 4.2.4-16 受压区与受拉区的表面氯离子
浓度的比较

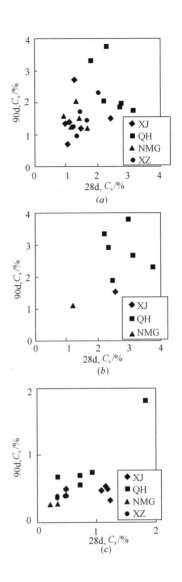

图 4.2.4-17 混凝土的标准养护龄期对
表面氯离子浓度的影响
（a）单一腐蚀因素；（b）干湿循环与腐蚀双重
因素；（c）冻融与腐蚀双重因素

的，对于 90d 龄期的混凝土试件，除 PFRHPC 外，其余混凝土的 C_s 值都增加。这与 Hong 等的实验结果相同，干湿循环通过干燥作用，使混凝土在随后的湿润期间加快了氯离子对混凝土的毛细管迁移速度，尤其是对于表面 10mm 以内的所谓暴露表面氯离子浓度的影响最为显著。在内蒙古和西藏盐湖卤水中，干湿循环使混凝土的 C_s 值略有减小，可能与这两种卤水中 CO_3^{2-} 离子浓度比较高，碳酸盐腐蚀产物对表面孔隙的淤塞作用一定的关系。

（3）当混凝土在 30%（OPC）～40%（HSC、HPC、SFRHPC 和 PFRHPC）的弯曲荷载作用下，混凝土受压区与受拉区的 C_s 值都有不

同程度的减小。对于受压区，只要混凝土的压应力不超过混凝土抗压破坏荷载的 40%～60%，混凝土的氯离子扩散速度反而会减小 8%～25%，C_s 值自然也就减小了；对于受拉区，即使拉应力达到抗拉破坏荷载 70% 时其氯离子扩散速度也不过增加 7%，可见，只要受拉区混凝土没有产生因荷载和腐蚀引起的微裂纹，氯离子扩散速度没有显著的增大，因而不会增大 C_s 值。但是，大量的实验数据（图 4.2.4-15、图 4.2.4-16）表明，混凝土受拉区的 C_s 值与受压区除个别数据以外，

大多数数据点位于等值线附近，说明两者之间几乎没有差别，最典型的就是 HSC 在 0%～60%弯曲荷载范围内，受压区与受拉区的 C_s 值的趋势线几乎重合。这可能与混凝土在盐湖卤水中复杂的物理化学腐蚀有关，具体原因有待于继续研究。

（4）当混凝土同时进行弯曲荷载与冻融双重因素实验，混凝土的 C_s 值也减小了，甚至比冻融时的 C_s 值还要小一些。这与冻融和弯曲荷载的叠加作用有关。

（5）延长混凝土的标准养护龄期，对混凝土 C_s 值的影响关系不明朗（图 4.2.4-17），但是对于新疆盐湖卤水的冻融实验，混凝土的 C_s 值有所减小。

图 4.2.4-18 是根据 OPC 和 HPC1-1 在青海盐湖地区现场暴露实验得到的表面氯离子浓度随时间变化的指数函数关系曲线，公式为式（4.2.3-22）。在轻盐渍土、盐湖中心区和卤水池的现场暴露条件下，OPC 的公式参数分别为：$C_{s0} = 0.039722$、0.027898 和 0.041257，$k = 1.5964$、3.5576 和 1.2486；HPC1-1 分别为：$C_{s0} = 0.028979$、0.023842 和 0.058379，$k = 1.2171$、

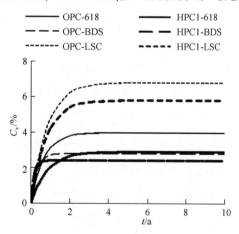

618—青藏公路 618km 通信杆处；

BDS—青海盐湖钾肥二期变电所；

LSC—青海盐湖钾肥二期卤水池

图 4.2.4-18　OPC 和 HPC1-1 在青海盐湖地区不同地点暴露时的表面氯离子浓度与时间的指数关系

7.0892 和 1.3288。图中结果表明，浸泡在卤水池中的混凝土 C_s 值高于其他暴露地点。

5）氯离子扩散系数的时间依赖性常数 m 的取值规律

关于混凝土氯离子扩散系数的时间依赖性常数 m，大量文献依据短期测试得到的结果不尽统一，为了便于今后分析不同混凝土 m 值的规律性，这里将能够检索到的相关结果汇集如下：

（1）Tang 等测定了 OPC：当 $W/C = 0.7$ 时 m 值为 0.25，当 $W/C = 0.32$ 时 m 值为 0.32；

（2）Mangat 等测定了 $W/C = 0.56$ 的 OPC：当在初始养护期为带模养护 24h 时，180d 内 m 值为 0.92；当初始养护期为空气（20℃和 55%RH）养护 28d 时，180d 内 m 值为 0.60；当初始养护期为水（20℃）养护 28d 时，180d 内 m 值为 0.52；

（3）Thomas 等的结果表明：$W/C = 0.66$ 的 OPC 在 8a 内 m 值为 0.10，$W/C = 0.54$ 的掺加 30%FA 混凝土 8a 内 m 值为 0.70，$W/C = 0.48$ 的掺加 70%SG 混凝土 8a 内 m 值为 1.20；

（4）Mangat 等测定初始养护期为空气养护 14d 的不同混凝土的情况是：对于 OPC，当 $W/C = 0.4$ 时 3a 内 m 值为 0.44，当 $W/C = 0.45$ 时 270d 内 m 值为 0.47，当 $W/C = 0.58$ 时 270d 内 m 值为 0.53（水泥用量 430kg/m³）和 0.74（水泥用量 530kg/m³）；对于粉煤灰混凝土，当掺加 26%FA、水胶比 $W/B = 0.4$ 时 3a 内 m 值为 0.86，当掺加 25%FA、$W/B = 0.58$ 时 270d 内 m 值为 1.34；对于矿渣混凝土，当掺加 60%SG、$W/B = 0.58$ 时 270d 内 m 值为 1.23；对于硅灰混凝土，当掺加 15%SF、$W/B = 0.58$ 时 270d 内 m 值为 1.13；并且认为：m 值与混凝土的水灰比 W/C 有线性关系（而非水胶比）$m = 2.5W/C - 0.6$；

（5）Helland 进行的暴露实验表明：对于低水胶比的掺加 SF 混凝土，在 1.5a 内 m 值为 0.70；

（6）Bamforth 实验指出：$W/C = 0.4$ 的 OPC，m 值为 0.17；

（7）Boddy 等发现：对于 $W/C = 0.4$ 的 OPC，m 值为 0.43，当掺加 8％和 12％偏高龄土后其 m 值分别为 0.44 和 0.50；对于 $W/C = 0.32$ 的 OPC，m 值为 0.30，当掺加 8％和 12％偏高龄土后，m 值分别为 0.38 和 0.46；

（8）Stanish 等的结果表明：对于 $W/C = 0.5$ 的 OPC，4a 内 m 值为 0.32；掺加 25％和 56％ FA 后混凝土的 m 值分别为 0.66 和 0.79。

上述众多文献的最长 8a 内的实验结果表明，水灰比越大，m 值越大；混凝土掺加活性掺合料后 m 值增大，而且掺量越大，这种趋势越明显。不同混凝土 m 值的多变性对于应用十分不便。DuraCrete 项目指南甚至按照混凝土的掺合料种类和海洋暴露位置来确定 m 值（表 4.2.4-5），从理论上讲，m 值主要是混凝土内水泥和活性掺合料的长期水化作用对于结构的密实效应在氯离子扩散性能上的综合反映，按照水泥品种或活性掺合料种类分别确定 m 值是合理的，但是，DuraCrete 项目认为 m 值还与海洋暴露位置有关，其理论依据是什么，这里未能查到相关的文献。

DuraCrete 项目指南的 m 值　表 4.2.4-5

环境条件	OPC	FAPC	SGPC	SFPC
水下区	0.30	0.69	0.71	0.62
潮汐区和浪溅区	0.37	0.93	0.60	0.39
大气区	0.65	0.66	0.85	0.79

FAPC—掺加 FA 的混凝土；SGPC—掺加 SG 的混凝土；SFPC—掺加 SF 的混凝土

在混凝土的使用寿命预测或耐久性设计中，我们应该认识到混凝土的使用寿命是一个很长的时间过程，仅根据短期的实验数据来反映长期的 m 值，必然存在一个可靠性的问题。

Bamforth 结合自己的研究结果，综合分析了文献中发表的 30 多项研究数据［图 4.2.4-19（a）～图 4.2.4-19（c）］，其中 OPC 的最长时间接近 60a，掺加 FA 的混凝土最长时间为 20a，掺加 SG 的混凝土最长时间 60a。结果表明：对于现场暴露的较长的时间过程，混凝土的 m 值可以依据不同的混凝土种类用一个统一的数值来描述，建议 OPC、掺加 30％～50％FA 混凝土和掺加 50％～70％SG 的 m 值分别取 0.264、0.70 和 0.62。无独有偶，Maage 等也进行了类似研究［图 4.2.4-19（d）］，所不同的是，后者全部采用自己测定的实验室数据和调查的现场数据（现场混凝土的最长时间为 60a），他们发现，无论混凝土的种类如何，m 都可以用一个统一的数值，在 100a 内混凝土 m 值为 0.64，并且原作者还采用该数值成功地对北海石油钻井平台的使用寿命进行了预测。Maage 等提供的数据有非常广泛的代表性，至少包含了 38 个不同配合比混凝土、9 个丹麦和瑞典的海洋工程总共 143 组以上的测试数据。仔细分析 Bamforth 提供的扩散系数与时间的关系图［图 4.2.4-19（a）～图 4.2.4-19（c）］，也发现掺加 FA 和 SG 的混凝土的数据点趋势实际上并没有多大的差异，对数线性相关直线几乎与 Maage 提供的图中直线平行，说明长期混凝土的 m 值确实能够统一。在当前的技术条件下，鉴于长寿命的钢筋混凝土结构已经不可能是 OPC 的，采用掺加活性掺合料的 HPC 是必然的选择，因为只有 HPC 才有可能要达到 100a 或更长的使用寿命。因此，建议：用氯离子扩散理论模型预测混凝土的使用寿命时取 $m = 0.64$，是比较合理的。

6）氯离子扩散性能的劣化效应系数 K

在干燥条件、温度应力、冻融循环和化学腐蚀等外界损伤条件下，或者在混凝土内部发生碱骨料反应以及 HSC-HPC 发生后期湿胀或自收缩等内在损伤条件下，混凝土会产生微裂纹等缺陷，使其渗透性提高，从而使其氯离子扩散速度加快。

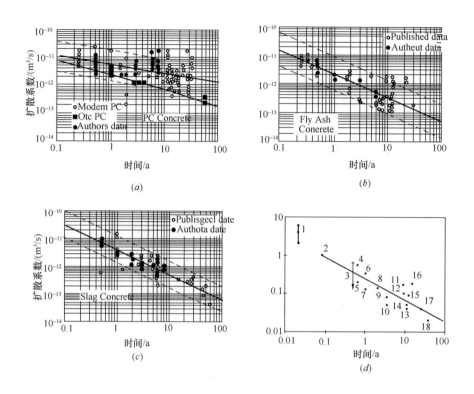

图 4.2.4-19　时间对混凝土的氯离子扩散系数的影响（对数直线的斜率即为 $-m$）

(a) 普通水泥混凝土；(b) 掺加 FA 的混凝土；(c) 掺加 SG 的混凝土；

(d) 不考虑配合比和掺合料影响

混凝土氯离子扩散性能的劣化效应系数 K 主要受水胶比、骨料品种、掺合料、暴露环境条件和龄期等因素的影响。式（4.2.3-2）按照分项系数法将 K 值划分为环境劣化系数 K_e、荷载劣化系数 K_y 和材料劣化系数 K_m。经过对 8 组重复测定数据的处理分析，统计出劣化系数的平均变异系数为 5.38%。

（1）在实验室标准条件下的干湿循环劣化系数

在干湿循环条件下，不同混凝土的劣化系数如图 4.2.4-20 所示。结果表明，对于 OPC，干湿循环作用一方面缩短了浸泡时间，另一方面干燥时混凝土表面孔隙中的盐湖卤水结晶淤塞了部分毛细孔，使氯离子扩散速度减慢了，因而干湿循环劣化系数小于 1。APC 的干湿循环劣化系数都是大于 1 的，在不同盐湖卤水中其大小顺序为 XZ＞XJ＞QH＞NMG。HSC 在新疆盐湖卤水中的干湿循环劣化系数达到 2.489，而在其他盐湖卤水

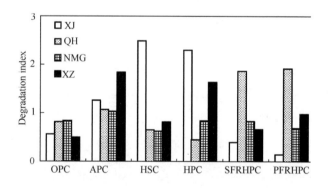

图 4.2.4-20　不同混凝土在典型盐湖卤水中的
干湿循环劣化系数（标准养护龄期为 28d）

中都是小于 1 的。HPC 在新疆和西藏盐湖卤水中的干湿循环劣化系数分别为 2.298 和 1.637，前者大的原因同其表面剥落现象加剧有关，在青海和内蒙古盐湖卤水中干湿循环劣化系数小于 1。SFRHPC 和 PFRHPC 只在青海盐湖卤水中存在扩散性能的干湿循环劣化现象，在其他盐湖卤水中干湿循环劣化系数则是小于 1 的。"劣化系数小于 1"表明不仅不存在劣化现象，反而表明氯离子扩散速

度减慢了。因此，本节定义的"劣化系数"是一个相对的概念，当混凝土因环境介质的腐蚀导致结构产生微裂纹等损伤时属于劣化现象，当混凝土因腐蚀产物对孔隙的淤塞作用导致扩散速度减慢或扩散受阻时属于强化现象。DuraCrete 项目指南提供的类似于本节劣化系数的环境系数 K_e 值分别为：水下区 1.32、潮汐区 0.92、浪溅区 0.27、大气区 0.68，同样也出现小于 1 的 K_e 值，当同此理。

（2）在实验室标准条件下的冻融循环劣化系数

在冻融循环条件下，不同混凝土的劣化系数如图 4.2.4-21 所示。结果表明，对于 28d 龄期的混凝土，OPC、APC、HSC 和 SFRHPC 的冻融循环劣化系数均小于 1，HPC 和 PFRHPC 除后者在青海盐湖卤水中的冻融循环劣化系数小于 1 以外，其余情形的冻融循环劣化系数大于 1，其大小顺序均为：NMG＞XZ＞XJ＞QH。比较 HPC、SFRHPC 和 PFRHPC 的冻融循环劣化系数大小，发现：掺加钢纤维十分有利于降低氯离子扩散性能的劣化系数，PF 的效果虽然不如钢纤维，但仍然具有明显的减小劣化系数的作用，在新疆、内蒙古和西藏盐湖卤水中冻融循环劣化系数只有 HPC 的 37%～41%。

湖卤水中的荷载劣化系数。结果表明，除内蒙古盐湖卤水外，整体上看 PFRHPC 的荷载劣化系数最大，可能与 PF 纤维表面的微裂纹有关，OPC 次之，SFRHPC 最小。无论受压区和受拉区，OPC 在 4 种盐湖卤水中的 K_y 值都是大于 1 的，主要在 1.2～2.7 之间，在新疆和内蒙古盐湖卤水中受拉区 K_y 值比受压区高 47%～92%，在青海和西藏盐湖卤水则是受拉区 K_y 值比受压区小 36%～45%。HSC 仅在西藏盐湖卤水中的受拉区 K_y 值为 1.544，HPC 仅在西藏盐湖卤水中的受拉区和受压区 K_y 值分别为 2.726 和 2.678。SFRHPC 在 4 种盐湖卤水中的受拉区和受压区 K_y 值都是小于 1 的。在新疆、青海、内蒙古和西藏盐湖卤水中，PFRHPC 的受拉区 K_y 值分别 4.302、0.5572、0.976 和 5.413，受压区 K_y 值分别为 3.500、0.6683、1.189 和 3.947。

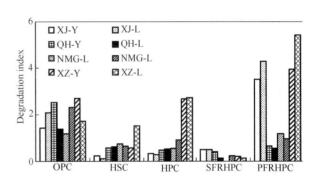

图 4.2.4-22 不同混凝土在典型盐湖卤水中的荷载劣化系数（标准养护龄期为 90d）

（4）弯曲荷载与冻融循环的综合劣化系数

图 4.2.4-23 是在 30%（OPC）～40%（其他混凝土）弯曲荷载和冻融循环的同时作用下，不同混凝土在典型盐湖卤水中的综合劣化系数。图 4.2.4-23（a）的结果表明，HPC 和 PFRHPC 在西藏盐湖卤水中的荷载与冻融循环的综合劣化系数明显高于其他情形，尤其是后者的劣化系数更高。OPC 在青海盐湖卤水中荷载与冻融循环的综合劣化系数小于 1；HSC 在内蒙古盐湖卤水中为 1.15（受压区）～1.29（受拉区）；HPC 在西藏盐湖卤水中为 4.21（受

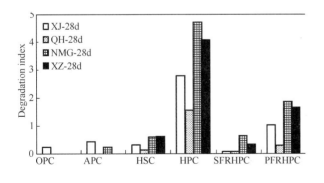

图 4.2.4-21 不同混凝土在典型盐湖卤水中的冻融循环劣化系数（标准养护龄期为 28d）

（3）弯曲荷载的劣化系数 K_y

图 4.2.4-22 是在弯曲荷载比为 30%（OPC）～40%（其他混凝土）的情形下不同混凝土在典型盐

压区)~4.92(受拉区);SFRHPC 在 4 种盐湖卤水中均小于 1;PFRHPC 在新疆、内蒙古和西藏盐湖卤水中都是大于 1 的,大小顺序是 XZ> NMG>XJ >QH,而且均是受拉区大于受压区的,其数值分别为:新疆盐湖卤水 1.20~1.23,内蒙古盐湖卤水

2.01~2.35,西藏盐湖卤水 9.01~9.19,青海盐湖卤水 0.295~0.303。图 4.2.4-23(b)的结果显示,在新疆盐湖卤水中的 15%~65%弯曲荷载比与冻融双重因素作用下,只有 PFRHPC 的劣化系数大于 1,其余混凝土都小于 1。

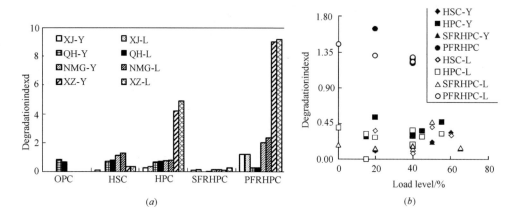

图 4.2.4-23 不同混凝土在典型盐湖卤水中荷载与冻融的综合劣化系数(标准养护龄期为 90d)

(a) 弯曲荷载比:30%(OPC),40%(其他混凝土);(b) 新疆盐湖卤水

(5)不同混凝土的材料劣化系数 K_m

不同混凝土的材料劣化系数如图 4.2.4-24 所示。结果表明,除个别数据以外,混凝土在新疆盐湖卤水中的 K_m 值最大,HSC 的 K_m 值大于 OPC 的 K_m 值,掺加活性掺合料的 HPC,除掺加 PF 纤维的 PFRHPC 外,其 K_m 值都是大于 OPC 的。DuraCrete 项目指南提供了与本节材料劣化系数类似的材料系数取值规律是:OPC 为 1,掺加 SG 的混凝土为 2.9。与这里的研究结果是一致的。图 4.2.4-24 的具体分析情况如下:OPC 在新疆和青海盐湖卤水中 K_m 值接近 1,说明不存在材料劣化现象,在内蒙古和西藏盐湖卤水中的 K_m 值分别为 1.53 和 1.30。APC、HSC 和 HPC 的 K_m 值分别在 2.67~6.99、1.49~19.52 和 2.57~35.83 之间。SFRHPC 在新疆盐湖卤水中 K_m 值为 1.64,在其他盐湖卤水中为 8.14~9.12。PFRHPC 的 K_m 值只有在青海和内蒙古盐湖卤水中大于 1(数值分别为 3.61 和 1.63),但在新疆和西藏盐湖卤水中都小于 1。K_m 值<1,一方面说明不存在材料劣化现象,另一方面可能与计算

时采用了统一的 m 值有关,如果在短期内实际混凝土的 m 值>0.64,就会导致计算时 K_m 值<1,例如,对于 $K_m=1$ 的混凝土,当 $m=0.7$、0.8 和 0.9 时,重新计算的 K_m 值就分别等于 0.93、0.83 和 0.74。从这里还可以发现设置材料劣化系数的另外一个优点:可以弥补 m 统一取值时有可能带来的少量误差,但是发生这种情形的情况是很少的,在这里研究的 24 种组合中仅有 2 组的 K_m 值<1。

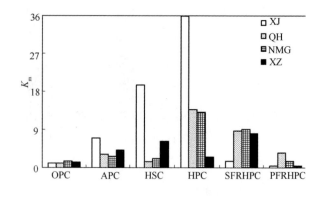

图 4.2.4-24 不同混凝土的材料劣化系数

图 4.2.4-25 是在实验室条件下 OPC 和 HPC1-1 试件在天然的青海盐湖卤水中浸泡 150d

～270d后氯离子浓度分布。对于OPC试件，其初始氯离子浓度$C_0＝0$，对于HPC1-1试件，其$C_0＝0.5\%$。经过计算，浸泡150d的OPC和HPC1-1的氯离子扩散系数D_0分别为$16.648×10^{-8}$和$6.849×10^{-8}$ cm²/s。当浸泡时间延长至270d时，根据实验结果，分别计算出OPC的材料劣化系数$K_m＝1$，与图4.2.4-24中的接近1的

结果相当，说明OPC的扩散性能并没有劣化。但是HPC1-1由于具有较低的水胶比，并掺有FA和SF，使混凝土内部存在自干燥现象导致形成自收缩微裂纹，从而加快了氯离子的扩散，即扩散性能发生劣化，其材料劣化系数$K_m＝3$，而图4.2.4-25中HPC的$K_m＝4.87$，但后者比前者多掺加了20%SG。

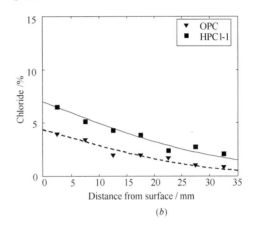

图4.2.4-25 OPC和HPC1-1在实验室的天然盐湖卤水中浸泡不同时间的氯离子分布

（*a*）150d；（*b*）270d

（6）混凝土暴露在盐湖地区盐渍土和卤水池中的环境劣化系数K_e

图4.2.4-26是混凝土在盐湖地区不同暴露环境中氯离子扩散性能的环境劣化系数。结果表明，混凝土暴露在盐湖地区存在不同程度的劣化现象，K_e值随着现场暴露时间的延长而增大，在经历365d暴露后趋于稳定，在使用寿命预测时建议采用现场暴露365d的K_e值。混凝土在盐湖地区不同环境中K_e值的大小顺序为：湖区＞卤水池＞轻盐渍土区，其差别在于混凝土所受到的物理化学影响不同，对于盐湖中心区，混凝土同时受到物理化学腐蚀和干湿循环的作用，对于卤水池，混凝土仅受到物理化学腐蚀作用，在轻盐渍土区混凝土受到的物理化学作用要缓和一些，在短时间内甚至对混凝土还没有造成劣化作用。不同混凝土在盐湖地区的K_e值大小顺序依次是OPC＞HPC1-1。说明混凝土的氯离子扩散性能不仅取决于暴露环境，而且还与混凝土内在质量有关。

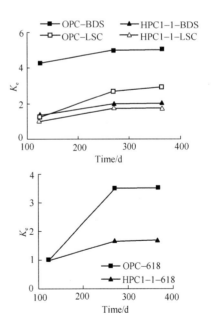

图4.2.4-26 OPC和HPC1-1在盐湖地区不同条件下的环境劣化系数（代号同图4.2.4-18）

（7）混凝土暴露在盐湖地区大气条件下的环境劣化系数K_e

图4.2.4-27是混凝土在盐湖地区大气环境条

件下暴露 270d 的环境劣化系数。为了便于对比，同时还示出了相应盐渍土中的 K_e 值。结果表明，在盐湖地区，大气条件下混凝土的环境劣化系数要小于盐渍土条件，其原因可能与 2 种条件下混凝土受到不同的物理化学作用有关。由于湖区暴露条件更加恶劣，混凝土受到的劣化作用比盐湖边沿的轻盐渍土区要严重得多，因此，混凝土在湖区大气中的环境劣化系数比轻盐渍土区大气中要大。OPC 和 HPC1-1 在湖区大气中的 K_e 值分别为 4.4 和 1.67，在轻盐渍土大气中则分别为 2.7 和 1。

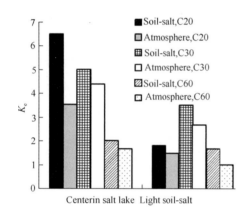

图 4.2.4-27　OPC 和 HPC1-1 在盐湖地区大气和盐渍土条件下的环境劣化系数

由于现场暴露条件的实验数据太少，HPC 配合比也有一定差别，暂时还不能建立实验室的快速干湿循环和冻融循环劣化系数与现场暴露时劣化系数之间的关系。在实际应用时，应该考虑的分项劣化系数是环境劣化系数、荷载劣化系数和材料劣化系数。其中环境劣化系数应该针对不同环境条件，通过现场长期暴露实验确定。

4.2.5　理论模型的实验室验证与工程验证

1. 实验室验证

半无限大体的Ⅰ维氯离子扩散理论模型的实验验证在以前的文献中报道较多。这里主要利用实验室数据对有限大体的Ⅱ维和Ⅲ维氯离子扩散理论模型——式（4.2.4-29）和式（4.2.4-30）进行验证，不同深度的氯离子浓度理论值采用 SAS 软件计算。验证结果表明，本节建立的多维氯离子扩散理论模型完全能够用于描述氯离子在混凝土中的渗透扩散行为，为预测混凝土使用寿命提供了一种理论方法。

1）在新疆盐湖的腐蚀、干湿循环和冻融循环等单一和双重因素条件（28d）

不同混凝土在新疆盐湖的单一腐蚀因素、干湿循环与腐蚀、冻融循环与腐蚀的双重因素实验条件下自由氯离子浓度分布如图 4.2.5-1 所示，实验前混凝土的标准养护龄期为 28d。图中除实验值以外，还列出了运用本理论模型的预测值。对于单一腐蚀因素、干湿循环与腐蚀双重因素实验的混凝土试件，自由氯离子浓度分布属于式（4.2.4-30）描述的Ⅲ维扩散，模型参数分别为：$L_1=10\text{cm}$、$L_2=10\text{cm}$ 和 $L_3=40\text{cm}$，混凝土粉末样品从侧面取样时钻孔的定位坐标为：$x=3\text{cm}$ 和 $z=3\text{cm}$；对于冻融循环与腐蚀双重因素实验的混凝土试件，自由氯离子浓度分布符合式（4.2.4-29）描述的Ⅱ维扩散，模型参数分别为：$L_1=4\text{cm}$、$L_2=4\text{cm}$ 和 $x=2\text{cm}$。混凝土粉末样品的取样深度分别为 0～5mm、5～10mm、10～15mm 和 15～20mm，在理论模型中取平均值为计算依据：$y=2.5\text{cm}$、7.5cm、12.5cm 和 17.5cm。结果表明：在新疆盐湖卤水的单一腐蚀因素、干湿循环与腐蚀和冻融循环与腐蚀的双重因素作用下，OPC、HSC、HPC、SFRHPC 和 PFRHPC 试件Ⅱ维扩散和Ⅲ维扩散时自由氯离子浓度的实测值与本节理论模型的预测值完全符合。

2）在青海盐湖的腐蚀、干湿循环、冻融循环和荷载等单一、双重和多重因素条件（90d）

对于标准养护龄期为 90d 的混凝土试件，Ⅲ

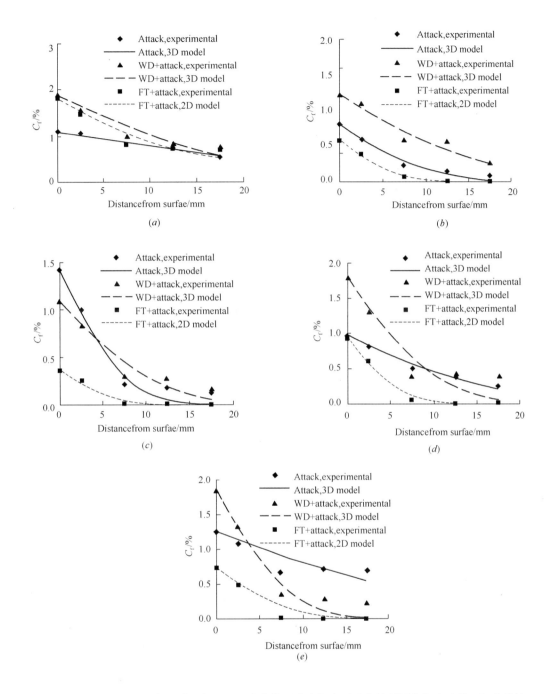

图 4.2.5-1 混凝土在新疆盐湖的单一与双重因素条件下自由氯离子浓度的预测值与实验值（标准养护 28d）

t 值依次为单一腐蚀因素、干湿循环与腐蚀和冻融循环与腐蚀双重因素实验的浸泡时间；

WD—干湿循环；FT—冻融循环

（a）OPC，$t=520d$、522d and 421d；（b）HSC，$t=518d$、518d and 421d

（c）HPC，$t=519d$、515d and 417d；（d）SFRHPC，$t=509d$、508d and 413d；

（e）PFRHPC，$t=508d$、511d and 409d

维氯离子扩散的实验条件为单一腐蚀因素、干湿循环与腐蚀双重因素，模型参数同 28d 试件。Ⅱ维氯离子扩散的实验条件包括：弯曲荷载与腐蚀

双重因素的模型参数为 $L_1=10cm$、$L_2=10cm$ 和 $x=3cm$；冻融循环与腐蚀双重因素的模型参数为 $L_1=4cm$、$L_2=4cm$ 和 $x=2cm$；弯曲荷载与冻融

循环和腐蚀三重因素的模型参数为 $L_1 = 4\text{cm}$、$L_2 = 4\text{cm}$ 和 $x = 1.5\text{cm}$。混凝土粉末样品的取样深度（即 y 值）与图 4.2.5-1 相同。对于施加弯曲荷载的试件，分别在受压区和受拉区的中间段取样。不同混凝土在青海盐湖腐蚀、干湿循环、冻融循环和弯曲荷载等单一、双重和多重因素实验条件下自由氯离子浓度分布如图 4.2.5-2 所示。图中

同时列出了Ⅱ维和Ⅲ维扩散理论模型的预测值。结果表明：在青海盐湖卤水的单一、双重与多重因素条件下混凝土Ⅱ维和Ⅲ维扩散的自由氯离子浓度，总体上理论曲线与实测值非常接近。在全部的 540 个测试数据中，仅有 HPC 在干湿循环与腐蚀等条件的 10 个数据与理论值存在一定的偏差，可能因操作失误或测试误差引起。

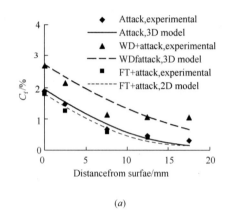

(a)

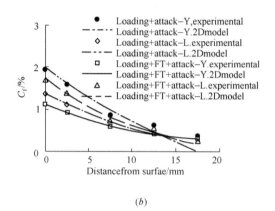

(b)

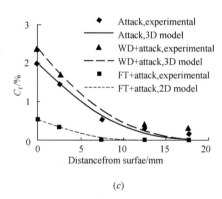

(c)

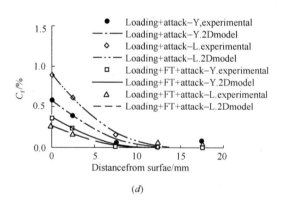

(d)

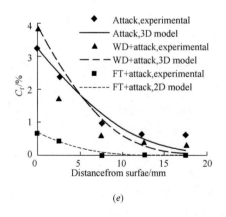

(e)

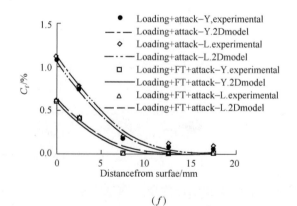

(f)

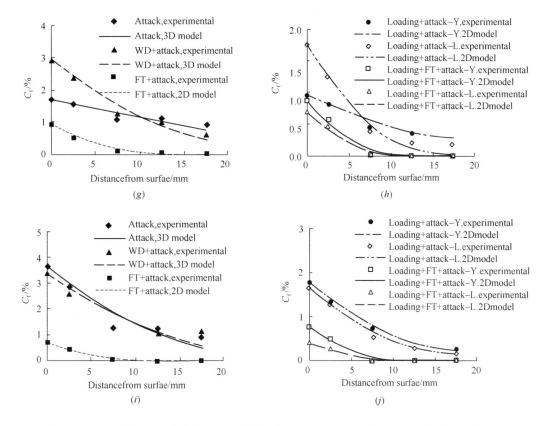

图 4.2.5-2 不同混凝土在青海盐湖卤水中的腐蚀、干湿循环、冻融循环和弯曲荷载等单一、双重与多重因素实验条件下自由氯离子浓度的预测值与实验值（标准养护 90d）

t 值分别单一腐蚀因素、干湿循环与腐蚀、冻融循环与腐蚀、弯曲荷载与腐蚀双重因素、弯曲荷载与冻融循环和腐蚀三重因素的浸泡时间；WD—干湿循环；FT—冻融循环

(a) OPC，$t=453d$、$451d$ and $344d$；(b) OPC，$t=445d$ and $374d$；(c) HSC，$t=452d$、$453d$ and $344d$；
(d) HSC，$t=445d$ and $374d$；(e) HPC，$t=453d$、$451d$ and $344d$；(f) HPC，$t=445d$ and $374d$；
(g) SFRHPC，$t=452d$、$452d$ and $344d$；(h) SFRHPC，$t=446d$ and $374d$；
(i) PFRHPC，$t=453d$、$452d$ and $344d$；(j) PFRHPC，$t=446d$ and $374d$

2. 现场暴露实验验证

1）第一批现场暴露实验

2001 年 8 月在青海盐湖地区进行了第一批现场暴露实验。将实验室制作养护 28d 的强度等级 C20 和 C40 的 OPC 立方体试件，运到青海察尔汗盐湖进行现场埋样，埋样地点是盐湖区的格察线 185♯ 铁塔底下（图 4.2.5-3）。

混凝土试件在现场暴露 170d 后不同深度的自由氯离子浓度分布如图 4.2.5-4 所示。图中还比较了实测值和用本项目理论模型的预测值。结果表明，本项目理论模型的氯离子浓度理论值除了个别数据有偏差外，总体上与自由氯离子浓度实测值非常接近。

图 4.2.5-3 青海察尔汗盐湖区的格察线 185♯ 铁塔底下豫埋的边长 150mm 混凝土立方体试件

2）第二批现场暴露实验

2002 年 2 月在青海盐湖地区不同环境中进行

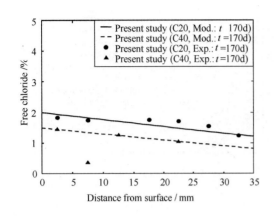

图 4.2.5-4 OPC 在青海盐湖环境中暴露 170d 的自由氯离子浓度理论值与实验值

了第二批现场暴露实验。暴露试件为 100mm×100mm×515mm 的棱柱体。一端埋入地下，一端

暴露于大气中，现场暴露时间为 270d。按照Ⅲ维扩散分析混凝土的氯离子浓度，理论模型的参数分别为：$L_1 = 10cm$、$L_2 = 10cm$、$L_3 = 51.5cm$、$x = 3cm$ 和 $z = 3cm$。OPC、HPC1-1 和 HPC1-1s 在青海盐湖不同地区的盐渍土和大气条件下氯离子浓度分布测定结果如图 4.2.5-5 所示。其中，HPC1-1s 的原材料和配合比与 HPC1-1 相同。为了检验氯离子扩散理论模型中的初始氯离子浓度在方程中的正确性，HPC1-1 与 HPC1-1s 中掺加了一定数量的 NaCl，测定的 C_0 值分别为 0.5％ 和 0.9％。图中结果表明：不同混凝土在盐湖地区的盐渍土和盐湖大气中暴露 270d 后不同深度的氯离子浓度实验值与理论值符合得很好。

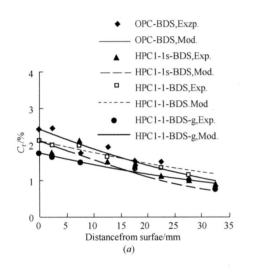

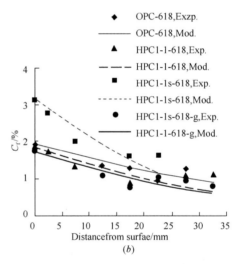

图 4.2.5-5 OPC 和 HPC1-1 在青海察尔汗盐湖地区现场暴露 270d 的氯离子浓度理论值与实验值
（代号同图 4.2.4-19，"g" 代表大气条件）
(a) 青海盐湖钾肥二期变电所；(b) 青藏公路 618km 通信杆处

3. 工程验证

在青海察尔汗盐湖地区轻盐渍土地段，1983 年建成的"格尔木—察尔汗 35kV 线路工程"试用的钢筋混凝土电杆，在现场暴露 19a 后氯离子浓度分布结果如图 4.2.5-6 所示。图中还列出了用本项目理论模型和 Fick 第二扩散定律的理论预测值。预测时，$C_s = 2.36\%$。结果表明，除了在混凝土近表面由于取样误差导致结果有偏差外，用本项目理论模型的预测值与实测值基本上一致，而 Fick 第二扩散定律的预测结果与实验值明显不符。

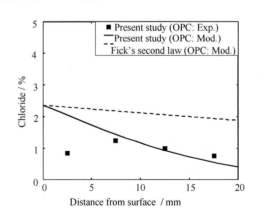

图 4.2.5-6 在青海察尔汗盐湖地区暴露 19a 的混凝土电杆的自由氯离子浓度分布理论值与实验值

4.2.6 混凝土在氯离子环境中使用寿命的因素影响规律

以标准养护 28d 的 OPC、APC、HSC 和 HPC 在新疆盐湖卤水的单一腐蚀因素实验时氯离子扩散过程中的有关参数为计算依据，研究了钢筋混凝土结构有限大体与无限大体的寿命之间关系。有限大体的寿命采用齐次的氯离子扩散模型计算，分别是：Ⅰ维采用式（4.2.4-28），Ⅱ维采用式（4.2.4-29），Ⅲ维采用式（4.2.4-30）；计算无限大体寿命的齐次氯离子扩散模型依次为：Ⅰ维采用式（4.2.4-2），Ⅱ维采用式（4.2.4-5），Ⅲ维采用式（4.2.4-18）。计算时混凝土的保护层厚度分别为 4cm、5cm 和 6cm。对于Ⅱ维和Ⅲ维有限大体，不同方向采用等保护层厚度，即 $x=y$ 和 $x=y=z$。计算选用 Mathematica 数学软件。

1. 有限大与无限大扩散对使用寿命的影响（齐次）

图 4.2.6-1 是有限大体尺寸与保护层厚度之比 L/x 与钢筋混凝土结构寿命之间的关系。对于Ⅱ维扩散，分两种情况计算寿命：等截面尺寸（$L_1=L_2$）的长方柱体和不等截面尺寸（$L_1=$ 100cm）的长方柱体。对于Ⅲ维扩散，采用等边长（$L_1=L_2=L_3$）的正方体计算寿命。结果表明，Ⅰ维、Ⅱ维和Ⅲ维有限大体的寿命与 L/x 的关系具有相同的规律，当 $L/x<2.5$ 时，有限大体的寿命随着 L/x 的增大而延长；当 $L/x>2.5$ 时有限大体的寿命与 L/x 无关。

图 4.2.6-2 是钢筋混凝土结构有限大体（$L/x>2.5$）与无限大体的寿命之间的关系。结果发现，Ⅰ维、Ⅱ维和Ⅲ维钢筋混凝土结构有限大体的寿命与相应的无限大体寿命没有差别。其实，实际混凝土结构的 L/x 比都是大于 2.5 的。因此，对于氯离子环境中钢筋混凝土结构的寿命预

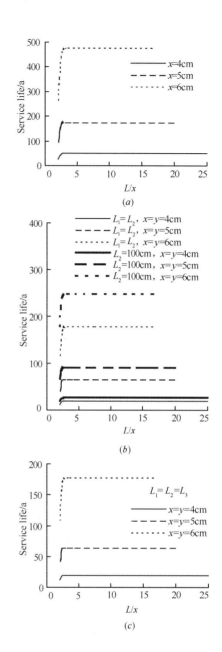

图 4.2.6-1　有限大体厚度与保护层厚度之比 L/x
混凝土寿命之间的关系

(a) One-dimensional plate；(b) Two-dimensional prism；

(c) Three-dimensional cuboid

测和耐久性设计，可以按照简单的无限大体来考虑。

2. Ⅰ维、Ⅱ维与Ⅲ维扩散对使用寿命的影响（齐次）

扩散维数对钢筋混凝土结构寿命的影响如图 4.2.6-3 所示。结果表明，不同扩散维数时钢筋混凝土结构的寿命大小顺序为：Ⅰ维＞Ⅱ维＞Ⅲ维。Ⅱ维和Ⅲ维扩散时寿命与Ⅰ维寿命的比例分

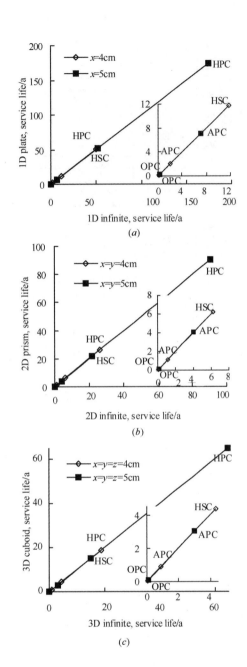

图 4.2.6-2　Ⅰ平板与半无限大体、
Ⅱ维长方柱体与 1/4 无限大体、Ⅲ维长
方体与Ⅲ维 1/8 无限大体的寿命比较

(a) One-dimensional plate; (b) Two-dimensional prism;
(c) Three-dimensional cuboid

别是：OPC 为 49％ 和 34.5％，APC 为 57％ 和
42％，HSC 为 53％ 和 36％，HPC 为 52％ 和
37％。可见，Ⅱ维扩散寿命为Ⅰ维寿命的 49％～
57％，Ⅲ维扩散寿命为Ⅰ维寿命的 34.5％～
42％。因此，一般认为的"Ⅱ维扩散寿命为Ⅰ维
扩散寿命的 1/2，Ⅲ维扩散寿命为Ⅰ维扩散寿命

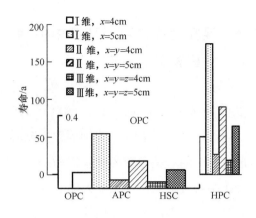

图 4.2.6-3　混凝土寿命与扩散维数的关系

的 1/3"观点有失偏颇。

3. 边界条件齐次性对使用寿命的影响

为了研究扩散时边界条件的非齐次问题和齐
次问题对钢筋混凝土结构寿命的影响规律，首先
必须建立混凝土暴露表面氯离子浓度的时间函数。
针对无限大体结构，根据不同混凝土暴露表面的
氯离子浓度数值，按照式（4.2.4-20）计算得到
的不同混凝土在新疆盐湖卤水中变边界条件的幂
函数 $C_s = kt^{0.36}$，对于 OPC、APC、HSC 和
HPC，公式中对应于 t（a）的 k 值分别为
0.009688449、0.024467、0.008941087 和
0.0125072。图 4.2.6-4 是Ⅰ维钢筋混凝土结构无
限大体在新疆盐湖卤水中的寿命与扩散时边界条
件齐次性之间的关系。非齐次氯离子扩散理论模
型采用式（4.2.4-22），齐次氯离子扩散理论模型
采用式（4.2.4-2）。结果表明，扩散时边界条件
的齐次性对混凝土寿命的影响规律与混凝土种类
和保护层厚度有关。当保护层厚度为 4cm 时，非
齐次问题时混凝土的寿命比齐次问题时要短，前
者分别为后者的 13％（OPC）、44％（APC）、
60％（HSC）和 91％（HPC）；当保护层厚度为
5cm 时，对于较长寿命的 HSC 和 HPC，非齐次
问题时的寿命反而要长于齐次问题，不同混凝土
的上述比例依次是 21％、60％、108％和 121％。
相对来说，边界条件的齐次性对于低寿命的 OPC
和 APC 的影响更大。

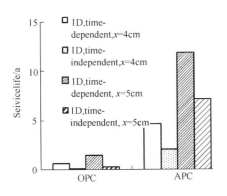
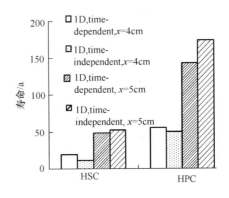

图 4.2.6-4　混凝土寿命与边界条件齐次性之间的关系

4. 氯离子在混凝土内扩散过程中的非线性结合问题对使用寿命的影响

后续的第四部分的研究指出，混凝土对氯离子的结合能力存在线性与非线性之分，图 4.2.6-5 是保护层厚度分别为 5cm 和 6cm 时线性结合与非线性结合能力对 I 维半无限大钢筋混凝土结构寿命的影响规律。混凝土的种类包括 OPC、APC、HSC 和 HPC。非线性结合时寿命的计算采用式（4.2.3-21），线性结合时则采用式

（4.2.4-19）。结果表明，当考虑混凝土对氯离子的非线性结合时，钢筋混凝土结构的寿命比线性结合时有所缩短。由于氯离子结合能力和非线性系数的差异，不同混凝土的规律性差别较大，考虑非线性结合时 OPC、APC、HSC 和 HPC 的寿命分别为线性结合时寿命的 87％、15％、9％和97％。可见，氯离子结合能力的非线性问题对于HPC 寿命的影响是最小的。

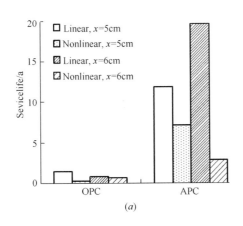
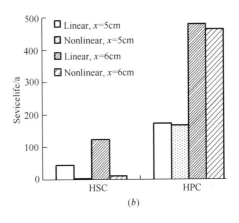

图 4.2.6-5　氯离子的线性结合与非线性结合对混凝土寿命的影响（I 维半无限大体）

（*a*）OPC 与 APC；（*b*）HSC 与 HPC

5. 不同因素与技术措施对混凝土结构寿命的影响规律

根据前述推导的不同氯离子扩散理论模型公式，混凝土结构的使用寿命主要取决于结构构造要求、混凝土特性和暴露条件。混凝土结构构造要求主要指保护层厚度；混凝土特性包括氯离子扩散系数及其时间依赖性、氯离子结合能力及其

非线性、临界氯离子浓度、混凝土内部初始氯离子浓度和混凝土氯离子扩散性能的劣化效应系数；暴露条件包括暴露表面的氯离子浓度和环境温度等。下面依据考虑非线性结合能力的齐次 I 维与 II 维无限大体的氯离子扩散理论模型，研究不同因素与技术措施对混凝土使用寿命的影响规律。基本计算参数如下：对于 OPC，$D_0 = 10\text{cm}^2/\text{a}$，

$K=1$，对于 HPC，$D_0=1\text{cm}^2/\text{a}$，$K=2$。其他参数：$C_0=0$，$C_s=2.5\%$，$C_{cr}=0.05\%$，$m=0.64$，$R=3$，$p_L=1$，$T=293\text{K}$，$t_0=28\text{d}$，$x=5\text{cm}$。

1）混凝土结构构造要求——保护层厚度的影响

混凝土结构中钢筋的保护层厚度是决定混凝土结构使用寿命的关键性因素，由Ⅰ维扩散模型公式（4.2.4-2）可见 t 与 $x^{5.6}$ 成正比。图 4.2.6-6 是保护层厚度对混凝土使用寿命的影响规律。结果表明，随着保护层厚度的增加，混凝土使用寿命增长很快。而且，保护层厚度对混凝土寿命的影响规律与混凝土种类和扩散维数无关。在给定的计算条件下，与保护层厚度 7cm 时混凝土的寿命相比，常规保护层厚度（2.5cm 左右）时寿命不及其 1%。因此，当混凝土的保护层厚度不足时即使使用 HPC 也不能保证结构在氯离子环境中经久耐用，由此可见，保护层厚度要求在结构耐久性设计中的重要作用。

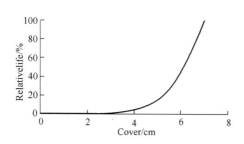

图 4.2.6-6 保护层厚度对混凝土使用寿命的影响

2）混凝土特性的影响

（1）自由氯离子扩散系数与测试龄期

混凝土的自由氯离子扩散系数是决定其结构使用寿命的另一个关键性因素，由Ⅰ维扩散模型公式（4.2.4-2）可以看出 t 与 $D_0^{2.8}$ 成反比。图 4.2.6-7 和图 4.2.6-8 分别是氯离子扩散系数及其测试龄期对混凝土使用寿命的影响规律。结果表明，无论保护层厚度如何，扩散维数多少，混凝土使用寿命均随着氯离子扩散系数的减小而急剧增长。在给定的计算条件下，采用低氯离子扩散

系数的 HPC 后，结构寿命比 OPC 延长了几十倍。在相同自由氯离子扩散系数的条件下，测试扩散系数时混凝土龄期对其使用寿命也有明显的影响，以 28d 龄期为基准，60d、91d 和 182d 测试时混凝土使用寿命分别仅有 25.8%、12.3% 和 3.6%，其原因在于：在较长龄期测定出与较短龄期相同的氯离子扩散系数，依据扩散系数的时间依赖性规律，相当于该混凝土的 28d 扩散系数分别增大了 1.6、2.1 和 3.3 倍。

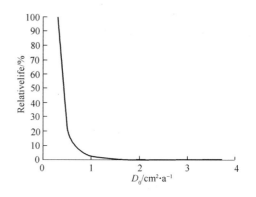

图 4.2.6-7 氯离子扩散系数对混凝土
使用寿命的影响

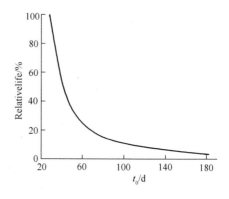

图 4.2.6-8 氯离子扩散系数的测定龄期
对混凝土使用寿命的影响

（2）氯离子扩散系数的时间依赖性

混凝土材料在使用过程中，由于水泥的水化作用，使混凝土结构不断密实，其渗透性随时间的延长而逐渐降低。图 4.2.6-9 是氯离子扩散系数的时间依赖性常数 m 对混凝土使用寿命的影响。由图可见，m 值对混凝土寿命的影响规律与混凝土种类和扩散维数有关，而且在不同情形下

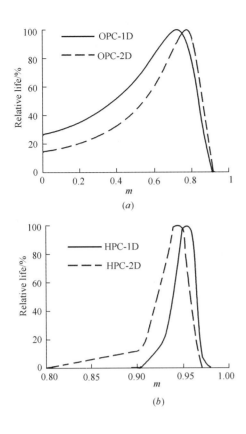

图 4.2.6-9　混凝土的氯离子扩散系数的时间
依赖性对其使用寿命的影响

（a）OPC；（b）HPC

m 都存在一个临界值 m_{cr}：对于 OPC 的 I 维扩散，$m_{cr}=0.72$，II 维扩散时 $m_{cr}=0.77$；对于 HPC 的 I 维扩散，$m_{cr}=0.95$，II 维扩散时 $m_{cr}=0.94$。当 $m<m_{cr}$ 时，混凝土使用寿命随着 m 值增加而延长，OPC 的 II 维扩散时寿命小于 I 维扩散，HPC 的规律与此相反；当 $m>m_{cr}$ 时，随着 m 值的增大混凝土寿命急剧缩短，不同维数时 OPC 和 HPC 的寿命规律与 $m<m_{cr}$ 时的情形相反。实际寿命预测时 $m=0.64$，即 $m<m_{cr}$，因此，m 值对混凝土寿命影响规律的研究重点应该是"$m<m_{cr}$ 的情形"。在给定的计算条件下，当 m 值由 0 增加到 0.64 时，I 维扩散时 OPC 的寿命增加了 2.4 倍，HPC 的寿命增加了 58.6 倍；II 维扩散时 OPC 的寿命增加了 3.9 倍，HPC 则增加了 84.4 倍。

（3）混凝土氯离子结合能力及其非线性系数

在混凝土中只有自由氯离子才能导致钢筋锈

蚀，混凝土的氯离子结合能力决定了渗入结构中的自由氯离子浓度，它对混凝土使用寿命有非常显著的影响。依据 I 维扩散模型式（4.2.4-2），t 与 $(1+R)^{2.8}$ 成正比。图 4.2.6-10 是氯离子结合能力及其非线性系数对混凝土使用寿命的影响。结果表明，混凝土的氯离子结合能力和非线性系数越大，其使用寿命越长，而且其影响规律与混凝土种类和扩散维数无关。在给定的计算条件下，当 R 值由 0 增加到 3 时，混凝土的使用寿命延长了 46 倍；当 R 值由 3 增加到 6 时，混凝土的使用寿命又在 $R=3$ 的基础上延长了 3.7 倍。在 $R=3$ 的条件下，当 p_L 由 0.1 增加到 1 时，混凝土的使用寿命延长了 21.7 倍。

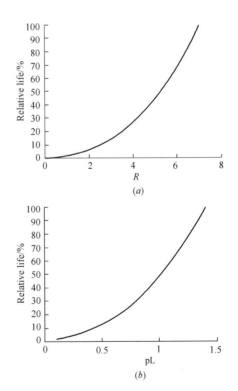

图 4.2.6-10　混凝土的氯离子结合能力及
其非线性系数对其使用寿命的影响

（a）R；（b）p_L

（4）混凝土的临界氯离子浓度

混凝土的临界氯离子浓度一般为水泥质量的 0.4%，或为混凝土质量的 0.05%。当混凝土采用不同的钢筋防腐措施后，其临界氯离子浓度可提高 4～5 倍。图 4.2.6-11 是混凝土的临界氯离子浓度对其使用寿命的影响。结果表明，混凝土使用寿命随着临界氯离子浓度的增加而延长，该规律与混凝土的种类无关，但与扩散维数有关，Ⅱ维扩散时寿命低于Ⅰ维扩散。在给定的计算条件下，当临界氯离子浓度增加 5 倍时，Ⅰ维扩散时混凝土的使用寿命增加了 3.7 倍，Ⅱ维扩散时则增加了 5.9 倍。

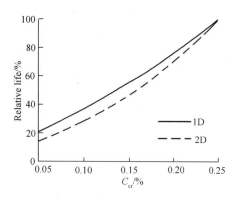

图 4.2.6-11　混凝土临界氯离子浓度
对其使用寿命的影响

（5）混凝土内部初始氯离子浓度

图 4.2.6-12 是混凝土内部初始氯离子浓度 C_0 对其使用寿命的影响。结果表明，混凝土使用寿命随着内部初始氯离子浓度的增加而缩短，如 C_0 达到混凝土的临界氯离子浓度，则混凝土的使用寿命（诱导期寿命）为零。与不含氯离子的混凝土寿命相比，当 $C_0 = 0.03\%$ 时混凝土的Ⅰ维扩散相对寿命降低到 54%，Ⅱ维扩散时则降低到

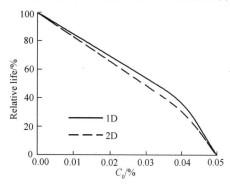

图 4.2.6-12　混凝土内部初始氯离子
浓度对其使用寿命的影响

49%。可见，在混凝土冬期施工中常掺加氯盐早强剂、防冻剂或者使用其他含氯盐原材料，这对混凝土的耐久性极为不利。

（6）混凝土劣化效应系数的影响——结构密实效应与内部微缺陷效应

在本节提出"劣化效应系数 K"概念时，主要依据的是 $K > 1$ 时混凝土内部缺陷对氯离子扩散速度的加速作用，但是，另一个方面，当 $K < 1$ 时则表明氯离子扩散系数减小，说明混凝土的内部结构不但没有形成缺陷，反而发生了密实强化作用。由Ⅰ维扩散模型式（4.2.4-2）可以看出，t 与 $K^{2.8}$ 成反比。图 4.2.6-13 是 K 对混凝土使用寿命的影响。由图可见，K 值影响混凝土使用寿命的规律与混凝土种类和扩散维数无关。当 K 值增大时，混凝土的使用寿命急剧缩短。与 $K = 1$ 时基准混凝土的寿命相比，对于 $K < 1$ 的结构密实效应，当 $K = 0.2$、0.4、0.6 和 0.8 时混凝土寿命分别延长了 86.4、11.7、3.1 和 0.9 倍；对于 $K > 1$ 的结构微缺陷效应，当 $K = 2$、3 和 4 时混凝土的寿命分别缩短了 15%、5% 和 2%。由此可见，以减少混凝土结构缺陷为主要目的的防裂措施对于提高混凝土结构的使用寿命是至关重要的。

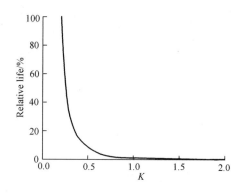

图 4.2.6-13　混凝土内部微缺陷
对混凝土使用寿命的影响

3）暴露条件的影响

（1）暴露表面氯离子浓度

图 4.2.6-14 是暴露表面氯离子浓度对混凝土

使用寿命的影响规律。结果表明，暴露表面氯离子浓度 C_s 对混凝土结构使用寿命有决定性的影响，C_s 值越高，混凝土使用寿命越短，相对来说 C_s 值对 II 维扩散时混凝土寿命的影响更大一些。当暴露表面氯离子浓度超过 4％时，混凝土使用寿命趋于稳定。这表明混凝土结构在解决耐久性问题后完全可以使用于高氯离子浓度环境中。

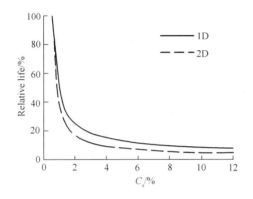

图 4.2.6-14 暴露表面氯离子浓度对
混凝土使用寿命的影响

（2）环境温度

暴露环境温度对氯离子在混凝土中的扩散渗透有显著的影响，提高温度将加快氯离子的渗透速度。Zhang 等建立了如下关系：

$$D = D_0 \frac{T}{T_0} e^{q\left(\frac{1}{T_0}-\frac{1}{T}\right)} \qquad (4.2.6-1)$$

式中，D 是温度 T（K）时的氯离子扩散系数，D_0 是温度 T_0（K）时的氯离子扩散系数，q 是活化常数，与水灰比有关：当 $m_w/m_c = 0.4$ 时，$q = 6000K$；当 $m_w/m_c = 0.5$ 时，$q = 5450K$；当 $m_w/m_c = 0.6$ 时，$q = 3850K$。将式（4.2.6-1）代入式（4.2.4-2）和式（4.2.4-15），得到包括温度影响的 I 维和 II 维无限大氯离子扩散理论模型公式：

$$C_f = C_0 + (C_s - C_0)$$
$$\left[1 - \operatorname{erf} \frac{x}{2\sqrt{\dfrac{KD_0 T t_0^m}{(1+R)(1-m)T_0} \cdot e^{q\left(\frac{1}{T_0}-\frac{1}{T}\right)} \cdot t^{1-m}}}\right]$$

$$(4.2.6-2)$$

$$C_f = C_0 + (C_s - C_0)$$
$$\left[1 - \operatorname{erf} \frac{x}{2\sqrt{\dfrac{KD_0 T t_0^m}{(1+R)(1-m)T_0} \cdot e^{q\left(\frac{1}{T_0}-\frac{1}{T}\right)} \cdot t^{1-m}}}\right.$$
$$\left. \operatorname{erf} \frac{y}{2\sqrt{\dfrac{KD_0 T t_0^m}{(1+R)(1-m)T_0} \cdot e^{q\left(\frac{1}{T_0}-\frac{1}{T}\right)} \cdot t^{1-m}}}\right]$$

$$(4.2.6-3)$$

图 4.2.6-15 是环境温度对混凝土使用寿命的影响。结果表明，随着环境温度的提高，混凝土使用寿命迅速降低，而且，HPC 使用寿命比 OPC 降低得稍多一些。在给定的计算条件下，当环境温度在 293K 基础上提高 10K 后，OPC 的使用寿命缩短了 83.5％，而 HPC 则缩短了 86.1％；当环境温度提高 20K 时两者寿命分别降低了 97％和 98％。

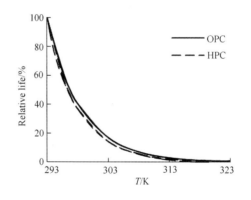

图 4.2.6-15 环境温度对混凝土使用寿命的影响

（3）单一与多重因素作用对混凝土结构寿命的影响规律

以标准养护 90d 龄期的 OPC、HSC 和 HPC 在青海盐湖卤水中实验数据为基础，在考虑混凝土对氯离子的非线性结合能力时，运用齐次的 I 维和 II 维无限大体氯离子扩散理论模型式（4.2.4-2）和式（4.2.4-15），计算 3 种混凝土在单一、双重和多重因素条件下使用寿命如图 4.2.6-16 所示。图中，A、B、C、D 和 E 分别代表单一腐蚀因素、干湿循环与腐蚀、冻融循环与腐蚀、弯曲荷载与腐蚀双重因素、和弯曲荷载与

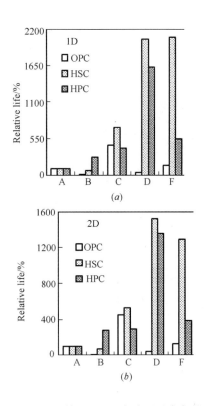

图 4.2.6-16　单一、双重与多重因素条件对混凝土在青海盐湖卤水中使用寿命的影响

A—单一腐蚀因素；B—干湿循环与腐蚀双重因素；C—冻融循环与腐蚀双重因素；D—弯曲荷载与腐蚀双重因素；E—弯曲荷载与冻融循环和腐蚀三重因素

(a) 1D；(b) 2D

冻融循环和腐蚀三重因素。施加弯曲荷载的比例为 30%（OPC）和 40%（HSC 和 HPC），混凝土寿命按照受压区和受拉区的实验数据分别计算，选择小值作为寿命的计算结果。由图可见，Ⅰ维扩散和Ⅱ维扩散时混凝土的寿命具有相似的规律。以Ⅱ维扩散为例，与单一腐蚀因素作用相比，双重和多重因素作用下不同混凝土表现出不同的寿命规律。在青海盐湖环境，对于 OPC，不同条件下寿命长短顺序为 C＞E＞A＞D＞B，说明 OPC 在弯曲荷载与腐蚀、干湿循环与腐蚀双重因素作用下的使用寿命比单一腐蚀因素条件缩短了 88% 和 54%，在冻融循环与腐蚀双重因素以及弯曲荷载与冻融循环和腐蚀三重因素条件下的使用寿命则分别延长了 3.5 倍和 31%；HSC 的寿命长短顺序是 D＞E＞C＞A＞B，证明干湿循环与腐蚀双

重因素条件同样使 HSC 寿命降低了 26%，在冻融循环与腐蚀双重因素弯曲荷载与冻融循环和腐蚀三重因素以及弯曲荷载与腐蚀双重因素条件下可使 HSC 的寿命分别延长 4.3 倍、11.9 倍和 14.2 倍；对于 HPC，其寿命长短顺序为 D＞E＞C＞B＞A，在干湿循环与腐蚀、冻融循环与腐蚀双重因素、弯曲荷载与冻融循环和腐蚀三重因素、和弯曲荷载与腐蚀双重因素条件下，HPC 的寿命分别延长了 1.8、2.0、2.9 和 12.6 倍，可见 HPC 在多因素条件下的寿命要长于单一腐蚀因素，这充分体现出在盐湖地区应用 HPC 确实具有明显的技术优势。

（4）混凝土表面剥落层厚度对混凝土寿命的影响

当钢筋混凝土结构使用于氯盐环境的过程中，不单单是钢筋受到扩散渗进混凝土内部的氯离子锈蚀影响，更为严重的是混凝土往往同时受到诸如冻融和腐蚀等其他耐久性因素的叠加破坏作用时，结构表面的混凝土将发生剥落现象。对于Ⅰ维和Ⅱ维扩散理论模型的式（4.2.4-2）和式（4.2.4-15），实际混凝土的氯离子扩散深度 x 要减去表面剥落层的厚度 x_0，即能得到同时考虑多种耐久性因素共同作用下的混凝土表面剥落——氯离子扩散理论模型。

HPC 在新疆盐湖卤水腐蚀时存在严重的表面剥落现象。图 4.2.6-17 是标准养护 28d 的 HPC

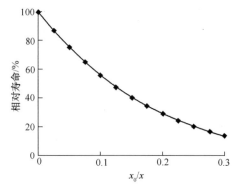

图 4.2.6-17　HPC 在新疆盐湖卤水中表面剥落对混凝土寿命的影响

在此条件下表面剥落层厚度与保护层厚度之比 x_0/x 对其寿命的影响。在计算寿命时，考虑了混凝土对氯离子的非线性结合能力。图中结果表明，随着混凝土表面剥落层厚度即 x_0/x 比的增大，钢筋混凝土结构的寿命逐渐缩短，这种关系与扩散维数和保护层厚度无关。当 x_0/x 比由 0 增加到 0.1、0.2 和 0.3 时，混凝土的寿命分别降低了 44.3%、71.1%和 86.2%。

4.2.7 混凝土在典型盐湖环境的使用寿命及其与损伤寿命之间的关系

1. 根据氯离子扩散理论模型计算的使用寿命

OPC、APC、HSC 和 HPC 在典型盐湖的单一腐蚀因素条件下使用寿命的计算结果如图 4.2.7-1 所示。混凝土的标准养护龄期为 28d，结构类型为Ⅱ维扩散的钢筋混凝土构造柱。在采用 1/4 无限大体的、齐次的Ⅱ维氯离子扩散理论模型式（4.2.4-15）计算寿命时，同时考虑了混凝土对氯离子的非线性结合能力。结果表明，不同

混凝土在我国典型盐湖卤水中的使用寿命长短顺序是 OPC＜APC＜HSC＜HPC。同一种混凝土在不同盐湖卤水中的使用寿命长短顺序与混凝土种类有关，具体情况分析如下：

1) 对于 OPC，该顺序是 QH＞XJ＞XZ＞NMG，$x=y=5cm$ 时其使用寿命分别为 0.19a、0.13a、0.10a 和 0.08a，可见 OPC 在我国的典型盐湖地区的使用寿命很短，根据室内实验计算的使用寿命不足 1a。

2) 对于 APC，其寿命长短顺序为 XJ＞XZ＞QH＞NMG，$x=y=5cm$ 时 APC 结构的使用寿命分别为 0.60a、0.52a、0.23a 和 0.22a。与 OPC 相比，APC 寿命虽然有所延长，但是仍然不足 1a，这说明对于低强度等级的混凝土，采用引气技术不能解决盐湖地区混凝土的短寿问题。

3) HSC 在不同盐湖卤水中的寿命规律是 XZ＞XJ＞NMG＞QH，$x=y=5cm$ 的 HSC 结构在这些盐湖卤水的使用寿命分别为 4.30a、1.99a、1.62a 和 0.28a，分别比 OPC 延长了 44 倍、14.5 倍、30.5 倍和 43%。可见，提高强度对于改进混

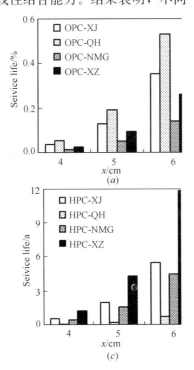
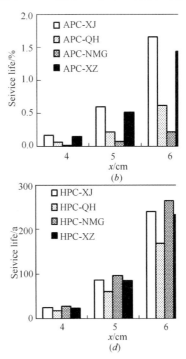

图 4.2.7-1 钢筋混凝土柱在不同盐湖的单一腐蚀因素条件下的使用寿命

（a）OPC；（b）APC；（c）HSC；（d）HPC

凝土在西藏、新疆和内蒙古盐湖卤水中的寿命问题具有一定的作用，但是仍然达不到实用的要求，而且对于青海盐湖更是没有多大效果。

4）HPC 在典型盐湖卤水中的使用寿命长短顺序为 NMG＞XJ＞XZ＞QH，对于 $x=y=5cm$ 的钢筋 HPC 结构，其使用寿命依次为 95.8a、87.1a、84.8a 和 61.5a，比相同强度等级 HSC 结构的使用寿命分别延长了 18.7 倍、42.7 倍、58.1 倍和 222 倍。因此，采用高强度等级的非引气 HPC，完全能够解决盐湖地区混凝土结构的寿命问题，进一步增加钢筋的混凝土保护层厚度，在盐湖地区可以实现混凝土结构的百年寿命。例如，$x=y=6cm$ 时，钢筋 HPC 构造柱的使用寿命分别达到：新疆盐湖 240a，青海盐湖 169a，内蒙古盐湖 264a 和西藏盐湖 234a。

2. 混凝土结构的氯离子扩散寿命与损伤寿命之间的关系

本节计算的混凝土结构使用寿命，依据的是结构中钢筋表面的自由氯离子浓度达到钢筋锈蚀要求时的时间，即氯离子扩散寿命。与后续用 4.3.10 计算的腐蚀损伤寿命之间的关系如图 4.2.7-2 所示。图中，混凝土的标准养护龄期为 28d，耐久性实验条件是青海盐湖的单一腐蚀因素，氯离子扩散寿命采用Ⅱ维无限大体的氯离子扩散理论模型式（4.2.4-15），损伤寿命采用 4.3.10 中表 4.3.10-6 的数据。结果表明，与常

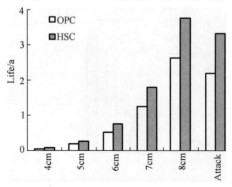

图 4.2.7-2　OPC 和 HSC 在青海盐湖卤水中
不同寿命的比较

规的保护层厚度（3～5cm）相比，依据氯离子扩散理论预测方法计算的使用寿命要短于化学腐蚀的损伤寿命。当混凝土的保护层厚度在 7～8cm 时，依据本章寿命预测方法计算的 OPC 和 HSC 使用寿命分别为 1.25～2.63a 和 1.79～3.75a，而根据损伤演化方程预测方法求出的损伤寿命分别 2.19a 和 3.33a。可见，在一定的混凝土保护层厚度条件下，用两种方法预测混凝土的使用寿命是相当的。

4.2.8　混凝土使用寿命预测的一般步骤及在盐湖地区重点工程的应用

1. 混凝土使用寿命预测的一般步骤

在目前尚没有建立起完整数据库的前提下，需要针对具体的原材料、配合比和工程环境，同时进行长达几年的现场暴露和实验室实验。室内实验时采用现场的含有氯离子的环境水或一定浓度的 NaCl 溶液。实验周期越长，对工程寿命的预测越准确。

第一步，在不同时间分别测定不同深度的总氯离子浓度和自由氯离子浓度，确定混凝土对氯离子的吸附/结合规律，求出混凝土的线性氯离子结合能力 R 和非线性系数 p_L；

第二步，根据不同暴露时间混凝土表面的自由氯离子浓度结果，建立混凝土氯离子扩散时的边界条件函数，即暴露表面氯离子浓度 C_s 与时间 t 的关系，确定其时间参数 k；

第三步，运用Ⅰ维和Ⅱ维扩散理论模型公式，分别计算现场暴露实验和室内浸泡实验时混凝土在不同暴露时间的自由氯离子扩散系数 D，由此确定混凝土的基准氯离子扩散系数 D_0、环境劣化系数 K_e 和材料劣化系数 K_m；

第四步，根据实际工程的荷载条件，在实验室同时进行加载条件下的浸泡实验，通过不同深度的氯离子浓度分析结果，按照上述第三步的方

法确定混凝土氯离子扩散时的荷载劣化系数 K_y；

第五步，由实际混凝土结构工程的保护层厚度，按照以上确定的模型参数，引进可靠度理论，运用Ⅰ维或Ⅱ维扩散理论模型公式计算工程不同部位的混凝土结构在实际服役条件下的使用寿命。

2. 在青海盐湖地区重点工程的应用

采用强度等级 C60 的盐湖专用高性能混凝土，内掺由 SF、FA 和多种外加剂合成的盐湖混凝土专用添加剂，钢筋的直径为 14mm，混凝土保护层厚度为 30mm，混凝土的氯离子扩散系数为 $0.5cm^2/a$。经过实测盐湖专用高性能混凝土的氯离子结合能力 R 为 4.5，电杆暴露表面的氯离子浓度 $C_s=2.36\%$，混凝土氯离子扩散性能的劣化效应系数 $K=2.0$。根据扩散理论模型的计算结果表明，该抗腐蚀混凝土电杆的寿命能够满足工程设计要求的 50a。开发的抗腐蚀电杆已经在青海察尔汗盐湖地区的察尔汗——格尔木鱼水河 35kV 电力线路应用了 50km，该工程已于 2003 年 10 月竣工交付使用（图 4.2.8-1），现场考察表明该工程运行情况良好。正在设计的 50km 二期工程将于近期施工。可见，本节修正的氯离子扩散理论模型在实际工程有广阔的应用前景。

图 4.2.8-1 青海盐湖地区察尔汗—格尔木鱼水河 35kV 电力线路（2003 年 10 月投入运行）

3. HPC 在不同盐湖地区达到预期使用寿命的保护层厚度

在不同的盐湖地区，为了计算使用寿命分别为 50a 和 100a 时的 HPC 结构保护层厚度，需要

确定混凝土暴露表面的自由氯离子浓度 C_s。根据实验室的盐湖卤水腐蚀条件、青海盐湖地区的盐渍土和盐湖卤水池暴露条件 HPC 的 C_s 与对应卤水 Cl^- 离子含量 C_{cl} 之间的线性关系（图 4.2.8-2），其显著的关系式如下：

$$C_s = 0.000066C_{cl} + 0.004498 \quad (4.2.8-1)$$

式中，C_s 的单位是混凝土的质量百分比（%）；C_{cl} 的单位是每升盐湖卤水中含有的氯离子克数（g/L）。在式（4.2.8-1）中，样本 $n=7$，相关系数为 $r=0.9409$，临界相关系数 $r_{0.01}=0.8745$，可见 $r>r_{0.01}$，这说明式（4.2.8-1）是非常显著的，据此可以确定 HPC 在我国典型盐湖地区不同环境的 C_s 值。

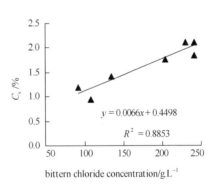

图 4.2.8-2 HPC 暴露表面 C_s 与盐湖卤水的氯离子含量之间的关系

OPC 和 HPC 在盐渍土与盐湖大气的现场暴露条件下，混凝土表面的自由氯离子浓度 C_s 值之间的关系如图 4.2.8-3 所示。结果表明，在盐湖地区的现场暴露条件下，大气区混凝土的暴露表面自由氯离子浓度 $C_{s,g}$ 值与盐渍土区混凝土的暴露表面自由氯离子浓度 $C_{s,s}$ 值之间具有显著的线性关系：

$$C_{s,g} = 0.7947C_{s,s} + 0.00264 \quad (4.2.8-2)$$

式中，$C_{s,g}$ 值与 $C_{s,s}$ 值的单位均是混凝土的质量百分比（%），其 $n=6$，相关系数 $r=0.9603$，临界相关系数 $r_{0.01}=0.9172$，由 $r>r_{0.01}$ 可知式 4.2.8-2 非常显著。因此，根据式 4.2.8-2 就可以确定 HPC 在盐湖地区大气环境中的暴露表面氯离子浓度。

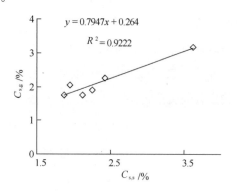

图 4.2.8-3　在盐湖地区的现场暴露条件下大气区
混凝土的表面氯离子浓度 $C_{s,g}$ 与盐渍土区
混凝土表面氯离子浓度 $C_{s,s}$ 之间的关系

在计算盐湖地区实际钢筋混凝土结构的保护层厚度时，盐渍土环境 $K=3$，盐湖大气环境 $K=1.5$。典型盐湖环境的保护层厚度计算结果如表 4.2.8 所示。由表可见，对于使用寿命为 50a 和 100a 的 Ⅰ 维钢筋混凝土墙板，最小保护层厚度 x_{min} 分别 67～75mm（盐渍土）与 48～52mm（盐湖大气）、76～85mm（盐渍土）与 55～59mm（盐湖大气）；对于 Ⅱ 维钢筋混凝土梁和柱，x_{min} 分别为 77～83mm（盐渍土）与 55～59mm（盐湖大气）、87～95mm（盐渍土）与 62～66mm（盐湖大气）。

根据我国 4 大盐湖区的 76 个主要盐湖的卤水氯离子含量，得到在大西北盐湖地区的钢筋混凝土结构的最小保护层厚度等耐久性参数，建立了相应的数据库，可供建筑设计时参考。

**HPC 在典型盐湖地区达到预期寿命的
推荐保护层厚度[1]**　　　　表 4.2.8

盐湖种类	暴露环境	不同构件在预期使用寿命时的最小保护层厚度/mm			
		Ⅰ 维钢筋混凝土墙板		Ⅱ 维钢筋混凝土梁、柱	
		50a	100a	50a	100a
新疆盐湖	盐渍土	70	79	78	89
	盐湖大气	49	56	55	63

续表

盐湖种类	暴露环境	不同构件在预期使用寿命时的最小保护层厚度/mm			
		Ⅰ 维钢筋混凝土墙板		Ⅱ 维钢筋混凝土梁、柱	
		50a	100a	50a	100a
青海盐湖	盐渍土	75	85	83	95
	盐湖大气	52	59	59	66
内蒙古盐湖	盐渍十	67	76	77	87
	盐湖大气	48	55	55	62
西藏盐湖	盐渍土	69	79	79	89
	盐湖大气	49	56	56	63

[1] 指采用本项目 HPC 技术时的结果

4.2.9　小结

针对混凝土氯离子扩散存在的 8 个问题，研究了混凝土在盐湖等氯离子条件下使用寿命预测的理论问题，在理论上对 Fick 第二定律进行修正，提出了氯离子扩散新方程，建立了齐次与非齐次、有限大体与无限大体、Ⅰ 维、Ⅱ 维与 Ⅲ 维氯离子扩散的新理论模型。通过实验初步确定了模型参数的取值规律，结合实验数据在理论上探讨了影响盐湖地区钢筋混凝土结构使用寿命的因素规律。对盐湖地区抗腐蚀混凝土电杆的使用寿命进行耐久性设计，并且探索我国典型盐湖地区高性能混凝土结构的耐久性设计参数问题。为盐湖、海洋和除冰盐环境中混凝土结构的使用寿命预测和耐久性设计提供了一种可靠的方法。取得的主要结论包括：

1. 混凝土氯离子扩散新方程的建立

在 Fick 第二扩散定律的基础上，引进混凝土的氯离子结合能力概念、充分考虑混凝土氯离子扩散系数的时间依赖性以及混凝土材料在使用过程中内部结构缺陷引起氯离子扩散性能的劣化效应的影响，经过严密的理论推导，建立了考虑

多种因素作用下的混凝土氯离子扩散新方程 $\dfrac{\partial C_f}{\partial t}$
$=\dfrac{KD_0 t_0^m}{1+R}\cdot t^{-m}\cdot\dfrac{\partial^2 C_f}{\partial x^2}$。其中，劣化效应系数 $K=$
$K_e K_y K_m$，同时反映了环境、荷载和混凝土自身劣化作用对氯离子扩散的影响。

2. 不同结构体型和边界条件下的混凝土氯离子扩散理论模型

根据不同的结构体型和边界条件，在理论上推导出上述氯离子扩散新方程的多个解析解，即氯离子扩散理论模型。在相同的条件下，不同维数扩散时自由氯离子浓度大小顺序为：Ⅲ维＞Ⅱ维＞Ⅰ维，对于实际混凝土结构边角区域的多维扩散氯离子浓度，并不能按照简单的"Ⅰ维扩散氯离子浓度加和"来处理。

1）Ⅰ维、Ⅱ维和Ⅲ维无限大体的齐次氯离子扩散理论模型

（1）Ⅰ维半无限大体的基准模型

$C_f=C_0+(C_s-C_0)$

$$\left[1-\mathrm{erf}\dfrac{x}{2\sqrt{\dfrac{KD_0 t_0^m}{(1+R)(1-m)}\cdot t^{1-m}}}\right]$$

（2）Ⅱ维 1/4 无限大体

$C_f=C_0+(C_s-C_0)$

$$\left[1-\mathrm{erf}\dfrac{x}{2\sqrt{\dfrac{KD_0 t_0^m}{(1+R)(1-m)}\cdot t^{1-m}}}\right.$$

$$\left.\mathrm{erf}\dfrac{y}{2\sqrt{\dfrac{KD_0 t_0^m}{(1+R)(1-m)}\cdot t^{1-m}}}\right]$$

（3）Ⅲ维 1/8 无限大体

$C_f=C_0+(C_s-C_0)$

$$\left[1-\mathrm{erf}\dfrac{x}{2\sqrt{\dfrac{KD_0 t_0^m}{(1+R)(1-m)}\cdot t^{1-m}}}\right.$$

$$\mathrm{erf}\dfrac{y}{2\sqrt{\dfrac{KD_0 t_0^m}{(1+R)(1-m)}\cdot t^{1-m}}}$$

$$\left.\mathrm{erf}\dfrac{z}{2\sqrt{\dfrac{KD_0 t_0^m}{(1+R)(1-m)}\cdot t^{1-m}}}\right]$$

2）Ⅰ维半无限大体在幂函数边界条件下的非齐次氯离子扩散理论模型，3 种幂函数边界条件分别是 $C_f=kt^{1-m}+C_0$、$C_f=kt^{\frac{1-m}{2}}+C_0$ 及其分段函数，其中第 1 段为 $C_f=kt^{1-m}+C_0$ 或 $C_f=kt^{\frac{1-m}{2}}+C_0$，第 2 段为 $C_f=C_s$。

3）Ⅰ维、Ⅱ维和Ⅲ维有限大体的齐次氯离子扩散理论模型

（1）Ⅰ维大平板

$$C_f=C_s+\sum_{m=1,3,5}^{\infty}\dfrac{4}{m\pi}(C_0-C_s)\sin\left(\dfrac{m\pi}{L}x\right)$$

$$\exp\left(-\dfrac{m^2\pi^2 KD_0 t_0^{m_0} t^{1-m_0}}{(1+R)(1-m_0)L^2}\right)$$

（2）Ⅱ维长方柱体

$$C_f=C_s+\sum_{m=1,3,5n=1,3,5}^{\infty}\sum^{\infty}\dfrac{16}{mn\pi^2}(C_0-C_s)$$

$$\sin\left(\dfrac{m\pi}{L_1}x\right)\sin\left(\dfrac{n\pi}{L_2}y\right)$$

$$\exp\left[-\dfrac{KD_0 t_0^{m_0} t^{1-m_0}}{(1+R)(1-m_0)}\left(\dfrac{m^2\pi^2}{L_1^2}+\dfrac{n^2\pi^2}{L_2^2}\right)\right]$$

（3）Ⅲ维长方体

$$C_f=C_s+\sum_{m=1,3,5n=1,3,5p=1,3,5}^{\infty}\sum^{\infty}\sum^{\infty}\dfrac{64}{mnp\pi^3}(C_0-C_s)$$

$$\sin\left(\dfrac{m\pi}{L_1}x\right)\sin\left(\dfrac{n\pi}{L_2}y\right)\sin\left(\dfrac{p\pi}{L_3}z\right)$$

$$\exp\left[-\dfrac{KD_0 t_0^{m_0} t^{1-m_0}}{(1+R)(1-m_0)}\left(\dfrac{m^2\pi^2}{L_1^2}+\dfrac{n^2\pi^2}{L_2^2}+\dfrac{p^2\pi^2}{L_3^2}\right)\right]$$

4）Ⅰ维大平板、Ⅱ维长方柱体和Ⅲ维长方体等有限大体在指数函数 $C_s=C_{s0}(1-e^{-kt})$ 边界条件下的非齐次氯离子扩散理论模型。

5）正交各向异性Ⅲ维长方体在指数函数 $C_s=C_{s0}(1-e^{-kt})$ 边界条件下的非齐次氯离子扩散理论模型。

6）当考虑到混凝土对氯离子结合的非线性时，将公式中的 R 更换成 $p_L R$，得到考虑非线性

氯离子结合能力的氯离子扩散理论模型。

3. Ⅰ维无限大体混凝土的齐次氯离子扩散理论模型（基准模型）与其他经验模型或理论模型之间的关系

1）所建立的理论模型是 Fick 扩散定律的推广和修正。无论对于 OPC，还是对于 HPC，在常规保护层范围内，Ⅰ维无限大体的齐次氯离子扩散理论模型（基准模型）与国外曾经广泛采用的 Clear 经验模型完全相符，解决了长期以来 Fick 扩散理论与混凝土实际寿命不相符的问题。

2）在保护层厚度 15mm 的条件下，本项目基准理论模型与 Maage 理论模型和 DuraCrete 项目 Mejlbro 理论模型具有较好的相关性，其中本项目模型与 Maage 模型更加接近一些。但是，用 Maage 模型和 Mejlbro 模型预测保护层厚度 45mm 的 HPC 结构的使用寿命能都达到几万年以上，难以令人信服，而用本项目理论模型预测 HPC 结构的使用寿命则更加切合实际。

4. 提出了混凝土氯离子扩散理论模型的参数测定方法，积累了模型参数的初步数据

1）在各个氯离子扩散理论模型中，R、C_s、k、D_0、m 和 K 是 6 个关键参数。提出了测定模型参数的实验方法。

2）通过实验并综合相关文献结果，确定了氯离子扩散理论模型中参数的取值规律。

（1）采用自然扩散法测定了 OPC、APC、HSC 和 HPC 等混凝土的自由氯离子扩散系数 D_0 值，其中 HPC 的抗氯离子扩散渗透能力最强。实验测定 D_0 值的平均变异系数为 5.31%。

（2）混凝土的临界氯离子浓度 C_{cr} 值与混凝土质量和环境条件有关，一般在 0.07%～0.18%（占混凝土质量）范围内变化。为了安全起见，本项目在预测混凝土使用寿命时 C_{cr} 值采用偏于保守的 0.05%（占混凝土质量）。

（3）混凝土的氯离子结合能力主要受水泥品种、水灰比、掺合料品种和掺量等因素的影响，水泥中 C_3A 和 C_4AF 含量越高、水灰比越小混凝土的氯离子结合能力越强，掺合料掺量越大混凝土的氯离子结合能力也越强，HSC-HPC 的氯离子结合能力大于 OPC。第七章通过实验得出不同混凝土的氯离子结合能力 R 与非线性系数 p_L。

（4）混凝土暴露表面的自由氯离子浓度 C_s 与环境介质的浓度、混凝土质量和暴露条件等因素有关。在快速冻融实验条件下，当混凝土没有发生冻融破坏时 C_s 值明显减小；在干湿循环条件下，混凝土在新疆和青海盐湖卤水中 C_s 值增大，在内蒙古和西藏盐湖卤水中 C_s 值略有减小；当混凝土施加占 30%～40% 的弯曲荷载时，混凝土受压区与受拉区的 C_s 值都有不同程度的减小；在弯曲荷载与冻融双重因素实验条件下，混凝土的 C_s 值也有减小，甚至低于冻融时的 C_s 值。

在现场暴露条件下，HPC 的 C_s 值与盐湖卤水 Cl^- 离子含量 C_{cl} 之间存在显著的线性关系 $C_s = 0.000066C_{cl} + 0.004498$；大气区混凝土的暴露表面自由氯离子浓度 $C_{s,g}$ 值与盐渍土区混凝土的暴露表面自由氯离子浓度 $C_{s,s}$ 值之间的显著线性关系为 $C_{s,g} = 0.7947C_{s,s} + 0.00264$。

（5）大量文献的最长 8a 内的实验结果表明，水灰比越大，m 值越大；混凝土掺加活性掺合料后 m 值增大，而且掺量越大，这种趋势越明显。不同混凝土 m 值的多变性对于应用十分不便。我们认为，混凝土的使用寿命是一个很长的时间过程，仅根据短期的实验数据来反映长期的 m 值，必然存在一个可靠性的问题。对于现场暴露的较长的时间过程，无论混凝土的种类如何，m 都可以用一个统一的数值。我们依据文献，建议 m 的合理取值为 0.64。

（6）本项目定义的"劣化效应系数"是一个相对的概念，当混凝土因环境介质的腐蚀导致结构产生微裂纹等损伤时属于劣化现象，当混凝土因腐蚀产物对孔隙的淤塞作用导致扩散速度减慢或扩散受阻时属于强化现象。在实验室和青海盐湖现场暴露条件下测定了不同混凝土的劣化效应系数 K 值，其平均变异系数为 5.38%。

OPC 的干湿循环劣化系数小于 1；APC 的干湿循环劣化系数大于 1；HSC 在新疆盐湖卤水中的干湿循环劣化系数大于 1，在其他盐湖卤水中都小于 1；HPC 在新疆和西藏盐湖卤水中的干湿循环劣化系数大于 1，在青海和内蒙古盐湖卤水中的干湿循环劣化系数小于 1；SFRHPC 和 PFRHPC 只在青海盐湖卤水中的干湿循环劣化系数大于 1，在其他盐湖卤水中干湿循环劣化系数则是小于 1 的。

对于 28d 龄期的混凝土，OPC、APC、HSC 和 SFRHPC 的冻融循环劣化系数均小于 1，HPC 和 PFRHPC 除后者在青海盐湖卤水中的冻融循环劣化系数小于 1 以外，其余情形的冻融循环劣化系数大于 1。掺加纤维有利于降低冻融循环劣化系数。

无论受压区和受拉区，OPC 在 4 种盐湖卤水中荷载劣化系数 K_y 值都是大于 1 的，在新疆和内蒙古盐湖卤水中受拉区 K_y 值比受压区高 47%～92%，在青海和西藏盐湖卤水则是受拉区 K_y 值比受压区小 36%～45%。HSC 仅在西藏盐湖卤水中的受拉区 K_y 值为 1.544，HPC 仅在西藏盐湖卤水中的受拉区和受压区 K_y 值分别为 2.726 和 2.678，其余情形的 K_y 值均小于 1。

混凝土在新疆盐湖卤水中的材料劣化系数 K_m 值最大，HSC 的 K_m 值大于 OPC，掺加活性掺合料的 HPC，除掺加 PF 纤维的 PFRHPC 外，其 K_m 值都是大于 OPC 的。在青海天然盐湖卤水中，OPC 和 HPC 的氯离子扩散性能存在较大的差异，OPC 的 $K_m=1$，HPC1-1 的 $K_m=3$。

在盐湖地区的现场暴露条件下，混凝土的氯离子扩散性能存在明显的劣化现象。环境条件越恶劣，混凝土的环境劣化系数 K_e 越大，盐湖地区

不同环境中混凝土 K_e 值的大小顺序为：湖区＞卤水池＞轻盐渍土区。大气条件下的 K_e 值要小于盐渍土条件下的 K_e 值。不同混凝土在盐湖地区的 K_e 值大小顺序依次是 OPC＞HPC1-1。

5. 混凝土氯离子扩散理论模型的实验验证与工程验证

借助于大量的实验数据，运用 SAS 软件对Ⅱ维和Ⅲ维有限大体的齐次氯离子扩散理论模型进行了广泛的实验验证和工程验证，取得了令人满意的验证效果，证明本项目建立的多维氯离子扩散理论模型完全能够用于描述氯离子在混凝土中的扩散渗透行为，为预测氯离子环境中混凝土使用寿命提供了一种理论方法。

1) 对于标准养护 28d 龄期，在新疆盐湖卤水的单一腐蚀因素、干湿循环与腐蚀、冻融循环与腐蚀双重因素条件下，OPC、HSC、HPC、SFRHPC 和 PFRHPC 试件Ⅱ维和Ⅲ维扩散时自由氯离子浓度的实测值与理论模型的预测值完全相符。

2) 对于标准养护 90d 龄期，在青海盐湖卤水的单一腐蚀因素、干湿循环与腐蚀、冻融循环与腐蚀、弯曲荷载与腐蚀双重因素以及弯曲荷载与冻融循环和腐蚀三重因素条件下，OPC、HSC、HPC、SFRHPC 和 PFRHPC 等混凝土Ⅱ维和Ⅲ维扩散的自由氯离子浓度实测值与理论曲线非常接近。在全部的 540 个测试数据中，仅有 10 个数据可能因操作失误或测试误差与理论值存在一定的偏差。

3) 在青海盐湖地区进行 2 批立方体和棱柱体试件的现场暴露实验表明，强度等级为 C20、C30 和 C40 的 OPC 以及 C60 的 HPC1-1 在轻盐渍土、强盐渍土、卤水池以及盐湖大气中暴露 150d～270d 后，不同深度的氯离子浓度实测值与理论值符合得很好。

4) 在青海察尔汗盐湖地区轻盐渍土地段，对于现场暴露 19a 后的钢筋混凝土电杆，其氯离子

浓度实测值与本项目理论模型的预测值基本上一致，而 Fick 第二扩散定律的预测结果与实测值明显不符。

6. 混凝土在氯离子条件下使用寿命的因素影响规律

1) 对于有限大体的氯离子扩散，不同扩散维数时混凝土结构的使用寿命与有限大体尺寸与保护层厚度之比 L/x 的关系具有相同的规律，当 $L/x < 2.5$ 时，使用寿命随着 L/x 的增大而延长，当 $L/x > 2.5$ 时使用寿命则与 L/x 无关。当 $L/x > 2.5$ 时有限大混凝土结构的使用寿命与无限大体寿命没有差别，因此，对于氯离子环境中实际钢筋混凝土结构（L/x 比 > 2.5）的寿命预测和耐久性设计，可以按照简单的无限大体来考虑。

2) 不同扩散维数时钢筋混凝土结构的寿命大小顺序为：Ⅰ维 > Ⅱ维 > Ⅲ维。计算结果表明，Ⅱ维扩散寿命为Ⅰ维寿命的 49%～57%，Ⅲ维扩散寿命为Ⅰ维寿命的 34.5%～42%。因此，一般认为的"Ⅱ维扩散寿命为Ⅰ维扩散寿命的 1/2，Ⅲ维扩散寿命为Ⅰ维扩散寿命的 1/3"观点，存在一定的误差。

3) 对于Ⅰ维钢筋混凝土结构无限大体，氯离子扩散时边界条件的齐次性对混凝土使用寿命的影响规律与混凝土种类和保护层厚度有关，边界条件的齐次性对于低寿命的 OPC 和 APC 的影响更大。当保护层厚度为 4cm 时，非齐次问题时混凝土的使用寿命比齐次问题时要短，前者分别为后者的 13%（OPC）、44%（APC）、60%（HSC）和 91%（HPC）；当保护层厚度为 5cm 时，对于较长使用寿命的 HSC 和 HPC，非齐次问题时的使用寿命反而要长于齐次问题，不同混凝土的上述比例依次是 21%、60%、108% 和 121%。

4) 当考虑混凝土对氯离子的非线性结合时，钢筋混凝土结构的使用寿命比线性结合时有所缩短。考虑非线性结合时 OPC、APC、HSC 和 HPC 的使用寿命分别为线性结合时寿命的 87%、15%、9% 和 97%。可见，氯离子结合能力的非线性问题对于 HPC 使用寿命的影响是最小的。

5) 混凝土结构的使用寿命主要取决于结构构造要求、混凝土特性和暴露条件：

（1）保护层厚度对混凝土使用寿命的影响规律与混凝土种类和扩散维数无关。在混凝土结构的耐久性设计中，保护层厚度要求起着决定性的作用，保护层越厚，混凝土的使用寿命越长。在给定的计算条件下，混凝土在常规保护层厚度（2.5cm 左右）时使用寿命不及保护层厚度 7cm 时使用寿命的 1%，因此，当混凝土的保护层厚度不足时即使使用 HPC 也不能保证结构在氯离子环境中经久耐用。

（2）混凝土特性对混凝土结构的使用寿命有非常显著的影响。

混凝土的氯离子扩散系数及其测试龄期对其使用寿命的影响规律，与混凝土种类和扩散维数无关。氯离子扩散系数越小，混凝土的使用寿命越长，HPC 的使用寿命比 OPC 长几十倍。在相同自由氯离子扩散系数的条件下，测试扩散系数时混凝土的龄期越长，相当于混凝土的 28d 扩散系数增大了，因而混凝土的使用寿命越短。

氯离子扩散系数的时间依赖性常数 m 值对混凝土寿命的影响规律与混凝土种类和扩散维数有关。在不同情形下存在一个临界值 m_{cr}：对于 OPC 的Ⅰ维扩散，$m_{cr} = 0.72$，Ⅱ维扩散时 $m_{cr} = 0.77$；对于 HPC 的Ⅰ维扩散，$m_{cr} = 0.95$，Ⅱ维扩散时 $m_{cr} = 0.94$。当 $m < m_{cr}$ 时，混凝土使用寿命随着 m 值增加而延长，OPC 的Ⅱ维扩散时寿命小于Ⅰ维扩散，HPC 的规律与此相反；当 $m > m_{cr}$ 时，随着 m 值的增大混凝土寿命急剧缩短，不同维数时 OPC 和 HPC 的寿命规律与 $m < m_{cr}$ 时的情形相反。在给定的计算条件下，当 m 值由 0 增加到 0.64 时，Ⅰ维扩散时 OPC 的寿命增加了 2.4 倍，HPC 的寿命增加了 58.6 倍；Ⅱ维扩散

时 OPC 的寿命增加了 3.9 倍，HPC 则增加了 84.4 倍。

混凝土的氯离子结合能力和非线性系数越大，其使用寿命越长，而且其影响规律与混凝土种类和扩散维数无关。在给定的计算条件下，当 R 值由 0 增加到 3 时，混凝土的使用寿命延长了 46 倍；当 R 值由 3 增加到 6 时，混凝土的使用寿命又延长了 3.7 倍。在 $R=3$ 的条件下，当 p_L 由 0.1 增加到 1 时，混凝土的使用寿命延长了 21.7 倍。

临界氯离子浓度越大，混凝土的使用寿命越长，该规律与混凝土的种类无关，但与扩散维数有关，Ⅱ维扩散时寿命低于Ⅰ维扩散。在给定的计算条件下，当临界氯离子浓度增加 5 倍时，Ⅰ维扩散时混凝土的使用寿命增加了 3.7 倍，Ⅱ维扩散时则增加了 5.9 倍。

混凝土的内部初始氯离子浓度越高，其使用寿命越短。可见，在混凝土冬期施工中常掺加氯盐早强剂、防冻剂或者使用其他含氯盐原材料，这对混凝土的耐久性极为不利。

"劣化效应系数 K"影响混凝土使用寿命的规律与混凝土种类和扩散维数无关。当 K 值增大时，混凝土的使用寿命急剧缩短。与 $K=1$ 时基准混凝土相比，对于 $K<1$ 的结构密实效应，混凝土使用寿命将会延长；对于 $K>1$ 的结构微缺陷效应，混凝土的使用寿命将会缩短。因此，减少混凝土的缺陷或者防止开裂对提高混凝土使用寿命是至关重要的。

（3）暴露表面氯离子浓度 C_s 对混凝土结构使用寿命有决定性的影响，C_s 值越高，混凝土使用寿命越短，相对来说 C_s 值对Ⅱ维扩散时混凝土寿命的影响更大一些。当暴露表面氯离子浓度超过 4% 时，混凝土使用寿命趋于稳定。这表明混凝土结构在解决耐久性问题后完全可以使用于高氯离子浓度环境中。

（4）暴露环境温度越高，混凝土使用寿命越

短。在给定的计算条件下，当环境温度在 293K 基础上提高 10K 后，OPC 的使用寿命缩短了 83.5%，而 HPC 则缩短了 86.1%；当环境温度提高 20K 时两者寿命分别降低了 97% 和 98%。

6）以标准养护 90d 龄期的 OPC、HSC 和 HPC 在青海盐湖卤水中实验数据为基础，发现不同混凝土在单一、双重与多重因素条件下的使用寿命表现出不同的寿命规律。

OPC 在干湿循环与腐蚀、弯曲荷载与腐蚀双重因素条件下的使用寿命比单一腐蚀因素条件分别缩短了 88% 和 54%，在冻融循环与腐蚀双重因素延长了 3.5 倍，在弯曲荷载与冻融循环与腐蚀三重因素条件下延长了 31%。

HSC 在干湿循环与腐蚀双重因素条件的使用寿命比单一腐蚀因素寿命降低了 26%，在冻融循环与腐蚀双重因素、弯曲荷载与冻融循环和腐蚀三重因素、弯曲荷载与腐蚀双重因素条件下分别延长 4.3 倍、11.9 倍和 14.2 倍。

HPC 在干湿循环与腐蚀、冻融循环与腐蚀双重因素、弯曲荷载与冻融循环和腐蚀三重因素、和弯曲荷载与腐蚀双重因素条件下，其使用寿命分别延长了 1.8、2.0、2.9 和 12.6 倍，可见 HPC 在多因素条件下的寿命要长于单一腐蚀因素，充分体现出在盐湖地区应用 HPC 确实具有明显的技术优势。

7）混凝土表面剥落对其使用寿命的影响规律与扩散维数和保护层厚度无关，当混凝土表面剥落层厚度与保护层厚度之比 x_0/x 增大时，钢筋混凝土结构的使用寿命将会缩短，当 x_0/x 比由 0 增加到 0.1、0.2 和 0.3 时，混凝土的寿命分别降低了 44.3%、71.1% 和 86.2%。

7. 混凝土在典型盐湖环境中的使用寿命及其与损伤寿命之间的关系

1）不同混凝土在盐湖卤水的腐蚀条件下，在保护层厚度等于 5cm 时Ⅱ维扩散钢筋混凝土构造柱的寿命规律分别为：

（1）OPC 在我国典型盐湖地区的使用寿命很短，不足 1a；

（2）与 OPC 相比，APC 寿命虽然有所延长，但仍然不足 1a。这说明对于低强度等级的混凝土，采用引气技术不能解决盐湖地区混凝土的短寿问题；

（3）HSC 在西藏、新疆、内蒙古和青海盐湖卤水中的使用寿命分别为 4.30a、1.99a、1.62a 和 0.28a，分别比 OPC 延长了 44 倍、14.5 倍、30.5 倍和 43%。可见，提高强度对于改进混凝土在盐湖地区的寿命问题具有一定的作用，但是仍然达不到实用的要求，而且对于青海盐湖更是没有多大效果；

（4）HPC 在内蒙古、新疆、西藏和青海盐湖卤水中的使用寿命依次为 95.8a、87.1a、84.8a 和 61.5a。因此，采用高强度等级的非引气 HPC，完全能够解决盐湖地区混凝土结构的寿命问题，进一步增加钢筋的保护层厚度，在盐湖地区可以实现混凝土结构的百年寿命。

2）在青海盐湖卤水的单一腐蚀因素条件下，与常规的保护层厚度（3cm～5cm）相比，依据氯离子扩散理论预测方法计算 Ⅱ 维钢筋混凝土构造柱的氯离子扩散寿命比化学腐蚀的损伤寿命要短。在一定的混凝土保护层厚度条件下，其氯离子扩散寿命与损伤寿命相当。

8. 混凝土使用寿命预测的一般步骤与在青海盐湖地区重点工程的应用

1）提出了预测盐湖地区混凝土结构使用寿命的一般步骤和方法。

2）运用本项目提出的氯离子扩散理论模型，对于盐湖地区的混凝土电杆进行了耐久性设计，开发的抗腐蚀混凝土电杆已经在青海盐湖地区的"察尔汗——格尔木鱼水河 35kV 电力线路"应用了 50km，现场考察表明该工程运行情况良好。

3）根据本项目的理论模型和实验数据，依据 Mathematica 5.0 数学软件编制的计算程序，制订了我国大西北盐湖地区 76 个主要盐湖环境中钢筋 HPC 结构的最小保护层厚度数据，可供建筑设计时参考。其基本数据如下：

（1）使用寿命为 50a 的 Ⅰ 维钢筋混凝土墙板：盐渍土 67～75mm，盐湖大气 48～52mm；

（2）使用寿命为 100a 的 Ⅰ 维钢筋混凝土墙板：盐渍土 76～85mm，盐湖大气 55～59mm；

（3）使用寿命为 50a 的 Ⅱ 维钢筋混凝土梁和柱：盐渍土 77～83mm，盐湖大气 55～59mm；

（4）使用寿命为 100a 的 Ⅱ 维钢筋混凝土梁和柱：盐渍土 87～95mm，盐湖大气 62～66mm。

4.3　基于损伤演化方程的混凝土寿命预测的理论和方法

4.3.1　加速实验方法预测混凝土使用寿命的相关研究进展

1980 年 Frohnsdorff 等将加速实验方法用于若干建筑材料的寿命预测。该方法的基本假定是混凝土在加速实验和现场暴露条件下具有相同的失效机理，根据其劣化速度之比确定加速系数 K：

$$K = R_{AT}/R_{LT} \qquad (4.3.1-1)$$

式中，R_{AT} 和 R_{LT} 分别是混凝土在加速实验和现场暴露条件下的劣化速度。如果 2 种劣化速度之间属于非线性关系，可以用数学模型来描述。1986 年 Vesikari 提出混凝土的加速实验寿命 t^* 与结构使用寿命 t 之间具有以下关系：

$$t = Kt^* \qquad (4.3.1-2)$$

1. 混凝土在冻融条件下的使用寿命预测

1）单一冻融因素作用

Vesikari 根据快速冻融实验，得到混凝土在规定冻融损伤水平时的快速冻融寿命，并且假定处于环境中的实际结构每年所遭受的冻融循环次数是固定的，则混凝土结构的使用寿命 t 为：

$$t = K_e N \qquad (4.3.1\text{-}3)$$

式中，K_e 是与环境条件有关的系数；N 是混凝土在快速冻融实验条件下的冻融寿命（次）。

李金玉等和林宝玉等调查了我国不同地区混凝土室内外冻融循环次数之间关系，并将式（4.3.1-3）进一步明确为：

$$t = \frac{kN}{M} \qquad (4.3.1\text{-}4)$$

式中，t 为混凝土结构的使用寿命（a）；k 为冻融实验系数，即室内 1 次快速冻融循环相当于室外自然冻融循环次数的比例，平均值一般可取 12；M 为混凝土结构在实际环境中 1 年可能经受的冻融循环次数（次/a）。

2）冻融与除冰盐腐蚀双重因素作用

Vesikari 还根据德国混凝土协会（DBV）的除冰盐冻融实验方法（比 ASTM C672 更严格），得到混凝土的抗冻性指数，按照下式计算混凝土在冻融与除冰盐腐蚀双重因素作用下的使用寿命 t：

$$t = k_f P \qquad (4.3.1\text{-}5)$$

式中，P 是混凝土在 DBV 快速冻融实验条件下的抗冻性指数，k_f 是环境系数，取决于现场结构的损伤程度、龄期和混凝土抗冻性。

2. 混凝土在硫酸盐腐蚀条件下的寿命预测

1）单一硫酸盐腐蚀因素作用

1998 年 Schneider 等在研究混凝土的硫酸盐腐蚀时，建立了混凝土相对强度与腐蚀时间之间的半经验半理论模型，可以用于寿命预测：

$$\beta/\beta_0 = a_1 + a_2 t^{1/3} + a_3 t^{2/3} \qquad (4.3.1\text{-}6)$$

式中，β_0 为混凝土的初始强度；β 为混凝土在腐蚀时间 t 后的强度；t 为腐蚀时间；a_1、a_2、a_3 为实验常数。

2）弯曲荷载与硫酸盐腐蚀双重因素作用

在弯曲荷载与硫酸盐腐蚀双重因素作用下，Schneider 等还得到以下半经验半理论模型：

$$\beta/\beta_0 = b_1 + b_2 t^{1/3} + b_3 t \qquad (4.3.1\text{-}7)$$

式中，β_0、β、t 的意义同式（4.3.1-6）；b_1、b_2、b_3 为实验常数。

3）干湿循环与硫酸盐腐蚀双重因素作用

1972 年 Kalousek 等进行了混凝土在浓度为 2.1% 的 Na_2SO_4 溶液腐蚀的加速实验和长期浸泡实验。加速实验条件为干湿循环与腐蚀双重因素，混凝土试件先在 Na_2SO_4 溶液浸泡 16h，然后取出在 54℃ 干燥 8h 为 1 次干湿循环。试件的破坏标准是膨胀率达到 0.5%。结果表明，混凝土在此条件下的加速系数 $K = 8$。这样就能够运用式（4.3.1-2）对混凝土在硫酸盐腐蚀条件下的使用寿命进行预测。由于没有建立硫酸盐溶液浓度与加速系数 K 之间的关系，因此，对于实际的硫酸盐腐蚀环境，只能采用类比的方法推测混凝土寿命，即：如果环境的 Na_2SO_4 浓度低于 2.1%，实际寿命就长于预测寿命，否则短于预测寿命。

3. 基于损伤理论的混凝土寿命预测

前述文献的探索性工作表明，预测冻融或腐蚀条件下混凝土使用寿命的关键就在于获得快速冻融寿命 N、抗冻性指数 P、腐蚀加速系数 K 和腐蚀实验常数（a_1、a_2、a_3、b_1、b_2、b_3），这也正是这方面研究至今没有取得突破的症结之所在。关宇刚等提出在混凝土的耐久性研究中引进损伤变量的新思路。从目前损伤力学的研究趋势来看，力学工作者更加注重于材料在荷载作用下损伤场的演化规律及其对材料力学性能的影响，其实，混凝土材料在腐蚀、冻融和荷载等单一、双重和多重破坏因素作用下的耐久性问题，反映了混凝土的结构随着冻融循环或腐蚀时间的破坏过程，实际就是其承载能力的丧失过程，亦即损伤失效过程，这同样是损伤力学的重要研究内容之一，只是目前被力学工作者所忽视。根据损伤力学的原理，描述混凝土结构失效的损伤变量 D 可用下式表示：

$$D = 1 - E_t/E_0 \quad (4.3.1-8)$$

式中，E_0 和 E_t 分别为混凝土在损伤前后的动弹性模量。在混凝土的冻融或腐蚀等耐久性实验中，常用的评价指标并不是相对强度 β/β_0，而是相对动弹性模量 $E_r = E_t/E_0$。可见，混凝土的损伤变量与相对动弹性模量之间的关系为：

$$D = 1 - E_r \quad (4.3.1-9)$$

这样，就可以将混凝土在冻融和腐蚀条件下的损伤失效过程用一个统一的数学模型描述。在损伤力学中，一般所说的损伤演化方程主要是指损伤变量随着应力或应变的连续变化规律，常用的建模方法是对实验数据进行回归拟合，然后确定方程中的实验参数。借助损伤力学的研究方法，通过系统的耐久性实验，完全能够建立混凝土在冻融或腐蚀等破坏因素作用下损伤变量随着冻融循环次数或腐蚀时间的连续变化规律，从而拟合出能够预测混凝土使用寿命的损伤演化方程。

基于大量的实验结果，首先运用简单的数学模型描述混凝土在冻融或腐蚀条件下的损伤失效过程，建立了具有普适意义的混凝土损伤演化方程；然后在理论上进一步明确了损伤演化方程中参数的物理意义，提出了混凝土结构在耐久性破坏因素作用下具有损伤速度和损伤加速度的新概念；对混凝土的损伤失效模式进行了分类，运用判别分析方法导出了混凝土损伤模式的判别函数，并利用大量的抗冻性实验数据，对损伤模式进行了很好的验证。

4.3.2　试验部分

1. 试验设计

设计了 19 组不同配合比的系列混凝土，包括

1 组强度等级 C30 的普通混凝土（水灰比为 0.6，代号 OPC）、6 组强度等级为 C70 的不掺活性掺合料的高强混凝土系列（水灰比为 0.25，代号 HSC）、6 组强度等级 C70 的双掺（10％SF＋20％FA）的高性能混凝土系列（水胶比为 0.29，代号 HPC1）、6 组强度等级 C65 的三掺（10％SF20％FA＋20％SG）的高性能混凝土系列（水胶比为 0.29，代号 HPC2），具体配合比和物理力学性能见表 5-16。其中，AEA 的掺量占总胶凝材料重量的 10％，钢纤维和 PF 纤维的掺量分别占混凝土总体积的 2％和 0.1％。HSC-1 是基准 HSC，HPC1-1 是基准双掺 HPC，HPC2-1 是基准三掺 HPC。验证实验时，采用 OPC、HSC（配合比同 HSC-2）、HPC（配合比同 HPC2-2）、SFRHPC（配合比同 HPC2-5）和 PFRHPC（配合比同 HPC2-6）。

2. 试件成型与养护

按照 4.3.2 的配比，将水泥、砂、石、外加剂、掺合料和纤维在搅拌机中干拌 1min，再加水湿拌 3min。出料后测定坍落度和含气量，之后浇注、振动成型 40mm×40mm×160mm 棱柱体试件。成型后，采用保湿养护，1d 后拆模，然后移入温度 20±3℃、RH 达 95％以上的标准养护室养护 7d，之后分别在 3 种条件下继续养护至 180d 后进行耐久性实验。3 种养护条件的温度均为（20±3）℃，相对湿度分别是 30％RH、50％RH 和 95％RH。验证实验的混凝土拆模后，在标准养护室养护 28d。

3. 耐久性实验

经过 180d 养护的混凝土试件，分别测定 4 种实验条件下的耐久性：（1）单一冻融因素；（2）单一腐蚀因素；（3）冻融与腐蚀双重因素；（4）先在标准碳化箱中碳化 28d 后，再进行冻融与腐蚀双重因素实验，即实验条件为先碳化与后冻融和腐蚀多重因素。腐蚀介质为内蒙古盐湖卤水，其化学成分为 Na^+ 97167.92 mg/L、Mg^{2+} 3671 mg/L、K^+ 2638.42 mg/L、Ca^{2+} 129.29 mg/L、Cl^- 107790 mg/L、SO_4^{2-} 36445.42 mg/L、CO_3^{2-} 25382.08 mg/L 和 HCO_3^- 4595.42 mg/L。用于验证损伤失效模式的混凝土试件仅进行单一冻融因素的耐久性实验。

碳化和冻融实验按照《普通混凝土长期性能和耐久性能试验方法标准》GB/T 50082 进行。

碳化条件为：温度 20±3℃，相对湿度 70%±5%，CO_2 浓度 20%±3%，碳化时间为 28d。冻融实验设备为 DTR-1 型混凝土快速冻融实验机。腐蚀实验在室温下进行。根据冻融或腐蚀过程中相对动弹性模量下降到 60% 或者质量损失率增加到 5% 时对应的冻融循环次数或腐蚀时间确定混凝土在耐久性实验条件下的冻融或腐蚀寿命。

混凝土的配合比与性能   表 4.3.2

编号	单方材料用量/kg·m^{-3}											坍落度 /mm	含气量 /%	180d抗折强度 /MPa
	水泥	SF	FA	SG	AEA	砂	石	水	JM-B	钢纤维	PF			
OPC	325	0	0	0	0	647	1150	195	0	0	0	45	1.4	8.06
HSC-1	600	0	0	0	0	610	1134	150	3.9	0	0	50	1.9	9.26
HSC-2	540	0	0	0	60	610	1134	150	3.9	0	0	45	1.8	14.85
HSC-3	600	0	0	0	0	785	957	150	5.0	156	0	40	2.3	19.46
HSC-4	600	0	0	0	0	785	957	150	6.5	0	1	50	3.1	13.54
HSC-5	540	0	0	0	60	785	957	150	5.0	156	0	45	2.2	26.33
HSC-6	540	0	0	0	60	785	957	150	6.5	0	1	45	3.2	12.04
HPC1-1	420	60	120	0	0	610	1134	172	3.9	0	0	45	1.8	12.0
HPC1-2	378	54	108	0	60	610	1134	172	3.9	0	0	50	1.7	12.52
HPC1-3	420	60	120	0	0	785	957	172	5.0	156	0	45	2.0	20.85
HPC1-4	420	60	120	0	0	785	957	172	6.5	0	1	40	2.8	10.0
HPC1-5	378	54	108	0	60	785	957	172	5.0	156	0	50	2.1	21.9
HPC1-6	378	54	108	0	60	785	957	172	6.5	0	1	45	3.0	9.99
HPC2-1	300	60	120	120	0	610	1134	172	3.9	0	0	40	1.9	14.52
HPC2-2	270	54	108	108	60	610	1134	172	3.9	0	0	45	2.0	13.06
HPC2-3	300	60	120	120	0	785	957	172	5.0	156	0	45	2.2	26.92
HPC2-4	300	60	120	120	0	785	957	172	6.5	0	1	40	3.1	11.58
HPC2-5	270	54	108	108	60	785	957	172	5.0	156	0	35	2.1	24.51
HPC2-6	270	54	108	108	60	785	957	172	6.5	0	1	45	3.0	10.57

注：1—基准混凝土；2—掺加 AEA；3—掺加钢纤维；4—掺加 PF 纤维；5—复合掺加 AEA 和钢纤维；6—复合掺加 AEA 和 PF 纤维。

4.3.3 在冻融或腐蚀条件下混凝土损伤演化方程的建立

1. 混凝土的典型损伤失效规律

在不同的混凝土耐久性实验中，共得到 228 条相对动弹性模量与冻融循环次数或腐蚀时间之间的变化曲线。通过对众多曲线的分析研究，发现这些损伤曲线主要分为 3 种类型：直线型、抛物线型和直线—抛物线复合型。图 4.3.3 示出了混凝土在单一冻融因素或冻融与腐蚀双重因素作用下相对动弹性模量的 3 种类型变化曲线。由图

4.3.3（a）可见，在单一冻融因素作用下混凝土的损伤失效过程，OPC 表现为直线型，HPC2-4 均为斜上抛物线型。更多的实验表明，混凝土在冻融过程中的抛物线型损伤规律包括斜上抛物线型、水平抛物线型和斜下抛物线型。从图 4.3.3（b）看出，在冻融与腐蚀双重因素作用下，在 30%～50%RH 环境中养护的 HSC-2 和 HPC1 均表现为复合型的损伤规律，根据直线段的斜率，IISC-2 为下倾复合型损伤规律，HPC1-2 和 HPC1-5 都是上倾复合型损伤规律，而 HPC1-1

接近水平复合型损伤规律。

在冻融过程中，混凝土的损伤失效过程出现斜上抛物线型或上倾复合型损伤曲线，说明在冻融过程的初期，混凝土结构不但没有损伤，反而得到强化，这是掺有活性掺合料的低水胶比 HSC 与 HPC 的特有现象，其原因主要有两个：一是内部缺少水分的 HSC-HPC 在开始冻融时未水化水泥或活性掺合料的继续水化，二是在冻融与腐蚀双重因素作用下混凝土毛细孔内存在腐蚀介质或腐蚀产物的盐类结晶作用。

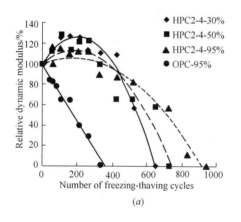
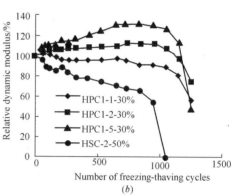

图 4.3.3　混凝土在单一冻融因素或冻融与腐蚀双重因素作用下损伤失效过程的典型曲线

（a）OPC 和不同 RH 养护的 HPC2-4，单一冻融因素；（b）不同 RH 养护的 HSC-2，HPC1-1，HPC1-2 和 HPC1-5，冻融与内蒙古盐湖卤水腐蚀双重因素

根据 Tumidajski 等报道，在盐湖卤水的单一腐蚀因素作用下，单掺 FA、双掺（SG＋SF）的引气 HPC 在 2a 内的弹性模量与腐蚀时间的变化规律属于斜上抛物线型曲线。在单一冻融因素作用下，OPC、APC、SFRC（钢纤维增强混凝土）和 ASFRC（引气钢纤维增强混凝土）的损伤曲线主要属于斜下抛物线型，掺加 SG 和 SF 的 HPC 则存在斜下抛物线型和水平直线—抛物线复合型。在弯曲荷载与冻融和除冰盐腐蚀多重因素作用下，孙伟等测定 OPC、HSC、SFRC 和 SFRHSC 的损伤曲线属于水平直线—抛物线复合型。余红发测定 OPC、引气混凝土（APC）、HSC、HPC、SFRHPC 和 PFRHPC 在青海、新疆、内蒙古和西藏等盐湖卤水中的单一腐蚀因素、干湿循环与

腐蚀、弯曲荷载与腐蚀双重因素以及弯曲荷载与冻融和腐蚀多重因素作用下的 126 条损伤曲线同样符合上述规律。

因此，混凝土在冻融或腐蚀条件表现出的 3 种损伤曲线，具有很强的代表性，属于一种普遍的规律。

2. 混凝土损伤失效过程的数学模型——损伤演化方程

基于混凝土在冻融或腐蚀因素作用下损伤失效过程的特点与共性，采用简单的数学模型就能够很好地描述混凝土的损伤规律，根据描述时需要的数学函数的数量，将混凝土的损伤失效模式分为 2 种类型：单段损伤模式——用 1 个数学函数描述的直线型损伤和抛物线型损伤；双段损伤

模式——用 2 个数学函数描述的直线—抛物线复合型损伤。这里以冻融条件为例，引出混凝土的损伤演化方程，对于腐蚀条件，只需要将方程中的"冻融循环"换成"腐蚀时间"即可。

1）单段损伤模式的损伤演化方程及其物理意义

用一元二次多项式描述混凝土相对动弹性模量 E_r 与冻融循环次数 N 之间的抛物线型损伤演化方程：

$$E_r = 1 + bN + \frac{1}{2}cN^2 \qquad (4.3.3\text{-}1)$$

由于混凝土的损伤抛物线总是开口向下的，即 $c < 0$。当系数 $c = 0$ 时，也能描述直线型损伤演化方程：

$$E_r = 1 + bN \qquad (4.3.3\text{-}2)$$

为了探讨上式的物理意义，对式（4.3.1-9）和式（4.3.3-1）进行联立并积分，分别得到混凝土单段损伤模式时的损伤速度和损伤加速度如下

（1）损伤速度：

$$V_n = \frac{dD}{dN} = -\frac{dE_r}{dN} = -(b + cN)$$

$$(4.3.3\text{-}3)$$

当 $N = 0$ 时，损伤初速度为：

$$V_0 = \frac{dD}{dN}\Big|_{N=0} = -\frac{dE_r}{dN}\Big|_{N=0} = -b$$

$$(4.3.3\text{-}4)$$

（2）损伤加速度：

$$A = \frac{d^2 D}{dN^2} = -\frac{d^2 E_r}{dN^2} = -c \qquad (4.3.3\text{-}5)$$

由此可见，在混凝土损伤演化方程式（4.3.3-1）和式（4.3.3-2）中，各个参数都有明确的物理意义，系数 b 反映了混凝土的损伤初速度，系数 c 反映了混凝土的损伤加速度。对照普通物理学上的物体抛物线运动规律，有利于我们在理论上进一步明确了混凝土单段损伤演化方程的物理意义，即在开始时混凝土的损伤以初速度 $-b$ 产生，之后则以加速度 $-c$ 发展。当损伤参数

$c = 0$ 时，混凝土的损伤是一种匀速损伤；当 $-c > 0$ 时，混凝土的损伤是一种加速损伤。

2）双段损伤模式的损伤演化方程及其物理意义

混凝土双段损伤模式的第 1 段为直线，第 2 段为抛物线，直线和抛物线只有一个切点，经过严密的数学推导，在此条件下描述混凝土相对动弹性模量 E_r 与冻融循环次数 N 之间的直线-抛物线型损伤演化方程如下：

第 1 段——直线

$$E_{r1} = 1 + aN \qquad (4.3.3\text{-}6)$$

第 2 段——抛物线

$$E_{r2} = 1 + \frac{(b-a)^2}{2c} + bN + \frac{1}{2}cN^2$$

$$(4.3.3\text{-}7)$$

直线与抛物线的切点，用冻融循环次数表示为：

$$N_{12} = \frac{a-b}{c} \qquad (4.3.3\text{-}8)$$

由于描述混凝土损伤过程的抛物线是开口向下的，即 $c < 0$，而 $N_{12} > 0$，所以必然存在 $a < b$ 的关系。联立式（4.3.1-9）、式（4.3.3-6）和式（4.3.3-7）并积分，分别得到双段损伤模式时的损伤速度和损伤加速度如下：

第 1 段，当 N 从 0 到 N_{12} 时，混凝土的损伤速度恒定，即其损伤初速度为：

$$V_{01} = \frac{dD}{dN}\Big|_{N < N_{12}} = -\frac{dE_r}{dN}\Big|_{N < N_{12}} = -a$$

$$(4.3.3\text{-}9)$$

此时，损伤加速度为零，即 $A = \frac{d^2 D}{dN^2}\Big|_{N < N_{12}}$ $= -\frac{d^2 E_r}{dN^2}\Big|_{N < N_{12}} = 0$，可见双段损伤模式的第 1 段属于匀速损伤。

第 2 段，任一冻融循环次数时的损伤速度和损伤加速度分别为：

$$V_n = \frac{dD}{dN}\Big|_{N > N_{12}} = -\frac{dE_r}{dN}\Big|_{N > N_{12}} = -(b + cN)$$

$$(4.3.3\text{-}10)$$

$$A = \frac{\mathrm{d}^2 D}{\mathrm{d}N^2}\bigg|_{N>N_{12}} = -\frac{\mathrm{d}^2 E_r}{\mathrm{d}N^2}\bigg|_{N>N_{12}} = -c$$

$$(4.3.3-11)$$

在第 2 段冻融损伤开始时（即切点），混凝土的损伤速度为 $V_{01} = \dfrac{\mathrm{d}D}{\mathrm{d}N}\bigg|_{N=N_{12}} = -\dfrac{\mathrm{d}E_r}{\mathrm{d}N}\bigg|_{N=N_{12}} = -(b+cN_{12}) = -a$，仍为损伤初速度；当冻融过程刚刚超过切点 N_{12} 时，混凝土的冻融损伤开始以初速度 $-b$ 和加速度 $-c$ 发展。可见，在直线与抛物线切点处，混凝土的损伤初速度发生"突变"，由 $V_{01} = -a$ 变成了 $V_{02} = -b$，因此，这里作如下规定：切点 N_{12} 称为损伤变速点，$V_{02} = -b$ 称为二次损伤初速度。与第 1 段的匀速损伤对应，第 2 段属于加速损伤，从整个损伤过程来看，混凝土的双段损伤模式是一种匀—加速损伤。

与单段损伤演化方程式(4.3.3-1)的参数物理意义相对应，双段损伤演化方程式(4.3.3-6)～式(4.3.3-7)中各个参数的物理意义归纳如下：系数 a 和 b 分别反映了混凝土的损伤初速度和二次损伤初速度，系数 c 反映了混凝土的损伤加速度。因此，混凝土双段损伤演化方程的物理意义是，在开始时混凝土的匀速损伤以初速度 $-a$ 产生，当达到损伤变速点 N_{12} 以后其损伤初速度发生"突变"，由 $-a$ 加速为 $-b$，之后损伤以加速度 $-c$ 快速发展。

4.3.4　混凝土损伤模式的判别分析与验证

根据混凝土的原材料、配合比、养护条件等特征和损伤模式类别，引进判别分析方法优化出混凝土在冻融或腐蚀条件下损伤模式的判别函数，即不同类型损伤模式的分类规则。在判别分析时，选择损伤模式作为因变量，有两个水平："1"代表单段损伤模式，"2"代表双段损伤模式，同时选择 SF、FA、SG 等活性掺合料掺量、AEA 用

量、钢纤维与 PF 纤维掺量、水胶比和养护环境的 RH 为自变量，运用 SPSS10.0 软件的"聚类与判别分析"模块进行分析。由于篇幅所限，以下主要探讨单一冻融因素和冻融与腐蚀双重因素作用下的判别函数。

1. 单一冻融因素作用下混凝土损伤模式的判别函数

在单一冻融因素作用下，57 组混凝土中有 49 组的损伤失效过程表现为单段损伤模式，有 8 组为双段损伤模式，HSC 同时存在单段损伤模式和双段损伤模式，OPC 和 HPC 只存在单段损伤模式。经过运算，得到在单一冻融因素作用下混凝土损伤模式的 Fisher's 线性判别函数如下：

1) 单段损伤模式

$$
\begin{aligned}
y_1 =\ & 5.932RH + 71.704 m_{sf}/m_b + 1.193 \\
& \times 10^{-13} m_{sg}/m_b + 39.582 m_{aea}/m_b \\
& + 18.009 m_{sfr}/m_b + 3777.527 m_{pfr}/m_b \\
& + 80.914 m_w/m_b - 19.642 \quad (4.3.4\text{-}1)
\end{aligned}
$$

2) 双段损伤模式

$$
\begin{aligned}
y_2 =\ & 8.289RH + 15.628 m_{sf}/m_b + 6.989 \\
& \times 10^{-14} m_{sg}/m_b + 35.837 m_{aea}/m_b \\
& + 20.898 m_{sfr}/m_b + 2874.382 m_{pfr}/m_b \\
& + 62.477 m_w/m_b - 13.854 \quad (4.3.4\text{-}2)
\end{aligned}
$$

式中，下标 sf、sg、aea、w、b、sfr、pfr 分别代表 SF、SG、AEA、水、胶凝材料、钢纤维和 PF 纤维。上述判别函数不含 FA 掺量，说明 FA 对混凝土冻融损伤模式的影响可以忽略。将判别式(4.3.4-1)和式(4.3.4-2)对原始的混凝土损伤模式进行回判，结果发现，单段损伤模式和双段损伤模式的判断正确率分别为 79.4% 和 100%。可见，上述判别函数的综合判断正确率高达 82.5%，成功率很高，因为在其他学科中判别函数的正确率一般只有 50%～60%。因此，判别函数式(4.3.4-1)和式(4.3.4-2)对于今后的研究和实际应用具有较好的指导作用。

2. 冻融与内蒙古盐湖卤水腐蚀双重因素作用下损伤模式的判别函数

在冻融与内蒙古盐湖卤水腐蚀双重因素作用下，57组混凝土中有40组属于单段损伤模式，17组属于双段损伤模式。根据判别分析，其损伤模式的判别函数如下：

1) 单段损伤模式

$$y_1 = 7.154RH + 27.428m_{sf}/m_b + 2.377m_{sg}/m_b$$
$$+ 34.577m_{aea}/m_b + 20.075m_{sfr}/m_b$$
$$+ 3396.471m_{pfr}/m_b + 69.394m_w/m_b$$
$$- 16.419 \qquad (4.3.4-3)$$

2) 双段损伤模式

$$y_2 = 8.418RH + 38.817m_{sf}/m_b - 4.106m_{sg}/m_b$$
$$+ 40.922m_{aea}/m_b + 20.075m_{sfr}/m_b +$$
$$2674.431m_{pfr}/m_b + 64.856m_w/m_b$$
$$- 16.211 \qquad (4.3.4-4)$$

在判别函数式（4.3.4-3）和式（4.3.4-4）中，FA的影响不显著，在回归时自动消除。上述判别函数的回判正确率比较高，单段损伤模式和双段损伤模式的判断正确率分别为65%和70.6%，其综合判断正确率达到66.7%。

3. 混凝土损伤模式的判别函数的验证

在应用混凝土损伤模式判别函数之前，必须经过大量实验数据的验证。目前，文献很少报道混凝土在双重因素和多重因素作用下的完整损伤曲线，这里主要验证混凝土在常见的单一冻融因素作用下的判别函数式（4.3.4-1）和式（4.3.4-2）。验证结果表明，HSC为双段损伤模式，OPC、HPC、SFRHPC和PFRHPC均为单段损伤模式，判别函数预测的结果与实验结果完全相符。此外，还利用慕儒、关宇刚、高建明等和曹建国等的实验数据，依次判别混凝土的损伤模式，结果表明：文献中的NPC40为单段损伤模式，NPC60、NPC80、NSFRC40、NSFRC60和NS-FRC80为双段损伤模式；文献中的C50、C60、C70和C80均为双段损伤模式；文献中掺加FA

和SG的混凝土F0S30、F0S40、F0S50、F15S20、F15S30和F15S40以及文献中的C80均为单段损伤模式；函数判别结果与原文献中损伤曲线的形状完全一致。可见，本项目建立的损伤模式判别函数具有一定的实用价值。

4.3.5 混凝土的损伤初速度和损伤加速度及其对混凝土冻融寿命的影响

以上根据混凝土在冻融或腐蚀条件的典型损伤失效规律，建立了混凝土在单段和双段损伤模式时的损伤演化方程。该损伤演化方程含有损伤初速度（initial damage velocity，IDV）、二次损伤初速度（2th initial damage velocity，SDV）、损伤加速度（damage acceleration，DA）等3个重要参数。在应用损伤演化方程预测混凝土的使用寿命之前，必须系统地测定不同混凝土在冻融和腐蚀等单一、双重和多重破坏因素作用下的损伤参数，进一步研究：（1）耐久性破坏因素与混凝土损伤参数之间的关系；（2）不同混凝土的损伤参数规律；（3）混凝土损伤参数与其原材料、配合比和养护条件等因素之间的关系；（4）损伤参数对混凝土的快速实验寿命的影响规律等。

本节根据4.3实验获得的大量损伤曲线，首先通过SPSS10.0软件的回归拟合得到不同耐久性实验条件下混凝土的损伤参数和快速实验寿命的基本数据库，然后，以单一冻融因素和冻融与内蒙古盐湖卤水腐蚀双重因素作用下的数据库为基础，重点探讨与混凝土使用寿命预测有关的损伤参数问题。为了描述方便，这里作如下规定：混凝土在单一冻融因素作用下的IDV、SDV、DA和抗冻融循环次数分别称为单因素IDV、单因素SDV、单因素DA和单因素冻融寿命；相应地，在冻融与内蒙古盐湖卤水腐蚀双重因素作用下就分别称为双因素IDV、双因素SDV、双因素DA和双因素冻融寿命；在多重因素作用下，以此类推。

1. 混凝土损伤参数与快速实验寿命的基本数据库

在前述的耐久性实验中，测定了在 30％～95％RH 环境中养护的 OPC、HSC 系列高强混凝土、HPC1 系列和 HPC2 系列高性能混凝土，在单一冻融因素、内蒙古盐湖卤水的单一腐蚀因素、冻融与内蒙古盐湖卤水腐蚀双重因素、以及先碳化后冻融与内蒙古盐湖卤水腐蚀多重因素作用下的 228 条损伤曲线，按照损伤演化方程通过参数拟合，获得了 228 组成对的 IDV、SDV、DA 和损伤变速点等参数。损伤参数的拟合精度比较高，其相关系数在 0.9～1.0 之间。已经获得了不同混凝土在单一、双重和多重因素作用下的 171 组损伤参数及其对应的快速实验寿命数据库，后者是对应于相对动弹性模量 $E_r = 60\%$ 时混凝土的冻融循环次数或腐蚀时间，按照条形插值法求得。

2. 混凝土的损伤初速度和损伤加速度及其规律性

1）混凝土的损伤初速度和损伤加速度

图 4.3.5-1 是不同混凝土在单一冻融因素和冻融与腐蚀双重因素作用下的 IDV（V_0）和 DA（A）。其中，HSC-1 是不含活性掺合料的基准 HSC（简称 HSC），HPC1-1 是双掺（10％SF＋20％FA）的基准 HPC（简称双掺 HPC），HPC2-1 是三掺（10％SF＋20％FA＋20％SG）的基准

HPC（简称三掺 HPC）。结果表明，混凝土的损伤参数不仅与冻融等气候条件有关，而且不同混凝土之间的差别也很明显。同混凝土的强度和耐久性一样，在一定条件下的损伤参数也是混凝土的一种新的性能指标。由图 4.3.5-1a 可见，OPC 具有很高的单因素和双因素 IDV，其中后者比前者提高了 48％，而 HSC 与 HPC 的单因素和双因素 IDV 均为负值，说明 HSC-HPC 在冻融开始时存在强化效应。图 4.3.5-1b 结果表明，不同混凝土的单因素 DA 规律是 HSC＞OPC＞双掺 HPC＞三掺 HPC，可见，尽管 HSC 的单因素 IDV 为负值，但是损伤一经形成，则其单因素 DA 比 OPC 要高 2 倍。掺加活性掺合料以后，混凝土的单因素 DA 显著降低，双掺和三掺 HPC 分别比 HSC 降低 85％和 90％，而且也明显低于 OPC，仅有 OPC 的 45％和 30％。在冻融与腐蚀双重因素作用下，由于卤水的冰点降低效应，混凝土的双因素 DA 与单一冻融因素相比，都有不同程度的下降，OPC 的双因素 DA 为零，HSC、双掺 HPC 和三掺 HPC 分别降低了 92％、44％和 67％。

2）环境介质和应力状态对混凝土损伤参数的影响

图 4.3.5-2 是文献测定的冻融介质种类和弯曲荷载对 OPC 匀速损伤时 IDV 的影响。环境介质包括水（W）和新疆（XJ）、青海（QH）、内蒙古（NMG）与西藏（XZ）盐湖卤水。结果表

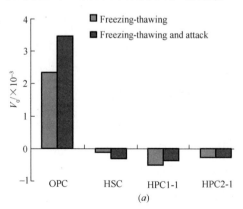

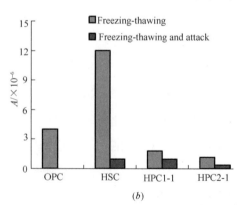

图 4.3.5-1　不同混凝土在单一冻融因素和冻融与腐蚀双重因素作用下的损伤参数

（a）IDV；（b）DA

明，混凝土的损伤参数与耐久性破坏的环境介质种类和应力状态有关。OPC 在不同环境条件下的 IDV 大小顺序是 XZ＞NMG＞W＞XJ＞QH。当混凝土施加 30％弯曲荷载时，OPC 在新疆、青海、内蒙古和西藏盐湖卤水中进行弯曲荷载与冻融和腐蚀多重因素作用时的多因素 IDV 分别比双因素 IDV 增大了 66％、137％、66％和 49％。

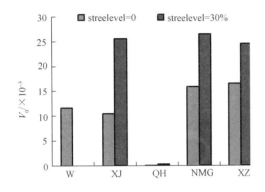

图 4.3.5-2　冻融介质种类和弯曲荷载对 OPC
匀速损伤时 IDV 的影响

W—水；XJ—新疆盐湖卤水；QH—青海盐湖卤水；

NMG—内蒙古盐湖卤水；XZ—西藏盐湖卤水

3）养护环境 RH 对混凝土损伤初速度和损伤加速度的影响

表 4.3.5 是养护环境的 RH 对混凝土 IDV 和 DA 的影响。结果表明，养护环境越干燥，OPC 的 IDV 和 DA 越大，当 RH 由 95％降低到 30％时，其单因素 IDV 和 DA 分别增大了 4.47 倍和 112 倍，双因素 IDV 增大了 3.77 倍。HSC-HPC 由于结构致密，干燥养护对其 IDV 的影响并不明显，仅 HSC 和双掺 HPC 的双因素 IDV 由负值转成正值以外（不足 95％RH 养护 OPC 的 1/36～1/41），其余情形仍然维持负值。相对于 IDV，HSC-HPC 的 DA 对养护环境 RH 的依赖性要明显得多，当 RH 由 95％降低到 30％时，除 HSC 的单因素 DA 降低了 83％以外，其他情形均表现不同程度的提高，例如：双掺 HPC 和三掺 HPC 的单因素 DA 分别提高了 2.33 倍和 5.67 倍，HSC、双掺 HPC 和三掺 HPC 的双因素 DA 则分别提高了 6 倍、8 倍和 3.5 倍。

养护环境 RH 对混凝土的

IDV 和 DA 的影响　　　　　表 4.3.5

损伤参数	实验条件	养护RH/%	OPC	HSC	HPC1	HPC2
$V_0/$ $\times 10^{-3}$	单一冻融因素	95	2.337	−0.126	−0.518	−0.272
		30	12.785	−0.262	−0.268	−1.069
	冻融与腐蚀双重因素	95	3.461	−0.316	−0.375	−0.285
		30	16.522	0.084	0.097	−1.012
$A/$ $\times 10^{-6}$	单一冻融因素	95	4	12	1.8	1.2
		30	452	2	6	8
	冻融与腐蚀双重因素	95	0	1	1	0.4
		30	0	6	8	1.4

4）不同技术措施对 HSC-HPC 的损伤加速度的影响

鉴于 HSC-HPC 的 IDV 是负值，在冻融或腐蚀等破坏因素的长期作用下，损伤一旦形成，其 DA 越大时对混凝土结构的破坏过程就越快，因而 DA 的重要性就更显著了。图 4.3.5-3 是采用不同的技术措施时 HSC-HPC 的 DA。其中，技术措施包括：单掺 10％ AEA（膨胀剂）、单掺 2％ SFR（钢纤维）、单掺 0.1％ PFR（PF 纤维）、复合掺加（10％ AEA＋2％ SFR）和（10％ AEA＋0.1％ PFR）。结果表明，不同技术措施时 HSC、双掺 HPC 和三掺 HPC 的单因素 DA 大小依次是 AEA＋PFR＞基准＝AEA＞AEA＋SFR＞PFR＞SFR、AEA＞PFR＝AEA＋PFR＞基准＞AEA＋SFR＞SFR 和 AEA＝PFR＝AEA＋PFR＞AEA＋SFR＞SFR＞基准，可见掺加钢纤维对于降低 HSC-HPC 的单因素 DA 十分有利，AEA 单掺时效果并不好，它只有与钢纤维复合使用时才能有效降低单因素 DA。HSC 采取不同的技术措施以后，其双因素 DA 规律是 SFR＝AEA＋SFR＞基准＞PFR＞AEA＞AEA＋PFR，对于双掺 HPC 其规律为 SFR＞AEA＋SFR＞PFR＞基准＞AEA＞AEA＋PFR，三掺 HPC 则是 SFR＝AEA＝AEA＋PFR＞AEA＋SFR＞基准＞PFR，因此，掺加 PF 纤维能够降低 HSC-HPC 的双因素 DA，尤其是与 AEA 复合时的效果更好。

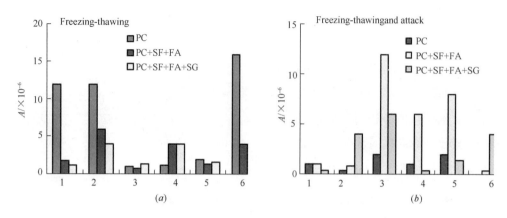

图 4.3.5-3　不同技术措施对 HSC-HPC 的 DA 的影响

(a) 单一冻融因素；(b) 冻融与腐蚀双重因素

1—基准混凝土；2—10%AEA；3—2%SFR；4—0.1%PFR；

5—10%AEA+2%SFR；6—10%AEA+0.1%PFR

5) 损伤初速度与损伤加速度之间的关系

(1) 单一冻融因素作用

图 4.3.5-4 是在单一冻融因素作用下 HSC-HPC 的 IDV (V_0)、SDV (V_{02}) 与 DA (A) 之间的关系。对于双段损伤模式，采用 SDV (V_{02})。经过 SPSS10.0 软件的回归分析，单段损伤模式时混凝土的 V_0 与 A 之间具有线性关系，双段损伤模式时 V_{02} 与 A 之间存在二次多项式关系。

$$V_0 = -155.69A - 0.47$$

$$(n = 46, r = 0.7785) \quad (4.3.5\text{-}1)$$

$$V_{02} = 2872.99A^2 - 1464.7A + 17.52$$

$$(n = 8, r = 0.9802) \quad (4.3.5\text{-}2)$$

在回归分析中，一般认为相关系数 r 超过 0.90 以上才有意义，其实这是一种误解，"回归公式的 r 能否达到 0.90" 并不重要，关键问题是其 r 值必须大于一定显著性水平条件下的临界相关系数 (r_a)，后者与实验样本的数量 (n) 直接相关，n 越小时则达到同样显著性的临界相关系数就要求越高。因而，在显著性水平 $\alpha = 0.01$ 情况下，$n = 8$ 时临界相关系数 $r_{0.001} = 0.9249$ 和 $n = 46$ 时 $r_{0.001} = 0.4898$ 的统计意义是一样的。由于式 (4.3.5-1) 和式 (4.3.5-2) 都符合 $r > r_{0.001}$ 的关系，说明它们都是高度显著的。

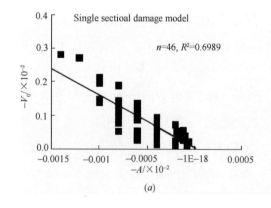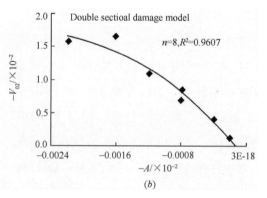

图 4.3.5-4　在单一冻融因素作用下 HSC-HPC 的 IDV、SDV 与 DA 之间的关系

(a) 单段损伤模式；(b) 双段损伤模式

（2）冻融与腐蚀双重因素作用

图 4.3.5-5 是在冻融与腐蚀双重因素作用下 HSC-HPC 的 IDV（V_0）、SDV（V_{02}）与 DA（A）之间的关系。结果表明，在单段损伤模式条件下 V_0 与 A 之间、在双段损伤模式条件下 V_{02} 与 A 之间均存在非常显著的线性关系。

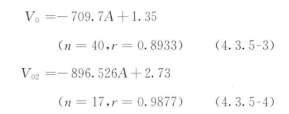

$$V_0 = -709.7A + 1.35$$
$$(n = 40, r = 0.8933) \quad (4.3.5\text{-}3)$$
$$V_{02} = -896.526A + 2.73$$
$$(n = 17, r = 0.9877) \quad (4.3.5\text{-}4)$$

式中，$r_{0.001}$ 分别为 0.5013 和 0.7246。

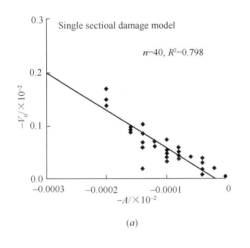

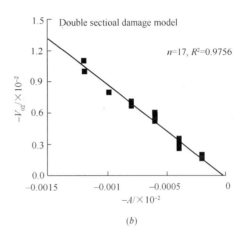

图 4.3.5-5　在冻融与腐蚀双重因素作用下 HSC-HPC 的 IDV、SDV 与 DA 之间的关系
（a）单段损伤模式；（b）双段损伤模式

4.3.6 混凝土的损伤参数与其原材料、配合比和养护条件之间的关系

1. 单一冻融因素作用

1）单段损伤模式

（1）混凝土的损伤初速度、损伤加速度与水胶比的关系

经过对单段损伤模式的 49 组 OPC、HSC、HPC1 和 HPC2 系列混凝土的相关分析，发现在单一冻融因素作用下，混凝土的 V_0 和 A 与水胶比（m_w/m_b）之间具有高度显著的相关关系：

$$V_0 = 0.01882m_w/m_b - 0.00609$$
$$(n = 49, r = 0.6611) \quad (4.3.6\text{-}1)$$
$$A = 0.0007773m_w/m_b - 0.0002109$$
$$(n = 49, r = 0.7436) \quad (4.3.6\text{-}2)$$

式中，其 $r_{0.001} = 0.4562$。可见，采用高效减水剂降低 HSC-HPC 的水胶比，其单因素 IDV 和 DA 降低，必将延长混凝土的冻融寿命。进一步的分析发现，混凝土的冻融损伤参数不仅与水胶比有关，而且与膨胀剂、钢纤维、PF 纤维和养护环境 RH 等因素有关，以下分别进行探讨。

（2）HSC 的损伤加速度与原材料、配合比和养护条件之间的关系

在单一冻融因素作用下，HSC 的 A 与 AEA 掺量（m_{aea}/m_b）、钢纤维掺量（m_{sfr}/m_b）和 PF 纤维掺量（m_{pfr}/m_b）与养护环境 RH 之间具有显著的线性关系：

$$A = 0.02398 + 0.009456RH + 0.08836m_{aea}/m_b$$
$$- 0.1048m_{sfr}/m_b - 11m_{pfr}/m_b \quad (4.3.6\text{-}3)$$

式中，$n = 10$，相关系数 $r = 0.935$。由此可见，掺加 AEA 将提高 HSC 的单因素 DA，掺加钢纤维和 PF 纤维对于降低其单因素 DA 非常有效。

（3）双掺 HPC 的损伤加速度与原材料、配合比和养护条件之间的关系

在单一冻融因素作用下，双掺 HPC 的 A 与养护环境 RH 和钢纤维掺量之间存在显著的线性关系：

$$A = 0.0009615 - 0.000594RH$$
$$- 0.0009423m_{sfr}/m_b$$

$$(n = 18, r = 0.835) \quad (4.3.6\text{-}4)$$

式中，$r_{0.001} = 0.7082$。由式（4.3.6-4）可以看出，加强潮湿养护、掺加钢纤维将使双掺 HPC 的单因素 DA 减小，从而有利于提高其冻融寿命。

（4）三掺 HPC 的损伤初速度和损伤加速度与养护环境 RH 之间的关系

三掺 HPC 在单一冻融条件下，其 V_0 和 A 都与养护环境 RH 之间具有显著的线性关系：

$$V_0 = 19.51RH - 24.44$$

$$(n = 18, r = 0.7272) \quad (4.3.6\text{-}5)$$

$$A = 0.1352 - 0.1097RH$$

$$(n = 18, r = 0.822) \quad (4.3.6\text{-}6)$$

式（4.3.6-5）和式（4.3.6-6）中，$r_{0.001} = 0.7082$。可见，养护环境越干燥，三掺 HPC 的单因素 IDV 越负，单因素 DA 越大。

2）双段损伤模式

对于双段损伤模式，HSC 在单一冻融因素作用下的 V_{02}、A 均与钢纤维掺量有非常显著的线性关系：

$$V_{02} = 0.03248m_{sfr}/m_b - 0.01363$$

$$(n = 8, r = 0.9192) \quad (4.3.6\text{-}7)$$

$$A = 0.0000155 - 0.00003846m_{sfr}/m_b$$

$$(n = 8, r = 0.9083) \quad (4.3.6\text{-}8)$$

式中，其 $r_{0.01} = 0.8343$，都有 $r > r_{0.01}$。可见，掺加钢纤维以后，虽然 HSC 的单因素 SDV 增大，

但是其单因素 DA 减小了。

2. 冻融腐蚀双重因素作用

1）损伤初速度与原材料和配合比之间的关系

在单段损伤模式时，OPC、HSC、双掺 HPC 和三掺 HPC 在冻融与腐蚀双重因素作用下的损伤参数与原材料、配合比和养护条件之间的相关分析结果如表 4.3.6 所示。由表可知，混凝土的 V_0 与其水胶比具有非常显著的正相关关系，与 SF 和 FA 的掺量之间存在显著的负相关关系，这说明当采用低水胶比、掺加 SF 和 FA 时，混凝土的双因素 IDV 将减小，可见 HPC 用于恶劣的盐湖环境具有明显的技术优势。经过回归分析，混凝土的双因素 IDV 与水胶比和 SF 掺量（m_{sf}/m_b）之间的关系式为：

$$V_0 = 276.7m_w/m_b - 144.9m_{sf}/m_b - 73.3$$

$$(n = 40, r = 0.863) \quad (4.3.6\text{-}9)$$

式中，$r_{0.001} = 0.5013$。这说明式（4.3.6-9）非常显著。

2）损伤加速度与原材料、配合比和养护环境 RH 之间的关系

表 4.3.6 的分析结果还表明，OPC、HSC、双掺 HPC 和三掺 HPC 在冻融与腐蚀双重因素作用下的 A 与钢纤维掺量和水胶比之间的相关关系非常显著，与养护环境 RH 和 SG 掺量（m_{sg}/m_b）等之间也有显著的相关关系，其关系式为：

$$A = 0.0002164 + 0.0001248m_{sfr}/m_b$$
$$+ 0.0002089m_{sg}/m_b - 0.0002866m_w/m_b$$
$$- 0.0000689RH - 0.01982m_{pfr}/m_b$$

$$(4.3.6\text{-}10)$$

式中，$n = 40$，$r = 0.798$，存在 $r \gg r_{0.001}$，说明式（4.3.6-10）非常显著。由此可见，当混凝土中掺加钢纤维和 SG 以后，其双因素 DA 将增加，当降低水胶比、掺加 PF 纤维、加强潮湿养护，则其双因素 DA 将减小。

混凝土在冻融与腐蚀双重因素作用下损伤参数的相关分析（单段损伤模式） 表 4.3.6

损伤参数		RH	SF	FA	SG	AEA	钢纤维	PF 纤维	m_w/m_b
V_0	Pearson correlation	-0.058	-0.353^*	-0.353^*	-0.248	-0.197	-0.203	-0.145	0.834^{**}
	Sig. (2-tailed)	0.721	0.026	0.026	0.123	0.222	0.208	0.370	0.000
	n	40	40	40	40	40	40	40	40
A	Pearson correlation	-0.382^*	0.369^*	0.369^*	0.401^*	0.059	0.515^{**}	-0.300	-0.444^{**}
	Sig. (2-tailed)	0.015	0.019	0.019	0.010	0.719	0.001	0.060	0.004
	n	40	40	40	40	40	40	40	40

4.3.7 混凝土的快速冻融寿命与损伤参数之间的相关性

混凝土在冻融或腐蚀条件下的快速实验寿命与其损伤失效过程息息相关，在其损伤演化方程中，令 $E_r = 60\%$，即可计算混凝土的快速实验寿命。这是混凝土寿命与损伤参数之间的直接理论关系。通过分析大量的实验数据，发现混凝土的快速冻融寿命与损伤参数之间的相关性是非常明显的。

1. 单一冻融因素作用

1）单段损伤模式

（1）HSC 的单因素冻融寿命与损伤初速度和损伤加速度的关系

单段损伤模式时 HSC 的单因素冻融寿命与其损伤参数之间的相互关系见图 4.3.7-1。由图 4.3.7-1a 可见，除了在 30%RH 养护时的 3 个异常数据以外，对于其余养护条件和配合比的 HSC，其单因素冻融寿命均随着 IDV 的越负而缩

短。图 4.3.7-1b 显示 HSC 的单因素冻融寿命随着 DA 的增大而大大减小。经过回归分析，在单段损伤模式条件下，HSC 的单因素冻融寿命（N_w）与 V_0 具有非常显著的线性关系、N_w 与 A 之间具有非常显著的指数函数关系：

$$N_w = 89.138 V_0 + 1647.1$$
$$(n = 7, r = 0.8906) \quad (4.3.7-1)$$
$$N_w = 1452.7 e^{-21.658A}$$
$$(n = 10, r = 0.8376) \quad (4.3.7-2)$$

式中，$r_{0.01}$ 分别为 0.8745 和 0.7646。

（2）双掺 HPC 的单因素冻融寿命与损伤初速度和损伤加速度的关系

图 4.3.7-2 是双掺 HPC 在单段损伤模式时的单因素冻融寿命与其损伤参数之间的关系。可见，当双掺 HPC 的 IDV 越负、DA 越大时，其单因素冻融寿命越短。根据相关系数的显著性检验结果，在单段损伤模式条件下 N_w 与 V_0 之间的相关关系不显著，而 N_w 与 A 之间具有很显著的指数函数关系：

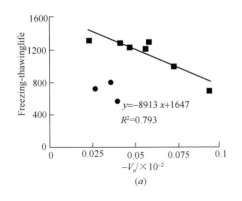
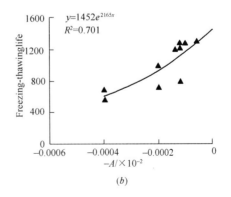

图 4.3.7-1 在单段损伤模式条件下 HSC 的单因素冻融寿命与 IDV 和 DA 的关系

（·为 30%RH 养护的基准 HSC、掺 AEA 和掺 PF 纤维 HSC）

(a) Single-factor freezing-thawing life vs IDV；(b) Single-factor freezing-thawing life vs DA

$$N_\text{W} = 1007.1e^{-11.496A}$$

$$(n = 18, r = 0.8257) \quad (4.3.7\text{-}3)$$

式中，$r_{0.001} = 0.7084$。

（3）三掺 HPC 的单因素冻融寿命与损伤初速度和损伤加速度的关系

在单段损伤模式时三掺 HPC 的单因素冻融寿命与 IDV 和 DA 之间的关系见图 4.3.7-3。可见，与 HSC 和双掺 HPC 类似，三掺 HPC 的 IDV 越负、DA 越大，其单因素冻融寿命也越短。回归分析表明，在单段损伤模式条件下，三掺 HPC 的 N_W 与 V_0 之间具有高度显著的对数函数关系，N_W 与 A 之间的指数函数也极其显著：

$$N_\text{W} = -270.51\ln(-V_0) + 1258.24$$

$$(n = 18, r = 0.8305) \quad (4.3.7\text{-}4)$$

$$N_\text{W} = 937.37e^{-6.6376A}$$

$$(n = 18, r = 0.8209) \quad (4.3.7\text{-}5)$$

2）双段损伤模式

当 HSC 的单一冻融损伤规律表现为双段损伤模式时，其单因素冻融寿命与损伤参数之间的关系如图 4.3.7-4 所示。结果表明，HSC 的 IDV 越大、SDV 越负、DA 越大时，其单因素冻融寿命越短。经过回归分析，在双段损伤模式条件下 HSC 的 N_W 与 IDV（V_{01}）和 V_{02} 之间具有一定的线性关系，而 N_W 与 A 之间则具有比较显著的线性关系。

2. 冻融与腐蚀双重因素作用

1）单段损伤模式

在冻融与腐蚀双重因素作用下，当 HSC-HPC 的损伤失效过程表现为单段损伤模式时，其双因素冻融寿命与损伤参数之间的关系见图 4.3.7-5。其中，掺加 PF 纤维的双掺和三掺 HPC 在 30％RH～50％RH 条件养护的 3 个数据偏离数据群（用■表示）。可见，在单段损伤模式下，根据 37 个数据点的趋势，HSC-HPC 的双因素冻融寿命与 IDV 之间的相关性不明显，但是它与 DA 之间的关系是非常明确的，基本规律是混凝土的 DA 越大，其双因素冻融寿命越短。

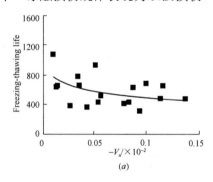
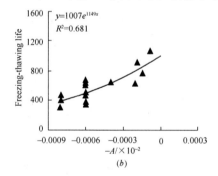

图 4.3.7-2　在单段损伤模式条件下双掺 HPC 的单因素冻融寿命与 IDV 和 DA 的关系

(a) Single-factor freezing-thawing life vs IDV；(b) Single-factor freezing-thawing life vs DA

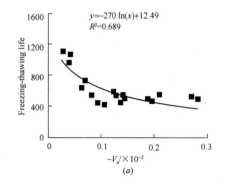
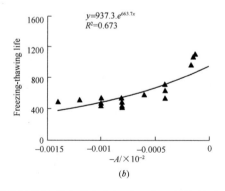

图 4.3.7-3　在单段损伤模式条件下三掺 HPC 的单因素冻融寿命与 IDV 和 DA 的关系

(a) 单因素冻融寿命与 IDV；(b) 单因素冻融寿命与 DA

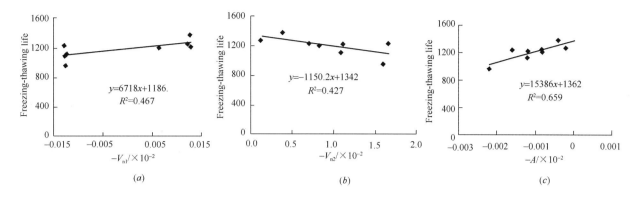

图 4.3.7-4　在双段损伤模式条件下 HSC 的单因素冻融寿命与 IDV、SDV 和 DA 之间的关系

(*a*) 单因素冻融寿命与 IDV；(*b*) 单因素冻融寿命与 SDV；(*c*) 单因素冻融寿命与 DA

2）双段损伤模式

当 HSC-HPC 在冻融与腐蚀双重因素作用下的损伤失效过程表现为双段损伤模式时，其双因素冻融寿命与损伤参数之间的关系如图 4.3.7-6 所示。可见，在双段损伤模式时，HSC-HPC 的 IDV 越大、SDV 越负、DA 越大，其双因素冻融寿命越短。回归分析表明，在双段损伤模式条件下，HSC－HPC 的双因素冻融寿命（N_B）与 V_{01} 之间的关系不是很密切，但是，N_B 与 V_{02} 之间存在显著的对数函数关系，N_B 与 A 之间则存在显著的指数关系，其关系式如下：

$$N_B = -212.13\ln(-V_{02}) + 2184.29$$

$$(n = 17, r = 0.6117) \quad (4.3.7\text{-}6)$$

$$N_B = 1587.9e^{-2.32A}$$

$$(n = 17, r = 0.6464) \quad (4.3.7\text{-}7)$$

式中，$r_{0.01} = 0.6055$。

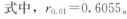
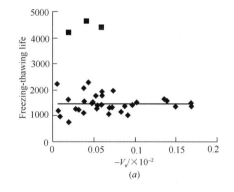
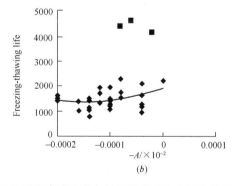

图 4.3.7-5　在单段损伤模式条件下 HSC-HPC 的双因素冻融寿命与 IDV 和 DA 之间的关系
(*a*) 双因素冻融寿命与 IDV；(*b*) 双因素冻融寿命与 DA

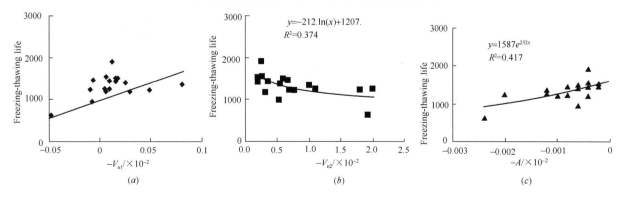

图 4.3.7-6　在双段损伤模式条件下 HSC-HPC 的双因素冻融寿命与 IDV、SDV 和 DA 之间的关系
(*a*) 双因素冻融寿命与 IDV；(*b*) 双因素冻融寿命与 SDV；(*c*) 双因素冻融寿命与 DA

4.3.8　损伤演化方程的验证

在应用前述损伤演化方程之前，必须经过大量实验数据的验证。目前，文献很少报道混凝土在双重因素和多重因素作用下的完整损伤失效曲线，这里主要验证混凝土在单一冻融因素作用下的损伤演化方程。

对于单段损伤模式的NPC40混凝土，可以运用本节式(4.3.6-1)和式(4.3.6-2)初步计算出损伤初速度V_0和损伤加速度A。对于文献中单段损伤模式的不同混凝土，其水胶比为0.49，文献中C80混凝土的水胶比为0.26，本节建立的式(4.3.6-5)和式(4.3.6-6)时的水胶比为0.29，该公式不完全适应文献的配合比，所以在运用该式估算损伤参数时不能严格区分混凝土掺合料的影响。对于双段损伤模式的其他混凝土，由于本节在建立式(4.3.6-7)和式(4.3.6-8)时，采用的是固定水灰比0.25，文献中高强混凝土NPC80和

钢纤维增强高强混凝土NSFRC80的水灰比为0.26，文献中高强混凝土C80的水灰比为0.28，因此，这里基本可以参照采用式(4.3.6-7)和式(4.3.6-8)估算混凝土的损伤初速度和损伤加速度。表4.3.8是不同混凝土在单一冻融因素作用下的损伤参数计算结果，其中文献的混凝土损伤参数为实验值。将得到的混凝土损伤参数代入式(4.3.3-1)和式(4.3.3-7)中，得到混凝土的损伤演化方程，并且令E_r等于60%，就能够预测出不同混凝土在实验室快速冻融条件下的单一冻融寿命，也同时列于表4.3.8中。混凝土冻融寿命的实验值与预测值的比较见图4.3.8。可见，运用本节提出的混凝土损伤演化方程及其部分数据库，预测混凝土在实验室条件下的快速寿命与实验值是非常接近的，这充分验证了本节提出的混凝土损伤演化方程的正确性与合理性，说明将损伤演化方程应用于混凝土的寿命预测是切实可行的。如果验证混凝土的水灰比与本项目一致，相信预测精度将进一步提高。

混凝土的单一冻融因素损伤演化方程中损伤参数的预测与寿命结果比较　　　　表4.3.8

文献	编号	损伤模式	损伤参数/×10⁻²			冻融寿命/次	
			a	b	c	实验值	预测值
[22]	NPC40	单段		−0.21908	−0.0131112	120	108
	NPC80	双段	0.0126	1.363	−0.00155	1100	1134
	NSFRC80	双段	0	1.08692	−0.00122309	1620	1813
[14]	C80	双段	0.0126	1.363	−0.00155	955	1134
[110]	F0S30	单段		590.55	−3.0985	354	381
	F0S40	单段		590.55	−3.0985	327	381
	F0S50	单段		590.55	−3.0985	309	381
	F15S20	单段		590.55	−3.0985	257	381
	F15S30	单段		590.55	−3.0985	283	381
	F15S40	单段		590.55	−3.0985	219	381
[111]	C80	单段		53.1840	−0.03972	3426[1]	2679
[15]	OPC	单段		−0.5202	−0.025548	20	35
	HSC	双段	−0.0125	1.0958	−0.0012	1550	1573
	HPC	单段		0.0694	−0.0004	800	653
	SFRHPC	单段		0.0392	−0.00016	1050	993
	PFRHPC	单段		0.0823	−0.0004	475	698

[1] 根据文献的实验曲线趋势估算。

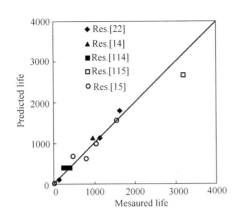

图 4.3.8　单一冻融因素作用下损伤演化方程的
预测冻融寿命与实测冻融寿命

在实际应用时，首先通过大量的系统实验，建立涵盖不同工程使用的混凝土配合比与损伤参数的更加广泛的数据库，其实用价值会更大。

4.3.9　基于损伤演化方程的混凝土使用寿命的设计与预测方法、实验体系

1. 混凝土使用寿命的计算方法

混凝土的寿命与其损伤失效过程息息相关，在描述混凝土损伤过程的方程式（4.3.3-1）、式（4.3.3-6）和式（4.3.3-7）中，当相对动弹性模量等于 60% 时，即可得到混凝土在一定耐久性实验条件下的加速实验寿命。

当冻融破坏是影响混凝土结构失效的主要耐久性因素时，可以借助国家水科院和南京水科院调查的全国不同地区混凝土室内外冻融循环次数之间关系，计算混凝土结构的使用寿命：

$$t = \frac{kN}{M} \qquad (4.3.9\text{-}1)$$

式中，t 为混凝土结构的使用寿命（a）；k 为冻融实验系数，即室内一次快速冻融循环相当于室外自然冻融循环次数的比例，平均值一般可取 12；N 为混凝土在实验室的快速冻融寿命（次）；M 为混凝土结构在实际环境中一年可能经受的冻融循

次数（次/a）。

当腐蚀破坏是影响混凝土结构失效的主要耐久性因素时，混凝土的腐蚀过程受侵蚀性离子的扩散控制，根据 Fick 第一扩散定律，扩散时间与环境的侵蚀性离子浓度成反比，如果忽略腐蚀的化学反应时间，扩散时间就可以近似于化学腐蚀导致混凝土结构失效的时间，因此，借助 Fick 第一扩散定律能够计算混凝土结构的使用寿命：

$$t = \frac{C_0}{C} t_0 \qquad (4.3.9\text{-}2)$$

式中，t 为混凝土结构的使用寿命；t_0 为实验室快速实验时混凝土相对动弹性模量等于 60% 的腐蚀时间；C 和 C_0 分别为实际环境水和快速实验时腐蚀溶液的侵蚀性离子浓度。

2. 使用寿命设计的前期准备工作

1）建立不同混凝土在各种腐蚀、冻融条件下损伤演化方程的基本参数数据库

目前，根据大量的实验结果，获得了强度等级 C30～C80 的素混凝土、钢纤维和高强高弹模聚乙烯纤维增强混凝土在冻融或腐蚀条件下的单因素损伤演化方程，弯曲荷载与冻融、在盐湖卤水或 NaCl、Na_2SO_4 溶液中的冻融与腐蚀、干湿循环与腐蚀等条件下的双因素损伤演化方程，以及先碳化后冻融与内蒙古盐湖卤水腐蚀、弯曲荷载与冻融和盐湖卤水或 NaCl、Na_2SO_4 溶液腐蚀等条件下的三因素损伤演化方程，建立损伤初速度和损伤加速度的数据库。

2）研究不同混凝土在冻融或腐蚀条件下损伤参数与其原材料、配合比和养护条件之间的相关关系

通过混凝土在单一冻融、单一的盐湖卤水或 NaCl、Na_2SO_4 溶液腐蚀、冻融与盐湖卤水腐蚀、先碳化后冻融与内蒙古盐湖卤水腐蚀等条件下的大量实验，根据相关分析和回归分析，初步建立混凝土冻融或腐蚀的损伤初速度和损伤加速度等参数与其原材料、配合比和养护条件之间的关系式，确立

影响混凝土冻融或腐蚀损伤的因素规律性。

3）建立混凝土的单因素、双因素和多因素损伤失效模式的线性判别函数

根据混凝土的原材料、配合比和养护条件等特征，运用判别分析方法建立了混凝土在各种复杂的腐蚀或冻融条件下损伤失效模式的判别函数。

3. 使用寿命设计的基本步骤

第一步，根据工程当地的气候、水文地质条件以及结构用途，确定实际工程可能遭受的主要耐久性破坏因素，尤其应该注意荷载因素的影响；

第二步，根据混凝土的原材料、配合比和养护条件等初始条件，由损伤模式判别函数确定混凝土的冻融或腐蚀损伤失效模式；

第三步，根据已经建立的混凝土损伤参数与其原材料、配合比和养护条件之间的相关公式，进一步确定损伤初速度和损伤加速度等参数，得到混凝土的损伤演化方程；

第四步，根据损伤演化方程，计算当相对动弹性模量等于 60％ 时混凝土在快速实验条件的寿命；

第五步，依据式（4.3.9-1）或式（4.3.9-2）计算混凝土结构在实际服役条件下的使用寿命。

4. 使用寿命预测的实验工作和基本思路

（1）与使用寿命设计的第一步相同，首先要确定实际工程在荷载、环境和气候等因素作用下的主要耐久性破坏因素。

（2）考虑工程的服役条件下，优选在实验室进行的快速耐久性实验方案。

对于北方地区：一般大气暴露条件可选择进行荷载与冻融双重因素实验，地下结构如没有腐蚀性可进行荷载与冻融双重因素实验，如有腐蚀性可进行荷载与腐蚀双重因素或荷载与腐蚀和冻融三重因素实验，腐蚀介质可选用实际环境水；对于冬季撒除冰盐的高速公路或城市立交桥，可进行荷载与冻融和 3％NaCl 溶液腐蚀三重因素实验。

对于南方地区：考虑冻融破坏的工程可进行荷载与冻融双重因素实验，不考虑冻融的工程或

地下结构可进行荷载与腐蚀双重因素实验。为了加快损伤失效过程，得到完整的损伤曲线，必须提高腐蚀介质的浓度，常用 5％ Na_2SO_4 溶液或硫酸盐与氯盐的混合溶液。

（3）根据实际原材料、配合比和养护条件，设计制作混凝土试件，进行上述的多因素耐久性加速实验，得到混凝土在快速实验条件下的损伤演化方程。

（4）最后两步与使用寿命设计第四步和第五步相同，预测出混凝土结构的使用寿命。

4.3.10 损伤演化方程在重大土木工程混凝土结构的使用寿命预测中的应用

这里通过实验探讨了损伤演化方程在预测青海盐湖钾肥工程、南京地铁和润扬大桥等国家重大工程使用寿命中的应用问题。

1. 原料与实验方案设计

1）南京地铁的原材料和配合比

南京地铁工程采用的主要原材料分别为：天宝 32.5P·O 水泥，华能Ⅰ级粉煤灰，江南 S95 磨细矿粉，中砂，5～31.5mm 碎石，江苏省建筑科学研究院专为南京地铁工程特供的 JM-Ⅲ复合外加剂。混凝土的设计强度等级为 C30，抗渗标号 P8，其配合比见表 4.3.10-1，基本性能见表 4.3.10-2。在实验室进行快速耐久性实验时，采用的粗集料为 5～10mm 碎石。

2）润扬大桥的原材料和配合比

润扬大桥采用的主要原材料见表 4.3.10-3，采用南京江南水泥厂生产 P.O 42.5R 水泥，生产的Ⅰ级粉煤灰，江苏江南粉磨公司的 S95 级磨细矿渣，比表面积 461m²/kg，江苏省建筑科学研究院生产的 JM-Ⅷ型萘系高效减水剂，南京河砂，中砂，花岗岩的最大粒径为 16mm，5～16mm 连续级配。配合比见表 4.3.10-4，混凝土的基本性

能见表 4.3.10-5。其中，XL 代表箱梁，ST 代表索塔，DS 代表墩身，MD 代表锚碇，H1、F1 和 F2 代表工程不同标段的原始配比，KY 代表科研项目组提出的配比。

南京地铁 C30P8 高性能混凝土配合比　　　　　表 4.3.10-1

| 编号 | FA | SL | W/B | kg/m³ | | | | | | |
				C	FA	SL	JM-Ⅲ	S	G	W
C30R	0	0	0.408	350	0	0	30	760	1140	155
C30F35	35	0	0.385	240	133	0	30	716	1121	155
C30S50	0	50	0.408	160	0	190	30	752	1128	155
C30F30S20	30	20	0.388	179	114	76	30	718	1123	155

南京地铁 C30P8 高性能混凝土基本性能　　　　　表 4.3.10-2

| 编号 | 坍落度 | 含气量 | 抗压强度/MPa | | | |
	/mm	/%	3d	7d	28d	90d
C30R	200	4.9	14.2	35.8	47.8	58.0
C30F35	230	5.5	6.7	23.7	36.9	51.6
C30S50	210	4.6	—	30.9	39.5	48.8
C30F30S20	230	6.2	—	23.7	37.1	42.8

试验用原材料　　　　　表 4.3.10-3

编号	水泥	粉煤灰	砂	碎石	外加剂
XLH1	江南 42.5P.O	—	赣江中砂	花岗岩	JM-Ⅷ
XLKY	江南 42.5P.O	华能Ⅰ级灰	赣江中砂	花岗岩	JM-Ⅷ
STF1	江南 42.5P.O	谏壁Ⅰ级灰	赣江中砂	花岗岩	JM-Ⅷ
STKY	江南 42.5P.O	谏壁Ⅰ级灰	赣江中砂	花岗岩	JM-Ⅷ
DSH1	华新 42.5P.O	—	赣江中砂	花岗岩	JM-Ⅷ
DSKY	华新 42.5P.O	华能Ⅰ级灰	赣江中砂	花岗岩	JM-Ⅷ
MDF2	中国 32.5P.O	谏壁Ⅱ级灰	赣江中砂	石灰岩	JM-Ⅷ

润扬大桥的混凝土配合比　　　　　表 4.3.10-4

| 编号 | FA/% | 混凝土配合比 kg/m³ | | | | | | 备注 |
		水泥	粉煤灰	砂	碎石	水	外加剂	
XLH1	0	500	0	649	1104	151	7.0	H1 标用
XLKY	12	450	60	626	1112	151	7.2	科研组提
STF1	10	470	52	645	1030	155	7.83	F1 标用
STKY	18	425	90	650	1072	155	7.73	科研组提
DSH1	0	420	0	692	1127	150	5.04	H1 标用
DSKY	20	344	84	644	1128	150	5.14	科研组提
MDF2	37	226	134	751	1147	148	3.60	F2 标用

润扬大桥的混凝土抗压强度　　　　　表 4.3.10-5

| 编号 | 抗压强度/MPa | | | |
	3d	7d	28d	90d
XLH1	41.5	68.8	75.1	87.4
XLKY	40.5	68.0	73.2	82.0
STF1	39.0	65.1	71.3	87.8
STKY	35.2	55.7	63.2	73.7
DSH1	42.1	66.3	70.1	78.2
DSKY	33.9	60.5	70.1	84.2
MDF2	13.5	29.3	42.6	53.8

3）南京地铁和润扬大桥使用寿命预测时的实验方案

（1）南京地铁的多因素耐久性实验

南京地铁工程钢筋混凝土管片外围的环境水和土壤中含有轻微的氯离子和硫酸根离子，其浓度分别为 160ppm 和 142ppm，不足以导致钢筋锈蚀破坏，其寿命预测不能应用氯离子扩散理论。运用混凝土的损伤演化方程进行寿命预测时，必须提高环境介质的浓度以加速混凝土的损伤过程。由于南京地铁工程基本上不存在冻融问题，腐蚀可能是将来导致混凝土结构失效的主要耐久性因素，因此，快速耐久性实验以腐蚀为基础，鉴于氯盐能够缓解硫酸盐对混凝土的腐蚀作用，为了可靠地预测结构的使用寿命，实验可以不必考虑氯盐对混凝土腐蚀的影响，最终确定 5％ Na_2SO_4 溶液为腐蚀介质，进行了不同混凝土的弯曲荷载与硫酸盐腐蚀双重因素实验，加载比例为 35％弯曲破坏荷载。

（2）润扬大桥的多因素耐久性实验

润扬大桥不同的混凝土结构部位，所受到的耐久性破坏因素有很大的差异，对于箱梁和索塔，其保护层厚度分别为 25mm 和 75mm，箱梁的关键部位的保护层厚度也达到 75mm，根据同期进行的加载＋碳化实验结果，预测其碳化寿命高达几千年以上，这说明箱梁和索塔混凝土的主要耐久性破坏因素绝不是碳化。根据江苏的气候条件，在使用过程中影响混凝土耐久性破坏的主要因素是冻融，考虑到荷载对冻融的影响，进行了 35％弯曲荷载与冻融双因素耐久性实验。混凝土的配合比包括工程指挥部原来的配合比和科研组提出的新配合比。

对于大桥的墩身和锚碇部位的混凝土，靠近地表附近同时受到冻融、干湿等因素的作用，这部分混凝土的耐久性问题最大。由于地下水土含有轻微 Cl^- 和 SO_4^{2-} 离子，因此，墩身和锚碇混凝土的主要耐久性破坏因素是在实际服役条件下的腐蚀与冻融破坏。为了加快混凝土的损伤速度，实验采用含 3.5％ NaCl 与 5％ Na_2SO_4 的复合溶液，对不同配比混凝土进行 35％弯曲荷载与冻融和腐蚀多因素耐久性实验。这样，实际工程寿命在理论上不会低于在高浓度复合溶液的多重因素作用下的寿命，可见，对于大桥的墩身和锚碇，按这种方法预测的使用寿命是偏于保守的。

2. 用损伤演化方程预测西部盐湖地区重点工程混凝土结构的使用寿命——青海盐湖钾肥工程

青海盐湖钾肥工程分两期建设，在 20 世纪 90 年代初建成的Ⅰ期工程中采用的是强度等级 C30 的 OPC，在 2003 年底建成的Ⅱ期工程中主要采用油毡隔离的方法，对与地面接触的交界面处 OPC 进行防护，适用了部分强度等级 C40～C50 的 HSC。在第二章和第三章进行的混凝土在青海盐湖卤水的单一腐蚀因素、干湿循环与腐蚀双重因素作用下，通过实验确定 OPC（强度等级 C30）和 HSC（强度等级 C70）的损伤失效模式均为单段损伤模式，测定的损伤初速度和损伤加速度如表 4.3.10-6 所示。结果表明，当考虑实际环境每 2 天发生 1 次干湿循环，则青海盐湖钾肥Ⅰ期工程 OPC 的实际寿命只有 1.29～2.19a，这与第三章报道的抗压腐蚀系数低（0.44～0.65）是非常吻合的。在Ⅱ期工程试用的 HSC，其使用寿命有所延长，但是即使强度等级达到 C70，如果不采取防护措施也仅 2.4～3.33a 的寿命，其抗压腐蚀系数不高（0.65～0.81）也表明，HSC 在青海盐湖地区是不耐久的，青海盐湖钾肥Ⅱ期工程在设计时仍然存在诸多不足。

青海盐湖钾肥工程混凝土的损伤参数及其预期使用寿命　　　　表 4.3.10-6

工程	编号	条件	损伤参数/×10⁻⁴		实验寿命	预测使用寿命/a
			b	c		
一期	OPC	腐蚀	−5	0	800d	2.19
	OPC	干湿循环与腐蚀	−17	0	235 次	1.29
二期	HSC	腐蚀	4	−0.012	1215d	3.33
	HSC	干湿循环与腐蚀	4	−0.06	438 次	2.4

3. 用损伤演化方程预测重大土木工程混凝土结构的使用寿命——南京地铁和润扬大桥

1）南京地铁工程的预期使用寿命

图 4.3.10-1 是南京地铁混凝土在 35％弯曲荷载与 5％ Na_2SO_4 溶液腐蚀的双因素损伤失效过程。根据回归分析，得到的损伤演化方程见表 4.3.10-7。在寿命预测时，首先将 $E_r=60\%$ 代入损伤演化方程中，得到不同混凝土在实验室快速实验条件下的加载腐蚀寿命，然后根据式（4.3.9-2）就可以算出南京地铁工程不同配合比混凝土的预期使用寿命。结果表明，不掺工业废渣的 C30R 混凝土，其使用寿命仅有 70a，当采用掺加 35％Ⅰ级粉煤灰、50％磨细矿渣或者复合掺加 30％Ⅰ级粉煤灰和 20％磨细矿渣的高性能混凝土时，地铁工程的使用寿命均能达到 100a 的设计要求。

南京地铁工程混凝土的损伤演化方程及其实验室快速寿命和工程的预期使用寿命　　表 4.3.10-7

配比编号	损伤演化方程	相关系数	快速寿命/d	工程寿命/a
C30R	$E_r=100+0.5588t-0.0087t^2$	0.9291	107	70
C30F35	$E_r=100+0.3548t-0.0036t^2$	0.9337	166	108
C30S50	$E_r=100+0.1116t-0.0017t^2$	0.8974	190	124
C30F30S20	$E_r=100+0.3156t-0.003t^2$	0.9101	179	117

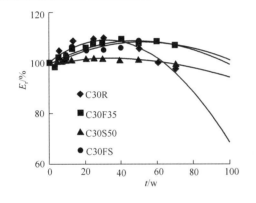

图 4.3.10-1　南京地铁混凝土在 35％弯曲荷载与 5％ Na_2SO_4 溶液腐蚀双重因素作用下的损伤失效过程

2）润扬大桥的预期使用寿命

图 4.3.10-2 是润扬大桥箱梁、索塔、墩身和锚碇混凝土在 35％弯曲荷载与冻融双重因素、以及 35％弯曲荷载与冻融和 3.5％NaCl、5％ Na_2SO_4 复合溶液腐蚀三重因素条件下的损伤失效过程。回归得到的损伤失效演化方程见表 4.3.10-8。在损伤演化方程中令 $E_r=60\%$，即可求得不同结构部位混凝土在实验室加速实验条件下的快速冻融寿命。根据文献，南京地区每年的自然冻融循环次数约为 20 次，混凝土在实验室快速冻融 1 循环相当于自然条件下 12 次循环，因此，依据式（4.3.9-1）预测润扬大桥箱梁、索塔、墩身和锚碇混凝土的预期使用寿命均能够超过 100a 设计要求（表 4.3.10-8）。由此可见，科研组提供的新配合比除 STKY 的寿命比 STF1 低 35％以外，其余均长于原配合比，XLKY 的寿命比 XLH1 长 86％，DSKY 的寿命比 DSH1 长 4.5％。

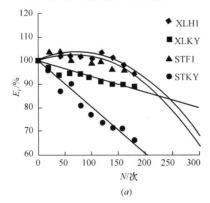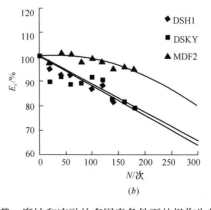

(a)　　　　(b)

图 4.3.10-2　润扬大桥不同结构部位混凝土在荷载、腐蚀和冻融的多因素条件下的损伤失效过程
（a）箱梁和索塔，35％弯曲荷载与冻融；（b）墩身和锚碇，35％弯曲荷载与冻融和复合溶液腐蚀

润扬大桥混凝土的损伤演化方程、实验室快速寿命和工程的预期使用寿命　　表 4.3.10-8

配比编号	损伤演化方程	相关系数	快速寿命/次	工程寿命/a
XLH1	$E_r = 100 + 0.0975N - 0.0007N^2$	0.9097	319	191
XLKY	$E_r = 100 - 0.0675N$	0.9522	593	356
STF1	$E_r = 100 + 0.0915N - 0.0007N^2$	0.9090	313	188
STKY	$E_r = 100 - 0.1971N$	0.9721	203	122
DSH1	$E_r = 100 - 0.1202N$	0.9679	333	200
DSKY	$E_r = 100 - 0.1145N$	0.8949	349	209
MDF2	$E_r = 100 + 0.0229N - 0.0003N^2$	0.9108	405	243

4.3.11 小结

1. 在冻融或腐蚀等破坏因素作用下，混凝土的损伤失效过程可以用相对动弹性模量与冻融循环或腐蚀时间之间的关系来描述。通过对不同混凝土在单一、双重和多重因素作用下的大量实验，总结出混凝土的损伤曲线主要有 3 种类型：直线型、抛物线型和直线—抛物线复合型。同时，将混凝土的损伤失效过程划分为单段损伤模式和双段损伤模式。

2. 运用简单的数学模型描述混凝土的损伤演化方程，在理论上明确了方程中各个参数的物理意义，提出了损伤速度和损伤加速度等新概念。

3. 根据混凝土的原材料、配合比和养护条件等特征，运用判别分析方法建立了混凝土在冻融或腐蚀等单一、双重和多重因素作用下损伤失效模式的线性判别函数。

4. 根据混凝土的损伤演化方程，在单段损伤模式条件下，开始时混凝土的损伤以初速度产生，之后则以加速度发展。在双段损伤模式条件下，开始时混凝土的匀速损伤以初速度产生，当达到损伤变速点以后其损伤初速度发生"突变"，之后损伤以加速度快速发展。

5. 运用实验和文献数据对单一冻融因素作用下混凝土损伤模式的判别函数进行了验证，取得了满意的验证效果，证明本项目建立的混凝土损伤模式判别函数具有较高的实用价值。

6. 通过大量系统的耐久性实验，获得了不同混凝土在单一冻融因素、单一腐蚀因素、和冻融与腐蚀双重因素等作用下损伤演化方程的基本参数数据库，该数据库包括 228 组成对的损伤初速度、二次损伤初速度、损伤加速度和损伤变速点等参数。

7. 混凝土的损伤初速度与损伤加速度取决于结构所处的环境、气候和受力状态。OPC 具有很高的单因素和双因素损伤初速度，养护环境越干燥，其数值越大。OPC 在不同环境介质条件下冻融的损伤初速度规律是西藏盐湖卤水＞内蒙古盐湖卤水＞水＞新疆盐湖卤水＞青海盐湖卤水。当施加 30％弯曲荷载时，OPC 在不同盐湖卤水中冻融的多因素损伤初速度将提高 49％～137％。HSC 与 HPC 在不同环境介质条件下的单因素和双因素损伤初速度均为负值，因其结构致密，干燥养护对损伤初速度的影响并不明显，说明在冻融开始时 HSC-HPC 存在强化效应。

8. 不同混凝土的单因素损伤加速度规律是 HSC＞OPC＞双掺 HPC＞三掺 HPC，掺加活性掺合料可以显著降低 HSC-HPC 的单因素损伤加速度。因内蒙古盐湖卤水的冰点降低效应，所有混凝土的双因素损伤加速度都有不同程度的下降。当混凝土在干燥环境中养护时，除 HSC 的单因素损伤加速度减小以外，HSC 的双因素损伤加速度、双掺 HPC 和三掺 HPC 的单因素和双因素损伤加速度均有不同程度的增大，OPC 增加得更加明显。

9. 采用不同的技术措施制备 HSC-HPC 时，对其损伤加速度具有明显的影响。掺加钢纤维对于降低 HSC-HPC 的单因素损伤加速度十分有利，AEA 单掺时效果并不好，它只有与钢纤维复合使用时才能有效降低其单因素损伤加速度。掺加 PF 纤维能够显著降低 HSC-HPC 的双因素损伤加速度，尤其是与 AEA 复合时的效果更好。

10. 混凝土的损伤初速度、二次损伤初速度与损伤加速度等参数并非孤立，而是有紧密的内在联系。在单段损伤模式时，HSC-HPC 的单因素损伤初速度与损伤加速度之间以及双因素损伤初速度与损伤加速度之间都存在高度显著的线性关系。在双段损伤模式时，HSC-HPC 的单因素二次损伤初速度与损伤加速度之间具有高度显著的二次多项式关系，双因素二次损伤初速度与损伤加速度之间则存在非常显著的线性关系。

11. 混凝土的损伤初速度、二次损伤初速度与损伤加速度与其原材料、配合比和养护条件密切相关，建立了它们之间的回归公式，确立了影响混凝土损伤失效过程的因素数值规律。回归分析表明，采用高效减水剂降低水胶比、加强潮湿养护，均能降低混凝土在单一和双重因素作用下的损伤初速度和损伤加速度。采用钢纤维增强技术有利于降低混凝土的单因素损伤参数；掺加活性掺合料、采用 PF 纤维增强技术，则有利于降低混凝土的双因素损伤参数。在预测冻融或腐蚀条件下混凝土结构的使用寿命时，这些公式可以用于计算混凝土的损伤参数。

12. 混凝土的快速实验寿命与其损伤失效过程息息相关。在单一冻融因素作用下，HSC-HPC 在单段损伤模式时，损伤初速度越负、损伤加速度越大时，其单因素冻融寿命越短；HSC 在双段损伤模式时，损伤初速度越大、二次损伤初速度越负、损伤加速度越大时，其单因素冻融寿命越短。在冻融与内蒙古盐湖卤水腐蚀双重因素作用下，HSC-HPC 在单段损伤模式时，损伤加速度越大时，其双因素冻融寿命越短；HSC-HPC 在双段损伤模式时，损伤初速度越大、二次损伤初速度越负、损伤加速度越大，其双因素冻融寿命越短。

13. 提出了运用混凝土的损伤演化方程预测重大工程混凝土结构使用寿命的基本思路和理论框架。确定了混凝土在实验室的荷载、腐蚀和冻融等多种因素作用下的快速寿命与实际工程服役条件下使用寿命之间换算关系的基本原则。初步建立了混凝土在实验室的快速耐久性实验方法体系和测试技术。

14. 运用本项目提出的混凝土损伤演化方程及其部分数据库，预测混凝土在实验室条件下的快速寿命与实验值非常接近，这充分说明将损伤演化方程应用于混凝土的寿命预测是切实可行的。在实际应用时，如果建立涵盖不同工程使用环境的更加广泛的数据库，其实用价值会更大。

15. 通过快速实验，采用混凝土的损伤演化方程，对南京地铁和润扬大桥关键结构部位混凝土的使用寿命进行了预测，解决了非海洋环境地区或气候条件下重大混凝土工程的寿命设计和寿命预测问题。

16. 混凝土结构的寿命预测不可能是一个很精确的科学问题。今后应该进一步完善有关数据库，引进工程结构设计的可靠度理论，逐步形成一套完整的寿命预测体系。

4.4　基于水分迁移重分布的混凝土冻融循环劣化新理论、冻融寿命定量分析与评估模型

4.4.1　问题的提出、国内外研究现状与研究方法

1. 问题的提出

我国《建筑结构可靠度设计统一标准》GB 50068 中对结构可靠度的定义为：结构在规定的时间内，在规定的条件下，完成预定功能的能力。这里的规定时间是指结构的设计使用年限，规定条件是指正常设计、正常施工、正常使用和正常维护，而预定功能则是指结构的安全性、适用性和耐久性。

所谓结构的耐久性是指结构在正常设计、正常施工、正常使用和正常维护条件下，在规定的时间内，由于结构构件性能随时间的劣化，但仍能满足预定功能的能力；结构耐久性还可以定义为结构在化学的、物理的或其他不利因素的作用下，在预定的时间内，其材料性能的恶化不致导致结构出现不可接受的失效概率；或指结构在要求的目标使用期内，不需要花费大量资金加固处理而能保证其安全性和适用性的能力。

从定义可以看出，结构可靠性主要表征结构的能力问题，而结构的耐久性主要反映时间问题。

以上是结构工程师对于混凝土耐久性的表述。可以看出，结构工程师一直致力于进行基于时间的耐久性量化设计。目前，对混凝土耐久性进行量化分析设计是学术界的最高目标，原因在于量化设计有非常重要的意义。

首先，耐久性的定量分析设计对于工程安全性的意义是不言而喻的。很多造成灾难的工程事故都是因为结构或构件不可预知的破坏导致的。如果能对工程耐久性（包括结构与材料两个方面）进行定量化设计或评估，在工程接近使用年限，耐久性劣化到一定程度，结构处于不安全期时，提前采取措施进行防范，避免事故发生。

其次，工程的使用年限直接关系到投资的经济效益，目前的工程经济效益分析都是基于经验估计年限进行的，分析结果的准确性和可靠性不高，有可能误差较大，如果耐久性不足，投资者的损失是显而易见的。一种更为普遍的现象是，经过若干年使用，工程结构大部分构件尚且完好，但是部分构件严重劣化，造成整体工程无法正常使用，原因在于没有定量化设计方法，根据经验无法保证所有部件具有基本相同的耐久性年限。对于大型基础建设工程，都伴随很多重要的设施设备，如果无法估计工程结构和设施的使用寿命，结构肯定是一方达到破坏时而另一方完好，无论哪一方首先破坏，都造成极大损失和浪费，如果能做到定量化设计，则这一损失可以避免。另一方面，定量化的耐久性分析评估对于已经有所劣化的工程是维修还是重建决策意义重大。

最后，不同工程要求的使用年限各不相同。非常重要的工程要求其使用年限达到百年甚至几百年，一些不重要的结构需要几十年的使用寿命，暂时性的建筑十年的寿命可能就足够了。可见使用年限的要求差异很大，如果没有充分的理论依据进行寿命分析和设计，肯定会造成浪费或不安全的后果。

2. 国内外研究现状

作为混凝土科学的一个热点，耐久性的研究已经持续几十年，取得了大量的成果。这些研究覆盖了混凝土应用的各个领域，如工业厂房、民用建筑、核电设施、军事工程、桥梁公路、大坝海港、摩天大楼、地下工程等；提出了各种试验研究与检测评估方法，如常用的加速试验、用于

现场评定的无损检测、长期监控的预埋感应系统；划分出若干耐久性类型，如碱骨料反应、氯离子扩散、硫酸盐侵蚀、碳化、冻融循环等；从各种尺度、各个角度进行研究分析，大至数百米的结构，小至纳米级的微孔，从原材料、设计方法、施工质量、运行环境等各个环节，从现场监测、室内分析、现代电子技术模拟研究等各种手段进行探索。经过不懈的努力，提出了各种理论、各种机理。下面就本节所关心的与混凝土冻融循环研究现状进行叙述分析。

1）混凝土的冻融循环劣化

混凝土宏观特性在冻融过程中呈逐渐下降的趋势，主要反映在密实度降低和强度下降，其中抗拉强度和抗折强度反应最为敏感。扫描电镜和X-射线衍射分析表明，混凝土的冻融破坏，实际上是水化产物结构由密实到松散的过程，在这一过程中，伴随着微裂缝的出现和发展，微裂缝不仅存在于水化产物结构中，也会使引气混凝土的气泡壁产生开裂和破坏。混凝土的冻融破坏过程可以基本上认为是一个物理变化过程。

经过多年研究，提出很多混凝土冻融破坏机理，有影响的机理有水的离析成层理论、水压力理论、渗透压理论、充水系数理论、临界饱水值理论、孔结构理论以及微冰晶理论等（图4.4.1）。这几种理论虽然从不同角度提出了混凝土冻融破坏的机理，但是国内外尚未得到统一的认识和结论。

Hypothesis			Conditions and mechanism of appearance
Effect	Scheme	Designaton	
Thermal expansion	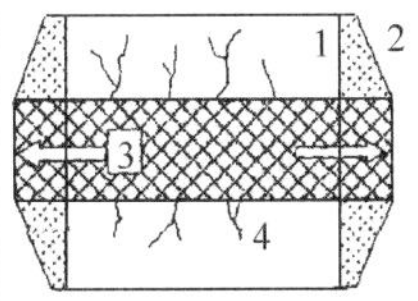	1,2-the initial and final sizes 3-a direction of a stretching 4-arising cracks	Depends on a difference of linear expansivities of different components
Crystalliza-tional pressure		1-cement gel 2-water pore 3-porous liquid 4-crystal of ice 5-pressure upon walls of a pore	Arises in the self-contained pores completely filled with water. Ice formation
Hydraulic pressure	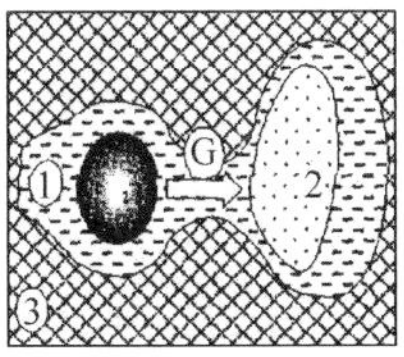	1-capillaries in which ice is formed 2-a growing crystal of ice 3-a solid phase 4-air pore G-water stream	Arises always.Depends on the sizes of a capillary. Ice formation
Osmotic pressure (irregular cooling)		1,2,3,4,5-areas with various temperature G-A current of water	Arises at irregular cooling concrete. Irregular cooling
Osmotic pressure (irregular density of ion solution)	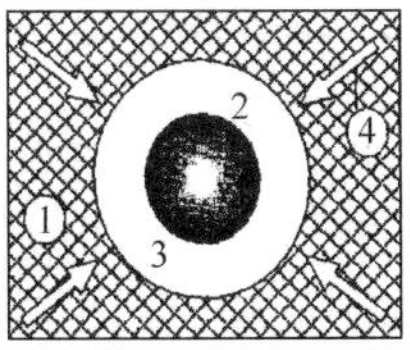	1-geleous system 2-capillary pores 3-ice 4-direction of a current of wrung out water	Depends on a kind and quantity of the dissolved ions. Ice formation

图 4.4.1 混凝土的冻融劣化机理

Fagerlund 根据临界饱水值理论研究了混凝土的冻融循环耐久性寿命预测，认为临界饱水程度是混凝土材料的基本性能，不受含湿量、冻融次数、环境等的影响，可以作为混凝土寿命预测的判据。这样混凝土在使用过程中逐渐吸湿，饱和程度不断增加，当饱和度达到临界饱和程度后在冻融作用下便会发生剧烈的破坏，因此可以认为混凝土的使用寿命为其饱和程度达到临界值所需要的时间。但是由于混凝土吸湿饱和的速度受环境的影响太大，在湿度大的环境下经过较短的时间就可能达到临界饱和程度，而同样的混凝土在相对干燥的环境下饱和过程要漫长得多。而且环境的湿度是变化的，无法判断混凝土达到临界饱和程度所需要的时间，使这种预测寿命方法结果的准确性和可靠性值得怀疑。为此假设存在一个标准的环境，预测混凝土在这种环境中的潜在使用寿命。经过试验和理论分析，得到判断混凝土寿命 t_p 的方程为：

$$t_p = [(S_{cr} - A)/F]^{1/E} \qquad (4.4.1)$$

式中，S_{cr}——临界饱水程度；

A、F、E——常数。

2）混凝土耐久性寿命预测

由于混凝土使用寿命预测在实际工程中的重要性越来越突出，按照耐久性或使用寿命的设计方法成为迫切需要，准确预测在建或已经存在的结构物的使用寿命，对这些结构物的业主而言具有非常重要的意义，所以近年来根据以上寿命预测原理，在这方面开展了大量的研究。

混凝土使用寿命预测的方法可以分为五种，即根据经验估计、根据同类材料的性能类比、快速试验、根据物理与化学劣化过程进行数学模型分析以及根据可靠性与随机过程概念进行分析的方法。实际应用中通常是几种方法结合起来进行混凝土使用寿命预测，由于缺乏现场劣化数据积累，目前的寿命预测结果可靠性仍然不高。

现场劣化监测对于寿命预测非常重要，

Hookham 通过对美国底特律一座建于 1908 年的码头进行耐久性评估与剩余使用寿命的预测研究，认为结构物使用寿命的预测研究中需要在以下方面开展工作：①明确定义混凝土使用寿命预测中需要的数据及数据的采集方法；②通过加速试验的方法对已有的混凝土使用寿命经验预测数学模型进行改进，提高预测准确性；③解决目前通用的预测模型对特定结构物预测所带来的误差问题；④维修维护工作对使用寿命的定量影响；⑤结构物使用荷载与环境劣化作用的交互作用对结构性能的影响。

Lamond 总结了混凝土耐久性设计中应该注意的一些主要问题，他指出，混凝土耐久性设计首先应该了解所设计结构物在施工和使用过程中的微气候以及可能遇到的一些侵蚀性因素。与混凝土耐久性关系最密切的是能渗透到混凝土内部的水、气等，无论是纯水或是溶液、二氧化碳、氧等。耐久性在很大程度上取决于液、气渗透到混凝土内部的难易程度即混凝土的抗渗透性。对结构物耐久性的评估、维护维修等也应从结构部位所处的微气候考虑。

如上所述，已经发表的混凝土使用寿命预测的研究主要集中在氯离子扩散导致钢筋锈蚀方面，其他方面的研究成果寥寥。

3）研究方法

本节采用过程分析的方法对混凝土的冻融循环劣化进行了深入细致的机理分析，将劣化过程的每个步骤量化研究，结合冻融循环的特点，建立合适的模型。

4.4.2　混凝土冻融循环劣化机理分析

1. 混凝土的冻融劣化过程分析

抗冻性一直是混凝土耐久性研究的一个热点。经过几十年的研究，提出了很多种混凝土的冻融破坏机理，比较有影响的如水压力理论、渗透压理论、热膨胀理论、极限饱水值理论、孔结构理论以及微冰晶（micro-ice-lens）理论等。每个理论都有一定的理论基础，孰是孰非至今尚未达成共识，实际情况很有可能是各种理论综合作用于混凝土，导致冻融劣化。其实混凝土的冻融劣化是一个复杂的过程，要全面理解这个过程，必须对每个细节进行分析。综合已有的各种理论，对混凝土的冻融循环劣化过程描述如下。

1）描述对象

实际工程和试验研究中遭受冻融的混凝土结构或试件，一般情况下一个或多个外表面（以下称该面为冻融面）接触冷（热）源，温度变化从该外表面开始，随热量向内部传递，在试件或构件中发生冻融。显然，由于热量传递需要一定的时间，远离冻融面处的温度变化总是滞后于靠近冻融面处的温度变化，并且远离冻融面处的冻融极限温度低（高）于靠近冻融面处极限温度。由于温度变化的滞后作用，随着到冻融面的距离不同，试件或构件中存在一个温度梯度。有些构件可能四周全部暴露在外，都接触热源，但是从构件表面至核心依然存在温度差或者温度梯度。温差是热量传递的充要条件，可以认为，冻融过程中的热量传递是从冻融面到远离冻融处单向传热。所以，描述的冻融过程可以简化为单向热传导过程（图 4.4.2-1）。

按照 GBJ 50082 "快冻法" 或最常用的

ASTM C666A 方法进行冻融循环试验时，试件浸泡于水中，外表面与水接触，冻融过程中热量传递的方向是从外表面到试件中心。实际工程中容易遭受冻融破坏的构件，一般也是冻融面与水接触，如冬天积雪或结冰桥梁、公路路面，大坝的迎水面，涵洞等，热量传递方向是从冻融面到结构内部或相对的非冻融面。

孔隙、孔溶液是各种腐蚀、劣化介质侵入混凝土的通道，造成混凝土冻融劣化的水分也是通过孔隙存在、迁移和作用于混凝土基体的。以下主要考虑孔隙和其中水分的简化冻融单元如图 4.4.2-2 所示。混凝土试件下表面浸于水中，同时水也是冻融循环的热源，热源与试件内部存在温度差，发生热量传递，形成温度梯度，试件中存在各种孔隙，并且孔隙中有孔溶液。

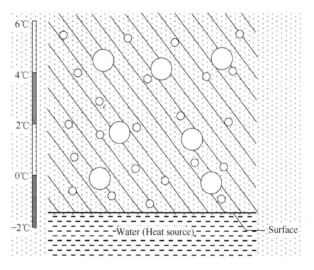

图 4.4.2-2 受冻融作用的混凝土试件单元示意图

2）冻融劣化的表征

冻结和融解交替作用于混凝土试件时，试件中的温度场发生周期性的变化。经过若干次冻融循环，试件产生劣化，劣化的宏观表现主要有：表面剥落、开裂和膨胀，开裂引起试件的共振频率下降，导致动弹性模量下降。所以对于冻融劣化一般用剥落程度（重量损失）、动弹性模量或膨胀率表征。其实，开裂、剥落和膨胀都是由于微裂缝引起的，表面剥落是因为局部严重存在大量

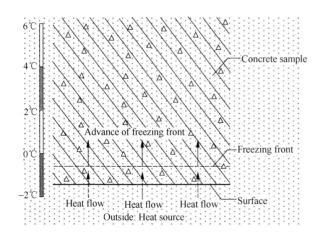

图 4.4.2-1 混凝土试件受冻融作用示意图

微裂缝，微裂缝连通导致局部与基体分离；膨胀是基体中微细裂缝增多，导致基体疏松宏观体积增大的一种表现；开裂也是由于微细裂缝增加到一定程度，连通形成较大的裂缝导致的。虽然表面剥落、动弹性模量变化和膨胀都是由于微裂缝引起的，但这三个指标反映不同特征的微裂缝：表面剥落反映的是冻融过程中试件表面微裂缝开展的情况；动弹性模量反映的是试件的整体性和微裂缝的最大连通性；而膨胀率则反映试件的平均开裂程度。实际工程和实验室测试中混凝土试件发生表面剥落表明，遭受冻融作用的混凝土中微裂缝开展并不均匀，差别很大，表面的微裂缝开展程度要比内部剧烈得多。剥落是剧烈开裂的表现，发生剥落说明剥落体已经由于微裂缝相互贯通，剥落部分与基体完全分离，该部分的微裂缝远远多于未剥落部分。如果试件中的裂缝开展基本均匀，那么试件中的裂缝发展到表面开始剥落时，冻融继续作用试件应该解体而不仅仅是表面剥落。

所以，冻融过程中混凝土试件表面的劣化比内部严重得多，这一点从层状剥落、层层推进的现象也得到证实。冻融劣化的一个必要条件是试件中有水分存在，实验证明，干燥的试件在冻融作用下不会劣化。冻融过程中的交替温度场作用下，试件内外水分进行重分布，向表层迁移，在表面形成高饱和度，导致表面剥落。这一点从以下的冻融过程分析可以得到证明。

3）冻融过程分析

冻融循环过程可以分为冻结和融解两个阶段，即降温阶段和升温阶段。这两个阶段中，由于温度梯度、化学能差等原因，混凝土孔隙中的水分发生迁移，迁移的原理、方向初步分析如下。

（1）初始状态

按照 GB/T 50082 "快冻法" 或 ASTM C666A 或者 CDF，冻融循环开始以前，试件浸泡于水中或溶液中饱和，对应的冻融分析单元状态

为，表面浸于水中，单元中的温度均匀，处处相等，与水的温度相同，不存在温度梯度，单元内的孔隙吸水，小孔趋于饱和，大孔充水程度较低。即孔径越小，充水程度越高，孔径越大，充水程度越低，并且距离表面越近，充水程度越高，反之距离表面越远，充水程度越低。

（2）降温阶段

冻融循环开始以后，首先是降温冻结阶段，试件温度开始下降，由于热源在试件外部，试件外部的温度总是低于内外部温度，在试件中形成温度梯度。如果温度下降到0℃以下或者溶液冰点以下时，外部的环境水或溶液开始结冰，环境介质完全结冰以后，温度进一步降低，结冰面开始向单元内部推进，此时单元中形成冻结区和非冻结区，冻结区的孔隙溶液结冰，而非冻结区的孔隙溶液未结冰，或者冰点较高的大孔结冰而冰点较低的小孔未结冰，形成冰水共存的状态，如图4.4.2-3所示。

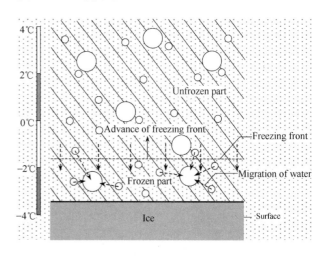

图 4.4.2-3　试件部分冻结时的水分迁移示意图

冰的化学能低于水的化学能，由于这个化学能差，非冻结区的水分会向冻结区迁移，其原理如同水从高处流向低处一样，生活中我们经常看到冰柜内水蒸气在靠近冷冻管部位冷凝结冰也是这个道理。图4.4.2-3中所示的温度梯度作用下，靠近试件底部温度较低，结冰孔较多，上部结冰孔较少。水分的迁移趋势是从上部向下迁移，即

从试件内部向表面迁移，但是水分并不能逸出试件，因为冻结区的通道和表面已经被冰堵塞，所以水分在冻结区聚集，即冻结区孔隙的充水程度提高，而非冻结区孔隙的充水程度下降。

实验和理论分析都证明，微细孔隙中水的冰点随孔径的减小而下降。同时实验也发现混凝土中的孔隙孔径分布为从纳米级到毫米级，冰点变化范围也较大。所以在降温过程中，大孔中的水分先结冰，小孔中的水分后结冰。当某一较大孔隙结冰以后，临近的小孔尚未结冰，此时小孔中的水分会向结冰大孔迁移，原因和上述从非冻结区向冻结区迁移一样，是由于冰与水的化学能差所引起的。

这一迁移从热学原理也可以得到解释，众所周知，结冰是放热过程，融解是吸热过程。环境温度低于水的温度时，反应会向放热的方向进行，反之环境温度高时，反应会向吸热的方向进行。降温过程中未结冰小孔周围的温度较低，其中的水分有结冰的趋势，但不能马上在结冰，所以可能向可结冰地点迁移。水结冰以后体积会膨胀，所以先结冰部分的孔隙中压力会增大，大于未结冰孔的孔压，但是这个压力差并不能驱动水分从结冰孔向非结冰孔迁移，因为结冰以后水分相对被固定，不能逸出结冰孔。温度继续下降，冻结面继续推进，直至冻融单元（包括试件和外部水分）全部处于结冰状态，如果温度足够低，所有孔隙中的水分（溶液）全部结冰，即使有温度梯度，也不会有水分迁移。

由以上分析可以看出，在降温冻结阶段，混凝土试件内部的水分迁移方向是：从非冻结区向冻结区（即从试件内部向表层）、从小孔向大孔。小孔失水引起干燥，有可能产生干燥收缩，进而导致干燥微裂缝。

（3）升温阶段

假设温度达到最低点时，冻融单元处于完全冻结状态，然后开始升温融解。温度梯度发生变

化，经过一定时间，温度梯度方向与降温时完全相反。当温度达到0℃或溶液冰点时，环境介质融解，然后融解面开始从试件表面向内逐渐推进，形成融解区和冻结区，如图4.4.2-4所示。

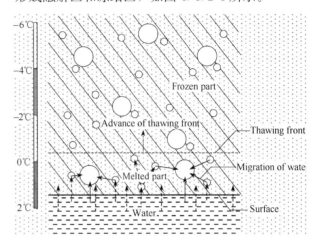

图4.4.2-4 试件部分融解时的水分迁移示意图

融解的顺序是：试件外部的冰首先融解，离表面近的孔隙水比距离远的孔隙水先融解，小孔中的水比大孔中水先融解。冰融解以后体积会缩小，在孔中形成负压，从周围吸水。小孔最先融解，但是其融解负压不能从周围的大孔和冻结去吸取水分，因为周围的大孔和冻结区的结冰水尚未融解，其中的水分被固定而无法迁移。但是这时外部环境介质已经完全融解，靠近表面的小孔的融解负压可以从外部吸水，距离表面很近的孔隙依靠融解负压从外部吸水作用很强；离表面较远的孔融解后只能从相邻的离表面较近的孔吸水（图4.4.2-4中虚线箭头方向），平衡融解负压。从外部吸水以后，孔隙的充水程度会提高。

孔径较小的孔中结冰水先融解，从外部吸水，孔径较大的孔中结冰水后融解，融解负压不仅从外部吸水，同时从临近的先融解的小孔吸水（图4.4.2-4中实线箭头所示），充水程度提高。和冻结过程类似，如果冰水共存，由于化学能的差异，水会从融解的孔向冻结孔迁移。但是水分由融解区向未融解区迁移非常有限，原因在于通向未融解区的迁移通道被冰晶堵塞。温度继续上升，融

解面向前推进，直至冻融单元全部融解，所有孔隙中的水分（溶液）全部融解。此时即使有温度梯度，也不存在水分迁移。当温度达到最高时，融解过程结束，开始下次冻融循环的降温冻结。可见，升温融解过程中水分的迁移方向是从试件外部到内部，从小孔到大孔。

4）冻融过程小结

总结以上过程分析，冻融循环过程中，水分的迁移规律如表4.4.2所示。降温阶段，未结冰区向结冰区的迁移时，与冻结面相邻的孔隙中的水分穿越冻结面或向冻结面聚集，所经过的孔缝尚未冻结，通道数量多而且畅通，所以迁移作用强；同样，与结冰大孔相邻的小孔中的水分向结冰大孔距离近，化学能梯度大，大孔充水（冰）程度低，迁移通道畅通，迁移作用强；相对于相邻孔隙间水分迁移，水分从中心部位向表面层迁移距离"遥远"，平均化学能梯度小，所以迁移效应较孔间弱。升温阶段，当融解面向内推进时，表面层已融解孔隙与外界通道畅通，融解后的负压很快从外部吸水平衡，所以迁移作用很强；与降温阶段相同，已融解小孔向未融解大孔的水分迁移效应相当强；与降温阶段相比，升温时融解区与未融解区之间的水分迁移作用更弱，因为进入未融解区的通道被结冰堵塞，通道不畅通。

冻融循环过程中的水分迁移 表 4.4.2

项目	迁移方向			备注
降温阶段	未结冰区	→	结冰区 强	表层孔隙充水程度提高
	未结冰小孔	→	结冰大孔 强	大孔充水程度提高，小孔失水干燥，可能开裂
	中心	→	表面层 较弱	表层孔隙充水程度提高
升温阶段	试件外部	→	已融解孔 很强	总充水程度提高，表层孔隙充水程度提高
	已融解小孔	→	未融解大孔 强	大孔充水程度提高
	融解区	→	未融解区 弱	内部充水程度部分恢复

经过若干次冻融循环，以上过程重复多次以后，冻融单元的整体充水程度提高，尤其是表面层孔隙充水程度大幅度增加，中心部位充水程度有可能略有下降或变化不大。

5）冻融劣化分析

如前节所述，混凝土冻融循环劣化的宏观表现主要是表面剥落、开裂和膨胀，一般用剥落程度、动弹性模量或膨胀率表征，开裂、剥落和膨胀都是由于微裂缝引起。冻融循环过程引起混凝土产生微裂缝的可能原因有：温度变化导致的不均匀膨胀、温度梯度、水分迁移压力、结冰膨胀压力、失水干燥等，各种冻融机理给出了不同的解释。抛却各种机理直观分析，混凝土中产生裂缝的原因只有两种，一是混凝土内部产生拉力作用导致开裂，一是自身产生不均匀变形。根据冻融循环作用下混凝土表层开裂异常严重导致剥落和干燥的混凝土试件受冻融作用下不劣化的情况分析，（温度变化导致的不均匀膨胀、温度梯度等引起的）不均匀变形显然不是冻融劣化的主要原因，而且冻融劣化肯定与水分的存在有直接关系。所以，混凝土的冻融劣化是由于在混凝土内部产生拉应力，造成混凝土开裂所致。结合混凝土冻融循环过程分析，混凝土的冻融劣化过程可以从以下几个方面描述。

（1）小孔失水干燥开裂

冻融循环过程中，由于冰水之间的化学能差，未结冰小孔中的水分会向相邻的结冰的大孔迁移，使小孔失水，导致小孔部位局部干燥，进而导致局部收缩，受到周围混凝土的约束，产生拉应力，在小孔处形成微裂缝。这种干燥微裂缝可能非常细小，一是因为孔隙之间水分迁移速度缓慢，虽然相邻的孔隙之间的水分迁移作用强，但是在一个冻融循环内的有效迁移时间有限，尤其是在实验室条件下，冻结面的推进速度较快，未结冰孔在较短时间内就达到结冰状态，化学能差消失，迁移停止；二是因为失水的孔隙孔径很小，干燥区域极小，绝对收缩微乎其微，低于产生开裂所需要的收缩值。

小孔失水干燥收缩引起的裂缝非常有限，温度梯度引起的不均匀变形也不能对混凝土造成明显损伤，所以导致混凝土的开裂的主要因素是在混凝土中产生了拉应力。

（2）大孔饱和冻结膨胀开裂

由于的冰点受到孔径的影响，相同位置的大小孔隙并不在同一时间冻结（融解），形成冰水共存的状态，冰水之间化学能差导致水分迁移，大孔充水程度提高，尤其是表面层的大孔，经过若干次冻融循环，由于外部有足够的水分来源，内部水分也向表面层集中，有可能充水程度很高甚至达到饱和，这时冻结结冰会对孔壁产生压力，在基体中产生拉应力，当结冰压力达到一定程度，基体中的拉应力超过抗拉极限，就可能产生裂缝，对混凝土造成劣化和破坏。

虽然表面层产生裂缝的可能性最大，如果混凝土内部存在较大孔隙，其冰点降低很少，经过冻融也可能在其周围形成裂缝。在一个冻融周期内，大孔结冰以后相当长时间内其周围小孔都未冻结，小孔内水分不断向大孔迁移，大孔也可能达到饱和，下次冻结时对孔壁产生压力，在基体中形成拉应力，最终导致混凝土劣化或破坏。

冻融循环过程中由此产生的裂缝使混凝土试件的有效截面面积减少，导致横向刚度下降，动弹性模量降低。如果裂缝相互连通，形成封闭的开裂面，则被开裂面所包围的部分会与试件分离。如果试件中的裂缝均匀分布，那么当裂缝形成封闭曲面时，试件会发生解体，而不仅仅是表面剥落。经过冻融循环，表面形成层状剥落，说明表面层开裂非常剧烈，裂缝大部分连通，其原因分析如下。

（3）表面剥落的原因

前面已经提到，冻融循环过程中的水分迁移趋势是向大孔迁移，向表面层迁移，表面层孔隙融解形成负压吸水时由于外部水源充分，很容易达到饱和，导致冻融时产生裂缝，形成破坏。可见，表面层孔隙冻融时导致周围基体的开裂，比内部孔隙容易得多，这是导致表面剥落的一个重要原因。同时应该注意到，外部水分来源是影响冻融循环表面剥落的一个关键因素。

另外，冻融时大孔内形成孔压时，表面层大孔与内部大孔受到周围的约束不同。对于内部孔隙，孔压增大产生变形时受到三向约束，因为相对于孔径，周围基体可看作无限大，对孔隙变形的约束很强，达到开裂需要的孔压可能远大于没有约束时需要的孔压。对于表层孔隙而言，情况大不相同，在与表面平行的两个方向上周围基体也可看作无限大，约束很强，但是在与表面垂直的方向上，表面一侧几乎没有约束，在该方向产生变形要容易得多，所以冻结时如果孔隙压力增大，首先在该方向上发生垂直于表面方向，该方向的变形会产生平行于表面的裂缝，裂缝容易产生而且方向一致，使得裂缝很容易连通，如果处于同一深度的裂缝连通，就会导致如试验中观察到的层状剥落。

表面层孔隙容易达到吸水饱和，垂直于表面方向表面层孔隙受到的约束小，这两个特点都是内部孔隙所不具备的，也正是这两个特点导致经受冻融循环时表面开裂非常剧烈而内部开裂比较温和，所以会产生严重的表面剥落而混凝土并不解体。

（4）表层与内部开裂分析

相对于表面层而言，向内部大孔迁移的水源要少得多，内部孔隙周围的约束也强得多，所以冻融循环引起的内部裂缝远少于表面层。内部裂缝的方向是随机的，而表面层裂缝的方向有平行于表面的趋势。这两种裂缝对动弹性模量有不同的影响，根据动弹性模量的测试方法，动弹性模量由试件的横向振动频率计算得到，显然横向振动频率主要受到横截面积的影响，如果认为与横

303

截面方向一致的开裂面积对动弹性模量没有贡献，为无效横截面积，那么平行于表面的表层裂缝对有效横截面积影响较小，而随机发展内部裂缝对有效横截面积影响很大，所以表层剥落对混凝土动弹性模量变化影响较小，而内部开裂对动弹性模量变化影响很大。虽然表面剥落也会使横截面积减小，但是一般情况下剥落层很薄，横截面积减小有限，而内部开裂有可能开裂面与横截面方向一致，对动弹性模量造成关键性影响，这也解释了虽然内部开裂较少，但是试验中很多情况下混凝土都是因为内部开裂导致动弹性模量下降而劣化破坏。

另外，内部孔隙由于受到周围约束非常强，达到开裂时基体中由孔隙冻结结冰导致的应力远大于基体本身的强度，很大部分应力被周围的约束平衡，随着应力积累，一旦达到开裂，周围的约束瞬间失效，裂缝会急速发展，形成类似于脆性破坏的劣化。如果在相距不远的位置发生几个这样的脆性开裂，则有可能导致试件断裂，试验中也发现了混凝土试件在冻融循环作用下突然横向断裂的现象，证明了这种内部脆性开裂的可能性。相对于内部开裂的脆性而言，表面层混凝土的开裂是延性的，因为有一个方向几乎没有约束，容易开裂，孔隙中的压力可以得到及时释放，虽然导致表面剥落，但不能形成脆性开裂。

2. 小结

分析了混凝土冻融循环劣化的过程。提出了孔隙水分迁移重分布的冻融循环劣化的机理及对混凝土的损伤过程和特点。

冻融循环劣化是由于过程中混凝土孔隙水发生迁移重分布，迁移的驱动力是冰水之间的化学能差，迁移的方向是从小孔向大孔、从内部向表层、从试件外部向表层迁移，迁移的结果是大孔饱和度提高，表层孔隙饱和度提高。冻融循环劣化是由于小孔失水干燥开裂、大孔饱和冻结开裂、表层孔隙易于开裂和充足的外部水分来源是冻融

循环表面剥落的主要原因，冻融循环过程中的动弹性模量下降是由于内部开裂引起，内部孔隙受到周围基体约束导致应力积累是脆性开裂劣化的原因。

4.4.3 混凝土冻融循环劣化模型的建立

在充分理解混凝土性能变化规律的基础上，用数学方法将这些规律归纳总结，即建立所谓的模型，便于实践应用。由于模型对于工程的指导意义重大，同时有助于理解混凝土性能变化规律，所以对于模型的研究一直是个热点，专家学者们见仁见智，建立了各种混凝土性能变化规律的模型。根据其建立方法的不同，这些模型可以分为两类，第一类是基于混凝土性能劣化机理建立的模型，如基于 Fick 第二定律建立的氯离子扩散模型，基于气体渗透规律建立的碳化模型；第二类是基于试验结果的统计模型，这类模型各种各样，不同的试验方法，不同的混凝土使用环境，或者不同的混凝土配比或材料，可以建立不同的模型。这两类方法各有优劣，第一类方法的优点是与机理直接相关，对混凝土性能演变的解释性好，条件变化时调整模型根据充分；缺点是必须对机理有正确的认识，对性能变化各个环节细节充分了解，所以建立模型的难度较大，且有可能模型形式复杂，不便应用。统计模型形式简单易用，但用于建立模型的统计数据是特定的工程或试验条件下混凝土的性能数据，如果条件变化，原来建立的模型不一定适用，即模型的适用条件较为苛刻。

从模型的准确性方面考虑，第一类模型更有价值。文献综述中已经提到，目前研究较多、相对比较完善的基于机理的模型是氯离子扩散模型和碳化模型。而对于混凝土抗冻性，本节将建立基于机理分析的试验条件下劣化迭代模型，以后可以根据试验制度与实际环境差异，将模型推广

到实际混凝土应用环境。

1. 混凝土冻融循环劣化模型的建立

与氯离子扩散、碳化等劣化不同，冻融循环是一个"循环"过程，混凝土达到破坏要经历很多个循环，相对于正常条件下的混凝土环境，每个循环内混凝土所处环境变化巨大，按照 GBJ 82 或 ASTMC666A 试验方法，短时间内温度从 +7℃ 下降到 −17℃ 或从 −17℃ 升温至 +7℃，如果用一个表达式描述在这种条件下的经过多次冻融循环后混凝土的性能，显然不能完整描述整个过程。为此，根据前面对冻融循环过程的分析，建立基于冻融循环损伤的迭代模型，即分析每个循环的各个阶段混凝土内孔隙中水分的迁移，根据孔隙充水程度判断冻结时是否对基体造成压力及压力大小，进而分析开裂情况和损伤程度，每经过一个冻融循环，这些参数都会有所变化，模型迭代进行一次，直至混凝土劣化达到破坏。

1）水分迁移模型

水分迁移模型是建立冻融损伤迭代模型的基础。水分存在于混凝土孔隙中，水分迁移是孔隙之间的迁移。假设孔径分别为 R_1、R_2（$R_1 > R_2$），距离为 S 的两个孔（图 4.4.3-1），其中含水率分别为 A_1、A_2。

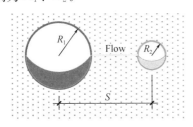

图 4.4.3-1 孔间水分迁移单元

由于冰点不同，冻结时大孔中的水先结冰，小孔中的水后结冰，融解时小孔中的结冰水先融解，大孔中的结冰水后融解。当大孔中为冰，小孔中为水时，水分从小孔向大孔迁移，即小孔为水源孔，大孔为目标孔。迁移速率受距离、充水程度、两孔的连通性、温度、温差、迁移通道等因素影响。显然，距离越远，迁移越慢；水源孔

水越多（即小孔充水程度越高），迁移越快；温度越高，迁移越快；连通性越大，迁移越快；温差越大，迁移越快；迁移通道越大，迁移越快。距离、温差、水源孔充水程度、连通性等的影响易于理解。温度影响水的黏度，黏度影响迁移速度，黏度越大，迁移越慢；迁移通道的影响主要考虑通道壁对迁移水的吸附，如果通道足够细小，那么通道壁对水分的吸附作用显然不能忽略，这种吸附作用类似于阻尼（以下称为迁移阻尼），当通道非常细小时，迁移阻力很大，即迁移阻尼越大，迁移速率越慢。

根据以上分析，可以假设孔间水分迁移速率 F_r 与水源孔充水程度 A、连通性 C、孔间温差 ΔT 成正比，与距离 S、黏性 V、迁移阻尼 D 成反比，可以用下式表示：

$$F_r = k_1 \cdot \frac{A \cdot C \cdot \Delta T}{S \cdot V \cdot D} \quad (4.4.3\text{-}1)$$

式中 k_1——系数。

根据流体力学理论，水的黏性可以用式 (4.4.3-2) 表示：

$$V = \exp\left(\cdot \frac{100}{T+273} - 0.37\right) (4.4.3\text{-}2)$$

这里连通性定义如图 4.4.3-2 所示。

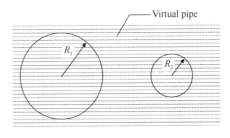

图 4.4.3-2 孔隙连通性定义

假设在混凝土基体中存在虚拟的管道，这些密布的虚拟的管道将不同的孔隙连接起来，孔间物质迁移就是通过这些管道迁移的，那么连接两个孔隙的管道越多，物质迁移速度就越快，可认为其连通性越高，所以可定义两个孔隙的连通性为连接他们的虚拟管道的多少。假设这些虚拟管道在水泥基中是均匀分布的，那么连接两孔隙的

管道数量与小孔的最大截面积成正比，即：

$$C = k_2 R_2^2 \quad (4.4.3-3)$$

当迁移通道非常细小时，迁移阻尼随通道截面减小迅速增大，由此可以假设迁移阻尼与迁移通道直径的平方成反比，假设迁移通道直径和其所连通的两个孔隙中小孔的孔径成正比，那么可以得到：

$$D = k_3 R_2^{-2} \quad (4.4.3-4)$$

综合上述分析，孔隙之间水分的迁移速率为：

$$F_r = k \cdot \frac{A \cdot \Delta T \cdot R_2^4}{S \cdot \exp\left(\dfrac{100}{T+273}\right)} \quad (4.4.3-5)$$

式中　k——系数。

A、ΔT、S 为混凝土中孔隙参数，A 根据试件的含湿量确定，ΔT 根据冻融试验过程确定，S 根据混凝土试件孔结构或气泡参数确定。

2）高充水孔结冰时的压力分析与开裂

试验结果和混凝土抗冻机理都证明，当孔隙中的充水程度（或者饱和度）达到一定值时，冻结会对孔壁造成压力，压力超过一定值导致基体开裂，混凝土产生劣化。Fagerlund 给出了造成破坏的临界饱水值经验值，一般介于 0.80～0.95 之间，对于一个特定的混凝土，目前尚无法测定确切的临界饱水值。关于临界饱水值最直观的解释是水结冰以后体积膨胀 9.0%，如果孔隙的充水程度超过 91.7%，则完全结冰以后的体积会超过孔隙体积。试验发现混凝土水灰比对临界饱水值有影响，水灰比越小，该临界值越高。为了定量分析，假设水灰比从 0.5～0.3 变化时，临界饱水值从 0.80～0.95 线性变化。

Scherer 用热力学理论证明了冻结时冰晶对孔壁的压力，对于球形孔，冻结时孔中结晶对孔壁的最大压力为：

$$P_A^{max} = P_L + 2\gamma_{CL}\left(\frac{1}{R_E} - \frac{1}{R_P}\right) \quad (4.4.3-6)$$

式中　P_A^{max}——结晶对孔壁最大压力；

P_L——液体中的压力；

R_P——结冰孔的半径；

R_E——连接孔隙的通道的半径；

γ_{CL}——晶体/液体界面能，根据物理化学理论，冰水体系的界面能按式（4.4.3-7）计算

$$\gamma_{CL}(J/m^2) = 0.0409 + 3.9 \times 10^{-4}\left[T(K) - 273\right] \quad (4.4.3-7)$$

可见，结冰时的孔隙压力与介质类型（水泥基材料中一般为冰水体系）、孔径、结冰时液体中的压力及与孔隙相通的通道大小有关。孔径、介质类型、结晶前的压力是孔的参数，可以唯一确定或假定，但是一个孔可能有多个通道与其他孔或外部相通，影响孔隙压力的是尺寸最小的通道半径，这一点可以用热力学理论证明。

需要说明的是，以上确定孔隙压力的方法没有涉及孔隙充水程度，可以理解为当孔隙充水程度较低时，有足够的空间容纳迁移进来的水分和结冰时的膨胀，这时对孔壁产生的压力很小而可以忽略，当充水程度达到临界值时，结冰造成的压力即由式（4.4.3-6）确定。

孔内结晶对孔壁的压力为 P_A 时，根据弹性力学理论，孔隙附近基体中的应力可按式（4.4.3-8）计算：

$$\sigma_\theta(a) = -\sigma_r(a) = \frac{R^2}{a^2}P \quad (4.4.3-8)$$

式中　$\sigma_\theta(a)$——孔周围基体中到球心距离为 a 的点环向应力；

$\sigma_r(a)$——孔周围基体中到球心距离为 a 的点径向应力；

P_A——孔隙中的压力；

R——孔隙半径；

a——到球形孔到球心的距离。

孔隙周围基体中的应力分布如图 4.4.3-3 所示，一般情况下，环向应力 σ_θ 为拉应力，径向应力 σ_r 为压应力，所以前面有负号。可见，距离孔隙中心越远，应力越小，孔壁处的应力最大。在

孔压力 P 作用下，孔周围的基体中产生环向拉应力 σ_θ 和径向压应力 σ_r，根据材料力学理论，如果周围没有约束，当拉应力达到材料抗拉极限强度 $[\sigma_t]$ 时（水泥基材料的抗压强度远高于抗拉强度，一般不会因为受压开裂），基体开裂，裂缝方向垂直于拉应力方向。相对于试件，孔径尺寸很小，这种情况下位于内部的孔隙，受到周围混凝土的约束非常强，即使孔壁基体中的拉应力达到抗拉强度，也不会立即开裂，很可能拉应力数倍于抗拉强度时才会开裂。表层的情况则不尽相同，靠近表面一侧对孔壁的约束很小，一旦基体中的拉应力达到抗拉强度，立即导致开裂。可见，到表面的距离越近，开裂时的应力越小，反之距离表面越远，开裂时的应力越大，如果将基体开裂时所需的应力定义为开裂强度（用 $[\theta_t]$ 表示），则开裂强度是基体抗拉强度和到表面距离 z 的函数，即：

$$[\theta_t] = f([\sigma_t], z) \quad (4.4.3\text{-}9)$$

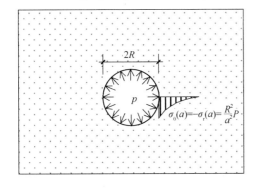

图 4.4.3-3 孔隙周围基体中的应力分布

开裂强度受到周围约束的影响，而抗拉强度是材料的性能参数，不受周围约束影响。根据材料力学理论和弹性力学理论，对于宏观尺寸的孔隙，到表面距离大于大约三倍孔径时，周围的约束与到表面距离无关，且约束较强。反之如果到表面的距离小于三倍孔径，则到表面距离的影响较大。对于水泥基材料，到表面距离对微观尺寸孔隙开裂的影响尚无研究报道，取偏于保守的影响范围，即假设五倍孔径的距离内，距离对开裂极限强度影响较大，

并且进一步假设其影响关系为：

$$[\theta_t]/[\sigma_t] = 2 \cdot \frac{\arctan\left[\left(\dfrac{z}{R}\right)^{c_1}/c_2\right]}{\pi/2} + 1 \quad (4.4.3\text{-}10)$$

则相对开裂极限强度 $[\theta_t]/[\sigma_t]$ 与孔隙到表面相对距离 (z/R) 的关系如图 4.4.3-4 所示。

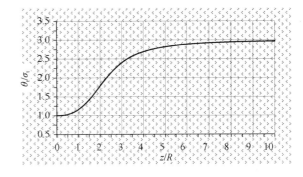

图 4.4.3-4 极限强度 $[\theta_t]/[\sigma_t]$ 与孔隙到表面距离 (z/R) 的关系

至此，已经建立了冻融循环过程中水分的迁移、临界饱水程度、结冰孔隙压力、开裂极限强度模型，利用这些模型，可以判定或预测混凝土的开裂。

3）表面剥落的判定与量化分析

混凝土遭受冻融循环劣化的表现之一是表面剥落（重量损失），产生剥落的充要条件是裂缝相互连通，开裂曲面与表面相交形成封闭的体积，则被曲面包围的部分剥落（图 4.4.3-5）。

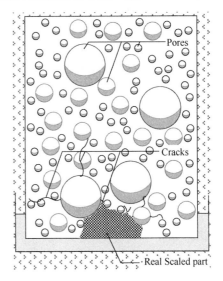

图 4.4.3-5 裂缝连通导致表面剥落示意图

按照以上剥落原则，仅仅判断开裂还不能确定是否发生剥落，必须考虑裂缝的长度和连通情况，以及与表面相交的曲面是否封闭，然后才能确定是否剥落。这个判定的数学原理并不复杂，但是要得到其解析解却非常困难，首先，由于混凝土材料的不均匀性，目前尚没有好的理论（或者限于作者知识面，尚未发现好的方法）确定裂缝开展的部位、计算裂缝长度、裂缝发展方向等，解决这些问题以后，结合图像分析技术，即可定量分析剥落情况，图像分析的要求也很高，必须具有很强的专业知识。

鉴于上述情况，结合试验情况，进行假设简化，分析混凝土试件遭受冻融作用时的表面剥落。由于目前没有好的方法判定混凝土冻融裂缝的位置、发展方向、长度及在基体中造成的开裂面积，以及裂缝的连通情况，假设表面层的孔隙一旦开裂即造成剥落如图 4.4.3-6 所示。

图 4.4.3-6　虚拟简化的开裂剥落示意图

应用这个假设需要确定表面层的厚度，即在多大范围内的孔隙开裂立即导致剥落。以单位面积剥落量度量混凝土的表面剥落程度，目前还没有公认的剥落破坏极限，有些标准规定的破坏极限为 1000g/m²，相应的剥落厚度为大约 0.416mm；GB/T 50082 和 ASTM C666A 规定的标准抗冻试件的极限剥落重量损失为 5.0%，如

果各个面的剥落程度一致，对应的平均剥落厚度为 1.157mm，试验观察表明，当平均剥落厚度达到 0.5mm 时，混凝土的损伤非常严重。结合各种标准和试验情况，可以定义孔隙开裂直接导致剥落的表层厚度为 1.50mm。

这个假设似乎太过简化，其实简化后的方法基本能反映实际剥落情况，首先，由前节可知，表层部位孔隙的开裂取向有平行于试件表面的趋势，这些具有同向的裂缝很容易连通，因此可以认为开裂以后立即连通导致剥落；其次，位于相同深度、孔径相同的孔隙，其各种参数相同或相近，基本同时开裂，因此可以认为开裂以后很快连通导致剥落；最后，即使开裂以后没有立即连通，但是开裂使得孔隙与外部或其他孔隙连通性增大，水分更容易进入，而孔隙自身抗力下降，裂缝发展迅速，所以开裂以后会很快连通，形成剥落。

这样，根据式（4.4.3-5）计算表层孔隙之间及孔隙与外部环境的水分迁移，确定充水程度，当达到或超过临界饱水程度时，按照式（4.4.3-6）和式（4.4.3-8）计算冻结时孔隙中冰晶对孔壁的压力和基体中的应力，当基体中的拉应力超过式（4.4.3-10）的开裂强度时，该孔周围的基体开裂。根据假设，表层的孔隙一旦开裂立即导致剥落，试件内部的孔隙开裂以后，导致试件有效截面减小，刚度下降，动弹性模量降低。

4）开裂与动弹性模量的量化分析

冻融循环作用下混凝土的内部开裂导致结构逐渐损伤，动弹性模量逐渐下降。混凝土的动弹性模量与其本身组成有关，混凝土是一种多相多孔材料，混凝土的弹性模量受到各组成相的影响。骨料和水泥浆本身的动弹性模量一般较高，如果增加混凝土骨料和水泥浆在混凝土中的体积分数，混凝土的动弹性模量会增大。而界面区是混凝土的薄弱部位，其自身动弹性模量较低，当混凝土中的界面区体积分数增加时会引起动弹性模量下降。孔隙率增大也会引起混凝土的动弹性模量下降。冻融循环作用下，水泥浆、界面区和孔都受到较大影响，水泥浆中会出现大量的微裂缝，并且随着冻融循环逐渐发展，孔隙在冻融循环过程中逐渐连通，界面区也会在冻融过程中受到削弱，出现裂缝。这样在冻融循环作用下，三方面综合作用的结果使得混凝土的动弹性模量在冻融循环过程中下降。其实，在混凝土动弹性模量下降的定量分析中，这三方面的作用都可以看作是混凝土裂缝的增加，水泥浆中的微裂缝增加、界面区的弱化或孔隙的连通都可以用裂缝增加、试件有效截面减小来描述。这与混凝土的冻融循环破坏是一个由致密到疏松的物理过程的观点一致。试验和机理研究都表明，冻融作用使混凝土中孔缝的数量增加，尤其是大尺度孔缝数量远大于冻融以前。

混凝土是一种脆性多孔材料，考虑混凝土试件的某一截面，受到冻融损伤以后有效面积会发生变化，假设冻融以前混凝土试件截面的有效面积为 A_{sum}，损伤以后有效的面积为 A，则损伤前后动弹性模量 E、E_0 与截面面积的关系可以用式（4.4.3-11）近似表示：

$$\frac{E}{E_0} = \frac{A}{A_{sum}} \quad (4.4.3-11)$$

显然损伤后的有效面积 A 小于损伤前的有效面积 A_{sum}，截面积的减少可以看作是由于损伤作用在混凝土中引起的裂缝或微裂缝所造成，裂缝的形状、方向、面积等对截面都有影响，假设试件内部某一孔隙充水程度很高，冻结导致基体开裂裂缝与试件横截面的夹角为 φ，裂缝的面积为 A_c，则截面面积的减少为 $A_c \cos\varphi$，即裂缝在横截面上投影的面积。内部孔隙周围各个方向的约束完全相同，因此其裂缝开展方向完全是随机的，由于孔隙数量巨大，因此，用积分的方法得到面积为 A_c 的裂缝在横截面上平均投影面积 A_{ac} 为：

$$A_{ac} = \frac{2}{\pi} A_c \quad (4.4.3-12)$$

开裂以后，裂缝是随冻融循环的进行而发展的，裂缝自身面积 A_c 不断增加，目前的技术尚没有可行的方法检测或计算这个过程。但是有一点可以肯定，在同样条件下，裂缝面积与导致开裂的孔隙大小有关，孔隙越大，导致的裂缝面积也越大，可以近似认为裂缝面积 A_c 与导致开裂的孔隙孔径 R 成正比，即：

$$A_{ac} = \frac{2}{\pi} A_c = k \cdot \frac{2}{\pi} \cdot R \quad (4.4.3-13)$$

式中　k——系数，根据试验确定；

　　　A_c——孔隙周围基体开裂以后的裂缝面积；

　　　R——孔隙半径。

与某一横截面相交的孔缝数量为 i，则动弹性模量为：

$$\frac{E}{E_0} = \frac{A}{A_{sum}} = 1 - \sum_i \frac{A_{ac,i}}{A_{sum}} = 1 - k \cdot \sum_i \frac{R_i}{A_{sum}}$$
$$(4.4.3-14)$$

式中　$A_{ac,i}$——第 i 个孔开裂以后的裂缝在横截面上投影面积；

　　　A_{sum}——横截面的有效总面积；

　　　R_i——第 i 个孔的半径。

R_i 是混凝土的孔隙参数，可通过试验测定，A_{sum} 是试件的几何参数，系数 k 可通过比较试验结果与模型结果确定。

这样，根据式（4.4.3-5）计算内部孔隙之间的水分迁移和孔隙的充水程度，当达到或超过临界饱水程度时，按照式（4.4.3-6）和式（4.4.3-8）计算冻结时孔隙中冰晶对孔壁的压力和基体中的应力，当基体中的拉应力超过式（4.4.3-10）的开裂强度时，该孔周围的基体开裂。根据式（4.4.3-11）和式（4.4.3-13）确定裂缝面积及截面面积损失，通过式（4.4.3-14）确定动弹性模量的变化。

5）混凝土冻融劣化的迭代模型

综合4.4.3，可以建立模拟混凝土冻融循环劣化的迭代模型，模型的流程图如图 4.4.3-7 和

图4.4.3-8，以下各小节对模型中的细节进行必要的说明。

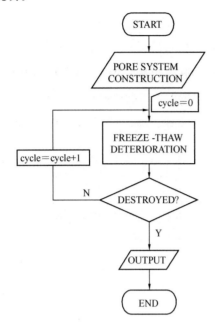

图4.4.3-7　冻融劣化模型程序流程图

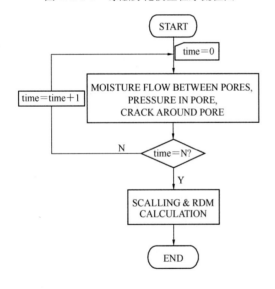

图4.4.3-8　一个冻融循环内的劣化模型流程图

（1）模型中孔隙系统的建立

本节建立的冻融劣化模型是混凝土的冻融循环开裂劣化模型，开裂单元是孔隙。混凝土中实际的孔隙数量巨大，分布位置杂乱无章，形状千变万化，方向无规律可循，尺寸大小跨越五六个数量级，这些因素交织在一起，如果不进行简化根本不可能用程序进行描述。假设混凝土中的孔隙形状为球形，在基体中均匀分布。根据混凝土

抗冻机理，将孔隙大小简化为四种，即孔径为 $200\,\mu m$（200000nm）的毛细孔、孔径为 $2\,\mu m$（2000nm）的有害大孔、孔径为 $0.2\,\mu m$（200nm）的少害孔和孔径为 $0.04\,\mu m$（40nm）的无害孔。孔隙的数量和间距与混凝土水灰比有关，水灰比越低，总孔隙率越小大孔数量越少（平均孔径越小），可根据孔结构试验测定或统计规律确定。这种简化可以看作是大量不规则孔隙的统计平均。根据确定的孔径、分布建立孔隙系统、确定孔隙初始状态及变化过程的方法流程图见图4.4.3-9。

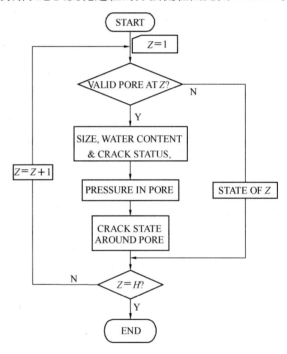

图4.4.3-9　孔隙系统的建立

孔隙的状态包括充水程度、温度、开裂情况等。初始充水程度与混凝土水灰比、龄期、所处环境、孔径、到表面距离等因素有关，充水程度随水灰比下降、龄期增长、到表面距离增加而减小，随孔径增大、环境湿度增加而增加。单个孔隙的充水程度迄今没有理论或试验方法可以测定。按照 GB/T 50082（或 ASTM）试验方法，冻融循环之前将试件浸水饱和，这种条件下模型中假设孔隙的充水程度按式（4.4.3-15）计算：

$$W(z,d,W/C) = k_1 - k_2 \cdot z$$

（4.4.3-15）

（2）冻融循环过程中的温度场

试件的温度随环境温度变化而变化，GB/T 50082（或 ASTM C666A）及其他试验条件下的温度变化规律如图 4.4.3-10 所示，其中 ASTM C672 与 CDF 的温度是环境温度，而 ASTM C666A 是试件中心温度。

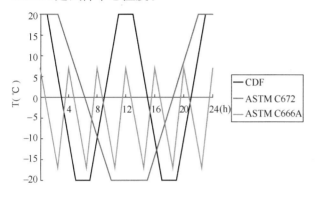

图 4.4.3-10　冻融试验温度变化

实际试验过程中试件的温度变化不一定是如图所示的完全线性规律，现有试验方法中的冻融条件下，温度会有一定滞后和衰减，即试件温度变化落后与环境温度变化，试件中心温度变化落后于表层温度变化，试件的温度极值小于环境温度极值，远离表面位置的温度极值小于表面温度极值。而且试件的温度变化是连续的。模型中考虑滞后和衰减效应的 GBJ82（ASTM C666A）和 CDF 试验方法一个冻融周期的温度变化过程可近似用式（4.4.3-16a）和式（4.4.3-16b）分别表示。

$$T(z, \text{time}) = \left(12 + k_1 \frac{H-z}{H}\right)$$
$$\times \cos\left(\frac{\text{time}}{k_2}\pi + k_3 \frac{H-z}{H}\right) - 5$$

（4.4.3-16a）

$$T(z, \text{time}) = \left(20 - k_1 \frac{z}{H}\right) \times \cos\left(\frac{\text{time}}{k_2}\pi - k_3 \frac{z}{H}\right)$$

（4.4.3-16b）

式中　T（z, time）——时间 time 时到热源表面距离为 z 处的温度；

H——试件的高度（从热源面到离热源面最远点的距

离）；

z——到热源面的距离。

式（4.4.3-16）建立了试验制度下冻融循环过程中试件各处的动态温度场。对于实际工程混凝土，可以根据环境条件，用其他温度模型。

（3）时间单元内的水分迁移

将一个冻融循环过程按照时间划分为若干时间段（即时间单元），一个时间段内水分的迁移、孔隙压力、开裂情况模拟如过程如图 4.4.3-11 所示。

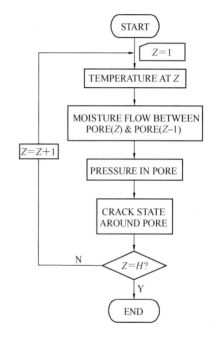

图 4.4.3-11　一个时间单元内的冻融劣化模型流程图

根据前面对冻融过程的分析，冻融循环劣化过程是基于冰点不同使孔隙状态差异导致水分迁移的过程，冻融过程中的温度在不断变化，孔隙状态也在随之不断变化，时间间隔的长短直接影响孔隙状态的判断，就模型模拟结果的准确性而言，时间间隔单元越短越好，但是模拟过程需要的时间会大幅度增加，效率降低。如果时间间隔长，则孔隙之间水分迁移有效时间不准确，遗漏孔隙中水分状态差异，导致误差。其实时间间隔与应温度间隔相对应，对比试验结果与模型模拟结果，温度间隔以不大于 1℃为宜。

水分迁移是孔间迁移，理论上讲任意两个孔隙之间都可能存在水分迁移，按照以前叙述的过程机理，只要存在状态差异，水分迁移就可能发生。实际上，有效的迁移只能在相邻的孔隙之间，因为如果存在中间孔隙，则中间孔隙要么阻挡迁移通道，要么穿过中间孔的迁移微乎其微，例如假如孔隙 A 冻结，C 未冻结，这两个孔隙之间有存在孔隙 B，如果 B 已经冻结，则切断了 AC 之间的通道，C 中的水分无法通过必经之路 B 到达A；如果 C 未冻结，则相对于 AB 之间的迁移，AC 之间的迁移可忽略不计。所以有效水分迁移发生在相邻孔隙之间，非相邻孔隙之间的迁移忽略不计。

按照以上机理、假设和过程，本节建立了基于水分迁移的冻融循环劣化迭代模型，用 MAT-LAB 编制了计算机模拟程序（以后可能改为其他程序语言以提高运行效率），用来模拟冻融循环作用下的表面剥落和动弹性模量损失。

2. 小结

根据对混凝土冻融循环、氯离子扩散、碳化劣化的过程分析和总结，利用流体力学理论、弹性力学理论、热力学理论，结合冻融循环劣化过程的水分迁移机理，建立了冻融循环劣化迭代模型，总结了氯离子扩散和碳化数学模型。

根据冻融循环劣化机理，分析了冻融循环过程中混凝土孔隙中水分迁移的动力、速度、孔隙参数之间的关系，建立水分迁移模型；根据孔隙结晶的热力学理论，得到水分迁移程度和冻结破坏力的关系模型；根据弹性力学理论，建立了冻结破坏力和混凝土开裂破坏的关系模型；根据开裂程度和表层裂缝连通性，建立了冻融循环的表面剥落模型；分析了内部开裂面积和混凝土试件动弹性模量的关系，建立了冻融循环的动弹性模量劣化模型。综合以上各个环节，结合混凝土的初始参数，编制了冻融循环过程的劣化迭代模拟程序，用来模拟分析混凝土冻融循环的劣化过程

和抗冻性分析预测。

4.4.4　混凝土抗冻性评估与预测

1. 劣化程度的定义

如果将劣化程度量化，显然劣化程度是一个相对值，当劣化导致结构失效时，劣化程度为100%。以强度劣化为例，假设某一结构的初始强度为 45MPa，如果强度小于等于 30MPa 时结构失效，当实测强度大于等于 45MPa 时劣化程度为零，当实测强度为 36MPa 时，劣化程度为（45－36）/（45－30）×100%＝60%。

所以，劣化程度可以定义为混凝土性能的实际下降幅度与容许下降幅度之比，如式 4.4.4。这个定义不仅适用于混凝土耐久性劣化，而可以用来评定各种性能的劣化程度。

$$D_d = \Delta P / [\Delta P] \times 100\% \qquad (4.4.4)$$

式中　D_d——混凝土劣化程度；

ΔP——混凝土性能实际下降幅度；

$[\Delta P]$——混凝土性能容许下降幅度。

可见，劣化程度就是混凝土耐久性量化评估的指标。如果建立劣化程度与时间的关系，当劣化程度达到 100% 时的时间，就是混凝土的使用寿命。

从劣化程度的定义看出，性能容许下降幅度对劣化程度影响较大，换言之，即性能临界值对劣化程度的影响很大，仍以前面的强度为例，如果结构破坏强度为 20MPa，则实际强度为 36MPa时的劣化程度为（45－36）/（45－20）×100%＝36%，与破坏强度为 30MPa 时的 60% 相去甚远。可见，判断结构失效破坏的临界值，即破坏准则对于耐久性评估与预测非常重要。

2. 破坏准则

虽然各种耐久性劣化的机理与过程至今尚未完全弄清，但经过许多年的研究，混凝土冻融循环、氯离子腐蚀及碳化破坏的临界值已经积累了

相当的经验，有的已经写入标准规范。

GB/T 50082 和 ASTM C666A 皆以相对动弹性模量下降到 60％或重量损失达到 5.0％为混凝土试件的冻融循环破坏准则。本节暂时不怀疑这个准则是否合理，即以这两个指标为混凝土冻融循环劣化的破坏准则。

有关混凝土抗冻性的其他两个重要试验方法 CDF 与 ASTM C672 没有给出明确的破坏指标，有报道以 $1000g/m^2$ 为极限剥落量。还有试验方法以连续两次冻融循环导致的膨胀超过一定值为冻融破坏指标。

3. 应用模型评估与预测的方法

有了混凝土耐久性劣化模型或模拟方法，确定了劣化极限状态即破坏准则，结合劣化程度定义，对混凝土耐久性进行评估或预测就是模型的应用问题。对于老混凝土而言，所谓评估就是确定其劣化程度，预测是确定其剩余寿命；对新混凝土而言，如果没有新的定义，评估和预测都是确定其使用寿命。

前面给出了详细的混凝土冻融循环劣化过程及迭代模拟量化分析。确定混凝土的初始状态及冻融循环制度（主要是温度变化制度及冻融过程中混凝土所处的水环境或湿度条件），根据图 4.4.3-8 的过程结合 GB/T 50082 规定的极限条件，计算所评估预测的混凝土能承受的冻融循环次数或者确定若干次冻融循环以后混凝土的动弹性模量劣化与重量损失。根据冻融循环制度，可确定冻融循环次数与时间的关系，得到混凝土的剩余寿命或使用寿命；根据若干次冻融循环后的重量损失和相对动弹性模量，可以确定混凝土的劣化程度。

4. 小结

因为预测是在假设混凝土使用环境不变的基础上得到的，实际上，自然界的环境在不停地变化，如温度正在全球变暖，地震等不可预知情况都可能造成混凝土性能变化发生突变或偏离已有

规律。另外，混凝土本身是不均匀材料，所有混凝土试验的结构都有离散，寿命预测也不例外，具体的离散程度由于缺乏实际工程数据而无法统计。但是这种离散并不影响评估与预测对实际的指导意义，并且随着数据的积累，预测结果的准确程度将会不断提高。

4.4.5　评估与预测方法的验证

1. 冻融循环劣化模拟结果的试验验证

1）冻融循环试验情况

（1）原材料与混凝土力学性能

试验中所用水泥均为金宁羊牌 42.5PII（R）型硅酸盐水泥。细集料采用天然河砂中砂，细度模数 Mx＝2.36。粗集料采用玄武岩碎石，颗粒级配良好，压碎指标为 3.79％，最大粒径 26.5mm。减水剂采用 JM-B 型高效减水剂，用量根据新拌混凝土的坍落度进行调整。

试验中，设计了水灰比（W/C）为 0.40、0.35、0.31 的三种素混凝土，配合比及其抗压强度如表 4.4.5 所示。所有混凝土都采用强制型搅拌机搅拌，机械振动，钢模成型。新拌混凝土都具有较好的和易性，素混凝土的坍落度控制在 70～110mm 左右。成型 100mm×100mm×400mm 的棱柱体冻融循环试件和 100mm×100mm×100mm 的立方体抗压强度试件，振动密实以后在试件表面覆盖塑料薄膜，24h 后脱模，标准养护。

混凝土配合比　　　　表 4.4.5

编号	W/C	$C/kg \cdot m^{-3}$	$S_p/\%$	含气量/%	R_{28}/MPa
1	0.40	410	36	2.4	45.1
2	0.35	470	35	1.9	56.3
3	0.31	520	34	2.1	68.8

（2）冻融循环试验方法

混凝土的冻融循环试验按照《普通混凝土长期性能和耐久性能试验方法》GB/T 50082 中抗冻性能试验的"快冻法"进行。GB/T 50082 规

定，养护至 24d 时将试件浸泡在温度为 15～20℃
的水中，至 28d 龄期时测试动弹性模量和重量，
然后开始冻融循环，在冻结和融化终了时，试件
中心温度应分别控制在－17±2℃和＋8±2℃。每
隔 25 次循环测定一次动弹性模量测试。动弹性模
量用共振法测试。

2）试验结果与模型

图 4.4.5-1 和图 4.4.5-2 分别是冻融过程中
相对动弹性模量和重量损失的试验结果与 4.3 所
述方法的模拟结果。

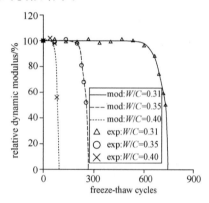

图 4.4.5-1　冻融过程中相对动弹性
模量试验与模拟结果

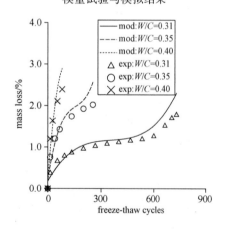

图 4.4.5-2　冻融过程中重量
损失试验与模拟结果

从图中可以看出，相对动弹性模量的模拟结
果与试验结果一致性较好，表明模拟方法中的机
理与过程分析是正确的。重量损失模拟结果与试
验结果基本一致，略有差异，这是因为冻融过程
中各混凝土试件各表面的剥落不均匀，成型面剥

落严重得多，而 GB/T 50082（ASTM C666 A）
方法得到的重量损失相当于混凝土试件所有表面
剥落的平均值，并未反映实际情况，而模拟结果
代表的是某一表面的剥落情况。

2. 小结

对于 5.4 建立的模型，进行了实验验证。冻
融循环劣化由于标准试验方法中规定的测试指标
的特殊性，无法得到与之匹配的工程监测或检测
数据，加之本来冻融循环劣化现场检测积累几乎
为零，所以对模型进行了实验验证。结果表明，
模型与实验结果一致性很好。

4.4.6　结论

本节分析了混凝土耐久性研究现状及对耐久
性进行量化分析设计的意义和存在的问题。为了
实现混凝土耐久性量化设计，分析了混凝土的冻
融循环劣化的机理、过程，建立了相应的劣化模
型，提出了耐久性劣化程度的定义，建立了进行
耐久性评估与寿命预测的方法。

冻融循环劣化过程是混凝土孔隙水迁移重分
布的过程，孔隙孔径不同使得其中孔隙水冰点不
同，同一时间各孔隙水状态也不相同，水的不同
状态之间存在化学能差，水分会向化学能低的方
向转化，所以化学能差是水分迁移的驱动力。水
分重分布过程的总趋势是向表面层迁移、向大孔
迁移，结合流体力学原理，通过分析建立了水分
迁移重分布的数学模型：

$$F_r = k_1 \cdot \frac{A \cdot C \cdot \Delta T}{S \cdot V \cdot D} \qquad (4.4.6\text{-}1)$$

经过多次冻融循环，表面层孔隙水饱和程度提高，
内部大孔的饱和程度也有可能很高，高饱和度的
孔隙冻结会对孔壁产生坏压力，进而在基体中产
生拉应力，导致开裂。表面层孔隙基体开裂裂缝
连通是导致剥落的直接原因，外部水分来源是表
面剥落的关键因素之一。应用热力学理论得到结

冰对孔壁压力模型：

$$P_{\mathrm{A}}^{\max} = P_{\mathrm{L}} + 2\gamma_{\mathrm{CL}}\left(\frac{1}{R_{\mathrm{E}}} - \frac{1}{R_{\mathrm{P}}}\right) \quad (4.4.6\text{-}2)$$

根据弹性理论得到孔壁基体应力模型：

$$\sigma_{\theta}(a) = -\sigma_{\mathrm{r}}(a) = \frac{R^2}{a^2} P \quad (4.4.6\text{-}3)$$

考虑基体强度及约束情况，分析基体开裂情况，提出了表面层裂缝连通剥落的剥落劣化原理，但是限于编程水平，模拟中采用了简化的表层剥落劣化；分析了内部开裂面积和混凝土试件动弹性

模量的关系，建立了冻融循环的动弹性模量劣化模型：

$$\frac{E}{E_0} = \frac{A}{A_{\mathrm{sum}}} = 1 - \sum_i \frac{A_{\mathrm{ac},i}}{A_{\mathrm{sum}}} = 1 - k \cdot \sum_i \frac{R_i}{A_{\mathrm{sum}}}$$

$$(4.4.6\text{-}4)$$

将这些过程程序化，建立了混凝土冻融循环劣化的计算机模拟迭代模型。通过实验验证，模型与实验结果一致性很好。

本章参考文献

[1] J. R. Clifton，D. J. Naus，S. L. Amey，et al. Service-life Prediction—State-of-the-Art Report [R]. ACI Committee 365，ACI 365. 1R-00，January 10，2000.

[2] 陈肇元，混凝土结构的耐久性设计[C]//陈肇元，陈志鹏，江见鲸，等编，混凝土结构耐久性及耐久性设计论文集，清华大学，北京：2002. 11.

[3] 洪定海. 大掺量矿渣微粉高性能混凝土应用范例[J]. 建筑材料学报，1998，1(1)：82.

[4] Rostam S. Service life design——the European approach [J]. Concrete International，1993，15(7)：24-32.

[5] 黄士元. 按服务年限设计混凝土的方法[J]. 混凝土，1994，(6)：24-32.

[6] Collepardi M.，Marcialis A.，Turrizzani R. The kinetics of penetration of chloride ions into the concrete [J]. *Il Cemento* (Italy)，1970，(4)：157-164.

[7] DuraCrete BE95-1347，General guidelines for durability design and redesign [R]. The European Union-Brite EuRam，February 2000.

[8] 余红发，孙伟，鄢良慧等. 混凝土使用寿命预测方法的研究Ⅰ：理论模型[J]. 硅酸盐学报，2002，30(6)：686-690.

[9] 余红发，孙伟，麻海燕等. 混凝土使用寿命预测方法的研究Ⅱ：模型验证与应用[J]. 硅酸盐学报，2002，30(6)：691-695.

[10] 余红发，孙伟，麻海燕等. 混凝土使用寿命预测方法的研究Ⅲ：混凝土使用寿命的影响因素及混凝土寿命评价[J]. 硅酸盐学报，2002，30(6)：696-701.

[11] Clifton J. R. Prediction the service life of concrete [J]. ACI Mater. J.，1993，90(6)：611-617.

[12] 关宇刚，孙伟，缪昌文. 基于可靠度与损伤理论的混凝土寿命预测模型Ⅰ：模型阐述和建立[J]. 硅酸盐学报，2001，29(6)：509-513.

[13] 关宇刚，孙伟，缪昌文. 基于可靠度与损伤理论的混凝土寿命预测模型Ⅱ：模型验证和应用[J]. 硅酸盐学报，2001，29(6)：514-519.

[14] 关宇刚. 单一和多重破坏因素作用下高强混凝土的寿命评估[D]. 南京：东南大学博士论文，2002.

[15] 余红发. 盐湖地区高性能混凝土的耐久性、机理与使用寿命预测方法[D]. 南京：东南大学博士论文，2004.

[16] 蒋仁言. 威布尔模型族：特性、参数估计和应用[M]. 北京：科学出版社，1998.

[17] 余寿文，冯西桥. 损伤力学[M]. 北京：清华大学出版社，1997.

[18] A. M. 内维尔著. 混凝土的性能[M]. 北京：中国工业建筑出版社，1983.

[19] 刘撰伯，魏金照，胶凝材料[M]. 上海：同济大学出版社，1990.

[20] 廉惠珍，童良，陈恩义. 建筑材料物相研究基础[M]. 北京：清华大学出版社，1996.

[21] 楼志文. 损伤力学基础[M]. 西安：西安交通大学出版社，1991.

[22] 慕儒，冻融循环与外部弯曲应力、盐溶液复合作用下混凝土的耐久性与寿命预测[D]. 南京：东南大学博士论文，2000.

[23] Clifton J. R., Prediction the Service Life of Concrete[J]. ACI Material Journal, Vol. 90, No. 6, 1993, pp. 611~617.

[24] 王媛俐，姚燕主编. 重点工程混凝土耐久性的研究与工程应用[M]. 北京：中国建材工业出版社，2001.

[25] 程侃. 寿命分布类与可靠性数学理论[M]. 北京：科学出版社，1999.

[26] Collepardi M., Marcialis A., Turrizzani R. The kinetics of penetration of chloride ions into the concrete [J]. Il Cem., 1970, (4): 157-164.

[27] Collepardi M., Marcialis A., Turrizzani R. Penetration of chloride ions into cement pastes and concretes[J]. J. Am. Ceram. Soc., 1972, 55: 534-535.

[28] Verbeck G. J. Mechanisms of corrosion of steel in concrete, corrosion of metals in concrete[R]. ACI SP-49, 1987: 211-219.

[29] Mangat P. S., Limbachiya M. C. Effect of initial curing on chloride diffusion in concrete repair materials [J]. Cem. and Concr. Res., 1999, 29(9): 1475-1485.

[30] Maage M., Helland S., Poulsen E. et al. Service life predicition of existing concrete structures exposed to marine environment [J]. ACI Mate. J., 1996, 93(6): 602-608.

[31] Amey S. L., Johnson D. A., Miltenberger M. A. et al. Predicting the service life of concrete marine structures: an environmental methodology [J]. ACI Struct. J., 1998, 95(1): 27~36.

[32] Kassir M. K., Ghosn M. Chloride-induced corrosion of reinforced concrete bridge decks [J]. Cem. and Concr. Res., 2002, 32 (1): 139-143.

[33] Mejlbro L. The complete solution of Fick's second law of diffusion with time-dependent diffusion coefficient and surface concentration[A], Durability of concrete in saline environment[C], Cement AB, Danderyd, 1996, 127-158.

[34] Ozisik, M. N. 著，俞昌铭译. 热传导[M]. 北京：高等教育出版社，1983.

[35] 中华人民共和国交通部标准，水运工程混凝土试验规程[S]. 1998，JTJ270-98，202-207.

[36] Tuutti K. Corrosion of steel in concrete [R]. Stockholm: Swedish Cement and Concrete Institute, 1982, (4): 469-478.

[37] Somerville G. The design life of concrete structures [J]. The Struct. Eng., 1986, 64A(2): 60-71.

[38] 刘西拉，苗柯. 混凝土结构中的钢筋腐蚀及其耐久性计算[J]. 土木工程学报，1990，23(4)：69-78.

[39] 冷发光，冯乃谦. 高性能混凝土渗透性和耐久性及评价方法研究[J]. 低温建筑技术，2000，(4)：14-16

[40] 惠云玲. 混凝土结构钢筋锈蚀耐久性损伤评估及寿命预测方法[J]. 工业建筑，1997，27(6)：19-22

[41] 黄玉龙，潘智生，胥亦刚，等. 火灾高温对 PFA 混凝土强度及耐久性的影响 [A]. 阎培渝，姚燕编. 水泥基复合材料科学与技术[M]，中国建材工业出版社，北京：1999，87~90.

[42] Gérard B., Marchand J. Influence of cracking on the diffusion properties of cement-based materials Part I: Influence of continuous cracks on the steady-state regime [J]. Cem. and Concr. Res., 2000, 30 (1): 37-43

[43] Saito M, Ishimori H. Chloride permeability of concrete under static and repeated compressive loading [J]. Cem. and Concr. Res., 1995, 25(4): 803~808

[44] Lim C. C., Gowripalan N, Sirivivatnanon V. Microcracking and chloride permeability of concrete under niaxial compression [J]. Cem. and Concr. Comp., 2000, 22 (5): 353~360.

[45] Gowripalan N., Sirivivatnanon V., Lim C. C. Chloride diffusivity of concrete cracked in flexure [J]. Cem. and Concr. Res., 2000, 30 (5): 725~730.

[46] Pigeon M., Garnier F., Pleau R. et al. Influence of drying on the chloride ion permeability of HPC [J]. Concr. Inter., 1993, 15(2): 65~69.

［47］ Midgley H. G. and Illston, J. M., Effect of Chloride Penetration on the Properties of Hardened Cement Pastes ［A］, Proc. 8th Inter. Symp. on Chem. of Cem. ［C］, Rio de Janeiro, 1986, Part VII, pp. 101-103.

［48］ Tang, L. and Nilsson, L. -O., Chloride Diffusivity in High Strength Concrete at different ages ［J］. Nordic Concr. Res., 1992, 11: 162-170.

［49］ Mangat P. S., Molloy B. T. Prediction of long term chloride concentration in concrete ［J］. Mater. And Struct., 1994, 27: 338-346.

［50］ Thomas M. D. A., Bamforth P. B., Modelling chloride diffusion in concrete — effect of fly ash and Slag ［J］. Cem. and Concr. Res., 1999, 29(4): 487-495.

［51］ Nilsson L. O., Massat M., Tang L., The effect of non-linear chloride binding on the prediction of chloride penetration into concrete structures［A］, In: Malhotra V. M. (Ed.), Durability of Concrete［C］, ACI SP-145, Detroit, 1994, pp. 469-486.

［52］ Martin-Perez B., Zibara H., Hooton R. D., et al. A study of the effect of chloride binding on service life predictions ［J］. Cem. and Concr. Res., 2000, 30 (8): 1215-1223.

［53］ 洪定海. 混凝土中钢筋腐蚀与保护［M］. 中国铁道出版社, 1998, 144～236, 344.

［54］ Weyers R. E., Fitch M. G., Larsen E. P., et. al. Concrete Bridge Protection and Rehabilitation: Chemical and Physical Techniques. Service Life Estimates, Strategic Highway Research Program, National Research Council, Washington, DC, 1994 (SHRP-S-668).

［55］ Clear K. C. Time-to-corrosion of reinforcing steel in concrete slabs ［A］// Performance after 830 daily salt applications (3). Report No. FHWA/RD-76/70, Federal Highway Administration, Washington, D. C., 1976: 59.

［56］ Wee T. H., Wong S. F., Swaddiwudhipong S., et al. A prediction method for long-term chloride concentration profiles in hardened cement matrix materials［J］, ACI Mater. J., 1997, 94(6): 565-576.

［57］ Funahashi M. Predicting corrosion——free service life of a concrete structure in a chloride environment ［J］. ACI Mater. J., 1990, 87(6): 581-587.

［58］ Crank J., The Mathematics of Diffusion, 2nd edn［M］. Oxford Univ. Press, London, 1975.

［59］ 赵筠. 钢筋混凝土结构的工作寿命设计——针对氯盐污染环境［J］. 混凝土, 2004, (1): 3-16

［60］ Berman H. A. Determination of chloride in hardened cement paste, mortar and concrete ［J］. J. Mater., 1972, 7: 330-335.

［61］ Dhir R. K., Jones M. R., and Ahmed H. E. H. Determination of total and soluble chloride in concrete ［J］. Cem. and Concr. Res., 1990, 20(4): 579-590.

［62］ Arya C. and Newman J. B. An assessment of four methods of determining the free chloride content of concrete ［J］. Mater. and Struct., Res. and Testing, 1990, 23: 319-330.

［63］ 林宝玉, 单国良. 南方海港浪溅区钢筋混凝土耐久性研究［J］. 水运工程, 1998, (1): 1-5.

［64］ 林宝玉, 吴绍章主编. 混凝土工程新材料设计与施工［M］. 北京中国水利水电出版社, 北京: 1998, 113, 125-127.

［65］ Helland S. Assessment and predication of service life of marine structures—A tool for performance based requirement? ［J］///Workshop on Design of Durability of Concrete, Berlin, June, 1999.

［66］ Fluge F. Marine chlorides-a probabilistic approach to derive provisions for EN 206-1［A］//3rd Workshop on Service Life Design of Concrete Structure-from Theory to Standardisation, Tromsф, Norway, June 2001.

［67］ Bamforth P. B. Predicting the risk of reinforcement corrosion in marine structures［R］. Corrosion Prevention Control, Aug. 1996.

［68］ Breitenbücher R. Service life design for the Western Scheldt tunnel［A］. Workshop on Design of Durability of Concrete, Berlin, June 1999.

［69］ DuraCrete BE95-1347, General guidelines for durability design and redesign ［R］. The European Union-Brite EuRam,

February 2000.

[70] Funahashi M. Predicting corrosion——free service life of a concrete structure in a chloride environment [J]. ACI Mater. J., 1990, 87(6): 581-58.

[71] Tritthart J., Chloride binding in cement [J], Cem Concr Res, 1989, 19 (5): 683- 691.

[72] Lambert P., Page C. L. and Short N. R., Pore Solution Chemistry of the Hydrated System Tricalcium Silicate/Sodium Chloride/Water[J], Cem. Concr. Res., 1985, 15: 675-680.

[73] Arya C., Buenfeld N. R. and Newman J. B., Factors Influencing Chloride-binding in Concrete[J], Cem. Concr. Res., 1990, 20: 291-300.

[74] Suryavanshi A. K., Scantlebury J. D., Lyon S. B., The Binding of Chloride Ions by Sulphate Resistant Cement [J], Cem. Concr. Res., 1995, 25 (3): 581-592.

[75] Jensen H. -U. and Pratt P. L., The Binding of Chloride Ions by Pozzolanic Product in Fly Ash Cement Blends[J], Adv. Cem. Res., 1989, 2 (7): 121-129.

[76] Al-Hussaini M. J., Sangha C. M., Plunkett B. A. and Walden P. J., The Effect of Chloride Ion Source on the Free Chloride Ion Percentages in OPC Mortars[J], Cem. Concr. Res., 1990, 20: 739-745.

[77] Suryavashi A. K. Pore solution analysis of normal portland cement and sulphate resistance portland cement mortars and other influence on corrosion behaviour of embedded steel [A]//In: ed. by Smamy R. N., Proc. on Corrosion and Corrosion Protection of Steel in Concrete, Univ. of Shellield, UK, 1994, 482~490.

[78] Sagüés. Corrosion forecasting 75-year durability design of reinforces concrete[A]. Final Report to Florida Department of Transportation, Dec. 2001.

[79] Fluge F. Environmental loads on coastal bridges[A]//Proc. from Inter. Conf. On Repair of Con. Stru., Svolvaer, Norway, May 1997.

[80] Hong K., Hooton R. D. Effects of cyclic chloride exposure on penetration of concrete cover [J]. Cem. and Concr. Res., 1999, 29 (9): 1379-1386.

[81] 莫斯克文 B. M.，伊万诺夫 Φ. M.，阿列克谢耶夫 C. H. 等著，倪志森，何进源，孙昌宝等译. 混凝土和钢筋混凝土的腐蚀及其防护方法[M]. 北京：化学工业出版社，1988，160-161，112-123，208-392.

[82] 袁承斌，张德峰，刘荣桂，等. 不同应力状态下混凝土抗氯离子侵蚀的研究[J]. 河海大学学报，2003，31(1)：50-54.

[83] Wang K., Igusa T., Shah S., Permeability of concrete — relationships to its mix proportion, microstructure, and microcracks[A]// In: M. Cohen, S. Mindess, I. Skalny (Eds.), Materials Science of Concrete, Sidney Diamond Symp. 1998: 45-54.

[84] Aldea C., Shah S., Karr A., Effect of cracking on water and chloride permeability of concrete [J], J. Mater. Civil Eng., 1999, 11 (3): 181-187.

[85] Mangat P. S., Limbachiya M. C. Effect of initial curing on chloride diffusion in concrete repair materials [J]. Cem. and Concr. Res., 1999, 29(9): 1475-1485.

[86] Bamforth P. B. A new approach to the analysis of time-dependent changes in chloride profiles to determine effective diffusion coefficients for use in modelling chloride ingress[A]//Porc. Inter. RILEM Workshop: Chloride Penetration Into Conerete, October 15-18, Saint-Remy-Les-Chevreuse, 1995, 195-205.

[87] Boddy A., Hooton R. D., Gruber K. A. Long-term testing of the chloride-penetration resistance of concrete containing high-reactivity metakaolin [J]. Cem. Concr. Res., 2001, 31(5): 759-765.

[88] Stanish K., Thomas M.. The use of bulk diffusion tests to establish time-dependent concrete chloride diffusion coefficients[J]. Cem. Concr. Res., 2003, 33(1): 55-62.

[89] 陈肇元，混凝土结构的耐久性设计[A]//陈肇元，陈志鹏，江见鲸等编，第二届工程科技论坛·混凝土结构耐久性及耐久性设计论文集，清华大学，北京：2002，59-79.

[90] Maage M.，Helland St.，Carlsen J. E.，暴露于海洋环境的高性能混凝土中的氯化物渗透[A]//Sommer H. 编，

冯乃谦，丁建彤，张新华等译. 高性能混凝土的耐久性. 科学出版社，北京：1998，118~127.

[91] Zhang T. , Gjorv O. E. Effect of ionic interaction in migration testing of chlorode diffusivity in concrete [J]. Cem. Concr. Res. , 1995, 25(7): 1535-1542.

[92] 余红发，孙伟，屈武，等. 盐湖环境条件下抗腐蚀混凝土电杆的研究与开发[J]，混凝土与水泥制品，2003，(1)：23-26.

[93] 余红发，华普校，屈武，等. 抗腐蚀混凝土电杆在西北盐湖地区的野外暴露实验[J]，混凝土与水泥制品，2003，(6)：23-26.

[94] 郑喜玉，李秉孝，高章洪，等著. 新疆盐湖[M]. 科学出版社，1995，26-140.

[95] 张彭熹，张保珍，唐渊，等. 中国盐湖自然资源及其开发利用[M]. 科学出版社，1999，3-251.

[96] 郑喜玉，唐渊，徐昶，等. 西藏盐湖[M]. 科学出版社，1988，16-17.

[97] 郑喜玉，张明刚，董继和等. 内蒙古盐湖[M]. 科学出版社，1992，137-194，219-285.

[98] Frohnsdorff G. , Masters L. W. , and Martin J. W. An approach to improved durability test for building materials and components[J]// NBS Technical Note 1120, National Bureau of Standards, Gaithersburg, Md, 1980.

[99] Vesikari E. Service life design of concrete structure with regard to frost resistance of concrete[R], Nordic Concr. Res. , Publication No. 5, Norske Betongforening, Oslo, Norway, 1986, 215-228.

[100] 李金玉，邓正刚，曹建国，等. 混凝土抗冻性的定量化设计[A]//王媛俐，姚燕，主编，重点工程混凝土耐久性的研究与工程应用，中国建材工业出版社，2001，265-272.

[101] 林宝玉，蔡跃波，单国良. 保证和提高我国港工混凝土耐久性措施的研究与实践[A]//阎培渝，姚燕，主编，水泥基复合材料科学与技术，中国建材工业出版社，1999，16-23.

[102] Schneider U. , Chen S. W. Modeling and empirical formulas for chemical corrosion and stress corrosion of cementitious materials [J]. Mater. and Struct. , 1998, 31(10): 662-668.

[103] Kalousek G. L. , Porter E. C. , and Benton E. J. , Concrete for long-term service in sulfate environment [J]. Cem. and Concr. Res. , 1972, 2 (1): 79 - 90.

[104] 李兆霞. 损伤力学[M]. 北京：科学出版社，2002.

[105] 余红发，孙伟，鄢良慧，杨波. 在盐湖环境中高强与高性能混凝土的抗冻性[J]. 硅酸盐学报，2004，32(7)：842-848.

[106] Tumidajski P. J. and Chan G. W. , Durability of high performance concrete in magnesium brine [J]. Cem. and Concr. Res. , 1996, 26(4): 557-565.

[107] H. Mihashi, X. Yan, S. Arikawa, et al. 掺矿渣和硅粉的高性能混凝土强度及抗冻性[A]//冯乃谦，等译. 高性能混凝土——材料特性与设计[M]. 中国建筑工业出版社，1998. 99-105.

[108] Wei Sun, Ru Mu, Xin Luo, et. al. Effect of chloride salt, freeze - thaw cycling and externally applied load on the performance of the concrete [J]. Cement and Concrete Research, 2002, 32 (12): 1859 - 1864.

[109] 黄海，罗友丰，陈志英，等. SPSS10. 0 for Windows 统计分析[M]. 北京：人民邮电出版社，2001.

[110] 高建明，王边，朱亚菲，等. 掺矿渣微粉混凝土的抗冻性试验研究[J]. 混凝土与水泥制品，2002，(5)：3-5.

[111] 曹建国，李金玉，林莉，等. 高强混凝土抗冻性的研究[J]. 建筑材料学报，1999，2(4)：292-297.

[112] 王永逵，陆吉祥. 材料试验和质量分析的数学方法[M]. 北京：中国铁道出版社，1990，162-168.

[113] 中华人民共和国国家标准. 建筑结构可靠度设计统一标准 GB50068-2001[S]. 北京：中国建筑工业出版社，2001.

[114] 牛荻涛著，混凝土结构耐久性与寿命预测[M]. 北京：科学出版社，2003.

[115] 李田，刘西拉. 混凝土结构的耐久性设计[M]. 土木工程学报，1994，27(2)：47-55.

[116] Michel Pigeon, Jacques Marchand, Richard Pleau, Frost resistant concrete[J]. Construction and Building Materials, Vol. 10, No. 5, pp. 339-348.

[117] George W. Scherer. Crystallization in pores[J]. Cement and Concrete Research, 1999, 29(10): 1347-1358.

[118] George W. Scherer, Freezing gels[J]. Journal of Non-Crystalline Solids，1993，155(1)：1-25.

[119] Powers T C, Helmuth R A, Theory of volume change s in in hardened Portland cement paste during freezing[J]. Proceedings, Highway Research Board，1953，32：285-297.

[120] Litvan G G. Phase transitions of adsorbates[J]. Part IV: Mechanism of frost action in hardened cement paste. J. Amer. Ceram. Soc. 1972，55，(1)，38-42.

[121] Setzer M J, A new approach to describe frost action in hardened cement paste and concrete[J]. Proc. Conference on Hydraulic Cement paste—Their Structure and Properties, Sheffield, UK, British Cement and Concrete Association, 1976, pp. 313-325.

[122] Pigeon M, Pleau R, Durability of concrete in cold climates[M] Chapman & Hall, London, 1994.

[123] Pigeon M, Talbot C, Marchand J, Hornain H, Surface mocrostructure and scaling resistance of concrete[J]. Cement and Concrete Research, 1996, Vol. 26, No. 10, pp. 1555-1566.

[124] Stefan Jacobsen, Erik J. Sellevold, Seppo Matala, Frost durability of high strength concrete: effect of internal cracking on ice formation[J]. Cement and Concrete Research, 1996, Vol. 26, No. 6, pp. 919-931.

[125] Usherov-Marshak A, Zlatkovski O, Sopov V, Regularities of ice formation and estimation of frost attack danger [J]. RILEM Proceeding PRO 24, Frost resistance of concrete, Edited by M J Setzer, R Auberg and H J K, Essen, Germany, 18-19 April, 2002, pp. 213-221.

[126] Fagerlund G, The critical degree of saturation method of assessing the freeze/thaw durability of concrete[J]. Materials and Structures, 1977, 10(10), 58.

[127] Susanta Chatterji, Aspect of the freezing process in a porous materials-water system Part I: freezing and the properties of water and ice[J]. Cement and Concrete Research, 1999, 29(4)：627-630.

[128] Susanta Chatterji, Aspect of the freezing process in a porous materials-water system Part II: freezing and the properties of frozen porous materials[J]. Cement and Concrete Research, 1999, 29(6)：781-784.

[129] Ausloos M, Salmon E, Vandewalle N, Water invasion, freezing, and thawing in cementitious materials[J]. Cement and Concrete Research, 1999, 29(2)：209-213.

[130] Dirch H Bager, Erik J sellevold, Ice formation in hardened cement paste, part I: room temperature cured pastes with variable moisture contents[J]. Cement and Concrete Research, 1986, 16(5)：709-720.

[131] Dirch H Bager, Erik J sellevold, Ice formation in hardened cement paste, part II: drying and resaturation on room temperature cured pastes[J]. Cement and Concrete Research, 1986, 16(6)：835-844.

[132] J J Volkl, R E Beddoe, M J Setzer, The specific surface of hardened cement paste by small-angle X-ray scattering effect of moisture content and chlorides[J]. Cement and Concrete Research, 1987, 17(1)：81-88.

[133] Hookham C. J, Service life prediction of concrete structure—case histories and research needs[J]. Concrete International, 1992, November, 50-53.

[134] Lamond J. F, designing for durability[J]. Concrete International, 1997, November, 34-36.

[135] 孙训方，方孝淑，关来泰，材料力学[M]. 北京：高等教育出版社，1987.

[136] 徐芝纶，弹性力学简明教程[M]. 北京：高等教育出版社，1982.

[137] Guoqing Li, Yi Zhao, Suseng Pang, Four-phase sphere modeling of effective bulk modulus of concrete[J]. Cement and Concrete Research, 1999, 29(6)：839-845.

[138] Guoqing Li, Yi Zhao, Suseng Pang, Yongqi Li, Effective Young's modulus estimation of concrete[J]. Cement and Concrete Research, 1999, 29(10)：1455-1462.

[139] S D Brown, R B Biddulph, P D Wilcox, A strength-porosity relation involving different pore geometry and orientation[J]. Journal of The American Ceramic Society, 1964, 47(7), 320-322.

第5章
多重破坏因素耦合作用下的高速铁路钢筋混凝土构件耐久性研究

5.1 普通低碳钢与细晶粒钢钝化膜在碱性介质中的耐蚀性

混凝土中钢筋锈蚀现象由于导致混凝土结构出现严重的耐久性问题而日益引起重视。随着城市化进程的不断推进，由于具有速度快、运能大、节能省地、减排高效、全天候运行等优势，高速铁路已在大规模建设中。考虑到高速铁路工程的实际情况，用具有较高屈服强度（＞500MPa）的细晶粒钢筋取代混凝土中常用的普通低碳钢（HPB235 和 HRB335 等），满足了抵抗长期疲劳荷载的要求。但是在外界严酷条件下（氯盐、硫酸盐侵蚀与混凝土的碳化作用），细晶粒钢筋的钝化膜的耐蚀性方面是否能够满足耐久性要求值得进行深入的研究。

在提高钢筋强度的方法中，晶粒细化是唯一能够同时提高钢筋韧性与屈服强度的方法。至于晶粒细化对钢筋耐蚀性的影响一直存在较大争议。Afshari 等认为随着晶粒由微晶向纳米晶细化，铁在碱性溶液中的耐蚀性急剧增强。与此相反，Pisarek 等报道称晶粒细化后不锈钢更易腐蚀。Schino 等发现细晶结构能更好地抑制局部腐蚀，但晶粒细化后不锈钢更容易发生均匀腐蚀。

为了证实细晶粒钢在混凝土碱性环境下的耐蚀性，本章对普通低碳钢与细晶粒钢在模拟混凝土孔溶液中进行钝化区域内不同阳极极化电位的钝化处理，通过电化学阻抗谱与电容（Mott-Schottky 曲线）比较了两种钢筋钝化膜的优劣性，并应用循环极化曲线对比分析了氯盐侵蚀作用下两种钢筋钝化膜的耐蚀性。

5.1.1 实验方法

1. 原材料

实验用钢筋为南京栖霞山轧钢厂生产的低碳带肋钢筋（HRB335）和天津市天铁轧钢厂生产的细晶粒钢筋（HRB500E）。表 5.1.1-1 是两种钢筋的化学成分，细晶粒钢筋中元素硫（S）和磷（P）含量明显小于低碳钢，其次，细晶粒钢筋中添加 30.09wt％的微量元素钒（V）以提高钢筋的强度。钢筋的基本力学性能见表 5.1.1-2，可见细晶粒钢筋在屈服强度上明显优于普通低碳钢筋。

钢筋的化学成分　　　　　表 5.1.1-1

Grade of steel bar	Constituent（wt％）							
	Fe	C	Si	Mn	P	S	V	Ceq
HRB335	97.336	0.20	0.55	1.42	0.026	0.028	—	0.44
HRB500E	97.168	0.24	0.54	1.45	0.015	0.017	0.09	0.48

钢筋的力学性能　　　　　表 5.1.1-2

Grade of steel bar	Mechanical properties		
	Tensile strength（MPa）	Yield strength（MPa）	Elongation（％）
HRB335	570	375	21.0
HRB500E	670	530	25.0

钢筋电极为加工后 $\phi 16 \times 5mm$ 的圆柱片，钢筋圆柱片一面作为工作面，经水磨砂纸逐级打磨至 No.1000，去离子水清洗后用 Al_2O_3 抛光液抛

光至镜面，然后在丙酮中超声清洗电极表面残余物，最后去离子水清洗并烘干后安装入腐蚀池使得钢筋的暴露面积固定为 1cm²。为避免钢筋电极侧面发生腐蚀而影响实验结果，电极侧面用绝缘胶带封裹。

模拟混凝土孔溶液为室温下 pH13.0 的溶液 [0.2mol/L KOH＋0.2mol/L NaOH＋0.001mol/L Ca(OH)₂]，所用溶剂为去离子水（18MΩ·cm），所有化学试剂均为分析纯。模拟液配制后放入隔绝空气的容器以免发生碳化。用 F 代表细晶粒钢筋，C 代表普通低碳钢。

2. 电化学方法

电化学测试使用三电极体系进行测试，钢筋电极片为工作电极，饱和甘汞电极（SCE）作为参比电极，铂电极为辅助电极，待工作电极浸入模拟液 1h 使腐蚀电位基本稳定后进行电化学测试。

循环伏安（Cyclic Voltammetry，CV）测试由初始的 $-1.5V_{SCE}$ 正向扫描至 $1.0V_{SCE}$ 后再回扫至初始电位，共进行 10 个扫描循环，扫描速率为 50mV/s。动电位极化法（Potentiodynamic Polarization，PDP）从相对开路电位 $E_{corr}-0.25V_{SCE}$ 正向扫描至 $1.0V_{SCE}$，扫描速率为 10mV/s。计时电流（Chronopotentiometry）测试持续时间为 3600s。电化学阻抗谱（Electrochemical Impedance Spectroscopy，EIS）测试扫描频率从 100kHz 到 10mHz，测试均在开路电位下进行，所施加的交流电压为 10mV。Mott-Schottky 曲线测试频率为 1kHz，电位测试范围为 $-0.5V_{SCE} \sim 0.8V_{SCE}$，电位间隔 10mV，由低电位向高电位移动。在循环极化（Cyclic Polarization，CP）测试中，从相对开路电位 $E_{corr}-100mV_{SCE}$ 开始向阳极扫描（正向扫描），扫描至 $800mV_{SCE}$ 后向阴极回扫（反向扫描）至初始扫描点，扫描速率均为 10mV/s。所有电化学测试均在开路电位稳定后进行，实验温度为室温 25±1℃。

3. 表面形貌观察

应用环境扫描电镜 ESEM 二次电子模式观测不同钢筋的微观晶粒尺寸与组织结构。ESEM 测试的工作距离为 10.4mm，加速电压恒定为 20kV。

5.1.2　结果与讨论

1. 钝化区域测定

应用循环伏安与动电位极化两种电化学方法来确定钢筋在模拟溶液中的钝化区域（图 5.1.2-1 与图 5.1.2-2）。由图 5.1.2-1 可知在 10 次循环伏安曲线上仅存在 2 个氧化峰与 2 个还原峰。低电位区的氧化峰发生了式（5.1.2-1）所示的铁的氧化反应。

$$Fe+2OH^- \rightleftharpoons Fe(OH)_2 \quad (5.1.2-1)$$

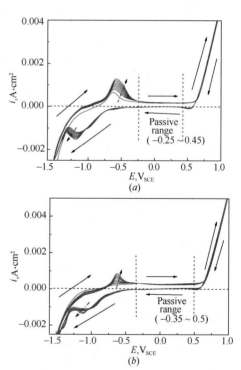

图 5.1.2-1　模拟混凝土孔溶液中普通低碳钢与细晶粒钢的循环伏安曲线
（a）循环伏安；（b）动电位极化

在 $-0.6V_{SCE}$ 时的氧化峰与 Fe_3O_4 形成相关。

$$3Fe(OH)_2+2OH^- \rightleftharpoons Fe_3O_4+4H_2O+2e^-$$

$$(5.1.2-2)$$

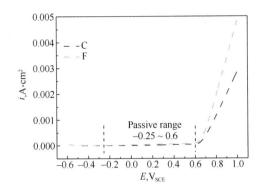

图 5.1.2-2 钢筋在模拟混凝土孔
溶液中的动电位极化曲线

在向阳极扫描时出现了钝化电流平台，即钢筋钝化区。钝化区发生了如式（5.1.2-3）、式（5.1.2-4）所示的 Fe^{2+}/Fe^{3+} 间的转换，钝化膜开始生成，并逐渐增厚，致密。

$$Fe_3O_4+OH^-+H_2O \rightleftharpoons 3\gamma-FeOOH+e^-$$
$$(5.1.2-3)$$

$$2Fe_3O_4+2OH^-+H_2O \rightleftharpoons 3\gamma-Fe_2O_3+2e^-$$
$$(5.1.2-4)$$

可见普通低碳钢的钝化区间为 $-0.25 \sim 0.45V_{SCE}$，而细晶粒钢筋的钝化区间相比略宽些（$-0.35 \sim 0.5V_{SCE}$）。在图 5.1.2-2 的动电位极化曲线上可看出，两种钢筋的钝化区间大约在 $-0.25 \sim 0.6V_{SCE}$，这与图 5.1.2-1 的实验结果基本一致。根据以上结论，选取公共钝化区间内的 -0.1，0.1，$0.3V_{SCE}$ 作为钢筋的极化电位对钢筋进行表面钝化处理。

2. 钝化膜的生成（计时电流法）

图 5.1.2-3 为分别对普通钢筋与细晶粒钢筋施加不同的钝化电位后的计时电流曲线。由图 5.1.2-3（a）可知，不同钝化电位下普通钢筋的电流随时间变化曲线趋势基本一致，稳定的钝化电流密度降为 $5\mu A/cm^2$ 以下。相比而言，图 5.1.2-3（a）中细晶粒钢筋的计时电流曲线出现较大差别，施加 $-0.1V_{SCE}$ 与 $0.1V_{SCE}$ 极化电位后，钝化电流密度均稳定下 $10\mu A/cm^2$ 左右，但在 $0.3V_{SCE}$ 下，钢筋的钝化电流密度维持在 $1\mu A/cm^2$

左右。这说明细晶粒钢筋在前两种极化电位下可能无法形成稳定且具有较好耐蚀性的钝化膜。

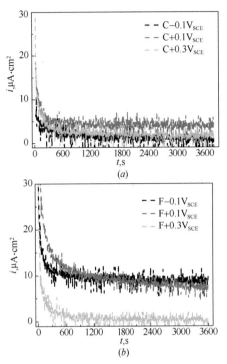

图 5.1.2-3 模拟混凝土孔溶液中普通
低碳钢与细晶粒钢的计时电流曲线
（a）普通钢筋；（b）细晶粒钢筋

3. 电化学阻抗谱

当钢筋在不同电位下进行钝化处理且待腐蚀电位稳定后，在相应电位下对钢筋电极进行电化学阻抗测试。图 5.1.2-4 为细晶粒钢的 EIS 图，普通低碳钢的 EIS 图的趋势与此相似。从图 5.1.2-4（a）中可以看出，在 $+0.3V_{SCE}$ 极化电位下，Nyquist 图的低频区出现半径较大的容抗弧，而在其余极化电位下，该容抗弧呈收缩势态。在图 5.1.2-4（a）的 Bode 图中，$+0.3V_{SCE}$ 极化电位下的相角与阻抗模量均明显高于 $-0.1V_{SCE}$ 与 $+0.1V_{SCE}$ 的情况。这再次证明了细晶粒钢筋在 $+0.3V_{SCE}$ 的极化电位下形成的钝化膜稳定性较好。

根据图 5.1.2-4 可以初步确定阻抗谱含有两个时间常数，其中高频时间常数（R_{ct}，Q_{dl}）与钢筋表面的电荷转移过程有关，而低频时间常数（R_{ox}，Q_{ox}）则与钢筋钝化膜的氧化还原反应〔见式（5.1.2-5）〕相关。

$$3Fe_3O_4 \rightleftharpoons 4\gamma-Fe_2O_3+Fe^{2+}+2e^- \quad (5.1.2-5)$$

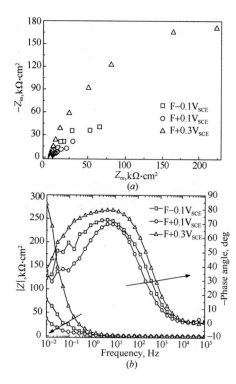

图 5.1.2-4　模拟混凝土孔溶液中细晶粒
钢在不同电位下的 Nyquist 与 Bode 曲线
(a) Nyauist 曲线；(b) Bode 曲线

由于钢筋-模拟液界面的非均匀性，用 Q 代表恒相角元件 CPE，以替换理想电容 C。通过图 5.1.2-5 所示的等效电路对阻抗谱数据进行拟合得到如表 5.1.2-1 所示的各元件拟合参数。

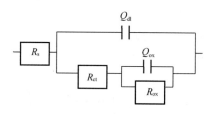

图 5.1.2-5　拟合阻抗谱的等效电路

从表 5.1.2-1 可见，在 $+0.3V_{SCE}$ 极化电位下普通低碳钢与细晶粒钢的钝化膜电阻 R_{ox} 分别为 $166.7k\Omega \cdot cm^2$ 与 $417.0k\Omega \cdot cm^2$，远大于其余极化电位的情况；而钝化膜电容 Q_{ox} 明显偏低，弥散系数 n 也随着极化电位的升高而有所增加。普通低碳钢与细晶粒钢在 $+0.3V_{SCE}$ 下形成的钝化膜电荷转移电阻 R_{ct} 均为最大，表明钝化膜的保护性最强。以上结果均说明了 $+0.3V_{SCE}$ 下形成的钝化膜最致密。通过比较 R_{ox} 与 Q_{ox} 可知 $+0.1V_{SCE}$ 极化电位下形成的钝化膜质量不如 $-0.1V_{SCE}$，所以阳极极化电位与钝化膜质量无特定关系。Sanchez 等发现随着阳极极化电位的增加，钝化膜的阻力逐渐增大。

阻抗谱测试后等效电路各元件拟合参数

表 5.1.2-1

Specimens	R_s /$\Omega \cdot cm^2$	High frequency time constant			Low frequency time constant		
		R_{ct} /$k\Omega \cdot cm^2$	Q_{dl}, Y_0 /$10^{-5}\Omega^{-1} \cdot cm^{-2}s^n$	Q_{dl}, n	R_{ox} /$k\Omega \cdot cm^2$	Q_{ox}, Y_0 /$10^{-5}\Omega^{-1} \cdot cm^{-2}s^n$	Q_{ox}, n
C −0.1	43.7	4.61	3.24	0.93	48.8	9.21	0.47
C +0.1	44.9	8.35	2.55	0.92	28.1	21.59	0.69
C +0.3	42.9	13.5	2.50	0.90	166.7	1.66	0.64
F −0.1	42.8	4.66	5.09	0.84	54.2	9.67	0.58
F +0.1	43.4	9.66	4.30	0.85	45.1	20.06	0.79
F +0.3	41.1	18.10	2.89	0.88	417.0	1.52	0.81

通过比较不同钢筋低频与高频时间常数间的关系还可以发现，不同极化电位的预钝化后细晶粒钢的钝化膜均比普通低碳钢更优异。

4. 电容测试（Mott-Schottky 曲线）

钝化膜的半导体特性在损耗状态下符合 Mott-Schottky 关系，即半导体电容 C 取决于施加的电压 E 大小。

$$\frac{1}{C^2} = \frac{1}{C_H^2} + \frac{1}{C_{SC}^2} = \frac{1}{C_H^2} + \frac{2}{\varepsilon \varepsilon_0 e N_d}\left(E - E_{fb} - \frac{kT}{e}\right)$$

(5.1.2-6)

式中，C_H 为 Helmholtz 电容；C_{SC} 代表空间电荷层电容；ε 为钝化膜的相对介电常数（取 $\varepsilon =$

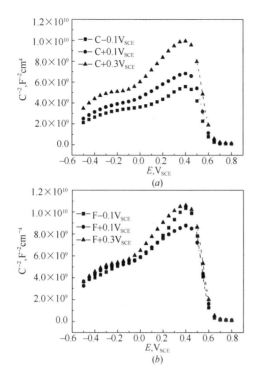

图 5.1.2-6 普通低碳钢与细晶粒钢在
不同阳极电位下的 Mott-Schottky 曲线
(*a*) 普通低碳钢；(*b*) 细晶粒钢

12)；ε_0 为真空介电常数（$8.854\times10^{-14}\,F/cm$）；$e$ 为电子电荷（$1.602\times10^{-19}\,C$）；N_d 为施主浓度（donor density），k 为波兹曼常数（$1.38066\times10^{-23}\,J/K$）；$T$ 为绝对温度；E 和 E_{fb} 分别是电位和半导体的平带电位（flatband potential）。根据 Mott-Schottky（$C_{sc}^{-2}\sim E$）曲线，可以判定钝化膜半导体的类型，并且从直线斜率可以得到施主浓度 N_d，由电位轴截距可求得平带电位 E_{fb}。对于 p 型半导体，Mott-Schottky 曲线斜率为负；而对于 n 型半导体，Mott-Schottky 曲线斜率为正。假设 C_H 远大于 C_{sc}，故半导体电容 C 可简化为空间电荷层电容 C_{sc}。

不同阳极电位极化下钢筋钝化膜的施主浓度与平带电位

表 5.1.2-2

Specimens		$N_{d1}(10^{21}\,cm^{-3})$	$N_{d2}(10^{21}\,cm^{-3})$	$E_{fb2}(V_{SCE})$
C	-0.1	3.34	2.03	-0.57
C	$+0.1$	2.98	1.91	-0.74
C	$+0.3$	1.93	1.08	-0.56
C	$+0.3+0.2MCl^-$	—	1.95	-0.38
F	-0.1	1.43	1.32	-0.42
F	$+0.1$	1.63	1.58	-0.81
F	$+0.3$	1.57	1.03	-0.58
F	$+0.3+0.2MCl^-$	—	1.21	-0.22

由图 5.1.2-6 的 Mott-Schottky 曲线可见，两种钢筋的钝化膜为典型的 n 型半导体，Mott-Schottky 曲线上均出现两个直线段，分别为低电位区的 $-0.5\sim-0.3V_{SCE}$ 与高电位区的 $-0.05\sim0.4V_{SCE}$。这说明存在浅层与深层两种施主浓度，同时表明钢筋表面钝化膜由内外两层膜构成，内层为致密的富含 Fe^{2+} 的薄层，对应以氧空缺与 Fe^{3+} 为主的深层施主；而外层则为疏松多孔的富含 Fe^{3+} 较厚层，对应以氧空缺与 Fe^{2+} 为主的深层施主。通过式（5.1.2-6）计算所得的钝化膜施主浓度与平带电位见表 5.1.2-1。在 $+0.3V_{SCE}$ 极化电位下普通低碳钢与细晶粒钢的浅层施主浓度 N_{d1} 与深层施主浓度 N_{d2} 均最低，钝化膜的保护性最强。其次，细晶粒钢筋钝化膜的耐蚀性略好于普通低碳钢。

5. 钝化膜耐氯离子侵蚀性

当 $+0.3V_{SCE}$ 极化电位下形成钝化膜后，在模拟液中加入 $0.2mol/L\,NaCl$ 搅拌后静置 48h 进行循环极化测试，见图 5.1.2-7。由图 5.1.2-7 可知，普通低碳钢与细晶粒钢的腐蚀电位 E_{corr} 与钝化电流密度 i_{pass} 均很接近，说明两种钢筋钝化膜的保护性相近。与此不同，普通低碳钢的再钝化电位 E_{rep} 约为 $0.4V_{SCE}$，远高于细晶粒钢的仅为 $-0.5V_{SCE}$，而两者的点蚀电位 E_{pit} 基本相同。E_{pit} 和 E_{rep} 是判断点蚀发生与否的重要参数，当 E_{pit} 电位低于 E_{rep}，点蚀不会发生；E_{pit} 与 E_{rep} 间差值越

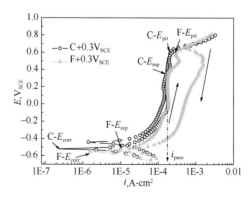

图 5.1.2-7 $0.2mol/L\,NaCl$ 侵蚀 48h
后钢筋的循环极化曲线

大，点蚀发生的概率越大。此外，正扫曲线和回扫曲线包围的圈（loop）的面积也能大致评估点蚀发生的概率，圈的面积越大，发生点蚀的概率也越大。较负的 E_{rep} 与较大的回扫圈面积均说明细晶粒钢筋耐点蚀能力不如普通低碳钢，即在含氯盐的环境下，细晶粒钢筋更易发生局部点蚀破坏。这与 Schino 等的结论正好相反，可能的原因是不锈钢中高掺量的 Cr、Ni 等元素会影响钢筋的耐蚀特征。这与 Freire 等发现的 AISI316 不锈钢在模拟液（不含 Cl^-）pH 值下降时耐蚀性反而增加的现象类似。

值得注意的是，短期阳极极化生成的钝化膜与长期自然状态下形成的钝化膜的成分与结构可能有所差异。Sanchez 等认为自然形成的钝化膜受阴极反应影响较大，而阳极极化的钝化膜不受阴极反应影响。其实，从以上研究可以发现，阳极极化的钝化膜受极化电位值影响较大，而自然形成的钝化膜质量可能受模拟液成分（pH 值、Ca^{2+} 等阳离子）影响很大。

6. 晶粒尺度对比

在钢铁材料中主要存在两种金相组织，即铁素体和珠光体。铁素体是颜色较亮的块状颗粒，而珠光体为颜色相对较深的片状颗粒。从图 5.1.2-8 可以清晰对比得出两种钢筋晶粒尺寸的差距，通过 ImageJ 软件计算低碳钢的平均晶粒尺寸约为 $38\mu m$，而细晶粒钢晶粒非常细小，其平均晶粒尺寸仅为 $5\mu m$。晶粒的细化能在提高钢筋强度的同时对韧性无损害，适用于需经受反复疲劳荷载的大型基础设施工程。但是，晶粒细化后

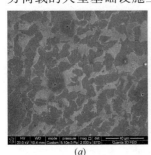 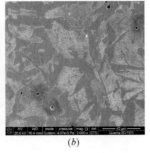

(a)　　　　　　　　(b)

图 5.1.2-8　普通低碳钢与细晶粒钢筋的 SEM 图像

(a) 普通低碳钢；(b) 细晶粒钢筋

晶界有所增多，在晶界处一般含有较多如 MnS 等夹杂（图 5.1.2-8 中部分黑点），此类夹杂耐蚀性较差，故晶界处比晶粒内部更容易受到外界环境的侵蚀。

影响细晶粒钢抗点蚀能力的原因主要有两个：（1）晶界数量。细晶粒钢筋晶界较多，故 MnS 等夹杂数量多且较分散，不利于抑制点蚀的发生；（2）钢筋中硫（S）和磷（P）的含量。S 和 P 是钢筋中的有害杂质，会诱导钢筋发生点蚀。细晶粒钢筋中 S、P 含量均低于普通低碳钢（表 5.1.1-1），这有利于钢筋抑制点蚀的出现。以上正负作用相互叠加一定程度上影响了细晶粒钢筋的抑制点蚀能力评估，特别是两种钢筋在混凝土中的长期耐蚀性能值得更深入的研究。因为对于在氯盐环境下服役的高速铁路钢筋混凝土构件与结构，需要减少钢筋发生局部点蚀的概率，避免结构出现过早破坏。

5.1.3　小结

（1）循环伏安与动电位极化曲线均表明普通低碳钢与细晶粒钢在模拟混凝土孔隙液的碱性介质中的公共钝化区域为 $-0.25 \sim 0.6 V_{SCE}$，从中选取 $-0.1 V_{SCE}$、$0.1 V_{SCE}$ 与 $0.3 V_{SCE}$ 作为钢筋的阳极极化电位对钢筋进行 3600s 的表面钝化处理。电化学阻抗谱与 Mott-Schottky 曲线的结果均表明两种钢筋在 $0.3 V_{SCE}$ 阳极极化电位下形成的钝化膜最稳定与致密。

（2）在无氯盐存在时，细晶粒钢形成的钝化膜的耐蚀性略强于普通低碳钢；当加入 0.2mol/L NaCl 48h 后，循环极化曲线发现细晶粒钢相对普通低碳钢具有更负的再钝化电位 E_{rep}，表明在含氯盐的环境下，细晶粒钢筋更易发生氯盐导致的点蚀破坏。

（3）影响细晶粒钢抗氯盐点蚀能力的主要因素是晶界数量与微量元素含量，在氯盐环境下服

役的高速铁路中钢筋混凝土构件与结构可通过钢筋涂覆环氧层或镀锌层尽量降低钢筋发生局部点蚀的概率，延长结构使用寿命。

5.2 混凝土中引起钢筋锈蚀的临界氯离子浓度的研究

一般情况下，处于混凝土中的钢筋表面都有一层钝化膜形成，且这层钝化膜在高碱性介质中是稳定的。当环境中存在的氯化物进入到混凝土中，特别是当钢筋周围的氯化物含量达到引起钢筋锈蚀的临界值时，将导致钢筋表面的钝化膜破坏，钢筋失去保护而导致锈蚀，最终因钢筋锈蚀膨胀而引起混凝土开裂。此临界值即为混凝土的临界氯离子浓度。临界氯离子浓度是钢筋混凝土结构的耐久性和服役寿命预测的一个重要的因素。由于它的取值受混凝土成分、组织及所处环境等诸多因素的影响，迄今为止关于氯离子临界值还没有达成共识。以总氯离子含量占胶体材料的质量分数表示，临界氯离子浓度范围从 0.17％ 到 2.5％，可见上下限差距较大。因此，研究混凝土中引起钢筋锈蚀的临界氯离子浓度的变化规律对钢筋混凝土结构的耐久性设计及耐久性检测、鉴定和维修具有重要的理论意义和实用价值。

基于以上情况，本文采用电化学测试方法（交流阻抗谱）判断钢筋破钝的时间，研究矿物掺合料以及钢筋种类对临界氯离子浓度的影响规律。

5.2.1 实验

1. 原材料

P·O42.5 水泥；Ⅰ级粉煤灰；S95 矿渣。原材料化学成分见表 5.2.1-1。砂为普通黄砂，颗粒级配Ⅱ区，细度模数 3.0。减水剂的固含量为 20.57％，减水率 25.4％。本实验中使用两种钢筋：普通碳钢（HRB335）和细晶粒钢筋（HRB500）。两种钢筋的化学成分见表 5.2.1-2。

水泥、粉煤灰和矿渣的化学组成　　　　　　　　　　　　　表 5.2.1-1

Raw materials	SiO$_2$	Al$_2$O$_3$	Fe$_2$O$_3$	CaO	MgO	SO$_3$	K$_2$O	Na$_2$O	Ignitor loss
Cement	19.40	4.30	5.21	59.59	2.59	3.81	0.50	0.14	3.58
Fly ash	54.74	35.12	3.10	1.74	0.39	0.45	0.83	0.42	1.86
Slag	31.55	16.11	0.49	38.30	7.31	0.89	0.40	0.49	2.75

钢筋的化学成分　　　　　　　　　　　　　　表 5.2.1-2

	C	Si	Mn	P	S	Ceq
ordinary carbon steel	0.2	0.55	1.42	0.02	0.02	0.42
hot rolled bar	0.24	0.48	1.58	0.019	0.016	0.54

2. 配合比

本实验主要研究矿物掺合料以及钢筋种类对临界氯离子浓度值的影响，配合比设计详见表 5.2.1-3。

配合比设计　　　　　　　　　　　　　　表 5.2.1-3

	composition of binder/%			water	water-binder	sand	stone	super plasticizer
	cement	Fly ash	slag	kg/m^3	ratio	kg/m^3	kg/m^3	kg/m^3
C	100	0	0	157	0.41	840	1068	3.4
CS	90	0	10	157	0.41	840	1068	3.4
CF	70	30	0	157	0.41	840	1068	3.4
CSF	60	30	10	157	0.41	840	1068	3.4

含钢筋试件编号为：C-1、CS-1、CF-1 和 CSF-1 为普通碳钢试件；C-2、CS-2、CF-2 和 CSF-2 为细晶粒钢试件。

3. 测试方法

钢筋在破钝时，腐蚀电流会发生较大的变化。腐蚀电流的变化可以通过电化学测试手段获得。本实验使用 Part stat 2273 电化学测试系统获得交流阻抗谱。交流阻抗谱的频率范围选择从 10mHz 到 100kHz，扰动信号为 10mV。

4. 实验过程

将直径 8mm、长 350mm 的钢筋用不同规格的砂纸（从粗到细）打磨到表面光滑，然后用酒精清洗除去表面的油脂。并在钢筋一端缠绕一根导线，用绝缘胶将导线固定好，然后用环氧树脂封住。钢筋表面仅留长 10mm 的暴露面（中间位置，暴露面积为 25cm²），其余部分均匀涂一层环氧树脂。

混凝土试验中采用 100mm × 100mm × 300mm 的试件。模具两端分别均匀钻 4 个直径 20mm 的孔，确保保护层的厚度为 20mm。将 4 根制作好的钢电极固定在模具中。每种钢筋的每个配比成型 2 个试件。同时成型 6 组 100mm × 100mm × 100mm 的素混凝土试件进行氯离子渗透性试验。

试件成型 24h 后拆模，进行编号。将试件放入标准养护室（温度 20±2℃，相对湿度≥90%）养护 28d 后，将钢筋混凝土试件移入普通室内，放入水中浸泡 1d，达饱水状态后，测量其交流阻抗谱图。之后进行干湿循环，即取出晾干 3d 后（在 60℃烘箱中烘 1d，室温条件下放置 2d）再放入 3.5% 盐水中浸泡 4d。每两个循环周期后测量一次，观察其曲线变化。当测得的腐蚀电流密度大于 0.5μA/cm² 时，停止试验。取钢筋表面 3mm 内的粉末进行氯离子滴定分析，根据《水运工程混凝土试验规范》JTJ

270—1998 滴定获得自由氯离子和氯离子总量。同时使用 pH 计测量水溶性溶液中 pH 值。

5.2.2　实验结果与分析

1. 矿物掺和料对临界氯离子的影响

图 5.2.2-1 为不同循环周期各配比试件的交流阻抗谱图，利用 ZSimpWin 软件对测得的 Nyquist 图进行分析，获得曲线的拟合电路（图 5.2.2-2），即可得到极化电阻（R_p）。再利用 Stern-Geary 方程式便可得到腐蚀电流密度（$A=25cm^2$）。图 5.2.2-2 中，R_s 表示基体的电阻；R_f、C_f 分别为用于模拟高频区的弧线，反应了钢筋/基体的界面特征；R_p、C_{dl} 分别为用于模拟低频区的弧线，表示为钢筋/基体孔溶液界面的传递电阻（极化电阻）和双电层；W 为 Warburg 阻抗，表示腐蚀开始腐蚀产物的扩散电阻。

以试样 C-1 来说明钢筋混凝土中钢筋的腐蚀过程。从图 5.2.2-1 中可以看出随着循环周期的增长，Nyquist 图的低频区弧线半径逐渐减小，这意味着腐蚀电流密度逐渐增大。同时可以发现低频区和高频区交界位置逐渐向右偏移。出现这种现象的原因是高频处曲线表征的是基体土和钢筋/混凝土界面处的特征，高频区弧线与低频区弧线交点的位置可以反映出物质通过混凝土传到钢筋表面的阻力。随着龄期的增长，混凝土基体逐渐完善，抗渗透能力增强。

从图 5.2.2-1 中的四幅图可以明显看出，各配比试件的腐蚀过程是相似的，但钢筋开始腐蚀所需的时间存在差异。对于没有掺矿物掺和料的 C-1 试件，14 个循环周期时钢筋开始腐蚀；而对于掺了 10% 矿渣和 30% 粉煤灰的 CSF-1 试件，钢筋开始腐蚀是在 18 个循环周期时。CSF-1 高频区弧线与低频区弧线交点的位置向右偏移是最明显的，这主要是因为，较其他配合比 CSF-1 中掺了更多的粉煤灰和矿渣，随着龄期的增长，粉煤灰和矿渣逐渐反应。由于火山灰反应使得基体得到

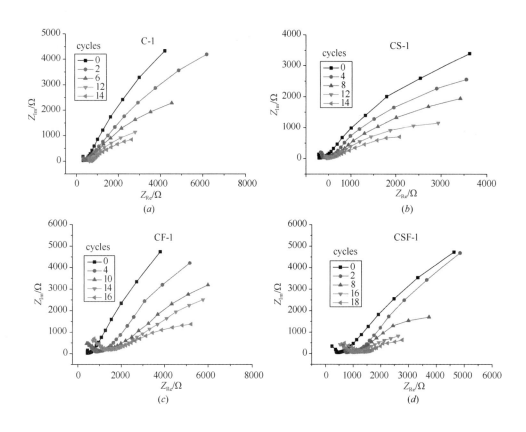

图 5.2.2-1 不同循环周期的 Nyquist 图

(a) C-1 的腐蚀过程；(b) CS-1 的腐蚀过程；(c) CF-1 的腐蚀过程；(d) CSF-1 的腐蚀过程

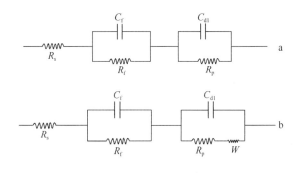

图 5.2.2-2 交流阻抗谱图的拟合电路

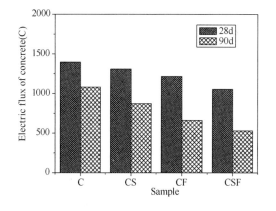

图 5.2.2-3 混凝土的电通量

细化，抗渗性能得到改善。

图 5.2.2-3 为各配比试件 28d 和 90d 的电通量值。从图中可以看出，各配比混凝土的试件 90d 的电通量值均比 28d 的电通量有大幅度的下降，即可以解释为氯离子渗透阻力得到了很大的提高。这与每个试件在腐蚀过程中高频区弧线与低频区弧线交点的位置逐渐向右偏移的结果是一致的。同样从图 5.2.2-3 中可以发现，各试件 28d 的电通量值是相近的，即氯离子渗透能力差距不大，掺入矿物掺和料后氯离子渗透能力只有小幅度的减少，这与图 5.2.2-1 中各配比试件在 0 个循环周期曲线中高频区弧线与低频区弧线交点的位置相近是吻合的；各试件 90d 的电通量值差距很大，即掺入矿物掺和料后，基体抗氯离子渗透能力增强且随着掺量的增加效果越显著，这便导致图 5.2.2-1 中高频区弧线与低频区弧线交点的

位置向右偏移越明显。

通过 Nyquist 图曲线拟合的电路中得到的各循环周期的极化电阻值（R_p）后，将得到的 R_p 代入 Stern-Geary 方程式［式（5.2.2）］即可得到腐蚀电流密度。在计算腐蚀电流密度时 B 的取值为 26mV。腐蚀电流密度见图 5.2.2-4。

$$I_{corr} = \frac{B}{R_p} \tag{5.2.2}$$

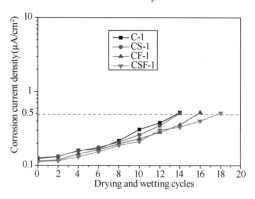

图 5.2.2-4　不同配比钢筋混凝土的腐蚀
电流密度随干湿循环的变化

图 5.2.2-4 为不同干湿循环周期各配比试件的腐蚀电流密度。可以发现随着干湿循环周期的增加，腐蚀电流密度也是逐渐增大的。混掺 10％矿渣和 30％粉煤灰的 CSF-1 试件的腐蚀电流密度发展的最慢，而没加矿物掺和料的 C-1 腐蚀的最迅速，掺入 10％矿渣的 CS-1 的腐蚀电流密度仅略小于 C-1，而掺了 30％的粉煤灰的 CF-1 试件腐蚀电流密度得到了很大的改善，但还是高于混掺的 CSF-1S 试件。根据相关文献，本文将腐蚀电流密度达到 $0.5\mu A/cm^2$ 时定为钢筋破钝的开始的时间，发现 C-1 和 CS-1 在 14 个干湿循环周期后开始腐蚀，CF-1 是 16 个干湿循环周期，而 CSF-1 开始腐蚀则需要 18 个干湿循环周期。

当判断钢筋已经开始腐蚀后，停止干湿循环。将试件在 60℃烘箱中烘 24h，取钢筋表面 3mm 内的粉末进行氯离子滴定分析，获得自由氯离子和氯离子总量，以及水溶溶液的 pH 值。本试验中的临界氯离子含量分别用 w_f、w_t 以及 ［Cl^-］/

［OH^-］表示。具体的结果见表 5.2.2-1。

各配合比试件的氯离子临界含量

表 5.2.2-1

	C-1	CS-1	CF-1	CSF-1
$w_f/\%$	0.59	0.5	0.32	0.26
$w_t/\%$	0.92	0.87	0.58	0.43
pH	12.55	12.31	11.89	11.64
Cl^-/OH^-	0.079	0.11	0.2	0.26

从表中的数据可以发现，C-1 试件的 w_f 为 0.59％，w_t 为 0.92％。单掺 10％矿渣的 CS-1 试件的 w_f 为 0.50％，w_t 为 0.87％，单掺 30％粉煤灰的 CF-1 试件的 w_f 为 0.32％，w_t 为 0.58％，而混掺了 10％矿渣和 30％粉煤灰的 CSF-1 试件的临界氯离子浓度 w_f 和 w_t 远小于其他配比，分别为 0.26％和 0.43％。然而 C-1 试件的 Cl^-/OH^- 是小于掺了掺和料的。单掺 10％矿渣的 CS-1 的 w_f 和 w_t 是大于单掺 30％粉煤灰的 CF-1，而后者的 w_f 和 w_t 又是大于混掺 10％矿渣和 30％粉煤灰的 CSF-1 试件；而 pH 和 Cl^-/OH^- 的结果是与 w_f 和 w_t 的规律相反的。单掺或是混掺矿物掺和料后 pH 值降低，只是因为火山灰反应使得孔隙中 $Ca(OH)_2$ 量的减少，且掺量越多，pH 值越低。

2. 钢筋种类对临界氯离子浓度的影响

以 CSF 系列的钢筋混凝土为例来具体说明钢筋种类对临界离子浓度的影响。图 5.2.2-5 为不同干湿循环周期 CSF-2 试件的 Nyquist 图。将图

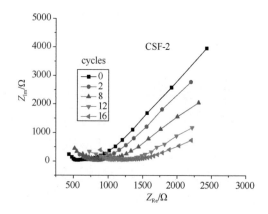

图 5.2.2.5　不同干湿循环周期
CSF-2 的 Nyquist 图

5.2.2-5 与图 5.2.2-1 中 CSF-1 的 Nyquist 图对较可以发现，两者的腐蚀过程是相似的。无论高频区或是低频区，两者都是非常接近的。

同样利用 ZSimp Win 软件对测得的 Nyquist 图进行分析，获得曲线的拟合电路，即可得到极化电阻（R_p）。再利用 Stern-Geary 方程式便可得到腐蚀电流密度（$A = 25cm^2$）。图 5.2.2-6 为 CSF-1 与 CSF-2 在干湿循环过程中的腐蚀电流密度变化情况。

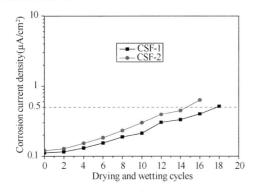

图 5.2.2-6 CSF 系列钢筋混凝土试件腐蚀电流密度随干湿循环周期的变化

从图 5.2.2-6 中可以发现，两种钢筋混凝土均是随着循环周期的增加，腐蚀电流密度逐渐增大的；相同时间时细晶粒钢筋的腐蚀电流密度均是大于普通碳钢的。以 $0.5\mu A/cm^2$ 为界限判断钢筋腐蚀开始的时间，细晶粒钢筋试件 CSF-2 腐蚀开始需要 16 个循环周期，而普通碳钢试件 CSF-1 则需要 18 个干湿循环周期。导致这种现象产生的原因重要是两种钢筋的微观结构不一样。

图 5.2.2-7（a）为普通碳钢在放大 500 倍的

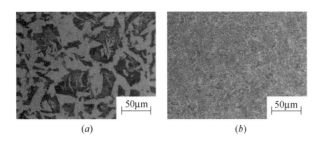

(a) (b)

图 5.2.2-7 钢筋的金相组织

(a) 普通碳钢；(b) 细晶粒钢

金相组织图，图 5.2.2-7（b）为细晶粒钢在放大 500 倍的金相组织图。观察可发现普通碳钢为铁素体和珠光体组织，存在少量贝氏体组织，各相组织粗大；而细晶粒钢为贝氏体组织，存在少量铁素体组织，组织细小。由于细晶粒钢组织相对细小，相界较多，因此更容易腐蚀。

其他系列钢筋混凝土的腐蚀过程以及腐蚀电流的变化趋势与 CSF 系列是相似的，均是细晶粒钢筋混凝土的腐蚀电流密度高于普通碳钢混凝土。细晶粒钢筋混凝土的临界氯离子浓度见表 5.2.2-2。

各配合比试件的临界氯离子浓度　　　表 5.2.2-2

	C-2	CS-2	CF-2	CSF-2
$w_f/\%$	0.53	0.38	0.29	0.24
$w_t/\%$	0.82	0.65	0.49	0.42
pH	12.55	12.31	11.89	11.64
Cl^-/OH^-	0.071	0.084	0.18	0.24

从表中数据可以发现，细晶粒钢筋混凝土与普通碳钢混凝土的临界氯离子浓度的变化规律是相似的。掺入矿渣或是粉煤灰后，w_f 和 w_t 均有不同程度的降低，而 pH 和 Cl^-/OH^- 值是增大的。

图 5.2.2-8 为各配比的两种钢筋混凝土试件的临界氯离子浓度值（w_f 和 w_t）。从图中可以发现，各配比细晶粒钢筋混凝土的临界氯离子浓度均是小于普通碳钢混凝土的。在相同配比情况下，细晶粒钢筋腐蚀电流密度先达到临界腐蚀电流密

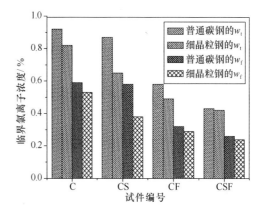

图 5.2.2-8 两种钢筋混凝土试件的临界氯离子浓度

度，因此，临界氯离子浓度值偏小。

5.2.3　小结

本文研究了矿物掺和料以及普通碳钢和细晶粒钢筋两种不同钢筋对临界氯离子浓度的影响。采用交流阻抗判定钢筋腐蚀开始的时间；并通过电通量试验得到了各配比混凝土的氯离子渗透性能。通过试验得到以下结论：

（1）掺入矿物掺和料 90d 后，抗氯离子渗透

性能得到很大改善。

（2）掺入矿物掺和料后，临界氯离子浓度有变化。对于 w_f 和 w_t 的变化趋势是：不掺＞掺 10％矿渣＞掺 30％粉煤灰＞掺 10％矿渣＋掺 30％粉煤灰。而 Cl^-/OH^- 的变化趋势是：不掺＜掺 10％矿渣＜掺 30％粉煤灰＜掺 10％矿渣＋掺 30％粉煤灰。

（3）细晶粒钢筋混凝土的临界氯离子浓度是小于普通碳钢混凝土的临界浓度。

5.3　高速铁路混凝土结构耐久性寿命评估体系研究

5.3.1　疲劳载荷与环境因素耦合作用下高性能混凝土的耐久性研究

随着高强混凝土和高强细晶粒钢筋的采用，许多构件处于高应力状态下工作；同时，由于混凝土结构已经广泛应用到高速铁路轨道、风电工程、高等级公路路面和机场跑道等循环次数较多且重复荷载加大的结构，所以混凝土结构的疲劳损伤问题的重要意义开始凸显出来。目前，国内外学者在研究疲劳损伤与混凝土耐久性关系方面作了一些探索。Mitsuru Satio 和陈拴发的研究均发现施加疲劳荷载后劣化了混凝土的耐久性。洪锦祥也得出了疲劳损伤劣化了混凝土的抗冻融循环能力的结论。然而，Eleni Sofia Lappa 的研究成果发现事实并非如此。

以上的研究均以疲劳循环次数作为损伤指标。事实上，疲劳循环次数并不能真正表征混凝土的疲劳损伤程度。因此，必须要对混凝土疲劳损伤机理的全过程做合理的分析，选择合理的指标来研究它与混凝土的耐久性的关系。本文将以能量和残余应变作为损伤变量，研究了疲劳载荷与环

境因素耦合作用下结构混凝土的耐久性。

1. 试验配合比

以现代桥梁索塔和箱梁常用的混凝土为例，来研究疲劳损伤对其服役寿命的影响。所用混凝土强度等级为 C50，其 28d 的抗压强度为 67MPa。水泥采用 42.5 级 P·O 水泥，粉煤灰采用镇江苏源 I 级粉煤灰。细集料采用赣江中粗河砂，细度模数为 2.6，级配合格，表观密度为 2650kg/m³。粗集料采用镇江茅迪玄武岩碎石，5～16.5mm 连续级配，表观密度为 2700kg/m³。外加剂主要成分是聚羧酸型高分子聚合物，减水率为 40％。水为清洁的自来水。具体配合比详见表 5.3.1-1。

混凝土配合比设计（m³）　表 5.3.1-1

水泥	粉煤灰	细集料	粗集料	水	外加剂	含气量	坍落度
(kg)	(kg)	(kg)	(kg)	(kg)	(kg)	(％)	(mm)
381.6	95.4	744	1070	160	3.816	2.9	180～200

2. 疲劳损伤变量确定

将一个光纤传感器粘贴在混凝土试件纯弯段的受拉区，获得疲劳损伤过程中试件的纵向变形。把六个声发射探头放置在混凝土试件的纯弯段，监测混凝土内部裂缝的发展过程，建立混凝土损伤过程中的累积能量变化（E）和混凝土残余应

变（ε_r）的对应关系，见图5.3.1-1。

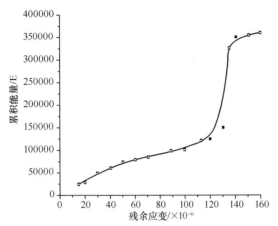

图5.3.1-1　混凝土疲劳变形与声发射总能量关系

从上图的对应关系可以看出，混凝土在疲劳载荷作用下能量的释放过程也表现同变形发展相一致的三个阶段，当残余变形在 $20\sim60\mu\varepsilon$ 时，能量开始稳定增加，且当残余变形到达 $120\mu\varepsilon$ 时，能量释放率急剧增大，材料进入快速破坏阶段。因此，可以选取残余应变的变化来表征混凝土的疲劳损伤。

针对疲劳损伤发展的第二阶段，分别获得残余拉应变为 0、$30\mu\varepsilon$、$60\mu\varepsilon$、$90\mu\varepsilon$、$120\mu\varepsilon$ 和 $150\mu\varepsilon$ 的混凝土试件，将这些疲劳到一定程度的混凝土试件，逐一进行抗氯离子渗透性能和抗冻性试验。其中自由氯离子浓度参照 JTJ 270—98 水溶性氯离子含量法测定，抗冻性按照 GB/T 50082—2009 快冻法标准进行。

3. 疲劳损伤对混凝土氯离子扩散特性影响

不同疲劳损伤程度的结构混凝土在 3.5% NaCl 溶液中浸泡 2 个月后，即 20 个干湿循环后，进行不同深度处自由氯离子浓度的测定，其试验结果见图5.3.1-2 和图5.3.1-3。

从图5.3.1-2 和图5.3.1-3 可以看出：

(1) 对遭受疲劳损伤作用后的结构混凝土，其各深度处的自由氯离子含量均随残余拉应变的增加而增大；在残余拉应变大于 $60\mu\varepsilon$ 时，自由氯离子含量的增幅显著。

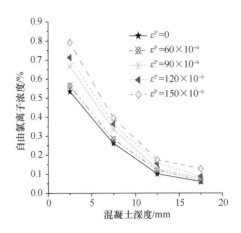

图5.3.1-2　疲劳损伤程度对混凝土中自由氯离子浓度影响

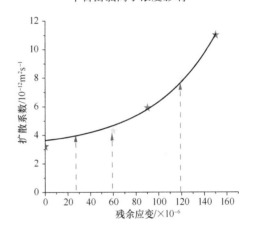

图5.3.1-3　不同损伤程度下混凝土中氯离子扩散系数

(2) 随着残余拉应变增大，结构混凝土中的氯离子扩散系数增加，即 $\dfrac{\partial D_{\text{load}}}{\partial \varepsilon}$ 变化率越来越大。

(3) 当残余拉应变超过 $60\mu\varepsilon$ 时，这种增长幅度变得明显；当疲劳损伤达到 $120\mu\varepsilon$ 时，结构混凝土中氯离子的扩散系数是未疲劳损伤混凝土的 2 倍以上。

(4) 残余拉应变分别为 $60\mu\varepsilon$ 和 $120\mu\varepsilon$ 时，是影响混凝土耐久性的两个特征点，可以分别作为影响结构混凝土中氯离子扩散的起劣点和陡劣点。

4. 疲劳损伤对混凝土抗冻性能影响

针对疲劳损伤发展的第二阶段，获得残余应变分别为 0、$60\mu\varepsilon$、$90\mu\varepsilon$ 和 $120\mu\varepsilon$ 的混凝土试件

进行冻融试验，其相对动弹下降的试验结果见图 5.3.1-4。

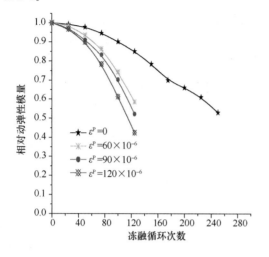

图 5.3.1-4 疲劳损伤后混凝土动弹
与冻融循环次数的关系

由图 5.3.1-4 的试验结果可以得到：混凝土的相对动弹性模量均随着残余应变的增加而下降，尤其是当混凝土试件残余应变超过 $60\mu\varepsilon$ 时，其残余应变越大，则相对动弹性模量的下降速率就越快，即混凝土的抗冻融性能显著下降。

5. 疲劳损伤对混凝土渗透性的影响

针对不同残余应变下的混凝土试件，通过采用 TORRENT 空气渗透仪器来探索疲劳损伤对混凝土渗透性能的影响，间接验证前面关于疲劳损伤对混凝土耐久性的影响的研究结论。由于素混凝土在疲劳加载过程中会出现突然断裂而导致损伤测试系统，所以在表 5.3.1-1 所示的混凝土配合比中添加了 0.8% 的钢纤维制备了钢纤维混凝土。所采用的试件尺寸是 150mm×150mm×550mm。由于混凝土内部水分对空气渗透性能有影响，疲劳试验前将混凝土试件在 50℃ 下烘干 48h，使混凝土内部与表面干燥，然后用石蜡封好混凝土试件的 5 个面以及剩余一个面的两端，留中间部分作疲劳过程中的纯弯曲段的受拉面和空气渗透系数的测试面。疲劳试验应力水平为 0.65，残余应变每增加 $30\mu\varepsilon$，在同一位置测其空气渗透系数，然后继续进行疲劳试验。每次空气

渗透系数测 3 次，取平均值作为结果值，试验结果见图 5.3.1-5。

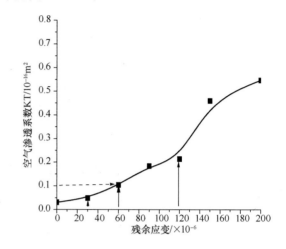

图 5.3.1-5 不同残余应变下
混凝土空气渗透系数

（1）随着残余应变的不断增加，钢纤维混凝土的空气渗透系数在增大，尤其残余应变超过 $120\mu\varepsilon$ 时，空气渗透系数大幅度增加，因此可以把它作为空气渗透系数增幅变化的陡劣点。

（2）当残余应变为 $60\mu\varepsilon$ 时，钢纤维混凝土的空气渗透系数为 $0.1\times10^{-16}\,\mathrm{m}^2$，这是评价混凝土表层抗渗质量等级的一个表征点。按照 TORRENT penetrability 的评价标准，当混凝土的空气渗透系数在 $0.01\times10^{-16}\sim0.1\times10^{-16}\,\mathrm{m}^2$ 时，该混凝土保护层质量等级为优，而在 $0.1\times10^{-16}\sim1\times10^{-16}\,\mathrm{m}^2$ 为一般，因此残余应变 $60\mu\varepsilon$ 时可以看作该混凝土空气渗透系数变化的起劣点。上述试验结果与疲劳损伤对结构混凝土氯离子扩散性能以及冻融循环的影响规律是一致的。

6. 小结

（1）利用声发射能量与混凝土残余应变之间的对应关系，发现结构混凝土在疲劳载荷作用下能量的释放过程也表现同变形发展相一致的三个阶段，可以采用残余应变来表征混凝土的疲劳损伤。

（2）当残余变形在 $30\sim60\mu\varepsilon$ 时，能量开始稳定增加，且当残余变形到达 $120\mu\varepsilon$ 时，能量释放

率急剧增大，材料进入快速破坏阶段；而且，相应的损伤临界点也引起了混凝土中氯离子扩散系数和抗冻性能的显著变化。

（3）当残余拉应变超过 $60\mu\varepsilon$ 时，其氯离子扩散系数和空气渗透系数增加幅度和相对动弹性模量下降程度开始变得显著；当残余拉应变增加到 $120\mu\varepsilon$ 时，氯离子扩散系数、空气渗透系数和相对动弹性模量均急剧变化。

（4）可以把残余应变分别为 $30\sim60\mu\varepsilon$ 和 $120\mu\varepsilon$ 视为影响结构混凝土耐久性的起劣区间和陡劣点。

5.3.2 疲劳荷载与环境因素耦合作用下高速铁路用细晶粒钢筋混凝土的寿命评估

1. 疲劳荷载与碳化环境耦合作用下高性能混凝土寿命评估

据国内外研究结果表明，混凝土在疲劳荷载作用下，其损伤过程可分为三个阶段：1）在初始疲劳荷载作用下混凝土内部初始微缺陷（包括微裂纹、孔洞及杂质等）开始引发，此阶段约占整个损伤过程的 10%；2）混凝土微裂纹稳定发展，增长速度成线性发展，其增长斜率与荷载及材料等因素有关，此阶段约占整个损伤过程的 80%；3）此阶段为损伤迅速增长阶段，在此阶段混凝土内部微裂纹迅速变大，并扩展至外部且肉眼可见，直至断裂，此阶段约占整个损伤过程的 10%。

无论在单一碳化环境下，还是在复合因素作用下，混凝土的碳化过程均可用 Fick 第一定律来描述，即：

$$x(t) = \sqrt{2C_{CO_2}D_{eff}/m_{CO_2}} \quad (5.3.2\text{-}1)$$

式中 $x(t)$——碳化时间 t（s）时的混凝土碳化深度；

C_{CO_2}——混凝土结构服役环境中的 CO_2 浓度，kg/m^3；

m_{CO_2}——单位体积混凝土吸收二氧化碳的质量，kg/m^3；

D_{eff}——CO_2 在混凝土中的表观扩散速度或有效扩散系数，m^2/s。

1）疲劳荷载影响因子的确定

假设疲劳载荷只对混凝土材料产生疲劳损伤，并通过这种损伤来影响其碳化过程，且与疲劳寿命密切相关，与环境影响系数无交互作用，则混凝土有效扩散系数与其影响因素的关系可以用式（5.3.2-2）表示：

$$D_{eff} = k_{curing}k_{RH}k_{\theta}k_{load}D_0 \quad (5.3.2\text{-}2)$$

式中 D_0——CO_2 在未受损伤混凝土中的扩散系数（m^2/s）；

k_{curing}——养护环境影响系数；

k_{RH}——混凝土服役环境中相对湿度影响系数；

k_{θ}——混凝土服役环境中温度影响系数；

k_{load}——疲劳载荷影响系数。

本节只推导 k_{load}，其他影响系数见相关文献，采用下式来表征疲劳损伤对碳化性能的影响

$$k_{load} = F(k_{crack}) \quad (5.3.2\text{-}3)$$

式中，k_{crack} 表示疲劳裂纹的影响系数。

经推导得：

$$k_{load} = F(k_{crack}) = \frac{D_{total}}{D_m} = 1 + \frac{0.785D_c}{fD_m}$$

$$(5.3.2\text{-}4)$$

式中 D_m——二氧化碳在基体中的扩散系数，可由试验获得；

D_c——二氧化碳在裂纹中的扩散系数，其理论值为 $8.85\times10^{-6}m^2/s$。

2）疲劳荷载对混凝土间隙因子的影响

在推导混凝土在不同动载荷历程中的裂纹间隙因子时，将疲劳裂纹（锥形裂纹）均一化为圆柱形裂纹，并假设它均匀分布在混凝土的受拉区域。非贯通型裂纹则通过考虑曲折度转化为趋向或者连接钢筋的贯通型裂纹，且随着疲劳循环寿命的不断增加，该裂纹尖端逐渐向钢筋表面扩展。

经推导，疲劳荷载影响系数可用下式表示：

$$k_{load} = F(k_{crack})$$

$$= \frac{D_{total}}{D_m}$$

$$= 1 + \frac{0.785 D_c}{f D_m}$$

$$= 1 + \frac{0.785 \times 365 n_d T \varepsilon_B^P}{365 n_d T \varepsilon_B^P + 2 \times 0.9 \times 10^{\frac{a-s}{b}}} \cdot \frac{D_c}{D_m}$$

$$(5.3.2-5)$$

式中　s——疲劳载荷的最大应力水平；

　　　a, b——试验常数；

　　　N——s 作用下混凝土的极限疲劳寿命。

最终，可得疲劳载荷与环境耦合作用下混凝土的服役寿命（混凝土服役 T 年时的碳化深度）$x(T)$ 为：

$$x(T) = \sqrt{365 \times 24 \times 3600} \times \sqrt{2 C_s D_0 T k_{curing} k_{RH} k_\theta k_{load}}$$

$$(5.3.2-6)$$

式中　C_s——混凝土服役环境 CO_2 浓度（％）。

基于钢筋混凝土碳化腐蚀基本模型，推导了环境荷载（温度、湿度、养护条件和碳化环境）的各影响系数，以及疲劳动载荷的影响系数，可以建立结构混凝土在动载与环境因素作用下的服役寿命预测模型为：

$$X(t) = \sqrt{2 \times C_s \times k_{curing} \times k_{RH} \times k_T \times k_{load} \times D_0 \times t \times 365 \times 24 \times 3600} \qquad (5.3.2-7)$$

代入各参数，即得到混凝土在动载与环境因素耦合作用下的服役寿命预测模型为：

$$x(t) = \sqrt{2 \times C_s \times (m \times t_{curing}^n) \times [p \times (1-RH) \times RH^{1.5}] \times \left[\exp\left[\frac{E}{R}\left(\frac{1}{T_0} - \frac{1}{T}\right)\right]\right] \times \left(1 + \frac{0.785 \times 365 \times n_d \times t \times \varepsilon_B^P}{365 \times n_d \times t \times \varepsilon_B^P + 1.8 \times 10^{\frac{a-s}{b}}} \frac{D_c}{D_0}\right) \times D_0 \times 365 \times 24 \times 3600}$$

$$(5.3.2-8)$$

式中　$X(t)$——混凝土结构服役 t 年的碳化深度（m）；

　　　C_s——混凝土结构服役环境 CO_2 浓度（％）；

　　　t——混凝土结构服役寿命（a）；

　　　t_{curing}——混凝土养护龄期（d）；

　　　D_0——CO_2 在混凝土中的基准扩散速度（m^2/s）；

　　　RH——混凝土服役环境的相对湿度；

　　　E——混凝土在碳化过程中的活化能（J/mol）；

　　　R——普适气体常数[8.31J/(mol·K)]；

　　T_0, T——分别为快速碳化试验温度（293K）和环境温度（K）；

　　　D_C——CO_2 在裂纹中的扩散速度（理论值，$D_C = 8.85 \times 10^{-6} m^2/s$）；

　　　ε_B^P——混凝土疲劳损伤过程中第 2 发展阶段结束时对应的残余应变，对基准混凝土 ε_B^P = 120$\mu\varepsilon$；

　　　t——结构混凝土的服役时间（年），

　　　S——结构混凝土在运行过程中承受的最大动载荷应力水平；

　　　n_d——结构混凝土日承受的动载荷次数；

　　　a, b——试验常数，基准混凝土分别为 1.07 和 0.09；

　　　m, n——试验常数。

根据上文对各影响因素的推导，其取值如表5.3.2-1所示。

寿命预测模型中试验常数取值

表 5.3.2-1

试验常数	m	N	P	E/R (K)	普通混凝土		
					a	b	$\varepsilon\beta$
取值	5.33	−0.50127	5.45	7000	1.06646	0.09036	120

实验混凝土所用材料的配合比见表5.3.2-2所示：

混凝土配合比设计 表 5.3.2-2

用量/（kg·m³）						引气剂 v%	坍落度 /mm
水泥	粉煤灰	砂	碎石	水	减水剂		
381.6	95.4	744	1070	160	3.816	2.9	180～200

分别选取残余应变为 30×10^{-6}、60×10^{-6}、90×10^{-6}、120×10^{-6}、150×10^{-6} 来研究不同疲劳损伤程度下的混凝土碳化性能。试件为 $100mm\times100mm\times400mm$ 棱柱体，通过控制疲劳循环次数使其残余应变为 $(30\pm5)\times10^{-6}$、$(60\pm5)\times10^{-6}$、$(90\pm5)\times10^{-6}$、$(120\pm5)\times10^{-6}$、$(150\pm5)\times10^{-6}$。将这些损伤程度不同的混凝土试件分别进行 28d 加速碳化试验。首先，建立 CO_2 扩散系数与残余应变的试验模型，然后根据残余应变发展与循环寿命变化建立了 CO_2 扩散系数与混凝土实际承受动载荷次数的关系，最后计算弯曲疲劳载荷作用下混凝土的碳化深度。根据上述理论模型与试验模型得到的混凝土碳化深度见图5.3.2。

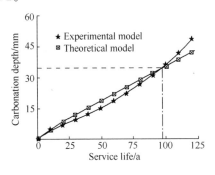

图 5.3.2 实验与理论模型的比较

由图5.3.2可见：运用上述理论模型可以预

测不同服役龄期下混凝土结构的碳化深度，计算结果与试验模型得到的碳化深度相差不大，而且偏于安全。

5.3.3 高速铁路疲劳荷载与大气环境耦合作用下高性能混凝土的服役寿命预测

众多研究表明，混凝土中钢筋锈蚀导致结构性能退化可分为三个阶段：钢筋开始锈蚀时间，混凝土保护层锈胀开裂时间和承载力下降开始破坏时间，其示意图如图5.3.3-1所示。一般而言，钢筋开始锈蚀的控制时间长；发展期的时间较短，有文献报道仅2～3年；破坏期的时间则更短。显然，钢筋开始锈蚀的时间决定了钢筋混凝土的使用寿命，因而本文对结构混凝土的寿命预测是指对混凝土腐蚀诱导期的服役时间进行预测的，就碳化引起的混凝土使用寿命而言，是指混凝土碳化深度达到保护层的厚度所经历的时间。

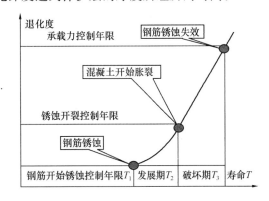

图 5.3.3-1 混凝土中钢筋锈蚀发展三阶段

接下来进一步研究高铁条件下二氧化碳与荷载协同作用下，结构混凝土的服役寿命。高铁条件描述：高铁的荷载作用次数，在轨道纵向是把每一台车作为一次来计，横向载荷把每一车轴作为一次来计。京沪高速铁路为例，每天运行152对车，每列长编组16辆，则在 y 年里无砟轨道横向承受循环荷载次数为 $N=4$ 轴/车×16 车/列×152 列/d×365d×y=3.55×y×10^6 次，纵向承受循环载荷次数为横向的一半。在这里仍旧沿用式10来研究。

1. 养护龄期对高性能混凝土服役寿命的影响

养护龄期 1d、3d、5d、7d（年平均气温和相对湿度分别为 15℃ 和 80%，其 CO_2 浓度为 540ppm，疲劳载荷的最大应力水平为 0.2，$D_0 = 3.7 \times 10^{-11} m^2/s$），计算结果如图 5.3.3-2 所示。

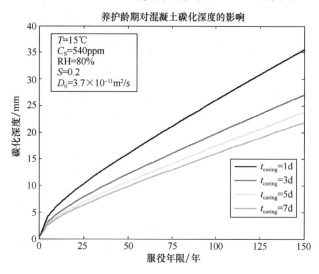

图 5.3.3-2　养护龄期对高性能混凝土服役寿命的影响

由图 5.3.3-2 可知：养护龄期越短，高性能混凝土的碳化深度越大；为了保证混凝土的服役性能，养护龄期最好控制在 3d 以上，这与目前重大工程施工过程中混凝土的养护制度保持一致。

2. 环境湿度对高性能混凝土服役寿命的影响

环境相对湿度（RH）80%，70%，60%，50%，40%（考虑大桥所处的江南地区年平均气温 15℃，CO_2 浓度为 540ppm，混凝土的养护龄期为 3d，疲劳载荷的最大应力水平为 0.2，$D_0 = 3.7 \times 10^{-11} m^2/s$），计算结果如图 5.3.3-3 所示。

由图 5.3.3-3 可知：引起高性能混凝土碳化的敏感相对湿度 50%～70%，这与当前采用的标准碳化试验方法的相对湿度相一致。

3. 环境温度对高性能混凝土碳化的影响

环境温度 T：10℃、15℃、20℃、25℃、30℃、35℃、40℃（考虑大桥所处的江南地区 CO_2 浓度为 540ppm，年平均相对湿度为 80%的

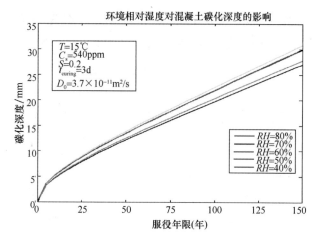

图 5.3.3-3　环境相对湿度对高性能混凝土服役寿命的影响

服役环境，混凝土的养护龄期为 3d，疲劳载荷的最大应力水平为 0.2，$D_0 = 3.7 \times 10^{-11} m^2/s$），计算结果如图 5.3.3-4 所示。

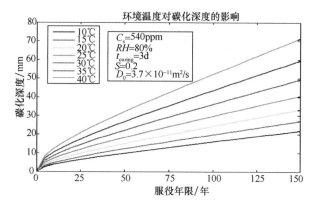

图 5.3.3-4　环境温度对高性能混凝土服役寿命的影响

由图 5.3.3-4 可知：环境温度对高性能混凝土的碳化深度影响很大，温度越低，则碳化深度越小，反之亦然。

4. 疲劳应力水平对高性能混凝土服役寿命的影响

疲劳应力水平 S：0、0.15、0.2、0.25、0.3（考虑大桥所处的江南地区年平均气温 15℃，CO_2 浓度为 540ppm，年平均相对湿度为 80%的服役环境，混凝土的养护龄期为 3d），计算结果如图 5.3.3-5 所示。可以看出：疲劳荷载的应力水平越高，对高性能混凝土碳化深度的影响越大；当疲劳载荷的应力水平超过 0.2 时，此应力水平正好是高速铁路所承受的动载荷水平，加之考虑到

施工时混凝土的保护层的变异系数，为保证其100年以上的服役寿命，高性能细晶粒钢筋混凝土的保护层厚度要 40mm 以上。

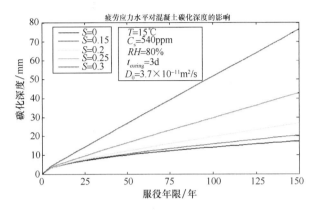

图 5.3.3-5 疲劳应力水平对高性能
混凝土服役寿命的影响

经研究发现，在承受动荷载的高速铁路结构混凝土，其服役年限受疲劳载荷应力水平和保护层厚度的影响较为显著，在正常的高速铁路疲劳荷载作用下，保证服役寿命在 100 年以上，结构混凝土的保护层厚度至少为 40mm。

5.3.4 疲劳荷载与氯盐耦合作用下高性能混凝土的寿命评估

混凝土在服役过程总要承受一定的荷载，比如桥梁结构可能承受动载、静载等等。因而，在混凝土耐久性研究过程中，其真实情况必然是在荷载与环境条件复合作用下进行。从在 20 世纪 50 年代开始就有了对应力状态下混凝土抗腐蚀性的研究。到目前为止，关于荷载作用下混凝土抵抗氯离子渗透与扩散性能的研究，国内外也进行了大量的研究，其结果表明：压荷载不超过 50% 时对混凝土抗氯离子扩散影响不大，但弯曲荷载明显劣化了混凝土的抵抗氯离子扩散的能力。就动载荷对混凝土抵抗氯离子渗透性能的影响而言却鲜有报道。Mitsuru Saito 曾对经受静态和抗压疲劳损伤后的混凝土进行了抗氯离子渗透性研究，

结果表明：即使静态荷载达到极限强度的 90%，对导电量也没有多大的影响；应力水平小于 50% 时，循环荷载对导电量的影响不明显；然而当应力水平超过 60% 时，循环荷载对导电量影响却非常显著。Nakhi 和 Xi 也研究了轴心抗压疲劳与氯离子扩散交互作用的关系，得到了相似的结论：疲劳损伤加速了氯离子在混凝土内部的传输；当应力水平超过 60% 时，混凝土氯离子渗透性与应力的关系变得相当敏感。此外，陈拴发分别研究了浸泡在硫酸钠、硫酸镁、氯化镁三种腐蚀介质中结构混凝土的强度变化，从中得到：受腐蚀疲劳的结构混凝土强度劣化幅度远大于未受疲劳损伤的浸泡腐蚀试件。

以上研究均以疲劳循环次数作为损伤指标，仅从宏观上定性了解疲劳损伤对混凝土抵抗氯离子渗透性能的影响。事实上，疲劳循环次数并不能真正表征混凝土的疲劳损伤程度，因此必须选择合理的疲劳损伤指标来表征混凝土的疲劳损伤程度，从而才能真正建立起疲劳损伤程度和氯离子扩散系数的定量关系。本文将选取残余拉应变作为损伤指标，将弯曲疲劳损伤后的结构混凝土试件长期浸泡法，然后通过钻孔取样法来获取混凝土的不同深度处的自由氯离子含量，建立疲劳损伤程度与氯离子扩散系数的定量关系，最后评价对结构混凝土服役寿命的影响。

1. 原材料

水泥采用工程现场用的 42.5 级 P·O 水泥，粉煤灰采用镇江苏源Ⅰ级粉煤灰。细集料采用赣江中粗河砂，细度模数为 2.6，级配合格，表观密度为 $2650kg/m^3$。粗集料采用镇江茅迪玄武岩碎石，5～16.5mm 连续级配，表观密度为 $2700kg/m^3$。外加剂主要成分是聚羧酸型高分子聚合物，具有超塑化、高效减水和增强、低收缩等功能。水为清洁的自来水。

2. 配合比

高性能混凝土（C50，28d 的抗压强度为

67MPa），来研究弯曲疲劳损伤程度对氯离子扩散系数的规律及其服役寿命的影响。配合比见表5.3.4。

结构混凝土配合比设计　　表5.3.4

单位立方混凝土质量组成（kg/m³）						含气量（%）	坍落度（mm）
水泥	粉煤灰	细集料	粗集料	水	减水剂		
381.6	95.4	744	1070	160	3.816	2.9	180~200

通过对所用混凝土的弯曲疲劳实验研究，建立了在95%保证率的疲劳方程为 $S = 1.07 - 0.09 \lg N$，其中，S 为混凝土在运行过程中承受的最大动载荷应力水平；N 为相应的疲劳寿命。并且，经过对所配制的混凝土弯曲疲劳作用下的变形性能分析，得到该混凝土疲劳损伤过程中第2发展阶段结束时对应的残余应变 $\varepsilon_B^P = 120 \times 10^{-6}$。

3. 损伤变量选取

一般工程材料的疲劳变形都具有明显的三段式发展规律，其中第2阶段混凝土的变形随着疲劳荷载作用循环寿命比的增加呈线性增长，约占整个疲劳寿命的80%。根据对所配制混凝土的疲劳试验结果可得：不论加载应力水平从0.65~0.8如何变化，混凝土疲劳损伤的第二阶段相对循环寿命比较长，即 $n/N_F \approx 0.8$，其中 n 和 N_F 分别为疲劳循环次数和疲劳寿命；疲劳失效时对应的残余极限拉应变 ε_C^P 基本在 $300 \times 10^{-6} \sim 360 \times 10^{-6}$ 范围，其波动范围较小，因此可以取 300×10^{-6} 为残余极限应变。为此，混凝土疲劳变形的第二发展阶段呈线性发展，这一发展阶段的疲劳损伤是重点研究的对象。根据以上的分析，结合本文的弯曲疲劳试验结果，可以获得式（5.3.4-1）来计算疲劳循环寿命为 n 时对应的损伤程度。

$$D_N \approx \frac{\varepsilon_n^P}{\varepsilon_C^P} = \frac{\varepsilon_{min}}{300} \qquad (5.3.4-1)$$

式中，D_N 为疲劳损伤变量；ε_C^P 表示与疲劳临界失效状态相对应的残余拉应变；ε_n^P 表示疲劳循环次数为 n 时对应的残余拉应变。

4. 试验过程与研究

运用公式（5.3.4-1）所示的残余拉应变的比值来定义疲劳损伤变量，将试件尺寸为100mm×100mm×400mm的长方体进行弯曲疲劳试验。针对疲劳损伤发展的第二阶段，获得残余拉应变分别为0、30×10^{-6}、60×10^{-6}、90×10^{-6}、120×10^{-6} 和 150×10^{-6} 的混凝土试件，将这些疲劳到一定程度的混凝土试件，浸泡在浓度为3.5%的NaCl溶液中，采用干湿循环制度（混凝土浸泡到NaCl溶液中45h，放入烘箱中60℃烘24h，室温冷却3h，为一个循环周期）来加速氯离子在混凝土中的扩散。干湿循环20次后，即浸泡60d后，在100mm×100mm×400mm试件的弯拉面和受压面的中间段取样，用钻孔法采集粉末样品，采样深度依次为0~5mm、5~10mm、10~15mm、15~20mm。再参照国家标准《水运工程混凝土试验规程》JTJ 270的"混凝土中砂浆的水溶性氯离子含量测定"中的试验方法，测出混凝土不同深度中的自由氯离子质量浓度。

假定混凝土是半无限均匀介质，氯离子在混凝土中扩散过程是一维扩散，扩散时部分氯离子被混凝土结合，则其扩散方程为：

$$C_f = C_0 + (C_s - C_0)\left(1 - erf\left(\frac{x}{2\sqrt{Dt}}\right)\right)$$

$$(5.3.4-2)$$

式中，C_f 为 x 深度的氯离子质量浓度；C_0 为混凝土内部初始氯离子质量浓度，计算时取0；C_s 为表层氯离子质量浓度；D 为氯离子扩散系数；t 为扩散龄期；x 为取样深度。利用Fick第二扩散定律和公式（5.3.4-2）可以求解出氯离子扩散系数。

5. 试验结果分析

不同疲劳损伤程度的结构混凝土在3.5%NaCl溶液中浸泡2个月后，即20个干湿循环后，进行不同深度处自由氯离子浓度的测定，其试验结果见图5.3.4-1。

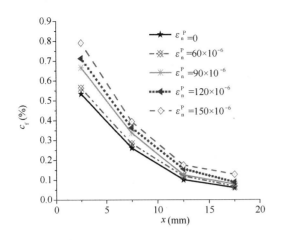

图 5.3.4-1 疲劳损伤程度对混凝土
中自由氯离子浓度影响

从图 5.3.4-1 可以看出：对遭受疲劳损伤作用后的结构混凝土，其各深度处的自由氯离子含量均随残余拉应变的增加而增大；在残余拉应变大于 60×10^{-6} 时，自由氯离子含量的增幅显著。

由于氯离子在混凝土中的扩散规律符合 Fick 第二扩散定律，因此可以按照式（5.3.4-2）计算出混凝土的氯离子表观扩散系数，计算结果如图 5.3.4-2 所示。

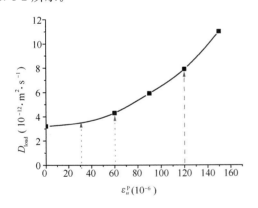

图 5.3.4-2 不同疲劳损伤程度下的混凝土
中氯离子扩散系数的比较

从试验的计算结果可以得出：

（1）随着残余拉应变增大，结构混凝土中的氯离子扩散系数增加，即 $\dfrac{\partial D_{load}}{\partial \varepsilon}$ 变化率越来越大。

（2）当残余拉应变超过 60×10^{-6} 时，这种增

长幅度变得明显；当疲劳损伤达到 120×10^{-6} 时，结构混凝土的氯离子的扩散系数是与未疲劳损伤混凝土的 2 倍以上。

（3）混凝土的氯离子扩散系数与其疲劳损伤过程中产生的残余拉应变，存在着下列关系式：

$$D_{load} = 3.2 + 0.8 \times e^{\frac{\varepsilon_n^P}{45}} \quad (5.3.4-3)$$

式中，ε_n^P 为疲劳损伤产生的残余拉应变；D_{load} 为考虑疲劳损伤的混凝土中氯离子扩散系数 $(10^{-12} \cdot m^2/s)$。

根据以上的分析，可以得出：残余拉应变分别为 60×10^{-6} 和 120×10^{-6} 时，是影响混凝土耐久性的两个特征点，可以分别作为影响结构混凝土中氯离子扩散的起劣点和陡劣点。

6. 疲劳载荷与氯离子耦合作用下结构混凝土寿命预测模型的建立

由混凝土弯曲疲劳损伤的机理可以得出：整个疲劳损伤过程的第 2 发展阶段中，残余拉应变呈线性增长的趋势。因此，残余拉应变的发展与相对循环寿命比的变化保持一致。为了简化计算，假设疲劳过程中结构混凝土产生的残余拉应变是从第 2 发展阶段开始的，而且这一阶段的疲劳循环寿命比约占整个疲劳过程的 80%（第 1 阶段和第 3 阶段各占 10%），则有下列关系式成立：

$$\frac{\dfrac{n}{N_F} - 0.1}{0.8} = \frac{\varepsilon_n^P}{\varepsilon_B^P} \quad (5.3.4-4)$$

式中，ε_n^P 为混凝土疲劳循环次数为 n 时对应的残余拉应变；ε_B^P 为混凝土疲劳损伤过程中第 2 发展阶段结束时对应的残余拉应变，经过疲劳试验得出所配制结构混凝土的 $\varepsilon_B^P = 120 \times 10^{-6}$；$N_F$ 为在弯曲疲劳载荷作用下，混凝土疲劳损伤破坏时的循环寿命，可由公式 $S = a - b\lg N$ 来求出。

利用循环寿命比等价的关系，可以定义：

$$\frac{n}{N_F} = \frac{t \times n_d \times 365}{10^{(a - S_{max})/b}} \quad (5.3.4-5)$$

式中，n，N_F 分别表示结构混凝土在同一应力水平作用下，已遭受的疲劳荷载次数和破坏时的疲劳荷载次数（疲劳寿命）；t 为结构混凝土的服役时间（年）；n_d 为结构混凝土日承受的动载荷次数；a，b 均为试验常数，对本文的所配制的混凝土来说，$a=1.07$，$b=0.09$。

把公式（5.3.4-5）代入公式（5.3.4-6）可得式（5.3.4-8），即：

$$\frac{5\times t\times n_d\times 365}{4\times 10^{(a-S_{max})/b}}-\frac{1}{8}=\frac{\varepsilon_n^P}{\varepsilon_B^P}$$

$$\frac{5\times t\times n_d\times 365}{4\times 10^{(a-S_{max})/b}}-\frac{1}{8}=\frac{\varepsilon_n^P}{\varepsilon_B^P}$$

$$\varepsilon_n^P=\left(\frac{5\times t\times n_d\times 365}{4\times 10^{(a-S_{max})/b}}-\frac{1}{8}\right)\varepsilon_B^P$$

$$D_{load}=3.2+0.8\times e^{\frac{\left(\frac{5\times t\times n_d\times 365}{4\times 10^{(a-S_{max})/b}}-\frac{1}{8}\right)\varepsilon_B^P}{45}}$$

（5.3.4-6）

$$\varepsilon_n^P=\left(\frac{5\times t\times n_d\times 365}{4\times 10^{(a-S_{max})/b}}-\frac{1}{8}\right)\varepsilon_B^P$$

（5.3.4-7）

$$D_{load}=3.2+0.8\times e^{\frac{\left(\frac{5\times t\times n_d\times 365}{4\times 10^{(a-S_{max})/b}}-\frac{1}{8}\right)\varepsilon_B^P}{45}}$$

（5.3.4-8）

将上式代入式（5.3.4-5）得到二者协同作用下的混凝土寿命预测方程：

$$C_f=C_0+(C_s-C_0)$$
$$\times\left[1-erf\left(\frac{1000x}{2\sqrt{\left(3.2+0.8\times e^{\frac{\left(\frac{5\times t\times n_d\times 365}{4\times 10^{(a-S_{max})/b}}-\frac{1}{8}\right)\varepsilon_B^P}{45}}\right)}}\right.\right.$$
$$\left.\left.\times\frac{1}{\sqrt{(365\times 3600\times 24t)}}\right)\right]$$

（5.3.4-9）

5.4　高速铁路疲劳荷载与环境因素耦合作用下高性能混凝土的服役寿命预测

混凝土的使用寿命可分为技术服役寿命、功能服役寿命和经济服役寿命。技术服役寿命指达到确定的不能接受的劣化状态的时间，功能服役寿命即结构的功能陈旧达不到业主的使用要求的时间，经济服役寿命即取代结构比保留修补结构在经济上更加合理的寿命。一般的混凝土寿命即指混凝土结构从建成使用开始起到结构失效的整个时间过程。

细晶粒钢筋混凝土的使用寿命预测实际上是基于钢筋锈蚀状况确定的。一般分为2~4个阶段。根据改进的 Tuutti 模型钢筋混凝土的使用寿命按照其损伤程度不同可分为三个阶段（图5.4-1）：1）诱导期：从混凝土结构开始使用到钢筋脱钝化（锈蚀始发）的时间 T_1；2）发展期：从钢筋锈蚀始发到进一步扩展使混凝土开裂的时间 T_2；3）破坏期：从混凝土表面

开裂到剥落或失效的时间 T_3，由于第一阶段 T_1 占据整个使用寿命的最大部分，因此通常即被认为是氯盐环境下的细晶粒钢筋混凝土结构服务寿命。

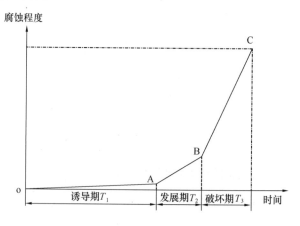

图5.4-1　钢筋混凝土结构使用寿命构成示意图

接下来进一步研究高铁条件下氯盐与疲劳荷载耦合作用下，细晶粒钢筋混凝土的服役寿命。

高铁运营时承受的动荷载情况描述：高铁的荷载作用次数，在轨道纵向是把每一台车作为一次来计，横向载荷把每一车轴作为一次来计。京沪高速铁路为例，每天运行 152 对车，每列长编组 16 辆，则在 y 年里无砟轨道横向承受循环荷载次数为 $N=4$ 轴/车×16 车/列×152 列/d×365d×$y=3.55×y×10^6$ 次，纵向承受循环载荷次数为横向的一半。

保护层厚度分析：就目前国内外的调查发现，混凝土保护层的厚度服从正态分布。对中国内地某重大工程保护层厚度进行了 500 余点的测量和统计，得出的结论为该工程的纵筋和箍筋的保护层厚度的平均值分别为 87.89mm 和 65.07mm，且在概率分布图上为一条直线，表明其保护层厚度服从正态分布，如图 5.4-2 和图 5.4-3 所示。

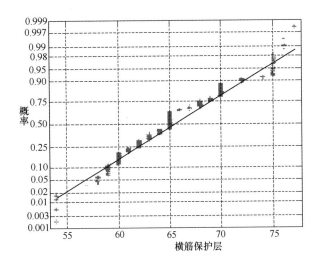

图 5.4-3　横筋保护层厚度的概率分布

5.4.1　不同应力水平作用下对寿命影响

从图 5.4.1 可以看出：疲劳损伤对高性能混

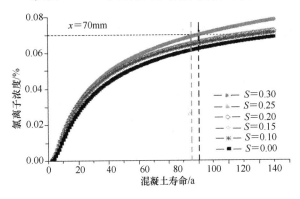

图 5.4.1　不同应力水平作用下对寿命影响

凝土抗氯离子渗透性能的影响越大；当疲劳载荷的应力水平超过 0.3 时，高性能混凝土达不到 100 年以上的服役寿命；在高速铁路正常运营时，考虑到混凝土保护层厚度的变异性，高性能细晶粒钢筋混凝土的保护层厚度要 70mm 以上。

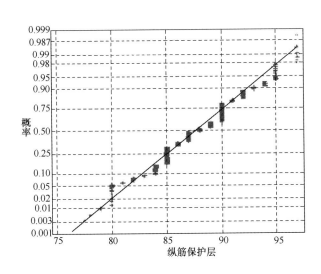

图 5.4-2　纵筋保护层厚度的概率分布

美国 Virginia 工业学院 1996 年对当地的一些氯离子侵蚀环境下的桥梁进行了调查，建立了考虑侵蚀相关因素统计性的寿命预测模型。采用其中的调查数据，起保护层厚度也服从正态分布。在本课题研究中结构保护层厚度选取 70mm 为参照值。

5.4.2　不同矿物掺合量对寿命影响

分别用 20% 的粉煤灰（fly ash）和矿渣（slag）来等量取代水泥制备出高性能混凝土，计算所得的服役寿命如图 5.4.2 所示。

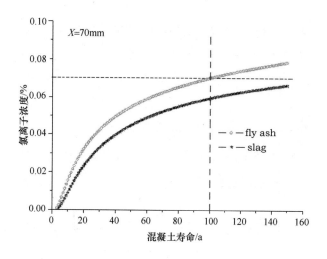

图 5.4.2　不同矿物下混凝土寿命曲线

从图 5.4.2 可知：掺加 20％矿渣的高性能混凝土的服役寿命明显高于掺加粉煤灰混凝土的，因而在含氯盐的服役条件下，要掺加一定量的矿渣来提高混凝土的抗氯离子渗透能力。

5.4.3　保护层偏差对寿命影响

在施工过程中，允许混凝土保护层厚度存在一定的偏差，规范规定一般梁柱构件保护层厚度的偏差下限不能超过 8mm。图 5.4.3-1 计算了保护层厚度存在一定偏差对混凝土构件服役寿命的影响。从中可以看出：由于在施工工程中保护层厚度控制不严，致使实际保护层厚度低于设计时

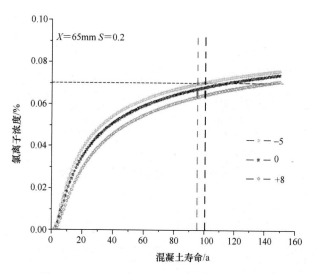

图 5.4.3-1　保护层偏差对混凝土寿命影响曲线

的保护层厚度，从而使细晶粒钢筋混凝土构件达不到 100 年以上的使用寿命。

疲劳载荷与氯盐的耦合作用大大缩短了结构混凝土的服役寿命，导致使用寿命明显低于单一环境因素作用下的结构混凝土服役寿命；必须通过掺加矿渣等活性掺合料来结合混凝土中的氯离子，从而来降低结构混凝土中自由氯离子的含量，提高海洋环境中混凝土的服役寿命；在疲劳荷载和氯盐环境耦合作用下，保证服役寿命在 100 年以上，结构混凝土的保护层厚度至少为 70mm，而且要严格控制保护层波动。

1. 氯离子传输的时变性：

在研究氯离子在混凝土中的扩散方面，Fick's 第二定律被广泛采用。此模型主要模拟在半无限大介质中非反应性物质的传输，如式（5.4.3-1）所示：

$$c(x,t) = c_0 + (c_s - c_0)\left[1 - erf\left(\frac{x}{2\sqrt{Dt}}\right)\right]$$

$$(5.4.3-1)$$

式中，$c(x,t)$ 为 t 时刻距离混凝土表面 x 处的氯离子浓度；c_s 为混凝土表面附近的氯离子浓度；$erf(\ )$ 为误差函数；D 为氯离子扩散系数。

理论上，扩散系数 D 可以通过 $c(x,t)$、c_s、t 及 x 的测量来得到，且扩散系数 D 一般看作常数来处理，但在氯离子传输的实际环境是随时间不断发生变化的，主要由于其微结构的变化，具体如前言所述。这样随着科研的不断深入，人们越来越意识到扩散系数时变性的重要性，Takewake 和 Mastumoto 首先采用经验公式描述了扩散系数 D 与时间 t 放的关系，发现时间 t 与 D 符合式（5.4.3-2）所示关系

$$D = t^{-0.1} \qquad (5.4.3-2)$$

P. S. Mangat，B. T. Molloy 和 Nilssion 对氯离子在混凝土中的扩散进行了长期的研究，发现氯离子在混凝土当中的传输速率随时间急剧下降，并提出了时间与扩散系数的关系式，如式（5.4.3-3）所示：

$$D(t') = D_0 \cdot \left(\frac{t'}{t_0}\right)^{-n} \quad (5.4.3\text{-}3)$$

式中，$D(t')$ 是时间 t' 时的扩散系数；t' 是混凝土龄期；D_0 为 t_0 时刻的扩散系数；$-n$ 为常数，与混凝土的水灰比、龄期、矿物组成等因素有关。

对式（5.4.3-1）采用 MATLAB 编程的方法可以得到拟合的 D 值，此时的 D 值为平均值，且不便于预测若干年后的数据；而式（5.4.3-2）得到的为瞬时值，不能将 $D(t')$ 直接代入式（5.4.3-1）来计算混凝土某深度的氯离子浓度，因为式（5.4.3-3）中假定 D 值为定值，不随时间发生变化，为了能将时间因素考虑进来，2007年 Tang Luping 和 Joost Gulikers 采用平均值的办法将时间因素引入式（5.4.3-3）当中，即令式（5.4.3-3）中的 $D(t') = T$，参数 T 定义为式（5.4.3-4）：

$$T = \int_{t'_{\text{ex}}}^{t+t'_{\text{ex}}} D(t') \mathrm{d}t'$$

$$= \frac{D_0}{1-n} \left[\left(1 + \frac{t'_{\text{ex}}}{t}\right)^{1-n} - \left(\frac{t'_{\text{ex}}}{t}\right)^{1-n} \right] \cdot \left(\frac{t'_0}{t}\right)^n \cdot t$$

$$(5.4.3\text{-}4)$$

由式（5.4.3-4）可得考虑时间因素后的平均扩散系数，如式（5.4.3-5）所示：

$$D(t') = \frac{D_0}{1-n} \left[\left(1 + \frac{t'_{\text{ex}}}{t}\right)^{1-n} - \left(\frac{t'_{\text{ex}}}{t}\right)^{1-n} \right] \cdot \left(\frac{t'_0}{t}\right)^n$$

$$(5.4.3\text{-}5)$$

式中，t'_{ex} 为混凝土暴露于腐蚀液前的龄期；t 为混凝土暴露于腐蚀液中的时间。

将式（5.4.3-5）代入式（5.4.3-1）可得如下关系：

$$\frac{C}{C_{\mathrm{S}}} = 1 - \mathrm{erf}\left(\frac{x}{2\sqrt{T}}\right)$$

$$= 1 - \mathrm{erf}\left(\frac{x}{2\sqrt{\frac{D_0}{1-n}\left[\left(1+\frac{t'_{\text{ex}}}{t}\right)^{1-n} - \left(\frac{t'_{\text{ex}}}{t}\right)^{1-n}\right] \cdot \left(\frac{t'_0}{t}\right)^n \cdot t}} \right)$$

$$(5.4.3\text{-}6)$$

纵观相关文献，可以发现式（5.4.3-6）中 n 的取值范围为 $0 < n < 1$，通过分析可以得到混凝土在不

受外力作用时氯离子的传输速率在不断减小，其趋势图如图 5.4.3-2 所示，在这里假定式（5.4.3）中，$D_0 = 4.6 \times 10^{-12}\,\mathrm{m^2/s}$，$n = 0.4$，$t_0 = 30\mathrm{d}$，$90 \leqslant t' \leqslant 1000$；式（5.4.3-6）中，$D_0 = 4.6 \times 10^{-12}\,\mathrm{m^2/s}$，$t'_{\text{ex}}$ 分别取 30、60 和 90，$n = 0.4$，$t_0 = 30\mathrm{d}$，$90 \leqslant t' \leqslant 1000$，其不同条件下的氯离子扩散系数趋势图如图 5.4.3-1 和图 5.4.3-2 所示。

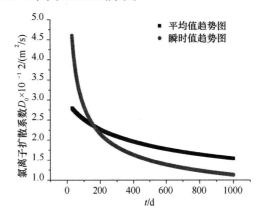

图 5.4.3-2　氯离子扩散系数趋势图

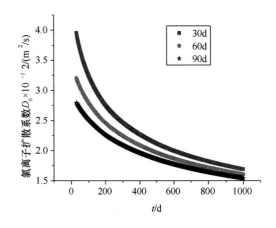

图 5.4.3-3　不同养护时间下氯离子扩散系数趋势图

从图 5.4.3-2 上，可以看出两种求解不同时间下氯离子在混凝土中的扩散系数存在显著差别，首先氯离子扩散系数的平均值随时间的变化较为平缓，而瞬时值随时间变化较为显著；再者，混凝土在氯盐溶液中浸泡时间 $\leqslant 150\mathrm{d}$ 时，氯离子扩散的瞬时值均大于同时间时的平均值，而混凝土在氯盐溶液中浸泡时间 $\geqslant 150\mathrm{d}$ 时，氯离子扩散的瞬时值均小于同时间时的平均值。通过分析可以发现，由式（5.4.3-3）得到的瞬时值与其前后得

到瞬时值没有关联，为时间函数，是一个变量不能直接代入式（5.4.3-1）当中来求解某时间时混凝土中氯离子的含量；而平均值为是通过对时间的积分得到的，是可以看作一个常数来处理，能直接代入式（5.4.3-1）当中，但这种计算结果可能有一定的偏差，使得相对较早时刻的扩散系数偏小，而相对较晚时刻的扩散系数偏大，整体变化趋势平缓；平均值的计算方法还考虑了养护时间对氯离子扩散系数的影响，如图5.4.3-1 所示，展示了混凝土养护龄期分别为30d、60d、90d 时的理论值扩散系数变化趋势，可以发现随着养护龄期的延长，混凝土内部水化程度不断提高，毛细孔及凝胶孔等进一步细化，连通孔减少，孔隙率整体下降，氯离子在混凝土当中传输时曲折度变大，从一定程度上降低了氯离子的扩散速率。

从以上分析发现，两种时变性模型差别不大，安全起见，采用 5.4.3-4 模型，参数 n 取0.34，保护层厚度在 10～70mm 之间变化：

图 5.4.3-4 是在实测 28 天氯离子扩散速率的寿命曲线图，现采用文献提供的不同配合比数据进行进一步预测，由图 5.4.3-4 可知，30mm 的保护层足以保证混凝土 100 年寿命，故以下将保护层厚度定为 30mm 来对比不同配合比下混凝土的寿命曲线。

2. 不同配合比下氯离子传输的时变性：

参考文献数据中，除了水灰比不同外，配合比中还考虑骨料、水泥用量的差异。但从图 5.4.3-5 中显示的趋势表明，水灰比因素占主导因素。随着水灰比的增加，混凝土的微结构发生了显著变化，首先是骨料与浆体之间的界面过渡区体积增加，从细观力学角度来说，界面过渡区的增加直接导致混凝土有效模量的降低；随着水灰比的增加，胶凝材料水化后自由水增加，导致混凝土内部的孔隙率的显著增加，加速了氯离子等有害物质的传输；由于混凝土在微细观上的变化，直接导致了其承载强度的降低，在同样外载的作用下，水灰比较大的混凝土结构将承受较大的荷载。

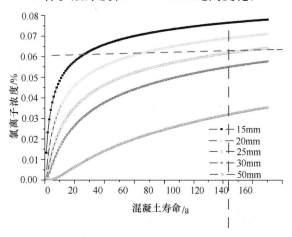

图 5.4.3-4　时变性因素作用下对寿命影响

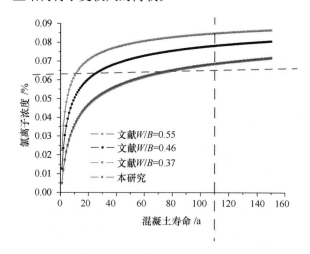

图 5.4.3-5　不同配合比下混凝土寿命曲线

5.5　结　　论

本部分主要研究了疲劳荷载与环境因素耦合作用下高速铁路用混凝土的寿命评估，研究内容主要报疲劳荷载与碳化、氯离子耦合作用包括各种影响因素下高速铁路用混凝土的寿命评估。在研究过程中理论与实际相结合，最终得出以下几点结论：

1）通过对实际二氧化碳在负载混凝土当中的传输行为的研究，建立了疲劳荷载与二氧化碳传输的耦合模型，分别研究了养护时间、环境温度及相对湿度对耦合作用下二氧化碳的传输的影响，其结论为：随着养护时间的延长，其抑制传输性能得到改善；混凝土保护层变异性的增加会对混凝土的服役寿命产生显著影响，因此要严格控制混凝土的保护层厚度的偏差，这样才能确保细晶粒钢筋混凝土满足100年以上的服役寿命。

2）在理论推导和实验基础上，建立了疲劳荷载与氯盐耦合作用下高速铁路用混凝土的寿命评估模型，经与实际试验数据对比，发现其具有较高的可靠度；并分析了疲劳荷载的应力水平、保护层厚度、保护层变异、掺合料、时变性、水胶比对高性能混凝土保护层厚度的影响规律，研究发现：氯离子的在混凝土中传输性能随着疲劳荷载应力水平的增加而增大，当应力水平达到0.3时，将显著加速氯离子的传输，影响细晶粒钢筋

混凝土100年以上的使用寿命；混凝土保护层厚度对细晶粒钢筋混凝土的服役寿命也有显著影响，考虑到混凝土保护层厚度存在偏差，当高性能混凝土的保护层厚度为70mm时才能保证其安全服役100年的目标；矿物掺合料能有效改善混凝土的微结构，从而能有效抑制氯离子在混凝土中的传输，在相同条件下可延长结构混凝土的服役寿命；水灰比的不同，可以发现其传输性能有着质的差别，在没有其他措施情况下，当水灰比超过0.37时，很难保证结构混凝土100年的服役寿命。

3）从耐久性设计角度上讲，在大气环境条件下和高速铁路疲劳荷载作用下，要保证细晶粒钢筋混凝土在高铁工程中100年以上的设计使用寿命，高性能混凝土的保护层厚度至少为40mm，要严格控制保护层厚度波动在8mm以下；在氯盐环境条件下，要保证细晶粒钢筋混凝土在高铁工程中100年以上的设计使用寿命，高性能混凝土的保护层厚度至少为70mm，而且要严格控制保护层波动和适当掺加矿物掺合料。

本章参考文献

[1] Martin-Perez B., Zibara H., Hooton R. D., et al. A study of the effect of chloride binding on service life predictions [J]. Cem. and Concr. Res., 2000, 30 (8)：1215-1223.

[2] Tuutti K. Corrosion of steel in concrete [R]. Stockholm：Swedish Cement and Concrete Institute, 1982, (4)：469-478.

[3] Sergi W., Yu S. W., Page C. L., Diffusion of chloride and hydroxyl ions in cementitious materials exposed to a saline environment [J], Mag Concr Res, 1992, 44 (158)：63- 69.

[4] Nilsson L. O., Massat M., Tang L., The effect of non-linear chloride binding on the prediction of chloride penetration into concrete structures[A], In：Malhotra V. M. (Ed.), Durability of Concrete[C], ACI SP-145, Detroit, 1994, pp. 469-486.

[5] Tang L., Nilsson L. O., Chloride binding capacity and binding isotherms of OPC pastes and mortars [J], Cem Concr Res, 1993, 23 (2)：247- 253.

[6] Tritthart J., Chloride binding in cement [J], Cem Concr Res, 1989, 19 (5)：683- 691.

[7] Glass G. K., Stevenson G. M., and Buenfeld N. R., Chloride-binding isotherms from the diffusion cell test [J], Cem. and Concr. Res., 1998, 28(7)：939 - 945.

[8] Arya C. and Newman J., B. An assessment of four methods of determining the free chloride content of concrete [J].

Mater. and Struct. , Res. and Testing, 1990, 23：319-330.

［9］ Mohammed T. U. , Hamada H. , Relationship between free chloride and total chloride contents in concrete［J］. Cem. and Concr. Res. , 2003, 33（9）：1487-1490.

［10］ Wee T. H. , Wong S. F. , Swaddiwudhipong S. , et al. A prediction method for long-term chloride concentration profiles in hardened cement matrix materials［J］, ACI Mater. J. , 1997, 94(6)：565-576.

［11］ Lambert P. , Page C. L. and Short N. R. , Pore Solution Chemistry of the Hydrated System Tricalcium Silicate/Sodium Chloride/Water［J］, Cem. Concr. Res. , 1985, 15：675-680.

［12］ Arya C. , Buenfeld N. R. and Newman J. B. , Factors Influencing Chloride-binding in Concrete［J］, Cem. Concr. Res. , 1990, 20：291-300.

［13］ Suryavanshi A. K. , Scantlebury J. D. , Lyon S. B. , The Binding of Chloride Ions by Sulphate Resistant Cement ［J］, Cem. Concr. Res. , 1995, 25（3）：581-592.

［14］ Jensen H. U. and Pratt P. L. , The Binding of Chloride Ions by Pozzolanic Product in Fly Ash Cement Blends［J］, Adv. Cem. Res. , 1989, 2（7）：121-129.

［15］ Al-Hussaini M. J. , Sangha C. M. , Plunkett B. A. , and Walden P. J. , The Effect of Chloride Ion Source on the Free Chloride Ion Percentages in OPC Mortars［J］, Cem. Concr. Res. , 1990, 20：739-745.

［16］ Suryavanshi A. K. , Scantlebury J. D. , Lyon S. B. , Pore Size Distribution of OPC & SRPC Mortars in Presence of Chlorides［J］, Cem. Concr. Res. , 1995, 25（5）：980-988.

［17］ Jolan C. , Gyorgy B. and Ferenc D. T. , Chloride Ion Binding Capacity of Aluminoferrites［J］, Cem. Concr. Res. 2001, 31(4)：577-588.

［18］ Mangat P. S. and Molley B. T. , Chloride Binding in Concrete Containing PFA, GBS or Silica Fume under Sea Water Exposure［J］, Mag. Concr. Res. , 1995, 47（171）：129-141.

［19］ Delagrave A. , Marchand J. , Ollivier J. P. , Julien S. and Hazrati K. , Chloride Binding Capacity of Various Hydrated Cement Paste Systems［J］, Adv. Cem. Bas. Mat. , 1997, 6（1）：28-35.

［20］ Byfors K. , Chloride Binding in Cement Paste［R］, Nordic Concr. Res. , Publication No. 5, Norske Betongforening, Oslo, Norway, 1986, pp. 27-38.

［21］ Byfors K. , Hansson C. M. and Tritthart J. , Pore Solution Expression as a Method to Determine the Influence of Mineral Additives on Chloride Binding［J］, Cem. Concr. Res. , 1986, 16：760-770.

［22］ 中华人民共和国行业标准, 水运工程混凝土试验规程［S］. 1998, JTJ270-98, 202-207.

［23］ Midgley H. G. and Illston, J. M. , Effect of Chloride Penetration on the Properties of Hardened Cement Pastes ［A］, Proc. 8th Inter. Symp. on Chem. of Cem. ［C］, Rio de Janeiro, 1986, Part VII, pp. 101-103.

［24］ Trætteberg A. , The Mechanism of Chloride Penetration in Concrete［C］, SINTEF Report STF65 A77070, 1977-12-30, pp 51.

［25］ Lambert P. , Page C. L. and Short, N. R. , Diffusion of Chloride Ions in hardened Cenment Pastes Containing Pure Cement Minerals［A］, Br. Ceram. Proc. , ［C］ 1984, 35：267-276.

［26］ Theissing E. M. , Mebius-Van De Laar T. , De Wind G. , The Combining of Sodium Chloride and Calcium Chloride by the Hardened Portland Cement Compounds C3S, C2S, C3A and C4AF［A］, Proc. 8th Inter. Symp. on Chem. of Cem. ［C］, Rio de Janeiro, 1986, pp. 823-828.

［27］ Smolczyk, H. G. , Chemical Reactions of Strong Chloride-Solutions with Concrete［A］, Proc. 5th Inter. Symp. on Chem. of Cem. ［C］, Tokyo, 1969, Supplementary paper III-31, pp. 274-280.

［28］ Ramachandran V. S. , Mater. and Struct. , 1971, 4（19）：3-12.

［29］ Markova O. A. , Physiochemical Study of Calcium Hydroxide Chlorides［J］, Zh. Fiz. Khim. , 1973, 47（4）：1065.

［30］ Babushkin V. I. , Mokritskaya L. P. , and Novikova S. P. , et. al. Study of physico-chemical processes during hydration and hardening of expansive cements ［A］. 6th Inter. Con. on the Chem. of Cem. ［C］, Moscow, Supplementary paper，Section III-5，Sept. 1974.

［31］ Goto S. and Daimon M. ，Ion diffusion in cement paste ［A］. 8th Inter. Con. on the Chem. of Cem. ［C］，Rio de Janeiro，1986，V. 6，405-409.

［32］ Funahashi M. ，Predicting corrosion——free service life of a concrete structure in a chloride environment ［J］. ACI Mater. J. ，1990，87(6)：581-587.

［33］ Helland S. ，Assessment and predication of service life of marine structures—A tool for performance based requirement? ［J］ Workshop on Design of Durability of Concrete［C］，Berlin，June，1999.